LE

MONDE INDUSTRIEL

SCEAUX. — IMPRIMERIE CHARAIRE ET FILS

P. Blanchart

LA MÉTALLURGIE

La métallurgie — suite naturelle et conséquence obligée de l'industrie minière, puisque les minerais métallifères ne sortent de la mine qu'à l'état de matières premières, — est l'art, perfectionné par de longues expériences, d'extraire de leurs minerais les métaux usuels, au degré de pureté nécessaire, pour qu'ils puissent entrer dans les usages industriels.

Mais il faut ajouter *économiquement*, sans cela notre définition pourrait servir également à cette branche de la chimie qu'on appelle *Docimasie* et qui, n'opérant que sur des petites quantités pour acquérir, par l'analyse des minerais, la connaissance des meilleurs traitements auxquels il convient de les soumettre, pour les dépouiller de leurs gangues et des matières étrangères incorporées avec, n'a pas besoin de tenir compte de la question économique.

En un mot, la docimasie est la science expérimentale, et la métallurgie la science pratique.

La condition d'économie, imposée à la métallurgie, comme à toutes les industries d'ailleurs, qui doivent produire au meilleur marché possible, fait varier les procédés, non seulement selon les espèces de minerais, ce qui est élémentaire, mais encore suivant que les localités où se fait l'exploitation offrent des ressources plus ou moins grandes en combustibles et en fondants.

Ces procédés, dont nous verrons les variétés en étudiant séparément chaque métal, se divisent en deux catégories générales :

Le traitement mécanique des minerais, qui a pour but de les débarrasser de leurs gangues.

Et le traitement chimique, dont l'objet est de séparer le métal des différents corps, avec lesquels il se trouve combiné.

Car on sait, nous l'avons expliqué en parlant de l'exploitation des mines, que, en dehors de quelques matières qui se présentent à l'état natif, presque tous sont incorporés avec d'autres substances métalloïdes ou métalliques.

C'est ainsi que le fer, même quand il sort des hauts fourneaux, contient encore du silicium, du soufre et du phosphore ;

Que le platine est toujours accompagné de rhodium, d'osmium, de palladium, d'iridium et de ruthénium ;

Que le plomb, extrait de la galène, renferme toujours une certaine quantité d'argent et quelquefois même de l'or.

Ces substances étrangères, pour ne parler que de celles-là, ne sont pas toutes nuisibles à la qualité du métal, comme le soufre, le silicium et le phosphore, qui accompagnent le fer et dont il faut naturellement le débarrasser.

Celles qu'on trouve dans le platine sont même utiles en certains cas, notamment l'iridium, et l'on se garde bien de l'en séparer.

Mais l'argent incorporé au plomb deviendrait une non-valeur qui n'améliorerait point du tout le plomb et qu'il faut conséquemment extraire.

D'où de nombreux procédés chimiques dont nous parlerons en temps et lieu.

TRAITEMENT MÉCANIQUE DES MINERAIS

Dans la mine même, nous l'avons dit déjà, les minerais sont soumis à un premier triage, qui a pour but d'en séparer les parties stériles et d'économiser aussi les frais de montage.

Cette opération, — généralement répétée à la surface, où l'on casse les minerais soit au marteau, au pic ou au maillet, pour rejeter ensuite après un examen plus facile, les gangues complètement inutiles — est encore insuffisante ; car les matières métallifères se trouvent le plus souvent disséminées en grains ou en veinules dans de grandes quantités de matières étrangères, dont il faut les séparer afin que le minerai à traiter soit assez riche pour pouvoir l'être économiquement.

Il y a pour cela des minimums qui varient, naturellement, selon la valeur commerciale du métal.

Ainsi les minerais de fer ne sont plus traitables s'ils ne contiennent pas un quart de matière utile ;

Ceux de zinc, un vingtième ;

Ceux de plomb, un trentième ;

Ceux de cuivre, un cinquantième.

Pour l'argent on descend le minimum, jusqu'à un millième.

Pour l'or on est encore plus généreux; car on traite encore avantageusement des minerais qui ne contiennent qu'un dix millième d'or.

Pour arriver à réduire autant que possible les tas de matières à traiter, on leur fait subir successivement quatre genres d'opérations.

Le débourbage, le broyage, le triage et le lavage.

DÉBOURBAGE

Le débourbage, comme son nom l'indique, est un premier nettoyage, qui a pour objet de laver le minerai, presque toujours souillé de boue, et noirci par la fumée de la poudre de mines.

Il sert aussi, dans certains cas, à le débarrasser des matières argileuses dans lesquelles il est souvent enveloppé. Plusieurs systèmes sont en usage. Le plus simple est de creuser un ruisseau en pente douce dans une aire pavée.

Un courant d'eau, établi dans le ruisseau, passe continuellement sur le minerai qu'on y jette et que des hommes, armés de rateaux, agitent d'un bout à l'autre du ruisseau.

Naturellement ce lavage débourbe suffisamment, mais on ne peut l'appliquer partout.

Quand on n'a pas de ruisseau à sa disposition, on établit une grande caisse rectangulaire, dans laquelle l'eau entre d'un côté pour sortir de l'autre. Le minerai, posé en tas à une extrémité, est poussé successivement de l'une à l'autre, à l'aide de rateaux et de balais, et ainsi de suite jusqu'à son parfait nettoyage.

La mécanique a donné mieux que cela, un instrument fort ingénieux qu'on appelle *Patouillet* et qui est surtout employé pour le débourbage des minerais d'alluvions.

Le patouillet est une grande auge en bois, de forme demi-sphérique, et dans laquelle un arbre, qu'on peut actionner par le moteur de l'usine, au moyen d'une courroie de transmission, fait tourner continuellement quatre bras de fer, disposés en croix et assez longs pour agiter violemment la matière minérale et la débarrasser assez vite de la boue et des substances terreuses, qui grossissent inutilement son volume.

Naturellement l'auge, qu'on appelle une *huche*, est toujours remplie d'eau, elle est pour cela en communication avec un conduit qui lui en fournit en quantité suffisante.

Le trop plein, c'est-à-dire l'eau sale, s'écoule par une ouverture pratiquée du côté opposé, et un peu plus bas que le conduit.

Une troisième ouverture, fermée par une porte à coulisse, à la partie inférieure de la huche, s'ouvre à volonté pour laisser sortir le minerai lorsqu'on le juge suffisamment nettoyé.

On conçoit que ce système soit beaucoup plus économique que le travail manuel, même au ruisseau, puisqu'on est toujours assuré de trouver de l'eau et une force motrice, soit que le débourbage se fasse au sortir du puits de la mine, ou dans l'usine métallurgique.

BROYAGE

Les appareils de broyage, tous plus ingénieux les uns que les autres, sont aujourd'hui très communs, mais il convient de procéder chronologiquement et de parler d'abord des plus anciens.

Du reste on les emploie préféremment les uns aux autres, suivant la dureté du minerai et le degré de finesse auquel il est besoin de le réduire.

Le bocard. — Pour les minerais les plus durs, on se sert généralement des *bocards*, sortes de pilons qui agissent mécaniquement à peu près comme les moutons.

Placés en ligne, ils sont successivement soulevés par les cames d'un arbre moteur, et retombent de tout leur poids sur le minerai, placé au-dessous d'eux, soit dans des auges métalliques, soit sur une grille également métallique.

D'où deux espèces de bocards :

Les bocards à auges, qui agissent séparément, chacun dans une caisse doublée d'une épaisse plaque de fonte, dont le fond est suffisamment incliné, pour que le minerai, une fois pilé, puisse s'échapper de lui-même.

Et les bocards à grille, dont le fond est muni d'une grille, par où les morceaux, concassés assez menu, passent tout naturellement pour tomber sur le sol.

Nous aurons occasion d'en reparler quand nous étudierons la métallurgie de l'argent au Mexique.

Selon les usines, selon surtout la plus ou moins grande dureté des minerais à casser, les bocards sont de différentes forces.

Il y en a, pour les minerais relativement tendres, qui ne pèsent que 50 kilogrammes et ne frappent guère que 25 coups à la minute; il est vrai qu'il y en a aussi qui pèsent jusqu'à 250 kilogrammes et plus, et qui sont mus par un moteur assez actif pour retomber 50 ou 60 fois par minute.

Patouillet.

3 centimètres de jeu entre les pilons et les parois de l'auge; lorsque plusieurs pilons frappent dans la même auge, ils sont géné-ralement placés à la même distance l'un de l'autre.

Dans tous les cas, la hauteur de la chute (souvent moindre) ne dépasse jamais 30 centimètres, et on ne laisse jamais guère que

Bocard.

Le bocardage se fait le plus souvent à sec, mais, lorsque le minerai est d'une dureté extrême, on le fait mouillé, c'est-à-dire qu'on établit un courant d'eau dans les auges, pendant tout le temps du battage.

Tordoir.

A cela près, qui est préférable d'ailleurs, c'est exactement le même procédé.

Broyeur américain.

Pour concasser les minerais tendres, on se sert indifféremment des cylindres broyeurs, des broyeurs américains, des tor-doirs et de quelques autres systèmes dont nous allons parler.

Cylindres broyeurs. — Les cylindres broyeurs sont des espèces de moulins, dans lesquels des cylindres disposés deux à deux

Broyeur à tamis conique central (système Jannot).

(on en met quelquefois trois ou quatre paires ensemble) broyent le minerai qui s'engage

entre leurs surfaces, lesquelles tournent en sens inverse comme les cylindres d'un lami-

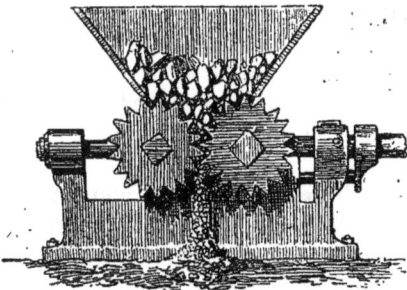

Cylindres broyeurs.

Classificateur à courant ascendant.

noir, avec cette différence que, au lieu d'être l'un au-dessus de l'autre, ils sont côte à côte.

Ces cylindres sont de plusieurs sortes; quand il y en a plusieurs jeux dans le même appareil, ils sont disposés de façon à ce que le minerai en sortant de la paire la plus élevée, soit soumis à l'action de celle qui vient immédiatement après.

Dans ce cas, les cannelures des cylindres diminuent progressivement : et ceux de la dernière paire sont lisses, pour que le minerai soit écrasé plus fin.

Broyeur américain. — Cet appareil, appelé ainsi parce qu'il nous vient des États-Unis, a pour organe principal une espèce de mâchoire mobile en fonte qui, mise en mouvement par des leviers reliés à une bielle, se rapproche et s'éloigne alternativement d'une autre mâchoire fixe, et écrase contre celle-ci le minerai qu'on introduit entre elles deux.

Pour cela, leur réunion décrit un angle aigu, de façon à ce que, lorsque la mâchoire mobile se déplace, il ne passe entre elles deux que le minerai broyé.

Du reste, un système de coins, serrés avec des vis, permet de régler l'écartement des mâchoires, de manière à obtenir les matières broyées à la grosseur que l'on veut.

Tordoir. — Le tordoir est le nom que l'on donne généralement à un appareil qui, composé de deux meules, placées dans leur sens vertical, ressemble tout à fait aux moulins à huile.

Ces meules, qui sont ou en fonte ou en pierre dure, tournent dans un plateau de fonte, où l'on est obligé d'agiter le minerai et de le changer de place pour qu'il se réduise en poussière à peu près égale.

Mais ce système a été depuis considérablement amélioré. Parmi ses nombreux perfectionnements, nous citerons les broyeurs de M. Jannot de Triel.

Ces broyeurs, applicables du reste à tous usages, et très répandus dans toutes les branches de l'industrie, sont si bien compris, que nos gravures seules suffiraient à en faire comprendre le fonctionnement.

Le premier se compose d'une cuvette de 2 mètres ou 2^m,50 de diamètre, selon le modèle adopté, au milieu de laquelle tourne un arbre vertical, communiquant, par différents bras, le mouvement qu'il reçoit d'un moteur quelconque et qui est d'environ 12 tours à la minute :

1° A la meule, pesant de 350 à 500 kilogrammes, qui doit écraser le minerai.

2° A deux espèces de raclettes triangulaires qui marchent devant la meule, et amènent le minerai juste à l'endroit où la meule doit passer.

3° Et à une série de ramasseurs formée de godets, fixés à une chaîne sans fin, qui saisissent la matière et la remontent continuellement, pour la verser dans un conduit qui l'amène sur le cône en treillis, placé au centre de la cuvette.

Les parties suffisamment broyées du minerai passent au travers de la toile métallique, dont les mailles sont réglées selon la finesse que l'on veut obtenir, et sont recueillies en dessous, soit en enlevant la capacité cylindrique recouverte par le tamis, soit plus commodément si l'on opère avec un plancher ou un massif élevé, à l'étage inférieur au moyen d'un entonnoir et d'un conduit spécial.

Les morceaux, encore trop gros pour avoir pu passer à travers le tamis, retombent dans la cuvette, et repassent sous la meule, jusqu'à ce qu'ils soient réduits en poudre.

Mais le tamis n'est pas immobile, autrement, malgré sa disposition conique, les substances y séjourneraient toujours un peu. Un agitateur le soulève à chaque révolution du moulin et la secousse produite active le tamisage en débarrassant le treillage métallique.

De plus, les ramasseurs sont munis d'un débrayage à agrafe, qui permet d'arrêter leur travail, sans suspendre celui de la meule, et cela est souvent nécessaire, surtout pour certaines substances qu'il faut laisser broyer quelque temps avant de faire usage du tamis.

Étant connue la vitesse du moulin, on conçoit que cela aille très vite : en effet, pour les minerais assez tendres, on peut broyer environ 10 mètres cubes à l'heure à un degré de finesse de 4 millimètres.

Mais, pour les matières plus dures, cela va naturellement plus lentement.

Dans ce cas, du reste, on emploie le moulin à deux meules, que représente notre second dessin, et dont l'effet est bien plus considérable, puisque chaque meule pèse 400 kilogrammes.

Cette machine ne diffère de l'autre que par la disposition de ses organes, elle a aussi ses ramasseurs à débrayage, qui versent le minerai sur le tamis, et ses racleurs qui ont pour objet de changer constamment la matière de place, et d'obliger toutes les parties à se soumettre alternativement à l'écrasement ; seulement le tamis est plat, fortement incliné et mû d'un tremblement si rapide que les matières suffisamment pulvérisées n'ont pas le temps de descendre dans la cuvette.

A cela près, l'opération s'y fait exactement comme avec le broyeur à meule unique.

TRIAGE

Le triage mécanique des minerais se fait au moyen d'appareils de classification qui sont assez nombreux et qui s'emploient selon les localités.

Ainsi au Mexique, où l'on bocarde à l'eau les minerais d'argent, on se sert, pour faire une première classification, d'un bassin appelé *labyrinthe*, et qui se compose de plusieurs compartiments circulaires, séparés entre eux par des barrières de hauteurs différentes.

De façon que, lorsque le minerai au sortir des bocards est dirigé par le courant d'eau vers le labyrinthe, les parcelles les plus grosses s'arrêtent dans le premier compartiment, tandis que les moyennes vont dans le second, et les fines dans le dernier.

Dans le Harz, on se sert de *ratters*, c'est ainsi qu'on appelle une série de tamis à secousses, qui se meuvent les uns au-dessous des autres.

Ces tamis forment le fond de caisses inclinées, et leurs mailles (métalliques naturellement) sont graduellement plus grosses de l'extrémité supérieure à l'extrémité inférieure.

Chaque caisse, fixée à un bâti, à l'aide d'une charnière, est soulevée par une barre actionnée par le moteur de l'usine, qui se dégageant tout à coup la laisse tomber brusquement ; et cela à intervalles si rapprochés que le minerai, qui arrive par le haut, est constamment secoué et se classe assez méthodiquement.

Du moins pour les parcelles grosses et moyennes, car les tamis laissent passer toutes les poussières qui contiennent encore une notable quantité de minerai.

Ces poussières, qu'on appelle *schlamms* ou *boues*, sont classifiées ensuite au moyen d'un courant d'eau ascendant, dans une série de caisses disposées en pyramide renversée.

Ce qui fait deux opérations au lieu d'une.

Aussi le Trommel est-il bien plus généralement adopté.

Cet appareil, disposé à peu près comme un blutoir à farine, est un cylindre creux et tournant, quelquefois composé de grilles, le plus souvent de tôle percée de trous, dont les ouvertures vont croissant, en trois séries distinctes.

L'axe sur lequel il tourne, en prenant son mouvement d'une courroie de transmission, est incliné de façon que les minerais qui s'introduisent à son extrémité supérieure, par une sorte d'entonnoir, descendent progressivement sous l'influence du mouvement de rotation jusqu'à l'extrémité opposée, par où s'échappent les matières trop grosses pour passer à travers les trous du cylindre.

Car, la force centrifuge aidant, le mouvement descendant du minerai, se trouve assez ralenti pour qu'il ait le temps, chemin

Broyeur à deux meules (système Jannot).

faisant, de passer au travers les ouvertures pratiquées à cet effet, et de tomber, tout trié en sables, en grenailles et en grosses.

parcelles, dans les trois cases disposées au-dessous de l'appareil.

C'est le système le plus répandu, aussi

Trommel.

Moteur Otto monté sur socle en fonte.

Moteur à gaz (système Otto) actionnant un Trommel.

a-t-il été notablement perfectionné depuis son invention.

MOTEUR ÉCONOMIQUE

Il va sans dire que toutes les machines dont nous avons parlé, aussi bien que les appareils de lavage, sont mues par le moteur de l'usine, mais depuis l'invention des moteurs Otto, c'est-à-dire depuis 1877, partout où l'on a du gaz à sa disposition, on en installe, pour ce travail, à cause de leur commodité et de leur économie.

Cette machine, qui a les apparences et les mêmes organes qu'une machine à vapeur horizontale; piston, cylindre, bielle et arbre coudé, en diffère par son alimentation qui est l'air et le gaz mélangés.

L'air est emmagasiné dans un réservoir qui se trouve sous le moteur, le gaz arrive par un tuyau de conduite.

Le piston, étant à fond de course dans le cylindre, laisse entre lui et le fond du cylindre un espace qu'on appelle chambre de compression.

Un premier coup de piston en avant aspire dans cette chambre un mélange d'air et de gaz; revenant en arrière le piston refoule et comprime ce mélange dans la chambre de compression, au même moment le tiroir démasque un filet de gaz allumé, qui enflamme le mélange; les gaz se dilatent, il s'ensuit une élévation de température qui produit une augmentation considérable de pression. Celle-ci, agissant alors sur le piston, le pousse au bout de sa course et constitue la force motrice.

Revenant une deuxième fois en arrière, le piston chasse devant lui les produits provenant de la combustion, qui sont détendus, refroidis et qui s'échappent dans l'atmosphère par un tuyau ad hoc.

Et ainsi de suite, tant que la machine est en marche, ce qui donne par conséquent une inflammation pour deux coups de piston.

Le montage est des plus simples; le moteur est boulonné sur une pierre de fondation, sur un massif quelconque, le plus souvent fixé sur un socle de fonte qui renferme le réservoir à air.

La consommation du gaz est en moyenne de 750 litres par heure et par force de cheval, pour les machines puissantes; un peu plus, pour les petits moteurs, mais elle est toujours inférieure à un mètre cube; ce qu'il est facile de vérifier d'ailleurs, en plaçant un compteur spécial entre le moteur et la conduite principale.

La consommation d'eau, sur laquelle il faut compter aussi, car il en faut pour refroidir le cylindre, est de 30 à 50 litres par heure et par force de cheval, cette eau peut être emmagasinée dans un réservoir, mais il vaut mieux faire un branchement sur une conduite d'eau forcée; c'est du reste indispensable quand la force du moteur est de plus de dix chevaux, car il faut alors disposer d'un courant d'eau froide.

Comme on le voit c'est extrêmement simple et surtout économique, puisque la machine, qui n'a pas besoin d'être tenue en pression, ne dépense que si elle travaille : on ouvre le robinet du gaz quand on veut la mettre en train, on le ferme quand on veut l'arrêter et tout est dit.

Et c'est la raison du succès de cet appareil, qui est déjà, bien qu'il n'existe que depuis cinq ans, répandu par milliers dans l'industrie française.

LAVAGE

Le lavage a pour objet de séparer les minerais, broyés et triés, par séries de grosseurs, de la plus grande partie des gangues stériles, qui sont encore mélangées avec, de façon à obtenir, en fin d'opération, des sables riches qu'on appelle *schlicks*.

Il y a bien des systèmes de lavage et c'est presque le cas de dire : chaque pays, chaque mode.

Le système classique par excellence est l'augette à mains, employée encore par les laveurs d'or des placers.

C'est une caisse presque carrée dont les rebords vont s'abaissant sur le devant.

L'ouvrier, après y avoir introduit de l'eau et du minerai à laver, la prend par ses deux anses, la secoue, en la frappant sur son genou de façon à mettre toutes les matières légères en suspension, alors il l'incline en avant, l'eau s'écoule entraînant avec elle tous les sables pendant que les grains métalliques, plus lourds, se déposent au fond.

Moyen parfait, du reste, mais impraticable dans les usines métallurgiques, parce qu'il demande une main d'œuvre trop dispendieuse ; il y a du reste des équivalents mécaniques dont les plus anciens sont : pour les minerais moyens, les caisses allemandes, les cribles hydrauliques, et les tables à secousses ou à percussion ; et pour les minerais poussiéreux, les tables à toiles, les tables dormantes et les tables coniques.

La caisse allemande est une boîte rectangulaire qui à 3 ou 4 mètres de longueur sur 60 à 80 centimètres de largeur et 50 à 90 de profondeur, profondeur qui varie du reste selon la caisse, dont le fond est en plan incliné.

Le petit côté inférieur de la caisse est percé dans toute sa hauteur de trous, très rapprochés les uns des autres, que l'on peut boucher à volonté avec des chevilles ; le côté opposé est surmonté d'un entonnoir carré, par lequel on introduit le minerai et immédiatement au-dessous d'un conduit qui entretient constamment une nappe d'eau dans l'intérieur de la caisse.

Veut-on commencer l'opération, on bouche tous les trous excepté le plus bas ; au fur et à mesure que le minerai descend dans la caisse, un ouvrier le remonte vers le chevet, l'agite avec un rateau pour qu'il entre en suspension dans l'eau, les trous sont débouchés successivement, l'eau s'écoule entraînant une partie des sables, car l'opération n'est pas complète du premier coup, et il faut la recommencer un certain nombre de fois pour obtenir un criblage à peu près parfait.

Et c'est dans ce but qu'on place généralement deux ou trois caisses à côté l'une de l'autre, la première pour commencer le travail et les autres pour le continuer sans perdre le temps dont on a besoin pour les vider après chaque opération.

Le crible hydraulique est un tamis métallique, qui compose le fond d'une caisse presque toujours cylindrique, quelquefois conique, qu'une fois chargée de minerai on introduit dans une cuve pleine d'eau.

Là, il s'agit de lui imprimer un mouvement alternatif, ce qui se fait à la main, en la prenant par les deux anses, ou plus économiquement par le moyen d'un levier à contrepoids.

Car tout l'effet est dans le mouvement puisque, à chaque immersion, l'eau soulève les sables stériles, qu'on enlève peu à peu avec une espèce d'écumoire, de sorte que, en fin d'opération, il ne reste plus guère au fond du crible que du minerai utile.

La table à secousses consiste en un plateau de 3 à 4 mètres de longueur sur 1,30 de largeur, suspendu en plan incliné à quatre poteaux, par le moyen de chaînes.

Poussée brusquement en avant par des leviers mus par les cames d'un arbre moteur, cette table revenant à sa position normale, se butte contre des heurtoirs en bois qui la font rebondir et lui impriment des secousses assez fréquentes pour mettre en suspension dans l'eau, dont elle est inondée, le minerai qui arrive en même temps dessus, par un double entonnoir disposé au-dessus du chevet.

Mais les secousses sont réglées de façon à ce que les parties métalliques du minerai aient le temps de se déposer entre deux mouvements et de glisser le long du plan incliné.

Quand une table à secousses a marché

trois heures, on l'arrête pour jouir du bénéfice de l'opération, et recueillir les grains
les plus rapprochés du chevet, qui sont presque toujours suffisamment criblés, ceux qui
suivent subissent un nouveau lavage, et
les matières agglomérées à la partie infé-

Table à secousses pour le lavage des minerais.

rieure de la table sont rejetées comme inutiles.

Voyons maintenant les appareils employés pour le lavage des minerais plus
poussiéreux.

La *table à toile* est une chaîne sans fin,
formée d'une forte toile tendue en plan incliné, et animée d'un mouvement régulier
de bas en haut, par un moteur quelconque.

L'eau et le minerai, amenés sur la toile

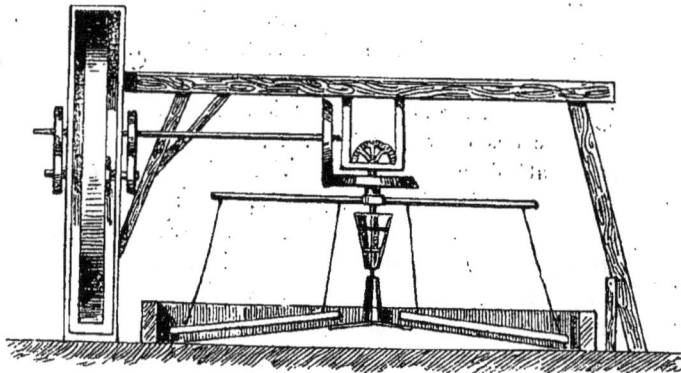

Table conique.

par sa partie la plus élevée, descendent sur
le plan incliné, les sables glissent à terre,
tandis que les grains métallifères s'attachent au tissu pour venir tomber dans un
bac plein d'eau, au moment où la toile se
retourne.

Les tables dormantes sont du même genre et disposées de la même façon que les tables à secousses, seulement elles sont immobiles et les sables y sont mis en suspension par un ouvrier, qui les agite au moyen d'un râteau et les amène constamment au chevet pour les laisser retomber au bas du plan incliné

Du reste, les matières se déposent par les mêmes lois de la pesanteur spécifique, et l'opération est si certaine, que le plus généralement, l'extrémité inférieure de la table présente trois rigoles, l'une pour laisser couler l'eau troublée par les sables, l'autre pour le minerai qu'il faudra recommencer à laver, et la troisième pour le schlick suffisamment criblé.

La table conique est un appareil tournant à mouvement continu, n'ayant rien de la table d'ailleurs, puisque sa forme est celle d'un cône surbaissé, au milieu duquel est un arbre qui lui imprime sa rotation par un engrenage.

Autour de cet arbre est un grand entonnoir, dans lequel on verse en même temps le courant d'eau et les minerais qui se déposent sur le cône, de

façon à ce que les parties les plus pesantes y séjournent, tandis que les autres sont entraînées par l'eau.

A tous ces systèmes qui ne s'éloignent guère les uns des autres, il faut en ajouter un autre plus récent et qui paraît appelé à un grand avenir, puisqu'il opère à la fois le lavage et le triage dans des conditions plus économiques et plus parfaites.

Il s'agit du séparateur tubulaire de l'ingénieur Toussaint, expérimenté il y a quelques dix ans pour l'enrichissement des minerais de plomb argentifère et de cuivre, de *Monte Calvi* et d'*Aqua Viva* en Toscane.

Cet appareil — qui, comme tous les procédés de lavage, dont nous venons de parler, repose sur le principe de la pesanteur des corps et de leur faculté d'aller au fond de l'eau avec une vitesse en rapport avec leur densité, — se compose d'un tube en tôle de $1^m,50$ de diamètre, et de 30 mètres de hauteur, placé verticalement dans une cour ou au milieu d'un échaffaudage en charpente construit exprès.

Ce tube, toujours maintenu plein d'eau,

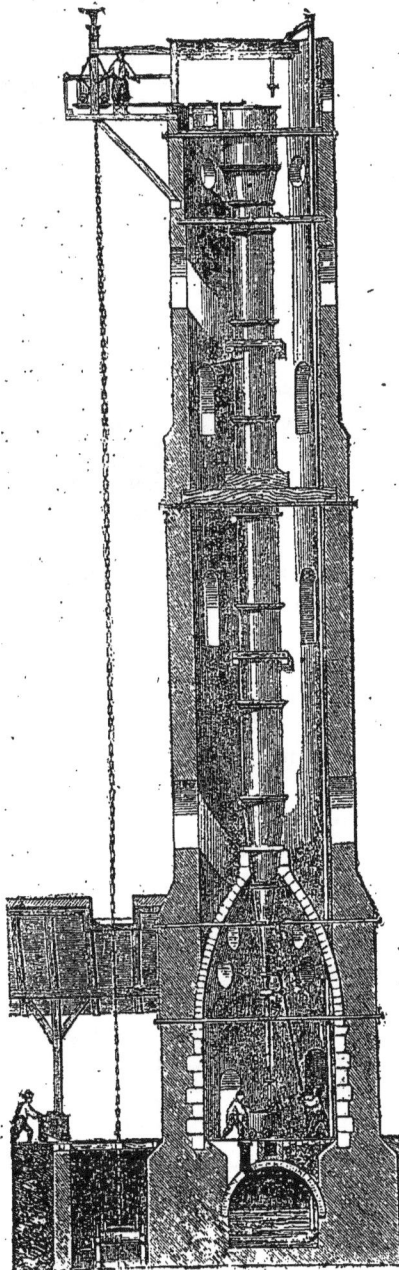

Séparateur tubulaire Toussaint.

est élargi à sa partie supérieure, de manière

à contenir une trémie, dans laquelle on verse le minerai pulvérisé et tamisé et qui est fermée à sa base par des portes-vannes que l'on peut ouvrir tout d'un coup ou graduellement, selon qu'il est nécessaire de modérer ou d'intercepter la chute du minerai à l'intérieur du tube.

La descente s'opère alors plus ou moins vite, selon la grosseur des grains, mais les particules métalliques, dont la densité est toujours plus considérable que celle des matières terreuses, arrivent toujours les premières au fond, où elles prennent une position tranchée, dans le rétrécissement ménagé à cet effet dans la partie inférieure du tube, au-dessous d'une grande vanne manœuvrée par un levier.

En raison de la densité des métaux, si le minerai contenait à la fois, ce qui arrive souvent, du sulfure de plomb et du sulfure de zinc, ces deux métalloïdes se trouveraient séparés naturellement, et le tube rétréci présenterait la superposition d'une couche de sulfure de plomb à la base, d'une couche de sulfure de zinc au-dessus, le tout surmonté des matières stériles parfaitement dégagées de particules métalliques.

Au moyen de regards en verre et de vannes disposées dans le rétrécissement inférieur du tube, on fait sortir successivement ces divers lits, recueillant les matières utiles, qui sont non seulement séparées d'avec les gangues, mais encore toutes triées par séries de grosseurs, par l'addition à l'appareil, d'un classificateur formé de tamis superposés, soumis à un mouvement permanent de trépidation, par une disposition mécanique qui leur imprime 2,400 secousses par minute.

Avec ce système, il n'est plus de gisement métallifère, si pauvre qu'il soit, qui ne puisse être exploité, puisque la dépense de séparation, toujours très incomplète par les moyens ordinaires (on perdait quelquefois jusqu'à 30 pour cent de matières utiles), et qui coûtait 2 fr. 80 c. par tonne de minerai, ne revient plus qu'à 53 centimes.

Encore obtient-on une séparation absolue, puisque l'expérience a démontré que des particules métalliques dans la proportion de 1 à 384,000, qui est celle des minerais les plus pauvres, ont été recueillies sans aucune perte par le séparateur Toussaint.

On voit dans quelle proportion énorme cette invention augmente la valeur des mines en exploitation, puisqu'elle permet de reprendre les amas de déblais abandonnés jadis comme trop pauvres pour être traités, et qui deviennent aujourd'hui d'excellents minerais.

Reste à savoir, par l'expérience, si l'installation d'un tour de trente mètres de hauteur, est toujours bien pratique.

TRAITEMENT CHIMIQUE DES MINERAIS

Le traitement chimique des minerais a pour objet non seulement l'extraction des métaux, mais encore leur séparation totale des substances étrangères avec lesquelles ils sont combinés.

Ce traitement varie naturellement pour chaque espèce de combinaison, et comme, à cause de cela, nous allons étudier tous les métaux séparément, nous ne dirons ici que les généralités.

Les principales opérations du traitement chimique sont : la calcination, le grillage, la réduction, l'affinage, la liquation, la sublimation, la coupellation et l'amalgamation.

La calcination consiste soit à chasser des substances vaporisables, comme l'eau, l'acide carbonique, le soufre, qui se trouvent notamment dans les minerais de fer hydraté, soit à rendre certaines matières minérales, comme le fer rouge en roches, moins dures, plus poreuses, plus friables.

A cet effet on expose le minerai dans des fours ou des cornues, à une température plus ou moins élevée et dans des conditions où l'air ne peut intervenir dans les réactions.

Assez souvent la calcination précède le broyage, ce qui simplifie d'ailleurs cette seconde opération.

Le grillage, qui se fait aussi dans un four, mais au contact de l'air, a pour but d'éliminer soit un métal plus oxydable que celui avec lequel il est combiné, soit des substances formées de composés oxydés volatils.

C'est ainsi qu'on grille les galènes (sulfure de plomb), les blendes (sulfure de zinc), et les sulfures d'antimoine pour les ramener à l'état d'oxydes, réductibles par le charbon.

Et les minerais de cuivre pyriteux pour les débarrasser du soufre qu'ils contiennent et faciliter aussi, lors de la fusion, la séparation du fer et des gangues pierreuses.

L'opération se fait, selon les cas, dans des fours à réverbères, dans des fours analogues à ceux qui servent pour faire cuire la chaux, ou même sans four, soit en plein air, soit dans des chambres de maçonnerie sans toit qu'on appelle *cases*, en tas, c'est-à-dire en ayant soin d'entremêler les couches de minerais avec les couches de combustible.

La réduction, qui s'opère dans des fourneaux presque spéciaux pour chaque métal et par des procédés qui varient selon les minerais à traiter, enlève l'oxygène aux minerais oxydés, et rend les métaux à peu près purs.

Lorsque le minerai à traiter ne contient que de l'oxygène, il suffit de le mélanger avec une proportion convenable de charbon et de le soumettre à une chaleur suffisante pour que le charbon, en se consumant, absorbe l'oxygène et isole le métal.

S'il contient avec cela, comme les minerais de fer, des matières terreuses généralement peu fusibles, il faut ajouter au charbon ce qu'on appelle des *fondants*, oxydes terreux ou alcalins, d'une valeur insignifiante, mais d'un grand effet, car, en se combinant avec les gangues du minerai, ils forment des composés doués d'une si grande fusibilité, qu'en devenant liquides ils se convertissent en une espèce de verre, qui surnage à la surface des matières métalliques en fusion et qu'on peut faire écouler facilement.

Ces scories vitreuses, en raison de leur apparence, s'appellent *laitiers*.

L'affinage succède à la réduction dans bien des cas, surtout pour le cuivre, le plomb, le fer, qui, sortant du fourneau, renferment encore des substances étrangères, dont il est indispensable de les débarrasser pour qu'ils puissent répondre aux besoins de l'industrie.

Chaque métal a son procédé d'affinage spécial, que nous étudierons en temps et lieu.

La liquation, employée surtout pour purifier l'étain, et pour le traitement des cuivres argentifères, a pour objet de séparer par la fusion plusieurs métaux de fusibilité différente, l'important est d'avoir étudié les divers degrés de fusibilité des métaux à traiter et de leur faire supporter une température appropriée.

La coupellation et l'amalgamation sont deux opérations spéciales à la métallurgie de l'argent, la première pour extraire le métal du plomb argentifère, la deuxième pour agglomérer, à l'aide du mercure, les parcelles plus ou moins tenues du minerai d'argent.

Quant à la sublimation, elle n'est employée que pour le mercure, le zinc et l'acide arsénieux. C'est une sorte de distillation qui s'obtient par différents procédés dont nous parlerons séparément.

En résumé, ces différentes opérations, qui sont la métallurgie proprement dite, donnent quatre sortes de produits.

1° Des métaux plus ou moins purs.

2° Des composés, qui, bien que n'existant

pas dans le minerai, se sont, par suite de l'union de plusieurs éléments renfermés

dans les minerais et les fondants, formés pendant la réduction, et qui contiennent

Four à reverbère.

assez de métal pour qu'on l'extraie par un traitement spécial; tel est le cas du cuivre noir et du plomb d'œuvre.

3° D'autres composés, ayant également pris naissance pendant la réduction, et qui forment des substances presque toujours immédiatement propres à des usages indus-triels, comme l'orpiment, l'acide arsénieux, le sulfure d'antimoine, etc.

4° Et des scories, des laitiers, et d'autres déchets sans valeur, dont nous ne parlons que pour mémoire.

Le fourneau est l'agent principal de la métallurgie, et, à ce titre, bien que la plu-

Four à manche.

part des minerais exigent un fourneau spé-cial, nous en dirons quelques mots au point de vue général.

D'abord, en principe, quelle que soit leur appropriation, ils doivent toujours être con-struits avec les matériaux les plus réfrac-

Soufflet ordinaire.

Ventilateur à tambour

taires; la partie intérieure du moins, car un fourneau est toujours composé de deux parties :

Le revêtement, ou la partie extérieure, qui est souvent en briques, mais quelquefois en plaques de fonte ou de tôle.

Et la chemise, ou partie intérieure, qui est la plus exposée à l'action du feu et des minerais mis en traitement.

Ils peuvent être divisés en trois catégories : fours à chauffe distincte, fours sans chauffe distincte, et fours à chauffe distincte et à vases clos ; qui se subdivisent elles-mêmes chacune en deux autres : fours à courant d'air naturel, et fours à courant d'air forcé.

Les fours à chauffe distincte sont, comme leur nom l'indique, ceux dans lesquels le

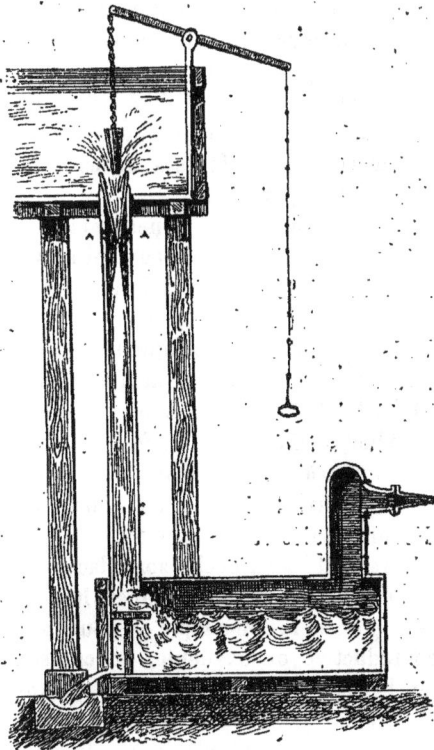
Trompe.

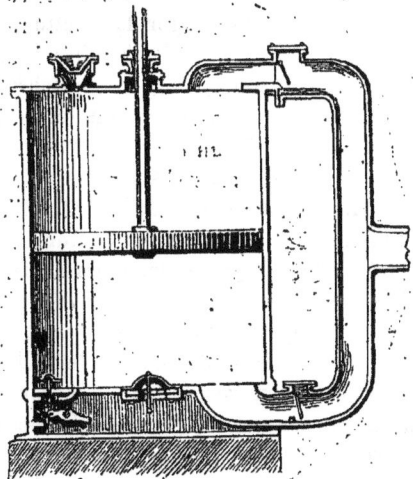
Cylindre soufflant.

combustible et le minerai occupent des compartiments séparés.

L'un des plus employés de cette catégorie est le four à réverbère, qui prend différentes formes, et dont les dimensions varient selon les usages auxquels on le destine, mais qui se compose toujours des trois parties essentielles : foyer, laboratoire et cheminée, qui se succèdent dans la longueur du fourneau.

Le foyer, où l'on ne brûle que du combustible à flamme longue, pour qu'elle puisse se rabattre sur le minerai à traiter, est séparé du laboratoire par un petit mur en briques très réfractaires qu'on appelle *pont*.

Le laboratoire, placé immédiatement sous la voûte surbaissée du four, qui porte le nom de *réverbère*, parce qu'en effet elle fait réverbérer les flammes du combustible sur le métal, est destiné à recevoir les matières à traiter, que l'on pose sur un plancher appelé *sole*, dont la nature et la forme varient suivant les travaux à opérer.

Raison qui fait aussi pratiquer, sur les faces du laboratoire, une ou plusieurs ouvertures qu'on appelle *portes de travail*.

Les fours de coupellation allemands et anglais sont aussi à chauffe distincte, ils ne diffèrent d'ailleurs des fours à réverbères qu'en ce qu'ils ont, ou la sole, ou la voûte mobile.

On pourrait aussi ranger dans cette catégorie les fours à gaz, où la chauffe est remplacée par une source de gaz : soit brûlé, soit en combustion, comme dans les systèmes Siemens et Ponsard, mais nous préférons leur consacrer un chapitre spécial.

Parmi les fours sans chauffe distincte, il y a les fours à ouvreaux, et courant d'air naturel, les bas foyers et les fours à cuves.

Les fours à ouvreaux et courant d'air naturel se subdivisent : en fours à enceintes temporaires pour la calcination et le grillage en meules ou en tas, et fours à enceintes permanentes, munis de peu ou de beaucoup d'ouvreaux ; il y a aussi des fours à grand tirage, comme ceux qu'on emploie en Espagne, pour la fusion des minerais de plomb.

Les bas foyers ne sont en somme que des creusets, d'une contenance plus ou moins grande, dans lesquels le minerai, mélangé avec le combustible, est soumis au vent d'une tuyère qui accélère la combustion.

Tels sont les fourneaux catalans. Quant aux fours à cuve, ils portent ce nom à cause de leur forme, qui est en effet celle d'une cuve, terminée à la partie supérieure par une ouverture servant à l'introduction du minerai et du combustible, et qu'on appelle gueulard, et en bas par un creuset dans lequel se superposent, par ordre de densité, les matières fondues, que l'on soutire par deux ouvertures : l'une plus élevée qu'on appelle *l'œil*, sert à l'écoulement des laitiers, et l'autre, percée au fond du creuset, s'ouvre sur un canal qui amène le métal dans une cavité qu'on appelle bassin de réception.

Selon leurs dimensions, les fourneaux à cuve qui portent tous, au-dessus du creuset, une ou plusieurs ouvertures pour laisser passer les tuyères dont le vent accélère la combustion — prennent différents noms.

Quand ils n'ont qu'un ou deux mètres de hauteur, ce sont des fours à manche, employés surtout pour l'étain.

D'une hauteur de deux à neuf mètres, ce sont des demi-hauts fourneaux qui servent généralement à l'extraction de l'argent, du plomb, du cuivre et de l'or, avec des modifications spéciales pour chaque métal.

Si leur hauteur dépasse neuf mètres, ce sont des hauts fourneaux employés surtout à la réduction du minerai de fer.

Les fours à chauffe distincte et à vase clos se subdivisent, en ce qui concerne la métallurgie, en trois classes :

Fours dont les vases clos sont placés dans la chauffe même, qui comprennent les fours à vent pour la fusion simple ou pour la fusion réductive ou oxydante, en creusets, pour l'acier, la fonte, le bronze, l'antimoine, etc.

Fours à vases clos placés à côté de la chauffe, comme les fours de verreries, les fours à zinc par les systèmes anglais et silésiens, les fours à mercure, etc.

Fours à vase clos, placés au-dessus de la chauffe, comprenant les fourneaux dont la vaste enceinte peut renfermer un certain nombre de vases clos que la flamme enveloppe entièrement ; tels sont les fours à zinc belges, les fours à antimoine, à bismuth, les fourneaux de cémentation, les fours de carbonisation à parois chauffées, les fours à moufle pour le grillage des minerais.

Nous les décrirons au fur et à mesure que nous aurons à nous occuper spécialement de leur emploi.

D'ici là, il nous faut dire quelques mots des procédés d'introduction du courant d'air forcé, nécessaire au tirage de la plupart des fourneaux et qu'on appelle la *soufflerie*, libre à nous, d'ailleurs, de lui donner le nom, moins barbare, de ventilation.

VENTILATION

Les machines soufflantes, employées en métallurgie, sont très nombreuses ; nous commencerons par les plus anciennes, bien que la plupart aient été abandonnées, malgré les usages locaux qui ont prévalu longtemps, pour des procédés plus modernes et plus expéditifs.

Il y a d'abord les soufflets, montés exactement comme les soufflets de forges et qui ne diffèrent de ceux dont on se sert dans les ménages, qu'en ce qu'ils sont à deux vents, sans cela, du reste, leur action ne serait pas continue.

Dans les usines où l'on s'en sert encore lorsqu'on n'a pas besoin d'une grande quantité d'air, on remplace le cuir, qui s'userait trop vite par la fréquence des mouvements, par des liteaux de bois, munis de ressorts et on les dispose de façon à ce que leur partie inférieure reste immobile.

La partie supérieure est attachée par une chaîne à un levier qui reçoit son mouvement d'une roue à cames, actionnée par un moteur quelconque.

Ce procédé, peu couteux, il est vrai, est loin d'être parfait : le soufflet ne chasse pas complètement l'air par la raison fort simple qu'il ne peut en prendre que des provisions partielles ; puisque ses deux parois opposées ne se touchent jamais, ce qui fait encore dépenser, en pure perte, une bonne partie de la force motrice.

La trompe est un instrument de ventilation préférable (toujours pour les petites quantités d'air) mais il ne peut être employé que dans les usines où l'on dispose d'une énorme quantité d'eau ; car il en faut beaucoup et à courant continu pour tenir toujours plein un réservoir alimentaire placé à une certaine hauteur.

De ce réservoir part un tube, dont la hauteur est proportionnée à la force qu'on veut obtenir et qui descend verticalement dans un réservoir moins grand.

L'orifice supérieur de ce tube est muni d'une espèce d'entonnoir qu'on appelle *estranguillon*, placé intérieurement, au-dessus d'une série de trous inclinés nommés *aspirateurs* et par lequel on règle l'admission de l'eau dans le tube, au moyen d'une vanne mobile, ou plus communément, d'un tampon de bois, fixé par une chaîne à un levier qu'on fait jouer d'en bas.

L'eau, en pénétrant dans le tube, entraîne l'air extérieur fourni par les aspirateurs ; en arrivant dans le réservoir inférieur, elle tombe sur une sorte de plateau, qu'on appelle le *tablier* où elle s'éparpille de façon à faire dégager l'air qu'elle contenait.

Cet air s'emmagasine dans le réservoir qui ne s'emplit jamais qu'à moitié, puisque l'eau s'échappe, au fur et à mesure qu'elle y arrive, par une ouverture pratiquée de façon à être constamment noyée, pour ne point livrer passage à l'air qui s'accumule peu à peu dans la caisse.

Et c'est le trop plein de cette caisse qui met la soufflerie en jeu ; car il s'échappe alors par un tuyau vertical qu'on appelle *l'homme*, d'où, faute d'autre issue, il passe dans un tuyau flexible, en peau de mouton, au bout duquel est emmanchée la tuyère, qui dans ce cas est un tube en fer, ressemblant beaucoup à l'extrémité d'un gros soufflet.

Système très simple, comme on le voit, mais il y en a un, plus moderne, infiniment plus simple encore, c'est le souffleur à jet de vapeur de MM. Kœrting frères; aussi est-il employé presque généralement.

Ce souffleur, basé sur un principe que nous avons décrit déjà en parlant des ventilateurs de mines des mêmes constructeurs, est activé par un jet de vapeur, emprunté à une chaudière quelconque de l'usine.

Cette vapeur, introduite dans l'appareil par le tuyau *a* et dont l'admission peut être réglée, selon les besoins, par l'aiguille *r*, produit dans une série de tuyères consécutives, l'aspiration d'un grand volume d'air atmosphérique.

Souffleur sous grille (système Kœrting).

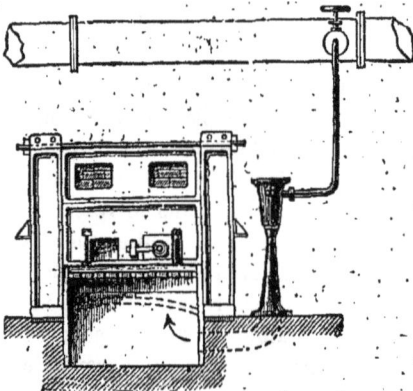

La vapeur et l'air se mélangent intimement et sont refoulées ensemble sous la grille de chauffe du four à activer.

La partie de la vapeur qui s'est condensée par l'air aspiré, se perd dans le cendrier, mais l'autre portion, entraînant l'air, traverse avec les charbons enflammés et se décompose en hydrogène et en oxyde de carbone, gaz qui sont tous les deux des plus favorables à la combustion.

Ce souffleur peut s'adapter à tous les fours à chauffe distincte, il n'a pas d'autre prétention du reste, puisqu'il s'intitule souffleur sous grille, mais il est très économique, car, grâce à son action, on peut brûler à peu près toutes sortes de combustibles et il ne coûte presque rien d'installation.

On verra, par nos dessins, la façon très simple de le monter à un four à puddler et à un four à réverbère (la lettre L indiquant, dans le premier dessin, l'entrée de l'air dans le cendrier).

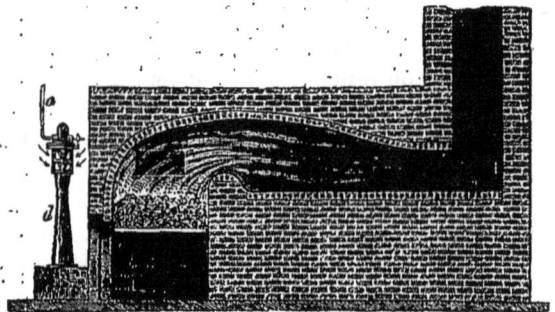

Montage d'un souffleur Kœrting.

A, un four à puddler.   A, un four à réverbère.

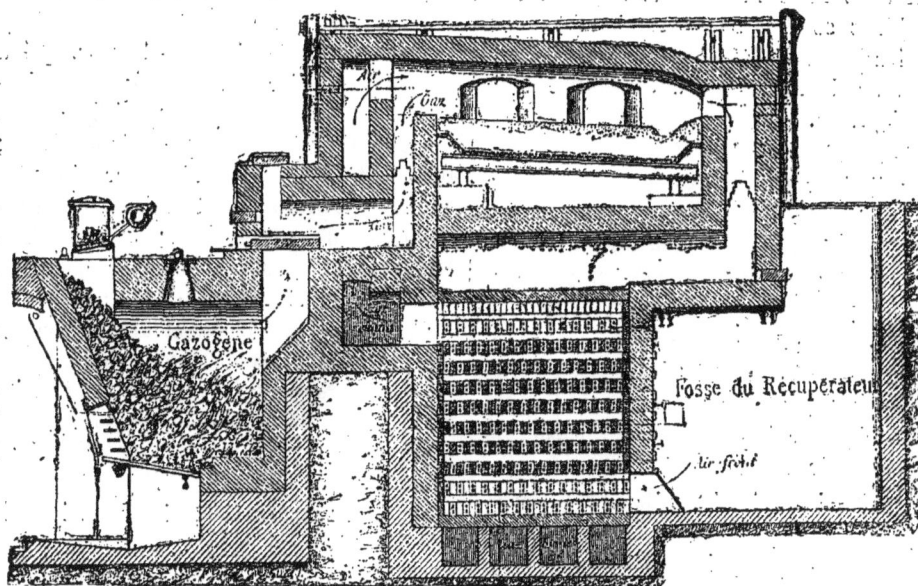

Four à gaz (système Ponsard) coupe de l'ensemble.

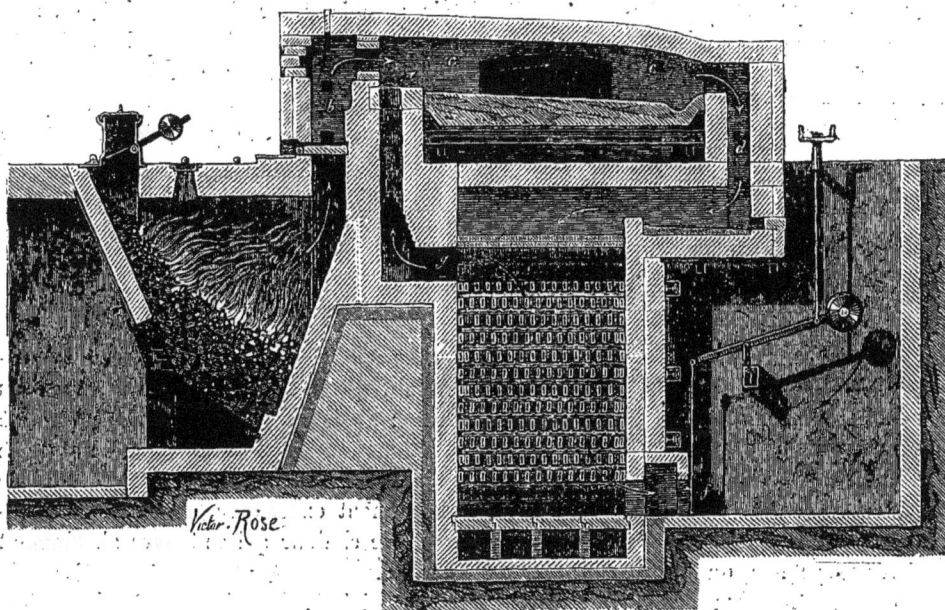

Four à gaz (système Ponsard).

Il nous reste maintenant à parler des machines soufflantes à grand effet, plus particulièrement affectées aux hauts fourneaux, qui ont besoin d'une quantité d'air considérable.

Ce sont les cylindres et les ventilateurs. Le cylindre soufflant n'est pas autre chose qu'une pompe à air, disposée comme les pompes aspirantes et foulantes.

A cet effet le cylindre, posé verticalement, est percé de quatre ouvertures fermées par des soupapes : deux au couvercle supérieur, deux à l'inférieur ; le piston, dont la circonférence est garnie de tresses de chanvre et de bandes de cuir pour empêcher les déperditions d'air, fonctionne à l'ordinaire.

En s'abaissant il fait le vide dans la partie supérieure du cylindre et repousse l'air contenu dans la partie inférieure, en se relevant, l'effet contraire se produit ; de sorte qu'à chaque coup de piston le vent est lancé dans les conduits pratiqués dans chaque partie du cylindre et qui se réunissent en un seul pour l'amener aux tuyères.

Il va de soi que, si un cylindre seul ne produit pas assez d'air pour la consommation du fourneau, on en installe deux, trois et même davantage, qui opèrent de la même façon.

Les ventilateurs les plus usités (leur emploi d'ailleurs est assez spécial) sont presque tous du système centrifuge.

Ils se composent d'un tambour en fonte, généralement de deux mètres de diamètre, dans lequel une roue à quatre palettes actionnée par une machine à vapeur, tournant avec une vitesse de cinq cents tours à la minute, refoule vers la circonférence l'air entré par la partie centrale et qui, ne trouvant pas d'autre issue, se précipite dans un couloir qui le conduit aux tuyères.

Avec ce système, on peut produire beaucoup de vent. Il y a pourtant encore une machine plus puissante, plus spéciale aussi du reste et qui ne peut convenir qu'à de grandes usines car elle demande une installation considérable.

C'est l'appareil Siemens-Cowper, qui a cela de particulier qu'il fournit alternativement, pendant une durée de trois heures, le chaud et le froid et à des degrés extrêmes ; aussi faut-il deux souffleries pour alimenter un haut fourneau ; il est vrai que trois suffisent pour deux fourneaux ; car le gaz peut en chauffer deux ensemble pendant trois heures et l'on fait passer dans un seul, pendant une heure et demie, tout le vent nécessaire aux deux fourneaux.

On comprend par ceci que les souffleries ne sont que les intermédiaires ; l'appareil générateur est infiniment plus compliqué et surtout plus encombrant.

Qu'on en juge par celui qui est installé à l'usine de Terre Noire.

Il se compose d'une cuve en tôle pesant 35,000 kilogrammes et représentant 77 mètres cubes, rivetée avec soin pour qu'il n'y ait pas de déperdition de vent, et entourée d'une double maçonnerie en briques réfractaires, puis, pour l'emmagasinage de la chaleur, d'un quadrillage qui représente une surface de chauffe de 3,900 mètres carrés renfermé dans un cube de $99^m,600$, dont l'ensemble ne pèse pas moins de 100,000 kilogrammes.

Cet emmagasinage de la chaleur nous amène à parler des fours à gaz, car il se fait par le même système.

FOURS A GAZ

Les fours à gaz sont nés de cette observation, qui n'était pas difficile à faire du reste : que lorsqu'un fourneau est chauffé à une température très élevée, les gaz de la combustion s'échappant par la cheminée renferment encore une quantité considérable de chaleur qui se trouve absolument perdue.

Ce qui était plus difficile, c'était de récupérer cette chaleur perdue, l'ingénieur anglais William Siemens en a trouvé, le premier, le moyen pratique, en construisant un fourneau spécial qu'il appelle *four à gaz et à chaleur régénérée*, et qui fonctionne d'après deux principes très distincts.

D'abord, au lieu de se servir directement du combustible pour mettre les métaux en fusion, il utilise les gaz provenant de la distillation du charbon.

Ensuite il dépouille de toute leur chaleur les gaz brûlés par de l'air et des gaz neufs, qui la transportent ou la régénèrent sur la sole du four.

Nous n'entrerons point dans les détails de la composition du four Siemens, d'ailleurs très compliqué, parce que nous allons donner du four Ponsard, qui en est un heureux perfectionnement, la description qu'en a faite M. Périssé dans les *Mémoires de la Société des ingénieurs civils;* et comme les deux systèmes sont toujours comparés dans ce qu'ils ont de différent, nos lecteurs n'y perdront rien.

« Le four Ponsard, dit M. l'ingénieur Périssé, se compose essentiellement : 1° d'un gazogène, dans lequel le combustible à l'état solide subit une combustion incomplète et se transforme en gaz, eux-mêmes combustibles ; 2° d'un appareil à air chaud, chauffé par les flammes perdues, appelé par son inventeur *récupérateur de chaleur*, et placé en contre-bas du four proprement dit ; 3° d'un laboratoire de four, où les gaz du gazogène subissent une combustion complète au moyen de l'air chaud fourni par le récupérateur ; 4° enfin d'une cheminée, qui, par son appel convenablement réglé, force les produits de combustion à descendre sur toute la profondeur du récupérateur pour les rejeter ensuite dans l'atmosphère.

« Examinons successivement ces différents organes essentiels.

« 1° *Gazogène.* — On emploie différentes sortes de gazogènes, ou générateurs de gaz, suivant la nature des combustibles. Ils peuvent être classés en deux catégories : les uns sont à grille avec alimentation d'air froid; les autres sont sans grille, alimentés avec de l'air chaud fourni par le récupérateur, et appelés par l'inventeur : gazogènes surchauffés.

« Les premiers, employés depuis très longtemps, sont analogues aux générateurs Siemens ; mais ils ont toujours une grille inférieure, à peu près horizontale, sur laquelle la couche de combustible varie de 60 centimètres à 1m,20 d'épaisseur, suivant sa nature physique ou sa composition.

« Le dessus du gazogène est généralement au niveau du sol, et porte une ou plusieurs boîtes ou simples ouvertures par lesquelles le combustible est versé dans l'appareil. Il y a aussi des trous par lesquels on peut introduire des ringards pour piquer la couche de combustible et détruire les voûtes ou accrochages qui peuvent se former avec certaines houilles. Ces trous permettent au chauffeur de se rendre compte de l'allure de l'appareil et lui indiquent le moment où il convient de faire les charges.

« La profondeur des gazomètres ordinaires est variable entre 2m,50 et 3 mètres. Chaque gazogène doit être muni d'un registre réfractaire, pour pouvoir régler la quantité du gaz ou intercepter, à un moment donné, la communication avec le four.

« Les *gazomètres surchauffés* sont d'une forme tout à fait différente. L'emploi de l'air chaud à une température de 800 à 1,000 degrés ne rend pas possible l'emploi d'une grille, parce qu'elle brûlerait ou s'encrasserait rapidement.

« Ces gazogènes sont donc à cuve; au-dessus du point où a lieu l'inflammation, et, au droit de l'arrivée de l'air chaud, l'appareil présente une grande chambre fermée (plus large que le bas de la cuve) dans laquelle le combustible descend en prenant son talus naturel d'éboulement.

« C'est par les vides formés entre ce talus et les parois verticales extérieures du gazomètre que, d'une part, débouchent l'air, et, d'autre part, le gaz produit par son passage à travers la couche incandescente.

« Les cendres et machefers se rendent sur le sol de cette chambre, d'où ils sont enlevés de temps en temps par des ouvertures

Four à gaz Ponsard. — Coupe du récupérateur.

tenues normalement fermées, soit au moyen de clapets, soit avec un simple garnissage en terre grasse.

« 2° *Récupérateur.* — Il constitue un appareil à air chaud, composé de briques réfrac-

taires creuses ou pleines (voir les dessins).

« Il se compose d'une première série d'intervalles *b*, dans lesquels circulent les gaz brûlés chauds provenant du four, et d'une seconde série, *c*, dans laquelle passe l'air à chauffer, de telle sorte que chaque chambre verticale d'air soit toujours com- prise entre deux chambres semblables de fumée, et réciproquement.

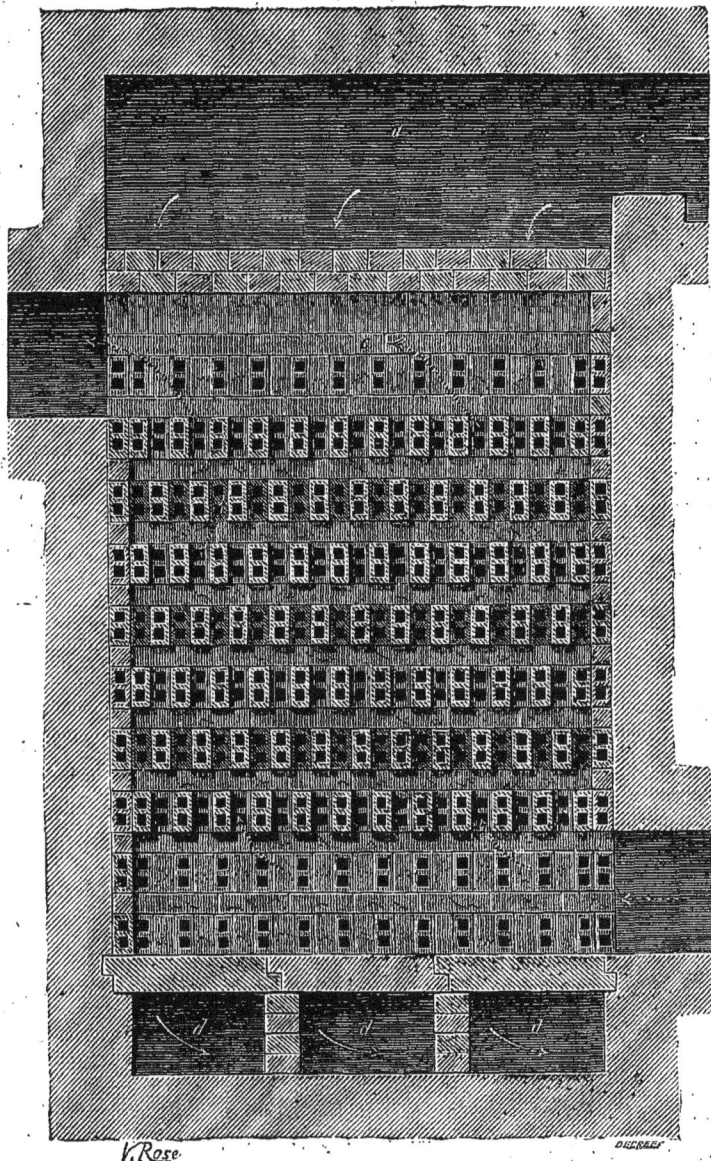

Four à gaz (système Ponsard). — Coupe du récupérateur.

« Dans la disposition la plus généralement employée, toutes les cloisons sont entrecroisées par des briques, pour la plupart creuses, formant chicanes sur différentes assises en hauteur. Ces chicanes sont destinées à présenter beaucoup de surface aux fluides, et, de plus, elles établissent, entre les diverses chambres, des communications qui augmentent encore la surface de chauffe.

« Remarquons que ces briques sont juxtaposées, c'est-à-dire jamais placées au bout les unes des autres, de telle façon que le récupérateur peut subir des efforts de dilatation et de contraction sans être exposé à aucune dislocation, et, de plus, ces efforts, s'exerçant partiellement sur des pièces très courtes, n'ont aucun effet sur les joints.

« Dans le récupérateur, le chauffage est méthodique : les gaz brûlés arrivent en effet par le haut, descendent dans les compartiments qui leur sont destinés et s'échappent ensuite dans la cheminée; l'air froid, au contraire, pénètre par la partie inférieure, s'élève dans les compartiments intermédiaires en s'échauffant graduellement, et sort, après avoir léché les parois les plus chaudes, pour se rendre dans la chambre de combustion. Un registre, placé en avant des canaux d'air inférieurs, permet de régler à volonté l'arrivée de l'air froid dans le récupérateur.

« Lorsqu'on a besoin de diviser l'air de façon à pouvoir en appliquer une partie quelconque à un but spécial, comme à l'alimentation du gazomètre par exemple, il est facile de diviser parfaitement le courant, et il suffit, pour cela, de remplacer une ligne verticale des briques creuses, qui mettent les canaux d'air en communication, par une ligne verticale de briques pleines.

« On a ainsi deux récupérateurs parfaitement distincts, quoique compris dans la même chambre, à la condition de placer deux registres d'arrivée au lieu d'un.

« *Laboratoire.* — Dans le four Ponsard, le laboratoire, c'est-à-dire la chambre dans laquelle s'effectue la combustion, est placé à un niveau plus haut que celui du gazogène et du récupérateur. Il en résulte que le gaz et l'air chauds débouchent dans le laboratoire avec une pression de quelques

millimètres d'eau, sans qu'il soit besoin pour cela d'employer une soufflerie quelconque.

« Il est de première importance que la combinaison du gaz combustible et de l'air comburant s'effectue d'une façon intime et surtout dans des proportions se rapprochant, aussi près que possible, de celles qui sont déterminées par la combinaison théorique.

« Cette double condition ne peut être obtenue que lorsque le combustible est à l'état gazeux; c'est-à-dire, au même état physique que l'air destiné à le brûler, il faut de plus que les deux gaz soient à peu près à la même température et à la même pression.

« On maintient l'uniformité de cette pression dans le laboratoire, en réglant le tirage naturel de la cheminée, au moyen de son registre, jusqu'à ce que ce tirage ne se fasse plus sentir que vers la partie supérieure du récupérateur.

« Alors la pression des gaz brûlés, *maxima*, dans le laboratoire, sert à les faire descendre dans la chambre qui est placée entre le four et le récupérateur; la pression diminue de plus en plus dans cette chambre, et elle arrive à être nulle au point où l'aspiration de la cheminée commence à se faire sentir.

« Les sections d'arrivée de gaz et d'air, celle du laboratoire, ainsi que les sections des passages qui font communiquer le laboratoire avec la chambre de descente au récupérateur; doivent être déterminées avec soin ou réglées de façon à obtenir le mélange et la vitesse convenables pour l'opération, la forme des brûleurs, placés à une extrémité du laboratoire, a aussi son influence et doit être déterminée en raison des températures et des pressions respectives.

« D'ailleurs, on a toujours à sa disposition les trois registres : celui du gaz combustible, celui de l'air comburant et enfin celui de la cheminée, pour trouver et maintenir le meilleur régime du four, non seulement au point de vue du chauffage, mais aussi au point de vue de la flamme, que l'on peut obtenir ainsi à volonté : neutre, réductrice ou oxydante, selon les besoins de l'opération.

« Le four que je viens de décrire est donc à marche continue, sans renversements et sans valves mécaniques exposées à se voiler.

« Les gaz combustibles sont amenés au laboratoire à leur température de formation, sans être refroidis comme dans le système Siemens, et il n'y a plus dans les conduites des dépôts d'hydrocarbures, ou goudrons, ni des pertes de gaz au moment des inversions, il est vrai que dans le cas du gazogène ordinaire, la récupération est moins grande.

« Les explosions ne sont pas à craindre, puisque les gaz combustibles et l'air comburant ne cheminent dans des conduits voisins qu'au moment de leur arrivée dans le laboratoire où ils s'enflamment toujours, puisque, avant de donner de l'air du récupérateur et de marcher au gaz, on est, pour ainsi dire, obligé de commencer à chauffer le four comme avec un foyer ordinaire.

« C'est très facile, puisqu'on a une grille à sa disposition et qu'il suffit de mettre en marche avec une faible épaisseur de combustible, pour ne l'augmenter que lorsque les brûleurs sont portés à la température suffisante pour l'inflammation des gaz.

« Enfin, le prix d'établissement des fours Ponsard est presque deux fois moindre que celui des fours Siemens correspondants. »

En résumé le système des fours à gaz, qui s'applique spécialement, en métallurgie, au traitement direct des minerais de fer et de zinc, à la fusion de l'acier et de la fonte, au réchauffage de l'acier et au puddlage du fer, présente sur les autres des avantages considérables dont voici les principaux :

Faculté d'emploi de combustibles de toute nature et de toute qualité.

Économie de combustible, qui varie entre 40 et 75 pour cent, selon la nature des travaux.

Possibilité d'obtenir des températures illimitées sans le secours des souffleries.

Plus de pureté dans la flamme, ce qui diminue beaucoup l'oxydation ou le déchet des matières traitées et donne des produits de meilleure qualité.

Facilité de régler à volonté l'intensité et la composition chimiques de la flamme ; ce qui rend les opérations plus parfaites.

Enfin plus grande durée des fours, grâce à l'uniformité de la chaleur qu'on y entretient et à l'absence complète des cendres.

Aussi leur emploi se généralise-t-il de plus en plus.

Et maintenant qu'on connaît, au point de vue général, tout l'outillage de la métallurgie, nous allons étudier, séparément, les procédés d'extraction de chaque métal, en commençant par l'argent, qui offre la plus grande variété de systèmes.

MÉTALLURGIE DE L'ARGENT

L'argent provient d'un nombre assez considérable de minerais, dont nous avons fait la nomenclature en parlant des mines.

Les procédés d'extraction varient, bien plus encore selon les localités qu'en raison de la nature et de la richesse des minerais. Cependant ils se réduisent tous à ceci :

Ramener l'argent à l'état métallique lorsqu'il n'y est pas dans le minerai, et le combiner avec un métal convenable afin d'en faire un composé assez fusible, pour se séparer facilement des gangues qui l'accompagnent.

Au point de vue métallurgique, les

minerais d'argent sont classés en quatre catégories :

1° Minerais simples, dans lesquels l'argent est simplement mélangé avec des gangues stériles ;

2° Minerais d'argent et de plomb ;

3° Minerais de cuivre et d'argent ;

4° Minerais de cuivre, argent et plomb.

Qui naturellement exigent des traitements spéciaux.

TRAITEMENT DES MINERAIS SIMPLES

La séparation de l'argent des minerais simples se fait de deux façons : par *amalgamation* et par *fusion*.

Les *bocards* (méthode Mexicaine).

La méthode par amalgamation consiste, en principe, dans l'isolement à froid de l'argent des minerais finement pulvérisés, soit directement par le mercure, soit en le convertissant d'abord, par l'addition de sel marin, en chlorure d'argent qu'on réduit ensuite à l'état métallique par le fer ou le mercure.

Il ne reste plus alors qu'à recueillir le métal par des lavages et à le séparer du mercure au moyen de la distillation.

La méthode par fusion, supérieure du moins en théorie, consiste en une série de fontes et de grillages, qui donnent comme produits, du plomb, du cuivre, des mattes, où l'argent est renfermé, et dont il faut l'extraire ensuite : soit par coupellation, soit par liquation ou même encore par amalgamation, mais comme nous retrouverons tous ces procédés dans le traitement des minerais complexes, nous ne nous occuperons pour le moment que de l'amalgamation, qui compte deux méthodes types que l'on cite journellement en métallurgie sous les noms de : Méthode américaine et Méthode saxonne.

La première, inventée par un mineur mexicain : Barthélemy de Medina, en 1557, et la seconde, mise en œuvre en Saxe, en 1786, par le baron de Born, avec diverses modifications, notamment une très importante, le grillage chlorurant.

Nous allons les étudier séparément, ainsi que les procédés plus modernes qui en dérivent.

AMALGAMATION AMÉRICAINE

Le système de Barthélemy de Medina,

Les *taonas* (moulins broyeurs, méthode Mexicaine).

qui a, du reste, l'avantage de donner des produits presque immédiats, est employé encore aujourd'hui dans les mines du Pérou et du Mexique, comme à son origine, et cela s'expliquera facilement si l'on veut bien comprendre, que dans ces pays, les moteurs mécaniques sont d'autant plus rares, que le combustible est très cher et les cours d'eau peu fréquents.

Sortant de la mine, les minerais sont cassés à la main ou au marteau par des ouvriers appelés *Pepenadores*, qui le réduisent en fragments de deux ou trois centimètres, pour le séparer plus facilement des gangues.

Après le premier triage ils sont portés sous les bocards, peut-être un peu plus rudimentaires que ceux que nous avons déjà décrits, mais installés de la même façon et fonctionnant à sec, par huit à la fois, mis en mouvement par un arbre à cames, actionné quelquefois par une roue hydraulique, mais le plus souvent par un manège à mulets.

Le minerai sortant de là à l'état de *granza* (gravier) est ensuite porphyrisé à l'aide des *arrastras* qu'on appelle aussi *taonas*, qui ne sont pas autre chose que des moulins broyeurs, sous la forme de grandes auges circulaires de trois mètres de diamètre, au milieu desquelles un arbre posé verticalement et mû par un manège, fait tourner quatre bras emmanchés chacun à des blocs de granit ou roche dure, qui réduisent le minerai en poudre impalpable ; en boue, plutôt, car on a eu le soin de jeter de l'eau de temps en temps dans les auges, pour éviter que les poussières métalliques se perdent.

Cette opération faite, si le minerai renferme des sulfures d'argent, qu'on traite par la fusion, ou du bromure qu'on ne peut réduire que par la méthode du *cazo*, on les en sépare de la façon suivante.

Sortant de l'arrastra, les boues métalliques sont versées dans une cuve en maçonnerie de quatre mètres de diamètre sur un mètre de profondeur, où on les débourbe par le marchage, à peu près comme on pile le raisin dans nos pays vignobles ; après quoi on les lave à la *planilla*, sorte de table dormante très primitive, mais qui, servie par des ouvriers habiles, suffit pour trier les sulfures et les bromures.

Les résidus de ce traitement sont laissés quelque temps au soleil pour s'assécher, ce que l'on fait aussi pour les boues sortant de l'arrastra, quand le lavage n'est pas nécessaire, et on les porte dans une cour dallée qu'on appelle *patio*, où on les dispose en tas circulaires de 10 à 15 mètres de diamètre, contenant jusqu'à 70,000 kilogrammes de matières, et qui prennent le nom de *tortas*.

C'est dans le patio, qu'on établit aussi grand que possible pour que 20 ou 24 tortas y soient à l'aise, que se font la chloruration, l'incorporation du magistral et l'amalgamation proprement dite.

La chloruration consiste à jeter sur chaque tas, de deux à trois pour cent de sel marin, ou chlorure de sodium, soit environ 55 hectolitres pour 600 quintaux métriques de minerai, on remue le tout ensemble avec des pelles de bois, on l'étend le plus possible et on le fait piétiner ensuite pendant plusieurs heures par douze ou quinze chevaux, pour que le mélange soit parfait.

Le lendemain ou quelques jours après, si l'on a jugé utile de prendre plus de temps pour que l'effet du sel se produise mieux sur le minerai, on ajoute le *magistral*.

Ce qu'on appelle ainsi est du cuivre pyriteux pur, grillé à basse température et finement pulvérisé, c'est-à-dire un composé de 80 pour cent de péroxyde de fer, de 10 pour cent de sulfate de cuivre et de 10 pour cent de sulfate de fer.

La quantité nécessaire de magistral varie selon la température et suivant la richesse présumée du minerai. Ainsi, en été il faut en mettre moitié autant que de sel, et en hiver le quart seulement, pour un minerai qui renferme un millième et demi d'argent.

Mais si l'on en a mis trop ; ce dont on s'aperçoit dans la suite de l'opération, il est facile d'y remédier en ajoutant de la chaux.

Lorsque le mélange est bien fait, d'abord avec la pelle, ensuite par les pieds des chevaux, on commence à verser le mercure par dose équivalente aux deux tiers de la quantité qu'on veut mettre en totalité et qui est à peu près égale à 8 fois le poids de l'argent qu'on espère tirer du métal en traitement.

On mélange encore avec des pelles de bois, et l'on triture avec les pieds des chevaux pendant 4 ou 5 jours en été, 7 ou 8 en hiver, après quoi on verse une nouvelle dose de mercure, et l'on continue ainsi jusqu'à ce que l'amalgamation soit parfaite, ce qui demande 12 à 15 jours pendant les grandes chaleurs et souvent plus de moitié plus en hiver.

Du reste, on peut suivre les progrès de l'opération, en mettant sur une assiette noire, en argile cuite, un échantillon de la pâte soumise à la trituration, et l'amalgateur en juge par l'aspect du mercure.

S'il conserve sa fluidité et son éclat, c'est qu'il n'est point encore altéré par aucun mélange, preuve qu'il n'y a pas assez de magistral et alors il faut en rajouter.

Si le mercure est très divisé et prend une couleur foncée, c'est qu'il y a trop de magistral et l'on corrige ce défaut par une addition de chaux.

Si, enfin, il est grisâtre et se réunit facilement en un seul globule, c'est que l'opération se fait dans de bonnes conditions.

On s'aperçoit qu'elle est terminée, quand, formant un courant d'eau circulaire dans l'assiette, les matières s'y rangent selon leurs pesanteurs spécifiques, les gangues au milieu, et les parties métalliques, qu'on appelle la *liz*, à la circonférence.

Quand il est reconnu par cet indice, que le tourteau a rendu tout l'argent que le mercure pouvait lui enlever, on procède au lavage des terres amalgamées dans des cuves circulaires de 3 mètres de diamètre sur presque autant de profondeur, où elles sont battues par des palettes, fixées autour d'un arbre vertical, mis en mouvement par un manège à mulets.

Les boues mises en suspension sont enlevées progressivement pour être lavées une seconde et quelquefois une troisième fois pendant que le mercure chargé d'argent gagne le fond de la cuve, où on le prend pour le presser dans des sacs de peau, dont le fond est composé d'une flanelle très forte, à travers laquelle il passe un peu de mercure liquide, qui est recueilli pour servir à amalgamer de nouveau minerai, mais ce qui reste dans les sacs est presque solide.

Il est alors placé sur des tables en cuivre où il est comprimé dans des moules en bois,

de façon à former des pains triangulaires, d'environ quinze kilogrammes, que l'on distille d'une façon très primitive et qui mérite description.

Cette opération, qui s'appelle *refogar*, consiste à couvrir la matière placée par pains, en colonne, d'une cloche en bronze nommée *capellina*, qui lui sert d'étui et de protecteur contre l'action directe du feu.

La colonne est placée sur un support en fer, reposant lui-même sur un réservoir en maçonnerie dans lequel on a le soin d'entretenir toujours la même quantité d'eau. Au moyen de poulies on descend par-dessus, la cloche, que l'on entoure d'une muraille de briques circulaires préparées à cet effet; laissant cependant entre la cloche et les briques un intervalle que l'on remplit de charbon allumé, dont la chaleur est suffisante pour que le mercure, se volatilisant peu à peu, vienne se condenser dans le courant d'eau froide entretenu au bas de l'appareil.

Au bout de huit à dix heures, l'opération est terminée, le mercure est séparé, toutes les molécules d'argent sont rassemblées dans un bloc, qui a conservé la forme du pain d'amalgame; et il ne reste plus qu'à fondre le premier métal pour le mettre en lingots de 70 à 80 kilogrammes, ce qui se fait généralement dans un four à réverbère.

Il est bien entendu que cette méthode de distillation n'est pas absolue, et dans certaines mines on emploie maintenant des cornues cylindriques en fonte, placées dans un fourneau à galerie.

Mais, d'une façon comme de l'autre, la perte du mercure est la même, et on peut l'évaluer à $1^{kil},50$ par kilogramme d'argent.

Tels sont les procédés pratiques de l'amalgamation américaine, dont la théorie a été fort controversée, parce que les réactions chimiques qui en sont la conséquence n'étaient pas parfaitement connues, l'opinion de M. Boussingault sur ces réactions nous paraît bonne à citer ici.

« En ajoutant du magistral au minerai

contenant du sel marin, il se forme du bi-chlorure de cuivre. Le mercure, d'un côté, le sulfure d'argent, et l'argent natif de l'autre, font passer le bichlorure à l'état de

Pepenadorés cassant le minerai. — Méthode Mexicaine.

chlorure ; le chlorure de cuivre se dissout aussitôt qu'il est formé, dans l'eau saturée de sel marin dont le minerai est imbibé ; il pénètre ainsi dans toute la masse et réagit sur le sulfure d'argent, en le transformant en chlorure d'argent.

« Le chlorure d'argent, une fois formé, se dissout à la faveur du sel marin, et l'argent ne tarde pas à être revivifié par le mercure. Si le minerai contenait trop de magistral, il se formerait trop de bichlorure de cuivre, dont l'excès est toujours nuisible parce qu'il détruit le mercure et l'argent natif en les changeant en chlorure. Dans ce

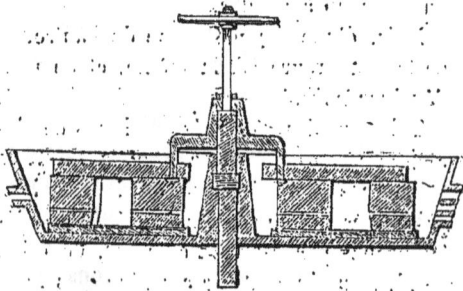

Pan d'amalgamation (procédé Washoé).

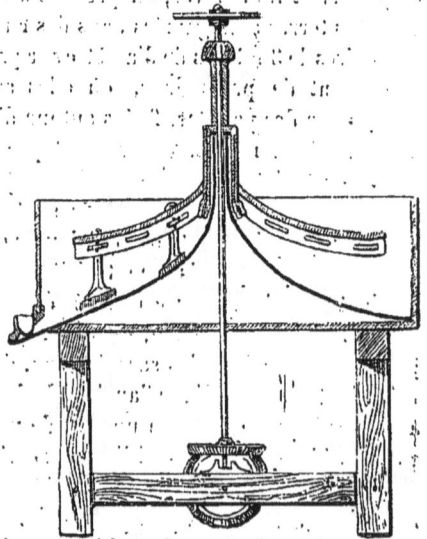

Settler (procédé Washoé).

cas, il faut décomposer le bichlorure de cuivre par un alcali, et c'est ce que font les amalgameurs en ajoutant de la chaux ».

PROCÉDÉ WASHOÉ

La variante la plus considérable de la méthode américaine est le procédé Washoé employé aux États-Unis pour les minerais du Névada, et qui est d'ailleurs plus expéditif.

Les minerais sont concassés, dans un courant d'eau, par des bocards en fonte pesant au moins trois cents kilogrammes ; quand ils sont réduits en parcelles capables de passer par des trous ronds, variant entre 1 millimètre et 6 millimètres de diamètre, on les

Lavage des minerais amalgamés. — Méthode américaine.

dépose à la pelle dans les pans d'amalgamation.

Cet instrument, qui remplace le *patio*, est une cuve en bois ou en métal, foncée à sa partie inférieure, de façon à ne laisser passer qu'un arbre vertical qui fait mouvoir, par l'intermédiaire de bras de fer, des blocs appelés *mullers*, munis de fortes semelles de fonte, qui frottent sur un faux fond établi dans la cuve.

Des conduits latéraux sont ménagés dans la cuve : l'un pour la sortie des matières, l'autre pour laisser entrer la vapeur qui doit maintenir la température, dans la cuve, à près de cent degrés.

En somme, c'est un broyeur à chaud et l'opération commence en effet par un broyage que l'on prolonge jusqu'à ce que les matières forment une pâte très fine ; alors on y ajoute des réactifs : du sel marin, dans la proportion de 2 pour cent de la charge de minerai, qui varie entre 500 et

800 kilogrammes, et un magistral spécial composé seulement quelquefois de sulfates de cuivre, dans la proportion d'un pour cent.

Toutes ces matières bien mélangées, on verse le mercure à la dose de 4 pour cent et l'on continue à faire tourner les meules pendant trois ou quatre heures, suffisantes à produire l'amalgamation.

On fait alors écouler le contenu de la cuve dans un appareil de lavage qu'on appelle *settler*, et qui n'est autre chose qu'un débourbeur mécanique, dans le genre du patouillet, mais muni de bras horizontaux mis en mouvement par un arbre vertical avec une vitesse de vingt tours par minute.

L'amalgame est ensuite filtré au travers d'une grosse toile et le résidu est distillé dans des cornues cylindriques en fonte.

Ce procédé est rapide, et c'est surtout pour cela qu'il est adopté par les Américains du Nord, mais il est loin d'être économique, car on perd jusqu'à 30 pour cent du métal contenu dans le minerai et environ un kilogramme de mercure par tonne de matières traitées.

Il est vrai qu'on peut atténuer en partie ces pertes en débourbant avec plus de soin les résidus et en les faisant passer plusieurs fois sur des tables à secousses circulaires mais, malgré cela, il n'est vraiment pratique que pour le traitement de minerais aussi riches que ceux du Névada.

TRAITEMENT AU CAZO

Ne quittons point le procédé mexicain sans dire quelques mots du traitement au cazo, le seul applicable aux minerais contenant du bromure et du chlorobromure d'argent.

Nous avons dit déjà comment on les traitait à la *planilla*; sortant de là on les charge par 500 kilogrammes environ dans le *cazo*, chaudière en bois de 1m80 de diamètre dont le fond est doublé d'une plaque de cuivre de 20 centimètres d'épaisseur légèrement concave du milieu.

Sur le milieu est implanté un arbre moteur vertical qui met en mouvement deux blocs de cuivre glissant sur le fond et triturant naturellement le minerai sur lequel on verse assez d'eau pour en former une bouillie claire.

On chauffe le tout jusqu'à ébullition, puis on ajoute 10 pour cent de sel marin et une charge de mercure égale au poids d'argent qu'on espère trouver dans le minerai, et l'on met en mouvement les blocs de cuivre.

Au bout d'une heure on verse une nouvelle dose de mercure égale à la première, et l'on continue à faire tourner l'axe vertical jusqu'à ce que la réduction du bromure d'argent soit complète, c'est-à-dire pendant environ deux heures.

Alors on fait écouler le liquide et on enlève le résidu, qui se trouve être un amalgame d'argent pulvéreux, que l'on lave en y ajoutant une troisième dose de mercure.

Le reste de l'opération se fait ensuite comme dans la méthode du patio, avec cet avantage que la perte du mercure est insignifiante.

AMALGAMATION SAXONNE

La méthode saxonne qui a gardé ce nom, bien qu'on ne l'emploie presque plus en Saxe, où l'on a surtout à traiter des minerais plombeux, est plus simple et plus économique que la méthode mexicaine.

Elle convient surtout pour le traitement des minerais assez pauvres (deux millièmes et demi d'argent au plus), et ne renfermant en grande quantité ni cuivre ni plomb, mais par contre au moins 35 millièmes de pyrite de fer (dans le cas où ils en contiennent moins on en ajoute).

Dans ce procédé, appliqué pour la première fois à l'usine de Halsbrücke, près des mines de Freyberg, on commence par un bocardage à sec, ensuite on grille le minerai additionné d'un dixième de son poids de sel marin, dans un four à réverbère dont la sole elliptique peut en contenir de 180 à 200 kilogrammes à la fois, que l'on remue fréquemment avec un ringard.

Le fourneau, chauffé seulement au rouge sombre, il s'en dégage d'abord de la vapeur d'eau, puis des fumées d'acide arsénieux et d'oxyde d'antimoine qui se déposent dans les chambres de condensation placées au-dessus du four, enfin des flammes bleuâtres répandant une forte odeur d'acide sulfureux qui sont l'indice que la pyrite de fer se grille.

Sitôt que cette odeur ne se dégage plus, c'est-à-dire quand le grillage est terminé, on pousse le four au rouge vif, et on l'y maintient pendant trois quarts d'heure pour activer la chloruration ; ce coup de feu décompose en oxydes tous les chlorures métalliques, excepté le chlorure d'argent.

Cette opération terminée, le minerai est jeté sur une grille inclinée à 45°, où il se trie d'abord en trois grosseurs, et on le broie ensuite, par catégories, dans des moulins analogues aux moulins à blé, après avoir eu soin de casser au marteau les plus gros fragments, que l'on grille quelquefois de nouveau avec deux pour cent de sel marin.

Ensuite vient l'amalgamation, qui se fait dans des tonneaux spéciaux de 90 centimètres de diamètre au centre, disposés verticalement par deux ou par quatre, autour d'un axe moteur, qui leur communique un mouvement circulaire, au moyen d'engrenages : ce qui permet d'ailleurs d'installer un plus grand nombre de tonnes, en les faisant toutes communiquer par des engrenages, ou plus simplement par des courroies de transmission.

Chaque tonne est surmontée d'une trémie par laquelle on introduit les matières savoir :

500 kilogrammes de minerai et 50 kilogrammes de rondelles de fer depuis 1 centimètre jusqu'à 4 centimètres de diamètre.

Plus 150 litres d'eau qu'on fait entrer en même temps par la bonde au moyen de tuyaux en cuir ou en forte toile.

Les tonneaux chargés, on les fait tourner à une vitesse de douze à quatorze tours par minute pendant deux heures ; non pas seulement pour que le mélange se fasse bien, mais pour donner le temps au chlorure d'argent, de se décomposer par le frottement des plaquettes de fer et de devenir de l'argent métallique et du chlorure de fer ; c'est à cause de cette réaction qu'il importe que le minerai ait été grillé avec le plus grand soin, car s'il restait du chlorure de cuivre, il serait réduit naturellement à l'état métallique qui, passant plus tard dans l'amalgame le rendrait plus ou moins impur.

La décomposition faite, on introduit dans chaque tonneau 250 kilogrammes de mercure, et on les met en mouvement à une vitesse de 20 à 22 tours par minute.

Au bout de 18 à 20 heures l'amalgamation est complète et l'argent, devenu libre par sa séparation du minerai, se combine avec le mercure.

Naturellement, l'amalgame est très liquide en raison de la grande quantité de mercure qu'il contient, mais on le filtre, après des lavages, d'autant plus faciles que les tonneaux sont disposés pour pouvoir être renversés, la bonde en bas, sur un canal qui conduit dans les cuves de lavage, l'amalgame seulement, le fer et les gangues étant retenus dans le tonneau par une grille fixée à la bonde.

Sortant des filtres, qui sont des sacs coniques en flanelle ou en gros coutil, disposés au-dessus d'auges de pierre où l'excès de mercure tombe, l'amalgame, qu'on appelle alors amalgame sec, est distillé dans des appareils de formes assez variables ; nous ne décrirons que celui qu'on emploie le plus fréquemment.

'C'est une série d'assiettes ou de coupes en fer, enfilées l'une au-dessus de l'autre, dans une tige de même métal, reposant sur un trépied placé au centre d'une cuvette en fonte, encastrée elle-même dans un bassin tenu constamment plein d'eau froide.

Les assiettes chargées d'amalgame, on recouvre la tige d'une cloche en fonte dont la base repose sur le trépied et dont la partie supérieure, celle qui abrite l'amalgame à distiller, se trouve dans un four.

On remplit alors ce four de combustible enflammé qui, portant la cloche au rouge, fait volatiliser le mercure qui vient se condenser dans la cuvette inférieure, d'où on le retire avec une perte qui ne dépasse jamais 25 pour cent de l'argent obtenu.

L'argent qui reste dans les coupes, contient toujours une certaine quantité de métaux étrangers; pour le purifier on lui fait subir au contact de l'air deux ou trois fontes successives qui oxydent les matières

Tonneaux d'amalgamation — Méthode Saxonne.

étrangères et les transforment en scories qu'on peut enlever très facilement.

Ces scories ne sont pas perdues, on les fond, quand on en a une certaine quantité, en les additionnant légèrement de borax, et on obtient ainsi un métal ayant une teneur de 50 à 60 pour cent d'argent.

Du reste, rien ne se perd en métallurgie,

surtout lorsque la matière qu'on traite a une grande valeur.

Ainsi les boues, les résidus de la première amalgamation sont traités de nouveau, débourbés, lavés, triés comme des sables métallifères.

Le métal qu'on en retire n'est pas d'une grande pureté, cependant sa teneur en ar-

ATELIER DE FORGEAGE.

gent pur varie entre 25 et 60 pour cent, on pourrait, il est vrai, le raffiner en le fondant avec du nitre et du borax, mais on l'envoie tel quel à la monnaie, où il est utilisé pour les alliages.

En résumé, toutes les opérations du trai-

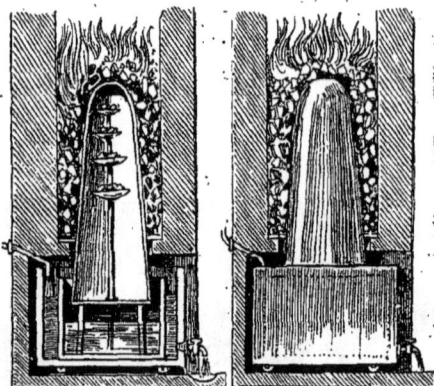

Distillation d'amalgame d'argent (Méthode Saxonne).

tement ne font pas perdre plus de 5 à 9 pour cent de l'argent contenu dans le minerai, et c'est très peu si l'on considère que les gangues rejetées définitivement équivalent à plus de 80 pour cent de la masse traitée.

Ce procédé, comme on le voit, est donc plus économique que la méthode américaine puisqu'on perd moins d'argent, et plus de quatre fois moins de mercure, et que d'un autre côté on gagne un temps précieux (l'opération pouvant se faire

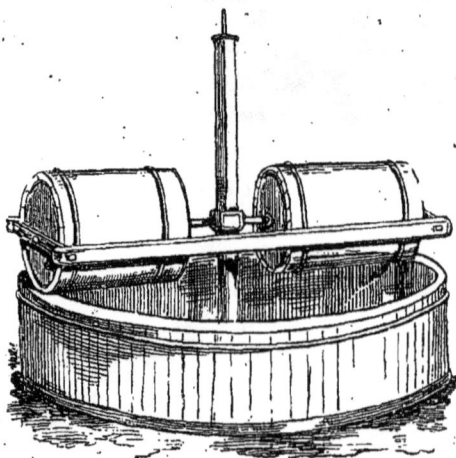

Tonneaux d'amalgamation. — Mexique.

complètement en cinq ou six jours). Aussi commence-t-on à l'employer maintenant au Mexique, sinon généralement, à cause de la routine et des installations préexistantes, du moins pour les minerais que l'on ne peut travailler au patio.

Avec cette seule modification, quand on ne possède pas de moteurs mécaniques (ce qui est le cas le plus ordinaire), que les tonneaux d'amalgamation, en communication directe avec les bassins de débourbage, sont accouplés sur une plaque tournante, mise en mouvement par un manège à mulets.

PROCÉDÉ DE REESE-RIVER

Le procédé de Reese-River est une variante de la méthode saxonne.

Les Américains, toujours pressés, ont trouvé un système de grillage plus expéditif que le four à réverbère, ils en ont même deux.

Le plus sage est le four Bruckner, dans lequel on peut griller de 7 à 9 tonnes de minerai par 24 heures, mais dont l'entretien est assez délicat.

Il se compose d'un cylindre en tôle revêtu de briques réfractaires et divisé intérieurement (1ᵐ10 de diamètre) en deux, par une espèce d'écran longitudinal formé de tubes creux en fer, par lesquels la flamme du foyer traverse le cylindre ; lequel s'appuyant sur des galets roulant dans une glissière circulaire, est mis en mouvement par un engrenage, à raison de un ou deux tours par minute.

Ce mouvement a pour but de diviser le minerai dont le grillage se fait ainsi assez complètement.

L'appareil le plus usité est le four Stetefelt, qui est d'ailleurs beaucoup plus simple. C'est une cheminée conique, de 6 mètres de hauteur, placée au-dessus d'un foyer ; d'où les gaz de la combustion s'élèvent au sommet de la cheminée pour redescendre par un conduit latéral dans des chambres de condensation.

Le minerai, pulvérisé au préalable et additionné de sel marin, est précipité par le haut de la cheminée, et doit se chlorurer pendant sa chute.

Naturellement cette chloruration est très imparfaite, mais elle est si expéditive qu'un seul four Stetefelt, fait la besogne de 18 fours à réverbères avec trois fois moins de monde et quinze fois moins de combustible.

Aussi n'hésite-t-on pas à l'adopter; pour l'amalgamation elle se fait dans les pans, exactement comme dans le procédé Washoé, sauf peut-être une durée plus longue des différentes parties de l'opération.

TRAITEMENT DES MINERAIS DE PLOMB ET D'ARGENT

Les minerais contenant du plomb et de l'argent, c'est-à-dire les galènes plus ou moins argentifères, sont d'abord traités comme du plomb, et réduits soit par le charbon, soit par le fer, soit par réaction ; procédés que nous étudierons en détail, quand nous nous occuperons de la métallurgie du plomb.

Cette réduction donne, quel que soit d'ailleurs le procédé employé, du plomb argentifère qu'on appelle plus communément plomb d'œuvre.

C'est de cet alliage qu'il s'agit d'extraire l'argent ; il y a pour cela deux moyens, la coupellation pour les plombs assez riches, qui contiennent au moins un cinq millième d'argent, et pour les plombs plus pauvres, le pattinsonnage, procédé par cristallisation, ainsi nommé de son inventeur, l'ingénieur anglais *Pattinson*.

COUPELLATION

La théorie de la coupellation est extrêmement simple, il suffit de faire fondre l'alliage et de soumettre ensuite la masse liquide à un courant d'air très vif; comme le plomb est très facilement oxydable, et que l'argent ne l'est presque pas, il s'ensuit que le plomb passe à l'état de *litharge*, tandis que l'argent reste à l'état métallique.

Dans la pratique, l'opération est lente mais peu compliquée, on se sert d'un four à réverbère d'une forme spéciale qu'on appelle fourneau de coupellation et qui se compose :

1° D'un foyer latéral.

2° D'une sole circulaire et concave, qui prend le nom de *coupelle*. Elle est construite en briques réfractaires et recouverte d'une épaisse couche de cendres lessivées ou de marne tassée avec soin, qu'on renouvelle à chaque opération.

3° Et d'un dôme mobile, par suite de son agencement à l'extrémité d'un lévier ou d'une grue, et qui, formant couvercle en tôle, garni intérieurement d'argile réfractaire, peut s'appuyer sur le massif dans lequel est creusée la coupelle.

En outre, le fourneau est percé de cinq ouvertures : deux pour laisser passer les tuyères, qu'on doit pouvoir incliner de façon que le vent qu'elles amènent vienne toujours raser la surface du liquide en fusion, une pour l'introduction du plomb, une pour le passage de la flamme, qui doit reverbérer sur le métal, et la dernière, pratiquée au bord de la coupelle, pour laisser écouler les oxydes de plomb ou litharges. Naturellement celle-ci, qui est bouchée au commencement de l'opération, doit être agrandie au fur et à mesure de l'oxydation pour que son orifice soit toujours au niveau du bain.

La coupelle ayant été battue, c'est-à-dire la sole ayant été formée, comme nous l'avons dit, avec de la marne ou des cendres, on la garnit d'un lit de foin, sur lequel on dépose environ 4,000 à 4,500 kilogrammes de plomb en saumons ; on baisse le dôme ou chapeau, dont on lute les jointures à l'argile et l'on allume, sur la grille, le feu qu'on augmente peu à peu, pendant trois heures, temps nécessaire à mettre le plomb en fusion.

Il se recouvre alors d'une espèce d'écume, composée des matières qu'il renfermait et qu'on appelle *abzugs*, on les retire avec un rable, et l'on commence à donner le vent, modérément d'abord pour que l'oxydation du métal se fasse plus complètement.

Cela demande quinze à seize heures et pendant ce temps, on enlève de demi-heure en demi-heure, des matières grises qui se forment à la surface du bain et qu'on désigne sous le nom d'*abstrichs*.

L'oxydation commençant, la litharge se produit sous la forme d'une couche liquide qui, chassée par le vent des tuyères, s'écoule par l'ouverture de sortie et se répand sur le sol de l'atelier ; où elle se solidifie peu à peu en paillettes, ou en lames rougeâtres.

Alors on augmente le feu jusqu'à la fin de l'opération, qui dure encore quatre ou cinq heures ; on en est averti, d'ailleurs, par un phénomène assez curieux qu'on appelle l'*éclair*. Le bain, jusqu'alors recouvert par des espèces de nuages et des irisations, devient tout à coup très brillant, ce qui s'explique en somme par la disparition des dernières couches d'oxyde qui recouvraient l'argent.

On arrête aussitôt le vent, on éteint le feu et on verse de l'eau sur le gâteau d'argent, afin de le refroidir le plus vite possible pour pouvoir le retirer.

L'argent, que l'on recueille alors en quantité proportionnelle à la richesse argentifère du plomb d'œuvre, s'appelle argent de coupelle, et contient encore un seizième de plomb, on en est quitte pour l'affiner par les moyens ordinaires, mais dans certaines usines on préfère lui faire subir une seconde coupellation.

Cette coupellation en petit se fait en Silésie, dans un fourneau spécial, dont nous donnons une coupe.

La coupelle, elliptique, garnie d'une sole en cendre d'os, a 42 centimètres sur son grand diamètre et 26 sur le petit ; elle est battue dans un cadre en fonte et porte sur un bâtis de briques reposant sur deux barres de fer.

On charge, par une ouverture de côté, la coupelle, de cinquante à soixante kilogram-

Fourneau de coupellation.

mes à la fois, et procédant comme pour la coupellation ordinaire, on obtient environ 94 pour cent d'argent fin, et encore le déchet n'est pas perdu, car le fonds de coupelle (en petite quantité du reste) est refondu avec les litharges riches pour faire du plomb d'œuvre.

Fourneau de raffinage. — Silésie.

Du reste, il y a des variantes au procédé. Ainsi, quelquefois, au lieu de charger d'abord tout le plomb que peut contenir la coupelle, on n'en met qu'une partie pour procéder ensuite par *filage*, c'est-à-dire ajouter du plomb au fur et à mesure que la litharge s'écoule, cela permet de coupeller d'un seul coup, beaucoup plus de plomb que n'en peut recevoir la sole, mais cela produit des litharges moins marchandes, à moins pourtant que le plomb que l'on traite, ne renferme presque pas de matières étrangères (en dehors de l'argent) et ne donne par conséquent que très peu d'abstrichs.

D'autres fois, notamment quand on opère sur des plombs très pauvres, on arrête la coupellation avant que l'éclair ne se produise, et l'on obtient ainsi un plomb argentifère riche que l'on coupelle alors à l'ordinaire.

Demi-hauts fourneaux du Mansfeld.

Il y a aussi le procédé anglais, excellent surtout pour la coupellation des plombs appauvris par l'opération du pattinsonnage.

Dans ce procédé, la sole est mobile et contenue dans un cadre en tôle, on la fait également en marne battue ou en cendre d'os mêlée de cendre ordinaire : quand elle a été asséchée par un feu doux, on la remplit de plomb, fondu préalablement dans une chaudière de fer, ce qui permet de mettre tout de suite en jeu les tuyères qui chassent les litharges.

Au fur et à mesure que la coupelle, qui ne contient que 250 kilogrammes, se vide, on la remplit, versant dedans du plomb fondu avec une grande cuiller, et l'on continue ainsi jusqu'à ce qu'il soit passé sur la sole, environ 4,000 kilogrammes de plomb pauvre ; cela demande généralement de 16 à 20 heures, mais cela donne pour résultat 50 à 60 kilogrammes de plomb très riche, que l'on coupelle ensuite par les moyens ordinaires ou, si l'on veut, par le même système, mais modifié en ce sens qu'on opère en une fois sur 2,500 kilogrammes de plomb fondu, et qu'on laisse arriver l'éclair pour retirer le gâteau d'argent.

PATTINSONNAGE

Cette opération, qui est en somme un affinage par cristallisation et qui permet de traiter les plombs très pauvres dont on n'extrayait pas d'argent avant son invention, repose sur le principe très simple, que dans le refroidissement d'une masse de plomb argentifère en fusion, il se forme successivement des cristaux qui sont d'abord du plomb presque pur, et ensuite du plomb contenant des quantités toujours décroissantes d'argent.

En répétant l'opération cinq ou six fois, et même plus, sur une quantité de métal, de laquelle on enlève, au fur et à mesure, tous les cristaux de plomb presque pur, on arrive nécessairement à concentrer tout l'argent qu'elle contenait dans une faible quantité de plomb, qui devient alors assez riche pour supporter la coupellation.

Pratiquement, il y a trois façons de procéder; à la main, mécaniquement et à la vapeur.

Le pattinsonnage à la main s'opère de deux manières, selon la quantité de matières à traiter.

Dans les usines où l'on travaille deux ou trois cents tonnes par mois, il est plus économique d'avoir une batterie de chaudières en nombre égal à celui des opérations nécessaires.

Ces chaudières sont rangées sur le même fourneau, et séparées de deux en deux par un récipient en fonte, dans lequel on dépose les cristallisations au fur et à mesure qu'on les enlève, au moyen d'une écumoire de 45 centimètres de diamètre.

De cette façon on n'a qu'à transvaser dans la seconde chaudière ce qui sort de la première qu'on remplit alors de matière nouvelle, et ainsi de suite, pour mener de front les six opérations généralement nécessaires à la séparation du plomb presque pur, et du plomb d'œuvre riche en argent.

Lorsque le travail ne dépasse pas cent tonnes par mois, la batterie n'est que de deux chaudières, dans lesquelles on transvase alternativement tous les plombs écumés, tandis que les plombs liquides sont coulés au fur et à mesure dans des lingotières et mis en réserve pour la coupellation.

D'une façon comme de l'autre on extrait généralement en cristaux les sept huitièmes du plomb, mais on met de côté le dernier huitième extrait, parce que, plus riche que les autres, il peut subir un nouveau traitement.

Le poids des déchets, des crasses qui se produisent par les différentes fusions atteint de 20 à 40 pour cent du poids total, selon la pureté du métal, mais les crasses ne sont pas perdues, on les revivifie au four à reverbère pour les renvoyer à un nouveau pattinsonnage.

On ne perd en somme qu'un maximum de cinq pour cent du poids du plomb, la perte d'argent est à peu près nulle, puisqu'on l'évalue seulement aux quinze ou vingt grammes d'argent qui restent dans chaque tonne de plomb affiné.

PATTINSONNAGE MÉCANIQUE

Le pattinsonnage à la main est si fatigant (car en augmentant le volume des chaudières, on en a agrandi aussi les écumoires, qui pèsent jusqu'à 60 kilogrammes) qu'on a pensé à faire le travail mécaniquement et c'est dans les ateliers de M. Laveissière qu'on a expérimenté ce système, d'ailleurs excellent, qui se compose de deux chaudières placées à des niveaux différents.

Dans la plus élevée se fait la fonte du

plomb en saumons, et dans l'inférieure s'opère la cristallisation.

Cette dernière est cylindrique et munie intérieurement de deux arbres concentriques, mus par un moteur, dont l'un porte un agitateur à bras hélicoïdes, et l'autre une espèce d'étrier à branches verticales rasant les parois de la chaudière.

Ces deux arbres tournant en sens inverse, la résistance à la rotation devient si grande quand la cristallisation s'opère, qu'on ne peut guère enlever que les 2/3 du plomb en cristaux, le reste s'écoule — quand on juge l'opération terminée et qu'on arrête le mouvement — par un tuyau de fond qui le conduit aux lingotières.

Pendant que la cristallisation s'opérait, on a rechargé la première chaudière avec du plomb, de même teneur que les cristaux appauvris, sur lesquels on le précipite, sitôt qu'il est fondu, de façon à les dissoudre pour recommencer une nouvelle cristallisation, que l'on répète autant de fois que cela paraît nécessaire pour affiner le plomb à un degré qui le rende propre aux usages industriels.

Naturellement le plomb argentifère coulé en saumons, est mis de côté pour la coupellation.

Ce procédé est à ce point économique que les frais du traitement qui par le pattinsonnage ordinaire sont de 50 à 55 francs la tonne, tombent à 30 ou 35 francs, selon la teneur du plomb.

PATTINSONNAGE A LA VAPEUR

Le pattinsonnage à la vapeur, inventé par MM. Luce et Rozan, est un perfectionnement du procédé mécanique, c'est-à-dire que l'agitateur de la chaudière de cristallisation est remplacé par un jet de vapeur.

L'appareil se compose également de deux chaudières de niveau différent : la première contenant 9 tonnes et la deuxième 25.

Cette dernière, fermée par un couvercle à segments mobiles, au milieu duquel est une cheminée pour l'échappement de la va-

peur, est munie à sa partie supérieure d'un tube armé d'un robinet à clapet, par où s'introduit la vapeur à une pression de 3 atmosphères 1/2, qui, divisée par un disque horizontal en fonte, est suffisante pour déterminer la cristallisation du plomb fondu, arrivant de la première chaudière.

Pour faciliter la fusion des cristaux provenant de la première opération, ce disque est traversé par deux tubulures, fermées par des plaques de friction, et réchauffées par des foyers spéciaux, de manière à éviter toute solidification du plomb.

L'appareil est assez cher (14,000 fr.), les chaudières s'usent vite, mais il travaille beaucoup puisqu'on peut faire seize opérations par 24 heures avec deux équipes de trois hommes.

En somme, il est économique, car par son application, le traitement d'une tonne de plomb ne revenait à Marseille où on l'a expérimenté, en 1877, qu'à 25 fr. 85 c. y compris naturellement l'usure des chaudières, sur le pied annuel de huit petites et deux grandes.

PROCÉDÉ CORDURIER

Outre le pattinsonnage, il y a un procédé de désargentation par le zinc; connu théoriquement depuis 1842, époque à laquelle Karsten avait constaté qu'en ajoutant une petite quantité de zinc au plomb argentifère, le zinc en se refroidissant remontait à la surface, entraînant avec lui tout l'argent contenu dans le plomb.

Mais, en pratique, on se heurtait à des difficultés, la première, d'arriver à un brassage complet des deux métaux, la seconde, beaucoup plus importante; de traiter économiquement le zinc enrichi.

On a trouvé différents moyens.

On mélangeait les deux métaux; soit en versant le plomb en gouttes sur le zinc fondu, soit en plaçant le zinc à l'état solide dans un récipient en fer battu percé de trous que l'on plongeait dans le plomb en fusion.

On séparait l'argent du zinc par le traitement des écumes qui entraînent d'abord l'or, puis le cuivre, l'antimoine, et en dernier lieu l'argent, mais il restait toujours à purifier le plomb, du zinc qu'il contenait encore; ce qu'on obtenait, mais en perdant

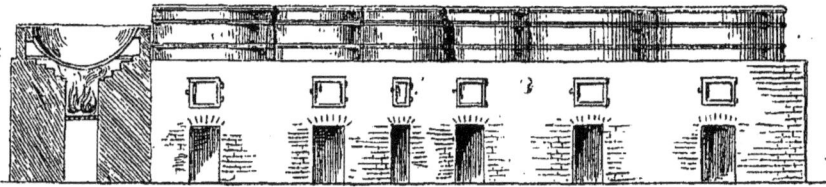

Batterie de chaudières de pattinsonnage.

toujours le zinc, soit en le volatilisant en chauffant les écumes au rouge dans un creuset, soit en les traitant par le chlorure de plomb, au rouge sombre, ce qui donne du plomb assez riche pour la coupellation.

Le procédé Cordurier a résolu complètement le problème d'une façon assez économique pour abaisser les frais de traitement à 25 francs par tonne au plus, au moyen de l'appareil dont nous donnons un dessin, et qui se compose de deux chaudières placées à différents niveaux.

Le zinc est déposé au fond de la plus élevée où le plomb est mis en fusion, dans une boîte en fer percée de trous, fixée à l'extrémité d'un arbre vertical, muni de palettes en hélices pour brasser le bain.

Dans la chaudière inférieure on fond les écumes argentifères, et en y faisant passer

Pattinsonnage à la vapeur.

de la vapeur d'eau, il reste du plomb assez riche pour être coupellé.

L'oxyde de zinc obtenu, passe au lavage, qui le sépare des grenailles de plomb et de l'oxyde de plomb; ce qui permet de vendre les parcelles légères comme blanc de zinc.

Quant aux oxydes riches, ils sont traités par l'acide chlorhydrique et donnent d'une part des oxychlorures et des sous-chlorures insolubles de plomb, d'antimoine et d'argent qu'on réduit avec de la chaux et du charbon et qui rentrent en produit dans l'opération.

Et, d'autre part, du chlorure de zinc qui

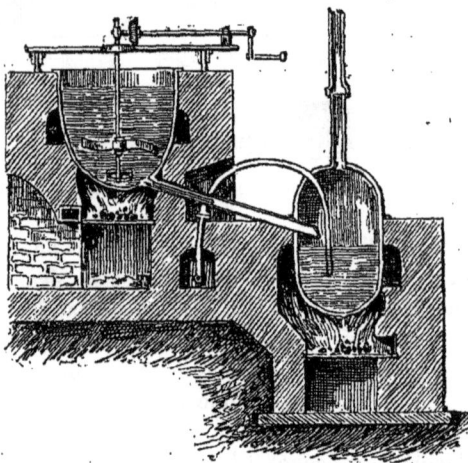

Procédé Cordurier.

est perdu; c'est la seule matière qu'on n'utilise pas par ce procédé, qui est peut-être plus économique que le pattinsonnage à la vapeur, mais qui est infiniment plus délicat, et partant moins pratique en certains cas.

Fourneau de liquation.

TRAITEMENT DES MINERAIS DE CUIVRE ET D'ARGENT

Les pyrites cuivreuses et les minerais de cuivre gris argentifères se traitent, selon les usages locaux, de différentes façons : soit par liquation, soit par l'amalgamation du cuivre noir, soit par l'amalgamation des mattes, soit par les méthodes d'extraction par voie humide.

Étudions ces différents systèmes.

LIQUATION

Le procédé par liquation est le plus ancien et aussi le plus simple de tous, malheureusement il est très imparfait puisqu'il fait perdre 5 à 6 pour cent de cuivre, 25 pour cent de l'argent contenu, sans compter au moins 20 pour cent du plomb employé pour l'opération.

Aussi y renonce-t-on à peu près partout et notamment au Mansfeld où il a été si longtemps employé.

Par ce système on commence par amener le minerai à l'état de cuivre noir en l'oxydant au moyen d'un grillage.

Si ce cuivre noir a une teneur d'argent minimum de trois millièmes, il est assez riche pour être désargenté par liquation.

A cet effet on le fond dans un fourneau à manche, avec un peu plus de quatre fois son poids de plomb pauvre, qui s'enrichit en s'incorporant la plus grande partie de l'argent, en raison de son affinité naturelle.

La matière fondue est coulée en disques, que l'on place dans une sorte de four à réverbère, sur deux plaques de fonte inclinées l'une vers l'autre et laissant entre elles un espace de 4 centimètres, suffisant pour donner passage au métal en fusion.

Le four, chauffé à une température assez élevée pour fondre le plomb argentifère, mais insuffisante pour liquéfier le cuivre; le plomb coule dans la rigole située au-dessus de la fausse sole, et de là, dans un bassin où l'on n'a plus qu'à le puiser pour le coupeller, s'il est assez riche, ou pour lui faire subir une nouvelle liquation, s'il ne contient pas assez d'argent.

Quant au cuivre, il reste dans le four, dont la température n'augmente pas, à l'état de pains déformés qu'on appelle carcas,

et on l'en retire pour le traiter en cuivre rosette à la manière ordinaire.

AMALGAMATION DU CUIVRE NOIR

C'est le procédé le plus employé en Hongrie, où l'on s'en trouve très bien.

Le minerai, bocardé quelquefois à froid, le plus souvent, après un chauffage au rouge, dans un four à réverbère, est broyé avec soin sous des meules de fonte.

Ensuite, additionné de 8 pour cent de sel, on lui fait subir un grillage chlorurant de cinq heures, et on l'amalgame à 40 pour cent, avec du mercure dont on neutralise le trop grand effet avec de la chaux éteinte.

Il y a peu de pertes dans ce traitement si ce n'est en mercure dont la quantité absorbée équivaut à 30 ou 35 pour cent du poids de l'argent, car les résidus d'amalgamation sont refondus et donnent du cuivre d'excellente qualité.

Du reste, il revient quatre fois moins cher que la liquation.

AMALGAMATION DES MATTES.

Ce système, que les usines du Mansfeld avaient adopté pour remplacer leur première méthode, y a bientôt été abandonné à cause de ses défectuosités.

Il fait perdre, outre le mercure en quantité plus grande que l'amalgamation ordinaire, dix à douze pour cent de l'argent contenu dans les mattes.

Voici, du reste, en quoi il consiste. Après avoir fondu le minerai en mattes, après avoir pulvérisé les mattes plus ou moins sulfureuses, on les grille dans un four à réverbère pour les débarrasser de l'excès de soufre, on les réduit en pâte avec une dissolution étendue de sel marin et de 12 pour cent de chaux éteinte, destinée à saturer l'acide sulfurique resté dans la matière.

Cette pâte séchée, on la grille une seconde fois, ce qui produit la chloruration; et l'amalgamation se fait comme dans la méthode saxonne.

Pour tirer parti des résidus, on les mélange avec 12 pour cent d'argile et l'on en fait des briquettes que l'on fait sécher à l'étuve pour les réduire au demi haut fourneau, en cuivre noir, en y ajoutant comme *fondants* 12 pour cent de quartz, 2 pour cent de spath fluor et 40 pour cent de laitiers de fonte crue.

Cette opération donne du cuivre excellent, mais elle est longue, et la production d'argent n'est pas toujours compensatrice.

EXTRACTION PAR VOIE HUMIDE.

Les procédés par voie humide, qui un jour ou l'autre remplaceront tous ceux dont nous venons de parler, sont assez nombreux car ils varient selon les localités; les plus connus, points de départ de tous les autres, d'ailleurs, sont le procédé Ziervogel, et le procédé Augustin.

Par le premier, on grille les mattes dans des fours spéciaux à deux ou trois soles superposées, lentement d'abord pour transformer les divers sulfures en sulfates, puis à grand coup de feu pour décomposer tous les sulfates, excepté celui d'argent, que l'on dissout ensuite dans l'eau chaude en précipitant l'argent par le cuivre métallique.

Cette dernière opération se fait dans une série de cuves contenant du cuivre, et disposées de façon à ce que le liquide, tombant dessus en cascade, abandonne tout son argent, et se charge de sulfate de cuivre, dont on extrait ensuite le métal, avec de la ferraille. Le traitement par ce procédé coûte de 40 à 45 francs par tonne.

Le procédé Augustin revient un peu plus cher, mais il donne des résultats plus complets, il ne se distingue, du reste, du procédé Ziervogel, qu'en ce qu'il comporte, deux grillages.

Le premier, oxydant, se pousse jusqu'à ce qu'il ne reste dans les mattes que 5 à 6 pour cent de soufre ; le second chlorurant, avec une addition de 2 pour cent de sel marin.

L'eau chaude qui sert au lavage est mélangée de sel, dans la proportion de 60 kilogrammes par kilogramme d'argent qu'on espère obtenir.

Le procédé employé à Joachimsthal, où l'on traite surtout des minerais riches, est une variante assez accentuée.

Ainsi, après le grillage avec du sel et des pyrites, on dissout dans l'hyposulfite de soude, le chlorure d'argent obtenu et l'on précipite ensuite par addition de sulfure de sodium.

Dans d'autres usines, toujours pour les matières riches, on grenaille les mattes et on les traite par l'acide sulfurique étendu.

Par ce moyen l'argent se recueille dans les résidus, composés généralement d'antimoniate et d'arséniate de plomb.

TRAITEMENT DES MINERAIS DE PLOMB, CUIVRE ET ARGENT

Nous arrivons à l'opération la plus compliquée et certainement la plus difficile de la métallurgie, mais comme elle est encore plus complexe que le minerai qu'il s'agit de traiter, nous l'expliquerons brièvement, pour ne pas faire de double emploi, d'autant que tous les procédés que nous avons décrits pour les minerais plombifères et cuprifères peuvent ou doivent être employés successivement.

On commence par une fusion du minerai, additionné de fer, dans des fours à manche.

Cette fusion donne : du plomb d'œuvre riche en argent, qui subit ensuite la coupellation, et une matte plombeuse composée de tout le cuivre du minerai, et renfermant encore une partie de l'argent.

Cette matte, soumise à la liquation pour la débarrasser du plomb et de l'argent qu'elle renferme encore, devient alors une matte cuivreuse que l'on traite comme nous venons de le voir, soit par amalgamation, soit par voie humide.

Voilà pour les minerais où le plomb domine.

Appareil Berdan.

grillant à un ou plusieurs feux et en les soumettant ensuite à une fonte de concentration avec des minerais de même teneur.

Ces mattes riches, grillées encore à plusieurs feux, sont fondues avec des matières plombeuses, et la série d'opérations redevient la même que pour les minerais où le plomb domine.

En somme ce traitement est le résumé, ou pour mieux dire, la réunion de tous les autres, il n'est donc pas étonnant qu'il varie selon les usines.

Terminons cet article par quelques chif-

Si au contraire c'est le cuivre, le minerai est traité en première fusion pour cuivre noir, et l'on obtient des mattes pauvres, que l'on convertit en mattes riches en les

fres, la production annuelle de l'argent est d'environ 2,000 tonnes qui ont une valeur de 400 millions, un peu moins peut-être puisque le prix de l'argent dépasse rarement 190 francs le kilogramme.

L'Amérique en fournit à elle seule les cinq sixièmes provenant, par ordre d'importance : des États-Unis, du Mexique, du Pérou et du Chili.

Quant à la France elle est presque au dernier rang dans la production européenne de ce précieux métal, ce qui ne l'empêche pas d'ailleurs d'être un pays très riche.

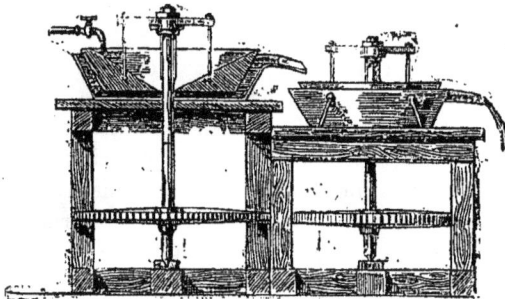

Moulin du Tyrol.

MÉTALLURGIE DE L'OR

La métallurgie de l'or est la plus facile et la moins dispendieuse de toutes.

Les procédés d'extraction, peu compliqués dans tous les cas, varient selon la nature des minerais que l'on traite.

S'agit-il de l'or d'alluvion, le plus commun

d'ailleurs, on commence par le lavage des sables, sur les placers même, avec des appareils divers que nous avons déjà indiqués; mais comme ces lavages, si soigneusement qu'ils soient faits, ne donnent jamais que des sables aurifères plus ou moins riches, on procède ensuite à l'amalgamation.

Cette opération se fait ainsi :

On mélange le sable avec six fois son poids de mercure, on agite ce mélange assez longtemps pour que le mercure s'incorpore toutes les molécules d'or; après quoi on empaquette l'amalgame liquide dans une peau de chamois, on le presse pour que le mercure s'échappe en gouttelettes à travers le filtre, et l'on retire alors un amalgame sec, que l'on distille pour faire volatiser tout le mercure, recueilli ensuite par condensation comme dans les procédés que nous avons décrits pour l'argent.

Atelier d'amalgamation.

L'or tiré des mines, ou proprement le minerai d'or en roche, doit naturellement être bocardé, lavé, broyé, comme les minerais ordinaires, mais on opère mécaniquement et en Australie, en Calfornie on a pour cela des appareils très ingénieux qui font toute la besogne à la fois.

Notamment l'appareil Berdan (du nom de l'ingénieur New-Yorkais qui l'a inventé) qui fait en même temps l'amalgamation.

Cet appareil est la réunion, sur un même bâti, de quatre bassins en fonte disposés de façon à recevoir isolément, d'un moteur quelconque, un mouvement de rotation assez

précipité et à tourner sous une inclinaison de 45 degrés.

Chaque bassin renferme deux gros boulets qui pulvérisent le métal, constamment arrosé par un filet d'eau; lequel, par l'inclinaison du bassin tournant, entraîne au dehors les parties terreuses ou siliceuses, au fur et à mesure qu'elles se détachent des parcelles métalliques, qui, également au fur et à mesure de leur nettoyage, s'amalgament avec le mercure déposé dans les bassins dès le commencement de l'opération.

Rien n'est plus simple ni plus expéditif, comme on le voit.

En fait d'extraction de l'or, il n'y a d'un

peu long que le traitement des sulfures de plomb, de cuivre ou d'argent, et des tellurures aurifères; qui n'en renferment généralement que des quantités très minimes; mais qu'on exploite toujours quand on les suppose assez riches pour produire plus que les frais du travail.

Il y a pour cela deux méthodes distinctes l'imbibition et l'amalgamation.

Dans le premier on procède comme pour l'extraction de l'argent; après avoir grillé le minerai pour le débarrasser du soufre, on le fond dans le but de concentrer l'or, puis ou grille de nouveau la substance aurifère que l'on remet en fusion avec une certaine quantité de plomb.

Cette fusion produit du plomb d'œuvre que l'on coupelle ensuite par les moyens ordinaires.

Dans la seconde méthode on traite le minerai par le bocardage, le lavage, le broyage et l'amalgamation, qui se fait généralement dans des appareils spéciaux qu'on appelle moulins du Tyrol, et qui ne sont en somme que des auges circulaires dans lesquelles une meule en bois tourne continuellement, non pour broyer le minerai qu'on ne verse dedans qu'à l'état de poussière très fine, mais pour l'agiter dans l'eau sans cesse renouvelée dans l'auge et tenir en suspension les parcelles pierreuses, pendant que les mollécules d'or s'incorporent avec le mercure, déposé d'avance au fond des moulins.

Cet appareil, dont nous donnons un dessin, a été perfectionné; dans les usines françaises où on travaille l'or (et elles ne sont pas aussi rares qu'on pourrait le croire), on l'a remplacé par une série de tonnes de fer, dont les fonds sont garnis de disques portant des tourillons placés exactement dans l'axe de la tonne.

Sur l'un des fonds est une roue dentée, qui engrène avec une seconde roue, montée sur un arbre actionné au moyen d'une courroie de transmission, par le moteur de l'usine.

Au-dessus de chaque tonneau se trouve une caisse dans laquelle on charge le minerai brut, qui se rend dans les tonneaux au fur et à mesure des besoins, par un tuyau dont l'extrémité s'engage dans l'ouverture du tonneau.

Du reste l'amalgamation se fait de la même façon qu'avec les moulins du Tyrol.

Mais, l'or amalgamé et séparé du mercure par la distillation, n'est jamais assez pur pour être livré au commerce; il contient presque toujours de certaines quantités d'argent, de cuivre de fer ou d'étain dont il faut absolument le débarrasser.

Au préalable, on le fond dans des creusets en terre de Picardie, chauffés au coke dans des fourneaux à vent, on y ajoute de l'azotate de potasse qui a la propriété de décomposer le fer, le cuivre, l'étain et le plomb, en oxydes, et de les amener à la surface du bain, sous forme de scories qu'on écume facilement.

Quant à l'argent, on ne peut l'enlever que par l'affinage, opération qui repose sur le principe de l'indissolubilité de l'or dans les acides.

Le métal est d'abord mis en fusion, soit par l'opération précédente, si l'on affine de l'or tenant argent, soit dans un four spécial, cavité hémisphérique de fonte garnie d'une couche épaisse de marne ou de cendre de bois soigneusement battue, qui constitue une coupelle poreuse, pouvant absorber les oxydes liquides produits par l'oxydation des métaux étrangers — si l'on opère sur de l'argent tenant or.

Quand il est bien écumé, on le puise avec une cuiller et on le précipite dans une cuve d'eau pour le réduire en grenailles.

Ces grenailles sont ensuite traitées, dans des vases de platine, par l'acide sulfurique bouillant; l'or, indissoluble, se dépose au fond du vase, pendant que l'argent, se dissolvant, produit du sulfate acide d'argent qui reste dans la dissolution.

On décante la liqueur, à deux ou trois

reprises s'il le faut, puis on lave le dépôt que l'on fond à nouveau pour le couler en lingots.

Quant à l'argent, on le sépare facilement de l'acide sulfurique avec lequel il est combiné, au moyen de rognures de cuivre qui décomposent instantanément le mélange en deux produits : du sulfate de cuivre et de l'argent pur qui se précipite et s'agglomère en masse d'apparence spongieuse, qu'on appelle communément *chaux d'argent*.

La production totale de l'or est évaluée, année moyenne, à 220 tonnes, valant 650 millions de francs, dont un tiers, à peu près, est fourni par l'Australie, un tiers par la Californie, un sixième par la Russie, et un douzième par la Nouvelle-Zélande.

La part de l'Europe (moins la Russie), dans cette production, est tout au plus de 8 à 10 millions.

MÉTALLURGIE DU FER

Le fer s'extrait des nombreux minerais qui le contiennent, mélangé de plus ou moins de gangues de toutes natures : mécaniquement, par les procédés communs à tous les minerais; débourbage au patouillet, bocardage, lavage, broyage et quelquefois même grillage; notamment pour les matières mélangées de carbonates de soufre, de phosphore et d'arsénic.

Chimiquement par la réduction, opération qui a pour but de le séparer de l'oxygène avec lequel il est combiné, et qui s'obtient en chauffant le minerai au rouge au contact du charbon, ou dans un courant d'hydrogène ou d'oxyde de carbone.

Cela paraît tout simple, et cela le serait en effet si les oxydes étaient purs, mais ils sont toujours enfouis dans des gangues siliceuses, argileuses ou calcaires qui, pour plus de difficulté, ne sont pas fusibles à la température nécessaire à la réduction de l'oxyde.

Sans cela, il suffirait de marteler le mélange en fusion pour exprimer la gangue sous forme de scorie liquide.

Mais les matières diverses qui constituent la gangue étant presque toujours infusibles, il a fallu chercher autre chose.

Deux procédés ont été trouvés : connus sous les noms de méthode directe et méthode indirecte, la première, ainsi nommée parce qu'elle produit directement le fer, et la seconde qui donne la fonte, qu'il faut affiner pour la convertir en fer.

MÉTHODE DIRECTE

Ce procédé qu'on appelle aussi *Méthode Catalane* ou *méthode française*, parce qu'il a toujours été employé en Catalogne et dans nos départements des Pyrénées, est le plus ancien et le plus simple; puisqu'il consiste à chauffer le minerai au contact du charbon, mais il ne peut s'appliquer qu'aux minerais en roche, presque purs, par conséquent très fusibles et surtout assez riches pour qu'on puisse abandonner, sans inconvénient, la portion de métal qui s'écoule toujours avec les laitiers.

L'outillage n'est pas dispendieux, puisqu'il ne comporte qu'un fourneau, une soufflerie, un marteau.

Le fourneau, qui porte le nom de fourneau catalan, consiste en un creuset rectangulaire de 70 centimètres de profondeur, maçonné en pierres sèches reliées avec de l'argile, et dont le fond est doublé d'une dalle de granit.

Ce creuset, dans lequel on brûle du charbon de bois, est appuyé contre un mur muni en haut d'un manteau, qui forme cheminée pour l'échappement de la fumée et des gaz de la combustion, et percé en bas au niveau du creuset, d'une ouverture par où passe la tuyère de la soufflerie.

La soufflerie installée à côté est presque toujours une trompe, les chutes d'eau ne manquant ni dans les Pyrénées ni dans la Catalogne.

Le marteau qu'on appelle aussi *martinet*, *mail* ou *makas* pèse généralement 600 kilogrammes, il est à queue ou à bascule et mis en mouvement par une roue hydraulique, de façon à battre de 100 à 125 coups par minute.

Le minerai, broyé d'une façon assez succincte, est passé dans un crible de façon à le diviser en deux parts : celle qui reste dans le crible, et dont les morceaux sont au moins de la grosseur d'une noix est appelée la *mine*, et mise ainsi dans le four; tandis que les parcelles moins grosses et les poussières qui ont passé au travers du crible sont mouillées, gâchées comme du mortier et mises en tas à proximité du fourneau.

Cette portion, qui est généralement le tiers de la matière à traiter, s'appelle la *greillade*.

Pour commencer l'opération un ouvrier tenant une pelle verticalement divise le creuset en deux compartiments, dans l'un on charge la mine, dans l'autre le charbon

Fourneau Catalan.

de bois, une fois que celui-ci est suffisamment allumé on retire la pelle et on donne du vent, très modérément d'abord, quitte à l'augmenter ensuite.

Au fur et à mesure que le combustible se consume on en ajoute de nouveau et à chaque fois on le recouvre de quelques pelletées de *greillade*, non entièrement pourtant car il faut qu'une certaine quantité de charbon brûle au contact de l'air, pour qu'il se produise, par l'effet de la tuyère, de l'acide carbonique qui, traversant les couches supérieures de charbon incandescent, se change en oxyde de carbone, lequel réduit en fer métallique une partie de l'oxyde du minerai, l'autre partie se combinant avec les gangues qui s'écoulent en laitier, sitôt que la fusion commence; c'est-à-dire au bout de deux heures de chauffe.

En général, il faut six heures pour mener l'opération à bonne fin, alors il ne reste plus dans le creuset qu'une masse de fer assez spongieuse qu'on appelle *massé*.

Comme ce massé contient encore une

certaine quantité de scories liquides, on le retire du feu et on le transporte, tout incandescent, sous le marteau qu'on met alors en mouvement, pour réunir par un aplatissement suffisant, toutes les particules du fer et en chasser en même temps les scories.

Ce travail fini, on sépare le massé à l'aide d'un coin assez coupant sur lequel on fait jouer le marteau, en deux blocs qu'on ap-

Marteau à bascule.

pelle *massoques*, auxquelles on donne la forme de parallélipipède.

Chaque massoque est ensuite partagée en deux *massouquettes*, que l'on réchauffe dans le creuset pour les convertir en barres de l'échantillon demandé par le commerce.

Le fer ainsi obtenu est, selon la nature des minerais, traité de trois sortes : fer ordinaire, de très bonne qualité, fer fort qui est un acier ferreux, et fer cédat qui est l'acier naturel.

Mais, répétons-le, ce procédé n'est applicable, que dans les pays où l'on a sous la main du minerai très riche ; partout ailleurs il serait trop coûteux, puisque avec du minerai contenant 44 pour cent de métal, on ne retire que 31 pour cent de fer et l'on consomme 350 kilogrammes de charbon pour produire cent kilogrammes de fer.

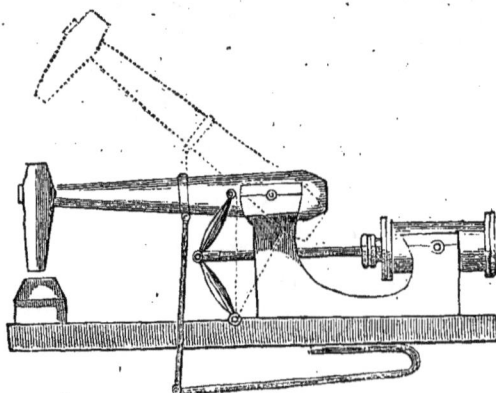

Martinet à piston.

Aussi n'y a-t-il d'usines catalanes en activité que dans le nord de l'Espagne et dans nos départements de la Corse, de l'Ariège et des Hautes et Basses-Pyrénées.

MÉTHODE INDIRECTE

La méthode indirecte est la plus usitée parce qu'elle est la plus économique et qu'elle convient à tous les minerais, quelle que soit leur richesse et la nature des gangues qui les accompagnent; on en est quitte pour ajouter à ces gangues des matières plus fusibles qu'on appelle des fondants.

Il est bien entendu que le fondant varie, selon la composition des gangues.

Si elles sont calcaires on emploie comme fondant l'argile, que les ouvriers appellent *erbue*, si au contraire elles sont argileuses ou quartzeuses c'est le calcaire qui devient fondant sous le nom de *castine*.

Dans les deux cas, du reste, il se forme un silicate double d'alumine et de chaux, qui est fusible, mais à une très haute température.

Or, comme cette température est plus élevée que celle qui suffit à la combinaison du carbone avec le fer, il s'ensuit que le produit obtenu par la fusion n'est pas du fer malléable mais un composé plus ou moins carburé, qu'on appelle naturellement de la *fonte* et qu'il faut affiner ensuite pour la convertir en fer.

C'est à cause de cette opération double que le procédé a pris le nom de méthode indirecte, il est vrai qu'on l'appelle aussi méthode des hauts fourneaux, à cause de la hauteur considérable qu'il faut donner aux appareils dans lesquels on réduit le minerai.

Un haut fourneau est un four à cuve, de dimensions extraordinaires; comme nous l'avons dit déjà, pour mériter ce nom, il faut qu'il ait au moins neuf mètres de hauteur, mais cette élévation est souvent dépassée, car le temps n'est plus où l'on citait comme le plus grand haut fourneau du monde, celui de l'usine de Dowlais, dans le pays de Galles, qui produisait 45 tonnes de fonte par 24 heures, et aujourd'hui ceux dont la production est double ne sont pas rares.

Les hauts fourneaux varient donc de dimensions, ils varient aussi de formes, selon qu'on y traite la fonte, au charbon de bois, au coke ou à la houille, mais le principe fondamental est toujours le même : que la tour qui le renferme ait huit ou vingt mètres de hauteur avec un diamètre proportionnel; c'est toujours un four dont le revêtement intérieur (qu'on appelle *chemise*), est en briques réfractaires, et qui a la forme de deux troncs de cônes accolés par leur plus large base, dont la réunion porte le nom de *ventre*, la partie supérieure se nomme la *cuve* et son orifice est le *gueulard*, surmonté d'une cheminée peu élevée, qu'on appelle *gueule* et qui est percée de portes pour permettre l'entrée des matières.

Pour la partie inférieure, c'est-à-dire le deuxième cône on l'appelle les *étalages* et elle se termine à sa base par une capacité prismatique, quelquefois cylindrique, qui se nomme l'*ouvrage*, et dont les faces, percées d'ouvertures pour laisser passer les *tuyères* qui servent à l'introduction du vent, s'appellent *costières*.

Dans les fours qui n'ont qu'une seule tuyère, la paroi qui lui fait face porte le nom de *contrevent*.

Nous ne reviendrons pas sur les machines soufflantes dont nous avons expliqué l'usage et les différentes dispositions; nous dirons seulement ici, que dans les fourneaux soufflés à l'air froid, les tuyères sont simples et s'emmanchent sur l'extrémité de la machine soufflante, qu'on appelle *buse*; nous réservant de parler plus loin et spécialement, des souffleries à air chaud.

Au-dessous des tuyères, et séparé de l'ouvrage par une sole ou plaque de tôle horizontale, se trouve le creuset, où s'accumule la matière en fusion.

La partie extérieure du creuset s'appelle l'*avant creuset*, fermé par une espèce de rempart incliné, recouvert d'une plaque de fonte ou *dame*, sur laquelle s'écoulent les laitiers.

La face opposée à la *dame* a le nom de *rustine*.

Le recouvrement de la partie du creuset qui s'avance hors du fourneau est la *fausse tympe*; protégée, du côté où s'échappe la flamme par deux pièces de fonte, dont l'une s'appelle le *tacret* et l'autre, qui n'est en somme que le prolongement d'une des parois de l'ouvrage, a le nom de *tympe*.

En outre, au fond du creuset, du côté de la dame, se trouve l'orifice par lequel on retire la fonte après sa production et qu'on appelle *trou de perce* ou trou de coulée.

Pendant l'opération cet orifice est fermé par un tampon, fait d'un mélange de poussier de charbon et d'argile.

Voilà pour les organes du fourneau : voyons maintenant sa disposition extérieure et sa construction.

Comme il importe que le gueulard soit d'un accès facile, puisque c'est par là qu'on charge la cuve, le massif de maçonnerie qui l'entoure est construit en contre bas, partout où l'on peut utiliser une colline, pour être de plain-pied avec le gueulard.

Dans les pays de plaine, on y supplée par l'installation de plans inclinés; qui amènent en wagonnets, les matières à traiter à l'orifice du fourneau, ou de monte-charges quelconques.

Il serait puéril de dire que la construction doit être d'une grande solidité, vu les charges énormes qu'elle est appelée à porter; aussi la fonde-t-on généralement sur des voûtes, qui servent du reste à loger les conduites d'air, ce qui rend leur surveillance plus facile.

Le devant du fourneau est évidé, et forme en se réunissant avec les murs de l'avant-creuset, des embrasures voûtées, qui établissent des communications faciles entre l'intérieur et l'extérieur de la construction.

L'une de ces embrasures, celle qui est située du côté de la dame, s'appelle chambre de travail, parce que c'est là en effet que l'ouvrier se tient pour surveiller la marche du fourneau, les autres reçoivent les tuyères qui débouchent, comme on le voit par la lettre *e* de notre dessin, à la hauteur de la base de l'*ouvrage*.

Ces tuyères, du moins celles qui soufflent l'air froid, sont coniques, en fonte ou en cuivre.

Celles qui soufflent l'air chaud, sont de même forme, mais entourées d'une double enveloppe, dans laquelle circule un courant d'air froid qui a pour but d'empêcher que la chaleur continue ne les fasse fondre.

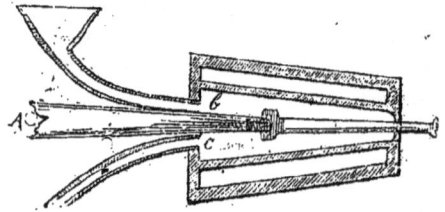

Dans notre dessin : *A* est la buse de la machine, emmanchée de la tuyère, *B* est le tuyau par où l'eau arrive pour ressortir par *C*.

Le creuset et l'ouvrage ont presque toujours la forme rectangulaire, tandis que la cuve est cylindrique, du reste il n'y a rien d'absolu dans ces dispositions, la construction étant très variable. Car si le plus souvent le massif de la construction (en pierres de taille ou en briques ordinaires), relié par de fortes armatures en fer, a la forme d'une pyramide quadrangulaire, ou d'un tronc de cône, on voit, aussi comme à Hayanges, notamment, beaucoup de hauts fourneaux de forme circulaire où la maçonnerie est supprimée en grande partie, et remplacée par un rang de colonnes en fonte qui soutiennent l'édifice.

Ce système a d'ailleurs l'avantage de rendre les abords du fourneau plus faciles, et par conséquent le travail, dont nous allons suivre maintenant les opérations, en supposant un fourneau qui n'ait encore jamais servi, seule façon d'être clair, du reste ; car le travail n'arrête ni jour ni nuit, tant du moins que l'appareil est en état de fonctionner, à cause du temps qu'il faudrait perdre pour réchauffer le fourneau si on le laissait refroidir.

On commence par la mise en feu, opération qui consiste à sécher parfaitement le fourneau et qui demande les plus grands soins : pour cela on allume des fagots dans la chambre qui précède la dame et on entretient pendant deux ou trois jours ce feu qui, poussé par le tirage énergique qui s'établit par le gueulard, enlève peu à peu l'humidité que contient la construction.

Quelquefois, surtout pour les fours destinés au coke, on active la dessiccation en allumant du feu dans quatre cheminées pratiquées aux quatre coins de l'intérieur du massif.

Coupe d'un haut fourneau chargé.

Ensuite on place la dame, et l'on remplit de coke ou de charbon de bois d'abord le creuset, puis successivement l'ouvrage, les étalages et la cuve, de façon à finir par avoir du feu à la fois dans toutes les parties du haut fourneau.

Au bout de douze ou quinze jours la dessiccation est complète, alors, sans laisser diminuer le feu, on commence à charger le fourneau pour le travail, dans les proportions suivantes, adoptées presque par toutes les fonderies françaises :

300 kilogrammes de minerai, 110 kilogrammes de combustible et 80 de castine.

On verse le minerai d'abord, le fondant ensuite, puis le charbon, et ainsi de suite au fur et à mesure que le chargement s'affaisse, de façon à ce que la cuve soit toujours remplie.

Alors, au moyen des tuyères, on donne le vent nécessaire pour activer la combustion, et l'on prépare la dame qui doit recevoir les laitiers provenant de la fusion et dont l'examen est le critérium de l'opération.

Si les laitiers présentent une couleur violette persistante, on peut être assuré que la matière qui tombe dans le creuset est de la fonte grise bourrue, s'ils sont vert-clair, ils annoncent de la belle fonte grise, vert foncé, la fonte sera truitée, s'ils sont noirs la fonte sera blanche.

Mais au début de l'opération on peut, d'après ces symptômes, modifier le résultat à obtenir, soit en changeant les propor-

Atelier de fonderie.

tions de minerai et de castine soit en donnant plus ou moins de tirage.

Une fois le haut fourneau en marche, les charges de minerai et de combustible descendent régulièrement, se desséchant d'abord en traversant la partie supérieure de la cuve.

Un peu plus bas, le fondant se débarrasse de son acide carbonique en même temps que le minerai perd son oxygène. En arrivant dans les étalages, la chaux contenue dans les gangues ou dans le minerai, se combine aux cendres du combustible et forme les silicates qui constitueront le laitier; et le fer, déjà en grande partie réduit, s'empare d'une certaine quantité de carbone et passe à l'état de fonte.

Une fois dans l'ouvrage, ces matières déjà fortement échauffées se liquéfient et tombent, goutte à goutte, dans le creuset où elles se séparent naturellement selon les lois de la pesanteur, le métal restant au fond et le laitier surnageant pour s'écouler au dehors lorsqu'il atteint le niveau de la dame.

En somme, neuf hommes suffisent pour manœuvrer un haut fourneau; l'équipe comprend : quatre *chargeurs*, qui ont pour mission de remplir la cuve au fur et à mesure que la charge s'est affaissée ; deux *gardeurs*, l'un pour veiller aux tuyères et l'autre à la tympe, pour empêcher surtout que la flamme ne touche l'ouvrage ; un *arqueur* chargé de la distribution du charbon de bois ; un *boqueur !* qui s'occupe du déblayage des laitiers ; et un *mouleur de gueuses*, qui prépare dans le sol de l'atelier, les rigoles par lesquelles la fonte, s'échappant du creuset, se rendra dans les moules pour s'y solidifier en lingots qu'on appelle *gueuses* s'ils sont assez volumineux, *gueusets* s'ils sont plus petits.

Opération qu'on appelle *coulée* et qui se renouvelle sitôt que le creuset est plein, c'est-à-dire à peu près toutes les douze heures.

Elle est du reste des plus simples, puisqu'il suffit de briser d'un coup de ringard le *tampon de coulée* qui ferme le creuset, pour que la fonte s'en échappe en ruisseau de feu et vienne se refroidir dans les sillons qui lui servent de moule.

Bien entendu ce procédé n'est pas exclusif, car en certains cas on coule la fonte en coquilles, c'est-à-dire dans une rigole en fer où on la refroidit brusquement avec de l'eau fraîche, ce qui la blanchit considérablement et permet de lui faire subir un affinage plus parfait.

Dans d'autres usines, où la fusion au coke ou à la houille n'a donné que des fontes plus ou moins sulfureuses, on les coule dans des lingotières enduites de chaux, qui absorbe une grande partie du soufre qu'elles contiennent.

En tous cas, la première fusion ne donne que de la fonte, plus ou moins pure, qui a de nombreux emplois industriels sous le nom de fonte de moulage, mais qu'il faut refondre à nouveau si l'on veut la convertir en fer, c'est ce qu'on appelle l'affinage. Mais avant de nous en occuper il convient de dire quelques mots de l'innovation, qui se perfectionne d'ailleurs tous les jours, introduite à notre époque dans les usines à fer, c'est-à-dire l'utilisation des gaz perdus de la combustion des hauts fourneaux, pour les chauffer eux-mêmes où les appareils complémentaires.

EMPLOI DE L'AIR CHAUD

Dès 1814, le chimiste français Berthier, — constatant que les gaz qui sortent du gueulard d'un haut fourneau sont très combustibles, et qu'ils peuvent encore donner une chaleur deux fois plus considérable que celle qui a été employée à les produire — signalait l'importance qu'il y aurait à utiliser cette énorme chaleur perdue.

Mais ce n'est que depuis 1831 qu'on y fit sérieusement attention, car alors on avait reconnu qu'on faisait une notable économie de combustible en remplaçant la soufflerie à air froid par une soufflerie à air chaud. L'expérience démontrant que cette économie pouvait être de 15 pour cent, pour les fourneaux au charbon de bois, et de 30 à 40 pour ceux au coke, ou à la houille ; on se mit à construire des appareils pour chauffer l'air, sans penser d'abord, du moins pour les fourneaux à coke, à utiliser les gaz perdus par le gueulard.

Ces premiers appareils consistaient en tuyaux de fonte, emboîtés les uns dans les autres et placés dans une enveloppe en briques où circulait la flamme, mais comme les joints de ces tuyaux ne résistaient pas aux brusques changements de température, on les remplaça, comme dans le système Wasseralfingen, par des tubes coudés ou repliés en serpentins ou, comme dans le système Calder, par une série de siphons dont les extrémités aboutissaient à deux caisses, l'une recevant l'air frais, l'autre laissant échapper l'air qui se chauffait dans les siphons au contact de la flamme.

Vint ensuite l'appareil Cabrol, fort ingénieux et économique du reste, et qui s'emploie encore accidentellement dans les hauts fourneaux où l'on ne travaille ordinairement qu'à l'air froid, bien qu'il soit impossible de régler la température; puis l'appareil Siemens Cowper dont nous avons déjà parlé.

Mais nous passons brièvement sur tous ces systèmes pour arriver à ceux qui utilisent la chaleur perdue du haut fourneau.

Il n'y en a en somme que de deux sortes : ceux qui sont placés au niveau du gueulard, pour utiliser directement les flammes qui en sortent et ceux qui sont placés sur le sol de l'usine et qui sont alimentés par une prise de gaz faite au fourneau.

Le premier, dont nous donnons une coupe verticale, est une espèce de caisse, fixée en A sur le gueulard du haut fourneau et renfermant un serpentin horizontal dont les coudes sont soigneusement soudés.

L'air frais arrive de la soufflerie par un des tuyaux inférieurs, s'échauffe dans le serpentin, par l'effet des gaz empruntés au gueulard par l'ouverture B, qui viennent se brûler sur la sole D, et s'échappent ensuite par la cheminée C munie d'une espèce de soupape servant de registre.

L'air, chauffé au degré convenable, est chassé tout naturellement dans un tuyau qui le conduit aux tuyères.

Par le second système, préférable à tous égards, et surtout parce qu'on manque toujours de place à l'orifice du fourneau, on fait, au gueulard, une prise de gaz chauds qui servent en même temps à d'autres usages, soit à griller les minerais,

soit à chauffer les chaudières à vapeur qui fournissent la force motrice de l'usine.

La quantité nécessaire captée, on la dirige par un tuyau courbé qui entre sous l'appareil, de même que le tuyau d'un ventilateur destiné à brûler les gaz et à en faire la distribution dans la capacité, qui contient un serpentin, le plus souvent vertical, dans lequel l'air froid, arrivant du dehors, se réchauffe comme dans le système précédent pour se rendre ensuite à la tuyère.

C'est certainement ce qu'il y a de plus simple, et c'est pourquoi nous ne citerons pas quelques variantes à ce procédé par lesquelles on brûle les gaz empruntés au gueulard, au moyen d'un courant d'air forcé provenant d'un four à réverbère.

AFFINAGE DE LA FONTE

Cette opération (la fabrication du fer) qui, a pour objet de débarrasser la fonte des deux ou trois pour cent de carbone, et des quantités à peu près équivalentes de silicium, de soufre ou de phosphore qu'elle contient encore, se fait dans des fours où elle est en contact avec l'air.

Théoriquement, le carbone en se combinant avec l'oxygène produit un acide carbonique qui se dégage, le soufre et le phosphore forment aussi des composés gazeux qui s'évaporent; tandis que le silicium donne naissance à un silicate fusible, qui se sépare à l'état de laitiers.

Il ne reste donc que du fer; il faut remarquer cependant que, lorsque le soufre et le phosphore existent en proportions minimes dans la fonte, on ne les en sépare que très difficilement, et l'on ne produit que du fer d'une qualité inférieure.

L'affinage se fait de différentes façons qu'on peut classer en deux catégories : l'affinage au charbon de bois qu'on appelle aussi au bas foyer, et le puddlage qu'on appelle aussi affinage à la houille ou par la méthode anglaise.

AFFINAGE AU BAS-FOYER

La première catégorie comprend six procédés différents qui disparaissent peu à peu devant le puddlage, mais qu'il faut cependant indiquer ; ce sont les méthodes appelées : comtoise, champenoise, bourguignonne, allemande et wallone, mais elles ne diffèrent entre elles que par les détails de l'opération et quelquefois par la forme des instruments de cinglage.

Dans tous les procédés, le fourneau est le même.

C'est un petit foyer appelé feu d'affinage qui ressemble beaucoup à un foyer ordinaire, sinon qu'il est muni d'un creuset, large de 60 centimètres et profond de 25, formé de solides plaques de fonte revêtues d'argile réfractaire.

Pour activer la combustion, il est muni d'une ou deux tuyères, alimentées le plus souvent par des soufflets, mais quelquefois par des machines hydrauliques ou à vapeur.

Les cinq plaques qui composent le creu-

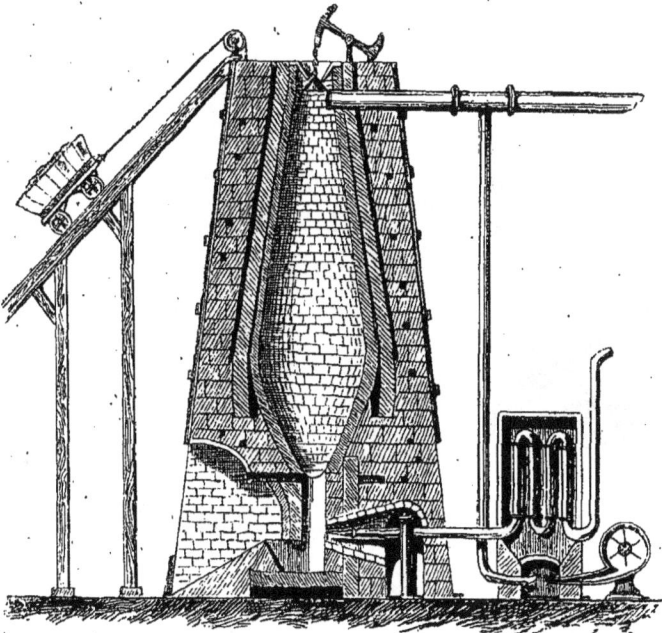

Haut fourneau avec prise d'air chaud.

set, ont chacune leur nom particulier :

Celle du fond est, comme dans tous les fours, la sole, celle qui supporte la tuyère est la *warme*, celle qui lui est opposée, le *contrevent*, celle qui est percée de deux trous pour laisser écouler les scories, *laiterol*, et la dernière *rustine*.

On commence par remplir le creuset de charbon allumé, et quand il ne forme plus qu'un brasier par l'effet des tuyères, on

fait, au moyen de rouleaux, avancer dessus la fonte, en gueuse, qui ne tarde pas à entrer en fusion et tombe au fond du creuset en gouttelettes, qui s'oxydent en passant à travers le vent des tuyères.

L'oxygène ainsi produit, se combine au carbone de la fonte et produit de l'oxyde de carbone.

La même réaction s'opère sur le silicium et le phosphore, qui se convertissent en silicate de fer, de chaux, mélangés de phosphates et tombent liquides dans le creuset, mais sans s'incorporer d'une façon intime avec le métal en fusion, qui est déjà notablement purifié.

Lorsque le creuset est plein, on procède au *désornage*; qui est la première des deux opérations qui constituent l'affinage proprement dit.

Elle consiste à détacher les scories, qu'on appelle *sornes* du fond ou des angles du creuset, et à les placer à la surface du bain et quand elles surnagent, on complète la décarburation de la fonte, en soulevant la matière en fusion, au moyen de ringards et en la présentant sous toutes ses faces au

vent des tuyères activé en conséquence, et qui continue l'opération commencée précédemment; la même cause ayant naturellement le même effet.

A mesure que le métal se purifie, il devient du fer, qui, moins fusible que les scories, s'isole par grumeaux spongieux qui nagent au milieu d'elles.

La seconde opération consiste à réunir en un tout homogène tous les grumeaux de

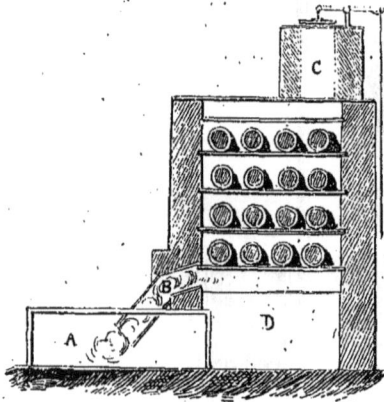

Appareil à air chaud.

Feu d'affinage.

fer, de façon à en former une masse qui prend le nom de *loupe* ou renard, c'est ce qu'on appelle *avaler la loupe*.

L'ouvrier, chargé de cette besogne, enlève la masse avec une forte pince et l'entraîne sur une épaisse plaque de fer, disposée dans l'atelier, où elle est martelée encore incandescente, à coups de marteaux, pour la purger de toutes les socries fluides qu'elle renferme encore.

Les scories sortent, mais pas entièrement et c'est pour cela que la loupe, réchauffée dans un four spécial, est soumise à un nou-

veau martelage, qu'on appelle *cinglage*, sous un marteau mécanique dont la forme diffère selon les localités.

Ainsi, dans l'ancienne méthode Comtoise ce martinet, dont le poids variait entre 50 et 250 kilogrammes, était à bascule, et mû tout simplement par une roue à cames.

Dans la méthode allemande, c'était à peu près le même système sauf quelques détails dans la monture de l'instrument.

En Silésie, pourtant, on se servait et l'on se sert même encore, d'un marteau à soulèvement avec cordon en fonte, que notre gravure fera suffisamment comprendre.

Il va sans dire qu'on emploie aussi, et presque toujours, maintenant, le marteau pilon qui s'est répandu dans toutes les usines avec une rapidité qu'expliquent bien les incomparables avantages qu'il offre.

Cet instrument, si puissant, si docile et si facile à manœuvrer, a été inventé par un Français, l'ingénieur François Bourdon, et l'on s'en est servi pour la première fois au Creuzot, en 1842.

Son mécanisme est des plus simples.

Un bloc de fonte, qu'on appelle indifféremment mouton ou pilon, est suspendu à une tige verticale qui se termine par le piston d'un cylindre à vapeur, il suffit donc de manœuvrer convenablement le tiroir du cylindre, à l'aide d'un levier à main pour que la vapeur, qui arrive du générateur par un tuyau de communication, passe sous le piston qui se soulève et entraîne avec lui le mouton.

Celui-ci est-il assez haut, on agit en sens inverse sur le levier, et la vapeur n'entrant plus dans le cylindre et s'échappant au contraire par la cheminée qui termine le cylindre, le mouton tombe de tout son poids sur la loupe ou la pièce à forger, placée sur l'enclume.

La répétition de cette manœuvre, qui peut du reste se faire mécaniquement, donne autant de coups qu'il est nécessaire et réglés comme on veut, puisque le mouton, guidé par des plaques fixées sur le bâti, ou par des rainures pratiquées dedans, peut être monté plus ou moins haut et par conséquent redescendre avec un effet plus ou moins grand, sans compter qu'on peut encore l'arrêter en route, si l'ouvrier veut, sans interrompre tout à fait son travail, le suspendre un moment pour vérifier les dimensions de la pièce qu'il façonne.

Tel est le principe du marteau à vapeur qui, comme on le pense bien, a subi de nombreuses modifications de détail, selon les usages spéciaux auxquels on le destine.

La loupe, bien battue, bien corroyée (c'est l'expression propre) se trouve débarrassée de toutes les matières vitreuses, il ne reste plus qu'à la diviser en quatre ou cinq morceaux qu'on appelle *lopins* et qu'on réduit en barres pour les livrer au commerce.

Quelquefois même on fabrique directement les fers, de l'échantillon demandé, en les passant immédiatement aux laminoirs, cela peut même éviter, en certains cas, le corroyage de la loupe sous les marteaux pilons, mais ceci n'appartient plus à la métallurgie proprement dite, c'est du travail des métaux.

AFFINAGE A LA HOUILLE

L'affinage à la houille a été appelé longtemps méthode anglaise, parce qu'elle a pris naissance en Angleterre, où le combustible minéral a toujours été à bas prix, et le charbon de bois très cher.

Elle est maintenant employée à peu près partout, à cause de la grande économie qu'elle permet de réaliser, sous le nom de *puddlage*. Le puddlage n'est pourtant qu'une partie de l'opération ; car lorsqu'on traite des fontes impures, et c'est presque toujours le cas, il faut commencer d'abord par le *finage*.

Le finage, qu'on appelle aussi *mazéage*, a pour but non seulement de blanchir la fonte, mais de lui enlever la plus grande partie du silicium ou du phosphore qu'elle peut contenir.

Il peut se faire, dans les hauts fourneaux même, dans des fours spéciaux qu'on appelle *feux de finerie*, ou dans des fours à réverbères.

Dans les hauts fourneaux on gagne beaucoup de temps, mais il faut pour que leur emploi soit possible, qu'ils soient très petits comme dans l'Eiffel, où l'on *fine* en soumettant, pendant une couple d'heures avant la coulée, la fonte réunie dans le creuset, à un jeu très actif des tuyères, qui sont mobiles à cet effet, pour pouvoir être dirigées vers le fond du creuset.

Dans les fours à réverbères, il faut que ceux-ci soient disposés de façon à ce qu'on puisse y faire arriver la fonte encore liquide surtout du haut fourneau ; alors on dispose les tuyères, avec une inclinaison considérable, de manière à ce que leur vent imprime constamment au bain un mouvement giratoire assez prononcé.

Ce système donne peu de déchets, mais il n'est pas toujours applicable, et quand on opère sur des gueuses, il faut avoir recours au *feu de finerie*, qui est d'ailleurs la vraie méthode anglaise.

Le feu de finerie est un four spécial, dont le creuset est en fonte comme dans le système au charbon de bois, avec cette différence que derrière trois des plaques de fonte, revêtues intérieurement d'argile, passe un courant d'eau froide pour empêcher la fusion trop complète, la quatrième plaque qui est au-devant du creuset, porte à sa partie inférieure une ouverture pour faire la coulée.

Devant le creuset, dont la sole est en briques réfractaires recouvertes d'une couche de sable très pur, se trouve une lingotière en fonte, revêtue intérieurement de terre grasse, dans laquelle on fait écouler le *fine métal*.

Six tuyères, raffraîchies par un courant d'eau, sont disposées autour du creuset, pour lancer continuellement l'air à la surface du bain.

L'opération est des plus simples, après avoir rempli le creuset de coke incandescent jusqu'au-dessus des tuyères, on pose dessus 1,000 à 1,500 kilogrammes de fonte et l'on élève la température jusqu'à ce que le métal soit devenu très liquide.

Alors on fait écouler une partie des scories, si on le juge nécessaire, car une fois le trou de coulée percé, elles ne sortent du creuset qu'en dernier lieu, puisqu'elles se tiennent à la surface et que la fonte

purifiée coule d'abord pour se solidifier dans la lingotière.

Quand les premières scories arrivent, on jette quelques seaux d'eau dans la lingotière, c'est ce qu'on appelle étonner les scories, en effet, elles se séparent et on peut les écumer très facilement.

Cependant l'action de l'eau hâte le refroidissement du *fine métal*, qui une fois solidifié est traîné dans un bassin rempli d'eau où on le casse en fragments qui passeront ensuite au puddlage, car si dans cet état la fonte a perdu tout le soufre et le phosphore, et la plus grande partie du silicium qu'elle contenait; elle possède encore au moins la moitié de son carbone.

Le puddlage, consiste à mettre en fusion sur la sole d'un four à réverbère, la fonte qui doit se convertir en fer en perdant tout son carbone.

Il y a, sans indiquer les fours à gaz, dont nous avons déjà parlé, et qui sont applicables à tous usages, plusieurs sortes de fours à puddler; fours pleins, fours à air et fours rotatifs, il est vrai qu'il n'y aura bientôt plus que de ces derniers, à cause des grands avantages qu'ils présentent en faisant mécaniquement une besogne excessivement pénible, le brassage continuel de la fonte sur la sole du four.

Nous avons déjà parlé, dans cet ouvrage, de ces fourneaux qui ont pris le nom de leur inventeur M. Pernot, mais plutôt que d'y renvoyer le lecteur nous préférons répéter ici les quelques lignes qui nous suffisent pour le décrire.

Il comprend une partie fixe (la chauffe, activée par un ventilateur à air chaud et la voûte du laboratoire), et une partie mobile (la sole et son support).

Ce support est une plaque de tôle sous laquelle est fixé un mécanisme qui lui permet de se mouvoir autour d'un axe incliné, et la sole se trouve être une cuve circulaire dont le fond se forme à chaud, lorsque l'appareil entre en mouvement, d'une

Marteau à soulèvement (Méthode silésienne).

couche de minerai concassé, mélangée avec des scories du cinglage.

Lorsque sa surface est suffisamment régu-lière, on jette dessus la fonte à transformer, dont la rotation repartit la charge, qui ne dépasse guère 200 kilogrammes.

Feu de finerie (Méthode anglaise).

Four à réchauffer.

Au fur et à mesure que la fonte rougit, on la retourne sur la sole en la brassant pour faire évaporer complètement le carbone qu'elle contient, mais grâce au mouvement de rotation et à l'inclinaison calculée de la sole, l'ouvrier n'a plus besoin de faire, et

Marteau-pilon

souvent pendant plus d'une heure, ce fatigant mouvement de va et vient, auquel il était condamné avec le four d'ancien système.

Four rotatif à puddler.

Il se contente de poser son ringard sur le fond de la sole, et de l'appuyer contre l'ouvreau de la porte de travail, en l'inclinant sur le rayon de la cuve, et le brassage s'opère tout seul, d'autant qu'on a eu soin de charger avec la fonte environ 50 kilogrammes de *battitures* (nom qu'on donne aux petits éclats d'oxyde noir qui se détachent du fer quand on le bat sous le marteau) qui accélèrent l'opération, car leur oxygène enlève peu à peu le carbone de la

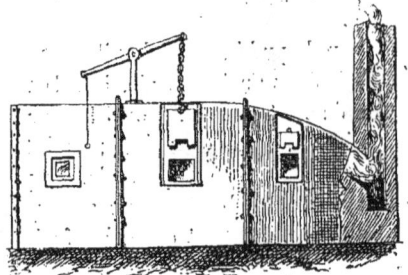

Four à puddler à parois pleines.

fonte, en produisant de l'oxyde de carbone qui brûle avec une flamme bleue.

En même temps le silicium reste dans la fonte, se combine avec l'oxyde de fer qui se produit dans le four et forme des scories liquides, dont le fer pur se sépare facilement en fragments pulvérents.

Le même travail se fait avec les fours fixes, mais manuellement et d'une façon beaucoup plus fatigante ; il y a du reste des variantes, notamment le puddlage à l'eau qui est le plus ancien, et le puddlage par bouillonnement.

Le puddlage à l'eau se fait dans une sorte de four à réverbère, qui ne se distingue du four à puddler, à air, que parce que ses parois sont pleines.

La sole est inclinée pour faciliter l'écoulement des scories, et munie en dessous d'un conduit pour le passage d'un courant d'eau.

Deux portes y donnent accès : l'une pour l'entrée et la sortie des matières ; l'autre, qu'on appelle porte de travail, par où l'on brasse le métal, sans ouvrir cette porte qui est percée, à cet effet, d'un jour suffisant pour laisser passer un ringard.

Le fourneau étant chauffé au blanc, on charge la sole de fonte, sans addition de battitures et dès qu'elle commence à rougir, on la remue fréquemment en frappant dessus pour la briser en menus fragments.

Quand elle est en cet état et prête à entrer en fusion, on jette dessus, soit de l'eau pure, soit de l'eau additionnée de limaille de fer, et l'on continue en brassant incessamment jusqu'à ce que le fer ait pris nature.

Dans le puddlage par bouillonnement, qui se fait dans un four à air, la sole est chargée de fonte avec 25 ou 50 pour cent de battitures, selon les usines ; on lute, aussi hermétiquement que possible, les portes du fourneau et le brassage ne commence que lorsque le métal est en pleine fusion.

Alors le bouillonnement se produit à tel point que le four, qui, au moment de la charge, paraissait presque vide, se remplit jusqu'au-dessus de la porte de travail et que les scories s'écoulent naturellement, mais

au fur et à mesure que l'opération avance, par l'effet non interrompu du brassage au ringard, le bouillonnement diminue, les scories s'affaissent et le fer affiné prend nature.

Dans l'un ou l'autre des systèmes, lorsqu'on en est là, on procède au *ballage*, c'est-à-dire à la formation des blocs, qu'on appelle *balles* ou *loupes*, et qui n'ont plus à subir que le cinglage.

Pour cela, l'ouvrier prend un ringard spécial qu'il appelle *rabot* et avec lequel il pousse, le long de l'un ou l'autre des bords de la sole, des portions de métal, qu'il agglomère et qu'il retourne sur la sole, pour présenter toutes ses parties au courant d'air donné par la soufflerie.

Les balles une fois faites, on les porte sous les marteaux pilons, qui doivent les débarrasser des scories qu'elles contiennent encore.

Les loupes refroidies sont des lingots de fer, mais le fer puddlé ne présente pas les qualités du fer affiné au petit foyer.

S'il a plus de dureté, ce qui le rend très propre à la fabrication des rails de chemin de fer, il est généralement mal soudé, fissuré, et, pour les autres usages, il faut améliorer sa qualité et surtout augmenter sa malléabilité.

Pour cela on le martelle une seconde et même une troisième fois, quand on ne le corroye pas immédiatement sous les cylindres dégrossisseurs d'un laminoir.

Mais avant, il faut le faire réchauffer dans des fours spéciaux, où on le porte à la température du blanc soudant.

Le four à réchauffer est en somme un four à reverbère, mais disposé d'une façon particulière : ainsi il n'a que deux portes, l'une sur le devant pour l'introduction du combustible, et l'autre sur le derrière, pratiquée au-dessous de la cheminée, et se soulevant à l'aide d'un levier, pour l'entrée et la sortie du métal, qu'on y introduit soit en barres, réunies en paquets qu'on appelle *trousses;* s'il doit de là passer sous le laminoir pour subir un corroyage plus parfait; soit en loupes, s'il doit simplement être martellé à nouveau.

Les Anglais ont, pour le travail, une machine, qu'il ne faut pas comparer au marteau à vapeur, mais qui remplace avantageusement les *presses à macquer*, dont ils se servaient autrefois pour le cinglage des loupes, sous le nom de *squeezers*.

Le *squeezer* est une espèce de presse à bascule, mise en mouvement de différentes façons, mais le plus souvent, comme celle que représente notre dessin par le piston d'un cylindre à vapeur, faisant corps avec la machine.

Il se compose de deux énormes mâchoires dont l'une est fixe sur la fondation et l'autre peut s'en rapprocher alternativement par le jeu du piston, de manière à comprimer fortement les loupes de métal placées entre elles deux.

Quant à la machine nouvelle, dont nous donnons deux dessins pour la faire mieux comprendre; elle est actionnée par un arbre vertical, en communication par un engrenage de forme spéciale, avec l'arbre moteur, placé horizontalement.

Cet arbre G, mobile dans une douille en fonte, fixée à une plaque solidement boulonnée sur la fondation, communique son mouvement de rotation : 1° à un tambour A, formé d'une seule pièce de fonte et muni de dents qui accrochent la loupe, pour la comprimer contre les volutes BB, armées intérieurement de dents, et fixées extérieurement à des colonnes CC, qui empêchent leur écartement ; 2° à un comprimeur D, qui ne fait du reste qu'un corps avec le tambour lorsque la machine est en mouvement, son action étant de maintenir la loupe, et, pour cela, il est mobile sur l'axe vertical; de façon à se soulever quand la loupe est plus grande que le tambour, et à descendre dessus, en vertu de son propre poids, quand elle est plus petite.

Le fonctionnement de cet appareil est très simple et s'explique facilement : la loupe, présentée en E, est entraînée par le mouvement du tambour et pressée entre les dents qui se rapprochent de plus comme une espèce de laminoir — sort en F, au bout de quelques secondes, réduite aux dimensions qu'elle doit avoir pour passer aux laminoirs.

Nous ne décrirons point ici ces appareils, que nous retrouverons très prochainement dans cet ouvrage; ce serait sortir du cadre de ce chapitre qui ne doit traiter que de la production du fer brut, et si nous l'allongeons pour dire quelques mots sur l'acier, qui n'est en somme que du fer travaillé, c'est qu'il se produit aussi naturellement.

L'ACIER

L'acier, dérivé du fer comme la fonte, qui en est du reste la matière première, mais s'emploie beaucoup à l'état de nature — s'obtient le plus souvent part le traitement du fer, mais il se produit aussi directement.

On le distingue en acier naturel, acier cémenté, acier fondu, acier puddlé et acier Bessemer.

Il y a bien aussi l'acier damassé, l'acier Martin, l'acier Uchatins, mais ce ne sont en somme que des alliages et à ce titre, on pourrait aussi donner à certain acier fondu, le nom d'acier Krupp.

Nous ne nous occuperons ici que de l'acier naturel, le seul qui appartienne à la métallurgie proprement dite; ayant d'ailleurs donné des détails sur tous les autres dans la première partie de ce volume, lorsqu'il s'est agi de la fabrication des canons.

Les aciers naturels, qu'on appelle aussi aciers de forge, se produisent de différentes façons.

En Styrie, dans la Carinthie, la Thuringe et la Westphalie on les obtient par l'affinage de fontes blanches miroitantes ou de fontes blanches grenues, produites au charbon de bois, naturellement.

L'opération se fait dans des fours analogues à ceux qui servent à affiner le fer, mais non de la même façon. Ainsi, les fontes n'y sont pas mises en fusion, mais amenées seulement à l'état pâteux; dans lequel on les soumet, sans leur faire subir aucun brassage, ni même le moindre

Presse à macquer.

dérangement, à l'action d'une soufflerie.

Au bout de sept ou huit heures on retire du four une loupe ou gâteau d'acier brut, que l'on divise en cinq ou six morceaux, après quoi, on les étire en barres carrées à l'aide d'un gros marteau, dont la forme est particulière et qu'on appelle marteau frontal.

C'est à peu près le système des martinets à bascule, mus par un arbre à cames qui soulève l'instrument par son extrémité qu'on appelle *front*, seulement la panne du marteau, qui pèse depuis 2,000 jusqu'à 6,000 kilogrammes est disposée autrement.

Elle comprend trois parties distinctes, la première sert à cingler les loupes, la

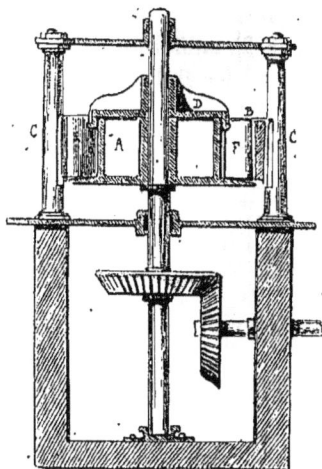

Machine anglaise à cingler les loupes. — Élévation et plan du tambour.

seconde à rassembler et à parer le métal, et la troisième est spéciale à l'étirage.

Naturellement la table de l'enclume est composée de parties exactement semblables et disposées symétriquement.

L'acier en barres n'étant pas d'une pureté suffisante, on le réchauffe, puis on l'aplatit sous un marteau pilon, quelquefois même sous un laminoir; ce qui donne des rubans qu'on appelle languettes, que l'on trempe et qu'on casse ensuite en petits fragments pour les trier selon qualités et les réunir ensuite en trousses de 25 à 30 kilogrammes, que l'on corroye pour en faire des barres propres à être livrées à l'industrie.

Dans les forges catalanes, l'acier naturel qui porte le nom de fer *cédat;* s'obtient directement par le traitement au fourneau, de minerais choisis pour contenir plus ou moins de manganèse, de façon à favoriser la carbu-

Marteau frontal.

ration du fer, en employant une forte proportion de charbon de bois très dense, et en faisant constamment écouler les scories, et ensuite à arrêter la décarburation du métal en diminuant l'intensité du vent, au fur et à mesure que l'opération touche à sa fin.

La loupe d'acier est ensuite travaillée, à peu près comme en Styrie, sauf les instruments.

Mais ces procédés sont très coûteux, et partant peu employés, aussi sur plus d'un

million de tonnes d'acier fabriquées année commune, il n'y a pas la centième partie d'acier naturel.

Quant à la production générale du fer, elle est assez difficile à évaluer, aujourd'hui du moins, car elle augmente d'année en année.

En 1874, on estimait à 40 millions de tonnes le poids des minerais extraits et la production à 25 millions de tonnes dont 15 de fonte, 10 de fer et d'acier.

Demi hauts fourneaux accolés. (Méthode du Hartz.)

L'Angleterre figurait dans ce chiffre pour 15 millions de tonnes, les États-Unis pour 4 millions et l'Allemagne pour 3.

La France, qui venait après, ne comptait que 2,392,000 tonnes, mais sa production

en acier était bien au-dessus de la proportion; puisqu'elle se montait à 221,684 tonnes.

Donc, si notre pays ne fournit pas la dixième partie du fer employé par l'industric universelle, il fournit plus de la cinquième partie de l'acier.

MÉTALLURGIE DU PLOMB

Plus des 99 centièmes, autant dire tout le plomb livré au commerce, s'extrait de la galène, le plus souvent argentifère comme nous l'avons vu déjà, et accompagnée de gangues qui sont du quartz, du spath fluor, ou du sulfate de baryte.

Les minerais, d'abord traités mécaniquement par les moyens ordinaires, sont triés en deux catégories; minerais riches qu'on peut réduire immédiatement, et minerais pauvres qu'il faut enrichir le plus possible par le bocardage, le criblage et le lavage, opérations déjà décrites et que nous ne rappelons ici que pour indiquer une variante dans les procédés.

Au Bleiberg on bocarde dans une espèce d'auge rectangulaire où coule un courant d'eau continu, qui décrasse très bien le minerai, ce qui évite le débourbage au patouillet, mais n'empêche point les lavages subséquents, qui ont pour but la séparation des gangues.

Le traitement chimique se fait de beaucoup de manières, chaque pays ayant pour ainsi dire sa méthode spéciale, mais on peut les diviser en trois classes.

Réduction par le charbon, réduction par le fer et réduction par réaction.

RÉDUCTION PAR LE CHARBON

Ce procédé qui doit être le plus ancien de tous, parce qu'il convient aux minerais assez pauvres, comprend deux méthodes : la méthode du Hartz et la méthode écossaise, qui diffèrent par certains détails, mais se résument en ceci :

Griller le minerai au contact de l'air, le plus complètement possible, pour oxyder le plomb, et en chasser le soufre.

Le résidu obtenu est un mélange d'oxyde et de sulfate de plomb. On y ajoute une certaine quantité de charbon de bois et on le traite dans un fourneau à manche.

La chaleur de ce four, vigoureusement activée par une tuyère, fait réduire l'oxyde de plomb en plomb métallique, qui coule dans un bassin de réception, et fait passer le sulfate à l'état de sulfure dans des *mattes* que l'on soumet à nouveau à toutes les opérations précédentes.

Dans la méthode du Hartz, les minerais sont grillés en tas, en cases et à plusieurs feux, et la réduction a lieu dans des demi-hauts fourneaux dont les dimensions sont variables mais qui sont toujours accolés par deux et disposés, comme on le voit par notre dessin, avec une plateforme commune, qui sert à charger le minerai.

Le vent est généralement fourni pour chaque fourneau, par deux soufflets pyramidaux placés l'un au-dessus de l'autre, de façon à former une double tuyère; mais tout autre moyen de ventilation est aussi bon.

La sole est composée de deux rangs de briques, dans lesquels sont ménagés des tuyaux d'assèchement, puis d'une couche de scories concassées, d'une couche d'argile damée et enfin de brasque (mélange de poussier de charbon avec un tiers d'argile).

Presque toujours les scories s'écoulent naturellement par-dessus l'un des côtés de l'avant-creuset; quant au plomb il arrive dans un bassin de réception disposé en dehors et tout à côté du fourneau.

Dans la méthode écossaise, employée surtout dans le Cumberland pour les minerais ayant une teneur de 75 à 80 centièmes de plomb, le minerai est grillé dans un four à réverbère ordinaire, et l'on fait couler le schlich dans un bac plein d'eau où il se réduit en grenailles.

Ces grenailles sont ensuite réduites dans un four à manche qui porte le nom de fourneau écossais, et qui diffère surtout des autres.en ce qu'il n'a pas de creuset et que le plomb fondu coule de sur la sole — par une rigole pratiquée dans la plaque de travail, placée sur un plan incliné en avant de la sole — dans un bassin de réception.

Le plomb, est ensuite séparé des crasses par liquation, mais les crasses peuvent se traiter dans le fourneau écossais, les crasses riches du moins, car lorsqu'elles sont devenues trop pauvres on les grille à nouveau pour en extraire le peu de plomb qu'elles contiennent encore, dans un fourneau à manche spécial, dont notre dessin représente une coupe.

La sole en est formée d'une plaque de fonte, inclinée vers le bassin de réception, lequel est placé en dehors, à côté d'un avant creuset, suivi d'un bac plein d'eau froide constamment renouvelée.

Au-dessus de la plaque de sole on bat un faux creuset en brasque et l'on commence le feu, activé par une forte tuyère placée à 45 centimètres au-dessus de la sole.

Le plomb, au fur et à mesure qu'il fond, se rend de l'avant-creuset dans le bassin de réception (chaudière sous laquelle on entretient un peu de feu) tandis que les scories continuent à couler sur l'avant-creuset, pour venir tomber dans le bassin plein d'eau froide, où elles se grenaillent.

Le lavage fera sortir les parties stériles de ces grenailles, que l'on repasse ensuite dans le fourneau.

RÉDUCTION PAR LE FER

La réduction par le fer consiste à fondre le minerai avec 30 à 35 pour cent de fonte ou de fer en grenailles, que l'on incorpore dans la masse en fusion, en brassant avec des ringards.

Le fer, en raison de son affinité supérieure, s'empare de tout le soufre et le résidu est du plomb métallique et du sulfure de fer, qui s'écoulent ensemble dans un premier bassin de réception; où on les sépare facilement par la décantation, le sulfate de fer surnageant toujours sur la masse en fusion.

Ce procédé, qui convient surtout aux minerais très siliceux et qui donne des résultats bien supérieurs à tous les autres, tant sous le rapport du rendement en plomb que de l'économie du combustible, a deux variantes assez distinctes : la méthode silésienne et la méthode viennoise.

Par la méthode silésienne, employée à Tarnowitz, le minerai, très riche d'ailleurs, est traité dans des fourneaux à manche, avec 12 pour cent de vieilles ferrailles, 12 pour cent de scories d'affinage de fonte et 36 pour cent de scories de fonte.

Ce système produit 66 pour cent de plomb, 24 de mattes et 10 pour cent de scories bonnes à jeter. Pour les minerais plus pauvres, c'est-à-dire ne contenant que 50 centièmes de plomb, on les fond dans un demi-haut fourneau avec un mélange de mattes de la fonte de minerai riche (32 pour cent environ) de matières plombeuses, écumages et débris (12 pour cent) de scories d'affinage (24 pour cent) et de scories de fer métallique (10 pour cent).

On obtient ainsi 40 pour cent de plomb.

Il va sans dire qu'on refond ensuite les crasses, résidus et écumages de ces opérations.

Par la méthode viennoise, ainsi nommée parce qu'on l'employait à Vienne (Isère), alors que les mines qui alimentaient l'usine n'étaient pas épuisées, mais qu'on emploie encore en France, à Poullaouen (Finistère), la réduction s'opère dans des fours à réverbère, dont la sole formée de pierres de grès est légèrement inclinée dans la direction du bassin de réception.

Le lit de fusion se compose de cent parties de minerai cru, de 40 de terres rouges argentifères servant de fondant, de 10 de fonds de coupelles et de 35 de ferrailles, et l'opération se fait de la façon la plus simple.

Après avoir laissé le four fermé pendant

deux heures, on repousse les scories sur le haut de la sole, et on brasse la ferraille dans le bain, quatre heures après on écume la plus grande partie des scories et l'on peut procéder à la coulée.

RÉDUCTION PAR RÉACTION

Ce système est celui qui a le plus de variantes, mais il consiste essentiellement en ceci :

Fourneau écossais pour la réduction du plomb.

Grillage du minerai, dans un four à réverbère de construction spéciale.

Brassage des matières, de demi-heure en demi-heure pour mélanger les couches déjà oxydées de la surface, avec la masse intérieure.

Et ressuage, qui consiste à donner un coup de feu pour déterminer la réaction.

Alors l'oxyde et le sulfate de plomb, réagissant sur le sulfure, qui existe en assez grande quantité, il se sépare du sous-sulfure de plomb, qui forme une matte très fusible, et du plomb métallique.

Ces deux matières, en se fondant, coulent dans une cavité que présente la sole et passent de là dans un bassin de reception ; où on

Fourneau à manches pour le traitement des crasses.

enlève la matte qu'on soumettra de nouveau à la réaction.

Quant au plomb, on le puise avec des cuillers de fer et on le coule dans des lingotières.

Dans la méthode du Bleiberg le four à

réverbère a une sole rectangulaire, qui se raccorde, par des parties circulaires, avec la porte de travail placée à l'extrémité du grand axe ; la chauffe est placée parallèlement à l'un des longs côtés de la sole, et s'étend sur toute sa longueur, bien que le foyer n'ait que 1m,50 de profondeur, c'est-à-dire un peu moins de la moitié de la longueur de la sole. On n'y brûle que du bois.

Le grillage dure trois heures; le four étant seulement chauffé au rouge sombre afin d'éviter la fonte du sulfure; toutes les demi-heures on remue le schlich avec un ringard.

Le brassage demande douze heures et la température du four est graduellement élevée, jusqu'à ce qu'il ne coule plus de plomb dans le bassin de réception.

Le ressuage, qui est en somme le traitement des crasses riches provenant des deux charges précédentes, prend encore sept à huit heures; et l'ensemble de ces opérations

Bocardage à l'eau (procédé du Bleiberg).

donne environ 140 kilogrammes de plomb par fourneau.

Mais, on réalise maintenant une économie de 33 pour cent sur le combustible par l'emploi de fours à deux soles superposées: sur la sole supérieure, chauffée par les flammes perdues de l'autre se fait le grillage, par 420 kilogrammes de minerai à la fois, en

même temps que sur la sole inférieure on opère le brassage et le ressuage.

Comme cela, l'opération ne dure que douze heures et produit 276 kilogrammes de plomb.

Dans la méthode du pays de Galles, le minerai, enrichi mécaniquement jusqu'à la teneur de 70 pour cent, est traité par deux opérations successives:

Réaction dans un four à réverbère, et fonte des crasses, dans le four à manche écossais que nous avons déjà décrit.

Le four à réverbère du pays de Galles est de grande dimension (sa sole a 3 mètres de long sur 2^m,85 de large); il est percé de six portes de travail, trois de chaque côté, et en avant de chaque porte du milieu se trouvent des bassins de reception, dans lesquels le plomb fondu coule après avoir séjourné dans la concavité de la sole, dont le fond est de 60 centimètres plus bas que le seuil de la porte.

Ces six portes ne servent absolument qu'au travail, car dans la voûte du fourneau, est pratiquée une trémie par laquelle se fait le chargement des minerais, par mille kilogrammes à la fois.

Le grillage, à basse température, dure deux heures, et l'on fait en même temps subir une sorte de ressuage aux crasses de l'opération précédente.

Ensuite on fait trois fondages successifs obtenus par des coups de feu, en trois ou quatre heures.

Quant aux crasses, qui représentent environ 25 pour cent du plomb obtenu, on les traite par cent kilogrammes à la fois, dans des petits fours à manche, comme nous l'avons dit dans la méthode écossaise et l'on en retire jusqu'à 20 et 24 pour cent de plomb.

Au Derbyshire, on opère de la même manière; seulement la sole des fourneaux est plus vaste et on la charge seulement de 800 kilogrammes de minerais; ce qui permet de faire plus vite un grillage plus complet.

Dans la méthode de Bretagne, employée à Poullaouen, on se sert d'un four à réverbère qui a trois portes de travail, percées sur le même côté du fourneau, et une trémie à la voûte pour verser le minerai.

L'opération est conduite comme au Bleiberg, avec cette différence qu'elle est plus active puisqu'on charge à la fois 1,300 kilogrammes de minerais.

Le grillage dure trois ou quatre heures,

le brassage à peu près autant et le ressuage deux heures et demie au plus.

On consomme généralement en combustible, bois et fagots, un poids égal à celui du minerai traité.

Les crasses (environ 30 pour cent) sont fondues ensuite au fourneau à manche et donnent jusqu'à 32 pour cent de plomb.

La méthode de Conflans ne diffère de la méthode de Bretagne, qu'en ce que le four est à deux soles, placées à la suite l'une de l'autre; la seconde, chauffée avec la flamme perdue de la première, sert au grillage du minerai pendant que sur l'autre on fait en même temps le brassage et le ressuage.

D'où, économie assez considérable en combustible.

Reste à parler de la méthode de la Sierra de Gador, qui est spéciale surtout parce que le minerai espagnol ne contient ni blende ni pyrite.

On le traite dans des fours à réverbères dont la sole circulaire a 2 mètres de diamètre, elle est légèrement inclinée vers l'unique porte de travail, devant laquelle est un bassin de réception.

La plus grande particularité de ce fourneau, c'est que la chauffe n'a pas de grille : c'est une surface voûtée dont l'un des côtés est tangent à la sole, près de la porte de travail, et l'autre se dirige perpendiculairement à l'axe du fourneau.

Le chargement du minerai se fait par 600 à 700 kilogrammes, mais l'opération n'a que deux phases, le ressuage n'étant pas nécessaire; aussi ne dure-t-elle que 4 à 5 heures.

Les crasses sont fondues par petites quantités avec 50 pour cent de scories riches de la fusion précédente, dans de petits fourneaux à manches dont les soufflets sont mus à bras d'hommes.

Elles donnent jusqu'à 20 pour cent de plomb, en consommant 30 pour cent de leur poids en combustible : charbon de bois, quelquefois mélangé de coke.

Quelque méthode que l'on emploie, à moins que les galènes ne soient point argentifères, ce qui est bien rare, le produit que l'on obtient s'appelle du plomb d'œuvre, que l'on désargente ensuite par la coupellation, comme nous l'avons dit, dans la métallurgie de l'argent.

La production du plomb est considérable ; les dernières statistiques l'évaluent à 200,000 tonnes, pour le monde entier : les pays qui en fournissent le plus sont l'Espagne 73,000 tonnes, l'Angleterre 69,000, l'Allemagne 57,000 et la France, qui en produit année moyenne un peu plus de 20,000 tonnes.

MÉTALLURGIE DE L'ÉTAIN

L'étain s'extrait exclusivement de la cassiterite ; or, comme ce minerai est un oxyde qui se réduit aisément sous l'influence du charbon, la métallurgie de l'étain est une des opérations de ce genre qui présente le moins de difficultés.

Mais, de ce que le minerai se présente de deux façons : étain d'alluvion ou étain en roche, il y a deux façons de procéder.

RÉDUCTION DE L'OXYDE D'ÉTAIN

L'étain d'alluvion, qu'on appelle aussi oxyde d'étain, peut être soumis à la réduction sitôt après le bocardage et les lavages usités pour tous les minerais.

On le traite dans un fourneau à manche, dont la forme n'est pas absolument spéciale, mais qui a cependant des dispositions particulières.

Ainsi au devant du creuset se trouve extérieurement un premier bassin où s'accumule le métal fondu, suivi lui-même d'un second appelé bassin de réception.

L'opération se fait ainsi: on charge le fourneau de lits alternatifs de charbon de bois et de minerai et l'on donne le vent en ouvrant la tuyère.

L'oxyde d'étain est réduit par l'oxyde de carbone, qui se forme à la partie inférieure du fourneau, l'étain se liquéfie et s'écoule par un conduit dans le premier bassin extérieur.

Là, on l'écume des scories qu'il contient et qui surnagent toujours, au fur et à mesure que le métal coule ; le bassin une fois plein on débouche le trou de coulée pour décanter le métal dans le bassin de réception ; où il laisse déposer la plus grande partie des corps étrangers qu'il contient encore.

On le débarrasse du reste en le remuant avec des perches de bois vert, qui en brûlant par le contact de la masse en fusion, produisent des gaz qui font monter à la surface les scories, qu'on enlève soigneusement au fur et à mesure qu'elles se produisent.

Quant le métal ne donne plus d'écume on le verse dans des moules où on le laisse refroidir en lingots.

RÉDUCTION DE L'ÉTAIN EN ROCHE

La cassitérite provenant de filons ou d'amas, contient toujours en plus ou moins grande quantité du soufre, du fer, et de l'arsenic ; il faut donc d'abord l'en débarrasser.

Pour cela on procède, dans un four à réverbère, au grillage du minerai, l'arsenic s'évapore et les sulfures de fer et de cuivre s'oxydent par cette opération.

Pour dissoudre les sulfates formés on précipite la matière, sortant encore rouge du four à réverbère, dans des cuves pleines d'eau où l'oxyde d'étain se dépose, aussi bien que les oxydes de fer et de cuivre, en grenailles plus ou moins tenues, qu'un lavage aux tables dormantes sépare très facilement, le fer et le cuivre étant moins lourds que l'étain.

L'oxyde d'étain ainsi obtenu, se traite dans des fourneaux à réverbères chauffés à la houille.

La sole de ces fourneaux est ellyptique et

se charge de minerai mélangé avec de la houille cassée en menus morceaux et une certaine quantité de spath fluor, qui constituent une espèce de fondant.

Au bout de cinq ou six heures le métal

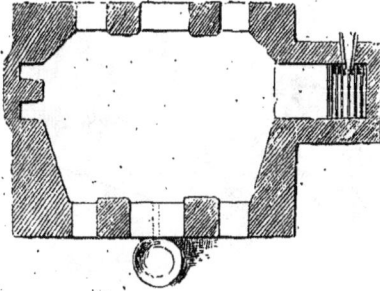

Four à réverbère du pays de Galles pour le traitement du plomb.

coup de scories, aussi on le refond à nouveau dans un fourneau à réverbère chauffé modérément.

Le métal, qui s'écoule goutte à goutte, est recueilli comme étant pur ; ce qui reste sur la sole est considéré comme scories, dont on ne peut faire aucun emploi.

La production de l'étain, qui est d'ailleurs à peu près étrangère à notre pays, ne dépasse guère annuellement 30,000 tonnes ; plus de

est en fusion, on brasse vigoureusement la masse, avec des ringards, et l'on fait écouler le liquide dans un bassin de réception et de là dans des lingotières.

Cet étain renferme naturellement beau-

la moitié est fournie par la presqu'île de Malacca et les îles de la Malaisie, l'Angleterre en produit environ 10,000 tonnes, le reste vient de Suède, d'Autriche, de Saxe, d'Espagne et d'Amérique.

MÉTALLURGIE DU CUIVRE

Les minerais qui produisent le cuivre se

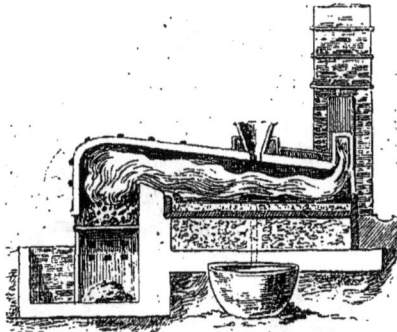

Four Gallois pour le traitement du cuivre.

classent, au point de vue des procédés d'extraction, en trois catégories.

La première comprend le cuivre natif, le cuivre oxydulé et le cuivre carbonaté.

La seconde, la plus importante de toutes,

la pyrite cuivreuse, qui donne à elle seule plus des deux tiers de la production totale et les sulfures.

Dans la troisième on range les minerais combinés qui contiennent de l'argent : soit cuivre et argent, soit cuivre plomb et argent.

TRAITEMENT DES MINERAIS DE LA 1ʳᵉ CLASSE

Le traitement du cuivre natif, de l'oxydule et des cuivres carbonatés est des plus simples.

Après avoir bocardé, lavé, et trié les minerais, pour les séparer de leurs gangues pierreuses, on les fait fondre au contact du charbon de bois, ou même du coke, dans un

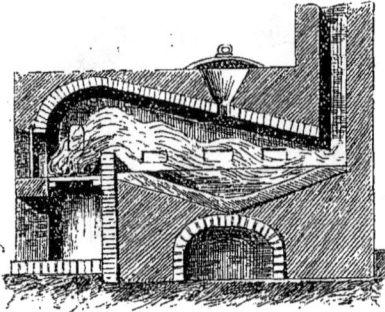

Four de Bretagne pour le traitement du plomb.

four à réverbère, et on obtient ainsi du cuivre brut, qu'on appelle *cuivre noir*, qu'il faudra raffiner ensuite.

La méthode la plus ordinaire, car il y a des variantes que nous décrirons en temps et lieu, consiste à débarrasser le cuivre noir des corps étrangers : soufre, fer, le plus souvent, mais quelquefois zinc et antimoine, qu'il contient généralement dans la proportion de 10 pour cent.

Pour cela, on le tient en fusion pendant quelques heures, sur la sole d'un four à réverbère où on le soumet au vent de deux forts soufflets ; pendant cette opération le soufre brûle et se dégage en acide sulfureux, le fer et les autres métaux, tous plus oxydables que le cuivre, s'oxydent et passent dans les scories que l'on enlève au fur et à mesure qu'elles se produisent, c'est ce qu'on appelle le décrassage.

Four à manche pour l'extraction de l'étain.

Lorsque l'affinage est terminé, c'est-à-dire quand il ne se forme plus de scories, et que le métal en fusion a une belle couleur rouge ; on le fait couler dans le bassin de réception, placé à l'extérieur du four et pour qu'il se refroidisse plus vite on jette dessus un peu d'eau.

Cette eau, restant naturellement à la surface, solidifie une partie du métal, que l'on enlève sous forme de disque, puisque le bassin de réception est circulaire.

Le premier disque enlevé, on jette encore de l'eau pour solidifier un second disque ; et l'on continue cette opération jusqu'à ce que le bassin soit vide.

Les plaques rondes que l'on a recueillies ainsi prennent, à cause de leur couleur, le nom de rosette.

Mais le *cuivre rosette* n'est pas toujours entièrement pur, il est surtout peu malléable à cause de la quantité de protoxyde qu'il contient encore.

Pour l'en débarrasser, on lui fait subir un second affinage beaucoup plus délicat que le premier, car il exige une grande habileté de l'ouvrier qui l'exécute.

Une fois en fusion, on jette sur la masse une certaine quantité de petits morceaux de charbon de bois et l'on brasse le tout, avec une longue perche de bois vert.

Au contact du métal, le bois vert se carbonise, les charbons se décomposent, et les gaz que produisent ces décompositions font bouillonner la masse et la purgent des matières étrangères, mais il faut savoir arrêter cette opération à temps : trop tôt, les corps étrangers ne seraient pas suffisamment réduits : trop tard, le cuivre se combinerait avec certaine quantité de carbone qui lui ferait perdre sa malléabilité.

Pour saisir le moment opportun, on fait des essais successifs : de temps en temps, on prend un peu de métal qu'on coule en lingot et on le martelle sur l'enclume.

Quand il s'aplatit sous le marteau sans se gercer, l'affinage est terminé et il faut se hâter de couler le cuivre dans les lingotières.

TRAITEMENT DES MINERAIS DE LA 2ᵉ CLASSE

Le traitement des sulfures et des pyrites cuivreuses est beaucoup plus compliqué, les procédés varient du reste, selon les pays, parce que les pyrites sont plus ou moins riches en cuivre, mais les opérations fondamentales sont les mêmes.

D'abord grillage des minerais : soit en tas, soit dans des fours, qui a pour objet de faire disparaître le soufre sous forme de vapeurs ou de gaz acides sulfureux.

Les résidus de cette opération, qui sont des oxydes de cuivre mélangés de sulfate ou de sulfures qui ont résisté au grillage, sont fondus dans des fourneaux à manche avec une certaine quantité de quartz, qui a pour mission d'entraîner dans les scories le fer à l'état de silicate.

Cette première fusion donne un produit appelé *matte*, qui est loin d'être encore du cuivre, mais qui contient infiniment moins de matières étrangères que le minerai primitif.

Cette matte est ensuite cassée, grillée, refondue autant de fois qu'il le faut pour que tout le fer soit passé dans les scories.

Le résultat final donne du cuivre noir, qu'il n'y a plus qu'à raffiner.

Tel est le principe de la réduction du minerai, voyons maintenant les procédés adoptés dans les usines des différents pays.

MÉTHODE GALLOISE

Le système employé en Angleterre est peut-être le plus compliqué de tous, cela tient à ce qu'on y traite des minerais si divers qu'on les divise, selon richesse, en 7 classes : les premiers ne contenant que de 3 à 15 centièmes de cuivre et les derniers jusqu'à 75 pour cent.

Il comprend dix opérations fondamentales que nous allons décrire :

1º *Grillage des minerais pauvres et de richesse moyenne*, qui se fait dans un four à réverbère ordinaire, mais dont la grille supportée par des barres de fer, est composée de matières terreuses fournies par le combustible, anthracite et houille mélangés, et qu'on appelle *craya*.

Ce craya, qui à sa partie supérieure empâte les matières charbonneuses, se refroidit aussitôt qu'elles se consument et se solidifie à la partie inférieure en gros fragments, dont les interstices laissent passer l'air nécessaire au foyer.

L'air, en traversant le craya, s'échauffe et au contact du combustible se transforme complètement en oxyde de carbone, qui facilite singulièrement le grillage.

On opère par charges de 3,500 kilogrammes, versées sur la sole par deux trémies ménagées à la voûte du four et le grillage dure douze heures.

2° *Fabrication de la matte bronze.* Cette opération est la fonte des minerais que l'on vient de griller, auxquels on ajoute des minerais crus de la troisième classe (20 pour cent de plomb), des scories riches d'une opération précédente, et un fondant composé de deux tiers de fluore de calcium et d'un tiers d'argile.

Le four qui sert à cette fusion diffère des autres en ce que sa voûte, percée d'une trémie pour l'introduction du minerai, est extraordinairement surbaissée, forme reconnue la plus convenable pour concentrer la chaleur sur la sole.

Chaque charge de fourneau se compose de 1,000 kilogrammes de minerai et 300 de scories et fondants, et l'on obtient, au bout de quatre heures, une matte qui contient environ 34 pour cent de cuivre et qui se trouve grenaillée; parce que l'on a eu soin de la faire écouler dans un bassin de réception rempli d'eau.

3° *Grillage de la matte bronze.* Cette opération se fait par 4,500 kilogrammes à la fois, dans un four analogue à celui dont on s'est servi pour griller le minerai de la première classe, mais elle est beaucoup plus longue, car elle dure 36 heures.

4° *Fabrication de la matte blanche.* C'est une fusion de la matte bronze que l'on vient de griller, avec des minerais crus de la quatrième classe (30 à 45 pour cent de cuivre), des produits cuivreux de la septième classe, (battitures ou balayures de laminoirs) et des scories riches.

L'opération se fait dans un four ana-

logue à celui de la fusion de la matte bronze, mais beaucoup plus grand ; puisqu'on charge à la fois 16,000 kilogrammes de matière.

Au bout de 6 heures la matte blanche est coulée dans une rigole en sable avec la scorie dont on la sépare aussitôt, sa teneur en cuivre est généralement de 75 pour cent.

5° *Fabrication de la matte bleue.* Cette opération est la même que la précédente seulement le lit de fusion se compose de matte bronze grillée et de minerais grillés de la deuxième classe (15 à 25 pour cent de cuivre).

On charge par 2,000 kilogrammes et l'on obtient de la matte bleue d'une teneur moyenne de 57 pour cent.

6° *Refonte des scories.* Les scories traitées par cette opération, qui ressemble aux précédentes, sont celles qui proviennent de la quatrième opération et des opérations sept et huit (rôtissage des mattes bleues et blanches) on y ajoute environ 10 pour cent des minerais de la cinquième classe (qui ne contiennent aucune matière nuisible comme l'antimoine et l'arsenic) et 5 pour cent de charbon.

Le four qui sert à cette fusion n'a pas de trémie, on y charge les matières par 2,000 kilogrammes à la fois, par une porte latérale diamétralement opposée au trou de coulée.

Au bout de six heures de travail on obtient des produits cuivreux très impurs mais à 86 pour cent de cuivre, puis, selon les cas, tantôt une matte blanche d'une teneur de 75 pour cent, tantôt une matte bleue à 62 pour cent,

7° *Rôtissage de la matte bleue.* Le rôtissage comprend deux opérations :

D'abord une fusion lente, qui oxyde sous l'influence directe de l'air, presque toutes les matières nuisibles et une grande portion du cuivre.

Ensuite une fonte à une haute température, qui convertit les oxydes en scories et

Atelier de fonderie et affinage.

affine la matte non décomposée pendant la première partie de l'opération.

On charge par 2,000 kilogrammes sur la sole d'un four percé d'un ouvreau à registre pour l'introduction de l'air au commencement du travail ; et l'on obtient au bout de douze heures, outre les scories dont nous avons déjà vu l'emploi, une matte blanche d'une teneur de 97 pour cent de cuivre.

8e *Rôtissage de la matte blanche.* C'est la

Grillage en tas. (Méthode du Bas Hartz.)

Coupe des demi hauts fourneaux à cuivre.

répétition de l'opération précédente faite avec les mattes blanches déjà obtenues par la quatrième, la sixième et la septième opérations, seulement elle est beaucoup moins longue puisqu'on obtient en quatre heures des produits cuivreux à 92 pour cent, une matte régule (mélange de matte et de cuivre) à 84 pour cent, sans compter les scories riches, les balayures et débris de fourneaux qui repassent dans les opérations 4° et 6°.

9° *Fabrication du cuivre noir.* Tous les produits obtenus précédemment servent naturellement à la fabrication du cuivre noir, mais on les traite séparément dans des fours de rôtissage ordinaire et par charges de 3,700 kilogrammes.

Au bout de 24 heures on obtient du cuivre noir à 98 ou 99 pour cent.

10° *Affinage du cuivre noir.* Cette dernière opération se fait dans des fours, qui ne diffèrent des fours de rôtissage qu'en ce que la sole présente un bassin pour l'enlèvement du cuivre affiné.

On charge par 5,000 ou par 10,000 kilogrammes, selon la grandeur des fours, et

Demi-hauts fourneaux accolés du Bas-Hartz.

l'on procède par la méthode ordinaire que nous avons indiquée déjà, avec cette différence que l'on fait le raffinage du même coup, sans refroidir le métal pour extraire les disques de cuivre rosette.

MÉTHODE DU HARTZ

Dans le Bas-Hartz où l'on ne traite que des minerais pauvres, d'une teneur de 5 à

6 pour cent, on fait le grillage en tas d'une façon particulière.

On place sur une aire bien battue trois lits de rondins, dans lesquels on ménage, pour la circulation de l'air, des conduits qui viennent aboutir à une cheminée centrale, formée de bois debout et dont on garnit le bas avec du charbon menu.

Sur les rondins, on charge le minerai en morceaux, de façon à en faire une pyramide

tronquée renfermant de 1,000 à 1,200 kilogrammes de minerai et 2 stères 1/2 de bois ; et
l'on allume le tas en jetant par la cheminée
des charbons embrasés.

Au bout de 24 heures on le recouvre d'une
couche de 20 à 30 centimètres de minerai
en petits morceaux et l'on laisse brûler
pendant deux ou trois jours.

On complète alors le tas en le recouvrant
de 10 centimètres de minerai fin et en le
calfeutrant par les faces latérales avec de la
terre et de la mousse, puis on pratique à sa
partie supérieure des trous, pour accélérer
relativement la combustion, car il faut quelquefois jusqu'à quatre mois pour que tout
le bois soit consumé, mais le soufre que
l'on recueille (environ 1,500 kilogrammes
par tas), compense largement les frais de
grillage.

L'opération terminée on démolit le tas,
on casse le minerai, qui s'est plus ou moins
aggloméré, et on le grille à nouveau deux
fois encore.

Le minerai, grillé à trois feux, est ensuite
mis en fusion, avec des scories de mattes,
et du schiste argileux qui sert de fondant,
dans des hauts fourneaux de petite dimension, accolés par deux et semblables à ceux
dont on se sert dans le pays pour la réduction du plomb, et que nous avons déjà
décrits.

On obtient ainsi une première matte,
qui est grillée par petits tas, à trois feux
qui durent quatre jours chacun, puis
refondue pour donner un peu de cuivre
noir, et une seconde matte.

Cette seconde matte, grillée à 6 feux, est
refondue, et produit du cuivre noir et une
troisième matte que l'on grille encore à
cinq ou six feux et qui, refondue, donne
également du cuivre noir, et une quatrième matte, qui repasse comme scories
dans la fonte de la troisième matte.

MÉTHODE DU MANSFELD.

Le minerai, traité dans les usines du
Mansfeld et de la Hesse Électorale, et dont
la teneur varie entre 4 et 10 pour cent de
cuivre, est un schiste marno-bitumineux
qu'il faut griller d'une façon spéciale pour
en expulser les substances étrangères.

Ce grillage se fait en tas énormes (quelquefois jusqu'à 2,000 quintaux) assis simplement sur un lit de fagots qui sert seulement
à les allumer, car le bitume qu'ils contiennent suffit à entretenir la combustion pendant les trois ou quatre mois que dure l'o-
pération.

Une fois grillé, le minerai est fondu,
avec de la chaux fluâtée comme fondant,
dans des sortes de demi-hauts fourneaux de
5m,50 de hauteur qu'on appelle fourneaux
à lunettes, parce qu'ils communiquent par
deux conduits avec deux bassins de réception, placés extérieurement et dans lesquels
on fait la coulée.

On charge comme dans les hauts fourneaux à fer, et l'on obtient toutes les
douze heures, de 500 à 600 kilogrammes de
matte d'une teneur de 30 à 40 pour cent.

Cette matte est grillée à six ou dix feux,
selon les localités, et à la suite de chaque
grillage on lui fait subir un lavage qui produit une certaine quantité de sulfate de
cuivre cristallisé, puis on la refond, avec
des crasses de raffinage, dans des fourneaux à cuve, de 2 mètres de hauteur, soufflés à air froid, et conduits comme les hauts
fourneaux.

Cette fusion continue donne, par 24 heures, 300 kilogrammes de cuivre noir, et une
deuxième matte d'une teneur de 50 pour
cent de cuivre, qu'on grille de nouveau à
trois ou quatre feux et que l'on repasse dans
la fonte pour cuivre noir.

Le cuivre noir du Mansfeld qui est
presque toujours argentifère, est traité
ensuite par liquation, comme nous l'avons
dit, à la métallurgie de l'argent.

MÉTHODE DE BASSE-HONGRIE.

C'est à peu près la même que celle de la

Hesse, seulement les fourneaux ont des dimensions plus considérables et l'opération est plus rapide ; car les campagnes ne sont que de dix à vingt jours.

Les produits obtenus en première opération sont des loups ferreux qui contiennent encore beaucoup d'arsenic et des mattes de 42 à 43 pour cent de cuivre que l'on grille en cases, à dix ou douze feux, et que l'on refond dans les mêmes fourneaux pour obtenir du cuivre noir, et une seconde matte, qui après avoir été grillée repasse dans la fonte.

MÉTHODE DE SAINBEL.

Les procédés employés dans le département du Rhône ne constituent pas absolument une méthode spéciale, ce sont ceux du Hartz, avec quelques modifications.

Ainsi, on grille une seule fois le minerai que l'on fond dans un fourneau à manche, la matte obtenue est grillée dix fois dans des cases et fondue pour cuivre noir avec du minerai carbonaté riche et des crasses d'affinage.

La deuxième matte qui en résulte est grillée cinq fois et passe dans la fonte.

MÉTHODE DE FALHUN.

Les minerais de Suède sont d'abord séparés par richesse : les plus pauvres, qui n'ont une teneur que de 2 pour cent, sont grillés en tas de façon à recueillir le soufre qu'ils contiennent, puis fondus dans des fourneaux à manche, avec des minerais crus riches et des scories de cuivre noir.

Cela donne des mattes à 15 pour cent de cuivre qu'on grille à cinq ou six fois en masses ou dans des cases, et que l'on traite à nouveau, dans les mêmes fourneaux par les procédés ordinaires.

MÉTHODE DE L'OURAL

En Russie, on soumet un mélange de minerais riches et pauvres, à une première fusion dans un demi-haut fourneau, dont les campagnes durent dix à onze mois, et l'on obtient des mattes à 30 pour cent de cuivre.

Ces mattes sont grillées à quatre ou cinq feux dans des cases, et refondues dans les mêmes fourneaux, qui donnent par jour, 1,000 kilogrammes de cuivre noir et 2,200 kilogrammes de seconde matte très riche, à laquelle on fait subir les mêmes opérations.

TRAITEMENT DES MINERAIS DE LA 3ᵉ CLASSE

Les minerais argentifères, soit qu'ils contiennent aussi du plomb, ou du cuivre seulement, sont grillés et fondus d'abord, selon les pays, comme les minerais de la deuxième classe.

Ensuite on les traite comme minerais argentifères, par les procédés que nous avons déjà décrits dans la métallurgie de l'argent.

Leur affinage se fait généralement par la production du cuivre rosette, qui est la méthode de Chessy, laquelle ne diffère des autres que par son outillage.

Ainsi, on se sert d'un four à réverbère dont la sole elliptique est posée sur deux séries de canaux qui servent à l'assèchement des scories.

Son milieu présente une cavité, qui communique par deux embrasures avec deux bassins de réception placés extérieurement du côté opposé au foyer.

On opère par charges de 3,000 kilogrammes de cuivre noir, et l'on obtient au bout de seize heures 2,500 kilogrammes de cuivre rosette et 500 kilogrammes de scories riches qui repassent dans la fonte pour cuivre noir.

Quant aux *carcas*, qui sont les résidus cuivreux de la liquation, on les raffine, ordinairement, dans un four à petit foyer, dont le foyer en brasque est recouvert par des plaques de fonte ; un petit mur et une plaque en tôle servent à maintenir le charbon.

En face de la tuyère, est pratiqué un canal pour laisser écouler les scories dans un récepteur spécial.

Avec ce système on procède par 110 kilogrammes de carcas à la fois et l'on obtient en une heure 35 à 36 rondelles de cuivre rosette pesant ensemble de 70 à 80 kilogrammes, lequel est soumis à une nouvelle fonte pour acquérir la malléabilité nécessaire.

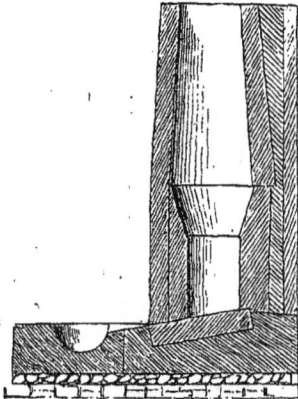

En résumé la production générale du cuivre dépasse annuellement 125,000 tonnes, dont plus de la moitié est fournie par l'Angleterre.

La France, qui vient après, dans les mêmes proportions que le Chili et les États-

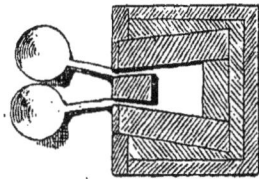

(*Elévation.*) Fourneau à lunettes du Mansfeld. (*Plan.*)

Unis, en produit dix à douze mille tonnes, quantité souvent insuffisante à sa consommation.

MÉTALLURGIE DU ZINC

Le zinc, qui pendant longtemps s'est extrait seulement de la calamine, se tire aussi maintenant de la blende, mais en proportions minimes, d'ailleurs, la blende accompagnant presque toujours la calamine, son traitement n'a rien de particulier.

Ce traitement n'est pas très compliqué.

Méthode de Chessy. (Fourneau d'affinage de cuivre.)

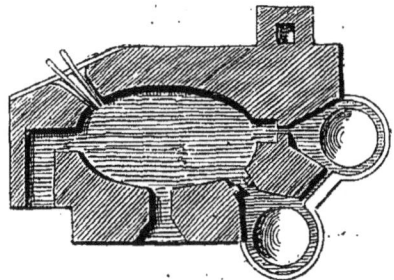

Le minerai, bocardé, lavé, enrichi par les opérations ordinaires, est grillé, soit dans des fours à réverbère, soit dans des fours installés, exactement, comme les fours à chaux.

Cette opération a pour objet de débarras-

ser la calamine de l'eau et de l'acide carbonique, et la blende du soufre qu'elle contient ;
elle produit de l'oxyde de zinc pur, ou plus
ou moins mélangé de sulfate, que l'on soumet avec une quantité de coke égale à son
volume, à une réduction qui est en somme
une véritable distillation.

Cette distillation se fait, selon les pays,
dans des appareils divers.

D'où, trois méthodes distinctes : la méthode anglaise, la méthode belge, et la
méthode silésienne.

Four de raffinage des *Carcas*

long sur 2,50 de large, est mélangé avec
son volume de houille sèche et introduit
ainsi dans des pots ou creusets que l'on
range par six ou huit, sur une banquette
pratiquée dans un four circulaire, autour
d'un foyer central chauffé à la houille.

Ces pots, qui ont 90 centimètres de diamètre sur un mètre de profondeur, sont hermétiquement fermés par des couvercles
lutés à l'argile, percés au fond, et traversés chacun par un tube, qui passant au
travers de la banquette, vient plonger à sa
partie inférieure dans une cuvette pleine
d'eau.

C'est dans cette cuvette que le zinc se
condense au fur et à mesure qu'il se distille.

Ce système, qu'on abandonne de jour en
jour à cause des inconvénients qu'il présente

MÉTHODE ANGLAISE

Par la méthode anglaise, le minerai soigneusement grillé dans des fours à réverbère, dont la sole rectangulaire a 3m10 de

Extraction du zinc. (Méthode belge.)

et notamment de l'engorgement des tubes, où
le zinc distillé s'accumule quelquefois, produit environ 150 kilogrammes de zinc par
vingt-quatre heures.

MÉTHODE BELGE

Dans la méthode belge, le minerai grillé
dans des fours continus, analogues aux fours
à chaux, est soumis ensuite à un broyage à
la meule, qui le réduit en poudre.

Cette poudre, mélangée avec moitié de
son poids de coke ou de charbon menu, est
chargée dans des espèces de cornues composées d'un creuset cylindrique en terre réfractaire d'Andennes, muni d'un tube en
fonte qui porte une allonge en tole zinguée.

C'est dans ce tube que se condense le zinc,
au fur et à mesure qu'il distille, et l'allonge
est destinée à retenir et à faire déposer les

vapeurs d'oxyde de zinc, entraînées par les courants gazeux.

On charge les cornues par 46, dans les compartiments ménagés dans des fours spéciaux de forme pyramidale et dont la partie postérieure est fermée par un mur plein, présentant huit banquettes saillantes, sur lesquelles on pose le fond des cornues qui sont légèrement inclinées d'arrière en avant; et l'on met en feu pour faire une opération continue, comme avec les hauts fourneaux.

Toutes les deux heures, on enlève les allonges des cornues, pour laisser écouler dans les lingotières, le zinc en fusion contenu dans les tubes condenseurs ; on secoue les allonges au-dessous d'un bac pour recueillir les dépôts qui s'y sont formés, et qui serviront plus tard au chargement des cornues, puis l'on rebouche les tubes et ainsi de suite, en remplissant les cornues au fur et à mesure qu'elles s'épuisent, et en remplaçant celles qui se cassent par de nouvelles, préalablement chauffées à blanc.

Ce système donne par douze heures, environ 300 kilogrammes de zinc et 25 kilogrammes de poussières zincifères, extraits de 500 kilogrammes de minerai.

MÉTHODE SILÉSIENNE.

Dans la méthode silésienne, le grillage du minerai se fait dans des fours à réverbère, chauffés le plus souvent par les flammes perdues du four de réduction.

Celui-ci, dont le foyer est central, est de construction spéciale, il y en a d'assez vastes pour contenir vingt moufles qu'on accole deux à deux, ou quatre à quatre, sur les côtés du four.

Ces moufles, en terre réfractaire, ont leur paroi antérieure percée de deux trous : l'un dans le bas, bouché pendant le travail, par un tampon d'argile, et qui sert à retirer les résidus, l'autre dans le haut auquel on fixe l'extrémité d'une allonge en poterie qu'on appelle *botte* à cause de sa forme, et

qui sert au chargement du moufle, qu'on remplit de minerai mélangé de son volume d'escarbilles de coke.

C'est aussi par cette allonge, que passe le zinc volatilisé, pour tomber goutte à goutte et se condenser dans un bassin de réception placé au-dessous, en dehors du four.

L'opération est continue et donne par 24 heures environ 180 kilogrammes de zinc.

Mais la distillation, par quelque système que ce soit, ne donne que du zinc impur que l'on affine par une fusion.

En Belgique, cette fonte se fait dans un fourneau à réverbère à sole inclinée, dont le point le plus bas forme un creuset hémisphérique où se réunit le zinc fondu.

On charge par 2,000 kilogrammes de zinc brut et l'on peut faire cinq opérations par vingt-quatre heures, sans avoir plus de quatre pour cent de déchet.

En Silésie, la refonte se fait dans les fourneaux de réduction, et pendant la distillation même, le zinc brut étant chargé dans des pots en terre, chauffés par les flammes perdues du foyer ; ce qui est beaucoup plus économique.

La production totale du zinc peut être évaluée à 180,000 tonnes, année moyenne, qui, à part 8 à 10,000 tonnes provenant d'Angleterre, du département de l'Aveyron et des États-Unis, sont fournies par la Belgique et la Prusse.

METALLURGIE DE L'ANTIMOINE

Le minerai qui fournit l'antimoine ne se traite point mécaniquement comme les minerais ordinaires, on le sépare de sa gangue par une fusion qui s'opère de différentes façons.

Trois méthodes sont connues:

La plus ancienne, qu'on abandonne du reste, peu à peu, consiste à placer le minerai dans des pots d'argile, que l'on chauffe soit dans des fosses en plein air, soit sur la sole d'un four à réverbère à basse température.

L'antimoine sulfuré, facilement fusible, ne tarde pas à se séparer par liquation des matières étrangères avec lesquelles il était combiné, et s'écoule par un trou ménagé au fond de chaque pot, dans des récipients placés au-dessus.

Ce système était bon, mais les pots cassaient si fréquemment qu'il n'offrait plus d'économie et qu'on a été obligé d'y renoncer.

Les premières usines qui l'ont abandonné se sont contentées de charger les minerais sur la sole concave d'un four à réverbère, ce qui donne un bon résultat d'ailleurs, les sulfures se rassemblant assez vite au milieu de la sole, pendant que les matières terreuses se dessèchent où on les a placées.

Mais on a trouvé mieux cependant, un perfectionnement de la liquation en pots, expérimenté d'abord à l'usine de Malbosc, dans l'Ariège.

Le minerai est chargé dans des cylindres en terre réfractaire qui peuvent en contenir de 200 à 230 kilogrammes, et que l'on dispose verticalement dans un four d'une forme spéciale.

Chaque cylindre, qu'on appelle *tube de liquation*, et qui est percé au fond d'un ou plusieurs trous, est placé dans le fourneau au-dessus d'une petite chambre de briques contenant un creuset de fonte, enduit d'argile, dans lequel s'écoule le minerai en fusion tandis que la gangue reste dans le cylindre.

Quand l'opération est finie, on retire les résidus des cylindres, que l'on charge à nouveau, et on enlève les récipients aux trois quarts pleins de métal, que l'on laisse refroidir lentement.

Chaque creuset donne un lingot d'environ 40 kilogrammes.

Mais ce n'est là que de l'antimoine cru,

qu'il faut désulfurer pour le livrer au commerce sous le nom de *régule*.

Pour cela deux opérations sont nécessaires :

1° Un grillage dans un four à réverbère: l'antimoine ayant été cassé préalablement en menus fragments, on le chauffe modérément et on le brasse continuellement avec un ringard, de façon à ce qu'il ne se ramollisse même pas, l'opération consistant seulement à le réduire en oxyde d'antimoine avec un déchet de 20 à 30 pour cent.

2° Une réduction, qui s'exécute dans des creusets en terre réfractaire, où l'on mélange l'oxyde d'antimoine avec 5 à 7 pour cent de charbon de bois en poudre, et où l'on arrose le tout d'une dissolution de carbonate de soude.

Les creusets, bien lutés, sont rangés par 6 ou 12 dans des fours carrés et chauffés progressivement jusqu'à ce que la fusion soit complète.

Alors on casse les creusets et l'on en retire les produits : savoir l'antimoine métallique qui en occupe le fond, puis des scories qui sont utilisées pour certaines préparations pharmaceutiques.

Pour affiner l'antimoine, car en cet état, il est loin d'être pur, on lui fait subir deux ou trois fontes successives en ajoutant, chaque fois, un peu de scories et de l'antimoine cru, puis on le moule en pains de 5 à 8 kilogrammes.

Il y a un procédé plus simple pour convertir le sulfure d'antimoine en régule, c'est de le porter au rouge avec du fer métallique en battitures, dans la proportion de 42 pour cent; il se forme du sulfure de fer et de l'antimoine métallique qui se séparent très facilement par la fusion.

Mais ce procédé qui se substitue peu à peu à l'ancien parce qu'il est plus expéditif et donne moins de déchet, produit un métal d'une pureté moins grande.

Il y a aussi le procédé de M. Frank de

Linz, par lequel on traite le minerai brut sur la sole d'un four à réverbère, mais il faut alors composer le lit de fusion de la façon suivante : 100 parties de sulfure d'antimoine, 60 de battitures de fer, 45 à 50 de carbonate de soude, et 10 de charbon de bois pulvérisé.

On obtient ainsi de 65 à 70 pour cent d'antimoine métallique.

La production générale de l'antimoine

Extraction du zinc, méthode anglaise.

dépasse annuellement 4,000 tonnes, dont les neuf dixièmes sont convertis en régule.

L'Angleterre en fournit à elle seule à peu près la moitié, et les usines de France environ 600 tonnes, presque autant que celles de l'Autriche et de l'Allemagne.

Extraction du zinc, système silésien.

MÉTALLURGIE DU MERCURE

Le mercure s'extrait du cinabre, et, comme il est volatil, son traitement est des plus simples.

Il consiste en effet dans une combinaison pendant laquelle le soufre brûle tout entier et s'échappe dans l'atmosphère en gaz acide

Extraction de l'antimoine.

sulfureux, tandis que le mercure se volatilise et va se condenser dans des récipients disposés à cet effet.

Les appareils diffèrent selon les pays et quelquefois même selon les usines, mais il n'y a en somme que trois méthodes : celle d'Almaden, celle d'Idria et celle de la Bavière-Rhénane.

Par la méthode bavaroise, on ne grille pas le minerai, qui est mélangé d'une gangue calcaire.

On le calcine seulement dans de grandes cornues en terre ou en fonte que l'on dispose par 30 ou par 60 sur les compartiments ménagés pour cela, dans un fourneau spécial, autour d'un foyer central.

Ces cornues, qui ont la forme d'un 8 allongé, sont composées de deux pièces, la cornue proprement dite, où l'on enferme le minerai, et un récipient contenant de l'eau dans laquelle se condense le mercure volatilisé, par suite de la réaction de la chaux sur le minerai.

Quand l'opération est terminée, il reste dans la cornue un résidu solide composé de sulfure, de calcium et de chaux.

Dans la méthode d'Almaden, le four est un vrai monument à deux étages dont le supérieur, dans lequel on verse le minerai, a cinq mètres de hauteur sur trois de large, d'autant qu'il est accolé à une terrasse formant deux plans inclinés et terminée par

Atelier d'affinage.

une chambre de condensation qui fait le pendant au four.

Nous allons voir l'utilité de cette construction.

On commence par placer dans l'étage supérieur du four, une couche de minerais térile, par-dessus laquelle on étale du minerai riche, puis du médiocre et enfin du pauvre; on recouvre le tout de briques fabriquées spécialement avec un mélange d'argile et de résidus d'une opération précédente.

Cela fait, on ferme le trou de charge-

Liv. 82.

ment, ménagé à la voûte du four et l'on met en feu, c'est-à-dire que l'on allume des fagots dans le compartiment inférieur.

Au bout de quelque temps, le soufre se convertit en acide sulfureux, le mercure se volatilise et ses vapeurs, se mélangeant avec celles du soufre, s'échappent par des ouvertures pratiquées à la partie supérieure du four, pour s'entonner dans une série de cylindres en poterie, emboîtés les uns dans les autres et lutés soigneusement, où elles se condensent peu à peu.

Ces cylindres, qu'on appelle *aludels*, sont disposés sur la terrasse, qui forme deux plans inclinés en sens contraire, dont la partie la moins haute est le milieu de l'édifice.

A cette partie, les aludels sont percés de trous par lesquels le mercure, qui s'est liquéfié, tombe goutte à goutte dans des rigoles, d'où des tuyaux le conduisent à des bassins de réception en pierre placés au bas.

Naturellement, le mercure qui n'était pas encore liquide en passant sur ces ouvertures, continue sa route, de compagnie avec les vapeurs de soufre, jusqu'à la chambre de condensation séparée en deux par une cloison verticale, où il finit par se liquéfier, pendant que les vapeurs sulfureuses s'échappent par une cheminée, pratiquée dans la deuxième partie de la chambre.

L'opération terminée, on recueille le mercure dans de grandes bouteilles en fer, fermées hermétiquement avec des bouchons à vis, qui servent à le livrer au commerce, et l'on enlève les aludels que l'on brise pour en ramasser les détritus, qui servent comme nous l'avons dit, à la fabrication des briques utiles aux opérations subséquentes.

Dans la méthode d'Idria, peu différente du reste, il n'y a point d'*aludels* mais, de chaque côté du fourneau, six chambres de condensation, communiquant entre elles par des ouvertures pratiquées dans les murs de séparation, alternativement en haut et en bas, de façon à ce que les vapeurs ne soient point arrêtées dans leur voyage.

Le fourneau, divisé en trois compartiments par trois grilles, se charge d'une façon différente ; sans égard à la teneur du minerai, on met le plus gros en dessous, le moyen sur la seconde grille et le plus fin, sur la grille supérieure, mais renfermé dans des écuelles de terre réfractaire qu'on dispose en pyramides, les unes sur les autres.

Le mercure, obtenu par n'importe laquelle de ces méthodes, n'est jamais bien pur, si l'on veut l'affiner on le distille dans les bou-teilles en fer qui servent à son transport.

Le moyen est bien simple, on prolonge le col de la bouteille par un canon de fusil recourbé, continué encore par un tuyau formé de plusieurs épaisseurs de linge ou de feutre, qui plonge dans un vase rempli d'eau, où le mercure vient se condenser.

On achève de le purifier en versant dessus, à une température de 60 degrés, de l'acide azotique étendu du double de son volume d'eau qui convertit les matières étrangères en azotates.

On le lave ensuite, s'il est besoin, à grande eau et on le filtre à travers une peau de chamois ; ce qui le dégage de toutes les poussières qui ont pu le salir pendant les opérations précédentes.

La production du mercure n'est pas très considérable en Europe ; Almaden et l'Espagne en fournissent annuellement 8.500 quintaux, Idria et la Bohême 5,000, la Bavière rhénane quatre à cinq cents.

Mais la Californie en donne beaucoup, car non seulement elle fournit à la consommation locale qui dépasse 200,000 kilogrammes, mais elle en exporte des quantités considérables dans l'Amérique du Sud, en Chine et au Japon.

MÉTALLURGIE DU PLATINE

L'extraction du platine est des plus compliquées, c'est presque une série d'opérations de laboratoire, d'autant qu'on travaille toujours en petit (la production totale n'étant que d'environ 2,000 kilogrammes par an).

Nous dirons succinctement les procédés employés.

Le sable platinifère contient toujours d'autres métaux, de l'iridium ou du palladium, de l'or ou de l'argent et du fer ; l'or et l'argent s'extraient par l'amalgamation et les parcelles de fer au moyen de barreaux aimantés.

Pour le séparer du palladium on calcine

le minerai jusqu'au rouge puis on l'attaque par l'acide azotique.

Cela fait, on dissout le platine par l'eau régule qui le convertit en chlorure, on fait évaporer cette dissolution jusqu'à ce qu'elle atteigne la consistance du sirop, pour en chasser l'excès d'acide, puis on l'étend de dix fois son poids d'eau et l'on y verse une dissolution concentrée de sel ammoniac.

Ce traitement produit, en précipité jaune, un sel double de chlorure de platine et de chlorhydrate d'ammoniaque, que l'on calcine après l'avoir lavé, pour volatiliser l'ammoniac et le chlore du métal, l'opération donne une masse grisâtre et spongieuse qu'on appelle éponge de platine, et qu'on n'a plus alors qu'à convertir en lingot.

On emploie pour cela maintenant l'ingénieuse machine, inventée en 1859 par deux chimistes francais: MM. F. Sainte-Claire-Deville et Debray.

Cet appareil se compose d'un creuset formé de deux coupes de chaux, qu'on ajuste exactement l'une sur l'autre en pratiquant d'un côté une rainure qui sera la porte de travail de ce fourneau minuscule, et en perçant la partie supérieure d'une ouverture qui reçoit le bec du chalumeau à gaz hydrogène et oxygène, qui doit chauffer le four.

L'hydrogène arrive dans le tube principal, par le tuyau supérieur muni d'un robinet, et l'oxygène, destiné à le brûler, par le tuyau inférieur, également muni d'un robinet.

On chauffe d'abord au rouge le fourneau dans lequel on projette peu à peu l'éponge de platine, et la chaleur devient bientôt si intense (on peut la porter jusqu'à 2,800 degrés) qu'il suffit d'une demi-heure pour liquéfier des masses de 15 à 20 kilogrammes.

L'ancien procédé était beaucoup plus long.

On broyait l'éponge de platine avec de l'eau pour en faire une bouillie qu'on appelait *boue de platine*. Cette boue, bien égouttée, était chargée dans un cylindre en fer, fixé par le bas à une capsule d'acier, où on la comprimait au moyen d'un piston d'acier que l'on enfonçait graduellement avec une presse à vis, ou tout simplement à coups de marteau.

On obtenait ainsi un disque de métal assez dense que l'on chauffait au blanc pour le marteler sur une enclume d'acier, de façon à en bien souder toutes les parties.

Pour avoir du platine bien malléable, il fallait répéter cette opération deux ou trois fois, tandis qu'avec le nouveau procédé il suffit de couler le métal, une fois fondu, dans des moules en fonte plombaginés, ou de préférence, dans des moules en fer forgé, revêtus extérieurement d'une feuille de platine.

Les neuf dixièmes de ce métal, très rare du reste, ce qui explique sa cherté, proviennent des mines des monts Ourals.

MÉTALLURGIE DE L'ALUMINIUM

C'est encore M. Sainte-Claire-Deville, qui a inventé, sinon absolument l'aluminium, du moins les moyens de l'extraire économiquement de ses minerais, ce qui, au point de vue industriel, est exactement la même chose.

Et c'est bien une invention de toutes pièces, car le principe de l'aluminium, qui se trouve dans toutes les argiles, est tellement divisé qu'il a fallu d'abord constituer une substance assez riche pour servir de minerai.

Pour obtenir cette substance, on mélange intimement et à sec de l'alumine, du sel marin, et du charbon de bois, le tout réduit en poudre très fine dont avec de l'eau on fait un mortier, à peu près comme on pétrit l'argile pour la briqueterie.

Avec ce mortier on prépare des boulettes grosses comme le poing, que l'on fait sécher à l'étuve; après quoi on les casse pour les introduire dans une cornue, chauffée au rouge, où l'on fait passer un courant de chlore.

Par cette opération, l'oxygène que l'alumine perd, se combine avec le charbon pour produire de l'oxyde de carbone, en même temps que l'alumine se convertit en chlorure d'aluminium, mais ce chlorure, au contact du sel marin, devient un chlorure double d'aluminium et de sodium, qui se condense à l'état liquide dans un recipient où le refroidissement le fait coaguler.

Ce double chlorure devient alors la ma-

Extraction du mercure, à Almaden.

tière première de l'aluminium qu'il ne s'agit plus que de réduire, par le sodium, dans un four à réverbère en y ajoutant, comme fondant, une certaine quantité de *cryolithe* (un minéral qu'on ne trouve encore qu'au Groënland et qui est un double fluorure d'aluminium et de sodium).

En somme, le lit de fusion se compose de 20 parties de chlorure, 12 parties de sodium en lingots, 5 parties de cryolithe et 5 parties

Extraction du mercure, à Idria.

de sel desséché; on mélange intimement les substances, on les étend ainsi sur la sole, portée au rouge, et l'on ferme toutes les portes du four.

Une réaction violente, qui s'annonce par un bruit ressemblant à une fusillade lointaine, s'opère entre le chlorure double et le sodium, et quand elle est terminée; c'est-à-dire quand on n'entend plus le pétillement, on donne un coup de feu pour déterminer

la fusion du mélange, que l'on brasse vigoureusement avec un racloir en fer, par la porte
de travail.

L'opération terminée, l'aluminium métallique, plus lourd que les scories liquides

de sel marin et de fluorure au milieu desquelles il nage d'abord, se réunit au fond du
bain, d'où on le fait sortir par un trou de coulée pour le diriger, par une rigole, dans un
bassin de réception placé en dehors du four.

Extraction du mercure. (Méthode bavaroise.)

Cet aluminium, ainsi obtenu, est loin
d'être pur, mais pour le débarrasser des
dernières scories, il suffit de le refondre
successivement deux ou trois fois, ayant
soin de le brasser pendant chaque opération avec une écumoire en fer.

L'aluminium ne se fabrique couramment
qu'en France et en Angleterre, on ne connaît pas exactement la production anglaise
mais on sait que les deux usines françaises,

Salindres et Nanterre, n'en fournissent
guère plus de 2,000 kilogrammes par an.

MÉTALLURGIE DU NICKEL

Les procédés d'extraction du nickel varient selon les pays et surtout selon la nature
des minerais que l'on traite.

Les détails de la méthode allemande, où

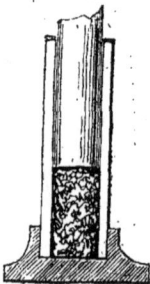

Compression de l'éponge de platine.

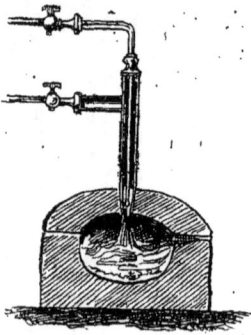

Fusion du platine.

l'on opère sur le Kupfernickel, le meilleur
minerai du reste, ne sont point connus
(le métal lui-même ne fait guère que commencer à entrer dans la fabrication usuelle)

Voici comment on opère à Birminghan

où l'on travaille le *Speiss* (résidu obtenu par
le traitement des minerais de cobalt).

On fond d'abord le speiss avec un mélange
de chaux et de spath fluor, puis on pulvérise
le résidu métallique et on le grille pour le

dissoudre dans l'acide chlorhydrique et le traiter par le chlorure de chaux.

Cela fait, on verse dans la liqueur un lait de chaux qui précipite le fer, à l'état de peroxyde, avec ce qui restait encore d'acide arsénique, puis on la filtre et la débarrasse du cuivre avec de l'hydrogène sulfuré.

On la traite de nouveau par le chlorure de chaux, qui fait déposer le cobalt à l'état de sesquioxyde, puis enfin, avec de l'eau on précipite le nickel à l'état d'oxyde vert hydraté.

Pour le réduire à l'état métallique on le lave et quand il est bien sec on le met en fusion dans des cylindres en terre réfractaire, mélangé avec du poussier de charbon de bois.

A Liège, où l'on extrait le nickel de certaines pyrites de fer d'une teneur de 3 à 5 pour cent de nickel, qu'on appelle *pyrrhotines*, on fond les pyrites, préalablement grillées, dans des fours à cuve. On dissout le résidu qu'on traite par la chaux, comme dans la méthode anglaise pour précipiter le peroxyde de fer, mais on sépare le cuivre à l'état métallique en plongeant des feuilles de tole, dans le liquide, qu'on a eu le soin de filtrer.

Après quoi, on transforme le fer en oxyde insoluble par une addition de chaux, et on précipite le nickel au moyen de l'eau de chaux.

Le nickel obtenu n'est encore qu'à l'état d'oxyde hydraté, on le réduit en métal par les mêmes procédés qu'à Birmingham.

La statistique ne nous renseigne point sur la production générale du nickel) les usines de Prusse gardant le secret de leur fabrication) on évalue approximativement à 5,000 tonnes, les matières traitées annuellement pour son extraction, mais il ne faut accepter ce chiffre que sous toutes réserves, la production du nickel ayant pris une grande extension depuis quelques années.

Il nous resterait, pour avoir passé en revue les procédés d'extraction des 17 métaux qu'on appelle usuels (bien que quelques-uns le soient très peu), et qui se subdivisent en précieux, en communs et en rares, — il nous resterait à parler de l'arsenic, du bismuth, du cobalt, du manganèse, du magnésium, du palladium, de l'iridium et du cadmium.

Mais ces derniers, qui sont précisément dans la catégorie des rares, n'ayant pas d'usages à l'état métallique, n'ont point par conséquent de métallurgie proprement dite.

Nous terminons donc, sans regrets, cette étude ; car tout ce que nous pourrions dire de plus, ne répondant pas à notre titre, serait sans intérêt pour nos lecteurs.

LES CANAUX

On entend généralement par canal, tout conduit, créé par la main des hommes, et destiné : soit à améliorer les voies navigables données par la nature, ou à en établir de nouvelles, en reliant des cours d'eau pour permettre le passage de l'un dans l'autre ; c'est ce qu'on appelle des canaux de navigation.

Soit à amener dans des réservoirs construits à cet effet, les eaux nécessaires à l'alimentation des villes ; et dans ce cas, ils sont désignés sous le nom de canaux de dérivation.

Soit, inversement, à éloigner des cités, les eaux inutiles ou nuisibles, ce qui constitue les égouts.

Soit enfin à répandre dans les campagnes les eaux nécessaires à la fertilisation du sol, c'est ce qu'on appelle les canaux d'irrigation.

Il y a bien aussi les canaux de desséchement, qui ont un but diamétralement opposé, mais nous n'en parlons que pour mémoire, d'autant que nous ne voulons nous occuper ici que des canaux de navigation, dont la construction est une des branches les plus considérables de l'art de l'ingénieur.

L'origne des canaux remonte à la plus haute antiquité ; bien avant les Romains, qui nous ont laissé, par leurs aqueducs, de nombreuses traces de leurs canaux de dérivation, les Chinois et les Égyptiens possédaient des canaux de navigation ; il est vrai que c'étaient plutôt des rivières factices, car ils ne connaissaient pas le système des écluses, qui seul a permis l'établissement économique des canaux, pouvant faire mouvoir de très lourds fardeaux avec de médiocres tirants d'eau.

Les écluses à sas — inventées, dit-on, vers 1439, par les ingénieurs Philippe de Modène et Fioraventi, lorsqu'ils dirigèrent en Lombardie des travaux hydrauliques considérables pour le compte du duc de Milan (Philippe Marie Visconti) et plus certainement par deux horlogers de Viterbe, Denis et Pierre Dominique, qui construisirent en 1481 à Venise le premier canal à écluses — furent introduites en France par Léonard de Vinci, et expérimentées vers 1515 sur la rivière de l'Ourcq.

Dès lors la construction des canaux, perfectionnée d'abord par Adam de Craponne, qui eut la première idée des canaux à point de partage, puis par Hugues Crosnier, qui construisit le canal de Briare, et enfin par Pierre-Paul Riquet, le créateur du canal du Midi, prit un essor considérable qui ne s'est point ralenti depuis ; puisque tous les pays civilisés sont sillonnés de canaux, qui commençant l'œuvre si merveilleusement continuée par les chemins de fer, a puissamment contribué au développement de l'industrie et à la prospérité du commerce.

La France est une des contrées les plus favorisées sous le rapport de la canalisation, puisqu'elle compte plus de 5,000 kilomètres de canaux navigables dont 3,500 exploités directement par l'État, et le prix des transports y est si économique que les matières encombrantes, telles que les comestibles, produits agricoles, matériaux de construction qui, charroyées sur les routes, coûtent environ 15 centimes par tonne et par kilomètre, ne coûtent pas plus d'un centime et demi sur les canaux.

Cela s'explique, de reste, en ce que le déplacement d'un bateau, très lourdement chargé, exige peu de force sur une eau tranquille (ce qui est le cas des canaux), un cheval ou au besoin deux hommes, suffisent à le haler dans une direction comme dans l'autre, puisque le canal est sans courant appréciable, l'emploi des écluses permettant ou même obligeant à le creuser dans un plan horizontal.

Les canaux de navigation se divisent en trois catégories : canaux latéraux, canaux à point de partage et canaux maritimes, mais avant de nous occuper séparément de chacune d'elles, nous allons étudier, au point de vue général, les diverses opérations de la construction.

CONSTRUCTION D'UN CANAL.

Tout canal de navigation, affectant la forme d'un lit de rivière, est en somme une tranchée plus ou moins large, plus ou moins

Creusement d'une tranchée avec le perforateur Mac Kean.

profonde, selon les services qu'on en attend, mais qui se creuse exactement comme celles des chemins de fer, dont nous avons déjà parlé dans cet ouvrage.

Plus facilement même ; car on n'a généralement pas de grandes profondeurs à atteindre, et, comme on a toujours des longueurs considérables à creuser, on peut installer un matériel qui permette de travailler mécaniquement.

Les appareils mécaniques sont de plusieurs sortes et s'emploient selon les circonstances.

Si l'on a, par exemple des bancs de roches dures à traverser et qu'il faille faire jouer la mine, on emploie les machines perforatrices, absolument comme dans les carrières à ciel ouvert.

Le perforateur Mac Kean a des affûts spéciaux à cet usage auquel il est très com-

Machine Demange et Satre, disposée en excavateur.

mode, une machine à vapeur de quatre chevaux, facile à déplacer puisqu'elle est montée sur un bâti à deux roues pouvant en actionner deux à une vitesse de 800

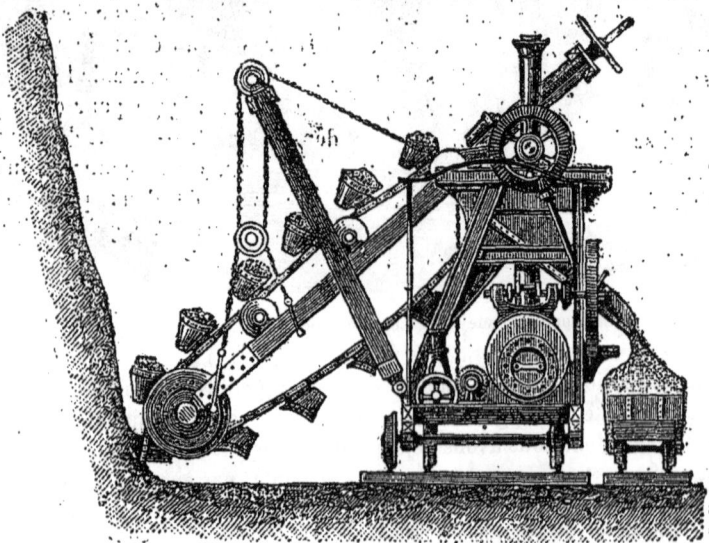

Machine Demange et Satre, disposée en drague.

coups par minute, qui produit beaucoup de besogne.

Si l'on opère en roches tendres, dans des argiles ou dans des sables, ce qui est le cas le plus ordinaire, au lieu de creuser à la main, on se sert d'appareils divers qu'on appelle excavateurs, terrassiers mécaniques et autres. La plus ingénieuse des machines de ce genre est l'excavateur dragueur, que fabriquent MM. Demange et Satre de Lyon et qui est à double effet, car il peut opérer comme excavateur, c'est-à-dire travailler en dessous du moteur, et comme dragueur, c'est-à-dire travailler en dessus.

Cette machine, dont nous donnons deux dessins, repose du reste sur le principe de la drague, seulement les godets sont plus grands et, comme ils doivent fonctionner à sec, munis à l'orifice d'une partie métallique, suffisamment aiguisée pour qu'ils puissent creuser le terrain en s'emplissant de matériaux qu'ils viennent vider, chacun leur tour, dans un entonnoir qui les conduit à un wagonnet.

Dans le premier cas, l'excavateur creuse le fond de la tranchée et la berge de droite; l'inclinaison de l'arbre, qui porte la chaîne sans fin, pouvant être réglée selon celle qu'on veut donner au canal.

Dans le second cas, l'appareil ayant été descendu, — ou pour perdre moins de temps, un autre semblable étant installé sur le fond du canal, — le dragueur attaque le front du chantier qui se dresse devant lui comme un mur et termine aussi la berge de gauche; grâce à l'inclinaison qu'on peut donner aux godets.

Trois machines établies ainsi, une de chaque côté et la troisième au milieu du canal, peuvent faire le travail de bien des terrassiers et ne nécessitent en fait d'installation extraordinaire qu'une double voie au chemin de fer, puisque même avec le travail manuel il faut toujours une ligne de rails pour le roulage des déblais.

Encore n'est-ce pas absolument indispensable, car lorsque le terrain est assez solide, le moteur locomobile, qui actionne l'appareil, peut rouler sur des roues plates directement sur le sol, ou mieux sur des voies

en madriers, que l'on place devant lui, au fur et à mesure de son avancement.

Ce système a cela de bon, qu'il peut fonctionner même si l'on est envahi par les eaux, il est vrai que dans ce cas, surtout si les eaux sont abondantes, on peut employer la drague ordinaire ou un de ses perfectionnements dont nous parlerons à leur usage plus spécial: l'approfondissement des canaux.

Quel que soit le système employé pour le creusement, un canal n'est toujours qu'une tranchée continue, ou pour mieux dire une serie de tranchées, car son sol, qu'on appelle *plafond*, n'étant pas en plan incliné comme le lit des fleuves ou des rivières qu'il est appelé à suppléer, on le creuse pour gagner la pente naturelle, en parties horizontales, qu'on appelle *biefs* et qui s'abaissent, par étages successifs, depuis le point de départ jusqu'au point d'arrivée.

Il s'ensuit donc que ces biefs ne sont pas au même niveau, et c'est pour franchir ces niveaux, qui offrent presque toujours des ressauts très brusques, qu'on établit, entre chaque bief, des *écluses à sas*.

Le sas est un étranglement du canal — assez long pour contenir le plus grand bateau et assez large pour en laisser passer deux de front, — formé de deux murs longitudinaux, en maçonnerie qu'on appelle *bajoyers* et de deux portes mobiles en charpente ou en tôle, qui constituent l'écluse proprement dite.

Chacune de ces portes se compose de deux vantaux symétriques, disposés de telle sorte que lorsqu'ils sont fermés, ils forment en butant l'un contre l'autre, un angle obtus du côté où l'eau exerce sa pression; lorsqu'ils sont ouverts, ils se rangent le long des *bajoyers* dans un enfoncement pratiqué de chaque côté, à cet effet.

Le jeu de ces écluses est facile à comprendre.

Si un bateau arrive dans le bief supérieur, on ouvre la première porte du sas, l'eau y pénètre et se met bientôt de niveau, le bateau entre dans le sas, dont on ferme alors la première porte pour éviter une inutile déperdition d'eau.

Pour le faire passer ensuite dans le bief inférieur, il n'y aurait qu'à ouvrir la seconde écluse, mais comme cela n'est pas possible en raison de la poussée en sens contraire, que les vantaux reçoivent de l'eau accumulée dans le sas, ou ouvre seulement les vannes dont les vantaux sont munis et qu'on fait mouvoir d'en haut, au moyen d'une manivelle actionnant une roue dentée, qui s'engrène sur une tige à crémaillère.

Cette vanne ouverte, l'eau du sas descend peu à peu au niveau du bief inférieur, alors on ouvre les portes; le bateau s'introduit dans le bief et continue sa navigation ordinaire jusqu'à la prochaine écluse.

L'opération se répète en sens inverse, s'il s'agit de faire passer un bateau du bief inférieur dans le bief supérieur, c'est-à-dire qu'après avoir introduit la barque dans le sas, dont on a fermé la seconde porte, on ouvre les vannes de la première porte pour que l'eau du sas s'élève au niveau du bief supérieur.

Malgré les soins apportés à cette double manœuvre on perd toujours une éclusée d'eau à chaque passage de bateau; pour les canaux richement alimentés l'inconvénient n'est pas grand, mais dans certains cas, par les grandes chaleurs surtout, cette perte ne se répare pas facilement et l'on est quelquefois obligé de limiter le nombre des passages de bateaux.

Aussi a-t-on cherché, et cherche-t-on encore tous les jours les moyens; sinon d'éviter complètement cette perte d'eau, mais du moins de l'atténuer le plus possible.

Les systèmes les plus connus, bien que ne donnant que des demi-résultats, sont par rang d'ancienneté.

1° Les *plans inclinés* de Reynols et Fulton avec lesquels on n'effectue la remonte d'un bateau que simultanément avec la descente d'un autre, au moyen d'un sas incliné; et que, par conséquent, il n'est pas besoin de remplir d'eau.

2° Les *Écluses à chariot* de Mercadier, qui sont un perfectionnement du système précédent; en ce sens que le bateau montant et le bateau descendant sont placés sur des chariots pleins d'eau, espèces de sas mobile qui roulent sur des plans inclinés.

3° Les *Écluses à sas mobile*, inventées par Solage et Bonnet : avec ce système on opère comme à l'ordinaire, seulement le sas est supporté verticalement par un caisson vide qui, placé sur un puits, plonge plus ou moins dans l'eau de ce puits, ou remonte à la surface, par les effets contraires, produits par l'augmentation ou la diminution de l'eau dans le sas.

4° Les *Écluses à flotteur* de Betancourt produisent autrement le même effet; au moyen d'un réservoir en communication constante avec le sas, et dans lequel l'eau monte ou descend par l'effet d'un flotteur, qui s'enfonce dans le réservoir ou monte à sa surface; avec d'autant plus de facilité, qu'il est équilibré, dans presque toutes les positions, par un contrepoids.

5° Les *Écluses à piston*, de Burdin, partent du même principe, seulement le réservoir, au lieu d'être actionné par un flotteur, l'est par un piston, disposé de façon à agir comme celui d'une pompe aspirante, pour faire entrer dans le réservoir tout le volume d'eau qui s'écoulerait du sas, par l'ouverture des portes, et par contre pour faire ressortir cette eau du réservoir, lorsqu'il est besoin de remplir le sas.

6° Et les *Écluses Girard*, le meilleur système de tous parce qu'il combine, dans un ingénieux perfectionnement, tout ce que les systèmes Betancourt et Burdin ont de bon, malheureusement son application est assez rare.

Les dimensions d'un canal n'ont rien d'absolu; on proportionne sa largeur aux services qu'on en attend; quelquefois à la configuration du terrain dans lequel on travaille, mais le minimum doit suffire au passage à l'aise de deux bateaux encombrés, marchant en sens contraire.

Quant à la profondeur normale elle est calculée de façon à ce qu'il reste au moins 30 à 40 centimètres d'eau sous le bateau le plus lourdement chargé.

Les bords des canaux sont plus ou moins inclinés, selon que les terrains sont plus ou moins consistants, car on évite, autant que

Une écluse. — Mécanisme des vannes.

possible, les travaux de consolidation sur les talus; on les surmonte, du reste, d'un petit sentier de 25 centimètres de large qu'on appelle riberne et sur lequel on plante des glaïeuls. Ce sentier, au niveau de l'eau, a pour but d'empêcher que les mouvements imprimés à cette eau par le passage des bateaux, ne provoquent l'éboulement des talus intérieurs.

Sur chaque bord du canal, on établit généralement deux voies; l'une, dont la largeur varie de 3 à 6 mètres, est le chemin de halage, sur lequel circulent les chevaux qui tirent les bateaux; l'autre, plus étroite et destinée aux piétons, s'appelle la *banquette*.

Chacune de ces voies est séparée de la campagne par un fossé, qui reçoit les eaux fluviales, et les empêche ainsi de dégrader l'ouvrage.

Telle est la disposition ordinaire des canaux, nous allons maintenant les étudier par catégories.

CANAUX LATÉRAUX

Les canaux latéraux, comme leur nom l'indique, courent presque parallèlement à la rivière ou au fleuve, qu'ils ont pour objet de suppléer, parce que la navigation en est mauvaise ou irrégulière : tel et le cas du canal de la Marne, du canal de la Loire, du

Ensemble d'une écluse à sas.

canal de la Garonne et de bien d'autres.

Ce ne sont alors que des annexes des grands cours d'eau, dont l'établissement est des plus simples, puisqu'ils ont la pente dans le même sens et suivent la même vallée.

Leur tracé doit cependant être fait, d'abord le plus économiquement possible, au point de vue des acquisitions de terrain et de l'exé-

cution des travaux ; ensuite de façon qu'ils soient à l'abri des inondations ordinaires, et qu'ils conservent bien l'eau nécessaire à la navigation.

Quelquefois pourtant, les canaux latéraux ne suivent pas le cours des rivières qu'ils remplacent ; il en est qui ont pour but d'abréger, par une ligne droite, des distances considérables formées par des courbes de rivière très prononcées, tels sont par exemple, pour ne regarder qu'auprès de nous : les canaux de l'Ourcq, Saint-Martin et Saint-Denis, qui ferment la boucle de la Seine : le canal de Cornillon, qui évite près de Meaux, un dangereux détour de la Marne ; et le canal de Saint-Maur, créé pour le même objet.

La construction de ces canaux présente généralement plus de difficultés, elle nécessite quelquefois des travaux d'art, ponts et tunnels, mais en dehors de cela, dont nous aurons occasion de reparler, ils ne sortent pas de la catégorie.

Les canaux latéraux, n'ayant à franchir aucun obstacle considérable, la pente s'établit tout naturellement du point de départ au point d'arrivée, avec rachat de niveau, de distance en distance (puisque le canal ne doit point donner d'écoulement à l'eau pour en dépenser le moins possible) par des chutes que des écluses permettent aux bateaux de franchir sans secousses.

Leur alimentation est également sans difficulté ; puisque c'est la rivière qu'ils côtoient où l'un de ses affluents, qui doit leur fournir l'eau nécessaire ; à cet effet on pratique, au point de départ, un ensemble de travaux ; barrage ou écluse, selon les cas, que l'on appelle *prise d'eau*.

Ce système permet de proportionner la dépense d'eau aux besoins du canal qui, souvent encore, fait des économies surtout si l'on a eu soin de dériver vers lui, de distance en distance, les ruisseaux tributaires de la rivière, qui réparent et au delà les pertes occasionnées par l'évaporation et surtout par les infiltrations, contre lesquelles on prend rarement des précautions ; car on peut citer comme des exceptions les cas où l'on bitume le plafond du canal, (ce qu'on a été obligé de faire cependant pour une section du canal de la Marne au Rhin).

Les canaux latéraux, qui suivent continuellement le cours d'un fleuve ou d'une rivière, sont généralement, près des points importants du parcours, reliés avec ce fleuve par de petits canaux transversaux, munis d'écluse, et qu'on appelle *descente de rivière*.

Établissement indispensable, d'ailleurs, car autrement le canal n'aurait d'utilité que pour les bateaux qui ont besoin de le parcourir d'une extrémité à l'autre, et ceux qui doivent charger ou décharger dans les villes intermédiaires, ne pourraient pas s'en servir.

Cependant, ces petits bouts de canaux ne sont pas aussi communs qu'ils pourraient l'être.

CANAUX A POINT DE PARTAGE

Les canaux à point de partage sont des voies nouvelles ouvertes à la navigation.

On les appelle ainsi parce que destinés à relier deux rivières et à faire communiquer entre eux deux bassins fluviatiles contigus, ils sont obligés de franchir les collines ou les chaînes de montagnes ; par les points où les eaux, qui descendent de ces collines, se séparent pour couler les unes sur un versant, les autres sur le versant opposé.

On conçoit de suite que leur tracé soit plus difficile, car ayant des pentes en sens opposé, on est forcé de les racheter par des écluses, d'autant plus nombreuses que ces pentes sont plus rapides.

Toute la difficulté, du reste, consiste dans le passage de la montagne.

Quelquefois on la lève en perçant un tunnel, comme on le fait pour l'établissement des voies ferrées, mais c'est une exception et le plus souvent on se décide à faire franchir la montagne au canal lui-même.

Naturellement, on creuse les tranchées, le plus profondément que l'on peut, et l'on allonge le parcours autant qu'il est nécessaire ; pour tourner l'obstacle du mieux possible, mais surtout pour chercher sur la route des sources, des ruisseaux abondants pour constituer, de distance en distance, des approvisionnements d'eau.

Car, si l'on peut toujours, en multipliant

les écluses, et en divisant le canal en de nombreux biefs à pente nulle, faire franchir aux bateaux des niveaux successifs, relativement considérables, il faut absolument compter perdre à chaque passage la quantité d'eau nécessaire à remplir le sas et naturellement songer à remplacer cette eau perdue.

Lorsqu'on ne trouve sur le parcours : ni les sources, ni les ruisseaux qu'il faudrait pour alimenter le canal (qui ne peut rien emprunter aux rivières qu'il relie, puisqu'elles coulent toujours en contre bas) on creuse des étangs artificiels, où l'on établit des réservoirs, destinés à recevoir toutes les eaux pluviales de la contrée.

A cet effet on barre, avec une digue en maçonnerie, l'endroit le plus resserré d'un vallon, et l'on y amène les eaux des hauteurs voisines, au moyen d'une multitude de petits ruisseaux, qu'on appelle rigoles alimentaires.

Ces eaux s'accumulent dans le réservoir et on les soutire par des vannes, dont le débit est réglé avec soin, pour les faire passer dans le canal, au fur et à mesure des besoins de la navigation.

En dehors de cette difficulté, et la montagne franchie; les canaux à point de partage sont absolument disposés comme les canaux latéraux.

Le premier de ce genre qui ait été construit est le canal de Briare, que commença Hugues Crosnier en 1604 et qui ne fut terminé qu'en 1642.

Mais le plus remarquable est le canal du Midi, œuvre gigantesque que son auteur, Pierre-Paul Riquet, n'eut pas le bonheur de voir terminer, il mourut six ans avant, en 1681, après avoir consacré quinze ans à la direction des travaux.

Il est vrai qu'il n'avait fallu que six ans pour faire la partie la plus difficile : de Toulouse au col de Naurouse, toujours en montant jusqu'à 189 mètres au-dessus du niveau de la mer, mais la descente à l'étang de Thau fut beaucoup plus longue.

C'est qu'il restait les travaux accessoires, mais accessoires indispensables ; car il fallait de l'eau pour alimenter le canal.

Pour cela, Riquet fit creuser des lits nouveaux à tous les ruisseaux de la contrée, sur une longueur de plus de 80 kilomètres; et comme c'était encore insuffisant, il construisit deux immenses réservoirs : celui de Lampy qui a une superficie de 24 hectares sur 15 mètres de profondeur moyenne et celui de Saint-Ferreol qui occupe 67 hectares, à 38 mètres de profondeur.

Le bassin de Lampy est circonscrit entre les flancs de la montagne Noire, et une digue de barrage appuyée sur des rochers qui resserrent le vallon.

Cette digue a 68 mètres de longueur à la base, 116 mètres à son couronnement et une hauteur de 16 mètres, divisée intérieurement en quatre étages de voûtes, disposées en sautoir, les unes au-dessus des autres, et fermées de vannes.

Extérieurement cette muraille formidable, dont la largeur diminue progressivement ; ce qui ne l'empêche pas d'offrir encore au sommet une chaussée de plus de cinq mètres de large, est soutenue par de puissants contreforts, dont notre gravure indique la disposition.

CANAUX MARITIMES

Les canaux maritimes sont créés dans le même but que les canaux à point de partage; seulement comme ils sont destinés à unir deux mers et par conséquent à donner passage à des navires de toute puissance, ils doivent être infiniment plus larges et plus profonds.

Une étude succincte du canal de Suez, le plus considérable des travaux de ce genre, donnera une idée de leur établissement.

L'historique de cette gigantesque entreprise, qui restera la gloire de M. Ferdinand de Lesseps, n'est plus à faire; on sait théoriquement comment la réunion de la mer Rouge et de la Méditerranée, qui avait été le rêve de tous les siècles, a été accomplie dans le nôtre ; nous allons essayer de l'expliquer pratiquement.

Le tracé primitif, adopté après les avant-projets de MM. Linant et Mongel, ingénieurs du vice-roi d'Égypte, partait de Suez et se dirigeait vers les lacs amers, en traversant la plaine formée de sables et de galets, amenés jusque-là par les grandes marées d'autrefois, sans autres grands obstacles que le seuil de Chalouf, plateau rocheux qu'il fallait couper sur une longueur de 8 à 10 kilomètres.

Après avoir traversé l'immense dépression des lacs amers, le canal devait rejoindre

Réservoir de Lampy, pour l'alimentation du canal du Midi.

le lac Timsah, en se frayant un passage à travers le seuil de Sérapéum.

Du lac Timsah, sur le bord duquel s'élève maintenant Ismaïlia, à la série des lacs Ballah et Menzaleh il fallait encore couper un seuil considérable, celui d'El Guisr dont l'élévation est de 19 mètres au-dessus du niveau de la Méditerranée, mais après il n'y avait plus de difficultés et le canal arrivait à la mer par le fond du golfe de Peruse.

Ce tracé a été adopté, sauf la dernière partie et l'embouchure du canal a été reportée à 28 kilomètres plus à l'ouest, à l'endroit où s'est créée, comme par magie, la ville de Port Saïd.

De cette façon le canal a une longueur totale de 160 kilomètres que, sauf la traversée des lacs amers (16 kilomètres), il a fallu creuser complètement.

Sans compter le canal d'eau douce, qu'on

a dû établir d'abord, pour assurer le transport des matériaux et des denrées nécessaires à l'alimentation des ouvriers, dont le chiffre, qui n'était que de 8000 les premières années, a pu être triplé sitôt l'ouverture de ce canal, c'est-à-dire le 1er mai 1862, bien que le premier coup de pioche n'ait été donné que le 25 août 1859.

Ce canal, d'une largeur moyenne de 20 mètres, a sa prise d'eau dans le Nil, à Kars el Nil, un peu au-dessus de Boulâk, longe la ville du Caire et suit à peu près le tracé de l'ancien canal de Trajan jusqu'au lac Timsah.

On avait pensé, dans le principe à l'utiliser pour l'alimentation du canal maritime, mais comme son emploi nécessitait des écluses, on y a renoncé pour creuser une

Canal de Suez. — Travaux du seuil de Chalouf.

tranchée ouverte dans laquelle la mer circulerait librement, sur une largeur de cent mètres, jusqu'aux lacs amers, et de quatre-vingts seulement au delà.

Cette tranchée n'est pas partout uniforme et différents types ont été adoptés, selon la nature des terrains.

Ainsi, dans la plaine de Suez, la ligne d'eau a 112 mètres de large, au niveau de la haute mer; les talus de la cuvette sont ceux que prennent naturellement les terrains traversés; mais un peu au-dessous du niveau moyen de la mer Rouge une large banquette est ménagée et protégée par des talus, réglés à cinq pour un, jusqu'au niveau de la haute mer.

A la traversée du seuil de Chalouf, comme de tous les autres seuils du reste (sauf la largeur qui là est de cent mètres, tandis qu'elle n'est que de 80 aux autres seuils) une banquette de 2 mètres est ménagée, en contre-bas de l'eau, et une seconde banquette, de 3 mètres de largeur, est établie à 3 mètres au-dessus du niveau de l'eau.

A la traversée des lacs Menzaleh, la largeur à la ligne d'eau est de 100 mètres et une large banquette est pratiquée a 1m,25, en contre-bas du niveau de l'eau, pour permettre aux vagues de se développer sans attaquer les talus du canal.

Partout, d'ailleurs, le plafond a au moins 22 mètres de largeur et la profondeur moyenne du canal est de 8 mètres ; ce qui en permet le passage à tous les navires ne calant pas plus de 7m,50.

Le creusement de cette immense tranchée, dont il a fallu enlever plus de 75 millions de mètres cubes de déblais, ne s'est pas opéré partout de la même manière.

Dans les parties dures, à la traversée des seuils notamment, on a ouvert les tranchées à sec et on a continué ainsi à des profondeurs variables, c'est-à-dire jusqu'à la rencontre du sable et de l'argile, charroyant les déblais au wagon sur des chemins de fer provisoires, et les enlevant définitivement par des plans inclinés, dont les machines motrices étaient installées sur les sommets des rampes, et disposées le long du chantier, de 200 mètres en 200 mètres.

La première cuvette terminée, on l'emplissait d'eau qu'on empruntait : soit aux lacs les plus voisins, soit au canal d'eau douce, soit même directement à la mer Rouge, et l'on se créait ainsi non seulement des moyens de transports moins coûteux que le roulage en wagons, mais encore un chantier pour terminer le creusement à la drague, dont le travail augmentait peu à peu les dimensions du canal.

Les bateaux dragueurs rendirent d'immenses services, d'autant qu'à cette époque les excavateurs dont nous avons parlé, et qui fonctionnent maintenant aux travaux du canal de Panama, n'étaient pas connus.

Chacun sait qu'une drague se compose d'une chaîne sans fin à longues mailles pleines, sur lesquelles on fixe, à intervalles égaux, un certain nombre de godets ou hottes en tôle de fer, qui, actionnées par le mouvement que la chaîne reçoit en passant sur un tambour, se chargent tour à tour de vase qu'ils prennent au fond de l'eau et qu'ils viennent vider dans un conduit, placé à la partie supérieure du plan incliné que parcourt la chaîne ; mais on augmenta la puissance des dragues ordinaires, on les actionna par des machines de 40 chevaux et on porta leurs godets jusqu'à la capacité de 400 litres.

Avec ce système, 7 dragues desservies par 15 bateaux porteurs de déblais, enlevèrent mensuellement des bassins de Port Saïd, cent mille mètres cubes de matières.

On fit mieux encore, on inventa la drague à long couloir, qui donna de si excellents résultats, que partout où il n'y avait pas d'eau naturellement dans la tranchée commencée ; on en introduisait, sitôt que son approfondissement le permettait, pour pouvoir travailler avec.

Cet instrument est une drague ordinaire, plus puissante que celles que nous voyons tous les jours en rivière et que nos mariniers appellent un peu pittoresquement Marie Salope.

Seulement, au lieu de déverser ses godets sur un chaland elle les décharge sur un entonnoir, dans lequel est emmanché un long couloir, qui conduit les déblais sur les rives du canal et les met tout de suite en place, pour la construction des talus ou banquettes.

Ce couloir déversoir, indépendant d'ailleurs de la drague, est un canal semi-elliptique de 60 centimètres de profondeur sur 1m,50 de largeur, et dont la longueur a 70 mètres, il est supporté par deux poutres en treillis, qui prennent leur point d'appui sur un chaland, au tiers environ de leur développement.

Une chaîne balayeuse, mue par le moteur

de la drague à laquelle on l'ajuste, le parcourt continuellement pour éviter que les déblais ne s'y arrêtent, et permettre son usage sur un plan aussi peu incliné que possible. Ce système permettait dans presque tous les cas, le dépôt des déblais, directement sur les rives. Cependant quand elles étaient trop élevées, on déversait avec des couloirs moins longs, quelquefois même sans couloir, les matières dans des caisses qu'on enlevait avec des grues spéciales, appelées élevateurs, ou dans des wagons roulant sur les doubles rails d'un plan incliné.

C'est ainsi, en cherchant toujours le plus possible à faire arriver l'eau dans les travaux (et c'est pour cela que le lac Timsah fut relié avec la Méditerranée dès le mois d'août 1866) pour creuser à la drague plutôt qu'autrement, que la grande œuvre fut achevée en moins de dix ans.

Car s'il ne fut ouvert à la grande navigation que le 17 novembre 1869 il était complètement terminé le 16 août.

En dix ans, par le percement de ce canal, qui, en abrégeant de 3 000 lieues la route de l'Inde, met l'Occident en communication avec l'Orient, l'isthme de Suez, qui était un désert, est devenu une contrée florissante où trois villes nouvelles comptent aujourd'hui plus de 50 000 habitants, dont moitié d'Européens.

Mais dame! cela a coûté 432 millions, sans compter les centimes.

Le même miracle va se produire, peut-être dans des proportions moindres, à l'isthme de Panama, dont le percement est entrepris aussi par M. de Lesseps.

Les travaux seront pourtant tout aussi considérables, plus même si l'on se base sur les prévisions des ingénieurs, qui évaluent la dépense totale à 800 millions, bien que le canal en cours d'exécution ne doive pas avoir plus de 73 kilomètres de longueur, sur une largeur moyenne de 32 mètres à la surface et 20 au plafond.

Mais, c'est qu'il ne s'agit plus de creuser un lit dans des sables et des argiles, il faut s'ouvrir une voie à travers de vraies montagnes, et l'on n'a point sur le parcours des lacs amers, qui donnent une besogne toute faite.

Le canal, dont l'idée première appartient au grand naturaliste Alexandre de Humboldt, qui dès le commencement de ce siècle étudia dans tous leurs détails les différentes questions relatives à ce travail gigantesque — le canal, exécuté d'après les projets de deux lieutenants de vaisseau français, MM. Napoléon Bonaparte Wyse et Armand Reclus, part du golfe de Limon près de Colon, port déjà considérable sur l'océan Atlantique, pour venir déboucher dans la baie de Panama, sur l'océan Pacifique, en suivant, le plus possible, la ligne du chemin de fer, qui relie les deux mers depuis 1855, de façon à utiliser cette voie de communication pour le transport des matériaux et des ouvriers sur les chantiers.

Sa profondeur variera entre $8^m,50$ et $10^m,55$, et naturellement, il sera à niveau constant, c'est-à-dire sans écluses.

Malgré l'immensité des travaux à faire, on espère qu'il ne faudra pas plus de sept à huit ans pour le livrer à la grande navigation, car si la main-d'œuvre a notablement augmenté (ce qui, en somme, n'est qu'une question d'argent) l'outillage s'est considérablement perfectionné depuis le percement de l'isthme de Suez.

Ainsi pour les terrassements, qui sont, du reste, la grosse affaire vu les énormes tranchées qu'il faut creuser, on a les excavateurs, les terrassiers mécaniques, des machines perforatrices de toutes sortes.

Pour les transports des matériaux on a les chemins de fer portatifs; et l'usine Decauville a construit un matériel considérable et tout à fait spécial aux travaux de Panama.

Dans ce matériel si complexe, on remarque notamment une plate-forme bascu-

lante très ingénieuse, qui a été expérimentée, du reste, à la construction de la
jetée de Carteret.

C'est un wagon, dont le plateau est pourvu
d'un mécanisme, qui le fait basculer, pour
lancer des blocs de béton ou des grosses pierres à l'endroit même où ils doivent
être placés, pour l'édification des jetées ou
des digues, notre dessin le fera bien comprendre.

Pour le dragage, on a des machines de
toutes sortes, perfectionnements plus ou
moins pratiques des dragues dont nous
avons déjà parlé.

Les plus connues sont : l'*extracteur Bazin*
et l'*injecteur à eau forcée* de la compagnie
de Fives-Lille, qui reposent d'ailleurs sur
cette même observation que : si une ouverture était percée dans le fond d'un navire,
l'eau envahirait la cale avec une puissance

Canal de Suez. — Traversée du lac Menzaleh. — Drague à long couloir.

de pression, d'autant plus grande que l'ouverture serait plus petite.

M. Bazin, le premier, a pensé à utiliser
cette force de l'eau pour l'enlèvement des
vases et des sables et il a construit son
extracteur de la façon suivante : en adaptant
à un navire, ou bateau quelconque, mû
par une machine à vapeur de 30 à 40 chevaux, deux tuyaux de 25 centimètres de dia-

mètre et d'une longueur suffisante pour
travailler à toutes les profondeurs.

Ces tuyaux, munis à leur extrémité
d'une crépine de même diamètre, sont mobiles de chaque côté du bateau et articulés
de façon à se prêter à tous les mouvements
de la navigation, soit en mer ou en rivière.

Placés sur les vases ou les sables à
extraire, ils les aspirent avec l'eau dans

Canal de Suez. — Travaux du seuil de Sérapéum.

laquelle elles sont en suspension, par les lois élémentaires de la physique sur l'équilibre et la pression des liquides, et les déposent dans le fond du navire ; mais il n'y a que la moitié de la besogne de faite, et un instrument de dragage, borné à cette seule puissance, serait, dans bien des cas, inutilisable.

En effet, la charge hydraulique représentée dans notre dessin par l'épaisseur

Pompe Dumont appliquée au dragage des vases môlles.

supérieure de l'eau, H., fût-elle de plusieurs mètres, peut bien amener, dans le bateau, des vases fluides ou des graviers non agglomérés, mais elle est impuissante à détacher du fond les parties présentant une certaine résistance, par l'agglutination.

De plus, il peut arriver, malgré l'emploi de la crépine, que le tube s'obstrue et alors la charge hydraulique, qui est fixé, ne pourra jamais forcer l'obstacle et le fonctionnement sera arrêté.

Enfin, autre difficulté, les matières élevées

s'accumulant dans le bateau, il faudra les y reprendre par une autre opération, ou bien interrompre son travail pour aller les vider, par des soupapes, à l'endroit utile.

C'est pour obvier à ces inconvénients que ce système a été complété par l'addition de machines élévatoires, qui, adaptées à l'orifice des tuyaux, pompent les vases liquides et les rejettent dans un chaland porteur, assez grand pour contenir 300 mètres cubes de sables, et qu'on va décharger à la rive quand il est plein.

Les meilleures machines élévatoires à cet usage sont les pompes rotatives Dumont, que nous avons décrites précédemment, et on va le comprendre facilement.

En effet, si le tuyau, plongeant dans le sable, aboutit, par son orifice A, à une pompe rotative, la puissance de l'injecteur augmente considérablement; puisque la pompe peut, selon la vitesse qu'on lui imprime, produire à sa partie centrale un vide de 4, 6 et même 8 mètres; dépression qui s'ajoute à la charge hydraulique; l'écoulement dans le tuyau se produit donc sous une charge double, triple, ou quadruple de la charge hydraulique seule et les matières, qui n'auraient pu être désagrégées par l'injecteur, le sont facilement par cette puissance deux, trois ou quatre fois plus considérable.

Ce n'est pas à dire pour cela que le dragage par pompe soit applicable partout; quand on s'attaque à un fond solide il n'y faut pas songer, à moins d'ajouter à l'appareil une piocheuse mécanique, un excavateur quelconque, qui préparerait le déblai.

Mais tout ce que l'on peut faire, lentement et à des profondeurs limitées, avec la drague ordinaire, se fait vite et à de grandes profondeurs, avec l'extracteur Bazin, et l'injecteur à eau forcée où pompe à sable de la compagnie de Fives-Lille.

Cette pompe à sable ne peut non plus fonctionner seule, et c'est la pompe Dumont qui est son auxiliaire, notamment sur le bateau dragueur chargé de l'entretien des passes du port de Dunkerque.

Deux pompes rotatives ajustées à l'orifice des tuyaux aspirateurs, enlèvent les déblais détachés par la puissance de l'injecteur, et les refoulent sur le bateau dans des compartiments ménagés à cet effet, où l'eau s'écoule, au fur et à mesure, pour ne laisser que les matière denses.

La pompe rotative Dumont peut, du reste, faire le travail toute seule et s'employer parfaitement comme pompe à sable, ainsi qu'on l'a expérimenté sur un bateau analogue, au creusement du port de la Réunion.

Pour les dragues à long couloir, c'est aussi un auxiliaire puissant et MM. Couvreux et Hersent (les entrepreneurs du canal de Suez) en ont fait une application toute spéciale aux travaux du canal de Gand.

Il s'agissait du débarquement des déblais qui, sur un long parcours (1 500 mètres environ), ne pouvait s'effectuer directement sur les berges par l'emploi de leurs dragues à long couloir; en second lieu, l'emplacement réservé aux déblais était trop éloigné du canal et surtout trop étendu, pour qu'on pût les y déposer au moyen de leur appareil de débarquement avec couloirs.

Ces messieurs ont eu alors l'idée de placer à poste fixe, sur la rive, une pompe Dumont dont l'aspiration se reliait à la partie inférieure d'un puits, établi sous le tourteau supérieur de la drague, qui reçoit directement le contenu des godets.

Une certaine longueur de tuyaux en tôle, avec des parties de caoutchouc pour former les courbes, flottait sur le canal entre la partie fixe des tuyaux d'aspiration et la drague; celle-ci pouvait donc exécuter tous ses mouvements et de plus parcourir une certaine distance, sans qu'on eut besoin d'ajouter de tuyaux.

Cela réussit parfaitement: les déblais, mélangés de leur double de volume de liquide, se dirigèrent, par le tuyau de refoulement de la pompe (d'une longueur de 75 mètres environ), sur le chantier destiné à les recevoir, par des couloirs mobiles, qu'on déplaçait au fur et à mesure de l'amoncellement sur divers points.

La longueur du tuyau d'aspiration put atteindre ainsi jusqu'à 650 mètres, et lorsque la drague fut à cette distance de la pompe, la résistance due aux frottements, dans une conduite aussi longue, devenant trop considérable, on ajouta une seconde pompe placée sur un radeau et dont le tuyau d'aspiration était relié au puits de la drague, et le tuyau de refoulement à l'aspiration de la première pompe.

Les deux pompes, marchant ainsi conjuguées, le travail fut conduit à bonne fin; ce qu'il eût été impossible de faire, aussi vite et aussi économiquement, par les moyens ordinaires.

Nul doute que ces nouveaux systèmes, et d'autres peut-être, que nous ne connaissons pas encore, ne soient employés au canal de Panama et vraisemblablement à celui de l'isthme de Corinthe, qui n'est pas encore entré dans la période d'exécution, mais dont toutes les études et même les travaux de nivellement sont terminés.

CANALISATION DES RIVIÈRES

Nous n'avons que quelques mots à dire sur ce genre de travail, qui n'est en somme qu'un approfondissement du lit de la rivière, pour la rendre navigable.

Cette opération, qui se pratique constamment aussi à l'embouchure des fleuves, où les sables s'amoncellent par l'effet des marées; se fait par le dragage, soit avec la marie-salope ordinaire, soit à la drague à long couloir, soit même avec les injecteurs et autres appareils que nous avons décrits.

C'est, d'ailleurs, un travail d'entretien presque obligatoire dans tous les cours d'eau où la navigation est assez active.

Pour la canalisation proprement dite, on procède exactement comme pour les canaux, avec cette seule différence que les écluses

prennent le nom de barrages; et que dans leur voisinage, quelquefois même sur d'autres points, on rétrécit le lit de la rivière en construisant des levées ou des endiguements quelconques.

Tous les moyens sont bons, d'ailleurs, l'important étant d'arriver à donner le plus de profondeur possible aux cours d'eau.

BASSINS A FLOT

Les travaux des ports rentrent dans la catégorie des canaux car, en somme, que l'on construise un bassin, une jetée ou une digue, c'est toujours dans un but de canalisation.

Les bassins sont de deux sortes : *bassins à flot* et *bassins de retenue*, qu'on appelle aussi *écluses de chasse*.

Les premiers, qu'on appelle *darses* dans les ports de la Méditerranée où le flux et le reflux sont à peine sensibles et où l'emploi des écluses n'est pas obligatoire; sont indispensables dans les ports à marée, où, lorsque la mer se retire, les navires seraient mis à sec ; ce qui serait un très grand inconvénient pour tous, mais surtout pour ceux qui, pesamment chargés, ne résisteraient pas à un changement de position.

Les bassins sont une suite de réservoirs, creusés jusque dans l'intérieur de la ville, selon l'emplacement dont on dispose, plus profondément que les canaux, dont ils diffèrent d'ailleurs, en ce que leurs parois sont entièrement maçonnées avec des pierres de taille et de la chaux hydraulique.

Ces bassins, bordés de quais, le long desquels se rangent les navires, pour la plus grande facilité de leurs opérations de chargement ou de déchargement, sont reliés entre eux par des écluses à sas, que l'on ouvre au moment du flux et que l'on ferme au moment où la mer va se retirer ; de sorte que les navires entrent dans les bassins quand la mer monte et peuvent y rester à flot malgré la marée basse, quand une partie du port est restée à sec.

C'est à l'extrémité de cette partie, qu'on appelle avant-port, qu'est installée la première écluse qui met les bassins en communication avec la mer.

BASSINS DE RETENUE

Les bassins de retenue, qu'on appelle plus communément écluses de chasse, ont pour objet de remédier à l'obstruction des ports à marée, que l'on n'empêche que très insuffisamment, par un dragage continuel ; les sables étant sans cesse amenés, à l'entrée des ports par le flux de la mer.

A cet effet on creuse, près de l'avant-port, des bassins aussi grands que possible, proportionnés, du reste, à l'effet qu'on en attend.

Ces réservoirs, munis de portes disposée

Travaux d'achèvement d'un bassin à Cherbourg.

comme celles des écluses à sas, se remplissent naturellement à l'heure de la haute mer, et on y emmagasine les eaux jusqu'au moment du reflux, où la différence des niveaux est le plus sensible.

Alors on ouvre les portes, et l'eau se précipitant avec violence, balaye l'avant-port et entraîne vers la mer tous les bancs de sable et de vase, qui s'étaient accumulés dans le chenal, par le mouvement ascendant de la marée.

D'où, le nom d'écluses de chasse donné à ces portes et par extension aux bassins ; car, en effet, elles chassent, deux fois par jour, les vases qui ne tarderaient pas à ensabler le port.

Il y a des bassins de retenue dans presque tous les ports à marée, sur l'océan Atlantique et la Manche ; le plus considérable de tous, qui est d'ailleurs une curiosité, est celui du Dunkerque ; il lance près d'un million de mètres cubes d'eau pendant la

ÉCLUSE DU CANAL D'EAU DOUCE A ISMAILIA.

Application du porteur Decauville, pour les travaux d'endiguement.

première heure de l'ouverture des portes. Eh bien, malgré cela, le port s'ensablerait encore si les dragues ne fonctionnaient journellement pour approfondir les passes.

Pompe Dumont, pour travaux de fondation.

port, briser les lames, empêcher les obstructions en arrêtant les sables et les galets que la mer apporte à chaque marée, prennent les différents noms de môles, jetées, estacades et brise-lames.

Liv. 85.

JETÉES ET MÔLES

Les jetées, sortes de digues qui s'avancent dans la mer pour circonscrire l'entrée d'un

Les môles sont des constructions massives en maçonnerie, qui forment en quelque sorte le prolongement du rivage et s'avancent dans la mer, selon les exigences locales, ayant surtout pour objet de former une enceinte, assez vaste pour le transit du port, où les navires puissent être à l'abri du vent et de la lame.

L'un des plus considérables que nous ayons en France est celui de Granville, dont la longueur dépasse 600 mètres.

Les jetées sont également des constructions en pierre, mais qui ne prennent point le rivage pour base et pointent directement dans la mer. Sauf le cas où la côte est assez rocheuse, pour pouvoir tenir lieu de muraille et par conséquent de seconde jetée, il y a toujours dans un port deux jetées parallèles, qui circonscrivent, entre elles, le chenal par lequel la pleine mer est en communication permanente avec l'avant-port et les bassins.

Les jetées les plus considérables de notre pays sont celles de Calais, qui ont ensemble 1,450 mètres de développement, et celles de Dunkerque, qui en ont 1,400.

Les estacades, qu'on ne voit plus du reste que dans les ports de peu d'importance, sont des jetées en bois ; c'est-à-dire des rangées de pieux enfoncés très profondément dans le sol et reliés entre eux par des poutres horizontales, recouvertes d'un plancher et bordés de balustrades.

Il va sans dire que si les estacades sont suffisantes pour briser les lames et assurer le calme dans le port, elles laissent parfaitement passer les galets et les sables.

Les brise-lames proprement dits (car, en somme, tout obstacle opposé à la mer est un brise-lames) sont des digues que l'on construit dans les ports qui n'ont pas de rades naturelles et où l'on en établit une, avec une solide muraille, qui arrête les lames de la haute mer et les empêche de se faire sentir dans le port.

L'ouvrage le plus considérable de ce genre est la fameuse digue de Cherbourg, qui est d'ailleurs la plus grande construction élevée par la main des hommes.

Elle a 3,780 mètres de longueur à la base et 3,712 au sommet, sur 20 mètres de hauteur au-dessus du fond ; sa largeur est de 78 mètres à la base et de 30 au sommet.

Auprès de cela les pyramides d'Égypte ne sont plus qu'un travail d'écolier ; il est vrai que cette construction, commencée en 1784, n'a été finie qu'en 1853 et qu'elle a coûté 67 millions, y compris les trois forts qui la couronnent : l'un au milieu et les autres à chaque extrémité.

On peut citer aussi la digue d'Ostende, qui a trois kilomètres de long, mais qui n'a guère que 10 mètres de hauteur sur 30 de large.

Et celle de Plymouth, dont les Anglais ont été si fiers, bien qu'elle n'ait que 1,700 mètres de développement.

L'emploi des digues se généralise, d'ailleurs ; on fait maintenant, mais sur des proportions moindres, des travaux d'endiguement, non seulement dans les ports, mais encore au bord des rivières qu'on canalise. Les constructions, quelquefois seulement en remblais revêtus de maçonnerie, plus souvent en pierre de taille, sont rendues plus faciles par l'emploi des chemins de fer Decauville pour les terrassements ; et pour le dessèchement par celui des pompes Dumont, que l'on rend mobiles en les montant sur un bateau qui change de place au fur et à mesure des besoins, ainsi qu'on peut s'en rendre compte par notre gravure.

TRAVAUX D'ART

Bien que la construction des digues, comme celles dont nous venons de parler et la plupart des jetées de nos grands ports, soient de véritables travaux d'art, nous comprendrons seulement dans cette catégorie, où nous ne visons du reste que les canaux : les tunnels, les viaducs et les ponts.

Nous n'avons plus à parler des tunnels et des viaducs, après ce que nous en avons dit à propos des chemins de fer, il ne nous reste à nous occuper que des ponts plus spéciaux aux canaux.

On sait déjà que sur toutes les écluses il y a une passerelle pour les piétons. Mais il faut prévoir les cas, très ordinaires, où des voitures ont besoin de traverser un canal.

Pour cela il y a, outre les ponts fixes, dont nous avons étudié toutes les variétés, et qu'on ne peut du reste pas établir partout, les ponts mobiles, qui se subdivisent en : ponts de bateaux, ponts-levis, ponts roulants et ponts tournants.

Les ponts de bateaux, peu usités d'ailleurs, consistent en un plancher avec garde-fou en bois, porté sur une suite de bateaux reliés entre eux par des poutrelles.

Quand il faut livrer passage à un bateau de navigation, on déplace un ou deux des bateaux du pont que l'on range de côté, pour les remettre ensuite dans leur première position. Sur le Rhin, où les ponts de bateaux sont surtout employés, les bateaux mobiles sont mus par une machine à vapeur, mais je ne crois pas qu'il y en ait un seul sur les canaux français.

Les ponts-levis sont de plusieurs sortes, mais ils reposent toujours sur le même principe : un tablier mobile autour d'un axe, mû au moyen d'un châssis en bois, auquel sont fixées deux chaînes, l'une qui soulève le tablier, et l'autre qui imprime au châssis son mouvement de rotation.

Il y a des ponts-levis à flèche, qui sont les plus élémentaires ; des ponts-levis à contre-poids et à chaînes, établis en vue d'obtenir un équilibre absolu dans toutes les positions du tablier ; des ponts-levis à la Poncelet, dans lesquels le contre-poids est fourni par la pesanteur même de la chaîne de Galle qui soulève le tablier et s'enroule sur une seconde poulie ; des ponts-levis système Delile, où c'est une barre de fer rigide qui tient lieu de chaîne ; c'est même ce qu'il y a de plus ingénieux.. mais ce n'est pas le plus employé.

Il va sans dire qu'un pont-levis sur canal (on en voit peu, du reste, dans notre pays), n'a pas besoin d'avoir toute la largeur du canal ; sa portée ne pouvant guère dépasser 5 mètres, on en est quitte pour tenir fixe une partie du pont, à moins d'installer deux ponts-levis, un sur chaque rive, ce qui est très fréquent sur les canaux de Hollande, du moins à la traversée des villes. Dans ce cas les ponts sont en fonte et se lèvent de chaque côté au moyen d'un treuil, qui agit exactement comme celui des grues.

Les ponts roulants se composent d'un tablier, mobile sur des galets en fonte et qui se retire : soit d'un seul côté, soit en deux sections à la fois sur les deux berges disposées en plan incliné ; c'est du reste le système des barrières de chemins de fer pour les passages à niveau.

Quant aux ponts tournants, les plus usités dans les ports de mer, sur les bassins, et sur les canaux à leur traversée des villes, nous en avons déjà donné une description en parlant du pont de Kehl, dans notre travail sur les chemins de fer.

Il y a un système de ponts plus spécial encore aux canaux, c'est le pont-aqueduc, qu'on évite le plus possible à cause de la dépense considérable qu'il nécessite ; mais auquel il faut pourtant bien recourir quand le tracé du canal oblige à traverser une rivière.

Ce pont est le contraire de tous les autres ; car c'est lui qui porte le canal, et naturellement il est construit en conséquence, tout comme les canaux, avec cuvette, chemin de halage et banquette pour les piétons.

Nous en avons d'assez curieux en France, notamment le pont de l'Orb qui fait passer le canal du Midi à Béziers ; mais le plus considérable est celui du canal latéral à la Loire qui traverse l'Allier, non loin de Nevers.

Composé de 18 arches en anse de panier, de 16 mètres d'ouverture chacune ; il est immédiatement suivi de trois écluses accolées, qui raccordent le bief de la rive droite de l'Allier, placé sur un coteau, avec celui de la rive gauche, situé en plaine.

Cette construction, terminée en cinq années, n'a pas coûté moins de 3 millions ; il est vrai de dire que, pour la porter, on a été obligé de construire dans le lit de la rivière un sol artificiel en béton, de 450 mè-

Pont-canal sur l'Allier, près de Nevers.

tres de long sur 21ᵐ,50 de large, défendu des deux côtés par des pieux et des pal planches et encore mieux par deux murs de garde de deux mètres d'épaisseur, descendant à cinq mètres au-dessous du fond de l'Allier.

C'est le cas de dire que ce que l'on ne voit pas coûte plus cher que ce qu'on voit.

Les Anglais construisent plus généralemet leurs ponts-aqueducs en fonte ; leur plus remarquable est celui du canal d'Ellemère, qui a 307 mètres de longueur et se compose de 19 arches.

Ce n'est pas à dire pour cela, qu'ils soient plus solides que les nôtres.

Du reste, en fait de canaux et tout amour-propre national à part, nous avons le droit de nous enorgueillir, car si nous ne les avons pas absolument inventés c'est du moins de l'ouverture du canal du Midi que date, dans toute l'Europe, l'ère des grandes entreprises de navigation artificielle.

Là, comme en bien d'autres choses, la France a donné l'élan, mais en cela, du moins, elle ne s'est pas laissé distancer.

Wagon plateau à bascule (Decauville).

LES AIGUILLES

Le mot aiguille est un nom très commun dans l'industrie; on l'a donné à beaucoup d'instruments de chirurgie, ce qui ne l'éloigne pas trop de son acception première, puisqu'en somme, ils servent presque toujours à faire des coutures.

Mais on l'a tellement multiplié en mécanique, qu'un nombre incalculable de pièces, pourtant bien différentes les unes des autres, portent le nom d'aiguilles.

Nous ne voulons parler ici que des aiguilles à coudre, dont la production constitue une branche d'industrie très importante, vu la consommation énorme qui s'en fait.

Nous laisserons donc de côté les aiguilles spéciales employées par les emballeurs, les matelassiers, les relieurs, les gainiers, les bourreliers, les tapissiers, les gantiers, les voiliers, qui dérivent d'ailleurs plus ou moins des premières et n'en diffèrent génélement que par leurs dimensions et leur fabrication plus grossière.

C'est, d'ailleurs, précisément à cause de la délicatesse des aiguilles destinées à la couture à la main, que nous entreprenons de suivre les nombreuses phases de leur fabrication; l'une des plus intéressantes qu'on puisse étudier; non seulement par elle-même, mais parce que c'est la manifestation la plus éclatante de la puissance que peut acquérir la division du travail.

Car, pour si petite qu'elle soit, et si peu chère qu'on en perd encore plus·qu'on en casse, l'aiguille passe dans les mains de plus de quatre-vingt-dix ouvriers, avant. d'être livrée au commerce.

Seul moyen, du reste, de les établir à si bon marché, car l'ouvrier qui ne fait constamment qu'une même opération non seulement ne perd pas de temps à préparer sa besogne, mais acquiert journellement de l'habileté et parvient à exécuter des travaux, excessivement délicats, avec une rapidité et une précision, qui étonnent justement ceux qui les voient faire et qui constitue la puissance économique de la production.

L'invention des aiguilles remonte évidemment aux origines de la civilisation, mais dans le principe on les faisait avec une arête de poisson, une épine, un fragment d'os, et il fallut des siècles avant qu'on s'avisât de les fabriquer en métal.

Voici du reste leur généalogie, d'après l'histoire de la technologie de Poppe, cela servira de préface à notre travail.

« Il n'est pas douteux que les premières aiguilles régulières n'aient été fabriquées avec un métal battu et étiré ; il semble bien que, façonnées d'abord au marteau sur l'enclume en forme de broche allongée, elles étaient finalement munies, par un recourbement de la tige, d'un œil dans lequel on pouvait faire passer le fil.

« Mais la dureté et la raideur convenables, le poli et le décroissement de diamètre nécessaire entre l'œil et la pointe manquaient encore à ces aiguilles. Ce fut seulement au commencement du quatorzième siècle, lorsque l'on eut inventé l'art d'étirer le métal et de le passer à la filière, que l'on fut en état d'apporter plus de perfection à leur fabrication.

« On employait le fil d'archal, en le coupant avec des ciseaux, suivant la longueur des aiguilles, une des extrémités de ces tronçons était épointée et l'autre aplatie pour que l'on pût y pratiquer plus facilement une ouverture. Cette ouverture consistait d'abord en une fente que l'on déterminait par une double coupure pratiquée simultanément des deux· côtés et dans laquelle on entrait le fil.

« Cette espèce d'aiguille portait, en allemand, le nom de *glufen*. Bientôt on trouva qu'il était meilleur et plus commode de percer l'ouverture à l'intérieur, sauf à la finir à la lime s'il le fallait.

« Dès l'année 1370, Nuremberg renfermait une corporation d'aiguilliers. Augsbourg en eut aussi quelques années plus tard et successivement ils se répandirent dans les autres parties de l'Allemagne. Augsbourg avait encore des faiseurs de *glufen* au quinzième siècle.

« L'Angleterre, la France et les autres pays apprirent de l'Allemagne l'art de fabriquer les aiguilles à coudre et même les épingles. Peu à peu l'art de confectionner les aiguilles se répandit. On éprouva le besoin de façonner d'une manière particulière le fil destiné à la fabrication des aiguilles, pour que les aiguilles fussent à la fois plus dures et moins fragiles.

« Ces perfectionnements sont principalement dus à l'Angleterre, dont les manufactures d'aiguilles étaient déjà célèbres dans la première moitié du dix-huitième siècle. Ce fut dans ce pays que l'on fit pour la première fois des aiguilles en acier de cémentation, que l'on transformait, au moyen. du charbon de bois, en acier allemand, cémenté une seconde fois et que l'on forgeait enfin en paquets.

« Peu d'années après, les Anglais trouvèrent aussi le moyen de fabriquer des aiguilles en acier fondu, ce fut à un certain Sheward que l'on dut l'un des principaux perfectionnements de cet art. »

Ce sont ces procédés et les modifications

qu'on y a apportées depuis que nous allons maintenant décrire.

Malheureusement pour notre amour-propre national, nous n'aurons à enregistrer que bien peu d'innovations françaises, notre pays n'étant entré réellement dans la carrière qu'au commencement de ce siècle, puisque la première manufacture d'aiguilles française fut créée à Laigle, en 1789, par M. Bocher et qu'on ne peut guère compter avec elle pendant la période révolutionnaire.

.*.
* *

Pour nous occuper en détail de la fabrication des aiguilles, nous ne remonterons pas jusqu'à la matière première; nous avons du reste déjà parlé dans cet ouvrage de la production du fer et de sa conversion en acier, et nous ne voulons nous occuper aujourd'hui de ce dernier métal qu'en ce qui concerne les aiguilles.

Bien qu'universellement répandues, les aiguilles ne se fabriquent pas partout; l'Angleterre, la France, la Prusse Rhénane et la Westphalie ont en quelque sorte le monopole de cette industrie, encore les usines sont-elles peu nombreuses, ce qui s'explique doublement : parce que la consommation est limitée et par l'immense quantité d'aiguilles que doit produire chacune de façon à les établir assez économiquement pour pouvoir les vendre avec bénéfice, de 10 à 15 francs le mille, la première qualité, et de 4 à 5 francs pour les aiguilles communes.

Les manufactures les plus importantes et, on peut le dire, les plus renommées, sont en Angleterre dans White Chappel, un des faubourgs de Londres et à Reddith, près de Birmingham.

Dans la Prusse Rhénane, à Aix-la-Chapelle, à Borcette, petite ville qui est en quelque sorte le faubourg industriel d'Aix, et à Vaèt (à cinq kilomètres de là).

En Westphalie, à Iserlohn, le grand centre de production du pays.

En France, à Laigle et à Mérouvel (près de Laigle), il y a aussi des manufactures à Amboise et à Lyon, mais cette dernière a été fondée comme succursale par un des principaux fabricants d'Aix-la-Chapelle, dans le but d'affranchir ses produits du droit relativement considérable qu'elles payaient à l'importation.

Les aiguilles anglaises ont eu longtemps si elles ne l'ont encore, la réputation d'être les meilleures de toutes.

Si elles la méritent toujours, cela tient à deux causes, la première c'est qu'elles sont produites presque exclusivement par le travail manuel qui permet un fini bien supérieur ; la seconde, c'est qu'elles sont fabriquées directement avec des fils d'acier, tandis que les aiguilles allemandes et françaises sont faites avec des fils de fer cémentés ensuite.

Ces fils, qu'ils soient d'acier, de fer brut ou même de fer légèrement cuivré, ce qui, paraît-il, facilite l'étirage, arrivent dans les fabriques d'aiguilles comme matières premières; mais notre travail serait incomplet si nous n'expliquions pas, au moins en quelques mots, les diverses opérations que le métal à dû subir pour se réduire en fils, quelquefois aussi fins que des cheveux.

Ces opérations sont au nombre de trois : Le laminage, la fenderie, et la tréfilerie.

LE LAMINAGE

Le laminoir, machine d'origine française qui apparut à la monnaie de Paris dès l'an 1553, remplace aussi avantageusement que la lumière du gaz remplace celle d'une allumette chimique, l'enclume et le marteau qui servaient jadis à convertir les métaux en plaques ou en barres de dimensions déterminées et surtout régulières.

Il se compose, en principe, de deux cylindres horizontaux quelquefois en fonte, le plus souvent en acier, placés l'un au-dessus de l'autre, et disposés, au moyen de roues d'engrenages adaptées à leurs tourillons, de façon à se mouvoir en sens contraire et à recevoir entre eux, le métal qu'il s'agit de travailler.

Pour cela le cylindre inférieur, qui tourne dans des coussinets de cuivre, est fixe, mais le supérieur monté également sur coussinets, peut s'élever ou s'abaisser à volonté selon l'épaisseur que l'on veut donner aux plaques ou aux barres à laminer.

Cette mobilité est obtenue à l'aide de deux vis de pression qu'on fait mouvoir simultanément au-dessus du bâti, de façon à conserver entre les deux cylindres un parallélisme rigoureux, sans lequel le travail exécuté serait défectueux.

Tel est le laminoir dans sa plus simple expression, mais on pense bien qu'il subit de nombreuses modifications et que la forme des cylindres doit varier selon les effets à obtenir, qui sont d'ailleurs graduels, car ce n'est pas du premier coup qu'on peut espérer transformer une loupe de fer en

Les fours à réchauffer.

tiges de quelques millimètres d'épaisseur.

On commence donc par écraser, étirer la loupe (c'est le nom qu'on donne au lingot de fer sortant de l'usine), en la faisant passer, après l'avoir préalablement chauffée à blanc, sous un train de laminoirs simples.

En général, on donne dans les ateliers le nom de *train de laminoir* à deux jeux, quelquefois même trois jeux de cylindres superposés et munis de tous les appareils nécessaires pour les mettre en mouvement, (une paire de cylindres prenant le nom de *jeu* ou *équipage*).

Ces équipages, quel qu'en soit le nombre, communiquent entre eux par des allonges de fonte, fixées au prolongement des axes des cylindres, par des manchons mobiles et disposés de façon à pouvoir se démonter à volonté, pour qu'on puisse arrêter si besoin est, le mouvement d'un jeu sans interrompre le travail des autres.

Le premier de ces équipages a des cylindres unis; puisqu'il n'a pour but que l'aplatissement de la loupe, unis aussi sont les cylindres destinés à produire des plaques ou des feuilles, mais nous ne notons que pour mémoire, puisque dans le cas qui nous occupe il ne s'agit que de produire des barres.

En conséquence, les cylindres du deuxième et du troisième équipage se composent de parties saillantes appelées *rondelles* et de parties rentrantes nommées *cannelures*, qui s'emboîtent les unes dans les autres pour imposer leur forme au métal, d'autant plus malléable qu'il est chauffé à une température plus élevée.

Pour cela, naturellement, comme on le pense bien, on installe son train de laminoir à proximité des fours à réchauffer où l'on remet les barres au fur et à mesure qu'elles se refroidissent; car il faut répéter souvent l'opération pour arriver au résultat qu'on se propose et qu'on n'obtient que progressivement.

Aussi, bien souvent même commence-t-on l'opération avec des cylindres à cannelures ogivales qu'on appelle cylindres *ébaucheurs* ou *dégrossisseurs*.

Ateliers de lamineurs.

Du reste, les cylindres finisseurs sont cannelés progressivement; c'est-à-dire que les rondelles et les encastrements correspondants diminuent au fur et à mesure d'une extrémité à l'autre de la machine; de sorte que lorsque la barre a passé successivement sous toutes les rondelles on finit par obtenir une tige assez menue.

Mais elle ne l'est pas encore assez pour l'usage auquel on la destine et c'est pourquoi on a recours à la fenderie.

LA FENDERIE

La fenderie est encore un laminage,

puisqu'on opère de la même façon et avec des machines identiques, seulement les cylindres s'appellent des *trousses*, et au lieu d'être munis de rondelles et de cannelures, ils le sont de couteaux circulaires d'acier nommés *taillants* et qui sont séparés par des disques d'une épaisseur identique, mais d'un diamètre moindre, pour pouvoir s'emboîter les uns dans les autres et fendre le fer en tiges égales.

Je parle ici des cylindres finisseurs, car un train de fenderie se compose de deux équipages, réunis comme ceux du laminage ordinaire.

Le premier de ces équipages est le dégrossisseur qu'on appelle *espatard;* c'est, dans l'espèce, un laminoir simple composé de deux cylindres unis, puisqu'il n'a pas d'autre objet que de réduire en plaque aussi mince que possible, vu la résistance qu'elle doit encore offrir, la tige sortie du dernier laminoir et qu'on a réchauffée au blanc, exactement comme pour le laminage.

Le second, composé des trousses que nous avons décrites, sert à découper en tringles la plaque sortant de sous l'espatar.

Et ce sont ces tringles qui vont ensuite à la tréfilerie pour y être étirées progressivement et converties en fils aussi menus que cela est nécessaire pour la fabrication des aiguilles.

LA TRÉFILERIE

Tréfilerie est le nom donné aux usines qui ont pour objet la fabrication des fils métalliques, non précieux, en forçant le métal à passer successivement dans des trous dont il prend la forme, tout en acquérant un allongement considérable ; c'est ce qu'on appelle l'*étirage à la filière.*

Nous disons métaux non précieux, parce que les manufactures où l'on fabrique seulement les fils d'or ou d'argent prennent le nom d'*Argues.*

Les tréfileries bien outillées ont généralement deux ateliers : l'un, qui garde le nom de tréfilerie où se font les fils les plus gros, et l'autre où l'on fabrique les plus fins et qu'on appelle communément *filerie.*

Dans l'un ou l'autre cas, le matériel se compose presque exclusivement de *bancs à tirer* en nombre plus ou moins considérable, selon les travaux à exécuter.

Le banc à tirer est une espèce d'établi sur lequel se fait toute l'opération.

Il comprend comme organes essentiels :

La filière dans laquelle doit passer le fil.

La pince, qui saisit le métal pour l'obliger à s'étirer en traversant la filière.

Le mécanisme qui exerce sur cette pince le mouvement de traction nécessaire.

Et la bobine sur laquelle s'enroule le fil métallique, au fur et à mesure qu'il est obtenu.

La filière est une plaque d'acier, recuit, retrempé pour le rendre aussi résistant que possible, dans laquelle on a percé en échiquier une série de trous diminuant progressivement de diamètre ; car on procède exactement comme pour le laminoir, on n'obtient pas du premier coup le fil aussi tenu qu'on a besoin de l'avoir, et, surtout pour les aiguilles, il faut qu'il ait passé successivement dans toutes les filières pour arriver à la finesse voulue.

Ces trous sont comme on le pense bien, ronds, carrés, triangulaires ou pentagonaux selon la forme qu'on veut donner au fil, mais pour le travail qui nous occupe, ils doivent être ronds, légèrement coniques de façon à ce que leur plus grande ouverture se présente du côté où arrive le fil.

Cette précaution est prise pour éviter la déformation du trou, qui se trouve constamment forcé par le passage du fil, mais elle est insuffisante, et pour obtenir un travail très continu on préfère employer une plaque garnie de rubis, de diamant noir ou de quelque autre pierre d'une dureté équivalente ; par la raison que les trous percés dans ces matières sont à peu près inaltérables et qu'on peut obtenir plus de 20,000 mètres de fil, d'une grosseur rigoureusement uniforme, sans qu'il soit besoin de repercer le trou.

La filière se fixe sur une extrémité du banc à tirer et elle y est maintenue dans la position verticale au moyen de montants et de traverses.

La pince est une espèce de tenaille dentée se terminant par un anneau, pour se fixer au mécanisme moteur, et dont les dents sont combinées de façon à ce que la force avec laquelle elle serre le fil augmente avec la traction.

Il y en a de plusieurs sortes, mais la meilleure, la plus employée du reste, se compose d'une plaque de fer, percée d'un trou conique dont la plus petite base est tournée du côté de la filière, dans ce trou s'ajuste exactement un cône en deux parties réunies par un ressort et dont les faces intérieures sont taillées en crémaillère.

Le fil une fois introduit entre ces deux faces, n'en peut plus sortir accidentellement; car la traction opérant sur le ressort, augmente la pression de deux parties du cône intérieur, au fur et à mesure que l'effort de la traction s'accroît par le travail de l'appareil.

Le mécanisme qui actionne la pince est quelquefois un simple moulinet, mû à bras d'hommes, et sur l'axe duquel une forte bande de cuir attachée à l'extrémité de la pince vient s'enrouler.

Mais dans les usines importantes on se sert d'une manivelle, dont l'arbre porte un pignon engrenant avec une crémaillère, ou même, ce qui est encore meilleur, d'une chaîne sans fin, qu'on appelle chaîne à la Vaucanson, à laquelle on peut donner la résistance que l'on veut, selon le nombre et l'épaisseur des mailles dont on la compose.

Dans ce cas la traction est opérée par une bobine à laquelle le mouvement de rotation est communiqué par le moteur de l'usine.

Cette bobine est placée sur le banc à tirer, verticalement sur un axe qui traverse la table quand il s'agit de fils très fins, et horizontalement, sur des coussinets fixés à la table pour les gros fils.

Dans l'un ou l'autre cas, elle est légèrement conique de façon à ce qu'on puisse enlever facilement l'écheveau quand il est terminé.

On comprend maintenant l'opération. Prenant une tige de métal sortant de la fenderie, le tréfileur l'aiguise à l'une de ses extrémités pour la faire entrer dans la plus grande filière, quand elle a traversé le trou, il la place entre les mâchoires de la pince et la machine se met en mouvement.

Alors, la pince opérant sa traction continue, le fil s'allonge pour passer dans la filière, et au fur et à mesure qu'il y est passé s'enroule sur la bobine.

La bobine chargée on la renverse pour en enlever l'écheveau que l'on pose sur un dévidoir. De là il passera dans le trou immédiatement moins grand, et ainsi de suite dans toute la série des trous de la filière jusqu'à ce qu'il ait atteint la finesse voulue en ayant soin, pourtant, de prendre certaines précautions indispensables.

D'abord pour empêcher le frottement et l'échauffement du fil pendant la traction on maintient sur la filière une pelotte de graisse dans laquelle passe le fil.

Ensuite pour l'empêcher de s'écrouir complètement, après plusieurs passages et de perdre ainsi une partie de sa ductilité; on le recuit de temps en temps, en le chauffant jusqu'au rouge brun et en le laissant refroidir lentement.

Il reprend ainsi son état primitif, mais il faut avoir soin de le plonger à chaque fois dans de l'eau acidulée pour enlever la couche d'oxyde que le recuit fait déposer sur le fil, autrement l'oxyde se détacherait pendant l'étirage, corroderait les trous de la filière et produirait sur le fil : des stries qui en altéreraient la qualité et en rendraient l'aspect défectueux.

C'est surtout pour l'acier que cette opération est indispensable, ce métal étant le seul qui perde de sa résistance en passant par la filière.

Et c'est, d'ailleurs, la seule raison pour laquelle les manufacturiers français emploient de préférence, le fil de fer à la fabrication des aiguilles, car le fer aussi bien que le laiton, l'or, l'argent, et tous les métaux ou composés métalliques d'une grande malléabilité, gagnent au contraire de la résistance par suite de l'écrouissage qu'ils subissent.

Ce système économise les différents recuits auxquels il faut soumettre les fils d'acier; il est vrai qu'il faut plus tard convertir les aiguilles de fer en acier par la

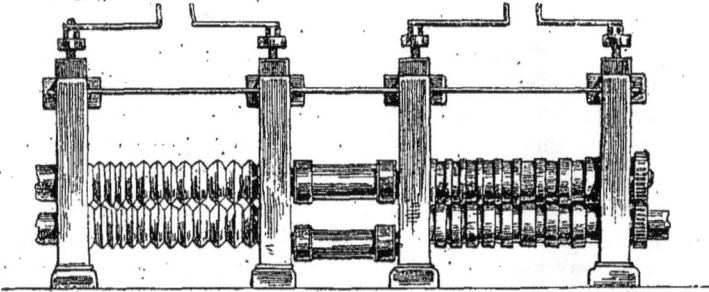

Train de laminoirs.

cémentation, ce qui ne fait pas gagner beaucoup de temps et ne donne que des produits d'une qualité relativement inférieure.

FABRICATION PROPREMENT DITE

Après avoir passé par la dernière filière

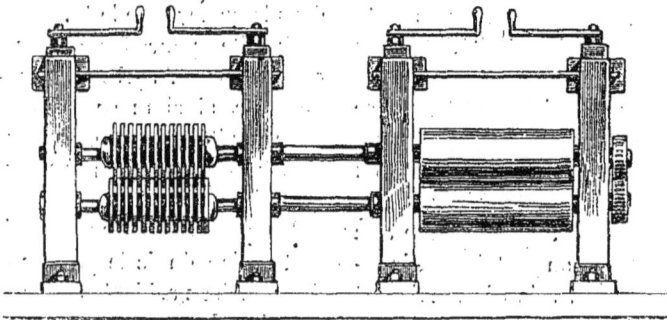

Train de fenderie.

le fil, enroulé sur la bobine, en est enlevé par écheveaux et envoyé à la manufacture.

Là commencent les nombreuses opérations de la fabrication des aiguilles.

Banc à tirer (tréfilerie).

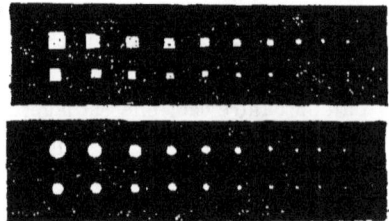

Les filières.

Pour plus de clarté nous diviserons ces opérations, qui sont toutes faites par des ouvriers spéciaux, en cinq séries.

1° Le *Façonnage*, autrement dit la conversion du fil métallique en aiguilles brutes, comprenant une vingtaine d'opérations.

2° Le *Trempage*, comprenant la cémenta- tion (quand il y a lieu) et le recuit des ai- guilles brutes : une douzaine d'opérations.

3° Le *Polissage*, qui embrasse cinq opé- rations distinctes répétées chacune dix fois successivement et une dernière qui ne se fait qu'une fois.

4° Le *Triage*, qui comprend cinq opéra- tions.

5° L'*Affinage*, aussi bien que la mise en paquets des aiguilles terminées, pour être livrées au commerce, au total une dizaine d'opérations.

Étudions-les, maintenant l'une après l'autre en suivant l'ordre que nous venons d'établir.

Filage et repassage des fils.

OPÉRATIONS DE LA PREMIÈRE SÉRIE

1° LE TRIAGE

Cette opération consiste dans le choix des fils, qui arrivent de la tréfilerie, et dont il faut d'abord éprouver la qualité.

A cet effet on coupe à chaque écheveau ou botte, quelques bouts d'une longueur suf- fisante à l'expérience, que l'on fait rougir dans un four spécial, espèce de poêle en fonte dont la capacité intérieure est de quatre à cinq décimètres.

Les échantillons, auxquels on aura natu- rellement fait des marques pour les recon- naître, une fois rouges sont précipités dans l'eau froide ; lorsqu'ils sont devenus mania- bles on les casse avec les doigts pour juger de leur qualité : par l'effort qu'il a fallu faire pour les briser et par la plus ou moins grande netteté de leur cassure.

On classe alors les bottes auxquelles ils appartiennent par catégories, réservant les fils les plus cassants pour la fabrication des aiguilles supérieures, dites *aiguilles anglaises*.

2° LE CALIBRAGE

Le calibrage est la vérification de la grosseur des fils livrés par le tréfileur, au moyen d'un instrument qu'on appelle *Jauge*.

Cet instrument est un disque d'acier, entaillé à son pourtour de coches rectanguliers, désignées par des numéros et présentant toutes les grosseurs dont on peut avoir besoin pour les usages du commerce.

Naturellement, un fil est dit de tel numéro quand il peut entrer dans la taille correspondante à ce numéro.

On classe donc d'abord les écheveaux par numéros, mais il faut encore voir si le fil d'une même botte est d'une grosseur bien uniforme, à cet effet on présente divers points de l'écheveau sur l'échancrure qui donne le type, mais il n'est pas besoin de le délier pour cela, l'œil exercé du calibreur découvre vite les points faibles et plus aisément encore les parties trop fortes d'un fil, qu'ils renvoient à la filière s'il ne remplit pas les conditions exigées et s'il n'est pas uniformément rond.

3° LE DÉCRASSAGE

Avant de pouvoir passer à la filière, il faut que le fil soit décrassé, car les tréfileries ne le livrent point sans l'avoir trempé dans un enduit noir, qui a pour objet de le garantir de la rouille.

C'est cet enduit qu'il s'agit d'enlever : opération facile, du reste, mais assez longue puisqu'elle se fait à la main, avec du machefer enveloppé dans un linge, dont l'ouvrier frotte les fils jusqu'à décrassage complet.

4° LE FILAGE

Cette opération, qui consiste à faire passer le fil dans une filière du calibre voulu, est exactement celle de la tréfilerie, seulement elle se fait à la main par un ouvrier qui tire le fil avec une tenaille pour l'examiner attentivement dans toute sa longueur, en ayant soin de le graisser avec une couenne de lard, pour faciliter le tirage.

Notre dessin de la page 77 représente cette opération, précisément au moment où l'ouvrier vient de passer le fil par le trou de la filière pour le tirer avec une petite pince qu'il tient à la main.

Son établi diffère du banc à tirer, que nous avons décrit, non seulement en ce que la filière est montée d'une façon provisoire, au moyen d'une espèce d'étau qui la maintient dans la position verticale, mais encore en ce que la table porte plusieurs bobines autour desquelles le fil s'enroulera au fur et à mesure qu'il sortira de la filière ; puisque les bobines sont mises en mouvement par des engrenages fixés à un arbre moteur, qui se trouve sous la table.

Du reste ces bobines ne servent que dans l'opération suivante, car dans celle-ci, l'ouvrier tire par longueurs, au moyen de sa pince, le fil qu'il enroule à ses pieds à mesure qu'il est calibré.

5° LE REPASSAGE

Le repassage est un second passage, dans une filière un peu plus étroite que la précédente, dans le but de faire disparaître de sur le fil, les marques que les tenailles de l'ouvrier y ont imprimées de distance en distance.

Cette fois le fil s'étire définitivement et s'enroule sur les bobines de l'établi.

Ces deux opérations pourraient évidemment se réduire à une seule, il suffirait pour cela d'opérer avec un banc à tirer, outillé comme celui des tréfileries ordinaires, mais la vérification du fil serait moins minutieuse, il pourrait être aussi exactement calibré si les parties fortes précédaient toujours les parties faibles de façon à ce qu'il y ait effort constant au passage de la filière ;

mais, de même qu'il ne peut pas y avoir uniformité absolue dans la qualité, elle ne peut pas exister non plus dans les défauts.

Cela doit se faire pourtant, car avec le besoin de produire vite et beaucoup, on simplifie le travail le plus qu'on peut, pour diminuer la main-d'œuvre; et un certain nombre d'opérations manuelles que nous allons décrire se font maintenant mécaniquement, surtout dans les usines du continent.

Mais les fabricants anglais, qui ont une réputation à soutenir, n'ont point admis dans leurs usines un progrès susceptible d'altérer la qualité des produits.

Ce sont, en général, leurs procédés que nous indiquons, ce qui ne nous empêchera pas d'ouvrir des parenthèses, toutes les fois que nous aurons des exceptions à constater.

6° LE DÉVIDAGE

Les fils vérifiés et admis pour la fabrication, sont alors dévidés de sur les bobines et enroulés sur un appareil spécial, dont la dimension est en rapport avec la longueur qu'il s'agit de donner aux aiguilles, de façon à éviter, par des fausses coupes, les pertes du métal (on verra comment tout à l'heure).

Cet appareil, qu'on appelle dévidoir, a la forme d'un cône tronqué, il tourne autour d'un axe vertical, la petite base en haut, ce qui permet de former la botte qui se compose de 90 à 100 tours, sur un point quelconque de la hauteur du dévidoir, que l'on fixe au moyen de chevilles, de façon à ce qu'elle ait une circonférence correspondant exactement à un certain nombre d'aiguilles.

On dévide donc d'autant plus haut qu'on veut fabriquer des aiguilles plus petites.

Quelques-uns de ces dévidoirs sont de simples rouets composés de 4 bras en croix et qu'on fait tourner à l'aide d'une cheville placée sur la longueur de l'un des bras, et qui sert de manivelle.

Les plus répandus sont comme celui

que représente notre dessin et infiniment plus maniables; puisqu'ils sont mus par une roue.

7° LE COUPAGE

Lorsque la nouvelle botte de fil est complète, on l'enlève de sur le rouet et on la coupe en deux points diamétralement opposés, soit au moyen d'une forte cisaille à main, et, dans ce cas, l'opération peut se faire sur le rouet même, soit avec une cisaille mue mécaniquement, de façon à obtenir deux faisceaux d'une longueur égale et composés chacun de 90 à 100 fils, puisque nous avons dit que c'était le nombre de tours qu'on laissait faire au fil sur le dévidoir.

En fabrication courante, ces faisceaux ont généralement 26 ou 27 décimètres de longueur, mais cette longueur augmente ou diminue selon qu'on veut avoir des aiguilles plus longues ou plus courtes, il a suffi pour cela d'enrouler la botte de fil de fer plus bas ou plus haut sur le dévidoir.

8° LE DÉCOUPAGE

Les deux faisceaux de fils, obtenus par le premier coupage, sont réunis et présentés à des cisailles mécaniques, pour être découpés en morceaux d'une longueur un peu supérieure à celle de deux aiguilles terminées, mais de quelques millimètres seulement, car il y a peu de pertes.

La cisaille employée à cette opération donne, en travail ordinaire, une vingtaine de coups par minute, mais tous les coups ne sont pas utiles, il y en a toujours un de perdu sur trois, et comme il faut s'y reprendre à deux fois pour couper le faisceau de cent fils, il s'ensuit qu'un seul ouvrier conduisant la machine peut couper par journée de dix heures plus de quatre cent mille tronçons de fil de fer ou d'acier, qui serviront à faire huit cent mille aiguilles,

9° LE DRESSAGE

Les fils, coupés ainsi, sont nécessairement pliés ou courbés, il faut alors les redresser, ce qui se fait très vite en opérant par masses au moyen d'un système très ingénieux, mais d'un outillage très simple puisqu'il ne comporte que deux anneaux, une règle à jour et un banc à presser.

On prend une poignée de fils qu'on réunit en faisceau au moyen des deux anneaux, dans lesquels on en fait entrer le plus possible, de façon à ce qu'ils soient bien serrés et bien pressés.

Ce faisceau, obtenu solidement, et qui se compose alors de cinq à six mille fils de deux aiguilles, on le chauffe jusqu'au rouge cerise, dans un four établi à cet effet, puis on le porte sur le banc à presser sur une plaque de fonte recouverte de sable fin, que l'on puise avec une spatule dans une caisse disposée pour cela sous le banc.

On applique ensuite sur le rouleau une règle à jour qu'on appelle *râpe* et dont les fentes sont naturellement calculées pour que les anneaux se trouvent encastrés dedans.

Faisant alors aller et venir la règle cinq ou six fois sur elle-même en appuyant sur

Le dévidoir.

le faisceau, ce qui le fait nécessairement tourner sur la plaque de fonte, on redresse en quelques minutes tous les fils qui le composent.

Cette opération se faisait d'abord à la main, mais on a perfectionné l'outillage en remplaçant la râpe par la règle à bascule que représente notre gravure, et dont le travail est bien plus régulier en même temps que plus expéditif, car lorsqu'un paquet est redressé l'ouvrier n'a qu'à appuyer le pied sur la pédale, la bascule joue, la râpe est soulevée et le rouleau peut être facilement enlevé pour être porté à l'atelier d'empointerie.

10° L'EMPOINTERIE

L'empointerie ou l'aiguiserie, qui a pour objet la fabrication de la pointe des aiguilles, se fait dans un atelier spécial où sont distribuées 20 à 30 meules, plus ou moins, selon l'importance de l'usine, de façon à ce qu'elles soient mues par le même moteur, quelquefois une roue hydraulique, plus souvent la vapeur.

Ces meules, qui ont généralement 50 centimètres de diamètre sur 12 à 13 d'épaisseur sont en grès quartzeux d'un grain brillant, mais d'une dureté moyenne, leur couleur est d'un gris tirant sur le blanc.

Comme elles tournent avec une grande vitesse et que, par conséquent, elles seraient susceptibles d'éclater et de blesser les ouvriers, on les enveloppe d'une forte tôle ouverte seulement au milieu sur une hauteur de vingt centimètres qui en permet l'accès, et une largeur un peu plus grande que l'épaisseur des meules.

Chaque ouvrier, assis devant la meule qui lui est destinée, prend entre le pouce et l'index une cinquantaine de fils, qu'il présente d'abord par un bout sur la partie découverte de la meule, appuyant sur ces fils avec un doigtier de cuir fort qu'il fait jouer de façon à leur imprimer, à tous à la fois, le même mouvement de rotation indis-

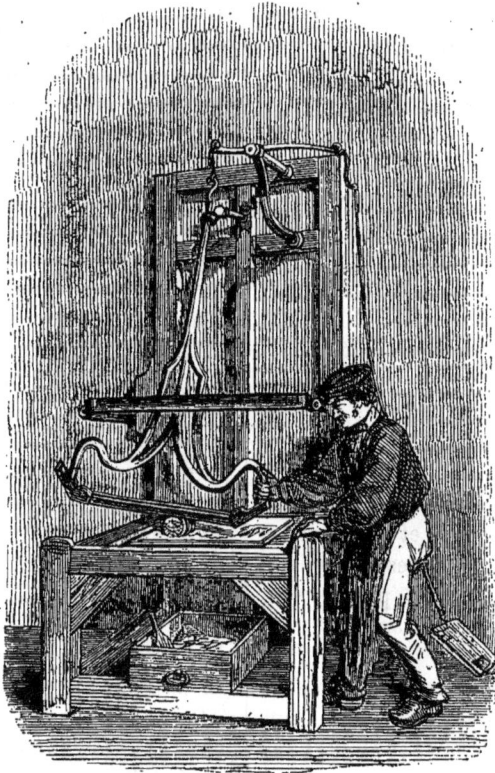

Redressage des fils coupés pour deux aiguilles jumelles.

pensable pour que les pointes soient coniques.

Il faut une grande habileté pour manœuvrer à la fois un grand nombre de fils, de façon à ce que leur rotation soit assez régulière pour que la conicité soit parfaite, mais les bons ouvriers ne sont pas rares, et il en est qui opèrent avec des pincées de 60 fils et même davantage.

Naturellement quand les fils sont aiguisés d'un côté, on les retourne de l'autre ; puisque chaque fil doit servir pour deux aiguilles, mais ce premier travail sur la meule n'est encore que le *dégrossissage*.

Quand il est fait d'ailleurs, les fils sont déjà rouges, tant ils ont été échauffés par le frottement de la meule, l'ouvrier les jette alors dans une caisse pleine d'eau disposée à côté de lui, et où il les reprend quand ils sont refroidis, pour leur donner le finissage.

Cette opération, la seule véritablement insalubre de la fabrication des aiguilles est des plus dangereuses, l'ouvrier se coiffe bien d'un chapeau, dont le large bord est rabattu sur son visage, et percé devant les yeux de deux trous garnis de verres comme des lunettes, et cela garantit sa vue de l'éclat des étincelles brûlantes qui jaillissent de tous côtés par le frottement à sec du métal sur la meule.

Dans certaines usines, surtout en Angleterre, on a même un garde-vue plus commode, sorte de cadre en fer garni de verre, que sa mobilité permet de placer devant la meule à l'endroit nécessaire pour arrêter complètement les étincelles, sans empêcher à l'ouvrier de pouvoir suivre toutes les phases de son opération.

Mais ce n'est là qu'un des côtés de la question, car ce qu'il y a de plus redoutable pour les ouvriers empointeurs, de plus nuisible à leur santé, c'est la poussière produite à la fois par l'usure de l'acier et de la meule, poussière qu'ils ne peuvent faire autrement que de respirer, et qui, sans les moyens préservatifs qu'on s'est ingénié à trouver, leur attaquerait les poumons et les ferait mourir de phtisie après dix ou quinze ans de pratique.

Dès le commencement du siècle, on s'est préoccupé de cette question qui n'a peut-être pas été suivie depuis, surtout dans notre pays, autant qu'on aurait pu le faire si en matières industrielles on faisait autant de cas de la vie des hommes que du perfectionnement des procédés.

Néanmoins la situation des ouvriers empointeurs est véritablement améliorée, et ils ne sont plus maintenant, sous peine de mort, condamnés à abandonner cette partie de la fabrication au moment où ils peuvent profiter de l'habileté de main qu'ils ont acquise par l'expérience.

La première tentative faite pour remédier à l'insalubrité, tellement reconnue de l'empointage que la science médicale avait constaté à Reddith que, sur plusieurs milliers d'ouvriers de cette spécialité, deux ou trois à peine atteignaient l'âge de quarante ans, l'a été en Angleterre par M. Prior, qui imagina, vers 1810, de placer sous les pieds de l'empointeur une espèce de soufflet se mouvant comme les pédales d'un jeu d'orgues, et dont le vent, chassé à travers un tube percé de fentes longitudinales, qui s'ouvrent sur toute la longueur de la meule, produit un courant assez fort pour entraîner la poussière et l'empêcher par conséquent d'entrer par les narines et par la bouche de l'ouvrier.

Ce système, bon en principe, mais qui avait le défaut d'augmenter encore le travail de l'empointeur, en exigeant de lui un mouvement continuel, fut perfectionné en 1816, par M. Thomas Roberts, de façon à ce que l'appareil ventilateur pût être mû mécaniquement, mais il disparut devant l'invention de M. Abraham, invention qui fut d'ailleurs récompensée, en 1822, par la grande médaille d'or de la Société d'encouragement de Londres, et qui avait le double avantage d'entraîner la poussière de grès et de préserver les ouvriers de l'absorption, si dangereuse, des particules fines d'acier qui s'élèvent toujours en nuage pendant le travail.

Ce procédé a été décrit ainsi dans le journal *Sheffield-Iris*.

« La pièce où travaillent les ouvriers est divisée en deux parties égales sur toute sa hauteur, par un châssis ou écran composé de canevas ou de grosse toile.

« Cet écran est placé perpendiculairement au-dessus de la meule, qu'il entoure de chaque côté en ne laissant qu'un espace suffisant pour son mouvement et pour la pédale que presse l'ouvrier.

« Une ouverture de 38 millimètres est pratiquée dans la toile, directement au-dessus de la meule ; c'est au travers de cette ouverture que passe la poussière de grès formée pendant l'opération et qui est entraînée derrière l'écran par le courant d'air que produit le mouvement précipité de la meule.

« Quant aux particules très fines d'acier, qui, en raison de leur légèreté spécifique, tendent toujours à s'élever et peuvent être facilement absorbées par la respiration, parce qu'elles sont imperceptibles ; des barreaux aimantés, disposés entre l'écran et l'ouvrier, les attirent et les arrêtent au passage.

« Par surcroît de précaution, M. Abraham a imaginé un appareil magnétique que les ouvriers se placent autour du cou et de la bouche, et qui empêche toute aspiration des particules d'acier ou de grès, pendant le travail.

« Les résultats obtenus au moyen de l'appareil de M. Abraham ont été des plus satisfaisants ; les certificats tant des fabricants d'aiguilles de Reddith et de Hatersage, que des couteliers de Sheffield qui font émoudre à sec, des tranchants sur des meules de grès, attestent que cet appareil remplit toutes les conditions voulues, et que son introduction dans les ateliers est un véritable bienfait pour la classe des ouvriers pointeurs. »

Malgré cela, ce procédé n'est pourtant employé que très exceptionnellement, dans les manufactures d'aujourd'hui.

Il est vrai qu'on a trouvé autre chose et que le système employé d'abord par M. Pastor, fabricant de Borcette (auprès d'Aix-la-Chapelle) est presque généralement adopté.

Ce moyen consiste à utiliser la meule elle-même comme un ventilateur d'ailleurs assez puissant, étant donnée la rapidité de rotation, pour entraîner les poussières et particules de grès et d'acier.

A cet effet, elle est revêtue, comme nous l'avons dit déjà, d'une enveloppe en tôle qui ne laisse à la meule que le passage nécessaire à la manutention des aiguilles,

et à leur frottement dessus ; la partie supérieure de l'ouverture pratiquée dans le revêtement de tôle étant couverte d'un châssis vitré, au travers duquel l'ouvrier peut suivre, sans danger, les progrès de son travail.

En outre pour que les poussières ne s'accumulent pas dans la chambre vide comprise entre la meule et l'enveloppe et surtout pour qu'elles ne se précipitent pas par l'ouverture qui laisse la meule à découvert, cette chambre est en communication avec un tuyau de dégagement, débouchant dans une cheminée, et dans lequel l'air se précipitant avec violence, enlève les poussières métalliques et quartzeuzes presque au fur et à mesure qu'elles se produisent, par l'effet de la double usure de la meule et des pointes d'aiguilles ; usure qui se fait toujours à sec, pour prévenir la rouille qui, autrement, ne manquerait pas d'envahir les fils.

On a essayé d'autres systèmes qui se sont moins répandus, mais dont il faut parler, pour tout dire.

L'un, préconisé par M. Molard, consistait à remplacer les meules de grès par des meules en fer ou en fonte de fer oxydé ; cela supprimait la poussière de grès, mais il y avait alors une poussière ferrugineuse moins abondante, il est vrai, mais tout aussi dangereuse et cela ne changeait rien à la question quant aux particules d'acier.

Un autre, plus pratique, employé du reste dans la manufacture créée à Lyon par M. Neuss, fabricant d'Aix-la-Chapelle, consistait dans la précipitation des poussières au moyen de la vapeur.

Des conduits, munis de robinets que l'on peut ouvrir et fermer à volonté, permettent d'introduire dans l'atelier d'empointerie, selon les besoins, des jets de vapeur qui précipitent au dehors la poussière siliceuse tenue en suspension dans l'atmosphère.

Moyen pratique, mais beaucoup moins complet, que le système Pastor, le plus usité, du reste, avons-nous dit.

Revenons maintenant à l'opération, dont

la seconde partie, le finissage, s'opère exactement de la même façon que le dégrossissage, et le tout va très vite.

Mais l'ouvrier empointeur n'a pas à faire que l'aiguisage des fils ; il est en outre chargé de l'entretien de sa meule : ce qui lui prend un certain temps ; car cette meule est friable et s'use rapidement.

Si l'usure était régulière, l'inconvénient serait secondaire mais elle se produit par sillons plus ou moins profonds, selon qu'un plus grand nombre de fils ont frotté sur les mêmes points ; il faut donc retailler la meule, mais pas plus qu'il ne faut pour en égaliser la surface.

A cet effet, l'ouvrier prend à la main un

Atelier d'empointerie.

crayon noir ou un morceau de charbon taillé en pointe, qu'il tient dans une position fixe parallèlement à la meule qui tourne, de façon à marquer sur les côtés les parties saillantes qu'il faut enlever.

Ensuite il fait arrêter sa meule, la démonte, et avec une espèce de petite pioche, il la pique régulièrement et en abat toutes les parcelles excédant la circonférence tracée par le charbon.

Ce travail pourrait se faire aussi, et vraisemblablement beaucoup plus vite, en laissant tourner la meule, et en usant avec une râpe, les parties excédant le poli de sa surface ; mais nous citons surtout les procédés généralement adoptés.

Et à cet égard, il nous faut dire ici que dans certaines usines de la Prusse Rhénane et de Westphalie, où l'on veut surtout fabriquer économiquement, l'empointage ne se fait plus à la meule de grès, mais mécaniquement avec des outils d'acier en forme de limes que l'on perfectionne tous les jours et qui, malgré cela, ne donnent encore que des aiguilles incapables de soutenir la comparaison avec les aiguilles anglaises, non seulement comme qualité, mais comme forme.

Estampage des aiguilles jumelles avant leur séparation.

Ainsi, tandis que ces dernières, aiguisées à la main, vont toujours en s'amincissant depuis la tête ou *chas* et se terminent graduellement par une pointe d'une finesse extrême, les aiguilles allemandes, dont l'aiguisage se fait mécaniquement, sont cylindriques sur leur plus grande longueur et se terminent brusquement en un cône plus ou moins effilé.

Il est vrai qu'elles sont plus de moitié

moins chères, ce qui est une compensation pour le consommateur.

11ᵉ OPÉRATION

Lorsque les fils sont empointés des deux bouts, ils reviennent au premier atelier où l'on en fera définitivement des aiguilles, mais ici il y a une variante dans les procédés de fabrication. Ainsi, tandis que les Anglais commencent d'abord par séparer les fils d'acier en deux aiguilles, dont les têtes sont aplaties ensuite au marteau par un ouvrier nommé *palmeur*; à Laigle et dans les usines allemandes, les aiguilles jumelles ne sont séparées qu'après l'*estampage*; c'est ainsi qu'on appelle l'aplatissement de la tête, qui se fait mécaniquement et d'un seul coup, pour deux aiguilles à la fois.

Nous allons étudier séparément les deux systèmes, dont le premier, évidemment moins expéditif, donne des produits d'un plus grand fini.

PROCÉDÉ ANGLAIS. — SÉPARATION DES AIGUILLES

Sortant de l'atelier d'empointerie, les fils, aiguisés aux deux extrémités, sont séparés en deux pour fournir deux aiguilles.

A cet effet, on se sert d'une plaque de cuivre munie de chaque côté d'un rebord et qui devient une sorte de matrice; puisque l'espace compris entre les deux rebords est justement la longueur que doivent avoir les aiguilles.

On place donc sur cette plaque un certain nombre de fils, en ajustant les pointes au rebord et on les coupe tous à la fois, au niveau exact de la largeur de la plaque, au moyen d'une forte cisaille à main, mais que dans le cas présent l'ouvrier fait mouvoir avec son genou; puisqu'il a les deux mains occupées.

Ce premier coup donné, la partie restante de la poignée de fils est posée à son tour sur la plaque, pointes alignées sur un rebord, pour être coupée à son tour exactement de la longueur voulue, c'est-à-dire au ras de la plaque.

Cela occasionne un petit déchet mais qu'il est impossible d'éviter, car il a fallu donner aux fils une longueur excédant un peu celle de deux aiguilles, en raison de ce fait que les empointeurs, usant toujours un peu les fils, autrement ces fils se trouveraient souvent trop courts et, au lieu de perdre des bouts de quelques millimètres, on mettrait au rebut nombre d'aiguilles entières, qui n'entreraient pas dans le type de fabrication adopté.

12ᵉ PALMAGE (*procédé anglais*).

Au fur et à mesure que les aiguilles ont été coupées de la longueur voulue, on les a rangées les unes sur les autres, et le plus parallèlement possible, dans des petites boîtes en bois ou en carton, qui sont portées à l'ouvrier chargé d'aplatir la tête des aiguilles, et qu'on appelle le palmeur.

Le palmeur, assis devant une table sur laquelle est fixée une petite enclume d'acier (qu'il appelle *tas*) affectant la forme d'un cube de 8 à 9 centimètres de côté, prend de la main gauche une trentaine d'aiguilles qu'il dispose, par un rapide mouvement du pouce sur son index, en forme d'éventail serrant les pointes sous son pouce, et espaçant les têtes en dehors, de façon qu'elles puissent porter toutes à la fois, sans être l'une sur l'autre, sur sa petite enclume.

De la main droite, alors, il saisit un petit marteau à tête plate et frappe, sur toutes les têtes, autant de coups successifs qu'il en faut pour les aplatir convenablement.

Après quoi il remet les aiguilles dans une boîte et continue son opération sur de nouvelles poignées.

13ᵉ CHAUFFAGE (*procédé anglais*).

L'aplatissement des têtes d'aiguilles a eu l'inconvénient d'écrouir l'acier, et pour qu'elles puissent supporter le perçage, sans courir les chances de se casser ou de se fendre, on les fait recuire avant de les soumettre à cette opération.

Rien n'est plus simple, du reste, puisqu'il s'agit de les porter dans un four chauffé en conséquence, et de les en retirer quand elles sont rouges, pour les laisser refroidir lentement.

14ᵉ MARQUAGE (procédé anglais).

Les aiguilles refroidies, on en perce les têtes pour faire ce qu'on appelle le *chas*, avec un poinçon d'acier qui a la forme et les dimensions qu'on veut donner à l'œil ou au trou des aiguilles.

Ce travail est fait par des femmes, souvent même par des enfants, qui y acquièrent une habileté extraordinaire, à ce point qu'il n'en est presque pas qui ne soient capables de percer un cheveu pour en faire passer un autre au travers.

Il faut pour cela des outils d'une finesse extrême, tel est le poinçon dont ils se servent.

L'enfant, assis devant une table munie d'un petit *tas* en acier poli, prend de la main gauche une aiguille dont il pose la tête sur le tas, de la main droite il pose sur la tête de l'aiguille le poinçon qu'il soutient verticalement de la main gauche, et sur lequel il frappe un coup de marteau qui commence le marquage.

Alors il retourne l'aiguille de l'autre côté et recommence son opération, de façon à rencontrer le trou qu'il a déjà commencé sur le côté opposé.

Cette opération ne demande que deux mouvements, mais elle n'accomplit pas complètement le perçage, le métal repoussé par le poinçon restant presque toujours au milieu du trou ; les aiguilles passent donc alors au troquage.

15ᵉ TROQUAGE (système anglais).

C'est encore un enfant qui est chargé de ce travail, consistant, comme nous venons de le dire, dans l'enlèvement du petit morceau d'acier qui reste encore dans la tête des aiguilles.

Pour cela, il a sur son établi deux petits tas, l'un de plomb, et l'autre d'acier.

Sur le tas de plomb, il place la tête de l'aiguille et appliquant un poinçon, dans le trou déjà fait, il frappe un coup qui fait entrer dans le plomb le petit morceau d'acier qu'il s'agit de chasser.

Puis, laissant le poinçon traverser l'aiguille, il pose celle-ci avec le poinçon dedans, naturellement, sur le tas d'acier, et frappe sur chacun de ses côtés un petit coup sec, qui a pour objet de faire prendre au trou de l'aiguille la forme exacte du poinçon.

Examinons maintenant le procédé français, qui réduit à trois les cinq opérations que nous venons de décrire : savoir l'estampage, le perçage et la séparation des aiguilles.

L'ESTAMPAGE. (Procédé français.)

L'estampage qui a pour objet l'aplatissement de la tête des aiguilles, se fait à l'aide d'un appareil bien connu, employé d'ailleurs dans nombre d'autres industries.

Sur un établi en chêne, solidement fixé, est posé un bloc ou un moule d'acier, retenu au bois par de fortes vis, deux arbres verticaux s'élèvent de chaque côté de ce moule et sont réunis en haut, par une traverse, pour porter un bloc ou mouton d'un poids relativement considérable, et terminé par un poinçon, dont le relief s'adapte exactement au creux de l'estampe.

Cette exactitude rigoureuse est obtenue à l'aide des glissières, fixées le long des montants et dans lesquelles le mouton agit exactement comme le couteau d'une guillotine, étant maintenu à sa partie supérieure par une corde ou une forte courroie qui passe sur une poulie, et descend devant l'ouvrier, lequel peut la faire manœuvrer avec son pied, par le moyen de l'étrier qui ja termine.

Il suffit, du reste, de regarder notre dessin pour bien comprendre ce mécanisme.

L'estampeur place l'aiguille jumelle de telle façon que son milieu, portant sur un petit bloc d'acier, entaillé dans la forme d'une double tête, corresponde au poinçon placé à la partie inférieure du mouton.

Appuyant le pied sur l'étrier qui commande ledit mouton, il le soulève et le laisse retomber brusquement sur le fil, où la double empreinte dessine aussitôt les deux têtes des aiguilles, en marquant d'avance la place des trous qui doivent être percés dedans.

Perçage des aiguilles jumelles.

Ce travail, excessivement rapide, peut l'être encore davantage, si l'on substitue un moteur mécanique au pied de l'ouvrier, mais en donnant seulement de 15 à 20 coups de mouton par minute, un homme seul peut faire de huit à dix mille estampages dans sa journée de dix heures ; c'est-à-dire aplatir la tête de seize à vingt mille aiguilles.

Sur la gauche de notre dessin, à la partie supérieure, nous avons représenté, pour plus de clarté, l'aiguille jumelle avant et après l'estampage. On remarquera que l'attache qui reste entre les deux têtes est très mince. Ce qui expliquera tout à l'heure le procédé de séparation des aiguilles.

LE PERÇAGE (Système français).

L'opération du perçage se fait à peu près

comme celle de l'estampage, seulement comme il n'est pas besoin d'une force si grande, puisque ce sont généralement des femmes qui sont préposées à ce travail, on se sert seulement d'un levier, emmanché à une vis de pression au bout de laquelle est adapté un poinçon à deux pointes d'acier, espacées comme il convient, pour percer, en agissant à la façon d'un emporte-pièce, l'aiguille jumelle, aux deux endroits indiqués par l'estampe.

Tout le monde connaît cet instrument d'origine française, d'ailleurs; c'est le classique balancier qui se compose dans sa forme la moins compliquée :

1° D'un bâti de fonte formant écrou à sa partie supérieure;

Séparation des aiguilles jumelles.

2° D'une longue vis de fer qui traverse l'écrou du bâti;

Et 3° d'un levier, quelquefois horizontal, le plus souvent recourbé et terminé par un manche, pour être plus à la portée de la main de l'ouvrier, et au milieu duquel la tête de la vis est encastrée.

C'est le levier, mobile naturellement, qui constitue le balancier, car les choses sont disposées de telle façon que la vis monte ou descend, selon qu'on fait tourner le levier dans un sens ou dans l'autre, ce qui n'est même pas toujours indispensable; car il suffit que la vis soit à double filet, pour qu'elle se relève d'elle-même sitôt qu'on n'appuie plus sur le manche du levier.

LA SÉPARATION DES AIGUILLES (*Système français*).

Au fur et à mesure que les aiguilles sont percées, une petite fille qui se tient auprès de la perceuse les enfile dans deux brochettes de fer de 15 à 20 centimètres de longueur, de façon à en former des espèces d'arêtes de poissons, comme celles que nous avons fait dessiner dans le haut de notre gravure de la page 89.

Ces doubles brochettes ont pour objet de préparer le travail de la séparation des aiguilles.

En effet, l'ouvrier chargé de cette opération les prend et les applique sur une petite tablette, construite à deux versants à peu près comme le toit d'une maison, où elles sont maintenues par le moyen d'un cadre en cuivre dont l'une des extrémités tourne autour d'une charnière, tandis que l'autre porte une chaîne fixée à une pédale, dont l'ouvrier règle la pression avec son pied.

Alors, en quelques coups d'une lime triangulaire, il abat les attaches qui reliaient les deux aiguilles, lesquelles se trouvent maintenant faire deux brochettes.

Un autre ouvrier prend ces brochettes successivement, et les assujétissant sur son établi avec une pince à ressort, il adoucit les asperités de la cassure, qui ne se produit jamais d'une façon très nette.

Les opérations suivantes étant communes à tous les procédés de fabrication nous reprenons nos numéros d'ordre.

16° L'ÉVIDAGE

L'évidage, qui consiste dans la fabrication de la cannelure qui permet d'enfiler le fil dans le chas de l'aiguille, se fait à la main par un ouvrier nommé naturellement *évideur*, et dont l'outillage consiste :

1° En un tasseau de bois, fixé sur sa table de travail et qui, devant lui servir à maintenir les aiguilles, est muni de deux entailles : l'une angulaire, pour appuyer l'aiguille du côté de la pointe, l'autre demi-cylindrique pour y encastrer la tête de l'aiguille.

2° En une pince à bride avec laquelle il saisit les aiguilles.

3° En une lime plate qui a la forme d'une petite hache, dont le tranchant est aiguisé en scie ; c'est avec cet instrument que se fait la cannelure.

Et 4° en une lime carrée, taillée sur ses quatre faces et qui lui sert pour arrondir la tête des aiguilles.

L'évideur, ainsi installé, place une aiguille dans la pince de façon à ce que l'œil corresponde au côté plat de cette pince.

Il pose ensuite l'aiguille dans l'entaille angulaire du tasseau, en ayant soin que le chas de l'aiguille soit placé horizontalement, et, prenant de la main droite sa lime plate, en deux coups il creuse la coulisse longitudinale.

Mais comme il doit répéter cette opération sur l'autre côté de l'aiguille, il la tourne sur elle-même sans la déplacer et fait agir sa lime.

Il ne lui reste plus qu'à arrondir la tête de l'aiguille, et cela se fait sans que la pince et l'aiguille qu'elle porte quittent sa main gauche ; il appuie la tête dans l'entaille demi-cylindrique du tasseau et avec deux ou trois coups de sa lime carrée, il abat les angles de la tête de l'aiguille.

Alors, il desserre avec le petit doigt de sa main gauche, la bride de la pince et l'aiguille, évidée et arrondie, tombe sur l'établi.

17° LE RANGEMENT.

Lorsque les aiguilles, dont le façonnage brut est à peu près terminé, encombrent la table de travail de l'évideur, il s'agit de les ranger pour qu'elles aient toutes la tête tournée du même côté.

C'est l'affaire d'un autre ouvrier, qui fait ce tri d'une façon aussi simple qu'ingénieuse, ne remontant pourtant qu'à 1833.

Autrefois cette besogne était confiée à des enfants, qui étaient obligés de prendre les aiguilles presque une à une pour les placer dans le sens voulu, aujourd'hui on les pousse pêle-mêle dans une espèce d'auge plate, dont le fond est légèrement concave ; un ouvrier prend cette auge à deux mains, l'agite horizontalement de droite à gauche, puis de gauche à droite et d'arrière en avant.

Et ces mouvements d'oscillation et de trépidation, répétés aussi vivement que possible et dans des directions convenables, trient comme par enchantement les aiguilles, qui viennent se ranger tête à tête et parallèlement les unes aux autres ; sur le côté de la boîte, que l'ouvrier tient légèrement incliné et appuyé sur son ventre.

Cette opération est la dernière de la première série, pour ce qui concerne les aiguilles ordinaires, mais pour les produits de qualités supérieures que l'on veut distinguer par une marque de fabrique ou un poinçon spécial, il y a encore trois opérations.

18° LA MARQUE.

Cette opération se fait exactement comme le palmage. L'ouvrier prend de quinze à vingt aiguilles qu'il dispose en éventail entre le pouce et l'index de sa main gauche et qu'il présente successivement sur un tas, ou petite enclume d'acier portant en relief l'empreinte qu'on veut donner à l'aiguille, et qu'il imprime rapidement en frappant un coup de marteau sur chacune.

C'est là le procédé anglais, mais il est bien entendu que la marque peut se donner avec l'estampe à mouton, qui sert dans le procédé français à l'aplatissement des têtes.

19° LE REDRESSEMENT.

La plupart des aiguilles, qu'elles aient été marquées à la main ou à l'estampe, ont été déformées par cette opération ; comme elles doivent être rigoureusement droites, on les redresse une à une en les faisant rouler avec une règle de fer sur une table de fonte disposée à cet effet et parfaitement unie.

20° LE 2° RANGEMENT.

Les deux opérations précédentes ont naturellement remêlé les aiguilles, qu'on a jetées au hasard dans une grande boîte, au fur et à mesure de leur redressement ; il faut donc les trier à nouveau pour qu'elles se présentent tête à tête ; ce qui se fait d'ailleurs facilement et très vite en répétant la 17° opération qui peut ranger d'un seul coup, pourvu que l'augette dont on se sert soit assez large, plusieurs millions d'aiguilles.

OPÉRATIONS DE LA 2° SÉRIE

Comme nous l'avons dit déjà, la deuxième série des opérations a pour objet la trempe, qui donne à l'acier toute la dureté dont il est susceptible.

Mais n'oublions pas que presque toutes les aiguilles françaises et la plupart des aiguilles allemandes sont fabriquées avec du fil de fer ; il faut donc d'abord convertir le fer en acier ; ce qui s'obtient par la cémentation, que nous allons décrire avant de nous occuper des diverses opérations du trempage.

LA CÉMENTATION

La cémentation a pour but d'introduire dans le fer, au moyen d'une combustion lente, la quantité de carbone qui lui manque pour avoir les propriétés de l'acier.

Divers céments sont employés en métallurgie, mais pour ce qui concerne les aiguilles, la cémentation se fait seulement avec du charbon de bois.

Et voici comment :

Les aiguilles sont mises en paquets par des enfants, qui les rangent symétriquement avec des lits de charbon de bois, en petits morceaux, dans une boîte carrée en fonte, qu'on appelle une marmite, et qui en contient depuis deux cent mille jusqu'à cinq cent mille.

Cette marmite, dont le couvercle est luté soigneusement pour empêcher l'action de l'air et surtout pour éviter autant que possible la déperdition du calorique, est pla-

cée dans un four spécial, préalablemen chauffé, et que l'on entretient au rouge pendant sept à huit heures.

Ce temps suffit à la cuisson, après quoi, les aiguilles ayant absorbé tout le charbon, sont devenues de l'acier après le refroidissement progressif du four.

Cette opération assez longue et qui dimi-

Atelier de cémentation. — Transformation des aiguilles de fer en acier.

nue déjà l'économie qu'on a réalisée en se servant de fil de fer comme matière première est toujours suivie d'une autre ; car la rectitude des aiguilles s'est généralement perdue à la cémentation et il faut les redresser à chaud, au balancier en répétant la 9e opération de la première série.

Il est vrai que cela peut aller très vite, les aiguilles étant déjà réunies en bottes et l'acier brûlant étant très malléable.

LA TREMPE

Un atelier de trempage se compose essentiellement.

1° D'un fourneau spécial garni d'une grille pour recevoir le charbon de bois, de deux barreaux de terre cuite destinés à supporter les plateaux renfermant les aiguilles, et naturellement d'une cheminée, munie d'un régulateur qui permet de pousser la

marche du vent selon les besoins de l'opération.

2° De chaudrons de cuivre qu'on appelle
cuveaux, et qui, devant toujours être remplis
d'eau froide, sont munis d'un tuyau de remplissage et d'un robinet d'écoulement.

3° D'un ou de plusieurs poêles en fonte
dits poêles à recuire, lutés avec de l'argile
sur tout leur pourtour, et recouverts d'une
table en fonte, dont nous verrons l'usage
tout à l'heure.

Et enfin de tables ou d'établis, assez vastes pour qu'on puisse déposer dessus les
boîtes qui contiennent les aiguilles à tremper et les plateaux sur lesquels on les
dispose pour cela.

Le trempage comporte dix opérations
dont plusieurs se répètent, il est vrai, mais

Atelier de Polissage.

qui ne nécessitent pas moins autant d'ouvriers.

1° LE TRIAGE

On fait d'abord subir aux aiguilles,
rangées parallèlement dans des boîtes,
comme nous l'avons dit déjà, un premier
examen, c'est-à-dire qu'on écarte toutes
celles dont le chas est manqué, la pointe
émoussée ou qui présentent d'autres défectuosités, qu'on pourra corriger plus tard,
mais qui pour le présent les font mettre
au rebut.

2° LA MISE EN TAS

Les aiguilles, reçues pour le trempage,
sont mises en tas que l'on pèse par quinze
kilogrammes et que l'on enferme dans des
boîtes séparées, qui s'empilent dans l'atelier
de trempage.

Selon la dimension des produits, ce poids
représente de 250,000 à 500,000 aiguilles.

3° PRÉPARATION DES PLATEAUX

Une boîte est posée sur la table, et un ouvrier, quelquefois même un enfant, puise dedans, pour garnir les plateaux sur lesquels il range, parallèlement à leur longueur, mais sans se préoccuper de les mettre tête à tête, environ dix mille aiguilles.

Deux plateaux étant mis à la fois dans le four, c'est donc vingt mille aiguilles qui se trempent d'un coup.

4° LE TREMPAGE

L'ouvrier, qui dirige le four, place deux plateaux chargés d'aiguilles sur les barreaux de terre cuite du fourneau et chauffe, au charbon de bois, s'il travaille des aiguilles grosses ou même moyennes, jusqu'à ce qu'elles atteignent la couleur du rouge cerise, et à un degré moindre s'il opère sur des aiguilles fines.

A l'aide d'une pince, disposée à cet usage, il retire l'un des plateaux, le porte au-dessus d'un cuveau et l'incline de façon à précipiter les aiguilles dans l'eau froide par un mouvement circulaire, pour que, autant que possible, elles reçoivent toutes la même trempe, en se refroidissant subitement.

Il recommence l'opération avec son second plateau qu'il vide dans un autre cuveau, met deux nouveaux plateaux dans son four et pendant qu'ils chauffent, il fait vider ses cuveaux en ouvrant le robinet d'écoulement.

Les cuveaux vides, le trempeur enlève les aiguilles avec des crochets spéciaux, qu'il appelle des mains de fer, et les dépose pêle-mêle dans une boîte, où un autre ouvrier les reprendra.

Pour lui, il remplit d'eau froide ses cuveaux vides et recommence son opération.

5° LE RANGEMENT

L'ouvrier qui vient d'emporter les aiguilles trempées, a pour mission de les ranger tête à tête, et c'est pour faciliter son travail qu'on les a versées dans une augette spéciale, dont le fond est concave, ce qui lui permet de recommencer, sans déplacement, la 17° opération de la première série.

Notons ici quelques variantes.

Dans certaines usines, la trempe se donne dans un bain de plomb chauffé au rouge.

A Laigle on procède, ou du moins l'on a procédé autrement, c'est-à-dire en jetant les aiguilles rougies à blanc dans un bain d'huile chaude, mais d'une chaleur supportable à la main.

6° LE DÉCRASSAGE

La trempe augmente singulièrement la ductilité de l'acier, mais précisément à cause de cela les aiguilles qui viennent de la subir seraient beaucoup trop cassantes pour être employées dans cet état, et l'on est obligé de les recuire pour leur rendre de l'élasticité sans pourtant les faire devenir trop molles, ni pliantes.

Mais on ne peut procéder à cette opération sans avoir enlevé d'abord la crasse dont la trempe les a couvertes.

Pour cela, on place le contenu de deux plateaux, c'est-à-dire 20,000 aiguilles, tant à côté les unes des autres que bout à bout, dans une toile serrée et l'on en fait un rouleau que l'on lie solidement par les deux extrémités.

L'ouvrier décrasseur pose ce rouleau sur une table, et le fait rouler en avant et en arrière, en appuyant dessus avec une règle de bois ou de métal, qu'il fait constamment aller et venir.

Quand il juge que les aiguilles ont été suffisamment frottées l'une sur l'autre pour que la crasse s'en soit détachée, il trempe son rouleau dans un sceau d'eau, le remet sur la table, et le roule à nouveau pour que la crasse se fixe après la toile.

Tel est le procédé anglais, mais à Laigle on décrasse les aiguilles d'une façon plus expéditive en les vannant avec de la sciure de bois, opération qui se fait d'ailleurs aussi dans le système anglais et dont nous parlerons dans la série du polissage.

7° LE RECUIT.

Les aiguilles suffisamment nettoyées, on transporte les rouleaux qu'elles forment auprès des poêles à recuire, qui naturellement sont chauffés au degré suffisant, c'est-à-dire de façon à ce que la table de fonte qui les surmonte soit presque rouge.

On défait les rouleaux, et deux ouvriers, un de chaque côté de la plaque de fonte, disposent dessus les aiguilles encore mouillées en deux rangées parallèles de huit à dix millimètres d'épaisseur et longues de cinquante à soixante centimètres.

Alors, prenant chacun une règle en fer courbée, ils roulent sans cesse les aiguilles en appuyant dessus de façon à ce que toutes puissent recevoir également et successivement l'action du feu, que leur communique la table de fonte.

Cela dure jusqu'à ce que les aiguilles aient pris uniformément une couleur bleue, alors le recuit est terminé et les aiguilles poussées hors de la table du poêle, sont jetées dans une sébile placée au bas.

Cette opération ne se fait pas partout de la même façon. Ainsi à Laigle et dans quelques fabriques du continent, on se sert, pour le recuit, d'un fourneau circulaire qui ressemble en quelque sorte à un brûloir à café, on y dépose pêle-mêle les aiguilles que l'on fait tourner continuellement sur un feu très vif, et pour éviter qu'elles s'accumulent sur des points divers et ne reçoivent pas toutes exactement le même recuit, le fourneau est garni intérieurement de pointes très saillantes, qui divisent les aiguilles et les obligent à circuler continuellement

8° LE RANGEMENT.

Voilà encore les aiguilles une fois pêle-mêle ; il faut naturellement les ranger à nou-

veau tête à tête, pour cela il n'y a qu'à recommencer la 17° opération de la première série.

9° LE REDRESSEMENT.

Tant à la trempe, qu'au recuit les aiguilles se sont plus ou moins déformées, il faut donc redresser celles qui en ont besoin. L'ouvrier, chargé de ce soin, les prend tous une à une entre le pouce et l'index de la main gauche et à la façon dont elles coulent entre ses doigts il reconnaît celles qui sont courbes et qu'il redresse sur un petit tas en acier avec un marteau spécial dont la tête est légère, le manche très court et placé obliquement, de façon à ce qu'il puisse le tenir très près de la tête, pour ne le manœuvrer qu'à petits coups sans trop coucher le poignet.

Il paraît évident qu'on pourrait opérer le redressement avec la règle comme on l'a fait déjà dans la 19° opération, mais nous citons les procédés en usage ; peut-être, d'ailleurs, que l'acier trempé et recuit n'obéirait pas suffisamment à la pression de la règle de fer.

10° TROISIÈME RANGEMENT

Comme le redresseur perdrait trop de temps à ranger les aiguilles au fur et à mesure qu'elles lui passent par les mains, il les jette dans une boîte où un autre ouvrier les remet en ordre, en répétant pour la quatrième fois la 17° opération qui, du reste, reviendra souvent encore.

Mais les travaux de la deuxième série sont terminés et les aiguilles passent alors dans l'atelier de polissage.

OPÉRATIONS DE LA 3° SÉRIE

Le polissage est l'opération la plus longue de toutes celles de la fabrication des aiguilles, mais elle ne perd pas malgré cela sa proportion avec les autres et en somme elle ne demande pas plus de temps ; car on opère par rouleaux qui contiennent jusqu'à cinq cent mille aiguilles, et un seul homme avec une machine bien outillée peut en polir à la fois vingt ou trente paquets, c'est-à-dire dix à quinze millions d'aiguilles.

Il est vrai que cela ne se fait pas dans un jour, car le polissage demande cinq opérations distinctes qui se répètent successivement dix fois : plus une sixième qui ne se fait qu'en dernier lieu.

Soit en somme cinquante et une.

L'outillage d'un atelier de polissage se compose :

1° D'un établi garni d'une auge, ou

Le dégraissage.

moule destiné à la confection des rouleaux d'aiguilles.

2° D'un moulin à polir, pourvu de transmissions, pour être mû par le moteur de l'usine.

3° D'un tonneau à dégraisser, mobile autour de son axe et mis en mouvement par une courroie de transmission.

4° D'un van en cuivre.

5° D'un baril de cuivre, également mû mécaniquement.

Naturellement cet outillage se répète deux, trois, quatre, cinq fois et plus, selon l'importance des manufactures, nous ne décrivons que le strict nécessaire.

Les cinq opérations que les aiguilles

doivent subir dix fois pour arriver à un polissage parfait sont : la confection des rouleaux en paquets d'aiguilles, la pose de ces rouleaux sur le moulin à polir, le polissage proprement dit, le dégraissage dans le tonneau, le vannage et l'arrangement des aiguilles. Occupons-nous-en séparément.

1° CONFECTION DES ROULEAUX

Les paquets d'aiguilles se font dans l'auge dont nous avons déjà parlé, de la façon suivante :

On place dans le fond deux ou trois carrés de toile assez grands pour en couvrir les côtés intérieurs et déborder au dehors,

Ateliers de trempage et de bronzage

comme il faut que le rouleau soit très solide on augmente l'épaisseur de ce qui en doit être l'enveloppe avec plusieurs bandes longitudinales de toile épaisse.

On étend dessus une couche de petites pierres de schiste quartzeux micacé ou de silex, d'émeri, de pierre calcaire compacte et même dans certains cas, lorsqu'on veut donner aux aiguilles un poli très blanc, de potée d'étain.

Sur cette garniture on pose dans le sens

de la longueur de l'auge une couche d'aiguilles épaisse d'un centimètre et longue d'environ 45 centimètres, ce qui fait huit longueurs d'aiguilles ordinaires, placées bout à bout.

Là dessus, nouvelle couche de petites pierres, nouvelle couche d'aiguilles et ainsi de suite jusqu'au cinquième lit d'aiguilles qui est recouvert par une sixième couche de petites pierres.

On verse sur le tout un demi-litre d'huile

de colza et on ferme le rouleau en repliant d'abord la toile par les bords puis par les bouts, que l'on étrangle avec une ficelle de façon à assurer la solidité du paquet.

Lorsqu'un certain nombre de rouleaux sont préparés de cette manière on achève de les lier avec une longue ficelle, que l'on serre étroitement autour de chaque rouleau; en lui faisant décrire un certain nombre de spires, qui se recouvrent mutuellement et on les porte au moulin à polir.

2°-POLISSAGE PROPREMENT DIT

Le polissoir se compose de deux pesants chariots, roulant en sens inverse sur des madriers en chêne au moyen de roues à rainures, glissant sur des rails.

L'un des chariots s'avance pendant que l'autre recule. Les rouleaux d'aiguilles placés sur les madriers et enfermés séparément dans un compartiment qui correspond à l'un des montants verticaux du bâtis en charpente, sont roulés constamment dans un sens et dans l'autre, par les chariots qui vont et viennent et leur font subir une forte pression.

Cette pression écrase naturellement les cailloux contenus dans les rouleaux et c'est leur frottement, qui s'accentue de plus en plus, qui donne aux aiguilles, le poli qui leur est nécessaire.

Seulement l'opération est lente, elle dure de dix-huit à vingt heures, les premières fois du moins, car il est bien entendu qu'on doit la répéter dix fois.

3° DÉGRAISSAGE

Le polissoir arrête ou enlève les rouleaux d'aiguilles, on les délie, on les déploie et on les renverse dans une sébile, où il est plus facile d'enlever les coquilles, alors toutes grasses et pleines de cambouis.

Le plus gros retiré on couvre les aiguilles avec de la sciure de bois ou de la paille hachée et on introduit le tout dans le tonneau de dégraissage.

Là elles subissent un mouvement de rotation, que l'on prolonge autant qu'il paraît nécessaire pour qu'elles soient dégraissées, asséchées et que tous leurs chas soient débouchés.

4° VANNAGE

L'opération du dégraissage fini, on verse le contenu du tonneau dans un vase de cuivre qu'on a eu soin d'apporter dessous et on les vanne, soit mécaniquement, soit à la main, exactement comme on vanne le blé.

Naturellement la sciure de bois s'envole, les pierres se séparent et les aiguilles ressuyées, presque sèches, restent seules au fond du van.

5° RANGEMENT

Du van, les aiguilles sont versées dans un tiroir et comme elles y sont pêle-mêle, il faut encore les mettre en ordre, en se servant de l'augette déjà décrite dans la 17° opération de la 1re série.

Cela fait, on recommence, on remet les aiguilles en rouleaux, on porte les rouleaux sous le polissoir, on dégraisse, on vanne et l'on range pour recommencer encore.

Sept fois de suite l'opération est la même et le polissage dure vingt heures.

La huitième fois les aiguilles ne sont arrosées que d'huile, roulées pendant six heures et dégraissées à la sciure de bois dans le baril en cuivre, qui fonctionne d'ailleurs exactement comme le tonneau en bois.

La neuvième et la dixième fois, les aiguilles alternent dans les rouleaux avec des lits de son, de froment très sec, bluté assez gros et dépouillé de farine; le roulage n'est que de quelques heures et le dégraissage se fait au baril de cuivre, employé du

reste toutes les fois qu'il n'y a pas de cail-
lous dans le mélange.

Cette fois le rangement ne se fait pas,
mais l'opération n'est qu'ajournée, elle se
fera après l'essuyage.

L'ESSUYAGE

C'est une opération très importante puisqu'elle a pour objet d'éviter la rouille qui
ne manquerait pas d'envahir les aiguilles
si elles conservaient la moindre humidité,
et très minutieuse puisqu'il faut que les
aiguilles soient prises une à une et frottées
avec un linge.

Mais ce n'est qu'une question de temps
et l'on peut procéder presque simultanément aux opérations suivantes ; il suffit que
les essuyeurs aient un peu d'avance pour
fournir de la besogne aux trieurs.

OPÉRATIONS DE LA 4ᵉ SÉRIE

Les aiguilles polies, dégraissées, essuyées,
passent par un triage minutieux qui comprend cinq opérations et qui se fait dans un
atelier particulier, et tenu toujours sec
pour que les aiguilles n'y prennent point
d'humidité.

Le triage a pour objet de séparer les
aiguilles par qualités de poli, par dimensions et surtout d'en écarter définitivement
les mauvaises.

Car si la plupart des opérations produisent des défectuosités, c'est surtout le polissage qui donne un déchet sérieux.

Et cela se comprend du reste, des objets
si fragiles que des aiguilles ne passent pas
impunément pendant près de deux cents
heures sous les chariots du polissoir.

Il y en a qui se cassent, celles-là ne sont
bonnes qu'à jeter, il faut compter sur un
dixième.

Même proportion à peu près pour celles
qui se faussent, qui se courbent, dont les
pointes s'émoussent ; celles-là il faut les
mettre de côté pour les redresser, les aiguiser à nouveau, c'est ce qui constitue le
triage, dont voici d'ailleurs les cinq opérations.

1ᵉ DÉTOURNEMENT

Cette opération a pour objet de détourner
les aiguilles, c'est l'expression consacrée
et cela veut dire mettre toutes les têtes du
même côté ; cela ne se fait pas mécaniquement mais à la main, car l'ouvrier détour-
neur doit en même temps rejeter toutes les
aiguilles cassées par le milieu et qui, par
conséquent, ne peuvent plus être utilisées.

2ᵉ ÉTALAGE

L'étalage se fait par un ouvrier spécial
qui *étale* sur une table placée devant lui
les aiguilles détournées, dont il sépare
celles qui sont seulement cassées à la tête
et pourront servir à faire des aiguilles d'une
dimension moindre.

De celles qui restent il fait deux lots en
raison de leur poli, plus ou moins brillant.

3ᵉ VÉRIFICATION

Un troisième ouvrier, qui succède à l'éta-
leur, a pour spécialité de vérifier le bon état
des pointes des aiguilles.

Il écarte des lots celles qui sont émous-
sées et qu'il met à part pour les renvoyer
à l'empointerie.

Il met également de côté les aiguilles
qui se sont courbées dans les opérations
du polissage et les fait passer au redresseur.

4ᵉ LE REDRESSEMENT

Le dressement des aiguilles polies se fait
à la main, l'ouvrier les posant une à une
sur une petite enclume de bois et frappant
dessus avec un léger marteau à manche
court.

5ᵉ LE TRIAGE

Le triage définitif consiste à séparer

chaque espèce d'aiguilles en trois tas, non selon leurs qualités mais d'après leurs longueurs ; c'est ce qui se fait le plus vite car il n'est pas besoin de les regarder pour cela, un ouvrier expérimenté peut les reconnaître seulement au toucher et cela est si vrai que cette besogne a quelquefois été confiée à des aveugles.

En somme un triage consciencieux ne donne pas plus de 10 à 12 pour cent de déchet réel ; car il n'y a d'absolument perdues que les aiguilles cassées par le milieu.

OPÉRATIONS DE LA 5e SÉRIE

La cinquième série des opérations com-

Le drillage.

prend les derniers tours de main et la mise en paquets des aiguilles.

Les derniers tours de main constituent trois opérations importantes : le bronzage, le drillage et le brunissage, et la mise en paquets, une dizaine, dont la plupart sont faites par des enfants.

BRONZAGE

Le bronzage a pour objet de faciliter le drillage.

Il se fait par un ouvrier et un apprenti, le plus souvent dans l'atelier de trempage ou tout autre qui contient un four à réchauffer car l'outillage est des plus simples, puisqu'il ne se compose que d'une barre de fer rouge et d'une espèce de table en cuivre, suspendue à un support, de façon à avoir un mouvement oscillatoire, à peu près comme le plateau d'une balance.

L'enfant aligne, la tête en dehors sur la table de cuivre, un certain nombre d'aiguilles sur lesquelles, en dessous des têtes, naturellement, l'ouvrier vient appliquer sa barre de fer rouge, dont la chaleur détermine bientôt sur les aiguilles l'apparition d'une couleur bleuâtre.

Cette opération terminée, le bronzeur

Le Brunissage des aiguilles.

fait osciller sa tablette, les aiguilles tombent dans une boîte, ménagée au-dessous, et il recommence l'application de sa barre de fer sur une nouvelle rangée d'aiguilles préparées par son aide.

DRILLAGE

Le drillage est une espèce de perçage, qui perfectionne le chas de l'aiguille, arrondit le trou encore très imparfait et en polit les parois de façon à ce qu'à l'usage il ne coupe pas le fil — ce qui arrive encore assez fréquemment.

L'instrument qui accomplit cette opération est un petit burin d'acier très fin, monté sur un tour minuscule, et animé par une courroie de transmission, d'un mouvement de rotation très rapide.

Comme on le voit par notre dessin, qui représente à la fois l'ensemble et les détails du drillage, l'ouvrier range sur une mince plaquette de cuivre une trentaine d'aiguilles, qu'il maintient en dessus avec les deux pouces et en dessous avec les deux index, et qu'il présente successivement à l'action de la drille.

Et cela se fait si vite, avec une telle dextérité de main que l'instrument paraît à peine toucher les aiguilles, dont le perçage est cependant parfait au bout de quelques secondes.

Il faut pour cela plus que de l'habitude, l'habileté et le coup d'œil sont nécessaires, mais les drilleurs n'en manquent point, et ils sont tellement exercés qu'ils n'ont pas seulement l'air de regarder et ne se fatiguent pas les yeux par une attention soutenue.

BRUNISSAGE

Beaucoup plus facile est le brunissage qui, pour être la dernière opération du façonnage des aiguilles, n'en est pas moins des plus importantes, car elle consiste à leur donner le poli, le brillant, sans lequel elles ne seraient pas marchandes.

Le brunissage, que nous représentons d'ensemble et avec détails, s'opère sur une bobine de buffle, emmanchée dans une sorte de tour à pointe, actionné très rapidement par une courroie de transmission.

Il consiste à faire rouler les aiguilles entre ses doigts, pendant qu'on les appuie sur la bobine recouverte de matières pulvurantes qui varient selon les usines, mais qui, cependant, sont presque toujours du tripoli ou du rouge d'Angleterre.

C'est surtout outre-Manche que cette opération se fait avec le plus de perfection.

Les ouvriers prennent leur temps, c'est vrai, mais ce temps n'est pas perdu puisqu'il donne de la valeur au produit.

MISE EN PAQUETS

La mise en paquets des aiguilles enfin terminées, comprend sept opérations distinctes :

1º PRÉPARATION DU PAPIER

Le papier, dont la couleur est généralement d'un bleu très foncé, ou violette, mais qui est d'une composition particulière le rendant peu susceptible de s'imprégner d'humidité, est coupé en rectangles d'une grandeur proportionnée aux aiguilles qu'il doit renfermer, c'est-à-dire d'une dimension triple de la longueur de l'aiguille.

2º LE PLI

Ce papier coupé est passé à un enfant qui, faisant deux plis dans sa longueur, divise la largeur en trois parties égales, et forme ainsi le premier pli du paquet.

3º COMPTAGE

Chaque paquet devant contenir cent aiguilles, il faut nécessairement que les aiguilles soient comptées par cent.

L'opération ne se fait qu'une fois pourtant ; car les cent premières aiguilles comptées avec attention, sont pesées dans une petite balance à plateau spécial, c'est-à-dire servant de coupelle pour verser les aiguilles pesées dans le papier.

Ce premier pesage fait, les poids équivalents aux cent aiguilles sont laissés en permanence dans l'autre plateau de la balance, et servent à compter autant de fois cent aiguilles qu'il y en a dans le tas à mettre en paquets, et qui sont versées au fur et à mesure de leur pesage dans les papiers préparés par l'opération précédente.

Ce système, qui a remplacé l'ancien comptage à la main, dispendieux et sujet à erreur, est encore très long ; outre que son exactitude est souvent discutable.

Aussi le remplace-t-on maintenant partout par le compteur mécanique, inventé par M. Pastor.

C'est une règle en fer, dont le bord supérieur porte des cannelures en nombre déterminé, et proportionnées à la grosseur des aiguilles ; les cannelures sont juste assez larges et assez profondes pour ne contenir qu'une seule aiguille.

Il suffit donc de jeter sur cette règle une quantité d'aiguilles assez grande pour remplir toutes ces cannelures, pour en compter très vite et sans erreur, cent à la fois, qu'on n'a plus qu'à faire tomber sur le papier.

4° PLIAGE

Le pliage consiste en la fermeture des paquets de cent, dont l'ouvrier fait entrer l'une dans l'autre les extrémités du papier ; après quoi il les dépose dans une boîte qui porte le numéro des aiguilles.

5° ÉTIQUETAGE

Un ouvrier spécial écrit sur chaque paquet le numéro des aiguilles, lorsqu'elles ne doivent pas être étiquetées par paquets, mais comme c'est le cas le plus ordinaire, nous appelons *étiquetage* cette opération qui consiste à coller, sur chaque paquet, une étiquette spéciale au fabricant, indiquant le numéro, l'espèce et la qualité des aiguilles.

6° PAQUETAGE

Cette opération consiste à réunir en un seul, dix paquets de cent, ce qui compose un paquet de mille aiguilles, que l'on lie avec un fil blanc ou rouge, selon les marques de fabrique, et que l'on enveloppe d'une nouvelle feuille de papier, recouverte quelquefois d'une étiquette plus ou moins dorée ou simplement revêtue d'un timbre à sec.

7° EMBALLAGE

Les paquets de mille aiguilles sont réunis par cinquante dans une petite balle qu'on enveloppe d'abord d'un papier blanc puis d'une ou deux vessies de porc, suffi-

samment desséchées pour qu'elles ne contiennent plus d'humidité.

Le tout est recouvert ensuite d'une toile cirée ou d'un papier ciré et d'une dernière enveloppe de toile grise, sur laquelle on coud une étiquette mentionnant l'assortiment des aiguilles contenues dans le ballot de cinquante mille.

C'est dans cet état qu'elles sont livrées au commerce de gros.

Du moins, le plus ordinairement, car on invente tous les jours des espèces de sachets, de petites boîtes plus ou moins riches qui ne donnent point de qualité aux aiguilles mais qui en rendent l'acquisition au détail bien plus agréable.

Tel est l'ensemble des opérations qu'il faut faire subir aux aiguilles, simplement pour qu'elles soient vendables.

Pour qu'elles soient excellentes, il faut que ces opérations soient accomplies avec le plus grand soin et le plus d'habileté possible.

Voici, du reste, les conditions auxquelles doit satisfaire une bonne aiguille :

Que la partie cylindrique soit d'une rectitude parfaite.

Que la cannelure soit faite avec la plus grande régularité.

Que le chas soit percé bien dans l'axe, et que ses bords, bien polis, ne coupent pas le fil.

Que la tête présente assez de résistance pour ne pas se casser sous l'effort qu'il faut quelquefois opérer pour faire passer le fil au travers certaines étoffes.

Que la pointe soit aiguë, bien conique, et ne déviant pas de l'axe. Que le poli soit parfait pour que l'entrée dans l'étoffe soit facile aussi bien que la sortie.

Enfin, ou pour mieux dire d'abord, car c'est la première condition : que le fil soit d'acier de bonne qualité et bien trempé.

Et c'est précisément ce qui a fait d'abord la supériorité des aiguilles anglaises.

L'IMPRIMERIE TYPOGRAPHIQUE

ORIGINES DE L'IMPRIMERIE

e pre- mier li- vre im- primé avec date certaine est le cé- lèbre psautier de 1457, à la fin duquel on lit en latin la suscription qu'on peut traduire ainsi :

« Ce présent livre de psaumes, orné de belles capitales et rendu suffisamment clair à l'aide de rubriques, a été exécuté sans plume, par la nouvelle invention d'imprimer et de caractériser, et heureusement terminé, à la gloire de Dieu, par Jean Fust, citoyen de Mayence et Pierre Schœffer, de Gernsheim, l'an 1457, la veille de l'Assomption. »

Cette suscription renferme, dans l'original, une faute d'impression (il y a *spalmorum* pour *psalmorum*) qui n'a vraisemblablement pas été commise exprès, mais qui a été une bonne fortune pour le livre, car on en a beaucoup plus parlé que s'il eût été correct ; l'espèce humaine étant toujours la même, enchantée de découvrir une paille dans l'œil de son voisin, quand elle est aveuglée par une poutre.

Cet accident, bien excusable à l'époque où l'art était encore dans son enfance, n'est pas, comme on le pense bien, le seul qu'on pourrait signaler dans l'ouvrage, il fut d'ailleurs si fréquent dans les commencements de l'imprimerie, que les incorrections sont comme une marque de fabrique des livres, sans lieu ni date, du xv⁰ siècle.

Et l'excellent M. Scribe n'exagérait rien, quand il faisait chanter ce couplet à un bibliomane de ses vaudevilles :

Oui, c'est la bonne édition,
Voilà bien, pages neuf et seize,
Les deux fautes d'impression
Qui ne sont pas dans la mauvaise.

Bien que Füst et Schœffer fussent les premiers qui eurent l'honneur d'attacher leurs noms à un livre, personne n'en a ja-

Fac-simile d'une page de l'*Ars moriendi.*

mais conclu qu'ils fussent les inventeurs de l'imprimerie, puisque chacun sait qu'ils étaient l'un, le banquier, l'autre l'élève de Gutenberg, qui avait été leur associé, et dont ils étaient alors les successeurs.

Gutenberg (inconnu sous son véritable nom, Hans Geinsfleich de Sulgelock) a toute la gloire de l'invention. On lui en a pourtant contesté le mérite, et les Hollandais prétendent que le véritable novateur

est Laurent Coster, auquel ils ont élevé une statue à Haarlem, sa ville natale, parce que Gutenberg en avait à Mayence, à Francfort et à Strasbourg.

Cette revendication n'est pas sans fondement, car il est certain que dès le commencement du quinzième siècle, on imprimait en Hollande des cartes à jouer, de l'imagerie et même des alphabets, mais ce n'était pas là de la typographie, c'était de l'impres-

sion tabellaire, autrement dit de la xylographie.

Les images, aussi bien que les caractères
qui les accompagnaient, étaient gravés en
relief, ou pour mieux dire sculptés sur des
planches de bois que l'on enduisait d'encre,
plus ou moins grasse, pour les reproduire
sur le papier, par le moyen du frottement ;
car l'idée de la presse n'était encore venue
à personne.

On frotta d'abord le papier avec l'ongle
du pouce, puis avec un morceau de bois
poli, jusqu'au jour où l'on inventa le frotton, espèce de pinceau composé de crins
unis l'un à l'autre avec de la colle forte et
qu'on entourait d'un linge formant tampon,
pour éviter le déchirement du papier, que
le crin n'eût point ménagé.

Avec ce système, on ne pouvait naturellement imprimer que d'un côté, car on eût
barbouillé tout, si l'on eût passé le frotton
sur une épreuve déjà tirée, mais cela n'empêchait pas de faire des livres. On en était
quitte pour coller deux feuilles de papier
dos à dos, si l'on voulait avoir de l'impression au recto et au verso.

C'est ainsi que parurent un certain nombre de plaquettes, dont les plus connues
sont : le *Miroir de notre salut*, la *Bible des
pauvres* et l'*Art de bien mourir*.

Le plus curieux de ces premiers monuments de l'imprimerie est le Miroir de notre
salut (*Speculum humanæ salvationis*), non
seulement parce qu'il est l'œuvre de Laurent Coster (1430), mais encore parce qu'il
offre des traces indéniables de l'art typographique.

Coster avait inventé les caractères mobiles, et la preuve c'est qu'à la cinquième
feuille de son livre, il y a une faute d'impression, une *n* à l'envers ; on lit *begiut*, au
lieu de *bégint* ; et qu'à la page 40, il y a tout
une phrase retournée : ꞁǝʇᴉdɐɔ xᴉ sᴉsǝuǝ⅁
pour *Genesis ix capittel*.

Tout le procès est là ; si le *Miroir du salut*
avait été gravé sur bois par pages entières,
il n'y aurait pas de lettres renversées. Les
éléments de grammaire latine, connus sous
le nom de *Donats* du nom de l'auteur Ælius
Donatus, que Coster imprima ensuite, ne
présentaient point de ces fautes (on n'en
retrouve d'ailleurs que des feuilles détachées) ; mais cela peut tout aussi bien prouver plus d'attention chez l'imprimeur typographe que l'emploi de planches xylographiques.

S'ensuit-il de là que Gutenberg n'ait rien
fait, et qu'il ait tout simplement, ainsi que
l'ont prétendu ses détracteurs, utilisé les
secrets de l'imprimeur hollandais, à lui ré-
vélés par un ouvrier infidèle. Non, et n'eût-
il inventé que la presse, qui permit enfin les
grands tirages, que son nom mériterait
encore d'être accolé à la fameuse devise :
« Et la lumière fut. »

Mais il a fait mieux que cela, au lieu de
tailler ses caractères dans l'écorce de hêtre
à l'imitation de Coster, ils les grava en creux
dans le bois, pour en faire des moules dans
lesquels il coula du plomb.

Ce n'était peut-être pas une nouveauté
absolue, car il est peu probable que Coster
n'ait pas trouvé le moyen de fondre rudi-
mentairement ses caractères ; autrement,
la gravure isolée de ses lettres mobiles lui
eût coûté beaucoup plus de temps et beaucoup plus d'argent que celle des planches
xylographiques.

Il fit des moules, c'est incontestable ; mais
Gutenberg, qui cherchait à Strasbourg pendant qu'il produisait à Haarlem, ne connut
évidemment de son système que les résultats qui demandaient, encore du reste, de
nombreux perfectionnements.

Se croyant sûr de son procédé, auquel il
travaillait déjà depuis plusieurs années, il
s'associa à Strasbourg avec André Dritzehen,
Hans Riffe et André Helmann, mais l'entreprise ne prospéra pas : fondée en 1436, elle
se termina, en 1439, sans avoir rien produit,
par un procès qui amena la confiscation du
matériel de Gutenberg.

Trois ans après, parut à Mayence le *Doctrinale* d'Alexandre Gallus, puis les *Traités* de Pierre d'Espagne, imprimés au frotton par l'ouvrier parti de chez Coster, avec les secrets et les poinçons du maître ; mais rien ne prouve qu'il les ait volés puisque Coster était mort en 1440.

Ce qui prouve surtout que Gutenberg ne les utilisa pas, c'est qu'il ne revint à Mayence, sa ville natale, que vers 1446 ; c'est là qu'il perfectionna ses procédés et qu'il imagina de fondre ses lettres dans un moule de cuivre, au fond duquel le caractère avait été frappé avec un poinçon d'acier.

Il est vraisemblable qu'il y produisit quelque chose, car le *Donat*, dont nous donnons un spécimen de quelques lignes, et qui est conservé à notre bibliothèque nationale, lui est généralement attribué.

Mais ses nombreux essais avaient épuisé ses ressources, et il fut obligé, pour mener son entreprise à bonne fin, de rechercher le concours du banquier Jean Fust, qui consentit à faire les avances nécessaires, à la condition d'associer à l'établissement un très habile calligraphe nommé Pierre Schœffer ; cette combinaison avait pour but d'initier Schœffer aux secrets de Gutenberg, de façon à se débarrasser de celui-ci, sitôt qu'on n'aurait plus absolument besoin de lui.

Il fallut cinq ans pour cela, car on tâtonna beaucoup avant de produire la grande Bible in-folio de 1,282 pages, à deux colonnes, connue sous le nom de Bible de quarante-deux lignes, qui est incontestablement le premier livre imprimé par Gutenberg.

Comme on le voit par le fac-similé que nous en donnons, cette Bible était en caractères gothiques, qu'on appelait alors lettres de formes ; mais elle avait coûté beaucoup d'argent ; plus que le banquier Fust ne s'était engagé à en fournir ; ce qui lui donna l'occasion de faire un procès à Gutenberg et de le déposséder de son invention et du matériel créé par lui, en ne lui versant qu'une indemnité ridicule, avec laquelle il essaya pourtant de fonder un nouvel établissement qui végéta et qui ne produisit guère que la Bible de trente-six lignes, commencée vraisemblablement à Strasbourg.

Gutenberg mourut bientôt après, du reste, n'ayant reçu d'autre récompense de ses travaux que le titre de gentilhomme de la cour de l'archevêque-électeur ; grand honneur pour le temps, mais qui l'empêcha d'attacher son nom à ses ouvrages, car pour un gentilhomme c'eût été déroger que de faire acte industriel.

Mais l'imprimerie était née. Schœffer, jeune et plein d'initiative, était capable de diriger et de faire prospérer l'établissement fondé par Gutenberg et appartenant maintenant à Fust.

Celui-ci, toujours banquier, n'écoula pas l'édition de la Bible de quarante-deux lignes, pour ne pas être obligé d'en partager les produits avec Gutenberg ; mais il feignit d'en faire une seconde en démarquant la propriété commune, c'est-à-dire qu'il se donna seulement la peine de réimprimer les deux premiers cahiers, soit vingt pages, dans lesquelles il multiplia les abréviations de façon à faire tenir en quarante lignes, les quarante-deux de la première édition.

Curieux et premier exemple d'une supercherie typographique qui s'est renouvelée depuis en librairie, aussi souvent qu'il s'est agi, au moyen d'un carton ou d'un simple changement de titre, d'essayer de vendre comme une nouveauté une édition déjà ancienne.

La nouvelle Bible lancée, Fust, ou plutôt Schœffer, car le banquier ne fut jamais dans l'affaire qu'un simple bailleur de fonds, Schœffer travailla au psautier dont nous avons déjà parlé et dont nous ne donnons point de spécimen, parce qu'il est imprimé en caractères de la même forme que ceux de Gutenberg et provenant vraisemblablement de la fonte qui avait servi à la Bible.

Ce livre, destiné aux chants d'église, se répandit beaucoup ; il fallut en faire deux ou trois réimpressions successives, qui portèrent dans toute l'Europe la connaissance

Propter triplicê materiã q̃ iuenitur ĩ ea
Sũt eni ĩ candela lumê liginê et cera
Sic ĩ xp̃o caro aĩa Ꝫ diuinitas vera
Hec candela ꝑ hũano giie ẽ ꝺeo oblata
Per q̃ nox tenebrarũ urãcũ ẽ illuista

Fac-similé du Miroir de notre salut, de Coster.

de l'art nouveau, que Schœffer perfectionnait tous les jours.

En 1459, voulant faire œuvre personnelle, il fit graver des caractères qui différaient de

Eroz ferns l̃ q̃ fumx pũs vt ferēs ktitur vt latur
ferre fert xplr̃ ferũ ferũ ferit Pretiꞏ) ipfcõ feu
bar ferebaris l̃ferebãrr ferebaꞏxplr̃ ferebe m̃ ferebam
ferebãnt Pretito ptcõ lat2 fum l̃ fui es ꞏ.mln eft l̃fuit
xplr̃ latt fum2 l̃fui.n2 eftis l̃fuilūs fuit fuerũt vl̃fuére

Fac-similé d'un Donqt, attribué à Gutenberg.

ceux de Gutenberg en ce qu'ils imitaient mieux l'écriture du temps. Le premier livre imprimé avec ces caractères fut le *Rationale*,

de Durand, dont nous donnons le fac-similé de quelques lignes.

Ce type fut bientôt abandonné pour un

signaculũ fup cor nuũ ut signaculum
fup brachiũ nuĩꞏq̃a fortis eſt ut mors
dilectio:dura ſicut inferus emulatio.
lampades ei⁹ ut lampades ignis at
q̃ flamarũ . Aque mlre nõ potuerũt
extiguere caritatẽ:nec flumina obruẽt
illã.Si dederit homo omnẽ ſubſtan
ciã dom⁹ ſue pro dilectione : q̃ſi nichil

Fac-similé de la Bible de Gutenberg.

nouveau qui fut inauguré avec la Bible de 1462, connue sous le nom de Bible de Schœffer.

L'apparition de ces trois ouvrages, signés et datés, émut le monde civilisé et l'imprimerie se répandit de proche en proche. Bamberg en avait une dès 1461 ; Strasbourg en 1465 ; le monastère de Subiaco, en

MOTEUR A GAZ HORIZONTAL, SYSTÈME OTTO, DE 8 CHEVAUX DE FORCE,
ACTIONNANT UNE PRESSE ROTATIVE SYSTÈME MARINONI.

Italie, et Rome à la même époque, bien que le premier livre imprimé dans cette ville fut le *de Officiis* de Cicéron, en 1466. La France fut plus tardive à exploiter

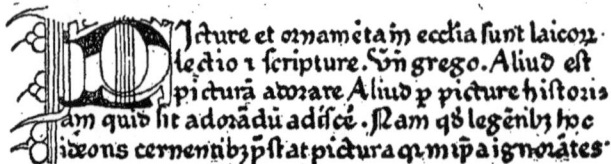

Fac-similé du *Rationale* de Durand.

l'art nouveau, mais ce ne fut pas la faute de son roi, car il paraît certain que Char- les VII, comprenant l'importance de l'in- dustrie qui devait répandre la lumière,

Fac-similé de la Bible de Schœffer.

envoya, dès 1458, Nicolas Jenson, habile graveur de la Monnaie, étudier la typogra- phie à Mayence. Malheureusement Jenson perdit quelques années dans ses recherches, et quand il revint en France, le roi était mort, et son

Fac-similé du Lactance imprimé à Rome en 1465.

successeur, était si peu disposé à protéger les hommes qui avaient eu la confiance de son père, qu'il ne put réussir à s'y établir et porta à Venise le fruit de ses travaux.

Fac-simile du *de Officiis* de Cicéron. Rome, 1466.

C'est à cette expatriation que l'on doit le type romain, d'un usage si général aujour- d'hui; Jenson se croyant obligé, pour réussir, de graver ses caractères à l'imitation de ceux qu'on employait dans les manuscrits italiens.

Voici un spécimen de ces types, qu'on a seulement perfectionnés depuis, d'après l'*Eusèbe*, premier livre imprimé par Jenson, en 1470.

E VSEBIVM Pamphili de euangelica præparatione latinum ex græco beatissime pater iussu tuo effeci Nam quom eum uirum cum eloquétia: tú multaȝ rerum peritia: et igenu mirabili flumine ex his quæ iam traducta sunt præstátissimum sanctitas tua iu dicet: atq̃ ideo quæcũq̃ apud græcos ipsius opera extét latina facere istituent: euangelica præpatione quæ in urbe forte reperta est: primum aggressi trã

Fac-similé de l'*Eusèbe* de Jenson (1470).

A cette époque déjà il y avait une imprimerie à Paris ; l'année d'avant, le prieur de la Sorbonne, Jean Heynlin de la Pierre, fit venir de Mayence trois habiles typographes : Ulric Gering, Michel Friburger et Martin Krantz, qu'il installa dans la Sor-

Fac-similé de l'*Histoire de Troyes*.

bonne même, où ils se mirent tout de suite à l'œuvre, débutant par un volume de 236 pages, contenant les lettres de Gaspa- rin de Bergame, latiniste alors célèbre, qui parut en 1470.

Il est à croire cependant que si l'impri-

Fac-similé du premier livre imprimé en France.

merie de la Sorbonne fut la première de Paris, il en existait déjà en France, car le premier livre imprimé en français, *les Histoires de Troyes*, dont nous donnons un spécimen, est antérieur à 1467, et il n'est guère possible de croire que ce livre fut composé en Allemagne ; mais comme il ne porte ni date, ni nom d'imprimeur, on en est réduit à des conjectures.

Le premier ouvrage français avec date certaine est : *les grandes Chroniques de France*, édité par Pâquier Bonhomme, en 1476 ; mais alors les imprimeries n'étaient plus rares : à Paris, il y en avait déjà cinq

EPITOME. LIBRI. III

EDITIONES *de agrarijs legibus factae.Capitolium ab exfulibus & feruis occupatum, caefis ijs receptum eft. Cenfus bis actus eft, priore luftro cenfa funt ciuium capita centum quattuor & viginti millia, CCXIV, praeter orbos, prbafque : fequenti, CXXXII millia CDXIX. Cùm aduerfus Aequos res male gefta effet, L.Quinctius Cincinnatus dictator factus cum rure intentus ruftico operi effet, ad id bellum gerendum accerfitus eft. iu victos hoftes fub iugum mifit. Tribunorum plebis numerus ampliatus eft, vt effent decem, XXXVI. anno a primis tribunis plebis. Petitis per legatos, & allatis Atticis legibus, ad conftituendas eas proponendafque, decemuiri pro confulibus, fine vllis alijs, magiftratibus, creati, altero & trecentefimo anno quam Roma condita erat : & vt a regibus ad confules, ita a confulibus ad decemuiros*

Fac-similé d'italique d'Alde.

ou six, outre celle des associés allemands, qui avaient quitté la Sorbonne pour s'établir rue Saint-Jacques, à l'enseigne du *Soleil-d'Or*, presque porte à porte avec le *Soufflet-Vert*... dirigé par Pierre Cæsaris et Jean Stoll.

Et Metz, Lyon, Angers, Châblis, Poitiers, rivalisaient d'efforts pour la propagation de l'industrie nouvelle, qui, avant la fin du XVe siècle, avait des représentants non seulement dans tous les chefs-lieux des provinces de France, mais encore dans presque

LIBER. III

Ann. 285.

NRIO capto, Ti. Aemilius & Q. Fabius confules fiunt. hic erat Fabius, qui vnus exftinctae ad Cremeram genti fuperfuerat. Iam priore confulatu Aemilius dandi agri plebi fuerat auctor. itaque fecundo quoque confulatu eius & agrarij fe infpem legis erexerant : & tribuni rem, contra confules faepe tentatam, adiutore vtique confule obtineri poffe rati, fufcipiunt ; & conful manebat in fententia fua, poffeffores, & magna pars patrum tribunicijs fe iactare actionibus principem ciuitatis, & largiendo de alieno, popularem fieri querentes, totius inuidiam rei a tribunis in confulem auerterant. atrox certamen aderat, ni Fabius confilio neutri parti acerbo rem expediffet. T. Quinctij ductu, & au-

Fac-similé de romain d'Alde

toutes les villes un peu importantes de l'Europe lettrée.

Nous ne nous attarderons pas à donner une liste, forcément incomplète, des impri-meurs célèbres dont les produits sont plus ou moins recherchés des bibliophiles, nous suivrons seulement les progrès de l'art typographique, en disant quelques mots :

Gravure extraite du théâtre de Terence (1499).

De Vendelin de Spire et de Bernard de Cologne, qui perfectionnèrent le caractère gothique et lui donnèrent une netteté, une élégance qu'il n'avait pas eues avant eux (vers 1470).

De Pannartz, qui, sorti de l'atelier de Gutenberg, alla en Italie fonder l'imprimerie du couvent de Subiaco, où, le premier, il se servit des lettres capitales romaines, à ce point qu'il a imprimé des ouvrages entièrement en ce caractère.

De Jenson, de Venise qui, comme nous l'avons dit déjà, créa le type romain.

Dè Zaroth, de Milan, qui le perfectionna et fut le premier à mettre en vente des éditions petit format.

D'Henri Estienne, souche glorieuse de toute une dynastie d'imprimeurs érudits, parce que, le premier, il a introduit la pureté dans ses éditions, aussi bien par la netteté de ses caractères romains et grecs,

Portrait de Cassandra Fedele.

que par les soins de la correction, soins qu'il poussait si loin, qu'il avait attaché à son imprimerie toute une société de savants pour revoir les textes étrangers.

De Garamond, qui fit abandonner les impressions en caractères gothiques en perfectionnant les romains, dont il grava des types admirables qui n'ont jamais été dépassés depuis. Ce qui ne l'empêcha pas de graver, par ordre, dit-on, de François Ier, qui ne fut hostile à l'imprimerie que lorsqu'elle lui parut un instrument redoutable

Marque de l'imprimeur Denis Roce.

aux mains de la Réforme, les trois sortes de caractères grecs dont Robert Estienne fit usage dans ses éditions, à partir de 1544.

De Christophe Plantin, imprimeur français, qui fit, à Anvers, ce qu'avait fait Estienne à Paris, et poussa la correction si loin, qu'il affichait ses épreuves en promettant récompense à ceux qui y trouveraient des fautes.

D'Alde Manuce, célèbre imprimeur vénitien, qui, s'il n'inventa pas tout à fait la ponctuation, est du moins le premier qui ait employé les deux points et le point et virgule. Il inventa d'ailleurs le caractère que nous appelons *italique* et qui se rapproche le plus de l'écriture ordinaire.

Les premiers ouvrages sortis de ses presses sont entièrement imprimés en italiques, mais son fils et son petit-fils, qui dirigèrent après lui son établissement, employèrent du romain.

Nous donnons un spécimen de l'italique d'Alde, photographié sur le Tite-Live imprimé par son petit-fils, en 1593.

Nous donnons aussi un fac-similé de ses caractères romains, tiré du même volume,

Gravure Paniconographique. — Dessin sur papier.

Portrait d'Alde Manuce.

par ce qu'ils sont à peu près le type de ceux que nous appelons aujourd'hui *elzéviriens*, du nom du célèbre imprimeur hollandais, qui les vulgarisa au XVIIᵉ siècle.

Depuis cette époque, l'imprimerie, se répandant de plus en plus, n'a fait que se perfectionner, mais surtout par les moyens d'exécution et l'outillage, de sorte qu'il faut arriver jusqu'à la fin du XVIIIᵉ siècle, à François-Ambroise Didot, fils du fondateur de la maison qui perpétue les traditions

de la grande imprimerie, pour trouver une invention de quelque importance.

Ambroise Didot imagina de fondre ses caractères d'après le système des points *typographiques*, mesure arbitraire si l'on veut, mais qui, adoptée partout, fit disparaître, du moins officiellement, les appellations bizarres que l'on donnait aux types, et effectivement l'espèce d'anarchie qui régnait dans la fonderie, à ce point qu'on ne trouvait dans une imprimerie aucun corps de caractère en rapport avec ceux des autres.

Son neveu, Didot-Saint-Léger, directeur

Gravure Paniconographique. — Dessin sur pierre.

de la papeterie d'Essonnes, eut le premier l'idée de la machine à fabriquer le papier continu, si perfectionnée depuis, et son descendant, Firmin Didot, inventa la *stéréotypie*, dont nous parlerons plus en détail, à l'article « *clichage* », de même que nous noterons tous les progrès introduits dans les presses à imprimer, lorsque nous nous occuperons du tirage.

ORIGINE DE LA GRAVURE TYPOGRAPHIQUE

ien que la gravure typographique ne soit qu'un auxiliaire de l'imprimerie , notre aperçu serait incomplet, si nous ne disions quelques mots de ses origines.

La gravure est d'ailleurs née de l'imprimerie, puisque les premiers essais de cet art, la *xylographie*, n'étaient autre chose que la gravure sur bois.

Nous avons donné un spécimen de xylographie, photographié sur une page de l'*Ars moriendi*, imprimé à Dresde, vers 1473, pour qu'on juge des progrès de cet art naissant.

La gravure sur bois connue, il paraissait tout naturel que les premiers imprimeurs typographes s'en servissent pour orner leurs livres, il n'en fut rien pourtant; Gutenberg n'y pensa jamais et, dans sa célèbre Bible, laissait des blancs en tête des chapitres pour que l'on pût dessiner à la main les lettres capitales.

Cet exemple fut imité par la plupart des imprimeurs et c'est pour cela que parmi les *incunables* (c'est le nom que l'on donne aux livres du xv° siècle), il s'en trouve beaucoup qui ont des capitales et même des frontispices dessinés à la main et quelquefois

peints en miniature, à l'imitation des anciens manuscrits.

Les lettres ornées, en typographie, devinrent cependant d'un usage général vers 1490; nous en donnons une de cette époque en tête de cet article, mais il nous eût été facile d'en faire photographier une centaine en ne choisissant que les plus intéressantes.

Froben, célèbre imprimeur de Bâle, eut la bonne fortune de pouvoir faire dessiner ses lettres ornées et quelques frontispices par Holbein, et c'est un peu pour cela que ses livres sont si recherchés; mais celles de Simon Colines, imprimeur parisien, gendre d'Henri Estienne, sont moins originales, il est vrai, mais infiniment plus belles et surtout mieux gravées.

Mais la lettre n'est pas tout à fait ce que nous entendons par gravure, c'est de l'illustration proprement dite que nous voulons parler.

A cet égard, l'art resta longtemps dans son enfance, ce qui est d'autant plus bizarre que la gravure sur acier et sur cuivre avait fait d'immenses progrès.

Voici un portrait sur bois qui a paru dans un livre sur les femmes célèbres, par Philippe de Bergame, imprimé à Ferrare en 1497, nous le donnons pour sa curiosité et non pour sa valeur, bien que le dessin soit de Jean Bellin.

Voici une gravure à peu près de la même époque, mais elle est encore plus barbare, elle provient du *Théâtre de Térence*, imprimé par Lorenzo de Soardi, en 1499.

Cette illustration est du Carpaccio, un artiste célèbre; qu'on juge alors de ce que devaient être celles qu'on faisait exécuter par le premier dessinateur venu, et c'était le cas de la plupart des imprimeurs qui faisaient des livres à bon marché.

On fit cependant quelques progrès dans le portrait, ainsi qu'on pourra le voir par celui qu'Alde Manuce imprimait à la fin de son catalogue, et que nous avons photographié sur un prospectus de 1593.

Mais les imprimeurs, même du xviᵉ siècle, se montrèrent peu soucieux de la gravure, en dehors de leur marque, qu'ils mettaient soit au commencement soit à la fin des volumes sortis de leurs presses et qu'ils faisaient faire avec soin, témoin celle-ci, qui est de la fin du xvᵉ siècle.

On sait, du reste, que la gravure sur bois, du moins celle qui sert d'illustration aux livres imprimés, n'a fait de sérieux progrès que depuis 1840.

Jusqu'alors elle était ou mal dessinée, ou mal gravée, et surtout mal tirée, et pour qu'une illustration vienne bien il est indispensable que ces trois opérations soient réussies.

La première est l'affaire de l'artiste, qui prend pour faire son dessin une planche de buis (en bois debout), enduite d'une légère couche de blanc de céruse gommée, pour que son encre ou son crayon ne s'y étende pas irrégulièrement ; en un mot, que cela ne *boive pas*. Ce qui est d'autant plus urgent que si quelques bois sont dessinés à la mine de plomb, beaucoup le sont à la plume, et tous les fonds sont faits au pinceau avec de l'encre de Chine, rehaussée de gouache blanche.

Le dessin terminé est livré au graveur qui, au moyen d'échoppes et de burins de différents calibres, creuse toutes les parties blanches, en réservant les lignes du dessin ; pour les fonds, les ciels et toutes les parties faites au lavis, ou à l'estompe, il les strie de tailles ou de hachures, plus ou moins profondes, plus ou moins espacées ; selon que le dessin gravé doit venir plus ou moins noir.

Cela fait, la planche peut être mise sous presse, mais il est plus commun de faire faire du bois un cliché en cuivre, obtenu par la galvanoplastie, travail dont nous reparlerons plus loin, car on tire bien rarement sur les bois pour ne pas écraser les traits et conserver intactes des matrices qui pourront servir pour des clichages successifs.

La gravure sur bois n'est pas la seule qui puisse servir au tirage typographique.

Il y a toute une série de systèmes de gravures chimiques, différant plus ou moins par les moyens d'exécution, mais qui ont pour point de départ le procédé Gillot, connu sous le nom de *Paniconographie*.

Ce procédé, qui en somme est de la gravure lithographique, ou plus exactement de l'eau-forte gravée en relief, au lieu de l'être en creux, consiste à décalquer un dessin quelconque fait sur pierre lithographique (plus communément sur papier autographique) ou même un report d'eau-forte ou de gravure en taille douce, sur une plaque de zinc polie et préparée en conséquence.

Cette plaque est ensuite soumise à l'action corrosive de l'acide sulfurique, dans un appareil à mouvement régulier ; de façon que l'acide puisse mordre, à intervalles très rapprochés, toutes les parties de la plaque, qui ne sont pas recouvertes d'encre.

Au bout de quelques heures, le dessin se trouve seul en relief, et peut être imprimé typographiquement.

Employé surtout par les journaux d'actualité, parce qu'il est très économique et extraordinairement prompt, ce procédé a l'avantage de rendre le dessin de l'artiste avec toutes ses intentions. Aussi est-il le meilleur pour tout ce qui est croquis, fantaisie ou caricature.

Il y a aussi le procédé Comte qui donne le même résultat... peut-être même un résultat supérieur, mais il est plus coûteux, moins expéditif et nécessite un dessinateur spécial, voire même un aquafortiste, car le dessin doit être fait à la pointe, sur une plaque de verre enduite de vernis.

La photogravure, dont l'usage se répand de plus en plus, est la combinaison du procédé de gravure chimique, quel que soit le système de l'exécutant, avec la photographie c'est-à-dire qu'au lieu de graver le dessin tel que l'artiste le livre, on le réduit au tiers ou au quart, ce qui lui donne infiniment plus de netteté et de finesse.

D'autant que l'artiste, n'étant plus obligé de dessiner à l'encre grasse sur du papier

Aspect du boulevard de Vaugirard (neiges de 1879).

SPÉCIMEN DE PHOTOGRAVURE, D'APRÈS NATURE (PROCÉDÉ PETIT.)

autographique qui grossit ses traits et embarbouille ses hachures, peut être bien plus

lui-même en travaillant comme il l'entend. Tous les graveurs du reste préparent chacun à sa manière, des papiers qui avantagent beaucoup le dessin, en donnant des fonds plus ou moins grainés, et des ciels tout faits; sur lesquels on n'a plus qu'à enlever les blancs au grattoir.

On peut même se passer de dessinateur, car tout ce que la photographie peut reproduire peut être converti en cliché typogra-

Eglise de Faverolles (près Villers Cotterets). — Spécimen de photogravure d'après nature.

phique, même la nature, ce qui a été longtemps un problème.

Mais la difficulté est vaincue, et si le procédé ne peut encore donner au portrait que l'apparence un peu mate d'une épreuve photographique tiré sur papier salé; il rend admirablement le paysage et les monuments, ainsi qu'on peut en juger par les deux gravures de M. Petit que nous donnons aux pages précédentes.

On remarquera que dans la première gravure il y a un ciel, bien que la photographie n'en donne jamais, mais ce ciel est obtenu mécaniquement au moyen d'une teinte appliquée sur le cliché.

Les spécimens de photogravure ne manquent point dans cet ouvrage, puisque tous nos fac-similé ont été photographiés sur les originaux.

Quant aux bois proprement dits, ils ne sont pas rares non plus et chacun sait si bien les progrès qu'a faits la gravure depuis trente ans, depuis surtout qu'elle a été popularisée par les journaux illustrés, que nous ne nous arrêterons pas inutilement sur cet article et nous nous occuperons immédiatement des diverses opérations qui constituent l'imprimerie.

LES CARACTÈRES

C'est le caractère qui est le point de départ de l'invention de Gutenberg.

Nous avons dit comment on le fondait de son temps, nous dirons comment on le fait aujourd'hui, soit au moule à la main, soit au moule mécanique, d'invention récente.

Parlons d'abord de la gravure des *poinçons*, petite tige d'acier au bout de laquelle est

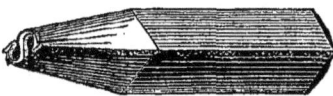

Poinçon en acier.

gravée en relief chaque lettre ou tout autre signe. Avec ces poinçons on frappe sur un petit morceau de cuivre poli et l'on ob-

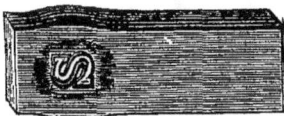

Matrice non justifiée.

tient la gravure de la lettre en creux, d'abord assez imparfaitement parce que la frappe ne creuse pas également, et laisse toujours des bavures qu'on fait disparaître avec le burin, c'est ce qu'on appelle *justifier* c'est-

Matrice justifiée.

à-dire donner à chaque lettre la profondeur nécessaire. On possède alors la matrice de chaque lettre qui, ajustée dans le moule, doit servir à la fonte.

Ce moule, en fer doublé de bois pour le rendre plus maniable, se compose de deux parties, entrant l'une dans l'autre au moyen d'une coulisse et ne laissant entre elles que l'espace de la lettre qu'on doit mouler.

Quant à la matrice, elle n'est pas fixée au fond du moule; elle y est seulement maintenue par des rainures, et on y attache un fil de fer qu'on appelle *archet* et qu'il suffit de tirer ou même d'agiter, car il fait ressort naturellement, pour chasser la lettre du moule.

Ceci disposé, l'ouvrier, tenant d'une main son moule, se place devant un fourneau circulaire supportant autant de creusets qu'il y aura de travailleurs; ces creusets contiennent le métal en fusion, c'est-à-dire du plomb additionné d'une partie d'antimoine, qui varie entre dix et trente pour cent, selon la résistance que l'on veut donner aux caractères.

On ajoute même quelquefois un peu de cuivre.

De la main droite, le fondeur prend dans son creuset, avec une petite cuiller de fer munie d'un bec sur le côté, de façon à ce qu'elle n'ait que juste la capacité nécessaire, le métal en fusion pour fondre sa lettre : il le verse dans un moule, qu'il tient fortement serré dans sa main gauche; il le laisse refroidir un instant; puis, ouvrant le moule, il fait tomber le caractère fondu au moyen d'un petit crochet de fer, qui est attenant au moule.

Chaque caractère se compose de quatre parties : l'œil, le corps, le pied, et la hauteur. L'œil est la partie reproduisant en relief la lettre frappée en creux dans la matrice.

Le corps est l'épaisseur de la lettre, le pied ou tige est la partie quadrangulaire. quant à la hauteur c'est la longueur de cette tige, qui sauf en Angleterre est à peu près uniforme, en tous pays.

Sortant du moule, le caractère n'est pas encore propre à être employé et doit subir diverses opérations : la première est la *romperie*, ainsi nommée parce qu'il s'agit de rompre ou de détacher du petit rectangle allongé, terminé par la lettre, les bavures qui ont été formées par le jet du métal dans le moule.

Lettre sortant du moule.   Lettre finie.

Après la romperie vient la *frotterie;* car ces bavures n'ont pas disparu entièrement à la première opération et il faut que le caractère soit bien lisse sur ses quatre faces.

Ensuite on les justifie, c'est-à-dire que l'on vérifie si tous les caractères de même sorte sont exactement pareils : si l'œil de la lettre est bien placé, si les tiges sont toutes de mêmes dimensions, et, dans le cas contraire, on les réduit avec une lime aux dimensions voulues, qui, naturellement, sont les mêmes de longueur pour toute espèce de caractère, et varient d'épaisseur selon le corps de caractère que l'on fond.

On comprend aisément ce qu'on appelle le corps. C'est, non pas la hauteur de la lettre sans jambage, inférieur ou supérieur,

comme l'*a*, le *c*, l'*o* ; mais la hauteur de la lettre qui aurait à la fois un jambage supérieur comme le *b* ou inférieur comme le *g*, de façon à ce que l'*œil* soit toujours au milieu.

Les lettres sans jambages ont donc un talus de chaque côté, tandis que les lettres bouclées n'en ont qu'un, soit en haut, soit en bas.

Ces vérifications faites, on *écrène* les caractères, c'est-à-dire que l'on fait au canif, dans celles qui, comme l'*f*, ont le crochet dépassant la largeur, un cran qui permet de rapprocher la lettre qui suivra, de façon à ce qu'il y ait le même espace entre chaque lettre, mais comme il y a des lettres comme l'*i* avec son point, l'*l* et l'*f* qui ne pourraient pas se loger dans l'encoche que pratique l'écréneur, on fond des lettres liées comme *fi, fl,* et *ff.*

L'écrénage terminé, et en somme il ne comporte guère que les *f*, on fait une vérification dernière, puis les caractères étant reconnus bons à servir, on les réunit par sortes pour les livrer aux compositeurs.

« Par *sortes* » veut dire les *a* ensemble, les *b* ensemble, etc., car en termes d'imprimerie pour désigner les lettres qui vont ensemble on dit caractère du même corps.

Il y a naturellement beaucoup d'espèces de corps et même il y a des lettres de même corps qui n'ont pas le même œil. Il y a le gros œil, le petit œil, l'œil poétique, ainsi nommé parce que le caractère qui le porte est destiné à la composition des vers ; c'est pour cela, du reste que les fondeurs ont l'habitude de pratiquer (dans le moule), à la tige de la lettre, un ou plusieurs crans qui indiquent d'abord au compositeur de quel côté il doit placer sa lettre pour qu'elle se trouve dans sa position normale à l'impression; et ensuite de faire distinguer par le nombre de crans, de quel œil est le caractère.

Les différents corps de lettre avaient jadis des dénominations arbitraires , mais depuis l'invention du prototype, due à Ambroise Didot, on les désigne par le nombre de points qu'ils représentent, ce qui n'empêche pas les anciens noms de subsister toujours; on pourrait même dire qu'il y en a de nouveaux, car dans les imprimeries qui ne fondent pas elles-mêmes, on fait presque toujours suivre le type du caractère par le nom du fondeur. Ainsi on dit du *sept Virey*, du *dix Thorey*, bienheureux quand on ne lui donne pas, comme autrefois le nom

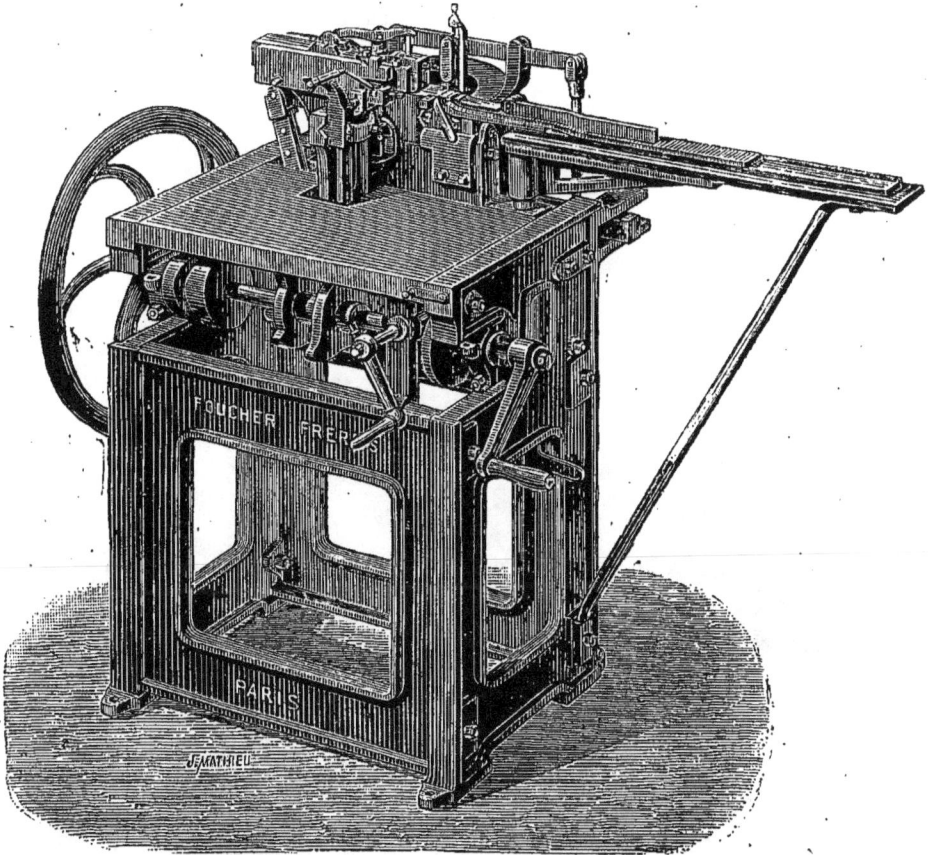

Machine à fondre les caractères, de MM. Foucher frères.

de l'ouvrage auquel il a d'abord été employé.

Voici, d'ailleurs, les noms des différents types de caractères les plus employés dans les imprimeries, avec leur ancienne dénomination :

Le 5	qu'on appelle	Parisienne.
6	—	Nonpareille.
7	—	Mignonne.
8	—	Gaillarde.
9	—	Petit-Romain.
10	—	Philosophie.
11	—	Cicéro.
12	—	Saint-Augustin.

Le 14	qu'on appelle	Gros-Texte.
18	—	Gros-Romain.
20 et 22	—	Parangon.
24	—	Palestine.
26	—	Petit-Canon.
36	—	Trismégite.
40 et 48	—	Gros-Canon.
56	—	Double-Canon.
72	—	Double-Trismégite.
88	—	Triple-Canon.
96	—	Grosse Nonpareille.
100	—	Moyenne de fonte.

Il est entendu que nous n'avons, à propos de la fonte des caractères, donné que le procédé rudimentaire de la fabrication et qu'il y en a d'autres que nous ne décrivons pas, parce qu'ils en dérivent tous.

Sans compter le moule polyamatype inventé par M. Didot, et perfectionné par M. Virey, qui permet à deux seuls ouvriers de produire 50.000 lettres par journée de travail, le moule automatique de MM. Serrière et Bauza, qui peut donner mécaniquement 50.000 lettres en dépensant pour 73 centimes de combustible.

Il existe deux machines nouvelles qui font tout ou partie de la besogne automatiquement, savoir :

La machine de MM. Foucher frères, que nous avons vu fonctionner avec succès à la

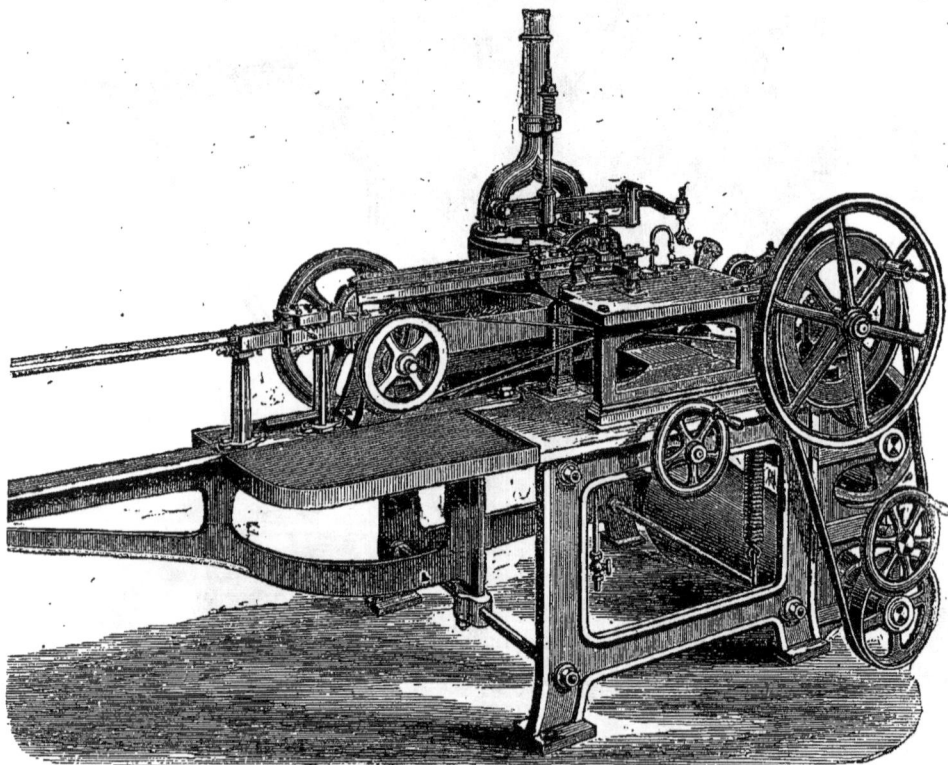

Machine à fondre les caractères, de M. Berthier.

dernière exposition des Arts Industriels et qui est employée journellement dans diverses fonderies, notamment chez M. Warnery.

Cet appareil, que notre gravure fera suffisamment comprendre, supprime trois mains d'œuvre, tout en permettant d'utiliser les matrices déjà frappées, elle fond la lettre, en rompt le jet, et la frotte de deux côtés avec une vitesse considérable, puisqu'on obtient

en moyenne 25,000 lettres par journée de dix heures, et même 30,000 quand la machine est actionnée par un moteur à gaz système Otto, ou à la vapeur.

Et la machine de M. Berthier qui, plus récente, est plus compliquée aussi, mais fait comparativement beaucoup plus de besogne; on pourrait même dire qu'elle la fait entièrement puisque le caractère en sort de hauteur et frotté sur les quatre faces, seulement le jet n'est pas entièrement rompu, mais il suffit de faire le chemin, ou pied, en quelques coups de lime, pour que la lettre se trouve d'aplomb.

En général, et la question de vitesse à part, le travail avec les machines à fondre est préférable au travail manuel; d'abord, ce qui passe avant tout, elles suppriment pour les ouvriers les indispositions et même les maladies qu'ils contractaient trop souvent par la manipulation constante des caractères; ensuite, elles finissent plus économiquement; car le frottage mécanique ne lèse jamais l'œil de la lettre, et ne fausse aucun caractère. — De là beaucoup moins de rebut.

Il est entendu aussi que l'on donne le nom

HAUT DE CASSE

A	B	C	D	E	F	G		A	B	C	D	E	F	G
H	I	K	L	M	N	O		H	I	K	L	M	N	O
P	Q	R	S	T	V	X		P	Q	R	S	T	V	X
â	ê	î	ô	û	Y	Z		U	J	É	È	Ê	Y	Z
É	È	Ê	Æ	Œ	W	Ç		ffl	Æ	Œ	W	Ç		!
à	è			ù	§	]		fl			ë	ï	ü	?
»	*	ʊ	J	j	†	)		ff	a e i l m n o r s t v

BAS DE CASSE

w	ç	é	-	'	e		1	2	3	4	5	6	7	8
—	b	c	d				8	esp. moyen.	f	g	h	9 0 / æ œ
z / y	l	m	n	i			o	p	q	; ffl k 1/2 cad. / esp. fines fi : cadra.tins
x	v	u	t	espaces			a	r	.	,	cadrats

Casse en deux pièces.

des caractères, non seulement aux lettres, mais encore à tous signes de ponctuation, les chiffres et les signes accessoires, employés dans la composition d'un livre.

Les espaces, cadrats et cadratins, dont nous parlerons tout à l'heure, et qui sont fondus de la même façon que les caractères, ne portent point ce nom, parce qu'ils ne sont pas apparents à l'impression; précisément par la raison qu'ils servent à séparer les mots entre eux, ou à espacer les lettres.

d'un même mot, lorsqu'on est obligé de faire une division, c'est-à-dire de reporter à la ligne suivante, la fin d'un mot trop long, pour tenir dans la ligne commencée.

Nous avons expliqué ce qu'on entendait par sortes, il nous reste à dire que chaque sorte de lettres comprend, du même corps

F ғ F ғ f ƒ

naturellement, des lettres de formes différentes : savoir la lettre ordinaire qu'on appelle le *bas de casse*, tant en *romain* (c'est le nom qu'on donne au caractère droit) qu'en *italique* (caractère penché qu'on emploie pour les mots soulignés), les petites capitales ayant la hauteur de l'œil de la lettre ordi- naire et les grandes capitales ayant toute la hauteur du corps; il y a aussi les lettres qui servent pour les abréviations et qu'on appelle des *supérieures*.

On peut parler, mais seulement pour mé-

A	B	C	D	E	F	G		a	e	i	l	m	n	o	r	s	t	v	ë	ï	ü
H	I	K	L	M	N	O		É	È	Ê	Æ	Œ	W	Ç							
P	Q	R	S	T	V	X		fl	â	ê	î	ô	û	!							
»	)	U	J	j	Y	Z		ff	à	è		ù	&	?							
/	ç	é	.	'				1	2	3	4	5	6	7	8						
— w	b	c	d		e			s	nom. moy.	f	g	h	9 0 œ œ								
ż y	l	m	n	i				o	p	q	; ffi k 1/2 cad. esp. fines fi : cadra tins										
x	v	u	t	espaces				a	.	r	.	,	cadrats								

Casse en une pièce.

moire, des lettres ornées, car elles ne font pas partie intégrante de la sorte, et ne s'emploient qu'accidentellement; nous aurons du reste l'occasion de nous en occuper en décrivant la composition.

LA COMPOSITION

On appelle composition, et le mot est très expressif, l'assemblage des caractères destinés à former les mots, les lignes et, par

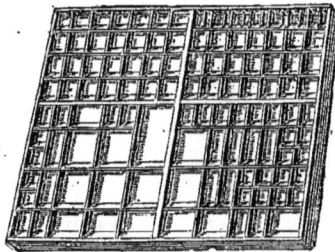

Casse, système Berthier.

extension, les pages qui composent un journal ou un volume.

Pour que l'ouvrier, qui prend tout naturellement le nom de compositeur, puisse faire ce travail avec méthode et surtout sans perte de temps, les caractères sont disposés par sortes dans un grand casier à compartiments qu'on appelle *casse* : chaque compartiment destiné à recevoir la lettre se nomme *cassetin*.

Comme il faut un très grand nombre de cassetins pour qu'une casse soit complète, on la divise en deux parties séparées qu'on appelle *casseaux* et qui la rendent plus facilement transportable, sur l'espèce de pupitre que les imprimeurs appellent un *rang*, parce qu'ordinairement, et sauf les cas où la place manque, ils sont placés en file, à côté l'un de l'autre.

La partie supérieure de la casse, comprenant 98 cassetins, dans lesquels sont distribués les capitales grandes et petites, les lettres supérieures et la plupart des signes de ponctuation, s'appelle *haut de casse.*

La partie inférieure de 54 cassetins, contenant les lettres ordinaires, les chiffres et les espaces, s'appelle *bas de casse*, ce qui fait qu'on donne le nom de bas de casse aux caractères courants.

Comme on le pense bien, la disposition des casses n'est pas absolue et varie selon les imprimeries; d'autant qu'on en fait maintenant beaucoup en une seule pièce, le modèle que nous en donnons, et qui est le sys-

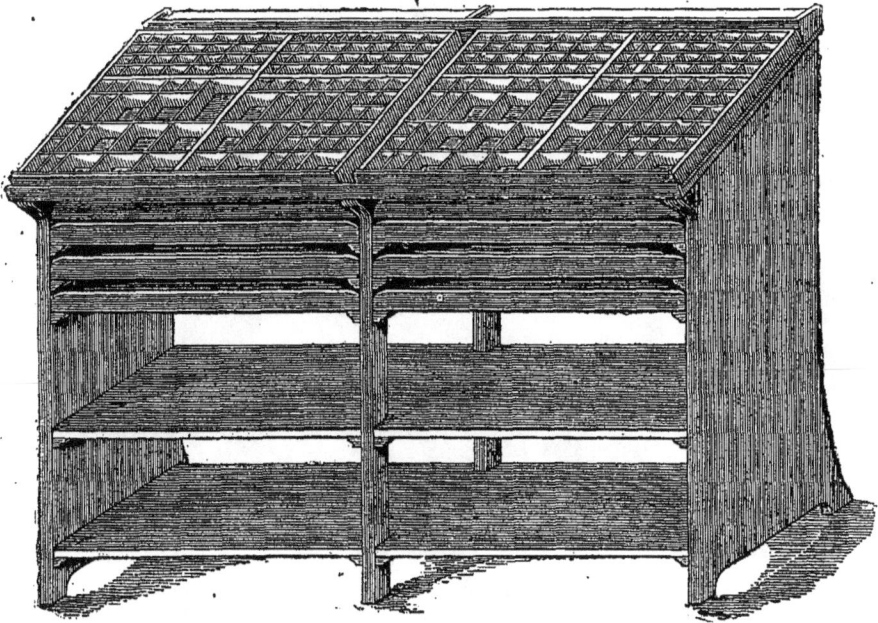

Rang en bois à deux places, pour casses en deux pièces.

tème classique, suffira pour faire comprendre que les lettres n'y sont pas réparties par ordre alphabétique, dans des cassetins symétriquement de même grandeur, mais bien placées le plus à portée de la main du compositeur, selon la fréquence de leur emploi.

Nous donnons aussi, du reste, un modèle de casse en une seule pièce avec la disposition adoptée par M. Berthier.

Cette casse, pour laquelle le constructeur a pris un brevet, facilite beaucoup le travail du compositeur, les séparations de chaque compartiment étant penchées, de façon à permettre facilement et promptement l'enlèvement des lettres, qui descendent ainsi d'elles-mêmes, à la portée des doigts de l'ouvrier.

La casse, ne pouvant contenir que pour environ une journée de travail d'un ouvrier, ne renferme naturellement pas toute la fonte d'un caractère, et les sortes qui n'y peuvent tenir sont déposées dans des tiroirs divisés comme les casses et qu'on appelle des *bardeaux.*

Ces tiroirs sont déposés le long des murs de l'imprimerie, au bas des rangs et dans les espèces d'établis qu'on appelle *pieds de marbre* et dont nous verrons l'emploi tout à l'heure.

Quant aux rangs, nous en donnons dès maintenant deux spécimens, fabriqués par MM. Fouché : le premier en bois donne place à deux compositeurs ; sous chaque casse, il y a trois bardeaux, et deux tablettes où l'ouvrier peut déposer ses paquets au fur et à mesure qu'ils sont faits.

Le second est en fonte, également pour deux compositeurs, les casses sont d'une seule pièce et au-dessus des casses il y a des galées où l'ouvrier peut réunir ses paquets ; en dessous, une tablette et cinq bardeaux tiroirs.

L'ouvrier fait sa casse lui-même ; si le caractère est neuf, le travail est facile puisque, sortant de la fonte, les lettres sont assemblées par sortes ; s'il a déjà été employé, ce qui est le cas le plus ordinaire, il le prend

Rang en fonte à deux places, pour casses en une seule pièce

par paquets, dans le caractère disponible que l'on appelle *distribution*, précisément parce qu'il s'agit de le distribuer, par sortes, dans les cassetins.

Pendant ce temps, le chef d'atelier, qu'on appelle *prote*, du grec *protos*, qui veut dire premier, a remis au chef de chaque équipe, qui se nomme le *metteur en pages* le texte à imprimer, appelé très improprement *copie*, que celui-ci distribue aux compositeurs.

S'il s'agit de la composition d'un journal,

qui doit être terminée à heure fixe, la copie est divisée en portions très exiguës, de façon qu'un article entier puisse être fait et corrigé en peu de temps ; pour cela le metteur en page cote les feuillets avec des chiffres et des lettres de repère, afin de pouvoir classer par ordre et très vite, les paquets de composition qui lui seront remis par les typographes.

S'il s'agit d'un long article de revue, d'un roman, d'un ouvrage de longue haleine, en un mot de ce qu'on appelle un *labeur*, la

copie est donnée par portions plus considérables aux compositeurs, qui peuvent
alors commencer leur travail, et se mettent
à *lever la lettre.*

Pour cela, l'ouvrier assis sur un haut ta-
bouret, mais plus généralement debout devant la casse, sur laquelle est fixée sa copie, a
dans la main gauche son composteur, espèce
de règle à rebords, munie d'une coulisse qu'il
a fixée d'avance à la longueur exacte des
lignes à composer (ce qu'on appelle justifier
son composteur), dont le plan doit recevoir

Composteur, système à levier de MM. Fouché frères.

les lettres au fur et à mesure qu'il les lève
des cassetins, avec une rapidité qui étonne
les non initiés.

Chaque mot composé est séparé du suivant par une garniture qu'on appelle espace,
et quand sa ligne est pleine, à quelques millimètres près, l'ouvrier la *justifie*, c'est-à-
dire qu'il la force dans le composteur au
moyen des espaces et qu'il règle ses divisions, lorsqu'un mot entier ne peut trouve
place dans la ligne, en portant la suite à la
ligne suivante, et en terminant la première
par un trait qu'on appelle division.

Une ligne qui finit un alinéa, mais qui
laisse un vide, se complète par des garnitures qu'on appelle cadrats; car tout doit
être plein dans la composition, de façon à
faire une masse compacte, dont aucun caractère ne bouge à l'impression.

Ce qui fait que lorsqu'on emploie, pour
commencer un alinéa, une lettre de fantaisie plus haute que le corps du caractère,

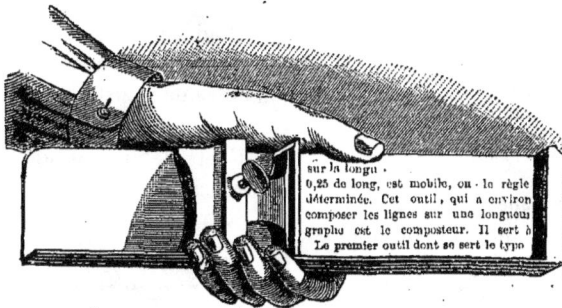

Composteur plein. — Système à vis de M. Berthier.

on est obligé de garnir le haut du restant
de la ligne avec des interlignes coupées à la
longueur voulue, c'est ce qu'on appelle
parangonner.

PARANGONNAGE

On parangonne aussi, lorsque n'ayant
pas des lettres supérieures du corps comme
pour Mme ou Mlle, on emploie des lettres
d'un corps plus petit; autrement la composition ne serait pas solide et se mettrait en
pâte au premier mouvement.

La ligne qui commence par un alinéa est
précédée d'un petit lingot uniforme qu'on
appelle cadratin.

Voici du reste la liste de toutes les espaces qui servent à produire les blancs.

espaces fines, | espaces moyennes, | espaces fortes, ▨ demi-cadratin, ▮ cadratin, cadrats.

S'il s'agit d'un journal, le compositeur met ses lignes l'une sur l'autre dans son composteur jusqu'à ce qu'il soit plein, en plaçant seulement sur chaque ligne terminée un filet appelé *porte-ligne*, qui facilite le glissement de la lettre, et qu'il change de place à chaque ligne justifiée.

S'il s'agit de la composition d'un labeur, ou même d'un journal qui ne s'imprime pas en plein, les lignes sont séparées par des espaces horizontales qu'on appelle des *interlignes* et qui sont de l'épaisseur d'un point, de deux points, de trois points : selon qu'on veut donner plus ou moins de blanc pour l'écartement des lignes de l'ouvrage à composer.

Lorsque le composteur est plein, et cela arrive fréquemment, puisqu'il ne contient que cinq à huit lignes, suivant la force du caractère, l'ouvrier enlève sa composition et

Galées-violon.

la dépose sur une espèce d'ais à rebords qu'on appelle *galée*, et quand cette galée est pleine, ou du moins renferme assez de ma-

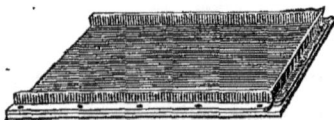

Galée.

tière pour faire une page ou un paquet, il l'entoure d'une ficelle qui la lie fortement ; la dépose sur une feuille de papier double, qu'on appelle *porte-page*, et le met sous son

rang en attendant qu'il ait assez de *paquet* pour en faire des épreuves.

Pour les impressions industrielles, qu'on appelle travaux de ville, la composition diffère en ce qu'elle n'est pas confiée à des ouvriers qui font vite, mais à des spécialistes qui s'attachent surtout à faire bien.

Dans ces sortes de travaux, la composition proprement dite, le lever de la lettre, est peu de chose, on n'emploie généralement que des caractères de fantaisie qu'il faut varier à chaque ligne ; c'est la disposition et l'ajustement, on peut même dire aussi l'ajustage des filets qui a toute l'importance ; aussi tout se fait-il à la fois, et compose-t-on par pages ou par tableaux

Les filets qui jouent un si grand rôle dans ces sortes de travaux, concurremment avec les vignettes, qui sont surtout employées pour les cadres, sont le plus souvent en cuivre et fondus en lames de 90 centimètres de longueur, sur une force de corps qui varie entre 2 et 12 points.

Ils se distinguent en filets maigres qui s'utilisent le plus souvent dans les tableaux pour séparer les colonnes verticales.

Doubles filets maigres, employés pour la colonne des francs, dans les factures ou feuilles de registre.

Filets demi gras qui servent à séparer horizontalement les têtes de tableaux.

Filets gras, qui de même que les filets

tremblés s'emploient généralement pour les

encadrements de couvertures.

Doubles filets de cadres : l'un maigre et l'autre gras, il y en a de deux corps : sur

3 points et sur 6 points, qu'on utilise selon la grandeur des pages à encadrer ; quand ce sont des pages de journaux ou de publi-

cations d'un luxe relatif (celles de vrai luxe
ne s'encadrent plus), on emploie de préférence deux filets maigres un peu plus espacés.

Filets azurés, qui n'ont d'emploi que pour
les chèques, mandats, traites, reçus; et

filets pointillés, qui servent pour les factures
et les registres pour simuler la réglure,

il va sans dire que ce filet doit être tiré très
légèrement.

Outre les filets, il y a les accolades dont

l'usage est fréquent, dans les tableaux et
têtes de registres.

Et les couillards, espèces d'accolades

droites, dont on se sert dans les journaux,
et les publications en colonnes, de préférence aux filets, pour séparer deux articles.

Mais ces derniers sont fondus séparément
et se mettent en casses comme les caractères.

Quant aux vignettes, ce sont des blocs de
corps plus ou moins gros, fondus absolument
comme des caractères, et qu'on emploie

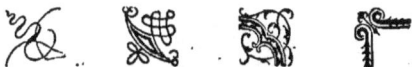

pour former des cadres, dont les angles
sont fournis par des vignettes spéciales.

Il est vrai qu'il y a aussi des vignettes
disposées en frontispices et en culs-de-
lampes, surtout pour les impressions de
luxe en caractères antiques qu'on appelle
elzéviriens; mais leur emploi se trouve tout
indiqué par leur type.

Elles rentrent, du reste, dans la catégorie
des lettres ornées qui viennent de fonte.

On comprend maintenant comment on
peut faire des tableaux, des encadrements,
des couvertures avec des vignettes, des
filets et des caractères de fantaisie, mais
toute la difficulté n'est pas là, car on
n'opère pas toujours en lignes horizontales,
les titres des livres sont souvent cintrés, les
manchettes des factures sont presque toujours en ovale, et il faut préparer ses filets
en conséquence.

Il y a pour cela un petit appareil fort
ingénieux que fabrique M. Berthier; notre
dessin en fera voir le fonctionnement.

Avec cet appareil on peut, selon qu'on le
règle, au moyen d'anneaux et de noyaux
en acier qui font toute la besogne, obtenir
des filets, en formes circulaires, ovales,
ondulées et même rectangulaires, ce qui
évite l'assemblage des filets. L'opération
est très simple. Le filet, après avoir été
chauffé légèrement à la flamme d'une bougie

Appareil pour cintrer les filets de cuivre.

Cadrats cintrés pour la composition des lignes courbées.

ou d'un bec de gaz (ce qui augmente la
malléabilité du cuivre), est placé entre les
anneaux, le levier fermé, on serre la vis

jusqu'au bout et le filet prend exactement
la courbe de l'anneau dans lequel il est
enchâssé.

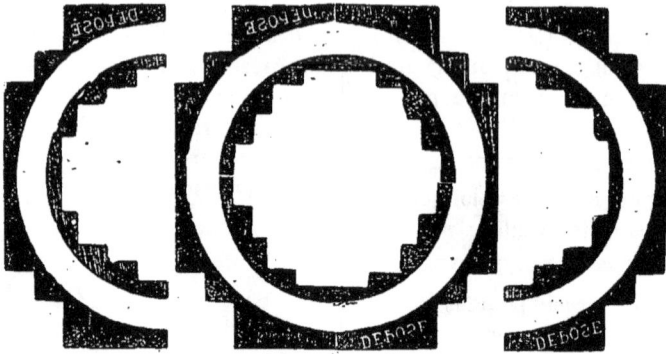

Cadrats cintrés pour ronds ou ovales.

La composition en lignes courbes, qui paraît très difficile au premier abord, est singulièrement simplifiée par l'emploi de cadrats cintrés, fondus tout exprès en deux

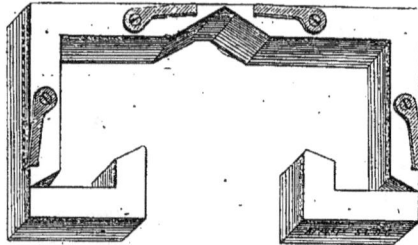

Équerre fermée (système Sixte Albert).

parties qui s'ajustent l'une sur l'autre, en laissant entre elles le blanc devant contenir les caractères, qu'on n'a plus alors qu'à placer suivant la méthode ordinaire, sauf à

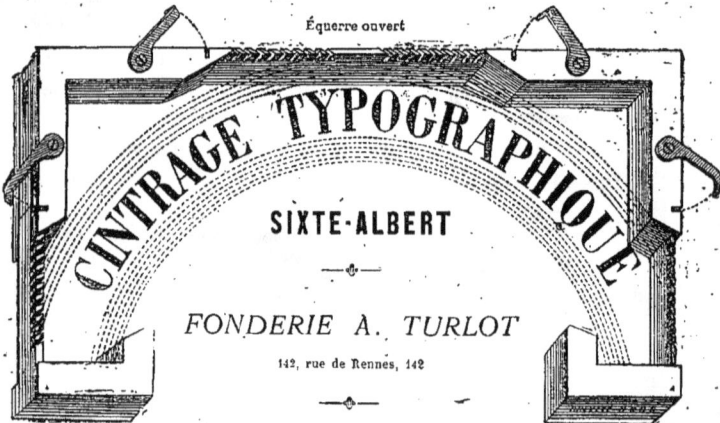

Équerre ouvert

CINTRAGE TYPOGRAPHIQUE

SIXTE-ALBERT

FONDERIE A. TURLOT

142, rue de Rennes, 142

prendre un peu plus de soin pour la justification de la ligne, en proportionnant les espaces selon la courbe dessinée.

Les encadrements ronds, ovales eu vignettes ou en caractères s'obtiennent de la même façon, un rond étant la réunion de deux séries de cadrats cintrés en demi-cercle, qui s'ajustent parfaitement l'un sur l'autre, laissant le blanc qu'il faut remplir de vignettes ou de caractères.

Les deux mêmes demi-cercles peuvent servir pour les encadrements ovales ; il suffit de ne pas les réunir immédiatement, et de placer entre eux des parties droites de cadrats, que l'on allonge autant qu'il est nécessaire.

On fond, du reste, des séries de cadrats cintrés s'ajustant en ovales parfaits, tant il est vrai que le perfectionnement n'a jamais dit son dernier mot.

Il y a du reste encore mieux que cela, le système de cintrage combiné, de M. Sixte Albert, qui, avec un seul appareil, permet d'exécuter toutes les courbes que l'on veut, ce qui n'est pas le cas des cadrats cintrés qui, n'étant en somme que des moules, sont d'un emploi assez limité.

L'instrument nouveau, déjà adopté presque partout, se compose d'équerres à coulisse en bronze, reliées de six en six points typographiques par trois typomètres en cuivre, avec lesquels on peut élargir ou serrer à volonté la ligne de composition, suivant les besoins de la justification.

Le compositeur présente sa ligne entre deux interlignes, la place dans l'équerre et la serre exactement à la courbe qu'il veut avoir, et alors il n'a plus qu'à justifier.

On comprend que ce système puisse servir aussi, et même plus facilement que les cadrats cintrés, pour les encadrements ronds ou ovales, puisqu'il n'y a pour cela qu'à réunir deux appareils et il n'est même pas besoin d'une grande habileté.

Veut-on maintenant se donner une idée, de ce qu'on peut faire en typographie avec de l'habileté poussée jusqu'à l'art et une patience de bénédictin ; qu'on regarde le dessin ci-contre représentant le fameux groupe du Laocoon composé en filets typographiques par M. Sixte Albert, et dont la forme a été l'une des curiosités de l'exposition universelle de 1878.

C'est une reproduction exacte, artistique même et pourtant il n'y a dans cette composition que des espaces de toutes sortes, cadrats, cadratins, juxtaposés dans tous les sens, et des filets, tordus, recourbés selon les exigences du dessin, assemblés avec une telle rectitude qu'il n'y a pas de solutions de continuité à l'impression.

Il est vrai que de pareils travaux, malgré leur intérêt, ne sont que des fantaisies d'artiste, ils n'auraient aucune raison d'être en typographie, où la plus mauvaise gravure, obtenue très vite, fera toujours plus d'effet qu'un chef-d'œuvre d'ajustage très long et très difficile ; ils n'en méritent pas moins de tous le tribut d'éloges qu'ils obtiennent des gens du métier.

LES ÉPREUVES.

Dans beaucoup d'imprimeries, les épreuves sont faites par un ouvrier spécial qu'on appelle le *pressier*.

Ces épreuves sont tirées sur une presse à bras ordinaire, ou plus commodément, plus rapidement surtout, sur de petites presses spéciales que fabriquent maintenant presque tous les constructeurs.

Nous en citerons quatre comme les plus usitées et par rang d'ancienneté.

1° La presse à cylindres mobiles de M. Boildieu, appareil aussi simple qu'ingénieux ; il se compose d'un marbre en fonte d'une seule pièce, muni de deux chemins de la hauteur de la lettre, sur lesquels on fait rouler, en le prenant par les poignées, un cylindre en fonte assez pesant pour donner une impression nette.

2° La petite presse à bras de MM. Fouché frères, diminutif de la presse système Stanhope, mais beaucoup plus expéditif et beaucoup plus léger, à ce point qu'on peut au besoin la poser sur une table.

Le Laocoon, composition en filets typographiques, de M. Sixte Albert.

Le grand modèle de cette presse, car il y en a sur lesquelles on peut tirer des affiches de 48 sur 36, est fixé sur un banc au moyen de vis.

Les mêmes constructeurs ont d'ailleurs, plus spécialement pour les épreuves, un marbre presse avec rouleau garni d'étoffes qui imprime des placards de 18 sur 24 centimètres.

3° La petite presse à épreuves, construite spécialement par MM. Pierron et Dehaître pour le service des journaux et les imprimeries où l'on dispose de peu de place.

Ce modèle, très ramassé, qu'on peut monter sur une table, sur un coin de marbre ou de bardeau, fonctionne pour le tirage des épreuves, dans nombre d'imprimeries de journaux, notamment au *Figaro*, au *Petit Journal*, à l'*Estafette*, au *Gaulois*, etc.

Il va sans dire qu'il peut être employé aussi pour faire les reports, et pour les im-

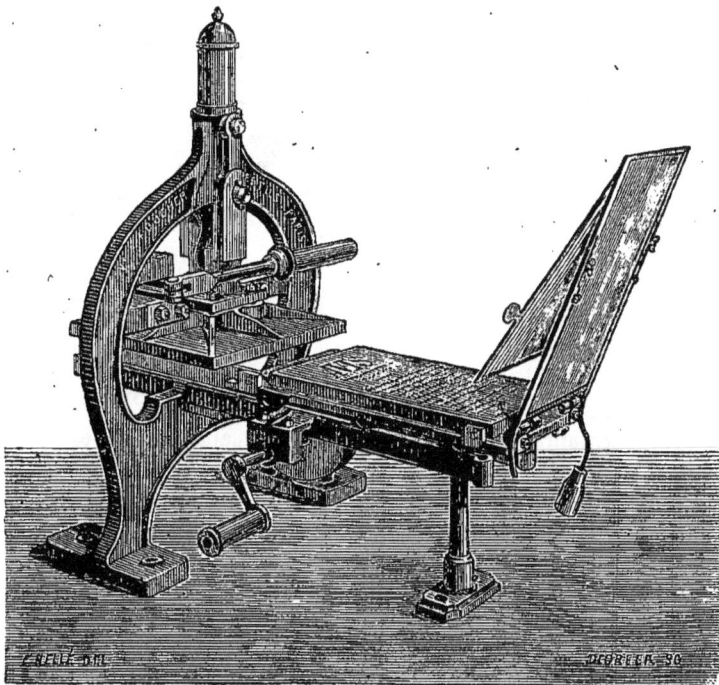

Petite presse à bras de MM. Fouché frères.

pressions à petit nombre, aussi soignées que l'on veut, puisqu'on peut régler le foulage et faire une mise en train.

Et 4° La *mignonnette*, petite presse construite par M. Berthier. Comme on le voit par notre dessin, le mécanisme en est des plus simples, il se compose d'un marbre supportant un châssis sur lequel on met la composition et d'une platine, garnie d'une étoffe qu'on appelle *blanchet*.

Pour imprimer il suffit d'abaisser la platine jusqu'à ce que les deux crochets aient

fermé la presse, dont on règle la pression au moyen d'un levier.

Comme toutes les presses à bras, du reste, la mignonnette est pourvue d'un cadre en fer, qu'on appelle *frisquette* et qui, placé sur le blanchet, sert à maintenir le papier au moment où l'on abat la platine, et à le ramener quand l'impression est faite.

Nous entrerons dans plus de détails lorsque nous parlerons des presses et du tirage, pour le moment nous n'en sommes encore qu'aux épreuves.

Disons maintenant que ce système de tirage d'épreuves par des pressiers n'est en usage que pour les labeurs; car pour le journal qui demande la plus grande célérité, sitôt qu'un fragment de copie est terminé, le compositeur en tire lui-même, à la

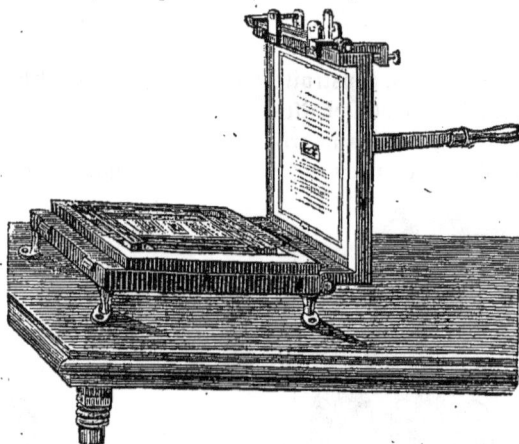

La *Mignonnette*, presse à épreuves de M. Berthier.

brosse, une épreuve qu'il remet au *metteur*, lequel, après l'avoir réunie dans son ordre aux autres paquets du même article, la fait passer aux correcteurs en première, qui renvoient les épreuves après avoir indiqué dessus, au moyen de signes conventionnels, les fautes typographiques et grammaticales à réparer.

LA CORRECTION

Le tableau que nous reproduisons ci-con-

Presse à épreuves de MM. Pierron et Déhaître.

tre du protocole des corrections adopté dans toutes les imprimeries, donnera une idée de la diversité des corrections; diversité qui s'explique d'autant mieux que l'ouvrier levant sa lettre avec la plus grande rapidité, puisque son salaire est proportionné au

ÉPREUVE À CORRIGER

NOTICE SUR GUTENBERG   33

La première idée de Gutenberg fut de faire en grand ce que faisaient en petit les faiseurs d'images, vulgairement appelés tailleurs de bois; c'est-à-dire de graver sur des planches de bois et à rebours, les lettres, les ~~sur des planches de bois et à rebours, les lettres, les~~ mots et les phrases d'un discours suivi; chose qui, comme je l'ai dit plus haut, était pratiquée depuis long-temps en Chine et au Japon. Mais ces expériences furent malheureusement sans succès valable; ce genre d'impression employait un temps considérable à exécuter; on n'en pouvait tirer qu'un travail imparfait et grossier, pouvant à peine rivaliser avec le genre d'exécution des anciens livres manuscrits. Le seul avantage que l'on pouvait retirer de ces planches, avantage déjà assez grand, il est vrai, était de pouvoir imprimer un nombre d'exemplaires indéfini. Mais les fautes de texte, comment pouvait-on les corriger? De plus, chaque planche ne pouvait servir que pour une seule page, et, conséquemment, pour un seul livre; et la sécheresse ou l'humidité les détériorait de manière que souvent, à peine gravées elles pouvaient plus servir.

Il dépensa ainsi tout son bien en essais infructueux et sans avoir pu réduire à pratique cette précieuse théorie, ce qui le détermina à confier son secret à quelques bourgeois de Mayence qui l'aidèrent d'argent, et dont l'un d'eux, Jean Fust ou Faust, originaire d'Aschaffembourg, l'aida beaucoup dans l'avancement de cet art.

EXPLICATION DES SIGNES

Supprimez une lettre en rapprochant.

———— en écartant.

Mettez en italique.

Supprimez une lettre.

———— une ligne.

Retournez.

Transposez une lettre.

———— un mot.

Écartez les deux mots.

———— lignes.

Rapprochez les lettres du même mot

———— les deux lignes.

Alignez.

Nettoyez.

Changez.

Intercalez.

Changez des lettres mauvaises.

———— d'un autre œil.

Abaissez des espaces.

———— des lettres.

Intercalez un mot.

Faites un alinéa.

Supprimez l'alinéa.

Remaniez.

Grandes et petites capitales.

ÉPREUVE CORRIGÉE

NOTICE SUR GUTENBERG   33

La première idée de Gutenberg fut de faire en grand ce que faisaient en petit les faiseurs d'images, vulgairement appelés *tailleurs de bois*; c'est-à-dire de graver sur des planches de bois et à rebours, les lettres, les mots et les phrases d'un discours suivi; chose qui, comme je l'ai dit plus haut, était pratiquée depuis longtemps en Chine et au Japon. Mais ces expériences furent malheureusement sans succès valable; ce genre d'impression employait un temps considérable à exécuter, on n'en pouvait tirer qu'un travail imparfait et grossier, pouvant à peine rivaliser avec le genre d'exécution des anciens livres manuscrits. Le seul avantage que l'on pouvait retirer de ces planches, avantage déjà assez grand, il est vrai, était de pouvoir imprimer un nombre d'exemplaires indéfini. Mais les fautes de texte, comment pouvait-on les corriger? De plus, chaque planche ne pouvait servir que pour une seule page, et, conséquemment, pour un seul livre; et la sécheresse ou l'humidité les détériorait de manière que souvent, à peine gravées, elles ne pouvaient plus servir.

Il dépensa ainsi tout son bien en essais infructueux et sans avoir pu réduire à pratique cette précieuse théorie, ce qui le détermina à confier son secret à quelques bourgeois de Mayence qui l'aidèrent d'argent, et dont l'un d'eux, Jean Fust ou Faust, originaire d'Aschaffembourg l'aida beaucoup dans l'avancement de cet art.

travail qu'il accomplit, il en résulte, à moins d'une habileté exceptionnelle, des fautes de toute nature, comme lettres substituées, qu'on appelle des *coquilles*, lettres ou mots à retourner, lignes oubliées (*bourdons*), doubles emplois (*doublons*), petites ou grandes capitales oubliées, mots à mettre en italique, mots à séparer ou à rapprocher, lettres d'un autre œil à remplacer, et bien d'autres, ainsi qu'on le verra par le protocole.

Chaque compositeur corrige lui-même les paquets qu'il a composés. Ce travail se fait sur la galée, ou chaque paquet est replacé, au moyen d'une petite pince avec

Pince pour la correction.

laquelle on extrait du bloc les caractères qui doivent être remplacés par d'autres. Cette correction faite, l'ouvrier donne une nouvelle épreuve qu'on appelle épreuve en seconde et n'a plus à s'occuper de son paquet; il sera corrigé de nouveau, par des ouvriers spéciaux qui prennent le nom de *corrigeurs* et qui travaillent, comme on dit, à la conscience, c'est-à-dire à l'heure ou à la journée.

Comme outils spéciaux le corrigeur a, soit une galée à pieds sur laquelle il dépose

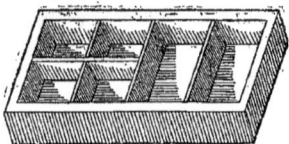

Boîte à corrections.

d'avance toutes les lettres nouvelles qui doivent entrer dans les corrections à faire, soit une espèce de casseau appelé boîte à correction, qui est infiniment plus commode, surtout quand il s'agit d'aller corriger à la presse.

La nouvelle épreuve, avant d'être revue par le correcteur en seconde, est envoyée à l'auteur pour qu'il y fasse les remaniements qu'il juge à propos, le correcteur la relit ensuite et la fait passer aux *corrigeurs*.

Cette deuxième correction terminée, le *metteur* peut s'occuper de sa mise en page.

Déjà, s'il s'agit d'un journal et nous en parlerons d'abord comme du travail, sinon le plus délicat, du moins le plus difficile, puisqu'il doit être exécuté rapidement; déjà il a préparé ses interlignes, coupé ses filets, composé ses titres, et sitôt qu'il a pu rassembler tous ses paquets, il commence à mettre en pages.

LA MISE EN PAGES

Cette opération, souvent laborieuse, est toujours intelligente; l'habitude, la routine du métier y seraient complètement insuffisantes, il y faut presque toujours de l'art; car il n'est pas aussi facile qu'on pourrait croire de donner de l'œil à un titre, de l'air à une page et de la grâce à tout l'ensemble; aussi les metteurs en page sont-ils des ouvriers d'élite.

Le matériel du metteur est très multiple, car comme chef d'équipe il est appelé à toucher à peu près à tout; outillé pour composer aussi bien que pour corriger, il se tient devant une espèce d'établi assez spacieux pour qu'il y puisse mouvoir à l'aise les différents paquets qu'il doit rassembler et qu'on appelle encore *marbre*, bien qu'il soit aujourd'hui recouvert d'une plaque de fonte, aussi polie mais plus résistante que ne l'était autrefois le marbre.

Le dessous de ces établis peut être plein, puisque l'ouvrier travaille debout; on l'utilise de différentes façons, soit en bardeaux où se place la réserve des caractères, soit en tiroirs pour les petits outils, coins et garnitures, soit en tablettes fixes, où l'on range provisoirement les paquets qui ne doivent pas servir sur-le-champ, soit en tablettes mobiles qu'on appelle des ais, qui reçoivent les paquets à distribuer, soit en porte-formes.

I y en a même qui servent à la fois aux divers usages, et ce sont les plus commodes de tous. Celui dont nous donnons un dessin est fabriqué par MM. Fouché frères; il a un tiroir, trois rangs d'ais et des X (c'est ainsi qu'on appelle les porte-formes) pour contenir des formes.

A portée de son marbre, le metteur en pages a divers instruments qui servent aussi aux ouvriers de la conscience, savoir: le coupoir aux interlignes, car bien qu'il en ait toujours d'avance une certaine quantité, disposées symétriquement dans une casse spéciale, il n'en a jamais assez; soit pour séparer ses articles, soit pour jeter du blanc dans ses colonnes, de façon à ce que toujours elles commencent et finissent par une ligne pleine.

Il y a de nombreuses sortes de coupoirs soit pour interlignes, soit pour filets; rien que chez M. Berthier nous en trouvons une dizaine, nous en citerons trois seu-

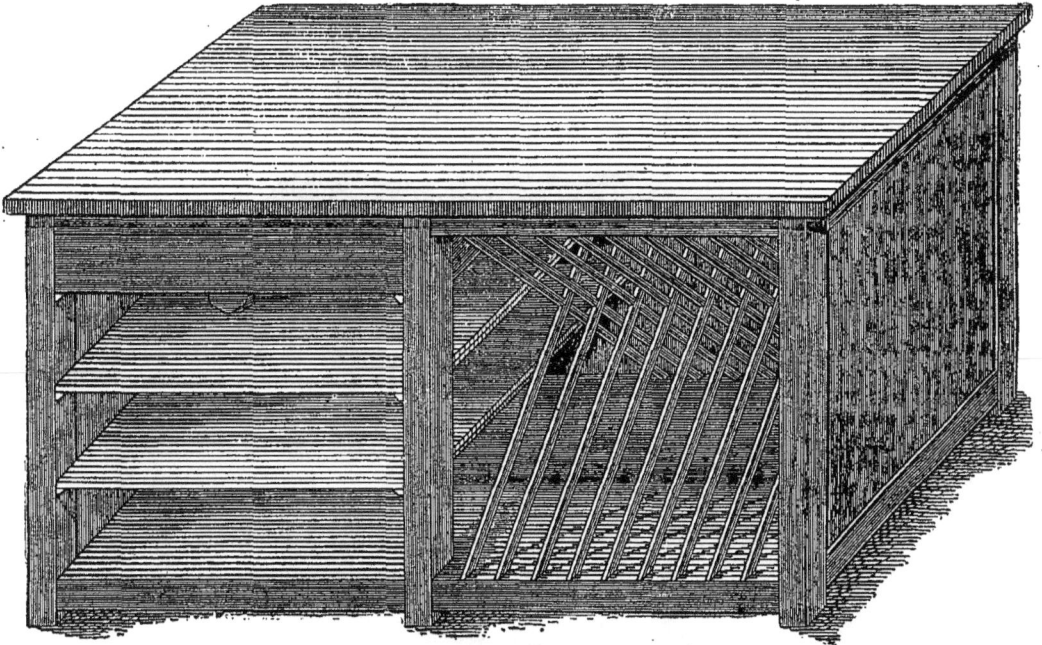

Pied de marbre mixte de MM. Fouché frères.

lement qui se recommandent chacun de leur façon.

Il y a la cisaille-coupoir, plus spécialement destinée aux ouvriers compositeurs, auxquels elle évite de se déranger pour couper leurs interlignes sur la justification nécessaire, car on peut l'installer sur la casse même, où elle fonctionne exactement comme de grands ciseaux, et elle tranche les interlignes à la longueur voulue que l'on peut déterminer, en justifiant d'avance le plateau récepteur.

Il y a le coupoir perfectionné, composé comme le coupoir ordinaire, du reste, de deux parties : une petite presse à levier et un plateau installé comme un composteur et qui se justifie de la même façon.

Seulement le coupoir perfectionné est muni à la fois d'un coupe-espaces et de deux lames, l'une destinée à couper les

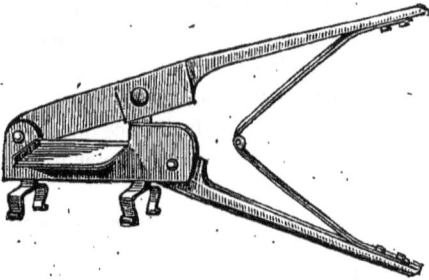

Cisaille-coupoir pour interlignes.

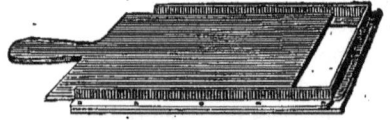

Galée à fond mobile.

interlignes ou filets en matière de composition, et l'autre les filets en cuivre, qui sont plus généralement employés maintenant, parce que leur durée est infiniment plus considérable.

Il y a le nouveau coupoir biseautier, qui

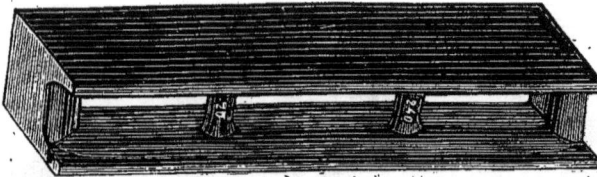

Garniture.

coupoir à cadran dont le levier se relève de lui-même, au moyen d'un ressort, ce qui diminue de beaucoup la fatigue de l'ouvrier, mais encore d'un coupoir à interlignes à l'arrière et, sur le côté, d'une scie assez puissante pour couper les filets de 12,

est un perfectionnement du coupoir à cadran, employé partout pour couper les filets de cadre avec un biseau très régulier, de façon à ce qu'ils s'ajustent exactement et à angles droits.

Car il se compose non seulement d'un

18 et même de 24 points, aussi bien en matière qu'en zinc et cuivre.

Coupoir perfectionné de M. Berthier.

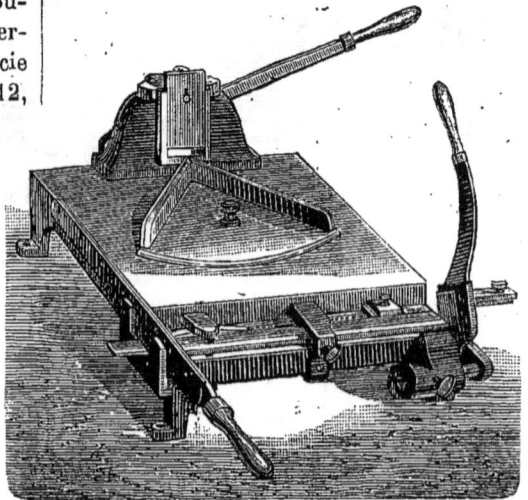

Nouveau coupoir biseautier de M. Berthier.

Naturellement, cette scie peut couper aussi les réglettes en bois, dont on se sert surtout pour garnir les pages encadrées, blanchir les titres, et aussi pour justifier les tableaux et ce qu'on appelle les travaux de ville, mais il y a pour cela un instrument beaucoup plus simple et dont notre dessin, emprunté au catalogue de MM. Fouché, expliquera suffisamment le fonctionnement.

Tout ceci sous la main, le metteur dispose ses colonnes; quelquefois, surtout lorsqu'il s'agit de grands journaux quotidiens, en rangeant ses paquets à nu sur le marbre, après les avoir mouillés un peu avec une éponge humide, pour que les milliers de parties qui les composent ne se désagrègent pas; mais le plus souvent sur une galée à coulisse assez grande pour recevoir la page, et munie d'un premier fond en métal, très mince, qu'il suffit de retirer brusquement de sous la composition, liée de cinq ou six tours de ficelle, pour que celle-ci prenne sa place sur le marbre.

Il y a même des galées plus commodes encore, ce sont celles à fond mobile, dont l'emploi s'explique d'ailleurs facilement.

Chaque page liée séparément, on en fait une épreuve qu'on appelle *morasse*, qui passe sous les yeux du rédacteur en chef du journal, lequel indique ses dernières corrections, et la renvoie avec le bon à tirer, ou avec le bon à clicher, si le journal ne doit pas être tiré sur le *mobile*, ce qui est aujourd'hui le cas le plus ordinaire.

S'il s'agit d'un livre, les opérations de la mise en pages sont les mêmes, si ce n'est qu'on les fait plus à loisir et qu'on n'envoie à l'auteur que les épreuves en feuilles.

Sil s'agit de têtes de lettres, prospectus, factures, impressions industrielles, tableaux et en général de tout ce qu'on appelle travaux de ville et qui sont quelquefois de véritables travaux d'art, la mise en page est plus laborieuse, on le comprend du reste d'après les détails que nous avons donnés sur ce genre de travaux.

L'IMPOSITION

La mise en pages terminée, il reste à imposer, c'est-à-dire à placer les pages dans la position où elles doivent être fixées dans les châssis, qu'on appelle *formes* (par la même raison qu'on nomme *format* la grandeur et la subdivision des pages dans une feuille d'impression), de façon à ce que le papier une fois plié, les folios se suivent dans leur ordre naturel.

Le papier étant imprimé des deux côtés, il faut naturellement deux formes, l'une appelée côté de première (recto) et l'autre côté de seconde (verso).

Les formats sont assez nombreux; les plus usités sont:

L'in-folio, qui fait	4	pages
L'in-quarto —	8	pages
L'in-octavo —	16	pages
L'in-douze —	24	pages
L'in-seize —	32	pages
L'in-dix-huit —	36	pages

Pour l'*in-folio* qui est le format des grands

GUTENBERG
ET
L'IMPRIMERIE
TYPOGRAPHIQUE

Hans ou Jean Gensfleich de Sulgeloch, connu sous le nom de Gutenberg, qui lui vient de sa mère Elise de Gutenberg, naquit à Mayence, ville libre de l'Allemagne, en 1400 suivant le verso la plus commune. A la suite de quelques troubles surve-

— 16 —

C'est à un de ses élèves, Pierre Scheffer, fort habile ouvrier, venant de Paris, où il avait suivi les cours de l'Université et exercé le métier de calligraphe, alors attaché à l'Imprimerie de Gutenberg, qu'était réservée la découverte de la fonte des caractères. « Il avait taillé « des pièces d'acier pur et « les avait gravées; avec « des poinçons il frappait « des matrices d'un métal « plus malléable ; il avait « su placer ces matrices journaux et des couvertures, l'imposition se fait de la façon suivante :

CÔTÉ DE PREMIÈRE		CÔTÉ DE SECONDE	
1	4	3	2

L'*in-quarto*, qui est l'in-folio plié en deux, s'impose ainsi :

CÔTÉ DE PREMIÈRE		CÔTÉ DE SECONDE	
4	5	6	3
1	8	7	2

L'*in-octavo* est la feuille de papier plié en quatre.

CÔTÉ DE PREMIÈRE				CÔTÉ DE SECONDE			
8	9	12	5	6	11	10	7
1	16	13	4	3	14	15	2

L'*in-douze*, s'obtient en pliant d'abord en trois la feuille de papier de sa hauteur et ensuite en deux dans sa largeur.

CÔTÉ DE PREMIÈRE				CÔTÉ DE SECONDE			
12	13	16	9	10	15	14	11
8	17	20	5	6	19	18	7
1	24	21	4	3	22	23	2

L'*in-seize*, qui est la feuille de papier pliée en huit, s'impose ainsi :

CÔTÉ DE PREMIÈRE				CÔTÉ DE SECONDE			
4	29	28	5	6	27	30	3
13	20	21	12	11	22	19	14
16	17	24	9	10	23	18	15
1	32	25	8	7	26	31	2

L'*in-dix-huit*, très usité maintenant pour les romans, s'obtient en deux cahiers, l'un de 24 pages, et le second de 12 pages ; en somme c'est une feuille et demie d'in-douze, et c'est pourquoi nous ne donnons l'imposition que du *carton* ; c'est le nom qu'on

donne aux portions de feuilles intercalées dans une brochure ou dans un livre.

CÔTÉ DE PREMIÈRE		CÔTÉ DE SECONDE	
23	30	30	31
28	33	34	27
25	36	35	26

Les pages imposées et séparées par des garnitures, qui donneront le blanc des marges, on entoure l'ensemble de châssis, qui sont naturellement plus grands ; puisque la feuille doit être fixée dedans, au moyen de coins que l'on force de façon à pouvoir transporter la forme sans qu'aucun des caractères ne bouge, autrement on ferait ce qu'on appelle de la *pâte*, accident désagréable qui oblige quelquefois à recommencer tout ou partie de la composition.

Ces châssis, dont il faut toujours deux

pour composer l'ensemble d'une forme, et pour cela ils sont à feuillure, de façon à s'emboîter l'un sur l'autre quand on les place sous la presse, sont de deux sortes.

Il y a les châssis proprement dits, plus spécialement affectés aux labeurs, dont les pages moins grandes ont besoin d'être soutenues par une séparation médiane.

Et les ramettes, employées surtout pour les journaux, qui ne diffèrent d'ailleurs des châssis qu'en ce qu'elles n'ont pas de séparation au milieu.

Pour les travaux de ville, que l'on tire presque toujours maintenant sur des ma-

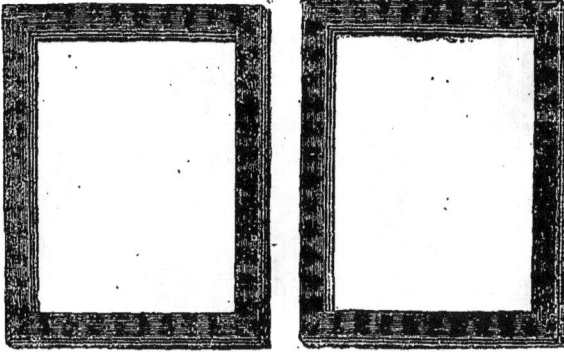

Ramettes de MM. Fouché frères.

chines à pédales ou à platine, ils sont imposés soit dans des châssis spéciaux, si l'on en a plusieurs à tirer à la fois, soit dans des ramettes de petites dimensions quand on ne peut tirer qu'une chose à la fois.

Le système des coins en bois, que l'on chasse au marteau pour consolider les formes, remonte à l'invention de l'imprimerie et naturellement on y a apporté des perfectionnements; chaque constructeur a en quelque sorte son système.

Nous en citerons trois, avec gravures expli-

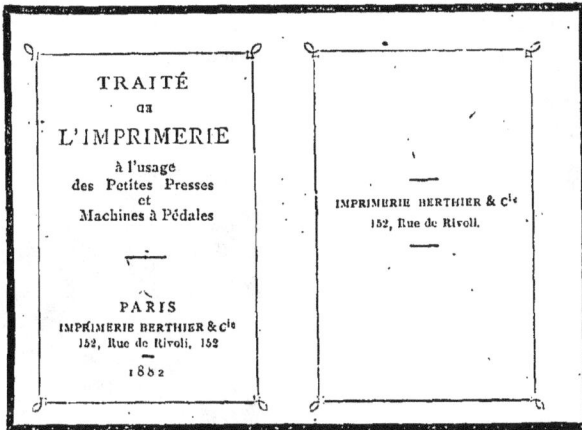

TRAITÉ
de
L'IMPRIMERIE
à l'usage
des Petites Presses
et
Machines à Pédales

PARIS
IMPRIMERIE BERTHIER & Cie
152, Rue de Rivoli, 152
1882

IMPRIMERIE BERTHIER & Cie
152, Rue de Rivoli.

Imposition d'une couverture.

catives, parce qu'ils sont les plus usités.

Dans le système Fouché les formes sont serrées avec le décognoir en acier, au moyen de biseaux à rainures qui peuvent s'adapter soit en dos d'âne, soit symétriquement avec autant de solidité d'une façon que de l'autre; puisque chaque biseau est muni d'un coin en fer qui en fait partie intégrante, c'est co coin qu'il s'agit de chasser avec le décognoir jusqu'à ce que la matière ne fasse qu'un tout avec les châssis.

Dans le système Marinoni ce sont aussi des biseaux qui s'appliquent sur les formes, mais ils sont munis extérieurement de cré-

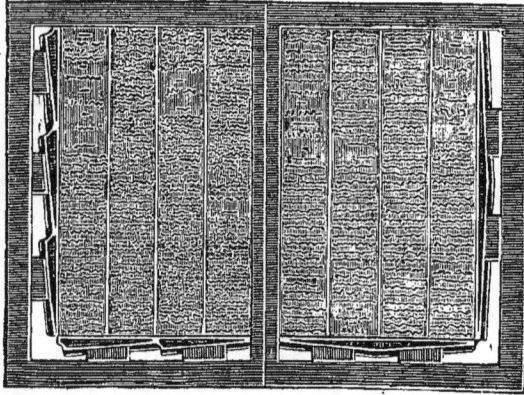

Serrage des formes (système Fouché).

maillères sur lesquelles des espèces de poulies à engrenage sont tournées au moyen d'une clef.

Le système Berthier consiste en coins mécaniques triangulaires, qui se placent l'un sur l'autre et en sens inverse et s'écartent autant qu'il est besoin, pour le serrage de la forme, par le moyen d'une clef dentée qui s'introduit entre les dents ménagées le

long de la partie intérieure des coins, de façon à ce qu'ils soient forcément chassés par le mouvement de la clé.

Les formes imposées on fait à la presse à bras une troisième épreuve, qu'on appelle précisément la *tierce*, sur laquelle on vérifie

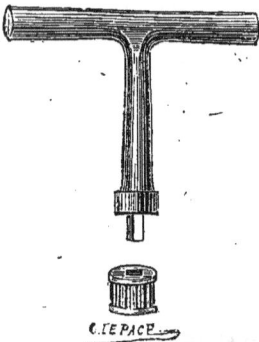

Serrage des formes (système Marinoni).

si toutes les corrections du bon à tirer ont été exécutées, et l'on répare les fautes qui ont pu se produire pendant la manipulation.

C'est généralement le prote qui se charge de ce travail, excepté dans les imprimeries où il y a un grand nombre de presses fonctionnant toute la journée, quelquefois même la nuit, où il y a un correcteur spécial pour les *tierces* et les *révisions*, dont nous parlerons tout à l'heure.

La forme est desserrée, corrigée, puis resserrée ; elle peut descendre soit aux machines, si l'on tire sur le mobile, ce qui a lieu généralement pour les labeurs ; soit à la clicherie, si l'on tire sur clichés, ce qui se fait pour presque tous les journaux.

LE CLICHAGE

Le clichage est né de la stéréotypie, que M. Didot inventa pour pouvoir faire des réimpressions à bon marché, sans être obligé d'immobiliser du caractère en conservant les compositions.

On donne en général le nom de clichage à toute opération ayant pour but de reproduire un objet plan au moyen d'une empreinte

Serrage des formes (système Berthier).

dans laquelle on coule un métal fusible. Pour avoir un cliché typographique, il faut donc commencer par prendre les empreintes.

Il y a pour cela deux procédés, celui au plâtre et celui au papier ; ce dernier étant le plus usité, c'est celui que nous décrirons.

L'ouvrier a préparé ses *flans;* on appelle ainsi la réunion des feuilles de papier qui serviront de moule, savoir: une feuille de bon papier fort, une couche de colle de pâte additionnée de blanc d'Espagne, réduit en

poudre, une feuille de papier sans colle, une couche de colle et, alternativement, quatre autres feuilles de papier de soie et trois couches de colle.

Le papier de soie est employé pour donner plus de finesse et de souplesse au flan, et c'est le côté de ce papier qui touche à l'œil de la lettre, quand on prend l'empreinte.

Cela constitue le *flan,* qui se pose encore un peu humide sur la forme, après qu'on a promené à coup de marteau sur les caractères un morceau de bois plat appelé *taquoir*, de façon à ce que toutes les lettres soient au même plan.

Alors on commence son empreinte avec la brosse à mouler dont on frappe le flan jusqu'à ce qu'il paraisse prêt à percer, puis on étend sur le flan une couche de pâte sur laquelle on place une feuille de papier collé et l'on recommence à frapper jusqu'à ce que l'empreinte soit assez profonde ; alors nou-velle couche de pâte, nouvelle feuille de papier, pour passer le tout au taquoir ; après quoi on place sur son empreinte deux

Fourneau pour la fonte du métal.

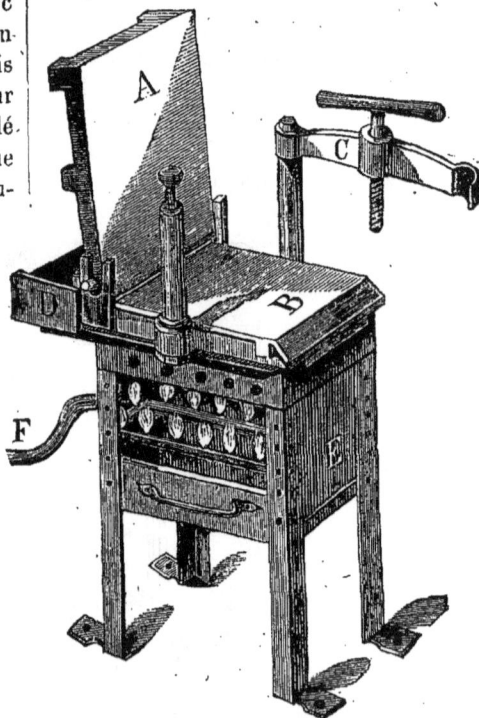

CLICHERIE GUTENBERG.

Fourneau portant la presse à mouler et à sécher.

molletons et on la met en presse pour la faire sécher sous une presse chauffée aussi fortement que possible, sans atteindre cependant le nombre de degrés où le plomb est fusible, car on fondrait les caractères.

Une fois sèche, l'empreinte, qui est devenue un moule, est chauffée jusqu'à ce qu'elle brûle les doigts et placée dans une boîte en fonte, formée par deux plaques, qui constitue le moule, dans lequel on n'a plus qu'à verser le métal, mis en fusion pendant les opérations préliminaires, pour obtenir un cliché.

Pour les journaux, qui tirent sur des machines express où la composition doit être cylindrique, l'opération est la même, seulement le moule, au lieu d'être plat, a des formes cintrées qui permettent aux différentes parties du cliché de recouvrir exactement le cylindre de la presse.

Le matériel d'une clicherie, d'ailleurs peu considérable, est simplifié encore par un nouveau système de M. Boïeldieu, qui réunit en un seul appareil : la bassine à faire bouillir le métal, la table à prendre les empreintes, qu'on appelle le marbre à mouler, la presse à les sécher, et le four à les chauffer.

Il y a encore quelque de chose plus simple, la clicherie modèle des usines Gutenberg qui vise surtout les petites imprimeries de province où, le clichage n'étant pas permanent, on ne saurait s'embarrasser d'un outillage encombrant et dispendieux.

Là pourtant, une clicherie est indispensable ; car on n'a point la ressource de faire clicher au dehors. L'outillage Gutenberg répond économiquement à cette nécessité, en permettant d'installer la clicherie dans un coin de l'atelier, ou dans une chambre très exiguë, ainsi qu'on peut en juger par notre gravure d'ensemble, ce qui ne l'empêche pas d'être très complet.

Voici, du reste, les appareils qui la composent, en dehors des outils nécessaires, dans tous les cas.

Une presse à mouler, à sécher et à fondre indiquée par la lettre C, adaptée sur un four-

Clicherie modèle des usines Gutenberg (outillage complet).

neau carré E, se chauffant à la houille, au coke, ou aux essences minérales, mais plus économiquement au gaz, car la combustion, alimentée par l'air, s'opère uniformément sans déperdition de calorique.

Un fourneau à fondre K, chauffé comme le précédent, ce qui est si expéditif, qu'en 20 minutes on peut obtenir une quantité de matière en fusion suffisante pour clicher quatre pages in-quarto ; c'est-à-dire en moins de temps qu'il n'en faut pour allumer et mettre en train un fourneau de clicherie ordinaire.

Ce fourneau est monté sur trois pieds, et muni de deux anses à l'aide desquelles on peut le transporter d'un endroit à un autre.

La grille est disposée de façon à brûler toute espèce de combustible, pour le cas où le gaz ferait défaut.

Avec ce système on opère comme avec les autres, seulement, on prépare plus généralement les *flans* à la pâte anglaise, substance toute préparée et non fermentescible, qui remplace avantageusement le mélange de colle et de blanc d'Espagne qu'il faut avoir fait au moins 48 heures à l'avance ; et qui se gâte quand on ne l'emploie pas en temps convenable.

L'empreinte bien prise, on met la forme sur la presse à sécher (plaque B), on place dessus deux molletons bien secs, chauffés même, de préférence, puis on descend la platine B, on presse et on laisse sécher environ dix minutes.

Atelier de clichage galvanoplastique.

Le moule bien sec, on le détache de la composition et on le place sur le marbre B, où il est fixé au moyen d'une équerre, que l'on recouvre d'une feuille de papier afin d'éviter les soufflures et obtenir ainsi un cliché plus net.

A l'extrémité de l'empreinte on place une longue bande de papier, qui doit servir à la coulée du métal en fusion, on abaisse ensuite la plaque A sur la plaque B, on serre la vis qui se trouve alors placée au centre de la barre C ; ce qui a pour effet de relier les deux marbres et de ne laisser entre eux que le vide du cliché que l'on veut obtenir, vide réglé par l'épaisseur de l'équerre introduite entre les deux plaques.

Cela fait, on les relève toutes les deux par la poignée, qui se trouve placée en tête de la plaque supérieure, on place les deux carrés biseaux qui servent de conduite au

Liv. 95.

métal, dans le point d'intersection fourni par la rencontre des deux marbres A et B, et l'on n'a plus qu'à verser le métal en fusion, qui envahit les interstices du moule débordant en H et G.

Mais, sortant du moule, le cliché n'est pas terminé, il reste à le refroidir en le plongeant dans une cuve pleine de sable mouillé, qu'on appelle rafraîchissoir; il reste à l'échopper, à en enlever les bavures de métal, et, s'il s'agit d'un livre, à en séparer les pages au moyen de la scie circulaire.

Il faut ensuite le monter : car le cliché, n'ayant que l'épaisseur indispensable, n'est pas, comme on dit, de hauteur.

On l'y met, soit en le fixant sur des montures en bois avec des clous dont on a percé la place sur les bords ou dans les blancs du cliché, soit et plus généralement, en le montant sur des blocs, sur lesquels on le fixe par des rebords ménagés exprès, avec des griffes de métal dont il y a de nombreux modèles.

LA GALVANOPLASTIE

Le clichage dont nous venons de parler ne concerne que la matière; car pour la gravure il faut des procédés plus délicats.

On a d'ailleurs la galvanoplastie, qui donne des résultats merveilleux depuis qu'on en a perfectionné *l'électrotypie*, ensemble de procédés très pratiques qu'un ouvrier typographe de grande initiative, M. Coblence, a introduit en France, il y a une trentaine d'années.

Les empreintes qui servent à fondre les clichés galvaniques, communément appelés *galvanos*, s'obtiennent de deux façons : à la cire ou à la gutta-percha; ce dernier procédé étant le plus usité en typographie, c'est celui dont nous parlerons.

On fait ramollir de la gutta-percha épurée en la mettant tremper dans de l'eau chauffée au bain-marie; lorsqu'elle est suffisamment malléable, on en fait une

boule que l'on aplatit à la main et que l'on pose sur la gravure, qui a été préalablement plombaginée, ainsi que la gutta-percha, du côté seulement appliqué sur la gravure, car si l'on mettait de la plombagine des deux côtés, le cuivre se déposerait au dos du moule. On la pose sur un moule un peu plus grand que le cliché à obtenir, on la recouvre d'une mince feuille de zinc dont la surface est mouillée, et on place le tout sous une presse puissante, de façon à obtenir une plaque de gutta-percha suffisamment mince pour entrer dans tous les creux de la gravure, puis l'on coupe cette plaque de la dimension de la gravure qu'il s'agit de clicher.

Ensuite, pour éviter que la matière ne prenne aux doigts de l'opérateur, on plombagine des deux côtés la plaque de gutta-percha, que l'on ramollit en la faisant chauffer au-dessus d'un fourneau rempli de charbon de bois incandescent; après quoi on la pose sur la gravure, on la recouvre d'une feuille de zinc mouillée, et l'on tire son empreinte sous une presse où on la laisse 10 à 20 minutes, selon la saison, pour lui donner le temps de se refroidir. L'empreinte bien venue, on perce dans la portion de gutta-percha, qui doit déborder dans le haut, plusieurs trous; dans l'un on passera le fil conducteur de l'électricité, dans l'autre, ou dans les autres si l'empreinte est grande, on nouera des attaches qui devront la soutenir en équilibre dans le bain galvanique, où par l'action de la pile elle se couvrira en dix, vingt ou trente heures, selon l'épaisseur qu'on veut avoir, d'une mince feuille de cuivre, appelée *coquille galvanisée*.

Des fils seront également répartis sur cette empreinte, pour que le dépôt de cuivre se fasse régulièrement.

C'est cette coquille qui va devenir le moule du cliché, tout en en demeurant partie intégrante, car il ne s'agit plus que de la remplir de matière; pour cela, on la détache d'abord de l'empreinte en présentant celle-ci au-dessus d'un fourneau bien chauffé, ensuite on garnit légèrement l'œil de la gravure d'une pâte composée de blanc d'Espagne, délayé dans un peu d'eau, pour le préserver du repoussage de la presse, pendant qu'on a mis à fondre de la soudure ordinaire en baguette avec une quantité égale de plomb.

C'est avec cette matière en fusion qu'on étame la coquille, en procédant exactement comme les étameurs ordinaires ; cette opération, qui n'a pour but que de faire adhérer le plomb à la coquille, terminée, on garnit de nouveau la gravure avec la pâte déjà employée, puis on coule dans la coquille une matière un peu plus douce que la fonte pour caractère, et avant qu'elle ne soit refroidie on la met sous presse, ensuite on la porte sur le tour pour lui donner l'épaisseur voulue, et on la cloue sur bois pour que le *galvano* arrive à la hauteur des caractères.

Il n'y a plus alors qu'à nettoyer le cliché, c'est-à-dire à le frotter avec une brosse pour enlever le blanc d'Espagne dont on l'a couvert par deux fois, et à l'assécher en le passant dans la sciure de bois ; après quoi le galvano est terminé et peut supporter un tirage typographique de cent mille exemplaires et quelquefois plus.

L'IMPRESSION

Les formes serrées, soit en mobile, soit en cliché, soit à la fois en mobile et en clichés, comme il arrive pour les journaux et ouvrages illustrés, sont livrées aux imprimeurs proprement dits, et s'en vont à la machine ; car, à peu d'exceptions près, tout se tire aujourd'hui sur les presses mécaniques.

On les y transporte à la main ou sur de petits chariots spéciaux si l'atelier est de plain-pied, et au moyen d'un treuil, si comme il arrive souvent à Paris où l'emplacement est limité, les machines sont au rez-de-chaussée tandis que la composition occupe le premier et même le second étage.

Les formes arrivées, le *conducteur* (c'est ainsi que s'appelle l'ouvrier qui dirige la machine) les fixe sur la presse au moyen de coins de différents modèles.

Après quoi il s'occupe immédiatement de la mise en train.

LA MISE EN TRAIN

La mise en train, facile pour un journal quotidien qui tire sur clichés, plus délicate pour un labeur sans gravures, est une chose de première importance pour un journal ou une publication illustrée ; elle peut durer de six à douze heures, selon le nombre et la finesse des gravures et l'habileté de main du conducteur.

On ne s'imagine pas les soins qu'il faut pour que le tirage donne au dessin toute sa valeur, et comme la moindre négligence de mise en train peut le dénaturer.

Il faut d'abord, pour chaque gravure, qu'on a eu la précaution de mettre de hauteur en collant dessous des feuilles de papier, faire ce qu'on appelle des découpages.

Pour cela, on a tiré à la presse à bras trois ou quatre épreuves sur papier fort : sur ces épreuves on enlève au couteau à découper et graduellement, toutes les parties blanches, ne laissant d'épaisseurs entières qu'aux endroits où il faut faire ressortir les noirs ; c'est une véritable œuvre d'art.

Ces épreuves découpées, on les colle les unes sur les autres et quand elles ne font plus qu'un, on les applique sur le cylindre de la presse, au point exact où elles porteront sur la gravure, de façon à en détacher les blancs et à en accentuer, par plans, les parties foncées.

Ce point exact est trouvé par le conducteur en faisant les épreuves qui lui servent à fixer son registre, c'est-à-dire à diviser son blanc autour de chaque forme, de façon à ce que le côté verso (côté de seconde) couvre exactement le côté de première.

La première des épreuves qu'il a faite ainsi est portée au correcteur en bon, c'est ce qu'on appelle la *révision;* parce qu'en effet il s'agit de revoir l'ensemble de l'ouvrage, tout en constatant qu'il n'est tombé aucune lettre pendant le transport des formes sous la presse.

Ceci est suffisant pour le texte, qui sera définitivement bon à tirer quand la *révision* sera corrigée ; mais pour les gravures, il faut encore d'autres épreuves pour juger de l'état de la mise en train et ce n'est que lorsque le conducteur est satisfait de son travail qu'il le soumet au rédacteur en chef du journal, s'il s'agit d'une publication illustrée (ou à son défaut au prote) qui indique en face de chaque gravure les modifications qu'il demande, et lorsqu'elles sont faites, donne le bon à tirer définitif sur une bonne feuille.

Alors le conducteur prononce le *roulez*

Fabrication du papier. — Le délissage

sacramentel, qui est le mot d'ordre de son équipe, et le tirage commence.

Mais avant de nous occuper des presses, nous dirons quelques mots du papier.

LE PAPIER

Le papier est l'auxiliaire le plus considérable de l'imprimerie, si considérable même qu'il absorbe presque la plus grande partie du capital engagé dans une entreprise de librairie.

Sa fabrication est des plus intéressantes,

l'espace qui nous est réservé ne nous permet pas d'entrer dans tous les détails et de suivre la matière première si variée, aujourd'hui qu'on fait du papier avec toutes sortes de choses, au milieu des nombreuses transformations qu'elle subit. Mais nous espérons satisfaire la curiosité du lecteur, en nous occupant de la fabrication du papier de chiffon.

Du reste, que ce soit le chiffon pur qu'on emploie, ou de vieux papiers, de la paille, des orties, des écorces d'arbres, de l'alpha,

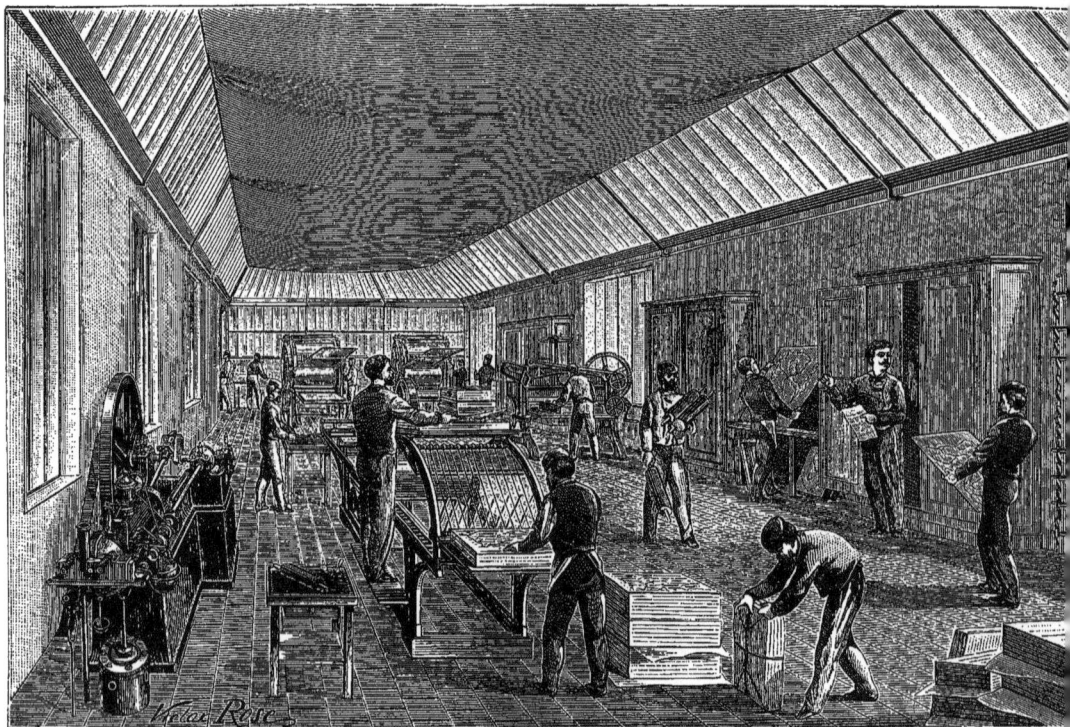

95.

MOTEUR OTTO, ACTIONNANT UNE IMPRIMERIE TYPOGRAPHIQUE.

plus ou moins additionnés de chiffons, il faut toujours commencer par réduire la matière en pâte.

Pour cela, beaucoup d'opérations sont nécessaires, savoir :

Le *triage* des chiffons, qui consiste naturellement à séparer les blancs d'avec ceux de couleur.

Les ouvrières qui accomplissent ce travail en même temps du reste que le *délissage*, qui fait maintenant partie de la même opération, sont appelées chiffonnières ; elles ont devant elles un certain nombre de cases profondes, dans lesquelles elles répartissent les chiffons par catégories, suivant leur finesse, leur couleur et leur degré d'usure.

Les deux premières cases sont recouvertes d'un grillage en fer, qui retient les boutons, les œillets de corsets restés après l'étoffe, qu'elles en détachent, du reste, en coupant les parties qui les portent sur une lame de faux, fixée verticalement à l'avant de chaque établi.

Cette lame de faux sert au délissage pro-

Fabrication du papier. — Le lessivage.

prement dit, qui consiste à réduire les chiffons en morceaux les plus petits possibles et à en couper les ourlets, les galons et les parties brodées, s'il y en a.

Le délissage se fait aussi à l'aide de coupeuses mécaniques, qui hachent en petits morceaux les chiffons conduits par une toile sans fin entre deux cylindres cannelés, qui les dirigent ensuite entre une lame fixe et deux lames aussi tranchantes, montées sur un arbre tournant.

Le *blutage* est l'opération qui suit ; elle a pour objet de débarrasser du plus gros des matières étrangères, les chiffons placés dans un bluteur garni de lames en hélices, qui tournent avec une vitesse de 15 à 20 rotations par minute.

Sortis de là, les chiffons qui n'ont pas été délissés par les coupeuses mécaniques vont au *coupage* qui s'opère par de petites machines cylindriques armées de couteaux.

Puis au *lessivage*, dans des cuviers à circulation continue ou intermittente, où on les jette pour rester de quatre à six heures, ayant été humectés avec de l'eau tiède.

Ces cuviers sont de forme sphérique et contiennent environ mille kilogrammes de matières, avec lesquelles on introduit un lait de chaux préparé avec les plus grandes précautions ; l'ensemble doit remplir la cuve aux trois quarts, de façon que le brassage des chiffons opéré par une large palette en tôle, soit facile et régulier.

On rend, d'ailleurs, le nettoyage plus énergique par l'introduction d'un courant de vapeur d'eau, dont la tension atmosphé-

rique varie selon la nature des matières à traiter.

Le *rinçage* est le complément de cette opération, et se fait, du reste, dans les mêmes cuviers, où l'on a remplacé la lessive par de l'eau claire.

Ensuite les chiffons sont égouttés dans des caisses percées de trous, puis passent à l'*effilochage*, qui se fait dans de grandes caisses en fonte qu'on appelle piles *effilocheuses ou défileuses*.

Ces caisses, doublées de cuivre rouge,

Fabrication du papier. Les piles défileuses.

de zinc ou de plomb, et se terminant à chaque bout par un demi-cylindre, sont divisées en deux parties par un diaphragme vertical, qui porte d'un côté un cylindre armé de lames, lequel, dans son mouvement de rotation très rapide, force le chiffon à passer et repasser entre ses lames, et une platine en fonte également garnie de lames, qui se trouve au-dessous du cylindre.

Cette trituration se faisant dans l'eau, puisque chaque pile contient environ 1,200 litres d'eau pour 40 kilogrammes de chiffons,

on obtient, non pas seulement de la charpie, mais une demi-pâte qu'on appelle *défilé*, parce qu'en effet le travail de la machine a pour but de détruire l'entrelacement des fils du chiffon et de les détordre sans les déchirer, de façon à paralléliser les fibres qui les constituent.

Ce système a remplacé le pourrissage ; il sera lui-même, et l'est déjà dans quelques usines, remplacé par une machine américaine appellée *pulp engine*, et qui triture le chiffon au moyen de trois meules verticales, celle du milieu immobile et les deux autres tournant en sens inverse avec une vitesse de 200 tours par minute.

Le *défilé* obtenu, on le sépare de l'eau qui a servi à le faire et on l'égoutte soit sur des caisses garnies de châssis en toile métallique, soit au moyen d'une presse qui, en vingt minutes, réduit une pilée en une sorte de pain. Ce système est le plus employé, comme le plus expéditif et le plus propre, car la matière est moins exposée à se salir en pain qu'en vrac dans des caisses.

Il s'agit maintenant de blanchir le *défilé*. Ce qu'on fait, soit avec le chlore gazeux, qu'on fait agir dans de vastes chambres sur le chiffon étalé sur des tablettes; soit en le baignant dans du chlorure de chaux, étendu d'eau, à basse température.

De toutes façons, il faut ensuite opérer, sur les chiffons, des lavages réitérés pour les débarrasser de l'eau de chlore.

Vient ensuite le *raffinage*, opération tout à fait semblable à l'effilochage, si ce n'est que la *pile raffineuse* ayant 54 lames au lieu de 38, triture plus vigoureusement le chiffon et rend, après un travail qui peut durer de deux à quatre heures le *défilé*, devenu alors *raffiné*, à l'état de pâte à papier dans laquelle on a ajouté une colle spéciale, si le papier doit être plus ou moins collé, et de la couleur si l'on ne travaille pas pour faire du papier blanc.

En Angleterre, le collage se fait généralement à la gélatine, en France on emploie une colle végétale, composée de fécule, d'alun et d'une dissolution de colophane, dans la soude caustique.

Voyons maintenant comment se fabrique le papier.

Il y a deux procédés très distincts : le papier se fait à la forme ou à la mécanique.

La fabrication à la forme (ou dit aussi à la main) est la plus ancienne, mais elle est encore usitée pour les papiers de luxe.

L'opération consiste en ceci : le *raffiné* ayant subi une dernière trituration dans un mortier garni d'une platine de cuivre, est délayé à l'eau tiède dans une cuve de bois, qu'on appelle cuve à ouvrer, laquelle est divisée verticalement par un tamis en deux compartiments.

Dans le premier, nommé *épurateur*, on prépare la bouillie qu'un agitateur, mu par un moteur quelconque, remue constamment pour maintenir en suspention dans la masse liquide les fibres plus denses, qui sans cela se déposeraient au fond.

Le second compartiment, qui est la cuve de travail proprement dite, reçoit à travers le tamis vertical la bouillie, au fur et à mesure qu'elle est bonne à employer.

C'est là qu'un premier ouvrier, appelé *ouvreur*, la prend au moyen d'une forme, qui est le véritable moule à papier.

C'est un châssis rectangulaire ou carré selon les formats, en chêne, sur lequel sont fortement tendus, parallèlement et très rapprochés l'un de l'autre, des fils de laiton qu'on appelle *vergeures* et qui, laissant leur empreinte dans la pâte, produisent ce qu'on appelle du papier vergé.

Cette espèce de treillis, sur lequel restent les parties solides de la pâte, pendant que le liquide s'écoule, est soutenu en dessous par des réglettes très minces, de bois ou de métal, et muni au milieu de la marque du fabricant, qui s'imprime en filigrane dans la pâte.

A l'origine de la fabrication du papier, ces marques étaient des figures de fantaisie telles qu'un aigle, une cloche, un colombier, un enfant Jésus, une grappe de raisin, un coquillage, un lion, et l'on donnait aux papiers qui les portaient les noms de grand-aigle, de colombier, de jésus, de raisin, de coquille que l'on a conservés jusqu'à maintenant pour désigner certains formats, même dans les papiers mécaniques qui n'ont réellement point de format, puisqu'on les fabrique en rouleau et qu'on les

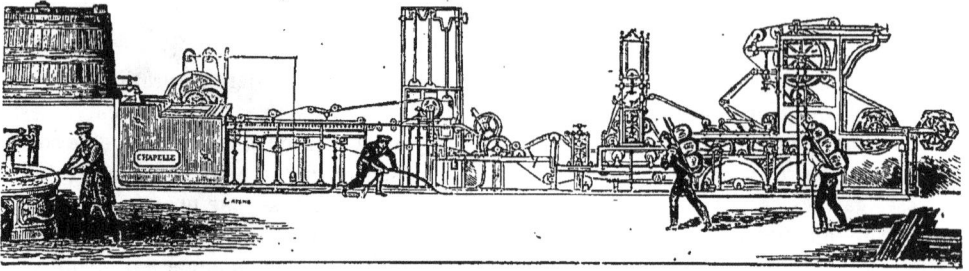

Machine à fabriquer le papier.

coupe ensute aux dimensions demandées.

Mais revenons à la fabrication manuelle.

L'ouvreur prend avec les deux mains, vers le milieu des petits côtés, la forme qu'il a recouverte d'un châssis à jour appelé *frisquette*, qui détermine l'épaisseur du papier, et la plonge dans la cuve où elle s'emplit de liquide, il la retire en la relevant horizonta-lement, lui imprime les mouvements de va-et-vient nécessaires pour que la pâte s'étende également (c'est ce qu'on appelle ouvrir), puis il enlève la frisquette et il pose son moule sur un plan incliné pour que le liquide puisse s'écouler, et recommence la même opération avec un nouveau moule, pendant qu'un second ouvrier,

Coupe-papier de MM. Janiot et Barre.

appelé *coucheur*, prend la première forme, la retourne sur un feutre qu'on nomme *flôtre*, où la feuille de papier, dont le liquide est suffisamment coagulé, se dépose; il remet alors par-dessus un second *feutre*, sur lequel il déposera une nouvelle feuille de papier et ainsi de suite jusqu'à ce qu'il ait employé son jeu de vingt-six feutres, qu'on appelle *quet* et qui lui donne juste vingt-cinq feuilles (une main de papier), d'où ce

Machine à rogner, à chariot diviseur, avec équerre de côté mobile, de MM. Pierron et Dehaitre.

procédé a pris le nom de fabrication à la main.

Cela fait, un troisième ouvrier, qu'on appelle *leveur*, porte le *quet*, ou la réunion de trois, cinq, six, ou plus de quets, qui prend le nom de *porse*, sous une presse dont l'action fait écouler la plus grande partie de l'eau, et donne au papier assez de consistance pour qu'on puisse enlever chaque feuille de sur les flôtres, et les déposer l'une sur l'autre, sans craindre qu'elles se collent ensemble.

On fait subir un second pressage au papier, que l'on fait ensuite sécher à fond en l'étendant, feuille à feuille, sur des ficelles tendues dans des chambres très aérées.

Il n'y a plus alors qu'à le mettre en mains, en jetant au rebut les feuilles défectueuses, et à le presser une dernière fois, par rames de 20 mains, pour le livrer ainsi au commerce; du moins, les papiers destinés à l'impression, car certains papiers de luxe, notamment les papiers à lettres, sont en outre lissés, satinés ou glacés selon les cas.

Le papier, ainsi fabriqué, et qui se nomme soit papier à la main soit papier à la forme, ou papier de cuve, se reconnaît aux lignes claires produites par les vergeures qu'il laisse apercevoir dans la pâte, quand on le regarde par transparence; il y a cependant des papiers à la main qui ne sont point vergés, ce sont les papiers vélins, faits sur des formes garnies de toiles métalliques très fines et très serrées.

Quant aux papiers mécaniques (ce sont les plus employés, surtout pour l'impression) ils sont fabriqués par longueurs indéterminées, et sauf pour le service des journaux qui, se tirant sur des machines rotatives, ont besoin de papier sans fin, se découpent ensuite en feuilles de dimensions variables dont les plus usuelles sont le jésus, le double jésus, le raisin, le double raisin, le colombier, le double colombier, le carré, le double carré, le grand journal, etc.

Les appareils qui servent à cette fabrication paraissent extrêmement compliqués, parce qu'ils tiennent beaucoup de place, mais en les étudiant de près on verra que leur mécanisme est assez simple.

Un peu au-dessus de la machine sont les cuves, où se délaye la bouillie, et les épurateurs, disposés comme dans le travail manuel, avec cette différence seulement que, de l'é-

purateur, la bouillie à papier s'écoule par une auge disposée pour la verser régulièrement sur la forme, en une nappe ayant toute la largeur du papier à fabriquer.

Cette forme, qu'on appelle table de fabrication, est une toile métallique sans fin, soutenue dans sa longueur, qui atteint généralement 3 à 4 mètres, par un nombre proportionné de rouleaux tournants en cuivre creux, qui la maintiennent ainsi dans une position horizontale.

Elle est animée d'un double mouvement: l'un progressif, dans le sens longitudinal, pour offrir au *raffiné* qui arrive sans cesse, une place vide pour le recevoir, l'autre latéral pour faciliter l'écoulement du liquide et la répartition égale de la pâte.

Deux règles de laiton, placées transversalement au-dessus de la table, règlent l'épaisseur du papier, qui se forme au fur et à mesure de son arrivée, et d'autant plus vite, qu'on établit un vide au-dessous de la table au moyen d'une pompe aspirante, ou de toute autre machine analogue, propre à assécher au plus vite la matière pâteuse.

Arrivé à l'extrémité de la table, dont la toile sans fin s'en retourne à vide par dessous, il est déjà assez consistant pour continuer sa route sur un feutre sans fin, qui le conduira jusqu'à l'extrémité de la machine en s'asséchant progressivement par son passage sous une série de rouleaux et de cylindres, dont les premiers sont simplement compresseurs.

La pression exercée par ces cylindres élimine complètement l'eau qui reste encore dans le papier; il arrive alors sur des séchoirs, qui sont des cylindres creux chauffés intérieurement par la vapeur, et en sort pour passer entre des rouleaux polis, qui lui donnent un premier glaçage, avant de se rendre sur les dévidoirs à six pans, où il s'enroule par l'effet de leur rotation.

C'est sur ces dévidoirs, dont les surfaces planes sont réglées pour le format demandé, qu'il est découpé en feuilles, quelquefois avec un grand couteau à main, qui agit à la fois sur toute la charge du dévidoir, mais le plus souvent à l'aide d'une machine spéciale qui fait partie de la machine à papier ou fonctionne séparément.

Dans tous les cas, les feuilles coupées de grandeur sont rognées sur les bords, puis mises en rames de cinq cents feuilles pour être livrées aux imprimeries.

Le rognage du papier se fait avec des machines très ingénieuses, qu'on appelait jadis *massicots*, mais qui ont changé de nom, selon les perfectionnements apportés successivement par les constructeurs, qui aujourd'hui ont, au moins, chacun leur système.

Nos gravures en représentent, sous différents aspects, deux qui donneront une idée des autres, puisque tous partent du même principe et ne diffèrent que par la disposition des organes.

Le coupe-papier de MM. Janiot et Barre, que l'on voit de face, a cela de particulier que la lame du tranchoir est tirée par ses extrémités et peut être réglée instantanément, selon le travail à faire et l'épaisseur du papier à couper.

C'est celui qu'emploient journellement tous les grands relieurs de Paris : Engel, Magnier, Lenègre, Mouveau et Levesque, etc.

La machine à rogner de MM. Pierron et Dehaître (qui naturellement fabriquent aussi des appareils simples très appréciés), est munie d'un chariot diviseur avec équerre de côté mobile, qui permet de façonner le papier sur deux ou trois côtés sans être obligé de le desserrer.

Elle est surtout très répandue dans la papeterie.

Inutile de dire que le façonnage et la mise en rames ne touchent point le papier continu destiné aux machines rotatives, qui au lieu d'être enroulé sur les dévidoirs est reçu directement sur un rouleau de bois, de la longueur exacte des machines à imprimer, auxquelles il doit pouvoir s'adapter.

Arrivé à l'imprimerie, le papier en rames doit subir encore quelques opérations; il passe d'abord par :

LE TREMPAGE

L'opération est des plus simples, puisqu'il suffit de prendre le papier, qui est livré par rames de cinq cents feuilles, par poignées de vingt à vingt-cinq feuilles pour les faire passer successivement dans une cuve pleine d'eau ; mais il faut encore qu'elle soit faite avec discernement, car le papier doit être plus ou moins trempé, selon qu'il est sans colle, collé, ou à demi collé, selon surtout qu'il doit être où ne pas être glacé.

Il y a, du reste, d'autres façons d'opérer : il y a le trempage au balai, qui consiste à asperger les poignées d'environ une main, qu'on a préalablement étendues sur une table, avec un balai en fougère imbibé d'eau.

Il y a le trempage à la réglette, qui ne diffère du trempage à la main dont nous avons parlé d'abord, que parce qu'on maintient avec deux règles, les feuilles, trop grandes pour être embrassées avec la main dans toutes leurs dimensions.

Mais, de toutes façons, sitôt après le trempage, le papier doit être empilé et mis en presse de façon à ce que l'eau en imprègne également toutes les parties.

LE GLAÇAGE

Le papier trempé et un peu asséché, on pourrait au besoin tirer et c'est ce qui a lieu pour les journaux non illustrés, les affiches et les livres de colportage; mais si l'on veut obtenir un tirage soigné, il faut que le papier soit glacé, et pour les publications renfermant beaucoup de gravures et les ouvrages de luxe, on fait jusqu'à deux et trois glaçages suivant l'épaisseur et la résistance du papier, car cette opération a pour objet de faire disparaître les rugosités, souvent imperceptibles, que le trempage a fait ressortir et de supprimer en quelque sorte le grain du papier, pour que les finesses de la gravure ressortent mieux.

Le glaçage se fait au laminoir qu'on appelle aussi presse à glacer, et qui se compose de deux cylindres en fonte superposés et d'un régulateur qui leur donne l'écartement nécessaire pour laisser passer entre eux le papier que l'on a placé humide, mais modérément trempé, feuille par feuille, entre des plaques de zinc qui le débordent sur tous les sens.

Vingt-cinq feuilles composent ce qu'on appelle un jeu, c'est-à-dire l'ensemble de plaques que l'on soumet ensemble au laminoir.

Sitôt engagées entre les deux cylindres, les feuilles sont entraînées par le cylindre inférieur et pressées par le supérieur, qu'un système d'embrayage permet de faire tourner dans un sens ou dans l'autre, selon qu'il s'agit d'engager ou de dégager le jeu de plaques présenté par le glaceur.

Naturellement, pour faire ce travail, on a

Laminoir de MM. Janiot et Barre.

plusieurs jeux de plaques; trois sont au moins indispensables pour que pendant qu'il y en a un sous le laminoir on puisse enlever le papier de celui qui est passé avant et garnir de feuilles celui qui doit passer après.

Cela va du reste excessivement vite, et il le faut bien, puisque le glaçage d'une rame de papier (cinq cents feuilles) ne coûte que de un franc à un franc cinquante selon le format.

LE TIRAGE

Le tirage, qui est l'opération la plus considérable de l'imprimerie, est aussi celle qui a bénéficié des plus grands perfectionnements, depuis son origine, et elle est arrivée aujourd'hui à de tels résultats qu'on peut dire sans exagération qu'il y a plus loin de la presse de Gutenberg à la machine rotative Marinoni, que du chariot du bon roi Dagobert à la locomotive Crampton.

La presse dont Gutenberg a eu l'idée

de se servir, pour imprimer péniblement un volume en trois ans, ce qui était encore un progrès sur le frotton employé avant lui, n'était ni plus ni moins qu'un pressoir à faire du vin, d'un modèle plus restreint, pour qu'un seul homme pût le faire manœuvrer.

Mais un seul homme n'était pas suffisant pour imprimer, il en fallait au moins deux :

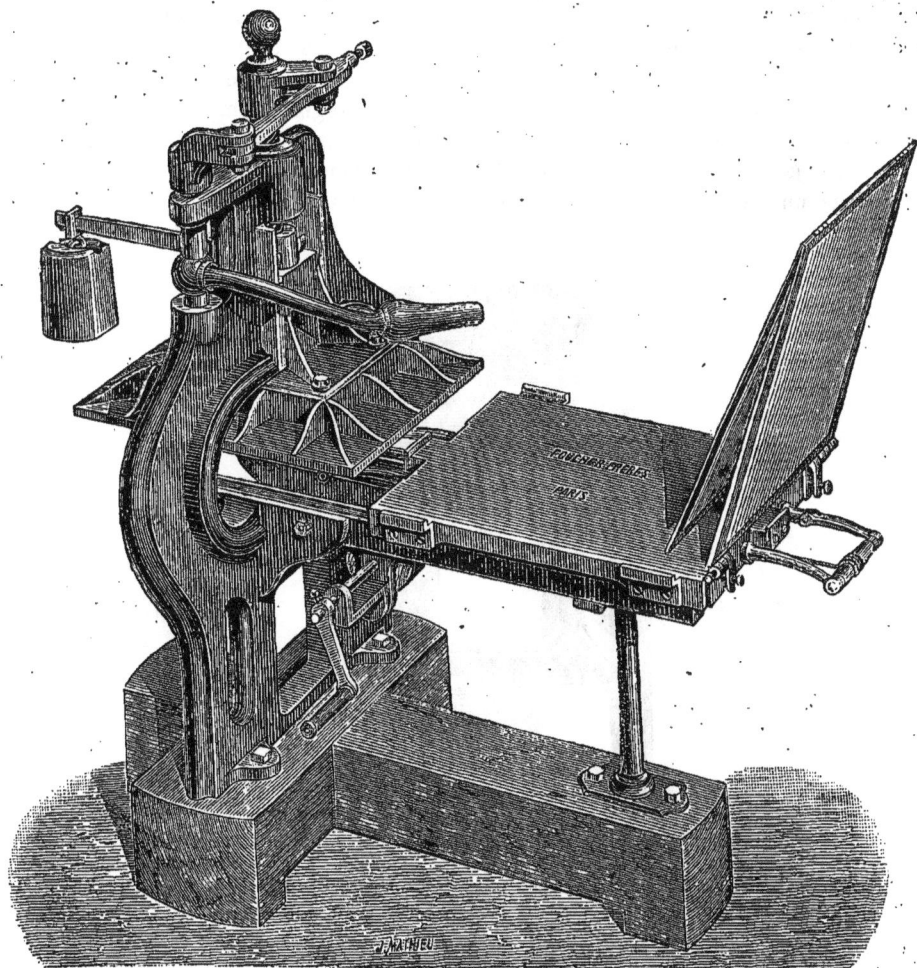

Presse à bras (Stanhope), de MM. Fouché frères.

l'un pour encrer la forme, qui était posée sur un marbre fixe ; l'autre, l'imprimeur proprement dit, pour placer son papier sur la forme humide et faire tomber dessus au moyen d'un levier, qui commandait la vis du pressoir, une platine qui couvrait exactement la forme, et qui par un ou deux coups de levier sollicitait l'impression.

On conçoit combien ce travail devait être long et pénible ; on fut pourtant longtemps sans connaître d'autre système, et le seul perfectionnement qu'on y apporta pendant trois siècles, fut de remplacer le marbre fixe par une platine de fonte, montée sur un chariot mobile, qui apportait sous la presse la forme encrée et la remportait quand la feuille était imprimée.

A la fin du xviiiᵉ siècle, on en était encore là, témoin cette description de la presse par l'imprimeur Momoro, en 1793.

« Deux montants de jumelles soutiennent l'assemblage de la presse. Un chapiteau couronne les jumelles; un sommier, placé un peu au-dessous du chapiteau, renferme l'écrou par lequel passe la vis à laquelle est attaché un barreau qui sert à la faire mouvoir.

« La vis se relie à la platine par son extrémité, nommée pivot, au moyen d'une pièce creuse appelée grenouille. Au-dessous de la platine est le berceau, composé de deux poutrelles armées de bandes. Sur ces deux poutrelles roule le train, qui est une espèce de coffre, où se trouve un marbre enchâssé dans son enfoncement. Sur le derrière du coffre est le grand tympan; c'est un cadre en bois, couvert d'une peau de parchemin; le grand tympan porte un châssis de fer mince, qu'on nomme frisquette; celle-ci est couverte de papier découpé suivant les

Table à encre pour le tirage à bras

formats et destinée à masquer tout ce qui ne doit point être imprimé.

« Un petit tympan sert d'enveloppe au grand tympan, dans lequel on place des pièces de molleton, nommées blanchets, pour opérer le foulage.... »

Hors les tympans et la frisquette, qui existent encore dans les presses manuelles d'aujourd'hui, c'était à peu près l'appareil rudimentaire de Gutenberg.

Ce système ne fut abandonné que lorsqu'on inventa les presses qu'on appelait hollandaises, on ne sait pas bien pour-

quoi, puisque la première fût construite par Brichét au commencement de ce siècle.

Cette presse était encore tout en bois, mais elle était moins encombrante et plus solide que l'ancienne. Vers la même époque apparurent la presse à un coup, avec marbre et platine en fonte, qui fut employée d'abord par Pierre Didot l'aîné, puis la presse à la Génard, du nom du constructeur, qui l'avait faite pour l'imprimerie nationale, et l'on commença à entendre parler de la presse Stanhope, dont on se servait à Londres depuis 1809, et qui ne pénétra en France qu'après 1814.

La presse Stanhope, encore en usage aujourd'hui, mais améliorée par les perfectionnements qu'y apportèrent successivement divers constructeurs, est tout en

Machine à pédale *Le Progrès*, de MM. Pierron et Dehaitre.

fonte et ne diffère de la presse en bois que par le moyen dont s'opère la pression. C'est encore un barreau qui fait mouvoir la vis, mais il est fixé à une colonne qui surmonte la jumelle intérieure ; cette colonne et la vis sont couronnées par deux pièces correspondantes, qu'on appelle virgules, à cause de leur forme, et qui maintiennent une pièce de fer qui se nomme régulateur, parce que, placée horizontalement, elle est terminée par une vis qui modifie la pression selon les nécessités du travail.

La seule amélioration apportée à ce qui constitue le train, dit le chariot, c'est

qu'on y ajoute un contre-poids qui fait remonter la platine sitôt que la pression est opérée.

Les presses à bras que l'on fabrique maintenant ne sont que des perfectionnements de la presse Stanhope.

Le tirage s'y fait comme autrefois, seulement l'encrage est perfectionné; au lieu de

Machine à pédale *La Minerve*, de M. Berthier.

noircir ses formes avec les gros tampons qu'on appelait balles, on se sert maintenant d'un rouleau que l'on passe sur les caractères après l'avoir humecté sur la table à encrer, au moyen d'une petite manivelle.

MACHINES A PÉDALE

Nous ne considérons pas comme presses à

bras ces petites machines, destinées à tirer économiquement les travaux de ville, de petite dimension, et surtout les cartes de visite, qu'avant leur invention on faisait généralement en lithographie; la plupart, du reste, se meuvent avec le pied, au moyen d'une pédale disposée comme celle des machines à coudre.

Mais elles se sont tellement multipliées depuis quelques années et elles sont aujourd'hui tellement répandues que nous allons passer en revue les plus connues, sans nous attarder à les décrire minutieusement; tout le monde en voyant fonctionner journellement chez les papetiers et les imprimeurs en boutique.

Disons d'abord que sur ces machines, qui ont résolu le problème si longtemps cherché de mécaniser la presse à bras, mais qui n'en sont en somme que des réductions, on

Machine à pédale *l'Utile* de M. Marinoni.

ne peut tirer que des travaux de dimensions restreintes, tels que prospectus, circulaires, mandats, avis, factures, lettres d'invitation, têtes de lettres, manchettes, cartes de visites et d'adresse.

Mais le tirage est très rapide et l'on peut, selon l'habileté de l'ouvrier, obtenir 1,000 à 1,200 exemplaires à l'heure ; quantité qui serait encore augmentée si l'on remplaçait la pédale motrice par une courroie de transmission, ce qui se fait beaucoup depuis l'invention des moteurs à gaz Otto, qui sont toujours prêts à marcher quand on veut, sans mise en train préalable, et qui ne consomment qu'autant qu'ils travaillent. Ces moteurs, dont nous avons déjà eu l'occasion d'expliquer le fonctionnement, dans une autre partie de cet ouvrage, car ils sont propres à tous les usages mécaniques, semblent avoir été créés en vue de l'imprimerie, où ils ont trouvé d'ailleurs leurs plus nombreuses applications; et, si leur place n'est pas absolument dans les grands établissements qui, ayant de nombreuses machines à faire mouvoir constamment, ont déjà des moteurs à vapeur, elle est marquée partout où l'on veut remplacer économiquement le travail moteur de l'homme et surtout dans les imprimeries où le tirage n'est pas continu.

La presse à pédale la plus ancienne est la machine américaine de M. Weiler, connue sous le nom de *Liberty*, et qui figurait à l'Ex-

Presse modèle rotative de M. Berthier.

position universelle de 1867, et elle est restée une des plus pratiques par la simplicité de sa construction et la disposition horizontale de son marbre, qui permet à l'impression de se faire absolument comme sur la presse à bras, sans courir les risques de mettre la composition en pâte, le marbre ne s'avançant jamais au delà de la ligne verticale.

Parmi les machines françaises, celle qui se rapproche le plus de la *Liberty* est le *Progrès*, construite par MM. Pierron et Dehaître; elle n'en diffère d'ailleurs que par quelques perfectionnements, certaines dispositions plus pratiques des organes principaux.

Elle offre, du reste, d'autres avantages, car, grâce à l'addition de la table multicolore Bacon, dont nous parlerons plus loin, on peut imprimer avec et d'une seule fois, en autant de couleurs que l'on veut; et cela aussi facilement et aussi rapidement qu'en noir.

La *Minerve*, — que M. Berthier fabrique depuis douze ans et qu'il perfectionne tous les jours, dans le but, atteint d'ailleurs, de pouvoir tirer dessus de véritables travaux d'art, — se recommande par un encrage régulier, une distribution parfaite et un réglage instantané de la pression qui permet, ou d'imprimer, ou de passer une feuille en blanc, par un simple mouvement.

Les organes qu'on retrouve, du reste, sauf la disposition, dans toutes les machines à pédale, sont peu compliqués.

C'est une roue à engrenage, qui commande le mouvement de bascule de la platine, et fait abaisser les réglettes qui ont mission de retenir dessus la feuille de papier à imprimer.

C'est une bielle, commandant le mouvement de l'arrière; c'est-à-dire la prise d'encre et le jeu du rouleau sur la table de distribution et de là sur la forme.

C'est surtout, ce que n'ont pas les autres machines, une barre de foulage, qui permet de régler à volonté la pression.

Ajoutons encore que dans la *Minerve* il y a immobilité complète au moment de la marge, ce qui permet à l'ouvrier de poser son papier avec tout le soin, toute la régularité que demandent les tirages en couleur.

L'*Utile*, de M. Marinoni, n'est pas, comme la *Minerve*, un instrument de luxe ; elle répond seulement à son titre, mais elle y répond bien.

Cette machine, qui est un perfectionnement de la *Gordon Presse*, très employée en Angleterre, et qui a comme elle un marbre incliné à 20 ou 25 degrés, offre une très grande facilité pour la mise sous presse, la mise en train, la mise sur place des rouleaux, la marge et la réception des feuilles.

De plus, sans dérégler la prise d'encre, une disposition spéciale permet de supprimer, à un moment donné, l'action du

preneur en conservant les trois rouleaux pour la distribution et la touche.

Citons encore, parmi les machines à pédale, la *presse modèle* rotative de M. Berthier, qui est beaucoup plus simple et d'un prix beaucoup moins élevé que sa *Minerve;* il est vrai qu'elle ne rend pas les mêmes services pour les impressions de luxe, mais, avec elle, on peut tirer tous les petits travaux de ville ordinaires, et même les billets de décès et lettres de mariage, in-quarto coquille.

Cette machine est assez légère pour qu'un ouvrier puisse la conduire toute une journée sans grande fatigue en tirant mille exemplaires à l'heure.

Elle se compose d'une pédale qui donne le mouvement, de bielles qui, commandées par des engrenages, donnent la force de pression nécessaire, et d'une platine très épaisse composée de vis à tête plate entourées de caoutchoucs faisant ressort, et sur laquelle des rouleaux supportés par des galets, entourés de rondelles, passent sans faire aucun bruit.

MACHINES A LA MAIN

Outre les machines à pédale, il y a les machines à la main, dont il faut aussi dire un mot.

Nous trouvons d'abord la presse modèle de M. Berthier, qui est une réduction de sa presse rotative dont nous venons de parler.

Destinée à être posée sur une table de 65 à 70 centimètres de hauteur, pour pouvoir manœuvrer facilement, cette machine est mue par un levier qui commande d'un seul coup, la pression, les réglettes, la marche des rouleaux et fait tourner la table à encre.

La platine se compose de deux parties : la partie supérieure sur laquelle se trouve le blanchet, et la partie inférieure sur laquelle le levier vient opérer, et qui est composée exactement comme la platine de la presse rotative que nous venons de décrire.

A peu près du même genre est la presse Boston de MM. Golding et Cie répandue en France par l'usine Gutenberg, et qui d'ailleurs mérite de l'être car elle est d'une sim-

Presse modèle de M. Berthier.

plicité extraordinaire, coûte très bon marché, et peut tirer, selon l'expérience de l'ouvrier, de 1,000 à 1,500 exemplaires à l'heure.

Il y a aussi la machine de MM. Pierron et Dehaître, qu'ils appellent machine à cartes de visites, bien qu'elle puisse imprimer aussi les invitations et travaux de ville de petite

Machine à cartes de visites de MM. Pierron et Dehaître.

dimension; avec cet avantage que sa forme permet de voir tout le mécanisme, de placer et déplacer le composteur à volonté pour pouvoir faire les corrections au besoin et

Presse simplifiée de M. Wibart.

éviter ainsi la perte de temps et de cartes inévitable quand on ne voit pas ce qu'on fait; ce qui est le cas dans la plupart des machines spéciales à cartes de visites.

GRANDES PRESSES MÉCANIQUES

Parlons maintenant des presses mécaniques, qui commençaient à se montrer en Angleterre à l'époque où la presse Stanhope

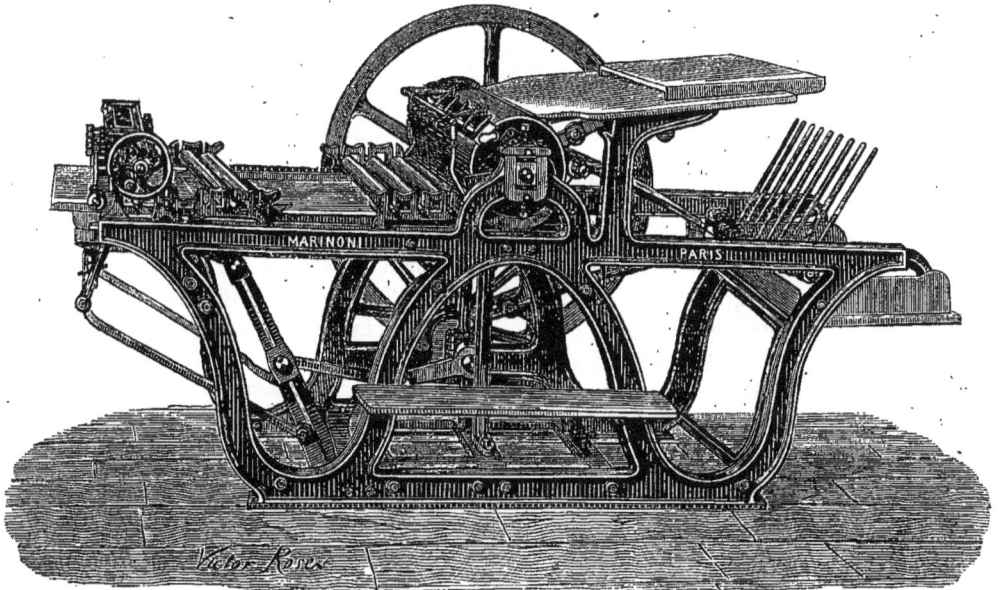

Presse indispensable de M. Marinoni.

arrivait en France, puisque le *Times* s'imprimait, le 24 novembre 1814, sur une machine.

A la vérité, cette machine, inventée par John Walter, éditeur du *Times*, d'après les idées du docteur Nicholson, éditeur du *Journal philosophique*, était encore bien élémentaire et ne pouvait donner que mille exemplaires à l'heure.

C'était une presse en blanc, c'est-à-dire ne pouvant imprimer qu'un seul côté à la fois. Mais l'année d'après, le mécanicien Kœnig trouva la presse à retiration (impri-

mant les deux côtés à la fois) en réunissant deux machines en blanc.

Le problème était à peu près résolu, il ne restait plus qu'à perfectionner l'instrument et c'est à quoi s'occupèrent et s'occupent encore les constructeurs qui se sont succédé depuis cette époque, et qui ont apporté tant de modifications à l'invention première, qu'on peut dire qu'il y a autant d'espèces de machines que de fabricants.

Étudier tous les systèmes serait au-dessus de nos forces, et d'ailleurs, peu intéressant pour des lecteurs à qui nous n'avons promis

Presse en blanc perfectionnée à mouvement direct de M. Alauzet.

qu'une notice sur les diverses opérations qui constituent l'imprimerie ; nous resterons donc dans notre programme en donnant seulement une idée des types fondamentaux, c'est-à-dire machines en blanc, à retiration, à réaction et rotatives.

Pour toutes les variétés de ces machines, de quelque atelier qu'elles sortent, sauf pour les rotatives, qui sont, peut-être, le dernier mot de l'art, le mode d'impression est le même : c'est toujours une table horizontale portant, par un mouvement de va-et-vient automatique, les formes à imprimer : d'abord sous les rouleaux en-

creurs, ensuite sous un cylindre qui, tournant sur son axe, a saisi, à l'aide de pinces, une feuille de papier qu'il dépose dessus, en même temps qu'il opère la pression nécessaire.

Mais comme les machines diffèrent par le nombre et la disposition des cylindres, aussi bien que par leur marche, nous suivrons les détails de l'opération en décrivant chaque espèce de machine.

MACHINES EN BLANC

Les machines en blanc sont, comme nous l'avons dit, celles qui ne peuvent imprimer que d'un côté à la fois et qu'à cause de cela on adopte de préférence pour les tirages de luxe.

Nous en donnerons plusieurs modèles empruntés à nos principaux constructeurs.

Voici d'abord la *Presse simplifiée*, de M. Wibart, par laquelle nous commençons parce que c'est la plus simple et la moins coûteuse de toutes ; elle est d'ailleurs construite en vue des petites imprimeries, qui n'ayant par des travaux permanents ne peu-

vent avoir le personnel qu'exigent les machines ordinaires.

Celle-ci est, dans ce but, réduite à sa plus simple expression.

Si elle fonctionne à la vapeur, ou plus économiquement au moteur à gaz, elle occupe seulement un margeur et peut donner de 1,200 à 1,500 exemplaires à l'heure.

Fonctionnant à bras elle nécessite l'emploi de deux personnes : un homme pour tourner le volant et une femme ou un en-

Presse perfectionnée de M. Wibart avec cylindre de sortie de feuilles.

fant pour marger les feuilles, c'est-à-dire un personnel moindre qu'une presse à bras qui produirait sept à huit fois moins de besogne.

Du reste, n'exigeant aucune fondation et peu sensiblement plus lourde qu'une machine à bras, elle peut s'installer dans tous les ateliers à n'importe quel étage.

Aussi en existe-t-il dans le monde entier et M. Wibart en a expédié en Perse et jusqu'en Abyssinie.

La *Presse indispensable* de M. Marinoni n'est guère plus encombrante, il le fallait

d'ailleurs pour qu'elle répondît à son titre.

Comme la précédente elle se monte sans maçonnerie, et elle est si simple que son usage s'explique presque de lui-même par la gravure.

Elle se compose de la table horizontale qu'on appelle *marbre* (bien qu'elle soit en fonte), sur laquelle on fixe la forme qu'elle entraîne dans son mouvement de va-et-vient sous les rouleaux encreurs, et qu'elle ramène sous le cylindre au moment même où celui-ci a pris à l'aide de ses pinces la feuille de papier que l'ouvrier, qu'on appelle *margeur*, lui a présentée.

Cette feuille se trouve imprimée par le double effet de la rotation du cylindre et du mouvement de la table, qui, ramenant la forme aux encriers, la dégage et lui permet de glisser sur des cordons, où une espèce de petite claie la soulève, et, basculant sur elle-même, la dépose dans une boîte où l'on n'aura plus qu'à la prendre.

Cette claie, qu'on appelle receveur méca-nique, économise l'emploi du *receveur*, qui est tenu par un apprenti. Elle n'existe pas à toutes les machines, mais on peut l'adapter à la plupart.

C'est aussi le cas de la machine *Express* de M. Alauzet, qu'on peut placer et déplacer aussi facilement qu'une presse à bras, avec cette différence de fonctionnement, qui existe du reste dans presque toutes les presses de M. Alauzet : c'est que le marbre est à mouvement direct ; c'est-à-dire qu'il est com-

Presse perfectionnée de M. Wibart.

mandé directement par une bielle sans aucun intermédiaire ni de levier ni d'engrenage.

Voilà pour la presse, en quelque sorte élémentaire ; mais il va de soi que l'on construit des machines en blanc capables d'un travail plus considérable et plus soigné.

Ainsi chez M. Wibart on trouve des presses perfectionnées de plusieurs types, selon qu'elles sont destinées plus spécialement au tirage des affiches, des labeurs ou des travaux de luxe, mais présentant toutes cette facilité que les organes du mouvement sont à l'arrière, ce qui permet au conducteur d'approcher plus aisément du cylindre, du marbre et des rouleaux qui sont complètement dégagés.

Ces machines sont munies aussi d'un nouveau système de position donnant pour la retiration, le repérage le plus parfait ; car quelle que soit sa position sur la tige conductrice, la pointure a toujours le même

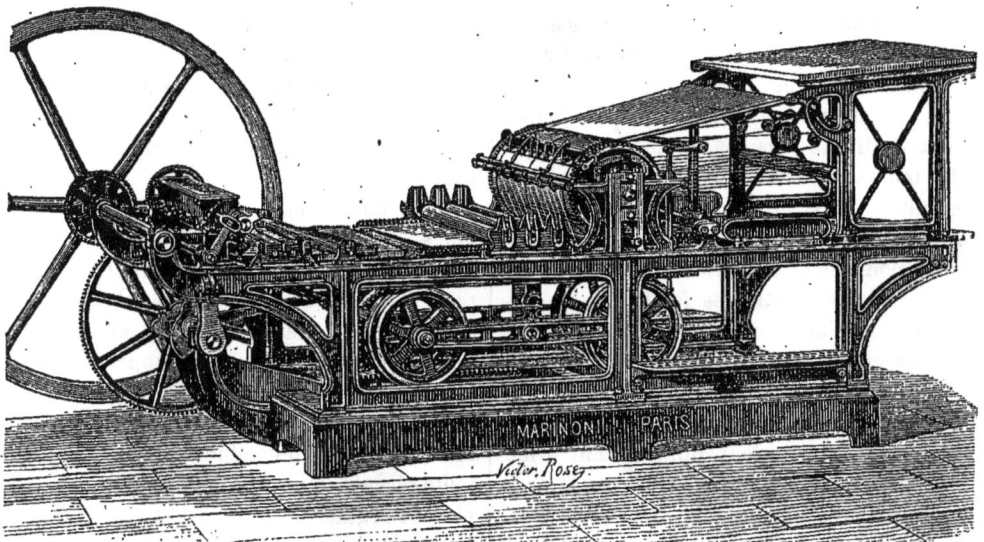

Presse universelle de M. Marinoni.

mouvement rectiligne perpendiculaire à la table à marger, et aussi toujours la même course.

En somme, voici ce qui se produit régulièrement : la feuille étant margée, les pinces se baissent et la fixent sur le cylindre; les guides se lèvent, la pointure se retire et le cylindre part, emportant la feuille qui, comme on le voit, n'est jamais abandonnée à elle-même.

Le modèle que représente notre gravure est le type n° 2, le mixte, c'est-à-dire le plus utile, car outre les affiches et labeurs, il peut tirer les vignettes et gravures de luxe et même les aquarelles typographiques (impressions en couleurs), grâce au grand

Presse à retiration de M. Alauzet.

développement du marbre qui permet d'avoir une très grande touche, point essentiel pour obtenir une bonne impression.

A ces presses perfectionnées, quand elles sont destinées plus spécialement au tirage des tableaux pleins et fermés, affiches, et grands à plat, M. Wibart ajoute derrière le cylindre ordinaire, un nouveau cylindre qui a pour but de supprimer et de remplacer les cordons de sortie des feuilles que, dans ces cas spéciaux, on ne peut placer que sur les marges de côté, souvent trop étroites pour que le jeu en soit bien assuré.

Le cylindre de sortie fait plus proprement et plus sûrement leur office, étant armé de pinces qui viennent prendre sur le premier cylindre la feuille imprimée pour l'emporter hors de la machine.

On se rendra du reste facilement compte du fonctionnement en examinant notre gravure.

Les machines en blanc de M. Alauzet portent aussi le nom de presses perfectionnées, elles ne diffèrent essentiellement des précédentes que par la disposition des organes du mouvement qui sont à l'avant au lieu d'être à l'arrière, ce qui immobilise tout un côté du marbre, il est vrai, mais dégage complètement la réception.

Les deux systèmes ont d'ailleurs leurs partisans.

M. Alauzet fabrique deux types de machines en blanc : sa presse en blanc perfectionnée à mouvement direct, qui est bonne à tous tirages et qu'il modifie, selon demande, en la munissant d'un cylindre d'un plus grand diamètre.

Et sa grande presse, destinée spécialement au tirage des travaux de luxe et de la chromotypographie et qui fait ses preuves tous les jours à l'Illustration et au Monde illustré.

Cette machine n'est d'ailleurs qu'un augmentatif de celle que nous mettons sous les yeux de nos lecteurs, le cylindre est plus gros, il y a plus de rouleaux et l'encrage qui se fait par un système perfectionné en

rend la touche bien plus efficace pour l'impression des gravures.

La presse perfectionnée de M. Marinoni s'appelle l'Universelle, c'est assez dire que ce constructeur n'a qu'un modèle, qu'il exécute naturellement pour différents formats et qui est basé sur le même système que son Indispensable : l'impression s'y fait de la même façon, si ce n'est qu'il faut un receveur, puisqu'elle n'a pas de receveur automatique ; mais elle porte un format beaucoup plus grand, et peut imprimer toutes sortes de travaux, même et surtout les ouvrages à gravures ; car elle est munie de rouleaux chargeurs mobiles d'une invention toute récente, qui, répartissant l'encre avec plus de régularité, lui donnent plus de brillant et plus de vigueur, ce qui permet d'obtenir des tirages aussi nets et aussi légers que possible.

MACHINES A RETIRATION

La presse à retiration, qu'on appelle plus spécialement presse à labeurs, est une machine mixte, car si elle imprime en blanc, c'est-à-dire d'un seul côté, elle peut aussi imprimer en retiration, c'est-à-dire des deux côtés et donner couramment de 800 à 1,000 exemplaires à l'heure, selon sa construction, et l'habileté du conducteur.

Il est d'ailleurs toujours possible d'imprimer les deux côtés à la fois, il suffit que le marbre soit assez grand pour contenir les deux formes, recto et verso, et l'on ne coupe son papier que de façon à avoir deux exemplaires sur chaque feuille.

Ceci est presque la définition de la machine qui nous occupe, car en général les presses à retiration, inventées par M. Rousselet, perfectionnées d'abord par M. Normand, et depuis par les constructeurs, qui ont à peu près chacun leur système, ne sont pas autre chose que la réunion de deux machines en blanc.

Elles ne tiennent pas plus de place et n'exigent que le même personnel depuis que la décharge, jusqu'alors indispensable pour empêcher le maculage, a été supprimée par l'emploi d'un appareil fort ingénieux que nous avons vu fonctionner à la dernière exposition.

Cet appareil, inventé par M. Nelson, imprimeur d'Edimbourg, est adapté aujourd'hui à toutes les machines de M. Marinoni, qui est concessionnaire du brevet pour la France.

Machine à journaux à 4 cylindres de M. Wibart.

En principe, et sauf les modifications apportées par nos constructeurs modernes, il n'y a que deux sortes de machines à retiration.

Les presses à gros cylindres, que nous ne décrirons pas, parce qu'on n'en construit plus, et les presses dites à soulèvement, qui sont les plus usitées et qu'on appelle ainsi parce que les deux cylindres y sont soulevés alternativement par un mouvement, combiné avec le va-et-vient du marbre, pour laisser passer librement les formes qui sont placées de chaque côté de la table, laquelle a naturellement deux encriers et double jeu de rouleaux encreurs.

Voici, du reste, d'après M. Monet, le mouvement général d'une machine à retiration :

« La prise de la feuille a lieu dans la

Presse à retiration de M. Marinoni.

partie supérieure du côté de seconde, les pinces sont amenées à cette place par la rotation du cylindre. Au moment où elles y arrivent, le porte-cames s'avance et le galet du secteur rencontrant une came fait ouvrir les pinces, qui ainsi ouvertes passent sous la table de marge. Parvenu à l'extrémité de cette came, le galet se trouve vide et n'a plus d'action sur le secteur, qui reprend sa place, poussé par le ressort dans le sens qui fait tomber les pinces.

« La feuille est alors saisie et entraînée en pression. Le marbre, mis en mouvement par la crémaillère, s'avance à la rencontre du cylindre et lorsque les pinces arrivent en bas, le cylindre s'abaisse, entre en contact avec la forme, qui coïncide ainsi avec la partie étoffée et la mise en train.

« Pendant que ce cylindre opère la pression, celui du côté de première est soulevé pour donner passage à la forme. A

mesure que la feuille passe en pression entraînée par la rotation du cylindre, elle remonte vers la prise, la dépasse et revient au point de rencontre des deux cylindres. A ce moment la manivelle des pinces du

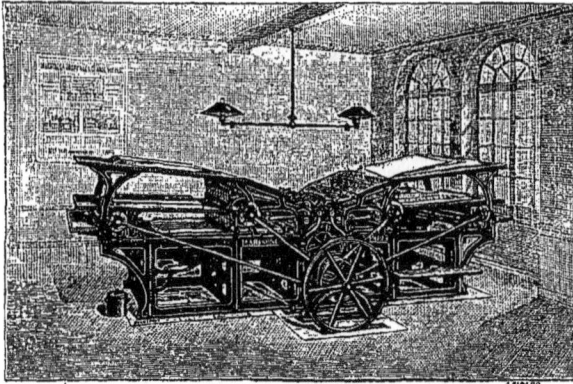

Presse à réaction (Marinoni) à 2 cylindres.

cylindre, côté de première, rencontre une came ; les pinces s'ouvrent graduellement et leur extrémité passe sous les bords de la feuille imprimée, qu'elles saisissent pendant que celles du cylindre, côté de seconde, s'ouvrent de la même manière et l'abandonnent.

« Quand la feuille entre en pression au côté de première, le marbre s'avance, le cylindre de ce côté s'abaisse, et celui du côté de seconde est soulevé à son tour. Le second côté de la feuille imprimé, celle-ci remonte vers la sortie et se présente aux mains du receveur. »

Presse à réaction (Marinoni) à 4 cylindres.

On comprend donc comment s'opère le tirage sur une machine à retiration, mais on doit comprendre aussi que la feuille imprimée au verso présente son côté humide

au second cylindre, qui fera l'impression du recto, et y dépose naturellement toujours un peu d'encre, qui maculera plus ou moins la feuille que ce cylindre pressera ensuite.

C'est pour éviter ce maculage que l'on passe sous la presse, par le même procédé qui prend les feuilles à imprimer, des feuilles de décharge qui, s'interposant entre le côté imprimé et le cylindre, jouent exactement le même rôle que la feuille de buvard posée sur une page encore humide.

Aucun tirage soigné ne peut être fait sur une presse à retiration si l'on ne tire

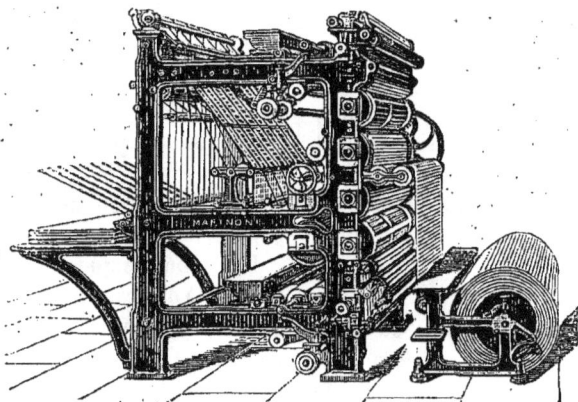

Presse rotative Marinoni.

en décharge, ce qui nécessite un margeur de plus.

Cependant, on peut économiser ce surcroît de main-d'œuvre, en adaptant aux machines l'appareil *Nelson*, qui supprime, pour les travaux courants, l'emploi des feuilles de décharge.

Fidèle à notre principe de ne rien négliger de ce qui peut éclairer nos lecteurs, nous mettons sous leurs yeux, les machines à

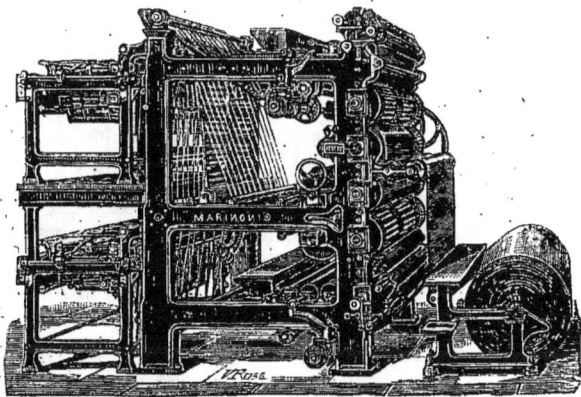

Presse rotative Marinoni avec plieuse.

retiration de nos principaux constructeurs.

Elles diffèrent peu d'ailleurs, et il faut y regarder de bien près pour ne pas les confondre; chacune a cependant sa particularité.

Ainsi, celle de M. Wibart, dont tous les organes sont intentionnellement très robustes, a la partie de ses cylindres qui ne sert pas à imprimer pourvue d'une seconde

gorge, dans laquelle sont placés deux ten-
deurs de blanchets, disposition qui permet
d'employer des étoffes plus minces, de pouvoir tendre ces étoffes séparément en supprimant les épingles et d'éviter que les
cylindres ne touchent au retour, au commencement des soulèvements.

Celle de M. Marinoni, pourvue de l'appareil Nelson qui supprime la marge en décharge, l'est aussi, ou peut l'être à volonté,
soit d'un receveur mécanique simple, soit
d'un receveur mécanique double, l'un recevant la feuille imprimée, l'autre la feuille
de décharge, si l'on ne se sert pas de l'appareil Nelson.

Celle de M. Alauzet a plus de développement, les marbres y sont plus étendus,
ce qui permet une touche plus complète,
et elle possède un système spécial de
marge à décharge pour éviter le maculage;
elle peut aussi se prêter parfaitement à
l'installation d'un receveur mécanique, ce
qui, d'ailleurs, n'est impossible dans aucune
machine.

MACHINES A RÉACTION

Les presses à réaction, destinées plus
spécialement au tirage des journaux, font
la besogne encore plus vite que les presses
à retiration; car non seulement elles tirent
les deux côtés à la fois, mais elles les tirent
d'un seul coup; pour cela il faut un marbre
assez grand pour recevoir du même côté
recto et verso et tirer sur du papier double,
de façon à ce que chaque feuille contienne
deux exemplaires.

Voici comment l'opération se produit:
les cylindres sont commandés par le marbre
et disposés de façon à ce que, suivant son
mouvement de va-et-vient, ils tournent alternativement dans les deux sens, d'où le nom
de réaction donné à la machine puisque
les cylindres réagissent continuellement, ce
qui permet à chacun d'imprimer le recto et
le verso du même coup.

Pendant que le marbre s'avance vers une
extrémité de la machine, la feuille reçoit la
pression de l'autre côté; puis, entraînée par
les cordons, elle passe sous un rouleau de
bois qu'on nomme *registre* qui la retourne
et la ramène en retiration sous le cylindre
au moment même où le marbre, revenant,
le fait tourner dans le sens opposé.

Nous disons le cylindre, parce que dans
le principe les machines à réaction n'avaient
qu'un seul cylindre. Mais on les a vite
perfectionnées pour obtenir plus de rapidité
dans le tirage des journaux, car les machines à réaction ne sont pas employées
pour le labeur.

Les modèles que nous en donnons, empruntés à divers constructeurs, car ces machines ne diffèrent que par les détails, le
prouvent du reste.

Les premiers sont les presses à deux
cylindres qui exigent naturellement chacune
deux margeurs et deux receveurs, mais qui,
bien conduites, peuvent tirer de 4,000 à
4,500 exemplaires.

Ces machines ont un inconvénient, elles
tiennent de la place: ainsi, celle de M. Wibart, si petite sur notre dessin, a 5 mètres 50
de long sur 2 mètres 20 de largeur, et
son poids dépasse 5,000 kilogrammes.

Les proportions des autres ne sont pas
moindres, celle de M. Alauzet même est
plus alongée, d'après le principe de ce
constructeur de donner le plus de développement possible à ses marbres.

L'autre type est à quatre cylindres et
demande un personnel double, mais elle
livre couramment de 6,000 à 7,000 exemplaires à l'heure et ne tient guère plus de
place.

Ce tirage était bien quelque chose; intrinsèquement il est énorme, mais relativement il est bien insuffisant pour les journaux qui, ne vivant que d'actualité, ne
peuvent pas languir sous presse, et pour les
gros tirages on était obligé d'employer
plusieurs machines et naturellement de
faire autant de clichés, ce qui prenait du

temps et de la matière et nécessitait un personnel considérable.

C'est alors que l'on imagina les machines rotatives.

MACHINES ROTATIVES

La machine rotative ne fut pas d'abord ce merveilleux instrument dont se servent aujourd'hui tous les grands journaux quotidiens et qui tire 40,000 exemplaires, dans le format du *Petit Journal*, à l'heure, ou 20,000 du grand format.

On commença bien par donner à la composition la forme cylindrique, ce qui n'était pas difficile en faisant des clichés que l'on peut cintrer à volonté selon les moules que l'on emploie, mais on ne pensa pas à placer les cylindres imprimeurs tout autour de la forme, de façon à obtenir, à chaque rotation de celle-ci, autant de feuilles imprimées qu'il y a de cylindres.

On y arriva progressivement, mais alors on ne tirait qu'en blanc, et pour la retiration il fallait marger de nouveau.

Bref on obtenait tout au plus, et avec un assez nombreux personnel, 10,000 exemplaires à l'heure.

En 1867, M. Marinoni construisit une

Presse rotative de M. Alauzet, pour le tirage des grands journaux.

machine rotative à six cylindres qui tirait 36,000 petits journaux à l'heure. Le résultat était beau, mais la machine était encombrante et il fallait six margeurs pour la servir : il est vrai qu'on se passait de receveurs, puisque les feuilles étaient reçues mécaniquement.

La machine rotative d'aujourd'hui tient peu de place, et fonctionne sans personnel ; il ne lui faut ni margeur ni receveur ; elle économise même le trempage du papier, elle fait tout elle-même, jusqu'à compter les feuilles qui sont déposées par cent sur les tables de réception, et cela avec une rapidité vertigineuse.

Le papier employé pour le tirage à la machine rotative est du papier continu qui se livre en rouleaux de 4,300 mètres de longueur, fournissant quarante mille grands journaux.

Le rouleau en place et la machine en mouvement, le papier se déroule comme un immense ruban, se trempe, s'imprime, se coupe, se plie même (car on adapte des plieuses aux machines rotatives), sans qu'on ait le temps de voir comment, tant les cylindres tournent vite. Heureusement, je trouve dans le rapport de la délégation ouvrière à l'exposition de Vienne de 1873 une description qui nous permettra de suivre l'opération.

« A l'un des bouts du rouleau de papier est adapté un frein qui le comprime plus ou moins, au moyen de poids, afin d'éviter qu'il se déroule trop vite et de permettre que la feuille parte toujours tendue. Un régulateur est aussi fixé pour attirer ou repousser le rouleau de papier, ce qui permet de régulariser la marge des côtés.

« La feuille, en partant, passe entre deux petits cylindres de cuivre qui ont reçu une certaine humidité d'un autre cylindre en cuivre cannelé, baignant dans un récipient

Presse rotative de M. Alauzet pour le tirage des gravures.

d'eau, un couteau de caoutchouc n'en laissant passer que juste la quantité suffisante. La feuille, en remontant, passe entre deux cylindres de bois et redescend entre deux cylindres en fonte, où se trouve adaptée une scie qui la détache; elle s'imprime immédiatement entre les cylindres de pression et les formes cylindriques qui sont disposées horizontalement.

« Un séparateur, placé dans la fosse, au milieu et au-dessous des cylindres de pression, envoie la feuille simultanément sur quatre raquettes (deux de chaque côté de la machine) qui la déposent sur les tables, à recevoir ; une mollette coupe la feuille dans le milieu de sa largeur, avant son arrivée à la raquette »

Depuis que ces lignes ont été écrites, M. Marinoni a considérablement amélioré sa machine, mais les éléments constitutifs sont restés les mêmes ; on y ajoute, entre autres choses très pratiques, un avertisseur qui, réglé par le compteur automatique qui s'applique, d'ailleurs, aux presses de toutes sortes, fait sonner un timbre sitôt que cent exemplaires sont tirés ; ce qui permet au conducteur de livrer ses feuilles par paquets de cent, sans avoir d'autre peine que de les

Table Bacon pour le tirage en couleur, adaptée à la machine à pédale de MM. Pierron et Dehaitre.

faire enlever des tables à réception sitôt qu'elles y sont empilées.

Les plieuses adaptées aux presses rotatives, sont une amélioration bien plus appréciable encore pour les journaux ; les exemplaires sortant de là tout pliés et prêts à recevoir la bande.

Mais ce n'est pas encore tout, l'avenir nous réserve certainement de nouveaux perfectionnements, car nos constructeurs ont tant trouvé depuis vingt ans que la routine elle-même n'oserait leur dire : Tu n'iras pas plus loin.

Du reste M. Marinoni n'est pas seul constructeur de machines rotatives. S'il a établi celles avec lesquelles se tirent journellement le *Petit Journal*, le *Figaro*, la *France*, et beaucoup d'autres feuilles quotidiennes, M. Derriey a construit celles dont se servent entre autres journaux à gros tirage, le *Petit Moniteur*, la *Petite Presse*, l'*Intransigeant*, la *Lanterne*, le *Petit National*, le *Petit Caporal*.

M. Alauzet de son côté n'est pas resté en arrière, et c'est avec une de ses machines que l'on tire tous les jours la *Petite République Française*, à raison de 70,000 exemplaires à l'heure ; ce qui est un notable progrès.

C'est du reste la presse rotative qui s'écarte le plus du type adopté généralement : moins élevée, sa machine est plus longue, elle ne tient cependant pas plus de place car le rouleau distributeur de papier est plus rapproché des cylindres, disposés d'ailleurs d'une façon particulière ainsi qu'on le verra par notre gravure.

M. Alauzet construit aussi une machine rotative destinée au tirage des gravures et illustrations.

Cette machine, dont les cylindres sont d'un fort diamètre, est à double touche par sept rouleaux toucheurs pour chaque forme, ce qui permet un encrage très complet.

Elle présente aussi cette particularité qu'on n'y voit pas un seul cordon, le papier suivant sa voie sur les cylindres, jusque et y compris le pliage, par une disposition fort ingénieuse.

Elle fonctionne avec une seule composition, ce qui économise des frais de clichés (toujours assez importants quand il s'agit de gravures) et fait gagner beaucoup de temps pour la mise en train et les découpages, qu'il ne faut faire qu'une fois.

La mise en train, du reste, est rendue très facile par la disposition des cylindres qui sont à découvert et à la portée du conducteur.

Le maculage est évité par une disposition spéciale permettant de passer une feuille de décharge.

Enfin, au moyen d'un frein solidaire du levier de débrayage, on peut arrêter instantanément la marche de la machine, ce qui est indispensable quand on veut faire un tirage soigné et régulier, les gravures étant toujours susceptibles de s'encrasser.

Comme on le pense bien, la vitesse de cette machine est bien moindre que celle des presses rotatives à petits cylindres qu'on a justement surnommées Express, mais elle est encore très appréciable, puisqu'avec une seule composition on peut obtenir en moyenne 4 000 exemplaires à l'heure du format double jésus ; si l'on plaçait deux compositions (la machine peut les recevoir) on obtiendrait naturellement le double de produit, soit 8 000 exemplaires sortant de la presse, imprimés, coupés et pliés.

Grâce à cette machine on peut maintenant fabriquer des journaux illustrés à bon marché, paraissant quotidiennement ; et si l'on ne s'y met pas, à cause de la difficulté des gravures, elle trouvera toujours son utilité pour le tirage des ouvrages en livraisons, de ces publications illustrées qu'on aperçoit à peine à Paris, mais qui ne s'en vendent pas moins à des quantités considérables d'exemplaires.

Il le faut bien, du reste, car les publications du genre de celles-ci ne pourraient pas vivre sans un gros tirage.

LES ROULEAUX

Nous avons souvent parlé des rouleaux encreurs, sans avoir eu occasion d'ouvrir une parenthèse, pour dire deux mots de leur fabrication ; cela est utile pourtant, car ils se font généralement dans les imprimeries mêmes.

Ces rouleaux, qui n'ont remplacé les tampons et les balles en cuir avec lesquels on étendait l'encre sur les caractères, que depuis 1814, sont de plusieurs sortes.

Il y a les *preneurs*, qui reçoivent l'encre par leur contact avec les boîtes qu'on appelle encriers, et la déposent sur la table.

Il y a là les *distributeurs*, qui étendent la matière grasse sur la table à encrer ; et il y a les *toucheurs*, qui s'humectent sur cette table, où l'encre a été répartie également, et passent sur les formes en les touchant suffisamment pour déposer de l'encre sur toutes les parties saillantes.

Tous, du reste, sont de même composition et ne diffèrent que par le calibre.

Cette composition est un mélange de colle forte avec de la mélasse, à laquelle on ajoute soit du miel, de la glycérine en été, de la gélatine ou selon le procédé du fondeur.

Voici comment elle se prépare : On fait tremper la colle pendant 10 heures à froid dans un bain-marie, avec une quantité d'eau suffisante pour la couvrir complètement. Au bout de ce temps là colle est à peu près fondue, et a absorbé son volume d'eau. On chauffe alors pendant une heure, puis on ajoute la mélasse, dont la quantité doit être moindre, mais varie suivant les saisons. Il est aisé de comprendre que plus on met de mélasse plus les rouleaux sont tendres ; or, comme en été il faut des rouleaux durs pour résister aux grandes chaleurs, la quantité de colle forte devra être double de celle de mélasse, et en hiver, les quantités devront être à peu près égales. L'on agite ensuite le tout avec une spatule pour que les deux substances s'amalgament parfaitement, puis on verse la matière dans des moules en fonte placés verticalement le long d'un mur, où on la laisse séjourner 12 heures, après quoi on expose les rouleaux à l'air pendant quelques jours pour qu'ils aient le temps d'acquérir la consistance nécessaire au service qu'on va leur demander. Si l'on veut faire des rouleaux pouvant servir 12 heures après leur sortie du moule, on n'a qu'à remplacer la mélasse par de la glycérine. Les rouleaux s'usent très vite, surtout les

toucheurs, qui s'effritent au contact des caractères, et pour les conserver on est obligé de les remplacer après quelques heures de travail. Cette précaution est, du reste, indispensable, si l'on veut obtenir un tirage propre et bien suivi, car au bout de quatre à cinq heures, selon les tirages, les rouleaux sont fatigués et recouverts de l'espèce de duvet que le papier dépose, en plus ou moins grande quantité sur la forme ; ce qui leur enlève toute leur élasticité, qu'ils recouvrent, du reste, sitôt qu'ils ont été lavés et asséchés.

Quand ils sont usés, comme la matière ne s'est point avariée, on la refond pour faire des rouleaux neufs, en l'additionnant d'autant de mélasse et de colle forte qu'il en faut pour donner à la pâte la fluidité nécessaire.

Et c'est précisément pour cela que les imprimeurs fondent eux-mêmes leurs rouleaux, dans les moules, que leur ont fournis les constructeurs, au calibre nécessaire aux machines.

TIRAGES EN COULEURS.

Les tirages en couleurs sont de plusieurs sortes.

Les tirages d'une seule couleur ne demandent point d'explication, puisqu'ils ne diffèrent des tirages en noir, que par l'encre que l'on emploie.

Ils ne souffrent aucune difficulté et deviennent de plus en plus fréquents en typographie, pour les couvertures de livraisons, gravures hors texte, etc.

Où la difficulté commence, c'est quand il faut tirer en plusieurs couleurs sur la même feuille.

Ce n'est du reste qu'une question de temps, puisque l'on fait autant de tirages qu'il y a de couleurs à imprimer ; on en est quitte, naturellement, pour faire autant de compositions qu'on doit mettre de fois sous presse, en ayant soin de laisser en blanc à chaque tirage toutes les parties qui ne doivent point venir de la couleur que l'on imprime.

C'est ce qui explique pourquoi les chromotypographies, où l'on fait quelquefois dix à douze tirages avec des repérages très laborieux et qui sont de véritables travaux d'art, coûtent si cher.

Les tirages en couleurs, de travaux de ville, sont infiniment moins difficiles, parce qu'on opère sur des formats très restreints, et qu'avec les machines à pédales, les changements dans la composition, c'est-à-dire le remplacement des lettres et des vignettes à enlever, par des cadrats ou des

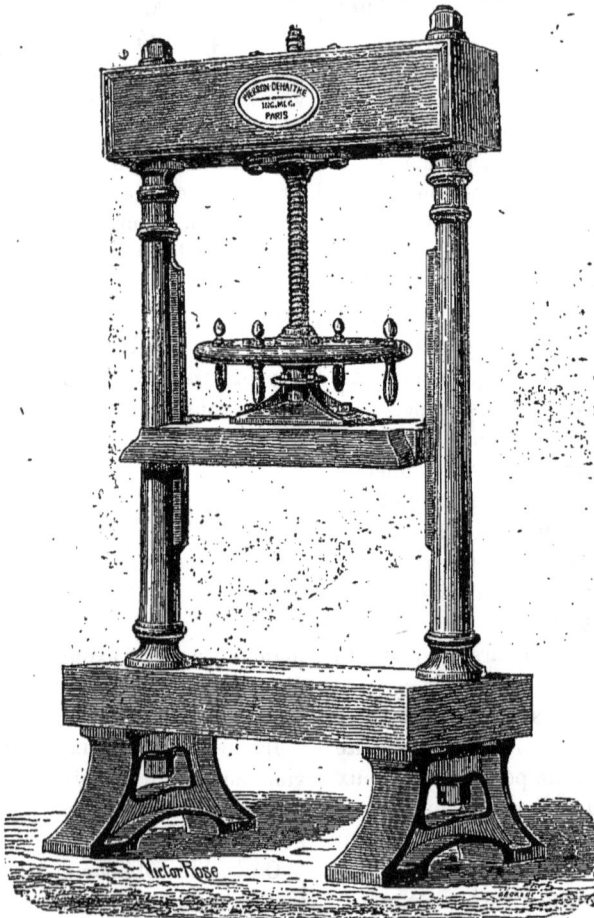

Presse à percussion pour le satinage.

garnitures, peuvent être faits sous presse.

On peut du reste, grâce à l'emploi de la table Bacon, que construisent MM. Pierron et Dehaitre, imprimer à la fois en quatre, cinq et même huit couleurs, à la condition toutefois de tirer par zones, en lignes uniformes;

ce qui est précieux, du reste, pour les prospectus et les affiches.

Deux gravures, représentant des dispositions différentes de ce système, en feront comprendre le fonctionnement, très avantageux et très pratique.

La table Bacon se compose de pièces mobiles, en forme de losange, accouplées deux à deux et qu'un mécanisme spécial force à exécuter un demi-mouvement de rotation, en sens contraire, de sorte que le mouvement exécuté par ces pièces (appelées isolément *diamants*, et par accouplement *éléments*) équivaut à une rotation complète.

La distribution se fait donc sur chaque largeur de ces éléments, aussi uniformément que sur une table tournante. De là pour le tirage, l'avantage inappréciable de pouvoir fournir telle ligne ou telle autre, d'une quantité d'encre voulue et parfaitement distribuée, et de pouvoir tenir compte, dans un tirage multicolore, de la faculté qu'ont cer-

Presse hydraulique de M. Wibart.

taines nuances de fournir peu ou beaucoup.

Les éléments qui composent la table sont de largeurs différentes et on les dispose selon le tirage à obtenir.

A cet effet, on place sur le preneur les pièces séparées du rouleau, de façon qu'elles correspondent aux lignes à encrer, on imprime à la machine un léger mouve-

ment pour que le preneur vienne reposer sur la table, et l'on se guide alors sur les pièces du preneur, pour disposer les éléments en correspondance exacte avec ces pièces; il suffit pour cela de desserrer les vis et d'opérer les changements d'éléments, selon la largeur des pièces du rouleau preneur.

Il ne reste plus qu'à mettre la machine en mouvement et à régler chaque encrier pour obtenir l'intensité voulue.

On peut se servir d'encriers de tous systèmes, à la condition d'y installer des cloisons mobiles, destinées à séparer les couleurs en compartiments, exactement de mêmes largeurs que les pièces correspondantes des rouleaux preneurs; et qu'il suffit d'ouvrir ou fermer pour obtenir une plus ou moins grande quantité de couleur.

Dans l'application à la machine à pédale le *Progrès*, que représente notre gravure, la table Bacon est disposée pour imprimer en huit couleurs, soit différentes, soit alternées selon les travaux à exécuter.

Si l'on veut s'en servir sur une machine en blanc pour le tirage des affiches, comme on le voit dans notre gravure hors texte, où la table est disposée pour cinq couleurs, on ne se contente pas de grouper les diamants par éléments; on en ajoute autant que la longueur de la table le permet, ce qui donne une meilleure distribution.

C'est avec ce système que l'on tire économiquement ces papiers teintés à trois ou quatre couleurs, sur lesquels on prend l'habitude d'imprimer maintenant les affiches, mais il serait tout aussi facile, sinon plus simple, d'y imprimer les affiches elles-mêmes.

LE SATINAGE

Lorsque le tirage est fait, s'il s'agit de journaux, tout est dit; il n'y a plus qu'à plier ceux qui doivent être expédiés aux abonnés, car les exemplaires destinés à la vente sur la voie publique sont emportés en feuilles de sous la presse.

Mais s'il s'agit de labeurs ou de publications soignées, il est d'usage de satiner les feuilles pour faire disparaître le relief produit sur la surface du papier par la pression, et qu'on appelle foulage.

L'opération a beaucoup de rapport avec le glaçage; seulement au lieu de plaques de zinc, on se sert de feuilles de carton d'un format naturellement plus grand que les feuilles à satiner, que l'on dispose sous une presse à percussion, une à une entre deux feuilles de carton, en ayant soin, à peu près toutes les cinquante feuilles, de placer un plateau de bois destiné à maintenir la pile et à lui imposer la surface plane.

La pile assez haute, on serre la vis, et l'on maintient les feuilles en pression pendant plusieurs heures; après quoi, les cartons sont retirés de sous presse, et les feuilles satinées enlevées font place à de nouvelles feuilles.

Tel est le système rudimentaire, mais comme le dit M. Paul Dupont dans son *Histoire de l'imprimerie* : « dans les maisons de premier ordre où s'exécutent tous les travaux qui se rapportent à la typographie et où se satinent continuellement d'énormes quantités de papiers, les anciens procédés seraient insuffisants, aussi y a-t-on installé un grand nombre de presses hydrauliques qui économisent les trois quarts du temps exigé par les presses ordinaires. Lorsqu'il est possible de les installer à proximité d'une machine à vapeur, ce moteur peut être utilisé et remplacer le bras de l'homme; une seule pompe peut faire manœuvrer quatre presses. Le transport des papiers encartés se fait au moyen de grands chariots roulant sur de petits chemins de fer; grâce à cet ingénieux système, on peut satiner des centaines de rames tous les jours. »

LE PLIAGE

Les feuilles une fois satinées sont portées au pliage; l'opération est toute simple pour les publications périodiques, les ouvrages qui se vendent en feuilles ou, comme on dit généralement, en *livraisons*; mais pour les livres, elle demande sinon plus de soin, du moins plus d'attention, car il faut que l'ouvrière prenne toujours son papier dans le même sens et le plie de façon à ce que les pages se suivent exactement dans l'ordre de leur foliotage, ce qui amène nécessairement en évidence le chiffre de repère, qu'on appelle *signature*, et que le metteur en pages a placé au bas de la première page de chaque feuille.

Ces chiffres, qui sont quelquefois remplacés par des lettres, placées par ordre alphabétique, servent d'indication au brocheur auquel les feuilles sont livrées sitôt qu'elles sont pliées.

LE BROCHAGE.

Le brochage, qui consiste à réunir en un tout les différentes feuilles imprimées qui doivent composer un volume, comprend plusieurs opérations.

La première est *l'assemblage*, que son nom explique suffisamment; il s'agit, en effet, d'assembler dans leur ordre les feuilles à brocher.

Pour cela, elles sont disposées par tas de feuilles semblables, qu'on appelle *formes*, devant l'ouvrier qui prend d'abord la feuille portant la signature 1 ou A, puis la feuille n° 2, la troisième, la quatrième et ainsi de suite jusqu'à ce qu'il ait en main un cahier comprenant l'ouvrage complet.

Le premier cahier terminé, il en fait un second, puis un troisième et ainsi de suite jusqu'à épuisement des formes. Alors, en place des tas, il y a sur l'établi des piles de cahiers posés en croix l'un sur l'autre, pour que le brocheur proprement dit, qui va commencer son travail, ne puisse pas faire d'erreur en les prenant.

Le brocheur prend la feuille 1, la renverse sur un feuillet de papier blanc, sur lequel sera collée la couverture et qu'on appelle *garde*. Le feuillet doit être un peu plus large que le format du livre, de façon à pouvoir se replier sur le petit cahier formé par la première feuille; pour être piqué avec elle par la longue aiguille enfilée, qu'on appelle broche, dont l'ouvrier perce d'abord la feuille par dehors, puis à une petite distance du premier trou, de dedans en dehors, de sorte que son aiguille pourra percer, à la même hauteur la seconde feuille, qui sera mise sur la première et percée à son tour de dedans en dehors, pour se relier par le même entrelacement, qu'on appelle *chaînette*, avec la troisième, qui sera elle-même réunie avec la quatrième, et ainsi de suite jusqu'à la dernière feuille, doublée comme la première, mais en sens inverse, d'un feuillet de garde.

Cela fait et le fil, arrêté par un nœud, à la dernière feuille comme il l'a été au point de départ, l'ouvrier n'a plus qu'à fixer la couverture du volume, opération toute simple qui s'obtient en enduisant de colle les deux feuillets de gardes et le dos de la brochure et en y faisant adhérer la couverture, sans la frotter, pour ne pas maculer le titre.

Puis il laisse sécher à l'air libre, il ébarbe avec des ciseaux spéciaux les feuilles ou parties de feuilles qui dépassent la couverture et le volume terminé peut être livré à l'éditeur.

LA RELIURE

Bien que la reliure soit un art spécial, elle est la suite si naturelle du pliage et même du brochage que nous en dirons ici quelques mots pour compléter notre étude sur l'imprimerie, en suivant le livre jusqu'à sa dernière transformation.

Ce travail qui consiste, comme chacun le sait, à coudre ensemble avec plus de soin qu'on n'en apporte au brochage, les feuilles qui doivent composer un volume, et à les envelopper d'une couverture solide et élégante, comprend plusieurs opérations.

L'assemblage des feuilles est naturellement la première de toutes : si le livre sort de l'imprimerie c'est bien simple, il n'y a qu'à placer les cahiers l'un sur l'autre et à en faire des petits paquets, qu'on appelle *battées*, s'il a déjà été broché on le découd pour le diviser en autant de battées qu'il est nécessaire.

2° Le *battage* consiste à réduire l'épaisseur des cahiers disposés en battées et à leur donner une surface plane.

Il s'opère de deux façons, soit au marteau soit au laminoir.

Dans le premier cas l'ouvrier prend ses battées l'une après l'autre, de la main gauche, les pose sur un bloc de pierre ou de fonte très uni, et frappe dessus de la main droite avec un marteau à manche court, pesant 4 à 5 kilogrammes, puis il les met sous presse pour faire disparaître les gondolages.

Dans le second cas, le plus usité maintenant, du reste, on fait passer les battées entre deux feuilles de zinc, sous des laminoirs spéciaux qui ne diffèrent que par la grandeur de ceux dont nous avons déjà parlé.

3° Le *grécage* a pour objet de tracer sur le dos du volume, un certain nombre d'entailles destinées à loger les cordelettes sur lesquelles les feuilles seront cousues, et qu'on appelle nerfs.

A cet effet on place le volume entre deux planches épaisses nommées *membrures*, qui ne laissent saillir que de quelques milli-

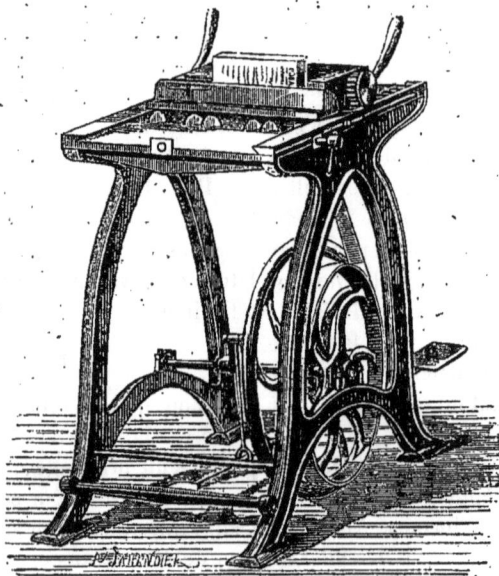

Machine à grecquer de MM. Janiot et Barre.

mètres, son dos, sur lequel on pratique avec une scie, les entailles qu'on appelle *grecques*.

On a pour cela des machines fort ingénieuses qui font la besogne toutes seules et bien plus régulièrement qu'on ne le pourrait à la main. Celle dont nous donnons un dessin est fabriquée par MM. Barre et Janiot, comme tous les outils de relieur, que nous mettons sous les yeux de nos lecteurs.

Sitôt le grécage terminé on munit le volume de deux bandes de papier blanc, que

l'on appelle *onglets* ou sauve-garde; parce qu'en effet, placées au commencement et à la fin du livre, elles sont destinées à protéger les gardes; on les enlève du reste quand le travail est fini.

4° Le *cousage*, exécuté généralement par des femmes et qui doit être beaucoup plus solide que le piquage des brocheurs, se fait quelquefois à la main, mais principalement au cousoir, qui est beaucoup plus expéditif.

Cet instrument, fort simple d'ailleurs, consiste en une table, surmontée d'une traverse horizontale mobile sur deux montants à vis, de façon à pouvoir être haussée ou baissée à volonté, pour tendre verticalement les nerfs, qui doivent passer dans les grecques et qui sont fixés au-dessous de la table, percée d'une fente à cet effet.

Les nerfs tendus, on attache les feuilles après au moyen d'un fil continu, que l'on passe dans le milieu de chaque cahier et qui fait un tour sur chaque nerf.

Il y a deux façons de coudre : au *point devant*, ou au *point arrière*. Le point devant se fait en sortant l'ai-

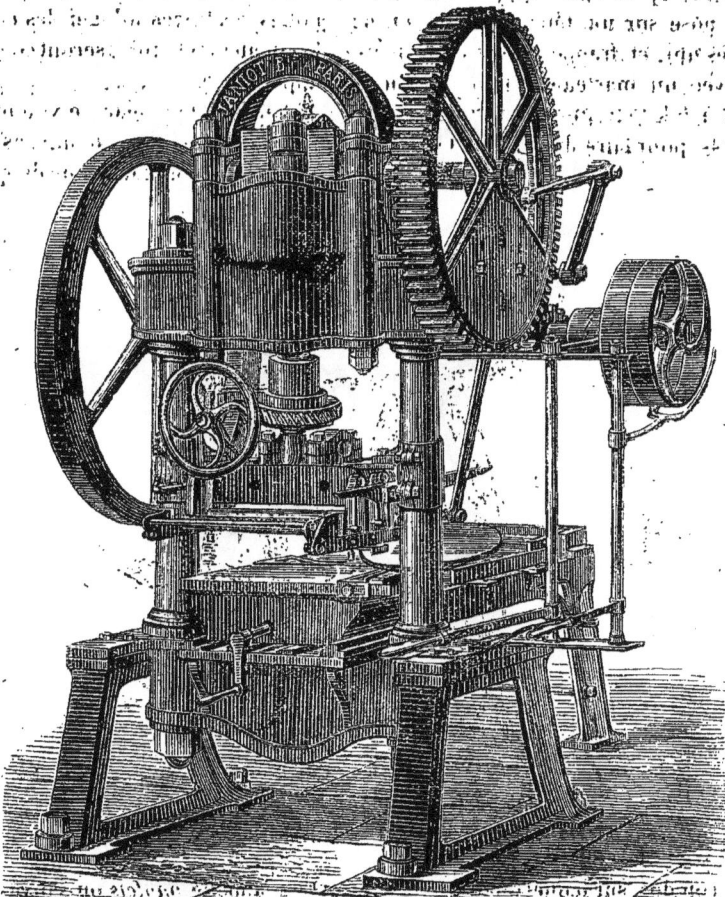

Presse au noir et à dorer de MM. Janiot et Barre.

guille en dehors, de l'autre main, à côté de la ficelle, de façon à laisser la ficelle à gauche, on rentre ensuite l'aiguille de dehors en dedans, ce qui fait que le fil n'entoure le nerf que sur la moitié de sa circonférence.

Le point arrière, de beaucoup préférable, se fait en piquant son aiguille de manière à laisser le nerf à droite, mais à faire un tour dessus avant de rentrer le fil du dehors en dedans.

On est arrivé à rendre l'opération du

cousage moins longue, én cousant à la fois deux, trois ou quatre cahiers.

Pour coudre à deux cahiers on tend trois ficelles, on entre l'aiguille par le trou de la première ficelle en dedans, de cette façon le fil entoure la ficelle avant d'entrer dans la seconde feuille. On ressort en dehors par le trou de la seconde ficelle, l'aiguille qui rentre alors dans la première feuille après avoir entouré la ficelle et sort par le trou de la chaînette.

L'opération se fait d'ailleurs beaucoup plus vite qu'on ne peut la décrire.

Le cousage fini, on coupe les cordelettes, en les laissant dépasser de deux ou trois centimètres de chaque côté, et l'on fixe les coutures en enduisant le dos du volume d'une couche de colle forte, ou de plusieurs couches successives de colle de pâte, sur lesquelles on applique, quand on veut plus de solidité, une bande de toile ou de parchemin.

5° Le *rognage* a pour but d'égaliser les tranches du volume, besogne très facile avec les machines à rogner que nous avons déjà décrites ; puisqu'il suffit de le présenter entre deux ais qui ne laissent saillir que la partie

Étau à endosser de MM. Janiot et Barre.

à rogner, sous le couperet d'un massicot.

6° L'*endossage* consiste à arrondir le dos du livre et en même temps sa tranche, qui est égalisée, et à produire, de chaque côté, cette espèce de saillie destinée à recevoir les cartons de la couverture et qu'on appelle *mors.*

Divers instruments sont employés pour cette besogne, il y a d'abord l'étau à endosser que notre gravure fera bien comprendre, c'est du reste un étau horizontal, dont les mâchoires inclinées de dedans en dehors, ne laissent saillir que le relief nécessaire à former le mors.

Si l'on serre l'étau, en faisant jouer la pédale, qui actionne la vis, le livre se trouve comprimé et ses longs côtés du dos font saillie sur les mâchoires ; on les rabat alors d'un coup de marteau et le mors se trouve produit en même temps que la concavité de la tranche, que l'on appelle *gouttière.*

Avec le rouleau à endosser on fait le même travail d'une autre façon, sans se servir du marteau, et en quelque sorte sans s'occuper de rien ; car l'opération se fait mécaniquement à l'aide de rouleaux qui, agissant à peu près comme ceux d'un laminoir, obligent le mors à se former et font naturellement la gouttière en même temps.

Il y a même des machines qui font à la fois l'endossage et le rognage, mais leur emploi n'est pas très usité par la raison qu'il faut toujours un massicot dans un atelier de reliure, et qu'on utilise toujours les instruments que l'on a.

Le livre endossé, il n'y a plus qu'à poser la couverture, composée de deux feuilles de cartons taillées à la grandeur convenable, ce qui est très facile au moyen de la cisaille circulaire que représente notre gravure.

On présente les cartons sur les plats du volume et on les perce au poinçon en face des extrémités des nerfs, en ayant soin de faire le trou incliné et à deux millimètres au moins du bord du carton, on passe alors les ficelles dans les trous, et on les tire en poussant les cartons sur le mors, puis on effiloche les ficelles et on les colle à plat sur

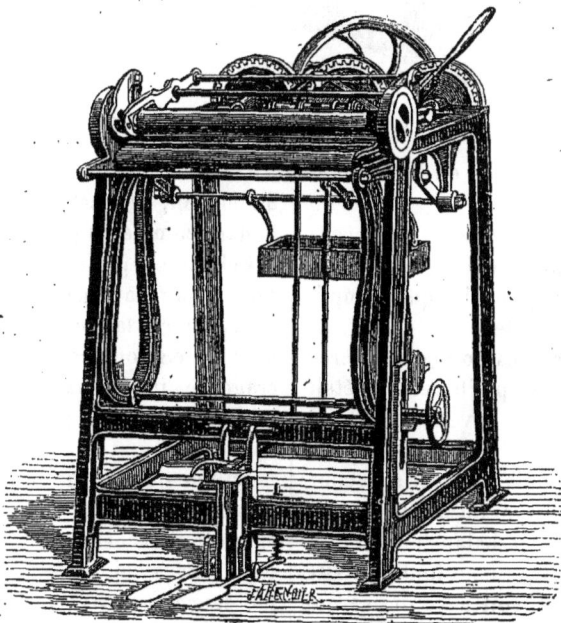

Rouleau à endosser de MM. Janiot et Barre.

l'intérieur des cartons, pour qu'elles ne produisent aucune saillie, on colle par-dessus une feuille de papier que l'on laisse bien sécher.

Le dos du volume se recouvre selon le genre de reliure adopté.

Si l'on fait une reliure pleine, la matière choisie : percaline, parchemin, toile, basane ou marocain, doit être d'un seul morceau sur le dos et les plats.

Si l'on fait une demi-reliure on couvre seulement le dos du volume en peau et les plats en papier.

Quand le tout est parfaitement séché on n'a plus qu'à faire la tranche et à imprimer les titres.

Nous ne nous appesantirons point sur cette première opération, nous dirons seulement quelques mots de la seconde, qui prend une extension considérable depuis que la reliure en percaline tend si heureusement à remplacer le brochage, et qu'on

Cisaille circulaire pour couper le carton, de MM. Janiot et Barre.

imprime les plats, en or, en couleur et même en noir.

Jadis, on faisait les titres et les ornements qui les accompagnent sur le dos des volumes, avec de l'or au cahier qu'on appliquait sur une couche de blanc d'œuf, et qu'on imprimait avec des poinçons légèrement chauffés, appelés petits fers ; c'était une œuvre de patience, souvent une œuvre d'art.

Aujourd'hui, du moins en reliure courante, car on a du goût et du talent comme autrefois — on se sert de balanciers pour la dorure et l'estampage, qui se font plus vite et plus régulièrement, soit avec des caractères ou vignettes mobiles placés dans un composteur, soit avec des plaques gravées, ce qui est indispensable pour les plats.

On se sert même, pour les plats de grande dimension, de machines qui agissent exactement comme les presses à imprimer.

Celle que représente notre gravure et qui est la plus répandue, est à double effet : elle peut servir à la dorure et à l'impression en noir ou en couleur par un système d'encrage très ingénieux et très rapide, puisque l'on peut avec tirer jusqu'à 800 exemplaires à l'heure.

Ici finit notre tâche et nous aurons atteint notre but, si nous avons réussi à expliquer, sinon tous les perfectionnements, toutes les découvertes qui ont fait de l'imprimerie une puissance sans rivale, du moins toutes les opérations qui la rendent aussi bien le plus compliqué de tous les arts, que le plus intelligent des métiers.

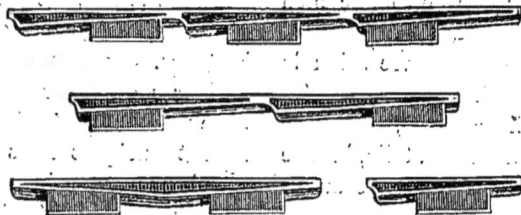

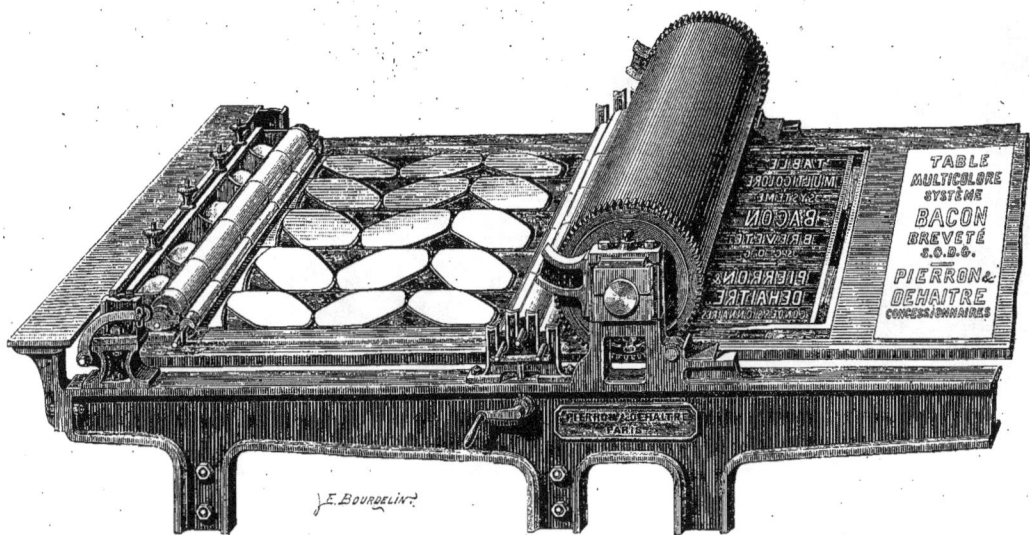

TABLE MULTICOLORE SYSTÈME
BACON
BREVETÉ
S.G.D.G.
PIERRON &
DEHAITRE
CONCESSIONNAIRES

J.E. BOURDELIN.

109.

.TABLE MULTICOLORE BACON POUR LE TIRAGE EN COULEURS.

LITHOGRAPHIE ET TAILLE-DOUCE

La lithographie, qui ne date que des dernières années du siècle passé, a peut-être deux inventeurs : l'un inspiré par la science et qui ne lui demandait qu'un concours scientifique ; l'autre, poussé par l'industrie et qui en espérait des moyens de combattre sa misère.

Le nom de ce dernier, Aloys Senefelder, est seul passé à la postérité, mais il ne faut pas méconnaître qu'à l'époque où il faisait ses premières expériences (1796), peut-être même avant, l'abbé Schmidt, professeur à l'école des cadets de Munich, tirait déjà des planches de botanique à l'usage de ses élèves.

Il est vrai que ce n'était pas absolument de la lithographie, mais simplement de la gravure sur pierre.

L'abbé Schmidt avait remarqué que la carrière de Solenhofen, près de Munich, fournissait des pierres calcaires au grain fin et serré comme celui du marbre, se divisant très facilement par tranches plates qu'on pouvait aisément aplanir.

Et c'est sur ces pierres, dont la composition chimique lui était connue, qu'il entreprit de graver mécaniquement ses dessins, qu'il conservait en relief en les traçant avec un corps gras, destiné à les préserver des morsures de l'acide, auquel il soumettait ses pierres.

Ce procédé n'avait rien de neuf, du reste, puisqu'on le connaissait dès le XVIᵉ siècle, surtout à Munich où l'on voit encore au musée de l'école de dessin, un astrolabe gravé de cette façon, dans de la pierre de Solenhofen, et portant la date de 1580.

Mais on n'avait pas encore eu l'idée de l'appliquer à l'imprimerie et c'est ce qui appartient en propre à l'abbé Schmidt, sans pourtant lui donner de droits à l'invention de la lithographie, car ses gravures sur pierre se tiraient typographiquement exactement comme des gravures sur bois.

Le hasard, la misère peut-être, et probablement les deux ensemble, firent trouver à Senefelder le moyen de se passer d'un imprimeur.

C'était un pauvre diable de comédien, qui faisait à ses moments perdus, des pièces médiocres dont aucun libraire ne voulait risquer les frais d'impression ; comme il voulait en appeler à la postérité du mauvais goût de ses contemporains, il résolut de se faire à la fois son imprimeur et son éditeur, ce qui était d'autant plus difficile qu'il n'avait aucunes ressources.

La volonté, qui est le commencement du génie, y suppléa.

Il pensa d'abord à graver des lettres en creux sur un poinçon d'acier, dont il frapperait ensuite les mots en relief, sans se douter qu'il recommençait Gutenberg, mais son ignorance en matière de gravure, l'arrêta bientôt dans cette tentative qui serait restée infructueuse.

Il essaya ensuite de graver à l'eau forte, autant de pages de son livre qu'il en pourrait tenir sur une planche, se promettant de les effacer au fur et à mesure qu'il les

aurait tirées avec une presse improvisée, pour les remplacer par d'autres ; mais il ne savait pas le premier mot de l'art de l'aquafortiste et dut renoncer à un apprentissage qui n'aboutissait pas, faute des éléments nécessaires.

C'est alors qu'il pensa à la pierre de Solenhofen, bien plus économique que les planches de cuivre et sur laquelle on pouvait effacer autant qu'on voudrait, sans diminuer sensiblement son épaisseur, et continua là-dessus ses essais d'écriture à rebours, mais sans résultats appréciables ; quand un jour (c'est lui-même qui l'a raconté) ayant à écrire la note de sa blanchisseuse, et n'ayant pas de papier blanc sous la main, et peut-être pas d'argent pour en acheter, il l'écrivit sur une pierre qu'il était en train de polir, avec une encre chimique de sa composition, mélange de noir de fumée, de gomme laque, de cire et de savon, se réservant de la recopier plus tard.

Au moment de l'effacer, par une inspiration subite, il versa de l'eau forte sur les caractères pour voir ce qu'il en adviendrait et constata avec bonheur, que la pierre sous l'action de l'acide, baissait de niveau sur tous les points que l'encre n'avait pas touchés et qu'il avait ainsi une écriture en relief.

La question était de savoir si cette écriture s'imprimerait sur du papier et quel tirage elle pourrait subir. Senefelder l'essaya, il prit une planchette en bois, l'entoura de plusieurs épaisseurs d'étoffe qu'il recouvrit d'une encre épaisse composée de noir de fumée et d'huile de lin, la passa légèrement sur sa pierre qui ne se chargea d'encre que dans ses parties en relief. Un simple frottement de la main en donna l'empreinte exacte sur une feuille de papier.

Dès lors le principe de la lithographie était découvert, il ne s'agissait plus que d'en perfectionner les procédés ; cela demanda quelques années et ce n'est qu'en 1798, que Senefelder, ayant remarqué souvent dans les impressions de musique qu'il faisait en société avec Gleissner, musicien de la cour de Munich, que l'eau ne restait étalée que sur les parties de la pierre non recouvertes de corps gras, qu'il créa « l'impression chimique » qui est la véritable lithographie ; c'est du reste le nom que porta d'abord l'art nouveau, car ce n'est qu'en 1804, que Mitterer, directeur d'un atelier d'impression sur pierre, annexé à l'école de dessin de Munich, lui donna le nom de lithographie, des deux mots grecs, *graphos* j'écris, et *lithos* pierre.

L'invention nouvelle se répandit vite ; dès l'année 1800, Niedermayer, de Strasbourg, essaya de l'introduire à Paris pour imprimer la musique de l'éditeur Pleyel, mais la tentative était prématurée et l'on ne peut guère dater l'établissement à Paris, que de 1806, époque à laquelle André Offenbach vint y fonder une maison qui, malgré la direction de Senefelder lui-même, ne réussit que médiocrement.

Vraisemblablement l'inventeur ne voulait pas divulguer tous ses procédés, M. de Lasteyrie fut les apprendre en Allemagne, où il s'engagea dans divers ateliers comme simple ouvrier lithographe.

Quand il revint à Paris, en 1814, il fonda un établissement qui, avec l'imprimerie lithographique que créèrent deux ans plus tard, M. Engelmann, de Mulhouse, et son beau-frère M. Pierre Thierry, servirent d'écoles et de modèles à tous ceux qui s'installèrent ensuite, non seulement en France mais en Angleterre, en Belgique et dans toute l'Europe, car l'art de Senefelder était tellement perfectionné, dépassé, que ce n'était plus à Munich qu'on pouvait aller l'apprendre.

D'autant que l'inventeur n'avait pas vu le véritable beau côté de sa découverte, son application au dessin, à laquelle se prêtèrent avec émulation nos plus grands artistes français : Girodet, les Vernet, Prudhon, Géricault, et tant d'autres.

Nous citerons ici l'opinion de M. Charles Blanc, car elle nous appuie dans cette quasi-revendication.

« Bien qu'un Allemand l'ait inventée, dit-il, la lithographie est un art français, français par les qualités qu'il exige et qui sont nôtres.

« Tout ce qu'il faut, nous le possédons, l'observation prompte, la facilité, l'esprit, l'habitude d'un langage preste et vif, qui, de peur d'ennuyer s'abstient de tout dire, enfin une manière superficielle d'exprimer des choses quelquefois profondes.

« Au début de la lithographie s'est révélé un artiste qui en a deviné la vraie destination, un artiste de génie, Charlet ; le premier il emploie ce genre de gravure cursive à improviser l'expression des sentiments populaires, il inaugure le journalisme de l'art. Par elle, Charlet sait nous montrer quelquefois grotesques, mais toujours intéressants, les « anciens du camp de la lune » les grognards qui s'attardent au cabaret pour oublier les hontes de l'invasion, l'intrépide Lefèvre qui traverse l'estampe comme un ouragan, le conscrit qui est aujourd'hui ridicule et qui sera demain un brave, le gamin qui veut emboîter le pas dès tambours et les hussards qui guettent la poule du fermier, après s'être battus à outrance pour défendre la ferme.

« L'avantage de la lithographie, c'est de se prêter mieux peut-être que tout autre procédé, et avec plus de souplesse, à mettre en lumière le genre, le caractère et le tempérament de chaque maître, par la raison qu'elle ne demande l'intervention d'aucune main étrangère. Que Prudhon y touche un moment et aussitôt une exquise douceur succède aux touches franches de Charlet, aux rudesses de Géricault. Le crayon caresse la pierre et s'y attendrit. Si Ingres, à son tour, dessine sur la pierre une odalisque, il y met l'empreinte du style. Son crayon, conduit par une volonté émue et contenue tout ensemble, précise, non la volupté des chairs, mais la volupté des formes, et il les modèle discrètement d'un grain serré, ferme et pur.

« La lithographie est donc susceptible de prendre les physionomies les plus diverses. Elle a sous la main de Bonnington la consistance et les glacés d'une peinture profonde; sous la main de Gigoux, elle est vivante dans ces beaux portraits de Gérard, d'Eugène Delacroix et des frères Johannot, qui semblent formulés dans un rayon de soleil; elle est carrée, empâtée et comme pétrie avec de la lumière dans les estampes de Decamps; elle est d'une pâleur austère et solennelle dans la sainte frise de Flandrin. Seule aussi elle peut rendre les fantômes passionnés qui traversent l'imagination d'Eugène Delacroix quand il commente le

Fac-simile d'une lithographie de Charlet.

Faust de Gœthe, l'*Hamlet* de Shakespeare. »

Cet éloge, juste du reste, de la lithographie appliquée à l'art pourrait faire croire qu'elle a détrôné complètement l'ancienne gravure en taille-douce. Il n'en est rien pourtant. Si la gravure de second ordre disparut peu à peu, si l'on abandonna l'acier et le cuivre pour les portraits, l'architecture et la grande gravure, la gravure historique n'en fut pas même touchée, au contraire elle y gagna, se piquant d'émulation, elle acquit une chaleur qui lui manquait jusqu'alors et, tout en conservant ses qualités essentielles : la force, la précision, la netteté, elle devint aussi coloriste que la gravure sur pierre.

La lithographie ne fit non plus aucun tort à l'eau forte qui n'a jamais été plus prospère et plus habile que de nos jours.

Du reste, art d'improvisation, s'il en fut, la lithographie tout en produisant encore des inspirés comme Célestin Nanteuil, des habiles comme Julien, Pigal et autres, se mit surtout au service de l'esprit et les Gavarni, Grandville, Traviès, Daumier, Cham, Grévin, Gill, etc., lui ont fait dire, au jour le jour, des choses si amusantes qu'elle paraît plus particulièrement vouée à la caricature.

Malheureusement, les procédés de transformation de dessins lithographiques, en

Fac-simile d'une lithographie de Julien (portrait de Mme Emile de Girardin).

clichés typographiques, qui se tirent plus économiquement, et l'application, tous les jours perfectionnée, de la photographie à la gravure, ont fait abandonner à peu près la lithographie proprement dite pour le tirage des dessins, mais elle a ses dérivés dont nous parlerons en temps et lieu.

Et du reste, la musique, les impressions

industrielles suffiraient à assurer sa prospérité.

Nous allons nous occuper méthodiquement de toutes les opérations qui constituent la lithographie, aussi bien que ses dérivés : autographie, chromolithographie, lithotypographie, photolithographie et zincographie ; mais il nous paraît utile, au point de vue chronologique, d'étudier d'abord l'impression en taille-douce.

ORIGINE DE LA TAILLE-DOUCE

L'impression en taille-douce remonte au milieu du xvᵉ siècle.

Elle est due au hasard, comme la plupart des grandes découvertes, et ce qu'il y a de particulier c'est qu'il se trouve encore une blanchisseuse dans ce hasard-là, mais elle joue un rôle plus actif que dans l'invention de la lithographie. Voici, du reste, la légende, d'après les Italiens, car les Allemands revendiquent aussi la découverte de la taille-douce, comme nous le dirons tout à l'heure.

Un orfèvre de Florence, nommé Maso Finiguerra, venait de terminer pour les confrères de l'Eglise Saint-Jean, une patène qu'il avait, suivant l'usage, enrichie de fines ciselures. Pour mieux juger de l'effet de son ouvrage, représentant le *couronnement de la Vierge*, il remplit les tailles creusées par son burin, de noir de fumée délayé dans de l'huile et, comme il voulait laisser sécher le mélange, il recouvrit le tout d'une feuille de papier pour le préserver de la poussière.

Survint une blanchisseuse, qui posa un paquet de linge humide sur la plaque. Le papier, humecté par ce contact, se trouva propre à l'impression, favorisé du reste par le poids du paquet qui faisait presse ; si bien que les traits gravés en creux sur la plaque se reproduisirent en noir sur la feuille de papier.

Telle est la tradition, d'autant plus vraisemblable que la patène, qui porte la date de 1452, existe encore dans un des musées de Florence et que notre Bibliothèque nationale possède l'unique épreuve qu'on en connaisse.

Du reste, ce travail n'avait point été fait pour la gravure et Finiguerra n'avait aucune prétention au titre de faiseur d'estampes, mais ce résultat obtenu donna l'idée à Mantegna, de faire un art de ce qui n'avait été qu'un effet du hasard, et de créer la gravure au burin, pour la reproduction de ses tableaux.

La version allemande ne renverse point du tout celle-ci, elle pèche même par la base, puisqu'elle repose sur ce fait : qu'on avait trouvé des gravures très anciennes, signées Von Bocholt ; ce nom d'artiste étant inconnu, on en conclut que ce devait être l'inventeur de l'impression en taille-douce, et on en fit un simple berger.

Malheureusement on finit par s'apercevoir que ce prétendu berger était le nom du village où était né le célèbre orfèvre graveur Israël Mecheln, qui à cause de cela avait quelquefois signé ses œuvres I. von Bocholt et quelquefois aussi, rien qu'en initiales. I. V. B. (ce qui fait en notre langue Israël de Bocholt), et il fallut se rendre à l'évidence quand on découvrit un certain nombre de pièces, signées tout au long ; Israël Mecheln von Bocholt.

Dès lors, on abandonna la légende du berger, mais les Allemands qui tenaient à leur revendication en trouvèrent une autre, beaucoup plus vraisemblable, par laquelle ils attribuent l'invention à Martin Schœn, qui est d'ailleurs le plus ancien des peintres graveurs allemands qui ait tiré des épreuves de ses ouvrages ; ils s'appuient pour cela, sur ce qu'une estampe datée de 1440, qui représente au premier plan une sibylle montrant à Auguste l'image de la Vierge dans les airs, a comme lointain la ville de Culmbach, qui est précisément la patrie de Martin Schœn.

La raison est un peu spécieuse, d'autant qu'à cette époque l'artiste avait à peine 20 ans, mais la gravure existe, et s'il n'y a pas fraude dans la date elle prouve que l'invention allemande est antérieure à l'invention italienne.

Ce qu'il y a de plus certain, c'est que l'impression de la gravure en taille-douce était connue vers la moitié du xv° siècle; ce qui n'a rien d'extraordinaire (le contraire même serait étonnant) puisqu'on connaissait déjà l'impression tabellaire, qui se faisait alors, au frotton, de sorte qu'on pouvait opérer de la même façon et même avec plus de sécurité, la gravure étant en creux au lieu d'être en relief, ce qui était d'ailleurs d'une exécution plus facile.

C'est même ce qui explique pourquoi la gravure sur métaux fit de si rapides progrès pendant que la gravure sur bois restait stationnaire.

La part faite à l'historique, examinons maintenant au point de vue pratique les différents genres de gravures qui se tirent en taille-douce savoir : gravure au burin, à l'eau-forte, à la manière noire, à l'aquatinte, en touches, au pointillé, à la roulette et gravure mécanique.

GRAVURE AU BURIN

La gravure au burin, ainsi nommée de l'instrument qui sert à l'exécuter, est le genre le plus élevé, et aussi le plus difficile de la gravure en creux. On l'appelle communément gravure en taille-douce parce qu'elle produit des effets beaucoup plus doux que la gravure sur bois.

La technologie a deux noms pour la désigner : *chalcographie* quand il s'agit de gravure sur cuivre et *sidérographie*, pour la gravure sur acier.

Le cuivre rouge est généralement le métal le plus employé et pour cela il doit subir une préparation très longue et très minutieuse, qui est le travail du planeur.

Mais si l'on veut faire des tirages considérables il faut employer des planches d'acier, qui peuvent donner jusqu'à 20,000 épreuves, tandis que le cuivre n'en peut guère fournir plus de 4,000.

Dans l'un ou l'autre cas, le travail du graveur est le même : sur la plaque qui lui est fournie toute dressée et polie par le planeur, il commence par tracer son dessin, à l'envers, de façon qu'à l'impression il vienne dans son véritable sens.

Pour le faire plus facilement il enduit sa planche d'un vernis spécial, qu'il étend également en faisant chauffer la planche, et dont il noircit ensuite la surface avec la fumée d'un flambeau de suif ou de résine.

Le dessin qu'il s'agit de graver, tracé au préalable, dans son sens véritable, sur un papier à calquer quelconque, est alors décalqué sur la planche, en passant une pointe d'ivoire sur tous les traits du dessin; c'est le moyen le plus sûr et le plus facile de l'obtenir à rebours et un immense progrès sur le faire des anciens graveurs, qui étaient obligés de dessiner l'estampe à reproduire en la faisant réfléchir dans une glace.

Il y avait plus d'art, c'est vrai, mais nous traitons maintenant la question au point de vue du métier, qui d'ailleurs, n'exclut point l'art, car il en faut et beaucoup pour faire une bonne gravure.

Le dessin reporté sur la surface de la planche, et d'autant plus visible que cette surface est noire, le graveur en creuse légèrement tous les contours à la pointe, instrument composé d'un poinçon en forme d'aiguille, emmanché d'une poignée qui permet de le tenir facilement à la main.

Quand ce travail est fait et qu'on s'est assuré qu'aucun détail n'a été oublié, que les contours sont bien nets, que les places des ombres et des lumières principales sont bien indiquées, on dévernit la planche : soit si l'on a employé du vernis sec, en la frottant toujours dans le même sens avec un charbon de bois de saule, trempé dans l'eau.

Soit, si l'on s'est servi d'un des vernis mous, beaucoup plus usités, du reste, et qu'on distingue sous les noms de vernis de Florence, vernis de Rembrandt, vernis de Callot vernis de Bosse, etc., en faisant chauffer la planche, recouverte d'une légère couche d'huile d'olive et en l'essuyant avec des chiffons.

Il y a du reste un moyen beaucoup plus simple, c'est l'essence de térébenthine qui

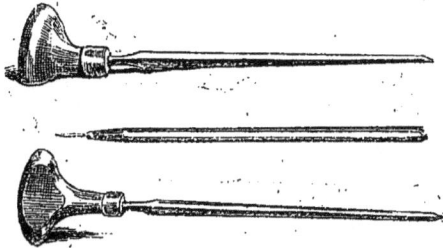

Burins et pointe.

enlève parfaitement le vernis, sans qu'il soit besoin de faire chauffer la planche.

Cela fait, il ne reste plus sur la plaque que le tracé fait à la pointe et qui doit être aussi léger que possible.

Ce tracé disparaîtra, d'ailleurs, sous le travail du burin qui est tout dans la gravure et quasi le seul outil de l'artiste.

C'est une petite barre d'acier trempé, dont l'extrémité est taillée soit en biseau, soit en carré, soit en losange, selon la direction des traits qu'il s'agit de produire, et que l'on monte dans un petit manche en forme de champignon, dont un côté est abattu pour faciliter l'inclinaison de l'outil.

Tenant ce manche dans la paume de la main, le graveur dirige son burin entre le pouce et l'index et coupe le métal en poussant en avant comme avec un rabot ou une gouge, pour creuser des traits qu'on appelle *tailles*.

Ces tailles multipliées, les unes près des autres, forment, suivant leur disposition, leur grosseur et leur rapprochement, des teintes plus ou moins vigoureuses, dont l'ensemble constitue la gravure..

Généralement les premières tailles sont serrées et nourries, mais elles ne produisent guère que des demi-teintes. Pour obtenir des noirs ardents on les creuse [de nouveau et ou les croise par d'autres traits plus ou moins écartés, plus ou moins déliés qu'on appelle

Travail au burin.

des *contre-tailles*, et qu'on surcharge encore quelquefois de troisièmes et de quatrièmes tailles quand on veut rendre les détails moins sensibles et produire des fonds presque noirs.

Du reste, chaque graveur a ses procédés pour obtenir les effets qu'il cherche, et rendre les chairs, les terrains, les feuillages, les pierres, l'architecture avec des dispositions de taille qu'il improvise souvent, car, si

nos graveurs modernes ne sont pas absolument obligés d'être de très bons dessinateurs, il faut qu'il soient de grands coloristes
pour ne pas produire de médiocrités.

Premières tailles de la gravure.

« La taille principale doit être taillée dans
le sens du muscle, si ce sont des chairs que
l'on grave ; suivre la marche des plis, si ce
sont des draperies ; être horizontale, inclinée, perpendiculaire suivant les différentes

Il y a cependant des règles que M. Levesque a résumées ainsi, d'après ses études
approfondies sur le faire des anciens maîtres, qui sont toujours des modèles.

Secondes tailles.

inégalités du terrain, si l'on a des terrains
à graver.

« La taille perpendiculaire est préférable
à la taille concave dans les colonnes.

« Lorsqu'un pli est long et étroit, la

Contre-tailles.

taille principale doit suivre la longueur du
pli en se resserrant à son origine ; elle doit
tendre à la perpendiculaire dans les plis
tombants et suivre la largeur dans eux qui
sont amples. »

Gravure terminée.

A ces principes généraux, il y a naturellement des exceptions, car il ne suffit pas dans
la gravure de reproduire fidèlement les contours tracés dans le tableau que l'on copie,
il faut aussi reproduire la couleur du maître,

sa manière, l'esprit de son dessin, en un mot effacer sa personnalité devant celle de l'artiste qu'on traduit; c'est le moyen d'ailleurs de faire de bon travail.

A l'appui de ce dire, M. Levesque cite Rubens qui faisait graver ses tableaux sous ses yeux par ses élèves.

« Il ne leur enseignait pas seulement à rendre les dégradations de l'ombre au clair; mais il leur faisait faire la plus grande attention à cette partie du clair-obscur qui lui était si familière, par laquelle les couleurs propres aident à étendre la masse des lumières et des ombres, parce que certaines couleurs par leur éclat tiennent de la nature de la lumière, et d'autres tiennent de la nature de l'ombre par leur obscurité.

« Aussi, dans les estampes de ces graveurs, tout ce qui est obscur, tout ce qui est clair, n'est pas toujours de l'ombre ou de la lumière, mais fort souvent la valeur de la couleur propre des objets représentés.

« C'est pourquoi leurs estampes sont des tableaux, tant ils ont conservé la valeur des couleurs employées. »

Citons encore Cochin qui s'est assez distingué dans la pratique pour pouvoir émettre une bonne théorie.

C'est d'ailleurs un excellent guide et le meilleur commentaire que nous puissions donner de nos dessins ci-contre, représentant les quatre états successifs d'une gravure.

« La gravure diffère du dessin, en ce que dans celui-ci on commence par préparer des ombres douces et frapper ensuite les touches par-dessus; au lieu que dans la gravure on met les touches d'abord; après quoi on les accompagne d'ombres, parce qu'on ne rentre point les tailles sur le vernis qui n'a pas assez de résistance pour assurer la pointe et faire qu'elle ne sorte pas des traits déjà faits.

« Il n'est pas nécessaire de dessiner partout à la pointe le trait de ce qu'on veut graver, avant de l'ombrer, parce qu'il pourrait se trouver dans la suite de l'ouvrage

qu'on aurait tracé des endroits où il n'était pas à propos de le faire; on trace donc par petites parties, à mesure qu'il en est besoin, pour y placer les ombres, en marquant les principales touches, et ensuite dessiner le côté du jour avec une pointe très fine ou même avec des petits points, si ce sont des chairs, ne formant de traits que dans les endroits qui doivent être un peu plus ressortis, il faut aussi accompagner ces traits de quelques points, si c'est de la chair; soit de quelques tailles ou hachures, si ce sont des draperies, afin qu'ils ne soient point maigres et secs étant tout seuls.

« La gravure n'est déjà que trop sèche par elle-même, à cause de la nécessité où l'on est de laisser du blanc entre les tailles : c'est pourquoi il faut avoir toujours dans l'esprit de chercher la manière la plus grasse qu'il est possible.

« Comme on ne peut faire un trait gras et épais qui ne soit en même temps très noir, pour imiter le moelleux du pinceau ou du crayon qui les fait larges et néanmoins tendres, on est obligé de se servir de plusieurs traits légers, l'un à côté de l'autre, ou de points tendres pour accompagner ce qui est tracé, d'une petite épaisseur d'ombre qui l'adoucisse.

« Il faut observer les mêmes choses dans les touches des ombres et avoir soin que les tailles du milieu d'une touche soient plus appuyées que celles des extrémités; on gravera ensuite les ombres par des hachures rangées avec égalité.

« La gravure pouvant être regardée comme une façon de peindre ou de dessiner avec des hachures, la meilleure manière et la plus naturelle de diriger les tailles est d'imiter les touches du pinceau, si c'est un tableau que l'on copie. Si c'est un dessin il faut les diriger du sens dont on hacherait si on le copiait au crayon.

« Ceci est seulement pour la première taille; à l'égard de la seconde, il faut la passer par-dessus de manière qu'elle assure bien les formes, conjointement avec la première et par son secours, fortifier les ombres et en arrêter les bords d'une manière un peu méplate, c'est-à-dire un peu tranchée et sans adoucissement. »

Voilà des principes qui peuvent être mis à profit par des commençants ; car Cochin est une autorité considérable dans la matière, mais il faut aussi étudier le faire des maîtres dans les parties où ils excellent : ainsi pour les chairs Houbraken, Ficquet, Corneille Vischer ; pour les draperies, Bolswert, Masson ; pour les cheveux, le fouillé, Drevet ; pour les paysages et surtout les lointains, Audran, etc., etc.

Pour revenir au métier, qui est surtout ce qui doit nous occuper dans cette étude, nous dirons qu'un graveur en taille-douce — dont le travail est long, minutieux, à ce point que certaines estampes n'ont été terminées qu'après dix et vingt ans d'un labeur assidu — a le droit de se tromper, car il peut corriger ses fautes.

A-t-il fait des faux traits : s'ils sont légers, il les efface en frottant sa planche avec un brunissoir d'acier ; s'ils sont profonds, il les fait disparaître en creusant le cuivre avec un grattoir, de façon à pouvoir regraver à nouveau dessus, quand il aura repoussé le métal, qui n'est plus de niveau, en le rebattant au marteau, sur une petite enclume d'acier.

Malgré ces accommodements, sur lesquels on ne peut pas trop compter, la gravure en taille-douce est d'une difficulté extrême, et les grands praticiens — si nombreux aux xviie et xviiie siècles, mais qui deviennent de plus en plus rares — qui se sont fait un nom dans cette branche de l'art n'ont pas escamoté leur réputation.

GRAVURE A L'EAU-FORTE

La gravure à l'eau-forte, ainsi nommée parce que l'on y produit les traits du dessin en les faisant ronger par l'acide azotique étendu d'eau est presque aussi ancienne que la gravure au burin.

Les Italiens en revendiquent l'invention pour François Mazzuoli, peintre célèbre plus connu sous le nom du Parmesan, parce qu'il était de Parme.

Les Allemands l'attribuent à Albert Durer, peintre non moins célèbre, mais aucune de ces versions n'est admissible depuis qu'on a trouvé des eaux-fortes de Wenceslas d'Olmutz, datant de 1496, tandis que la première d'Albert Durer est de 1502, époque à laquelle le Parmesan n'était pas encore né.

C'est donc Wencelas d'Olmutz qui reste l'inventeur de l'eau-forte, à moins qu'on ne découvre encore des estampes plus anciennes.

Ce genre de gravure est plus facile, et surtout plus expéditif que la gravure au burin, dont il est quelquefois le préliminaire ; car il y a deux sortes d'eau-forte.

L'eau-forte des graveurs, qui consiste à tracer par l'effet de l'acide les contours et les lignes principales du dessin, est un travail préparatoire qui sera terminé ensuite au burin sur le cuivre nu.

Et l'eau-forte des peintres, que les artistes emploient surtout pour les sujets familiers, les croquis, les improvisations ; ce qui n'empêche pas certains spécialistes de produire des estampes très finies et surtout de grand effet.

C'est un travail complet qui n'est soumis à aucune règle, car il est presque toujours tout de caprice et d'inspiration, et qui ne diffère du dessin ordinaire qu'en ce qu'il est exécuté avec une pointe au lieu de l'être avec un crayon.

Dans l'un ou l'autre cas, d'ailleurs, les procédés de gravure sont les mêmes.

On commence par enduire une planche — quelquefois de zinc, le plus souvent de cuivre rouge, ou d'acier si l'on doit faire de grands tirages — avec un vernis dont la composition est très variable : il y entre généralement de la cire vierge, de l'asphalte, de la poix noire et de la poix de Bourgogne, l'essentiel est qu'il résiste à l'action des acides.

Si le vernis employé est liquide, on l'étend sur la planche avec un large pinceau à vernir après l'avoir mélangé de noir de fumée, qui lui enlève sa transparence.

S'il est à l'état plus ou moins solide on en dépose sur la planche, que l'on met chauffer sur un fourneau, une quantité suffisante que l'on étale ensuite au fur et à mesure qu'elle fond, avec un large tampon de soie garni de ouate.

Quand la planche est refroidie et le vernis solide, on en noircit la surface en la passant au-dessus d'une torche qui produit beaucoup de fumée, de la résine par exemple.

Cela fait, s'il s'agit d'une eau-forte de graveur on transporte le dessin sur le vernis au moyen d'un décalque, comme nous l'avons dit déjà pour la gravure au burin, et s'il s'agit d'une eau-forte de

Eaux-fortes.

Aspect de la planche gravée.

Épreuve de la planche tirée.

pointre, on dessine son sujet avec une pointe d'ivoire.

On prend ensuite la pointe d'acier avec laquelle on enlève le vernis sur tous les traits du dessin, que l'on continue exactement comme si l'on dessinait sur du papier avec un crayon dur, avec cette différence pourtant que le crayon produit des traits noirs sur le papier, tandis que la pointe, enlevant le vernis aux endroits où elle passe, découvre la planche et laisse apercevoir des traits clairs sur le fond noir du vernis.

Ce travail demande nécessairement une grande habileté, car si l'on ne dessine pas à rebours, on dessine à l'envers ce qui est tout aussi incommode et il faut s'arranger pour produire le contraire de l'effet qu'on veut obtenir, puisque ainsi qu'on s'en rendra mieux compte par nos dessins, tout ce qui est en blanc sur la planche doit venir noir sur l'épreuve et vice versa. Il est vrai qu'on peut toujours corriger ses effets, réparer ses erreurs, en remettant du vernis aux endroits à recommencer.

Le dessin terminé, on l'examine à la loupe pour s'assurer qu'il n'y a ni écorchures accidentelles à réparer, ni faux traits, à corriger, puis on place sa planche sur une table horizontale, on l'entoure avec de la cire à modeler, de façon à former avec une espèce de cuvette capable de conserver, sur deux ou trois centimètres d'épaisseur, le mélange d'acide azotique et d'eau que l'on verse dedans et qui ayant la propriété de décomposer le métal, ne le ronge qu'aux endroits mis à nu par la pointe.

Après un délai variable, selon la force du mordant et la résistance du métal, le genre du travail et même l'élévation plus ou moins grande de la température, mais qui n'est souvent que de quelques minutes,

Spécimen de gravure en manière noire, d'après la sainte Cécile de Dominiquin.

toutes les lignes tracées dans le vernis sont creusées et l'on a une gravure, que des mois de travail patient au burin n'auraient pas donnée.

Alors on détruit la bordure de cire, pour laisser écouler l'acide; on lave la planche avec de l'essence de térébenthine et quand elle est sèche on tire une épreuve, car ce genre de gravure, très amusant même pour les amateurs, a l'avantage d'être perfectible.

Si l'on ne trouve pas que la planche soit assez creusée dans les endroits qui doivenr venir très noirs, on en est quitte pout recommencer l'opération en cachant avec du vernis les parties suffisamment gravées; cela permet d'obtenir ces grands effets d'opposition, si recherchés dans l'eau-forte.

Quelquefois même on termine à la pointe

sèche, ou par des procédés mécaniques dont nous parlerons plus loin.

Mais le travail à la pointe sèche est beaucoup plus artistique.

Ce qu'on appelle ainsi, est une pointe courte et forte avec laquelle on trace dans le cuivre nu des incisions, plus ou moins profondes, en appuyant selon l'importance qu'on veut leur donner.

Ces coupures produisent des boursouflures, des bavures, que l'on appelle *rebarbes* et qu'on abat avec une sorte de couteau à lame courte, nommé *ébarboir*, la taille imite alors le travail du burin.

Rembrandt usait beaucoup de ce moyen pour terminer ses eaux-fortes, seulement il n'ébarbait qu'à demi, quelquefois pas du tout ses traits de pointe sèche, et c'est en grande partie à cette négligence calculée que ses compositions doivent leurs tons veloutés et mystérieux, car les *rebarbes* retenaient sur la planche une surabondance de noir, qui s'écrasait sur l'épreuve au moment de la pression, et se fondait en grands partis. Tels sont en général les procédés de la gravure à l'eau-forte, mais quand on emploie une planche d'acier, il faut les modifier un peu, sinon dans l'exécution, du moins dans la préparation du métal qui doit d'abord être désaciéré en partie, par une exposition plus ou moins prolongée à un feu soutenu.

Cette opération a pour objet de faciliter l'action du mordant, dont la composition est aussi modifiée, en ce sens, qu'on ajoute à l'acide azotique étendu d'eau, un peu d'acide acétique, du sublimé corrosif et de l'alcool, dans des proportions que l'on ne connaît bien que par la pratique. Il en est du reste ainsi dans tous les arts.

GRAVURE AU POINTILLÉ

Ce genre de gravure, inventé à la fin du XVIIᵉ siècle par Marin et Boulanger, et qui a été très à la mode pendant tout le XVIIIᵉ n'est plus guère employé aujourd'hui

qu'en Angleterre, où on l'applique surtout aux portraits de petite dimension.

Il consiste, ce qui est une grande difficulté, à exécuter un sujet sur le cuivre nu, sans traits ni tailles, mais exclusivement avec des points plus ou moins gros, différemment rapprochés, selon les effets d'ombre ou de lumière qu'il s'agit de produire.

On prépare la planche, comme pour la gravure au burin, faisant ou décalquant son dessin, sur un vernis, qu'on enlève ensuite, puis à l'aide de poinçons de différents calibres qu'on appuie avec la main, ou même que l'on frappe avec un marteau, on grave toutes les parties du sujet en ayant soin d'enlever à l'ébarboir toutes les boursouflures produites par l'effet des poinçons.

Quelquefois on commence le travail à l'eau forte et l'on supplée au poinçon par l'emploi plus ou moins discret de la roulette, instrument dont nous parlerons plus loin, mais qui doit être sobrement employé, car il ne produit pas les mêmes effets que le pointillé, auquel on peut reprocher d'être un peu froid, quelquefois mou, mais qui ne manque point de mérite quand il est exécuté avec habileté.

On en jugera par le portrait que nous en donnons à titre de spécimen.

GRAVURE A LA MANIÈRE NOIRE

La gravure à la manière noire, appelée aussi *mezzo tinto*, diffère des autres genres de gravure en taille-douce, en ce qu'au lieu de mettre en saillie des noirs sur du clair, elle cherche ses effets en produisant des lumières sur du noir, ce qui limite presque son emploi aux effets de nuit, à l'exécution des portraits sur des fonds noirs, et à la reproduction des fruits et des fleurs.

L'inventeur de ce procédé est, dit-on, un lieutenant-colonel de Hesse-Cassel, nommé Sieghen, qui grava ainsi, en 1643, le buste de la landgravine Amélie-Élisabeth.

Il fut bientôt connu dans les Pays-Bas, où le peintre flamand Wolerau-Vaillant le

mit à la mode, mais c'est surtout en Angleterre qu'il fut employé avec succès, notamment par Smith et G. Withe qui gravèrent
ainsi un grand nombre de portraits, et surtout par Reynolds qui a véritablement
illustré ce genre de gravure.

Voici d'ailleurs en quoi il consiste : prenant une planche de cuivre rouge, planée,
polie, comme pour toute espèce de gravure
en taille-douce, le graveur promène dessus,
dans tous les sens et aussi uniformément
que possible, un instrument qu'on appelle
berceau, à cause du mouvement que lui
imprime la main, et qui est en effet, celui
que l'on fait pour bercer un enfant.

Cet outil est une espèce de ciseau, assez
large, dont la partie tranchante est convexe,
taillée en biseau et gravée, à peu près
comme une lime, de tailles très rapprochées
ce qui donne au tranchant un grand nombre
de pointes très aiguës, qui produisent sur la
planche, quand on a bercé l'instrument horizontalement, verticalement et diagonale-
ment, des hachures très fines et très rapprochées donnant à l'impression un noir velouté.

La planche ainsi préparée, et elle peut
l'être maintenant mécaniquement, à l'aide
d'un instrument inventé assez récemment
par M. Saulnier, qui fait l'opération d'une
façon plus satisfaisante puisqu'il donne un
grain plus égal — la planche préparée, on
décalque dessus le dessin que l'on veut
graver, et pour que les traits ne s'effacent
pas, pendant le travail on les repasse au
pinceau, soit à l'encre de Chine soit avec
une couleur à l'huile.

Alors on commence à enlever avec un
grattoir les lumières vives, qu'on creuse d'autant plus profondément qu'on veut les obtenir
plus blanches, et que l'on polit avec un brunissoir, puis les lumières ordinaires, et
enfin les clairs-obscurs ; se servant de
grattoirs de formes et de dimensions appropriées, mais rarement de pointes ou de
burins sinon pour quelques traits perdus,
car on procède surtout par grands partis.

Ce système, peu difficile en somme pour
un artiste exercé, puisqu'il ne s'agit que de
travailler comme si l'on dessinait au crayon
blanc sur une feuille de papier de couleur ;
produit de très jolis effets, malheureusement il manque de hardiesse et de fermeté
précisément à cause du flou, du velouté que
produit le fond ; ce qui, comme nous
l'avons dit déjà, rend son emploi très
limité.

De plus, il ne permet que des tirages
très restreints, car après trois cents exemplaires la planche s'empâte et ne peut plus
donner d'épreuves satisfaisantes.

AQUA-TINTE

L'aqua-tinte, qu'on appelle aussi gravure
au lavis, donne à peu près les mêmes
effets que la manière noire, mais on opère
d'une toute autre façon, puisqu'on lave sur
le cuivre à l'aide de l'eau forte, comme on
fait un lavis sur le papier avec de l'encre
de Chine ou de la sépia, ce qui permet
d'obtenir des estampes qui ont toute la
valeur des dessins originaux.

Jean Baptiste Leprince, un bon peintre
du XVIIIᵉ siècle, est le premier qui ait tiré
excellemment parti de ce système dont
on ne connaît point l'inventeur et qu'on éten-
dit bientôt à la reproduction en couleur
des aquarelles, il ne fallait pour cela que
multiplier les planches en en gravant autant
qu'il y avait de tons différents à tirer, c'est ce
que firent, avec le plus grand succès, Des-
courtis, Janinet et Debucourt, mais leurs
imitateurs n'ayant produit que des choses
au-dessous du médiocre, on ne tarda pas à
abandonner l'aqua-tinte en couleur, que
l'on a d'autant moins cherché à faire revivre
de nos jours qu'on avait la chromolithographie, infiniment préférable.

Mais nous n'avons à nous occuper maintenant que des procédés de la gravure au
lavis.

Nous ne les décrirons pas tous, car bien
que ne différant pas d'une manière sensible,

ils sont très nombreux. Nous parlerons d'abord du procédé français, celui qu'employèrement Jazet et Provost, les seuls de nos artistes contemporains qui aient produit des œuvres remarquables dans ce genre de gravure, a peu près abandonné aujourd'hui.

On commence par tracer à l'eau-forte les

Noircissage de la plaque.

contours du dessin que l'on veut graver, puis la planche nettoyée, asséchée, subit une préparation assez minutieuse dans un instrument spécial qu'on appelle boîte à aqua-tinte.

C'est du reste une boîte d'assez grande dimension, montée sur quatre pieds et munie d'une porte à charnières horizontales, qui permet de l'ouvrir pour y poser la planche sur deux tringles transversales, placées à peu près de niveau avec l'ouverture de la porte.

La base de cette boîte, qui se termine en pyramide, contient en assez grande quan-

Roulettes.

tité de la résine pulvérisée que l'on met en suspension dans l'intérieur de la boîte au moyen d'un fort soufflet, qui y communique par un conduit.

Ceci disposé, et la planche posée, la face en l'air, sur les tringles on ferme la boîte et l'on met en jeu la soufflerie, les parties les plus fines de la poudre montent au sommet de la boîte et retombent sur la planche où elles forment bientôt une couche mince et égale.

Quand on juge qu'elle est suffisamment couverte, on retire la planche et on la pose soit sur un réchaud à feu très doux, soit en suspension sur des baguettes pour passer dessous un flambeau de papier; l'essentiel est de faire fondre la résine.

Comme la couche en est très mince, la

Boîte à aqua-tinte.

chaleur la fait crisper en une multitude de points, laissant entre eux de petits espaces qui permettront à l'acide de ronger le métal. Ce pointillé mécanique est ce qu'on appelle *poser un grain.*

En effet, la planche se trouve grainée uni- formément et le grain devient plus ou moins fin, plus ou moins serré, selon l'épaisseur de la couche de résine et le degré de chaleur qu'on lui a fait subir.

Mordu par l'acide, il donne quelquefois un travail imperceptible à l'œil. C'est du

Le berceau.

reste le but qu'on se propose, puisqu'il s'a- git d'imiter un lavis.

Mais avant de soumettre la planche, à l'eau-forte, il faut d'abord terminer le dessin qui n'est qu'esquissé et en reprendre les contours, en enlevant à la pointe les parties de résine qui les couvrent; puis on procède comme pour la manière noire, mais en sens inverse, car au lieu de creuser les parties qui doivent rester blanches on les couvre, aussi bien que les marges de la planche, avec du vernis mêlé de noir de fumée, qu'on étend au pinceau comme si l'on dessinait, et en somme c'est cela puisqu'on fait de l'aquatinte à rebours.

Le dessin fini, on borde la planche avec de la cire, et on la fait mordre comme pour l'eau-forte, mais en répétant plus souvent son opération, car il s'agit surtout d'obtenir des teintes.

Lorsque la teinte la plus faible est obtenue, on lave la planche à l'eau et on la laisse sécher; on couvre de vernis les parties suffisamment creusées et on fait mordre à nouveau les autres, en recommençant autant de fois qu'il est nécessaire pour que la gravure ait atteint le degré de coloration qu'on veut lui donner.

Ce qui n'empêche pas de la terminer au grattoir, au brunissoir, quelquefois même au burin ou à la roulette, qui est un burin mécanique, dont nous allons parler tout à l'heure.

Un mot maintenant des autres procédés, dont les plus connus sont : le procédé anglais, le procédé au sel, le procédé au soufre.

Dans le procédé anglais, — nous l'appelons ainsi, parce qu'on l'emploie surtout en Angleterre, mais il a été inventé en France par l'abbé Saint-Non, et c'est celui dont Leprince se servait, — la planche est d'abord enduite de vernis, sur ce vernis, on recouvre au pinceau, avec un mélange de noir de fumée, d'huile d'olive et d'essence de térébenthine, toutes les parties où l'on veut produire un grain.

Cette mixture a la propriété de dissoudre le vernis, aussi, quand on l'enlève au bout de quelques instants avec un linge mou, le vernis vient avec et laisse le cuivre à nu; l'important est d'opérer avec soin pour que le vernis qui reste ne laisse pas de traces de déchirures, et qu'il ne reste pas d'impuretés sur les parties dénudées.

Sur ces parties, on pose un grain, comme nous l'avons dit tout à l'heure, avec la poussière de résine, et l'on fait mordre de la même manière.

Ce n'est qu'une variante, mais le procédé au sel est plus radical et plus expéditif en ce qu'il évite la boîte et le jeu de la soufflerie.

On recouvre d'abord la planche avec un vernis, séchant moins vite que le vernis ordinaire et qu'on trouve tout préparé chez les marchands de couleurs. Pour qu'il conserve l'apparence d'une couche d'huile, on maintient le cuivre au-dessus d'un réchaud à feu doux, puis on saupoudre avec du sel marin, pulvérisé aussi fin que possible, que l'on aura fait sécher au préalable, sur des cendres chaudes, dans un vase de terre non vernissé.

Le sel s'attache au vernis, qui devient moins liquide parce qu'on aura retiré la planche de sur le fourneau, et pénètre jusqu'au cuivre ; on secoue alors pour débarrasser la plaque de l'excédent de sel, et on la remet sur le feu pour faire recuire un peu le vernis ; puis sans attendre qu'elle soit refroidie, on plonge la planche dans l'eau, à la température de l'appartement, et on renouvelle cette opération jusqu'à ce que tout le sel soit fondu.

Mais il a marqué sa place et partout où il y avait un granule de sel, il y a maintenant un petit trou qui laisse le cuivre à nu et permet à l'eau-forte de produire un grain, dont on peut varier les colorations, par parties, en renouvelant les morsures autant de fois qu'on le juge nécessaire, après avoir recouvert au vernis de Venise, les portions suffisamment attaquées.

Le procédé au soufre est surtout employé quand on veut obtenir un grain d'une grande finesse : voici en quoi il consiste.

Les parties que l'on veut grainer ayant été mises à nu par le moyen que nous avons indiqué tout à l'heure, on les recouvre avec de l'huile que l'on saupoudre de fleur de soufre, soit au moyen d'un tamis très fin, soit à travers un morceau de mousseline tendu sur un châssis, de façon à en former une couche assez épaisse, mais très égale, que l'on laisse sécher.

Un moyen plus sûr peut-être, est d'appliquer ce mordant au pinceau. Il faut naturellement, au préalable, délayer la fleur de soufre dans l'huile, cela permet de l'étendre plus inégalement, au point de vue de l'effet à obtenir, et de se réserver du premier coup des tons plus ou moins colorés.

Ce même mordant peut être employé pour les retouches, pour lesquelles on a toujours les mêmes ressources que pour l'eau-forte.

On se sert aussi d'une autre mixture composée de blanc ordinaire, de thériaque et de sucre délayés dans de l'eau, et qu'on applique au pinceau sur la planche exactement comme si l'on voulait faire des rehauts à l'encre de Chine sur un dessin.

Un autre procédé plus récent, de préparer les planches, revient à la résine, mais il l'emploie d'une manière différente.

La poudre de résine est délayée dans de l'alcool, ou dans de l'éther, on en étend au pinceau une couche sur la planche, ce qui permet de ménager en réserve les parties qu'on ne veut pas grener et l'on fait chauffer un peu la planche.

Sous l'influence de cette chaleur, le liquide très volatil, s'évapore et il ne reste plus sur la planche qu'un dépôt solide de matière résineuse, dont la granulation est plus ou moins fine, selon le genre de résine que l'on a choisie, en vue des travaux à exécuter.

Voilà les procédés généraux, mais il est bien entendu que chaque artiste les modifie selon ses idées particulières et les expériences qu'il en a faites.

GRAVURE AU LAVIS.

Bien que l'aqua-tinte soit appelée aussi gravure au lavis, il y a la gravure au lavis proprement dite, qui donne des épreuves tout à fait semblables au lavis à l'encre de Chine, ou à la sépia.

On procède du reste de la même façon que si l'on faisait un lavis, seulement on se sert d'acides au lieu d'encre.

Le tracé du dessin, décalqué sur cuivre, est d'abord gravé comme une eau-forte, puis quand on a déverni et nettoyé la planche, on applique au pinceau du vernis de Venise sur toutes les parties qui devant venir blanches à l'impression, sont suffisamment gravées par la morsure de l'eau-forte, et l'on fait baigner la planche dans une cuvette remplie d'acide faible.

Cet acide ronge légèrement toutes les parties nues de la planche et il n'y a qu'à répéter l'opération en recouvrant à chaque fois de vernis de Venise, les parties venues à point pour obtenir une série de tons variés nécessaire au coloris de la gravure; car on comprend du reste qu'un endroit mordu quatre fois, trois fois, viendra plus noir que celui qui ne l'aura été que deux ou une.

Le seul défaut de ce système, très amusant d'ailleurs, et à la portée des amateurs les plus inexpérimentés; c'est d'accuser parfois les lignes de démarcation des morsures successives, mais il y a des moyens de remédier à cet inconvénient.

L'artiste n'est pas embarrassé, avec un pinceau trempé dans l'acide, plus ou moins étendu d'eau, et passé rapidement sur les parties qui tranchent; il fait des raccords dont il peut arrêter l'effet au moment opportun en plongeant sa planche dans l'eau fraîche, qui arrête immédiatement la morsure de l'acide.

Et puis il y a des mordants que l'on trouve tout composés chez les marchands de couleurs, sans compter ceux que l'on peut faire soi-même.

Le nitrate d'argent, atténué avec de la gomme arabique, donne des noirs très vifs que l'on plaque au pinceau en ayant soin d'enlever avec une petite éponge un peu humide, les parcelles d'argent qui se sont déposées sur le cuivre après la réaction produite.

Mais le mordant le plus économique est celui à base de miel, composé de sel marin, de chlorhydrate d'ammoniaque et de vert-de-gris broyés sur une glace avec du miel.

On se sert de cette mixtion, dans laquelle on peut, au besoin remplacer le miel par de l'eau-forte étendue d'eau gommée, comme d'une couleur dont on proportionne l'épaisseur aux effets à obtenir.

Fac-simile d'une gravure au pointillé (portrait de Mlle Leverd par Isabey).

Malgré cela, quelques bonnes retouches à la pointe ou au burin ne sont point à dédaigner.

GRAVURE EN TOUCHES.

La gravure en touches, est une variété de l'aqua-tinte, elle peut difficilement, à moins d'une très grande habileté, donner les mêmes effets, mais elle est plus facile.

On commence par poser un grain comme nous l'avons dit tout à l'heure mais sans avoir au préalable tracé son dessin à l'eau-forte, car ce dessin, on le fait au pinceau sur la planche refroidie, avec une encre d'une composition particulière, dans la- | quelle il entre du sucre, de la gomme ara-

Fac-simile d'une aqua-tinte de Jazet.

bique, du blanc d'Espagne, et naturellement | du noir de fumée, le tout broyé ensemble et délayé dans de l'eau gommée.

Cette encre, une fois couverte de vernis, a la propriété de s'imprégner d'une humidité qui la fait gonfler et s'enlever, emportant avec elle le vernis qui la recouvre et laissant alors à nu tout ce qui constitue le dessin, c'est-à-dire tout ce qui doit être mordu par l'acide.

On comprend le reste; le dessin terminé on vernit la planche puis, quand le vernis est sec et que l'encre a produit son effet dessus, on borde de cire et l'on verse l'eau-forte, qui grave en clair les parties dessinées et en teintes, dont on varie les colorations en répétant l'opération, le grain qu'on avait posé sur la planche.

On obtient ainsi une gravure qui imite parfaitement un dessin lavé au pinceau, mais qui n'est pas toujours irréprochable, car il est bien difficile de diriger le travail chimique de l'encre et d'empêcher les bavures de nuire à la précision du dessin.

Aussi ce genre de gravure, peu usité d'ailleurs, n'est-il guère employé que pour la reproduction des marines, des paysages, des sujets enfin ou le flou n'est pas un défaut.

GRAVURE AU VERNIS MOU.

Ce système — qu'on appelle généralement calcographie, — est celui dont l'exécution présente le moins de difficultés.

C'est une simplification de l'eau-forte, que l'on connaît d'ailleurs depuis très longtemps, car il existe en grand nombre des estampes anciennes, exécutées par ce procédé et notamment un recueil considérable dont les gravures faites par Cottmann, artiste anglais, sont très remarquables, et que l'on peut citer comme ce qu'il y a de plus parfait en ce genre de gravure.

Voici comment on opère :

D'abord, on mélange le vernis dont on doit se servir pour enduire la planche, avec une certaine quantité de graisse de porc, un quart environ, qui l'empêche de se soli-difier complètement en se refroidissant, ce qui explique le nom de vernis mou, donné à ce procédé.

La planche préparée comme pour l'eau-forte, on prend une feuille de papier très mince et d'un grain très fin, du papier pelure par exemple, ou ce papier spécial dont on se sert pour protéger les gravures en taille-douce, reliées dans les ouvrage de luxe, et on l'applique sur le vernis, aussi exactement que possible, pour qu'il ne fasse aucun pli, aucune boursouflure.

Alors on dessine sur le papier, avec un crayon de mine de plomb assez dur, exactement comme si l'on faisait un dessin ordinaire qui se trouve immédiatement décalqué sur la planche, car lorsqu'on enlève la feuille de papier, partout où l'on a passé le crayon le vernis adhère après, laissant le métal plus ou moins à nu selon qu'on a plus ou moins appuyé.

Il ne reste plus qu'à entourer la planche de cire à modeler et à verser l'acide dessus, exactement comme si l'on faisait une eau-forte, en ayant soin de terminer à la pointe si l'on veut obtenir de grandes vigueurs, car quelque soin que l'on prenne, il se produit presque toujours des indécisions ou des manques dans le vernis mou.

Le plus sage, du reste, est de repasser à la pointe les parties accentuées de son dessin, avant de le soumettre à la morsure de l'acide.

Ce procédé, peu difficile en somme, demande cependant de grandes précautions car il ne faut pas que les doigts s'appuient sur le papier, autrement leur empreinte ferait trou dans le vernis ; pour éviter cela on protège le cuivre par une planchette de bois portant sur deux supports, en un mot, une sorte de pupitre non fermé, sur lequel on appuie sa main pour dessiner à son aise.

Ce moyen est du reste employé aussi par les dessinateurs lithographes qui ne peuvent pas non plus mettre leurs mains en contact avec leur pierre, sous peine de produire des taches à l'impression.

Quelques artistes anglais, car c'est surtout outre-Manche qu'on emploie ce procédé, dessinent avec une pointe d'ivoire sur n'importe quel papier, à la condition qu'il soit léger et assez transparent pour que le trait apparaisse en gris.

Ce système a ce bon côté qu'il permet de décalquer un dessin, déjà fait sur le papier ordinaire, sans qu'on soit obligé de le couvrir par de nouveaux traits de crayon.

Mais pour dessiner librement, à moins d'être très exercé, il a cet inconvénient qu'on voit à peine son travail et qu'on ne peut pas juger d'avance des effets qu'on se propose d'obtenir.

GRAVURE IMITANT LE CRAYON

Ce genre de gravure, inventé en 1740 par François, et qui jusqu'à l'apparition de la lithographie fut employé pour produire des modèles de dessin, a pour but, comme son nom l'indique, de reproduire les objets avec les apparences du dessin ; c'est-à-dire en imitant les hachures que produit le crayon sur la surface grenée du papier.

Divers procédés permettent d'obtenir ce résultat, les meilleurs sont : la méthode au sable, et la gravure à la roulette.

Par la méthode sablée, on peut opérer comme pour poser le grain de l'aqua-tinte, c'est-à-dire avec le même instrument, car il faut que la planche soit préalablement vernie avant de répandre dessus une mince couche de sable très fin que l'on fait adhérer au vernis en chauffant légèrement.

La planche ainsi préparée (quelquefois même on passe un rouleau dessus pour faire pénétrer le sable jusqu'au métal), on décalque son dessin et l'on en repasse tous les traits avec des pointes obtuses puis on soumet la planche à l'action de l'eau-forte et l'on obtient, même en répétant les opérations, une gravure assez imparfaite, à cause des grains de sable qui ont pu rouler dans les parties claires du dessin, mais que l'on retouche facilement, avec des petites aiguilles de pierre ponce ou même de pierre à aiguiser, ce qui n'empêche pas, si l'on veut, de donner le dernier fini au burin ou à la pointe.

Par la méthode à la roulette, on exécute en quelque sorte une gravure mécanique, puisqu'à tout prendre la roulette est un burin mécanique.

C'est une petit roue d'acier, emmanchée comme la molette d'un éperon, dont la circonférence est armée de pointes régulièrement sculptées et qu'on promène sur le métal nu, selon la valeur qu'il s'agit de donner au ton.

D'où plusieurs sortes de roulettes : depuis les roulettes simples qui n'ont qu'un rang de pointes jusqu'aux roulettes combinées qui ont trois, quatre, cinq, et jusqu'à dix et douze entailles pour produire des effets différents.

Avec un bon choix d'outils, on arrive donc à graver une planche assez vite et surtout très régulièrement.

Bien qu'on ne fasse plus que par caprice de la gravure imitant le crayon, la roulette est encore aujourd'hui très employée ; on s'en sert avec plus ou moins de dissimulation pour terminer les eaux-fortes, pour l'aqua-tinte, la manière noire, le pointillé, et même pour certaines parties de la gravure au burin.

On l'emploie aussi, et presque exclusivement, pour l'exécution des dessins d'anatomie et de botanique.

GRAVURE GÉOGRAPHIQUE

La gravure géographique et topographique, connue seulement depuis le milieu du XVIᵉ siècle — car les premières cartes dignes de ce nom datent de 1560 — se fait maintenant sur des planches de laiton, d'étain ou de zinc, par des procédés mécaniques dans le genre de la roulette, seulement les instruments sont plus variés.

Ainsi, lorsque la planche est préparée et le tracé décalqué, sur vernis noir, on commence par faire à l'eau-forte les sinuosités des côtes et des rivières, l'ébauche des montagnes.

Quand ce travail est obtenu, on coupe à la pointe sèche tout ce qui peut être tracé à la règle en lignes parallèles, comme les mers, les lacs, les étangs, et l'on se sert du burin pour creuser les routes, les chemins de fer, les canaux.

Pour les signes conventionnels, les cercles plus ou moins compliqués qui représentent les villes, fortifiées ou non, les bourgs

Fac-simile d'une gravure imitant le crayon.

et les villages, on les frappe avec une série de poinçons qu'on appelle pétitionnaires.

Les noms de villes, de province, ce qu'on appelle la lettre, qui est faite presque toujours par un ouvrier spécial, s'obtient de la même manière avec des poinçons d'acier sur lesquels les lettres sont gravées en relief.

GRAVURE DE LA MUSIQUE

La gravure de la musique est également toute mécanique

Elle se fait sur des planches d'étain qui n'ont pas besoin d'autre préparation que celle du planage, car on opère à nu sur le métal.

Après avoir calculé l'emplacement des portées et des paroles à écrire dessous quand il y en a, le graveur commence par tracer les portées, avec un instrument appelé couteau mais qui est plutôt une fourchette à cinq doigts, car il règle à la fois les cinq lignes parallèles de la portée.

Les clefs, les notes, les dièzes, les bémols, les soupirs, tous les signes conventionnels, sont gravés sur des poinçons qu'on enfonce dans le métal, en frappant sur le manche avec un marteau.

C'est de la même façon que se gravent les paroles.

Quant aux divisions de mesure, elles sont faites au burin aussi bien que les queues des noires et des blanches, et les barres

Spécimen de gravure sur acier. — Reproduction agrandie d'une gravure de Moreau.

simples, doubles, ou triples qui réunissent les croches.

Un burin spécial qu'on nomme *échoppe* sert à tracer les panses, les demi-cer-

cles appelés liaisons, et les accolades.

Bref, le travail se fait très vite et il le faut, du reste, car il n'est pas payé cher.

GRAVURE HÉLIOGRAPHIQUE

Nous déjà parlé de la gravure photographique, appliquée au tirage typographique, nous y reviendrons encore, quand il s'agira de la photo-lithographie, de la photoglyptie et de la phototypie ; pour le moment nous ne nous occupons que l'héliogravure, c'est-à-dire des procédés qui permettent de transformer des épreuves photographiques en planches capables d'être tirées comme les eaux-fortes et les tailles-douces.

Bien que ne donnant de résultats parfaits que depuis peu d'années, l'invention est aussi ancienne que celle de la photographie, car Nicéphore Niepce, le collaborateur et en cela même le précurseur de Daguerre, l'avait trouvée dès 1826, il est vrai qu'il n'utilisait pas encore d'épreuves photograbiques.

Sur une plaque de cuivre recouverte d'une couche de bitume de Judée, il plaçait un dessin sur papier, qu'il soumettait à l'action de la lumière solaire.

Les parties non impressionnées, c'est-à-dire tout le tracé du dessin, restant seules solubles, il n'y avait qu'à plonger la planche dans un bain d'huile de lavande, et le cuivre apparaissait à nu dans les parties correspondantes et pouvait être gravé comme une eau-forte ordinaire.

Sitôt le daguerréotype connu, Dauné essaya de transformer les plaques en gravure à l'eau-forte ; il réussit en principe, en faisant mordre à plusieurs reprises avec de l'acide chlorhydrique, mais son procédé était trop imparfait pour entrer dans la pratique puisqu'on ne pouvait guère tirer au delà de 50 épreuves, sans que la gravure fût déformée.

Fizeau reprit cette idée et commença par attaquer les parties noires de la plaque, formées par le sel d'argent impressionné, avec un acide faible, en réservant les parties blanches ; puis il enduisit sa planche d'une huile grasse qui se fixait seulement dans les creux et répandit dessus, par le procédé galvanoplastique, une couche d'or qui ne se déposait que sur les parties saillantes ; ce qui les augmentait d'autant et suppléait au défaut de creux existant dans les parties noires, défaut qu'il palliait encore en faisant mordre à nouveau comme dans l'eau-forte ordinaire.

Mais ce système était trop compliqué, trop coûteux pour être mis en pratique et l'invention de la photographie sur papier qui permettait de multiplier les épreuves en nombre presque indéterminé, détourna les esprits de nouveaux essais en ce genre.

Poitevin en fit pourtant et en 1847, il était arrivé à transformer les plaques daguerriennes en clichés en relief, ou en gravure en creux, par des procédés très lents, qui nous ne décrirons pas ici, parce que nous aurons occasion d'en parler à propos de la photolithographie à laquelle ils se rapportent plus directement, aussi bien que des essais de Mungo Ponto, Edmond Becquerel et Talbot qui furent les commencements de la photoglyptie, à laquelle nous consacrons aussi un chapitre.

Restons à l'héliogravure proprement dite, qui si elle doit beaucoup à Poitevin, à Talbot, à Niepce de Saint-Victor, n'est cependant devenue, en quelque sorte, industrielle qu'avec les procédés de M. Baldus.

En 1852, Talbot eut l'idée de transporter sur cuivre, non plus une plaque daguerrienne, mais l'empreinte d'un cliché sur verre, ce qu'on appelle un négatif-photographique, mais il ne réussit qu'à prouver que c'était possible et ne put obtenir que des silhouettes d'objets laissant tamiser la lumière, sans pouvoir reproduire les ombres ni les parties opaques.

L'année d'après, Niepce de Saint-Victor reprit, en l'appliquant à la photographie, le système de son oncle, légèrement modifié. Prenant une plaque d'acier enduite de bitume de Judée, dissous dans l'essence de lavande, il plaçait dessus une épreuve positive obtenue sur verre, et l'exposait à l'action de la lumière solaire et obtenait ainsi une contre-épreuve sur le vernis, qu'il enlevait alors en lavant la plaque avec un mélange de trois parties d'huile de naphte et d'une partie de benzine.

Ce mélange, n'ayant d'action que sur les parties non impressionnées, le dessin restait en traits de bitume sur la plaque, qu'il ne s'agissait plus que de faire mordre par les procédés ordinaires de l'eau-forte.

Mais les résultats furent encore insuffisants; car il fallait retoucher les planches au burin.

Cependant la route était tracée, et c'est à l'aide de ce point de départ que MM. Nègre et Baldus trouvèrent leurs procédés, à peu près simultanément, c'est-à-dire vers 1856.

Le procédé de M. Ch. Nègre n'a pas été divulgué par l'inventeur; il n'a pourtant gardé le secret que de la composition des agents chimiques qu'il employait; car on sait qu'il se servait aussi de bitume de Judée, mais seulement pour ménager sur sa plaque un réserve transitoire, permettant de dorer par la galvanoplastie toutes les parties qui ne doivent pas être enlevées par les acides, ce qui est le procédé de Fizeau.

La dorure faite, on lave la planche à l'essence de térébenthine, qui dissout le bitume, et il ne reste plus qu'une sorte de plaque damasquinée dans laquelle les parties dorées représentent les lumières et les blancs, tandis que les parties mises à nu seront rongées par les acides.

Le premier système de M. Baldus, qui remonte à 1854, partait du même principe, mais les moyens différaient un peu : il impressionnait une plaque de cuivre, enduite de bitume de Judée, au moyen d'un cliché négatif qui se reproduisait en positif, mais n'apparaissait sur la planche que par l'effet d'un dissolvant.

Il renforçait cette contre-épreuve, trop délicate pour résister à l'action des liquides, en l'exposant pendant plusieurs jours à la lumière diffuse, après quoi, il mettait la plaque dans un bain galvanoplastique de sulfate de cuivre.

Ce système permettait de produire à volonté une gravure en relief ou une gravure en creux, car si la plaque est attachée au pôle négatif, le dépôt de cuivre galvanique se fait sur les parties non défendues par l'enduit résineux, tandis que si elle est fixée au pôle positif c'est le contraire qui se produit.

Malgré ces avantages, M. Baldus a complètement abandonné la galvanoplastie, son procédé nouveau est infiniment plus prompt puisqu'il peut produire en quelques minutes une planche propre au tirage en taille-douce.

Ce procédé, également à deux fins, consiste à rendre la planche de cuivre impressionnable au moyen d'un sel de chrome ; sur cette planche, on applique le cliché photographique et quand il a été reproduit par l'action de la lumière, on immerge la plaque dans un bain de perchlorure de fer qui attaque le cuivre dans toutes les parties non impressionnées, et l'on obtient ainsi un premier relief que l'on renforce en répétant l'opération, après avoir eu soin de passer sur la plaque un rouleau chargé d'encre d'imprimerie, qui se dépose sur le relief et le préserve des morsures du perchlorure.

On comprend qu'avec ce système on peut obtenir à volonté un cliché en creux ou en relief. Pour le premier cas, il suffit de faire usage d'un négatif photographique, car ce sont les blancs qui se trouveront en relief, — pour le second c'est un cliché positif que l'on met en contact avec la plaque impressionnée.

Il y a maintenant d'autres procédés, que nous allons étudier succinctement.

Le procédé Garnier qui a valu à son auteur le grand prix pour la photographie à l'exposition universelle de 1867 (ce qui ne l'empêche pas de remonter à 1855...), est ainsi décrit par M. Monckhoven :

« Une planche de laiton est exposée dans l'obscurité aux vapeurs de l'iode, soumise à

Reproduction d'un dessin à la sanguine. — Héliogravure de C. Petit.

Reproduction d'un cliché photographique. — Héliogravure de C. Petit.

l'action lumineuse derrière un négatif, et frottée avec un tampon de coton imbibé de mercure.

« Cette lame, soumise au rouleau d'encre grasse, repousse l'encre par ses parties amalgamées, mais y adhère par ses parties libres. Celles-ci forment alors la réserve et la couche, traitée par le nitrate d'argent, donne une planche en taille-douce après qu'on a enlevé l'encre grasse.

« Mais si l'on n'enlève jamais l'encre grasse et qu'après la première morsure au nitrate d'argent on fasse sur la lame un dépôt de fer galvanique, celui-ci se dépose sur les parties amalgamées, et l'encre enlevée laisse à nu le laiton iodé.

« On attaque de nouveau la planche par le mercure, qui n'adhère pas au fer ; soumise au rouleau d'encre grasse, celle-ci, de nouveau ne prend pas sur le mercure, mais sur le fer.

« Si l'on veut une planche typographique, au lieu d'opérer un dépôt de fer, on dépose de l'or, puis on creuse les parties non dorées par un acide jusqu'à relief suffisant.

Le procédé Drivet est plus ambitieux, car il ne se contente pas de reproduire des eaux-fortes, des gravures, des dessins, tels qu'ils sont à l'original, il a la prétention, justifiée jusqu'à un certain point, d'obtenir une gravure en taille-douce avec un cliché photographique, difficulté considérable qui n'est pas encore complètement vaincue, dans le sens artistique du mot, bien que le procédé ait donné des résultats appréciables.

Il s'agissait de donner un grain à l'héliogravure et voici comment l'inventeur a résolu ce problème.

Au lieu de sensibiliser seulement la planche métallique au moyen du sel de chrome, on ajoute à ce sel une matière soluble, soit mucilagineuse ou gommeuse, destinée à produire le grain nécessaire pour retenir l'encre sur la planche gravée, et que l'épreuve photographique reçoit en même temps que l'image de l'objet.

Ensuite on fait dissoudre à l'eau chaude les parties non impressionnées par l'effet de la lumière ; on plombagine la planche et on la soumet au bain galvanique pour la couvrir de cuivre, ce qui permet selon qu'on s'est servi d'un cliché photographique négatif ou positif, d'obtenir une gravure en taille-douce ou en relief.

Le procédé Tessié du Motay est trop compliqué et permet un tirage trop restreint (75 exemplaires au plus) pour être entré dans la pratique, nous en dirons néanmoins quelques mots.

Il consiste à impressionner au sel de chrome, une plaque quelconque recouverte d'un mélange de colle de poisson, de gélatine et de gomme, mais pour que cette plaque reçoive l'effet de la lumière qui doit rendre insolubles les parties touchées par les rayons lumineux, il faut qu'elle ait été maintenue pendant plusieurs heures, dans une étuve, à la température de 50 degrés.

Quand elle est impressionnée, on la soumet à un lavage prolongé et on la fait sécher à l'air libre, ou, ce qui va plus vite, à l'étuve, et l'on obtient ainsi une planche qui ressemble assez d'aspect à une plaque d'aqua-tinte, d'autant qu'elle est sans grain.

Le grain s'obtient, paraît-il, à l'impression, car l'eau contenue dans les pores de la couche non insolée, éloigne les corps gras des blancs restés à nu.

Mais, comme nous l'avons dit, l'impression est très limitée ; pour remédier à cet inconvénient on fait des clichés ou des reports, ce qui rentre alors tout à fait dans la lithographie.

Il y a aussi le procédé Scamoni, de Saint-Pétersbourg, qui repose sur cette observation : qu'un négatif photographique n'est pas une surface plane, comme on le croyait d'abord, mais présente, au contraire, un certain relief qu'il suffirait de renforcer pour obtenir une taille-douce.

M. Scamoni en a trouvé le moyen à l'aide de dépôts successifs d'argent, le métal n'étant, comme on le sait, attiré et retenu que par des surfaces impressionnées. Il parvient ainsi à donner au négatif des profondeurs aussi grandes que celles d'un cuivre gravé, et par la galvanoplastie il en fait un cliché en cuivre que l'on peut tirer par les procédés ordinaires.

Nul doute que nos héliograveurs d'aujourd'hui, comme M. Dujardin qui fait surtout de la taille-douce, MM. Gillot, Lefmann, Yves et Barret, Petit, Michelet, Fernique et autres qui s'occupent plus spécialement de clichés typographiques et font ce qu'on appelle généralement de la photogravure, n'aient aussi leurs procédés particuliers; mais ces procédés sont des secrets d'ateliers qu'il ne nous appartient point de divulguer, nous contentant de les apprécier par les résultats qu'ils donnent.

Ces résultats sont généralement excellents, lorsque les opérations sont faites dans de bonnes conditions de temps et de soin, il reste pourtant toujours une difficulté à vaincre, la reproduction en vigueur des photographies d'après nature.

Car, s'il est très facile de reproduire une gravure dont les tailles forment un grain, il est déjà plus difficile de rendre un dessin dont les derniers plans n'offrent aucun relief, et l'on se heurte au véritable obstacle quand on se trouve en présence d'une photographie d'après nature, qui n'a ni relief ni grain et dont les ciels sont toujours tout blancs.

On y arrive pourtant, surtout pour l'architecture, et M. Petit, notamment, a trouvé le moyen de grener assez sensiblement ses clichés photographiques pour que l'encre grasse y adhère suffisamment, et que le tirage en soit possible.

On en jugera, du reste, par le spécimen que nous en donnons aussi bien que deux autres spécimens, l'un, d'une gravure en taille-douce, à peine creusée, l'autre d'un dessin original, qui représentent autant de difficultés.

M. Petit avait déjà fait ses preuves devant nos lecteurs, car les reproductions de lithographies et d'aqua-tinte, que nous leur avons mises sous les yeux, dans le courant de cet article, étaient également très difficiles.

GRAVURE MÉCANIQUE

La gravure mécanique, d'invention assez récente, ce qui ne l'empêche pas, bien au contraire, d'être extrêmement répandue, a pour objet de suppléer à la main de l'artiste, pour les parties qui ne demandent absolument que de la patience; tels que les lignes parallèles des fonds et des ciels, qui d'ailleurs peuvent être faits avec beaucoup plus de sûreté et de régularité (sans parler de la rapidité) par des machines à graver, que par des graveurs, même d'une grande habileté.

La machine à graver les lignes parallèles a été inventée en 1803, par Conté, à la fois peintre, chimiste et mécanicien, et dont on a dit avec justesse « qu'il avait toutes les sciences dans la tête et tous les arts dans la main. »

Elle a servi d'abord pour la gravure des planches du grand ouvrage de la commission d'Égypte, instituée par le général Bonaparte le 20 août 1798, et qui ne fut publiée par l'Imprimerie Nationale que de 1809 à 1818.

Depuis elle a été modifiée et perfectionnée par Turret, Petitpierre, Gallet et autres, mais elle repose toujours sur le principe de l'instrument connu depuis des siècles par les dessinateurs de tous pays, sous le nom de *règle à parallèles*, et se compose d'un certain nombre de tire-lignes à pointe de diamant, fixés sur une sorte de règle plate, qui, pressée par un ressort, ou par un poids, selon les systèmes, trace les lignes sur le cuivre ou l'acier de la planche, avec une profondeur et un écartement d'une régularité mathématique.

On obtient ainsi, non seulement les lignes

droites, mais encore des lignes courbes ou ondulées, voire même des lignes renflées sur une partie quelconque de leur longueur, puisqu'il suffit pour cela de faire agir le ressort afin de creuser davantage aux endroits désignés.

On ne peut néanmoins se servir de ces machines que pour terminer les gravures, et voici comment on opère le plus généralement, en prenant pour exemple une eau-forte, parce que c'est le cas où le travail est le plus compliqué.

On dispose sur la planche une eau-forte très simplement faite, que l'on fait mordre par les procédés ordinaires après l'avoir dévernie et asséchée, on la revernit à nouveau pour la faire passer sous la machine qui la couvre de lignes parallèles et équidistantes, que l'on soumet à l'action de l'acide.

Pour les gravures au burin c'est beaucoup plus simple puisqu'on opère sur le métal nu, on n'a qu'une seule précaution à prendre, c'est de couvrir par des décou-

Gravure mécanique. — Eau-forte *non terminée*.

pages en papier, les parties de la planche ne devant pas être touchées par la machine, qui donnerait une teinte uniforme partout, si l'on ne faisait pas de réserves.

Il existe depuis 1834, une machine beaucoup plus intelligente encore, car elle ne se contente pas de faire des lignes, elle dessine et avec une régularité mathématique ; c'est la machine Collas, destinée particulièrement à la reproduction des objets en bas-relief, comme les médailles, les monnaies, les sceaux.

Basée sur le principe du pantographe, elle

se compose d'une pointe fine et émoussée qui suit toutes les sinuosités de l'original en lignes droites et parallèles, et d'une seconde pointe suffisamment tranchante pour attaquer le métal nu, si l'on ne veut pas se contenter de dessiner sur le vernis, pour graver ensuite à l'eau-forte.

Cette pointe répète mécaniquement tous les mouvements de la première et trace les mêmes lignes, mais non plus droites ni parallèles, mais ondulées ou espacées diversement, suivant les saillies et les creux de l'objet que l'on copie.

Quand on a passé la pointe émoussée sur toutes les parties du modèle, la gravure est finie, il y a même des machines qui en font cinq à la fois, dont les dimensions peuvent être variées.

Nous venons de passer en revue tous les genres de gravure en taille-douce, et ce n'est point par oubli que nous n'avons parlé ni de la gravure en couleurs, ni de la gravure en camaïeu ; car ce ne sont pas à proprement parler des manières de graver, mais des procédés d'impression poly-chrome, avec lesquels on obtient des estampes coloriées, imitant l'aquarelle, la gouache, ou même la peinture à l'huile.

Nous en avons suffisamment parlé, en nous occupant de la gravure au lavis, pour qu'il soit utile d'y revenir et nous passerons maintenant à l'impression des tailles-douces.

TIRAGE EN TAILLE-DOUCE.

Tous les genres de gravure dont nous venons de parler se tirent en taille-douce,

N. LAMBERT SC.

Gravure mécanique — Eau-forte *terminée* par la machine.

façon d'imprimer toute spéciale et pour laquelle il faut que le papier, préalablement humecté, comme pour toutes sortes d'impressions, du reste, reçoive une pression considérable, puisque tout ce qui doit apparaître sur l'épreuve, se trouve en creux dans la gravure.

Il est probable que les premières tailles-douces étaient imprimées avec un frotton spécial, peut-être même, et plus vraisemblablement, par la simple pression de la paume de la main, mais il n'est pas douteux, à voir les magnifiques épreuves des gravures de Lucas de Leyde et d'Albert Dürer, qu'on se servait de presse dès la fin du xve siècle.

Cette presse n'était évidemment pas celle d'aujourd'hui, mais le procédé de tirage était le même ; voici en quoi il consiste :

L'imprimeur commence par faire chauffer la planche en la posant sur un instrument appelé *boîte* et qui est du reste une véritable boîte — non fermée par le devant pour permettre l'introduction d'un réchaud nommé *poêle*, rempli de poussier de charbon de bois — et couverte par une plaque de tôle.

Lorsque la planche a un degré de chaleur suffisant, on l'enduit au moyen d'un tampon, d'une encre spéciale composée de noir de fumée broyé avec une huile très épaisse, mais qui se liquéfie légèrement à la chaleur et, poussée par un chiffon de grosse mousseline, entre dans tous les creux de la gravure.

Le superflu est enlevé d'abord avec ce chiffon et ensuite avec la paume de la main, qui est encore ce qu'il y a de meilleur, pour effacer de sur la planche ce qui reste en dehors des tailles et salit la superficie.

La gravure est ensuite placée sur un ais de noyer, on la recouvre d'une feuille de papier non collé, mais glacé, satiné et trempé par les moyens de l'imprimerie ordinaire; puis sur cette feuille de papier on pose ce qu'on appelle les étoffes: c'est-à-dire quatre ou cinq morceaux de feutre, qui vont faire l'office de blanchets, et l'on place le tout sur la presse.

Une presse en taille-douce se compose essentiellement de deux rouleaux de noyer, de gaïac ou même d'acier, tournant en sens contraire et entre lesquels passe une table.

C'est sur cette table que l'on pose la planche encrée, couverte comme nous l'avons dit, et l'on comprend que la pression considérable — exercée par les rouleaux, mis en mouvement par une manivelle ou des bras en croix, fixés aux extrémités de l'axe de l'un d'eux, — soit suffisante pour obliger le papier humecté à entrer dans les tailles de la planche et à s'approprier tout le noir qui s'y trouve.

Comme on le voit, l'opération dépend surtout de l'encrage, or comme il faut la répéter pour chaque épreuve, le tirage est relativement long, ce qui explique, outre l'établissement de la planche, le prix assez élevé des gravures en taille-douce.

Il est vrai que ce n'est pas ainsi qu'on imprime les cartes géographiques, la musique, et certaines eaux-fortes dont on veut avoir un grand nombre d'exemplaires.

Dans ce cas, on en fait soigneusement une épreuve sur papier de chine, que l'on imprime sur une pierre lithographique ou sur une feuille de zinc, et c'est en lithographie ou en zincographie que le tirage se fait, comme nous l'expliquerons tout à l'heure.

LITHOGRAPHIE

On sait déjà, d'après ce que nous en avons dit, dans l'historique de l'invention, en quoi consiste la lithographie.

Toute la théorie se réduit en ceci:

1° Tracer sur la pierre avec une matière grasse, encre ou crayon d'une composition spéciale, le dessin ou l'écriture qu'il s'agit de multiplier et qui y adhère d'autant plus facilement que la pierre choisie est plus favorable.

2° Décaper cette matière grasse avec un mélange d'eau acidulée et de gomme, pour que les traits du dessin ou de la composition qui ressortent un peu en relief sur la pierre, puissent se couvrir au contact d'un rouleau chargé d'encre.

La pierre ayant été mouillée au préalable avec une éponge humide, il s'établit, entre le corps gras du dessus et celui du rouleau, une adhérence qui permet l'impression, tandis que les parties humides de la pierre repoussant l'encre du rouleau, viendront blanches au tirage.

D'où, cinq opérations fondamentales que nous allons décrire séparement: la préparation des pierres, l'exécution du dessin ou de la composition écrite, l'acidulation, le gommage et le tirage.

PRÉPARATION DES PIERRES

La pierre propre à la lithographie, et qu'on appelle à cause de cela pierre lithographique, est un calcaire d'un grain fin, qui renferme de 95 à 97 pour cent de carbonate de chaux et des quantités minimes de silice d'alumine et d'oxyde de fer, ce qui lui permet d'absorber l'eau et les corps gras, et d'être facilement dissoluble par les acides.

Pour entrer dans le commerce courant, elles doivent être débitées en plaques bien dressés, ayant les deux grandes surfaces parfaitement planes et d'une épaisseur suffisante pour résister à une pression assez considérable.

Elle ne doivent avoir ni veines, ni fibres,

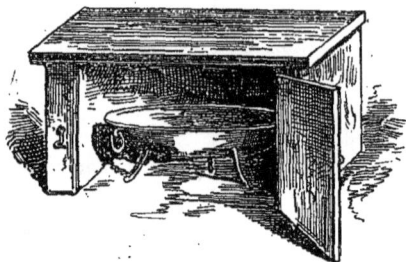

Boîte à taille-douce.

ni taches, et être assez dures pour ne se laisser que difficilement rayer par une pointe d'acier.

Les pierres remplissant toutes ces conditions, deviendront vraisemblablement rares, car on en use considérablement, mais bien que d'un prix considérablement élevé, elles ne le sont pas encore. On en tire de grandes quantités des environs de Pappenheim, en Bavière, on prétend généralement que les meilleures viennent des carrières de Solenhofen, et des localités voisines, mais c'est un restant de tradition, car on en trouve ailleurs et surtout en France de tout aussi bonnes et qui ont l'avantage d'être beaucoup plus grandes ; ainsi, tandis que les grandes pierres de Bavière atteignent à peine 1 mètre ou $1^m,20$ de hauteur sur 90 cent. de large, on en extrait assez couramment d'Avéze, dans le département du Gard, et de Châteauroux dans l'Indre qui ont une hauteur de 2 mètres et plus sur $1^m,40$.

Presse à taille-douce.

Il est vrai que dans ces proportions la pierre est d'un tel poids qu'elle n'est pas d'un usage facile et d'ailleurs, en dehors des cartes géographiques que l'on tire quelquefois en report, il se fait peu de travaux lithographiques qui demandent des pierres aussi grandes.

Mais qui peut le plus peut le moins et maintenant qu'on tire beaucoup, en couleur, d'affiches format double colombier, les pierres bavaroises seraient absolument insuffisantes.

Pour recevoir de l'écriture, la pierre doit être polie, pour recevoir du dessin il faut qu'elle soit en outre grenée.

Le polissage, qui a pour but, outre le parfait nivellement de la pierre, d'effacer la composition dont ont n'a plus besoin, se fait en en frottant la surface avec un morceau de pierre ponce uni à la lime et que l'on mouille de temps en temps dans un vase plein d'eau; cette précaution a pour but de le débarrasser des petits fragments qui s'en détachent et de rendre le frottement plus doux.

Le grenage se fait avec du sable plus ou moins fin, selon la grosseur du grain qu'on veut donner à la pierre en raison du genre de dessin qu'elle doit recevoir.

Ce sable, semé sur la surface de la pierre à grener est parfaitement humecté, on pose dessus une autre pierre de même qualité à laquelle on imprime un mouvement de va-et-vient légèrement rotatif, en ayant soin que pendant ce mouvement elle ne dépasse pas la pierre inférieure.

On renouvelle la provision de sable deux ou trois fois et l'on y tient le dernier plus longtemps, de façon qu'à la fin, il ne forme plus qu'une bouillie très fine entre les deux pierres, puis on lave à grande eau, et l'on met sécher à l'abri de la poussière.

Cette opération, très fatiguante, quand un ouvrier doit la répéter souvent, se fait généralement à la main, mais on peut l'accomplir mécaniquement grâce à un appareil fort ingénieux que construisent M. Pierron et Dehaître, et qu'on a que la peine de conduire, car il peut à la rigueur être mu par le moteur de l'établissement, bien qu'il exige peu de force motrice.

Celui que représente notre gravure est fait pour être tourné à bras, au moyen d'une manivelle qui, à l'aide d'un pignon d'engrenage, imprime un mouvement circulaire à l'axe vertical, terminé par un plateau, qui frotte également sur la surface de la pierre, laquelle peut naturellement avancer ou reculer sur le bâti qui la porte.

Ce plateau, muni d'une plaque en acier très dur, en quelque sorte inusable, fait à lui seul la besogne de dix hommes et ponce les pierres avec une rectitude mathématique.

On peut d'ailleurs le soulever à volonté, pour juger de l'état du travail, au moyen d'un levier à contre-poids qui permet encore de régler à volonté la pression du plateau rotatif.

L'examen de notre gravure fera d'ailleurs parfaitement comprendre le fonctionnement de la machine.

EXÉCUTION DU DESSIN

Ceci est la partie artistique de la lithographie et non seulement à cet égard, la plus importante, car tout le succès de l'impression dépend de la façon dont le dessin est fixé sur la pierre.

Il y a pour cela plusieurs moyens, soit au crayon, soit à la plume ou au pinceau, mais naturellement il faut employer de l'encre ou des crayons spéciaux.

Les crayons lithographiques (on en fait de plusieurs numéros, comme les crayons ordinaires, durs, demi durs et tendres) sont un composé de savon, de cire et de suif mêlés en proportions variables, selon le numéro, avec suffisamment de noir de fumée pour communiquer au mélange une teinte noire.

Cette composition a sa raison d'être pour le but qu'on se propose, car lorsqu'elle touche la pierre, il se produit entre l'oléate et le stéarate du savon et le carbonate calcique de la pierre, une double décomposition qui donne naissance à de l'oléate et à du stéarate calcique, à du carbonate de sodium qui sont insolubles dans l'eau, aussi bien que dans les huiles fines et volatiles.

Le dessin ainsi tracé, ne s'effacera donc ni au contact de l'eau qu'il faut passer sur la pierre, ni à celui de l'encre d'impression.

L'encre lithographique, — qui se fait en tablettes et qu'on délaye dans l'eau pour s'en servir : soit avec la plume, soit avec un pinceau si l'on a de grandes parties de noir à produire — est une composition à peu près analogue à celle du crayon.

Il y a aussi une encre liquide, mais on l'emploie plus spécialement pour l'autographie, nous en parlerons en temps et lieu.

Pour l'exécution du dessin, il n'y a aucune règle théorique tout est soumis au talent et ou goût de l'artiste. Le praticien

Machine à poncer les pierres, de MM. Pierron et Delaitre.

doit savoir qu'il ne doit pas travailler dans un appartement à température trop élevée, sous peine de produire des tons graisseux et empâtés, par l'effet de la chaleur de la pierre et du ramollissement du crayon.

Il emploie, selon les effets qu'il veut produire, tantôt le crayon tendre, tantôt le crayon dur quelquefois même il rehausse

certains traits à la plume et il ne dédaigne pas de plaquer des noirs au pinceau pour donner des touches vigoureuses, et de faire éclater de vives lumières à coups de grattoir ou de pointe sèche sur la pierre.

En somme, le dessin, soit à la plume soit au crayon, se fait exactement comme sur le papier, à cette différence près qu'il faut disposer ses effets à rebours, puisque le dessin doit être fait à l'envers pour venir dans son sens véritable à l'impression.

Au point de vue du métier, il faut surtout une très grande propreté et beaucoup de soin, car le moindre contact sur la surface grenée de la pierre produit une tache et l'empreinte des doigts est quelquefois ineffaçable.

Pour cela, le lithographe garnit le plus souvent les bords de sa pierre avec des bandes de papier qu'il fixe avec de la colle à bouche et il se sert pour appuyer sa main, de la planchette pupitre dont nous avons déjà parlé à propos de la gravure au vernis mou.

La lithographie industrielle, la branche la plus importante de ce genre d'impression, se fait à la plume par des ouvriers spéciaux qu'on appelle écrivains et qui ont une habileté extraordinaire à former les caractères à l'envers.

D'autant que les caractères sont très variés, notamment dans les travaux de ville, factures, mandats, têtes de lettres et autres.

Il est vrai que dans ce cas on a recours au graveur lithographique, car les vignettes, médailles, et presque tous les dessins des travaux de ville sont gravés sur la pierre, quelquefois même sur du verre.

Nous allons donner quelques détails sur ces deux genres de gravure.

GRAVURE SUR PIERRE

La pierre lithographique n'est remise au graveur que lorsqu'elle a subi certaines préparations : on la ponce d'abord, naturellement pour lui donner le meilleur poli, puis on l'enduit d'un mélange de gomme et d'acide azotique, qui la rend non attractive aux corps gras.

Lorsque cet enduit est bien sec, on étend dessus, au moyen d'une éponge fine, un vernis assez épais composé de gomme arabique avec laquelle on a fait dissoudre du noir de fumée ou de la sanguine, le but

de ce vernis étant tout simplement de permettre au graveur de juger de l'effet de son travail, qui se détachera en blanc sur fond coloré.

La pierre ainsi préparée, le graveur décalque dessus le dessin, le plan, la carte ou les attributs qu'il doit reproduire, et en creuse ensuite tous les traits, soit avec une aiguille dure, une pointe de diamant, ou même un burin, exactement comme s'il gravait sur métal.

Quand le travail est terminé, on passe une éponge imbibée d'huile sur toutes les parties qui se détachent en blanc sur la pierre, puis on les encre au rouleau, avec l'encre lithographique, de façon à ce que toutes les tailles soient bien remplies. Car cette encre a pour but de les protéger pendant le lavage qu'on fera de la pierre pour la débarrasser du double vernis dont elle est couverte, et après lequel la gravure est bonne à tirer.

Il n'est cependant pas d'usage de tirer sur la pierre, d'autant que presque toutes les gravures industrielles s'intercalent dans d'autres compositions ; on procède alors par voie de report, que nous expliquerons plus loin.

GRAVURE SUR VERRE

Cette gravure qu'on appelle aussi *hyalographie*, est une espèce de gravure à l'eau-forte, seulement le mordant et les vernis sont différents.

La feuille de verre est d'abord enduite d'un mélange de blanc de baleine et de bitume de Judée, dissous dans l'essence de térébenthine. Ce vernis bien sec, on décalque son dessin dessus, et l'on en trace à la pointe tous les traits, que l'on fait mordre ensuite à l'acide fluorhydrique étendu d'eau, en ayant soin de chauffer légèrement le verre.

Les retouches se font avec des pointes de diamant : qui permettent de creuser assez profondément le verre pour produire des parties fortement ombrées.

On tire quelquefois les gravures sur verre, directement en lithographie en les incrustant dans une planche de bois dur, qui leur permet de supporter l'effort de la presse ; mais plus communément on les tire par reports ou l'on en fait des clichés galvanoplastiques si l'on veut les transformer à l'usage de la typographie.

On a trouvé récemment, en Amérique, un procédé pour graver mécaniquement le verre, la pierre et au besoin les métaux ; c'est ce qu'on appelle la gravure au sable.

L'inventeur, M. Tilghmann, de Philadelphie, ayant remarqué que les carreaux de fenêtres exposés au vent de la mer se dépolissaient très vite, est parti de là pour imaginer un appareil à graver artificiellement le verre, en faisant projeter dessus du sable par un fort courant d'air.

Cet appareil est à peu près comme la boîte à aqua-tinte, seulement la soufflerie est plus puissante et on peut l'augmenter encore en remplaçant le courant d'air par la vapeur.

La plaque ou la pierre, enduite d'un vernis qui la protège contre les effets du sable, il s'ensuit que tous les traits du dessin qu'on a tracé dans ce vernis et qui laissaient la plaque à nu, se trouvent gravés à une certaine profondeur au bout d'un temps relativement court.

Ce procédé, très ingénieux, n'est pas encore entré absolument dans le domaine de la pratique, mais on en tirera quand on voudra un très grand parti car, pouvant s'appliquer aux métaux, il peut se substituer à l'eau-forte sur laquelle il a le grand avantage d'agir en profondeur avec une netteté parfaite.

ACIDULATION DE LA PIERRE

La troisième opération de la lithographie qui est la première concernant directement l'imprimeur, est l'acidulation de la pierre.

Cette opération en comporte deux, car il y a aussi le gommage ; il est vrai qu'on les fait en même temps, le plus ordinairement, car ce n'est que lorsqu'un dessin demande une préparation plus énergique qu'on les exécute séparément.

Dans le premier cas, on étend avec un pinceau, sur la surface de la pierre, un mélange d'acide azotique faible et d'eau gommée.

Dans le second cas, on commence par mouiller abondamment la pierre avec de l'eau acidulée, puis on laisse sécher et, au bout d'un certain temps, on étend par-dessus la dissolution de gomme ; mais, d'une façon comme de l'autre, le même effet chimique se produit, c'est-à-dire que l'acide azotique dissout les parties blanches du calcaire et les rend plus hygrométriques en élargissant leurs pores. Il attaquerait aussi les parties écrites ou dessinées si la gomme n'était là pour modérer et diriger son action ; il les attaque du reste un peu, puisqu'il leur enlève leur alcali, ce qui permet à la partie savonneuse du crayon de rester seule dans la pierre, qui acquiert par là plus d'adhérence au noir d'impression.

La gomme a encore une autre mission, c'est, en se combinant avec la pierre, de rendre celle-ci insensible à l'action des corps huileux composant l'encre lithographique ; c'est pourquoi lorsque la pierre a été acidulée, on la regomme à nouveau, mais cette fois sans mélange d'acide, puis on laisse sécher et, quelques heures après, on enlève la couche gommeuse, en lavant la pierre avec de l'eau bien propre.

Quand il s'agit d'un dessin très chargé on fait suivre cette opération d'un nouveau lavage à l'essence de térébenthine qui enlève l'excès de graisse que peut contenir le dessin, en le faisant même disparaître complètement ; ce qui semblerait inquiétant à un non initié suivant l'opération, mais n'a aucun inconvénient, au contraire, car le dessin est maintenant engravé dans la pierre ; du reste il réapparaît aussitôt, quand après avoir mouillé la pierre à l'eau, on passe dessus un rouleau imprégné d'encre lithographique pour commencer le tirage.

LE TIRAGE

Les tirages lithographiques, qui se font aujourd'hui communément sur des presses mécaniques, s'exécutaient naguère encore sur des presses à bras.

Il y en a de deux sortes : presse à râteau et presse à cylindre, mais reposant sur le même principe, c'est-à-dire se composant de deux parties essentielles quelques modifications qu'on apporte à leur structure.

La partie mobile, qu'on appelle le *chariot*, et sur laquelle on place la pierre.

Presse lithographique (ancien système).

Et la partie fixe consistant soit en un râteau, soit en un cylindre qui donne la pression, au moyen d'un mécanisme que nous allons expliquer le plus clairement possible, en décrivant, pièce par pièce, la machine à râteau dont nous donnons une gravure.

Les lettres A A A A A indiquent les différentes parties du bâtis en bois qui supporte tout l'appareil.

B est le chariot destiné à recevoir la pierre *m*, qu'il s'agit d'imprimer, et à la faire passer sous le râteau U.

C est le rouleau en fonte supportant le chariot.

D est un châssis en fer, s'élevant ou s'abaissant à volonté par le moyen de l'un de ses côtés qui sert d'axe, et ajusté à la partie antérieure E du chariot par deux agrafes retenues dans des entailles allongées au moyen d'écrous ; ce qui permet de les hausser ou de les baisser selon le besoin, de façon que la peau d'âne ou le cuir de veau, tendu au milieu du châssis, soit toujours, lorsque ledit châssis est rabattu sur le chariot, à la juste hauteur de la surface supérieure de la pierre.

F. Traverse coulante en cuir, fixée par des viroles, et sur laquelle se tend la peau

FAC-SIMILE DE TIRAGE EN CHROMOLITHOGRAPHIE

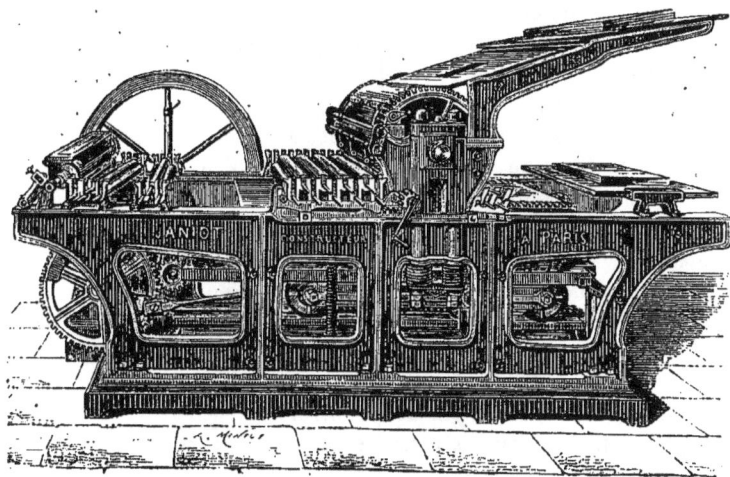

Presse lithographique de MM. Janiot et Barre.

d'âne; les boulons qu'on voit de chaque côté servent à régler pour cette seconde extrémité le niveau du châssis, lorsqu'il est abattu.

H H. Crémaillères fixées sur les grands côtés du bâti et dans lesquelles se placent, selon le besoin, les traverses G et W, destinées à régler la longueur de la marche du chariot.

I. Courroie de rappel en cuir fort, qui s'enroule sur le manchon K, fixé sur un arbre n, que l'on ne peut voir dans le dessin parce qu'il est caché par la roue dentée L, placée à son extrémité, et qui s'engrène avec un pignon M que fait tourner le moulinet O; ce qui fait avancer le chariot.

R. Support dans lequel est engagé, par un axe de rotation, le porte-râteau V.

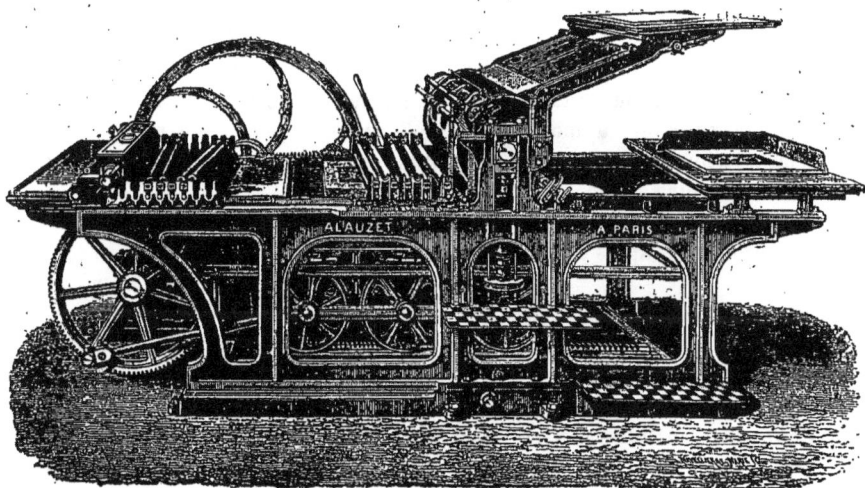

Presse lithographique de M. Alauzet.

T. Traverse dans laquelle s'insère le râteau U.

X. Vis de pression appuyant sur une autre pièce transversale à laquelle s'ajuste le râteau. Cette vis règle sa hauteur et par conséquent le degré de pression qu'il doit exercer sur la peau d'âne du châssis quand celui-ci est abattu sur le chariot et recouvert par le porte-râteau.

C'est du plus ou moins de justesse de cette pression que dépend la beauté du tirage.

X. Pène qui vient s'engager dans le créneau a du montant mobile à étrier ed. Ce montant est brisé par une charnière s pour recevoir ce pène quand le porte-râteau s'abat, et est repoussé à l'instant par un ressort b.

Z. Chevalet destiné à supporter le châssis quand on le relève.

d. Étrier par lequel passe le levier e pivotant sur le boulon f, et mu à son autre extrémité par le tirant k, lorsqu'on abaisse la pédale g, fixée au patin du bâti par l'axe P. L'effet de ce levier consiste, en agissant sur dc, glissant dans sa coulisse, à forcer la pression du râteau U.

o h i. Tige de fer mobile pourvue à sa base d'un ressort qui s'agrafe à la pédale lorsque celle-ci s'abaisse et l'empêche de remonter à contre-temps.

m. La pierre destinée à l'impression : elle est posée à plat sur deux ou trois cartons placés sur le chariot, pour augmenter l'élasticité de la pression; et serrée avec des coins pour la maintenir en place.

q. Contrepoids servant à ramener le chariot sur la traverse G après le tirage de chaque épreuve.

On doit comprendre maintenant le fonctionnement de la machine et l'opération du tirage s'explique d'elle-même.

La pierre étant calée sur le chariot, l'imprimeur l'humecte légèrement avec une éponge imbibée d'eau, puis il passe dessus un rouleau de peau de veau, chargé d'une encre spéciale qu'on appelle noir *d'impres-*

sion et qui est composée de noir de fumée délayé en pâte assez épaisse dans de l'huile de lin cuite.

Cette encre, repoussée par les parties humides de la pierre, adhère à tous les traits du dessin ou de la composition, qui s'imprimeront sur la feuille de papier humide que l'ouvrier place dessus.

Après quoi, il abaisse le châssis, puis le porte-râteau dont il attache l'extrémité à la bride, et, faisant jouer la pédale avec son pied pour maintenir le râteau en pression, il tire à lui le moulinet qui, au moyen de la courroie d'appel, oblige le chariot à faire passer la pierre sous le râteau, qui lui imprime une pression suffisante pour que le papier s'empare de toute l'encre déposée sur la pierre, et donne ainsi une épreuve du dessin qui est représenté.

Cela fait, l'imprimeur lâche le moulinet et la pédale, le râteau se desserre et le chariot appelé par le contrepoids, revient à sa place; on enlève alors le porte-râteau et le châssis, on retire la feuille imprimée, on donne un nouveau coup d'éponge à la pierre, un nouveau coup de rouleau et l'on recommence ainsi autant de fois qu'il y a d'épreuves à tirer.

Ce travail est long, comme on le voit; on a cherché à l'accélérer dès le début de la lithographie, mais on n'y a réussi qu'imparfaitement. En remplaçant le râteau par un cylindre, on a obtenu un peu plus de rapidité mais ce n'était rien comparativement à ce qu'il fallait.

Dès 1832, M. Lachevardière fit breveter une machine destinée à tirer mécaniquement la lithographie, mais ce n'est qu'en 1850, que la maison Paul Dupont employa pour la première fois la vapeur à la mise en mouvement des presses lithographiques.

Aujourd'hui il n'est si petite imprimerie qui n'ait sa presse mécanique, soit actionnée à bras d'hommes au moyen d'une manivelle, soit mue par un moteur à gaz ou à vapeur.

Ces machines, établies avec des différences de détails, par tous nos constructeurs de presses typographiques, se ressemblent toutes en principe et présentent d'ailleurs la plus grande analogie avec les machines dont nous avons longuement parlé dans notre étude sur l'imprimerie.

Les feuilles, passées l'une après l'autre par un margeur, sont saisies par des griffes qui les guident jusque sous un cylindre qui les presse sur la pierre.

De son côté la pierre fixée sur le chariot est conduite d'abord sous des rouleaux mouilleurs qui l'humectent avec plus de régularité que ne faisait l'éponge, puis sous des rouleaux toucheurs, qui la fournissent de noir, et vient passer ensuite sous le cylindre imprimeur.

Les modifications qu'on apporte journellement à ces machines, ne sont que des questions de détails, mais qui ne sont point à dédaigner quand ce sont des perfectionnements.

Ainsi dans la machine Alauzet, la pierre peut se placer sur l'arrière du marbre, sans le secours de pinces ni de leviers, son calage est également facilité et il n'est plus besoin pour cela, ni de cartons, ni de feuilles de zinc, grâce à une disposition qui permet même de corriger les inégalités d'épaisseur sans qu'on soit obligé de relever la pierre, opération qui a lieu avec un demi-tour de manivelle.

La pression est rendue fixe et élastique au moyen de coussinets particuliers.

Enfin, cette machine est munie d'une règle mobile, qui maintient la feuille sur le cylindre et empêche le reculement occasionné par les pinces, et d'un levier qui permet de détacher la feuille de la pointure (d'un système particulier, du reste) sans le moindre déchirement.

Dans la machine Janiot, également très répandue, on trouve aussi l'application de divers brevets de perfectionnements. Le calage de la pierre s'y fait de même, sans hausse ni carton, à l'aide d'un mécanisme différent, mais d'une manœuvre très simple; il y a une double règle au cylindre pour le maintien des feuilles, double crémaillère au bâti porte-chariot, pointure mobile se réglant même en marche : toutes choses utiles et concourant au succès, mais difficiles à apprécier par l'examen de la gravure.

La machine Marinoni, la plus récente de toutes, du reste, ce qui lui permet de profiter de toutes les améliorations connues, se recommande aussi par des dispositions nouvelles, telles qu'un abat-feuilles double, un débrayage qui fait fonction de frein et un système qui évite tout mouvement de la pierre à l'entrée ou à la sortie de la pression.

Munie, à volonté, soit d'un margeur automatique qui fait le travail d'un homme pour les tirages ordinaires, soit d'un système de pointures mobiles perfectionnées assurant un repérage parfait pour les travaux de luxe et les tirages en couleurs, elle est construite avec pince noyée, et imprime aussi facilement en chromo, les papiers les plus minces que les cartes les plus fortes.

Cette disposition permet de se servir de toutes espèces de pierres, pour les chromolithographies, et de faire les reports à quelque partie de la pierre que l'on veut.

Le moment est venu de donner une idée de ce qu'on appelle les reports.

LES REPORTS

Les compositions lithographiques, dessins ou écritures ne peuvent supporter sur la pierre un tirage considérable; au bout d'un certain temps quel que bien fixé que soit le dessin, il s'altère plus ou moins et finit même par s'effacer tout à fait.

On aurait toujours la ressource de les faire recommencer si le tirage était important, mais on a trouvé un moyen beaucoup plus économique, le report ou la contre-épreuve, qui s'opère de la façon suivante :

Sur la pierre dessinée ou écrite, on tire avec le plus grand soin une épreuve que l'on pose

Presse lithographique de M. Marinoni.

du côté de la face imprimée sur une pierre neuve, toujours avec le plus grand soin, car si le papier faisait un seul pli, le dessin se trouverait déformé.

On soumet alors la pierre recouverte de la contre-épreuve, à l'action de la presse, qui fait reporter le dessin encore humide sur la pierre, et la met en état de recevoir le noir d'impression qu'y déposera le rouleau.

Rien n'empêche, du reste, pour plus de sûreté, d'aciduler et de gommer la pierre, comme on le fait pour les compositions lithographiques ordinaires.

Mais pour que l'opération réussisse il faut

Nouvelle machine à broyer les couleurs de MM. Piérron et Deballtre.

employer un papier et de l'encre spéciales.

Tous les papiers non collés, recouverts d'une légère couche d'empois d'amidon, sont aptes à faire une bonne contre-épreuve, mais le papier de Chine est préférable, surtout quand on l'enduit d'amidon; ce qui n'est pourtant pas indispensable.

L'encre, qu'on trouve toute préparée dans le commerce, sous le nom d'encre à reports est composée avec du noir de fumée, de la cire, du suif épuré, du savon noir, de l'huile de lin cuite et de la térébenthine de Venise.

Ce système offre des ressources considérables, sans lui le tirage en chromolithographie serait à peu près impossible, industriellement parlant, et les compositions de factures et travaux de ville dans lesquels il entre de la gravure, et souvent même de la typographie, seraient très coûteuses. De plus, il permet d'effectuer plus vite de grands travaux puisqu'il suffit d'exécuter sur pierre un seul dessin, que l'on peut reporter, autant de fois que l'espace le permet, sur une grande pierre pour en tirer à la fois quatre, six ou huit épreuves.

De plus, si la pierre se dégrade, si elle venait à s'user, il n'y a rien de perdu, car on peut la refaire immédiatement en prenant une nouvelle série de contre-épreuves sur la pierre matrice, que l'on a conservée à cet effet.

Le système des reports, s'est du reste beaucoup étendu; on s'en sert pour tirer lithographiquement des eaux-fortes et même des tailles-douces; on s'en sert pour faire des clichés typographiques sur métal avec des dessins exécutés ou reportés sur pierre.

On peut même s'en servir, en prenant certaines précautions, pour contre-épreuver les anciennes estampes et impressions typographiques; c'est ce qu'on appelle soit de la litho-chalcographie, s'il s'agit de reproduire des gravures, soit de la litho-typographie, si l'on reproduit seulement des livres.

LITHO-TYPOGRAPHIE

Ce procédé est né avec la lithographie elle-même, car dès 1809, Senefelder avait transporté sur pierre, avec succès, des épreuves typographiques et des estampes anciennes, mais comme c'était en somme du progrès à rebours, sinon tout à fait pour les estampes, les lithographes ne s'en occupaient guère qu'à titre expérimental, et il ne reçut une application industrielle que vers 1850, alors que M. Paul Dupont et son frère Auguste, imprimeur à Limoges, trouvèrent des moyens pratiques (les reports comme on les fait aujourd'hui) de réimprimer, tout à fait en fac-simile, les livres anciens devenus rares.

L'ouvrage le plus important reproduit de la sorte dans les ateliers de M. Paul Dupont, en 1845, est le *Rerum gallicarum et francicarum, scriptores*, de dom Bousquet, grand in-folio de 966 pages.

Mais en présence de la photographie et des ressources de gravures qu'elle présente ce procédé n'a plus sa raison d'être, et s'il n'est pas complètement abandonné, on ne s'en sert guère que pour reporter sur pierre des vignettes ou des fragments de vignettes anciennes qu'aucun dessinateur lithographe ne pourrait reproduire avec autant de régularité et de fini.

TIRAGE EN COULEURS

Nous n'en avons pas fini avec le tirage, car nous n'avons parlé encore que du tirage en noir et la lithographie tire beaucoup en couleurs.

Ce tirage ne se fait pas comme en typographie avec des encres qu'on achète toutes préparées, les lithographes les fabriquent généralement eux-mêmes, ce qui n'est pas difficile d'ailleurs puisqu'il suffit de mélanger intimement avec de l'huile de lin cuite, les couleurs qu'on a besoin d'employer.

Ces couleurs, presque toutes minérales, doivent être bien broyées, il y a pour cela des machines spéciales : soit à molettes soit à cylindre.

Celle que représente notre gravure, la plus moderne et la moins embarrassante de toutes, n'appartient à aucun de ces systèmes, l'instrument — qui mu par un axe vertical dont il reçoit le mouvement par un engrenage, écrase les couleurs sur la table où il s'appuie — est un bloc denté qui a tous les avantages de la molette et aucun des inconvénients du cylindre.

Son rendement est de beaucoup supérieur au travail à la main, outre qu'il est infiniment plus prompt.

Pour revenir au tirage, on comprend que s'il s'agit d'obtenir une seule teinte l'opération est exactement la même que pour le tirage en noir, puisqu'il suffit de remplacer le noir de fumée par une autre matière colorante ; mais, s'il faut tirer à plusieurs teintes, cela devient tout une autre affaire et c'est ce qui constitue la chromolithographie, désignée plus communément sous le nom de chromo, bien qu'en principe ce mot n'est véritablement applicable qu'à l'art de reproduire lithographiquement les œuvres de la peinture ou les dessins multicolores; car les travaux de ville imprimés en plusieurs couleurs ne sont pas des chromos, mais comme ils s'opèrent de la même façon nous ne leur consacrerons pas un chapitre spécial.

CHROMOLITHOGRAPHIE

Le tirage en couleurs a été une des préoccupations de Senefelder, qui en fit des essais nombreux vers 1819 ; il n'y avait là pourtant rien de bien nouveau, puisque dès le xviiie siècle, on tirait typographiquement, des aqua-tintes charmantes de tons. Cependant ce n'est qu'en 1834 que M. Hildebrand, de Berlin, rendit le procédé en quelque sorte industriel, en s'en servant avec succès pour tirer des planches d'ornements et des armoiries ; il ne pénétra en France qu'en 1837, où MM. Engelmann et Graft y apportèrent tant de perfectionnements qu'ils furent obligés de créer, pour le désigner, le nom nouveau qu'il porte aujourd'hui.

Ce procédé consiste en ceci : Avoir autant de pierres que le modèle à reproduire présente de teintes différentes et imprimer les couleurs l'une après l'autre, de façon que chacune vienne prendre exactement la place qui lui est réservée, le plus souvent à côté l'une de l'autre, mais quelquefois l'une sur l'autre, car on peut arriver à économiser un ou plusieurs tirages, en faisant des juxtapositions de couleurs, sagement entendues.

Série d'opérations qui demandent un repérage minutieux et un papier préparé spécialement pour qu'il ne puisse s'allonger sous l'action répétée de la presse, ce qui s'obtient par des laminages énergiques répétés autant qu'il est nécessaire.

Il faut aussi que les pierres soit disposées en conséquence, mais c'est l'affaire du dessinateur.

Voici comment on procède, et pour que l'on comprenne mieux, nous donnons ici des épreuves qui montrent les quatre dessins correspondant aux quatre tirages en couleurs que représentent la gravure hors texte qu'on a trouvé dans notre dernière livraison.

L'artiste dessine, sur une pierre, les contours et les traits de toutes les parties coloriées de son sujet, sans s'occuper d'autres ombres que de celles qui doivent venir au premier tirage, puis il remet la pierre à l'imprimeur qui en fait faire, à l'aide de reports, autant de décalques, sur une pierre différente, qu'il y aura de tirages à faire.

Ces décalques étant scrupuleusement égaux entre eux, le dessinateur peut préparer ses pierres en sécurité et tracer à l'encre ou au crayon, sur chacune d'elles, les traits qui doivent venir de la couleur au tirage de laquelle elle est destinée.

Comme nous l'avons dit déjà il peut former des couleurs composées par juxtaposition, en dessinant sur une pierre les parties de couleurs qui s'appliquant sur d'autres, donneront la nuance voulue, comme par exemple du vert avec du jaune et du bleu, du violet avec du rouge et du bleu, etc.

Ce travail fini, et le dessinateur ayant effacé sur chaque pierre avec un pinceau trempé dans la gouache, toutes les parties qui ne doivent point recevoir d'impression, les pierres reviennent à l'imprimerie et sont tirées successivement dans l'ordre voulu pour certaines juxtapositions, mais avec des encres différentes, sur la même feuille de papier, qui doit être repérée à chaque tirage, avec une précision rigoureuse, pour que chaque teinte s'applique exactement sur les points qui lui sont réservés.

C'est long, très long, d'autant qu'il y a quelquefois quinze, vingt et plus de tirages, et c'est ce qui explique le prix relativement élevé des épreuves chromolithographiques; mais aussi l'on arrive à faire véritablement de l'art, et en tirant sur un papier grené comme de la toile, on imite absolument la peinture à l'huile.

L'imagerie, et surtout les étiquettes qui s'obtiennent de la même façon, emploient de plus les impressions métalliques : or, argent, ou bronze de différents tons.

Ce n'est qu'un procédé : il suffit d'imprimer les parties qui doivent êtres dorées ou argentées avec un mordant (de l'huile de lin cuite additionnée d'un peu de céruse) et au fur et à mesure que le tirage se fait on jette dessus de la poudre d'or, d'argent ou de

Reports pour chromolithographie.

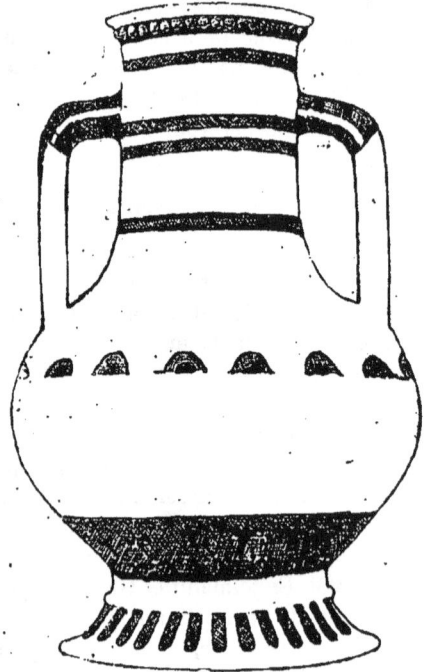

Tirage en bleu.   Tirage en jaune.

bronze, ou l'on y applique des feuilles de l'un de ces métaux.

Les épreuves sèches, il n'y a plus qu'à les essuyer avec une brosse douce, un blaireau, ou un tampon de coton ou de laine, pour enlever les parcelles métalliques qui bavent en dehors des points mordacés.

PHOTOLITHOGRAPHIE

Bien que l'Autrichien Paul Prestch y prétende, l'invention de la photolithographie appartient bien à l'ingénieur français Alphonse Poitevin, que ses nombreuses et utiles recherches en héliogravure ont amené à faire cette découverte, qui consiste en ceci :

On dépose un mélange d'albumine et de bichromate de potasse sur une pierre convenablement grenée, on applique dessus un négatif photographique qui, exposé aux rayons lumineux, se décalque sur la pierre et passe à l'état d'oxyde de chrome insoluble.

On lave ensuite à grande eau pour enlever toutes les parties non impressionnées et il ne reste plus que le dessin, apte à recevoir l'encre lithographique qu'on y dépose au rouleau.

Poitevin modifia lui-même ce système, en le rendant plus sûr, du jour où il eût découvert que la gélatine mélangée de bichromate de potasse ne peut plus se gonfler par l'eau quand elle a été frappée par la lumière; et il remplaça l'albumine par la gélatine.

Pretsch apporta, en 1856, un nouveau perfectionnement à ce système en dissolvant dans l'eau tiède, acidulée, les parties de gé-

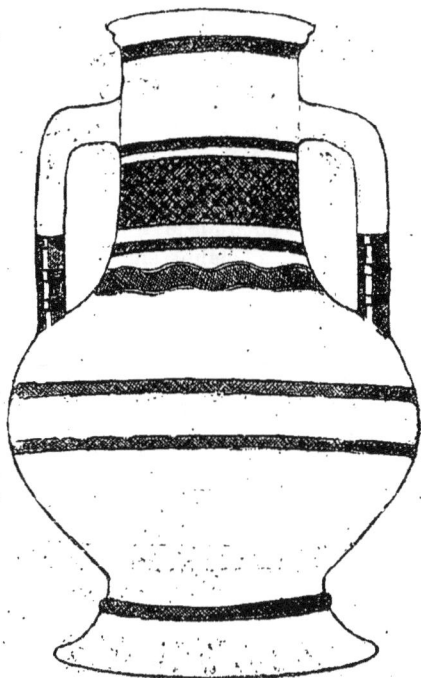

Tirage en rouge.

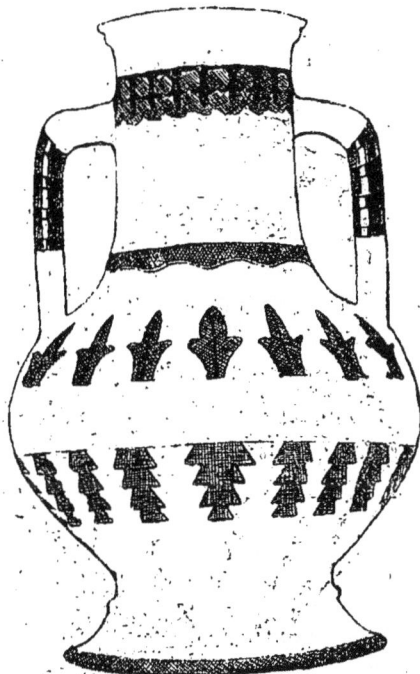

Reports pour chromolithographie.

Tirage en vert.

latine et de bichromate de potasse non recouvertes par le dessin photographique, c'est-à-dire en les creusant au lieu de leur donner du relief.

Asser, d'Amsterdam, imagina autre chose: de transporter sur la pierre, non plus la gélatine impressionnée, qui perdait presque toutes ses demi-teintes pendant les opérations du lavage, mais bien une épreuve de cette gélatine, enduite d'encre grasse; autrement dit, faire un report de l'image au moyen d'une feuille de papier chromatée, qui recevait l'empreinte sous un cliché négatif.

Ce procédé, un peu plus compliqué donne bien l'ensemble photographique mais il a le défaut, quand le report n'est pas très bien fait, d'altérer les finesses de l'image.

D'autres systèmes se sont produits depuis, notamment :

Le procédé Obernetter, qui consiste à saupoudrer de poudre de zinc très fine, la couche de gélatine, qui du reste est étendue sur une plaque de verre,

On chauffe jusqu'à 200 degrés cette plaque que l'on fait mordre à l'acide chlorhydrique, après quoi on lave, toutes les parties non impressionées disparaissent ; et l'on obtient un cliché lithographique pouvant supporter un grand tirage.

Et le procédé Towey, excellent seulement quand il ne s'agit que de reproduire du noir et du blanc, c'est-à-dire des cartes géographiques, et qu'on appelle photozincographie, parce qu'au lieu d'étendre la gélatine bichromatée sur la pierre, on l'étend sur une plaque de zinc.

Mais tous ces systèmes, sauf le dernier, qui a ses applications économiques et qui a, paraît-il, beaucoup servi contre nous dans la dernière guerre, pour la fabrication hâtive des cartes de notre territoire; tous ces systèmes ont disparu plus ou moins devant le procédé Albert, connu sous le nom d'Albertypie ou Phototypie.

PHOTOTYPIE

L'invention d'Albert, de Munich, repose, comme toutes les modifications que nous venons d'étudier, sur les propriétés de la gélatine, découvertes par Poitevin ; seulement elle est complète et donne les résultats les plus parfaits que l'on puisse désirer.

M. Albert dépose sur une plaque de verre dans l'obscurité, comme s'il s'agissait de préparer un négatif au collodion, un mélange de gélatine et de bichromate de potasse, car en somme ce sont toujours les mêmes agents chimiques.

Mais voilà où cela diffère. La plaque bien sèche, on l'expose à la lumière, du côté où il n'y a pas de gélatine; ce qui permet à la couche superficielle de la substance qui se trouve en contact avec le verre, d'être seule impressionnée, et d'adhérer fortement au verre, en devenant insoluble.

On expose ensuite la face gélatineuse audessous du négatif, puis on lave à grande eau pour faire disparaître toutes les parties non impressionnées, on possède alors une plaque susceptible de recevoir le noir d'impression, et sur laquelle on peut tirer comme en lithographie.

Ce procédé, l'un des plus employés aujourd'hui, donne de très belles épreuves qui pèchent un peu par le brillant des noirs; défaut inévitable à cause du peu de transparence des encres grasses, mais où les demiteintes ont une netteté et les blancs un éclat supérieurs.

Ce n'est pas à dire pour cela que les procédés employés par MM. Goupil et Lemercier notamment, ne soient pas excellents, mais nous ne les connaissons pas. Tout au plus savons-nous que M. Rousselon, l'habile directeur de l'établissement photographique de M. Goupil, a des moyens particuliers pour transformer, presque immédiatement, un cliché photographique en gravure typographique; mais il doit en user fort peu, car la spécialité de la maison est la photolithographie et surtout la photoglyptie, qu'elle traite d'ailleurs avec une supériorité reconnue.

PHOTOGLYPTIE

La photoglyptie est encore un dérivé des découvertes spéciales de Poitevin, puisque c'est la gélatine qui en est la base et que ce sont précisément les propriétés constatées par notre compatriote qui ont été mises à profit.

L'invention est anglaise et due à M. Woodbury, mais elle est merveilleuse au point de vue photographique; en ce sens, qu'on tire à la presse, sur une planche de métal, et en aussi grand nombre que l'on veut, des épreuves identiquement semblables à la photographie qui leur a servi de modèle et préférables même aux épreuves photographiques sur papier, parce qu'elles sont inaltérables et que, ne dépendant point du plus ou moins d'intensité d'un bain de virage, il y a homogénéité parfaite dans la coloration.

Voici, d'après M. Tissandier, les détails de l'opération :

« On prend un cliché photographique négatif sur verre, on y applique une feuille de gélatine convenablement préparée et imbibée de bichromate de potasse ; on place le tout dans un châssis-presse ordinaire que l'on expose à la lumière, comme s'il s'agissait d'obtenir une épreuve sur le papier.

« Les rayons lumineux qui filtrent à travers les parties claires du cliché sont arrêtés au contraire par les ombres ; partout où ils atteignent la gélatine bichromatisée, ils la rendent insoluble dans l'eau, les rayons solaires agissent d'autant plus sur la gélatine qu'ils ont traversé une partie plu, transparente du cliché. Leur action est proportionnelle à l'opacité plus ou moins grande du cliché, opacité due aux ombres ou aux demi-clairs.

« Après l'impression lumineuse on transporte le châssis-presse dans une chambre noire, on détache délicatement la feuille de gélatine du cliché de verre contre lequel elle était adhérente, on l'applique sur une plaque de verre enduite d'un vernis de caoutchouc et on plonge le tout dans un récipient rempli d'eau, qui se renouvelle méthodiquement et qui dissout les parties de la feuille que la lumière n'a pas atteintes.

« Au bout de vingt-quatre heures, on retire du bain la feuille de gélatine fort amincie, et on la détache de son support, le verre enduit de caoutchouc. Si on la regarde alors par transparence, on retrouve l'image fidèle du cliché ; les ombres sont en creux, les parties claires font saillie. Lorsqu'on a fait sécher la feuille de gélatine, on la place entre deux plaques métalliques, l'une en acier, l'autre en plomb allié d'antimoine. Ainsi disposée elle est placée dans une presse hydraulique et soumise à une pression de 200 à 300 000 kilogrammes. Au lieu de se briser sous la pression la feuille

de gélatine agit à froid sur le plomb, pénètre dans le métal et y grave ses creux et ses saillies.

« Le cliché primitif se trouve alors gravé sur la plaque de plomb, qu'on place dans une presse spéciale. Sur cette plaque on verse une encre composée de gélatine et d'encre de Chine colorée en sépia ; on y place une feuille de papier et l'on obtient une épreuve identiquement semblable à une photographie ordinaire. Ajoutons qu'après le tirage l'épreuve est soumise à un bain d'alun, puis séchée et collée sur papier vélin. »

Ce procédé, quel que merveilleux qu'il soit, a cependant son inconvénient au point de vue de la vulgarisation, car il nécessite un tirage spécial, et le relief des planches est tellement faible qu'il faut une encre très transparente pour obtenir de la gradation dans les ombres.

Mais on arrivera à le perfectionner ; la maison Goupil, concessionnaire pour la France du brevet Woodbury, a déjà réalisé des progrès importants, dont un, notamment, permet de convertir les clichés de gélatine en gravures ordinaires, susceptibles de recevoir les encres grasses et d'être tirées comme les eaux-fortes, ou même lithographiquement au moyen de reports.

Toute la question était de donner un grain à la gélatine. M. Rousselon l'a résolue, soit en ajoutant du sable fin à la gélatine, soit au moyen de certaines réactions chimiques, car son procédé est resté secret... mais, quel qu'il soit, il donne ce résultat appréciable de pouvoir tirer la photographie comme de la taille-douce.

AUTOGRAPHIE

L'autographie est une branche de la lithographie, qui, comme son nom l'indique, a pour objet de multiplier par l'impression une écriture ou un dessin original... tracé sur le papier, ce qui tranche la difficulté toujours grande d'écrire ou de dessiner à rebours, et met l'impression, au moyen de reports sur pierre, à la portée d'artistes ou d'amateurs complètement étrangers au maniement du crayon lithographique et au travail de la pierre.

L'autographie a précédé certainement la

Spécimen de phototypie. — Suzanne et les deux vieillards, d'après Rubens.

lithographie, puisque, comme nous l'avons dit, c'est en faisant des essais dans ce sens, que Senefelder fut amené à faire la découverte qui l'a rendu célèbre; mais on fut longtemps à songer à en tirer parti, d'autant que la lithographie cherchait sa voie.

Le papier dont on se sert pour ce genre de travail est, naturellement, un papier spécial, qu'on appelle du reste papier autographique. C'est un papier sans colle, sur lequel on peut écrire néanmoins, grâce à l'enduit d'empois d'amidon dont il est recouvert; en un mot, c'est du papier à reports dont l'enduit est, le plus souvent, mélangé d'une coloration jaune qui permet de mieux juger de l'effet du dessin qu'on exécute dessus.

On se sert aussi de papier transparent

Machine zincographique de M. Wibart.

avec lequel on calque directement son croquis, exécuté plus librement sur du papier ordinaire qu'on ne pourrait le faire sur le papier autographique, surtout avec l'encre qu'on est obligé d'employer, et qui doit, en vue de l'effet à obtenir, être d'une composition identique à celle de l'encre à reports, excepté qu'elle est plus fluide.

Cette encre, qui se trouve toute préparée dans le commerce, est un amalgame de noir de fumée, de mastic en larmes, de cire, de savon et de suif, mais elle est toujours épaisse et ne marque pas bien; et il est bien préférable de délayer soi-même, dans de l'eau, de l'encre lithographique en tablettes, qui se décalque d'ailleurs très bien sur la pierre.

Quand le dessin ou l'écriture sont terminés

on les reporte sur pierre par le procédé que nous avons déjà indiqué, une seule fois, ou plusieurs fois si l'on veut tirer plusieurs exemplaires d'un seul coup de presse.

On comprend les avantages considérables qu'offre ce système, aussi y a-t-on recours journellement pour multiplier, avec promptitude et économie, une quantité de travaux : plans, cartes, tableaux, comptes rendus, etc.

Et cela, non seulement dans les imprimeries, mais encore dans les grandes administrations, chez les notaires, les avoués et même dans la plupart des restaurants qui impriment ainsi leur carte du jour, d'autant qu'il se fabrique des petites presses autographiques à l'usage des particuliers.

Celle de MM. Pierron et Dehaître est des plus simples, elle se compose des éléments essentiels de la presse lithographique : un chariot mobile et un cylindre compresseur, agissant avec régularité sur la pierre à l'aide d'une vis de pression, dont le système conducteur est fort ingénieux.

Et cela coûte 105 francs avec tous les accessoires si l'on peut se contenter d'imprimer des feuilles de 24 cent. sur 30.

Il y en a même de meilleur marché, l'imprimeuse Ragueneau, notamment ; mais elle est d'une netteté moins grande en ce sens que les reports s'y font sur métal, qui, à moins d'une habileté de praticien, sont toujours moins doux que sur la pierre.

Non pas que nous condamnions le principe de l'impression sur métal, car ce serait méconnaître les excellents résultats que donne aujourd'hui la zincographie, dont il nous reste à parler.

ZINCOGRAPHIE

La zincographie est un procédé lithographique dans lequel la pierre, toujours coûteuse et surtout encombrante dans les grandes imprimeries — où l'on fait beaucoup de travaux industriels, nécessitant la conservation d'un grand nombre de pierres matrices — est remplacée par des plaques de zinc qu'on peut emmagasiner beaucoup plus facilement et qui rendent exactement les mêmes services et produisent les mêmes effets que la pierre.

Le procédé appartient à Senefelder qui, s'il ne l'a pas expérimenté, l'a du moins indiqué dans le traité de lithographie qu'il publia en 1818.

En 1829, M. Bregnot le fit entrer dans le domaine de la pratique, pour le tirage des grandes cartes géographiques, et c'est son successeur, M. Kaeppelin, qui lui a donné le nom de Zincographie en le perfectionnant pour l'appliquer à diverses impressions.

Depuis, beaucoup de lithographes, prévoyant la difficulté qui se présenterait un jour ou l'autre, de se procurer des pierres convenables, ont cherché à apporter à ce procédé des modifications qui le rendissent d'un usage courant, mais sans pouvoir réussir complètement, par la raison que sur les machines lithographiques ordinaires il est impossible de fixer le zinc, d'une façon assez rigide, pour obtenir des tirages irréprochables.

Ce qui manquait à la zincographie, c'était une machine spéciale ; M. Wibart l'a inventée et avec elle les procédés qui, bien que peu compliqués, permettent d'apprêter le zinc avec plus de facilité que la pierre lithographique et, avec une main-d'œuvre moins grande ; de dessiner, écrire, reporter plus vite et plus facilement que sur la pierre ; de fixer ou aciduler les dessins, compositions, avec plus de finesse et d'une façon plus solide que sur la pierre. Les reports et décalques s'y font aussi plus facilement et mieux, car avec le zinc on n'a jamais à redouter l'humidité, comme avec la pierre.

Étudions maintenant la machine qui, comme on le voit par notre gravure, est plus simple et moins encombrante que les presses lithographiques ordinaires, qui sont bruyantes et tiennent beaucoup de place. Cette machine, à mouvement circulaire continu, affecte la forme d'une espèce de laminoir, dont les deux cylindres peuvent se rapprocher à volonté, et donner une pression aussi énergique qu'on le veut. Le plus gros de ces deux cylindres occupe la partie centrale de la machine. Il reçoit environ, sur la moitié de son développement, la planche de zinc qui s'y trouve appliquée au moyen de mâchoires tournantes, qui la fixent d'une façon tellement rigide qu'elle fait pour ainsi dire partie intégrante du cylindre. Ces mâchoires, que l'on fait mouvoir à volonté dans tous les sens, permettent de régler très facilement la position de la planche de zinc, de façon à obtenir un registre parfait.

L'autre moitié du cylindre sert de table pour la distribution de l'encre.

Le plus petit cylindre, qui se trouve placé à côté du gros, et un peu au-dessous, est le cylindre imprimeur, c'est lui qui porte la feuille à imprimer.

Des guides et des pointures permettent de régler le registre aussi exactement, et d'avoir un aussi bon repérage, que dans les machines lithographiques les plus perfectionnées.

L'encrier, placé au-dessous du gros cylindre, est très facile à régler et possède un petit appareil qui, sans toucher au couteau de l'encrier, permet de donner instantanément et exactement la quantité d'encre que l'on veut.

Le rouleau presseur et les rouleaux distributeurs se meuvent au moyen de leviers, entre le gros cylindre et l'encrier, de façon à apporter et à distribuer, au moment voulu, l'encre sur la partie du gros cylindre qui sert de table au noir d'impression.

La partie supérieure de la machine, au-dessus du gros cylindre, est occupée par les rouleaux toucheurs et chargeurs, qui, au passage de la table au noir, se chargent d'encre qu'ils déposent ensuite sur la planche de zinc, qui préalablement est passée sous les mouilleurs.

Comme on le voit, tous les éléments d'une presse lithographique, sont là réunis sous un volume moindre et avec une disposition appropriée spécialement au zinc.

Nous avons vu des travaux exécutés par cette machine, qui fonctionne sans bruit et peut se placer partout, puisqu'elle n'a besoin, pour son installation, ni de fosse, ni de maçonnerie ; ils sont tout aussi finis que s'ils sortaient de sous les meilleures presses lithographiques.

Dans la pratique, ce système offre même des facilités d'exécution qu'on ne saurait avoir avec la pierre, car les planches de zinc, très portatives en raison de leur faible poids, permettent aux artistes de les emporter avec eux dans leur carton, et de dessiner d'après nature comme ils feraient un croquis sur le papier et, en outre, de pouvoir les expédier de n'importe quel point où ils se trouvent, à peu de frais et sans danger de bris.

Pour nous résumer, et en présence de tous les avantages économiques qu'elle présente, nous croyons à l'avenir de la zincographie.

Il nous paraît impossible que le tirage du zinc, qui peut donner de bons résultats dirigé par un lithographe quelconque, mais habile en son métier, ne remplace pas, dans un temps donné, le tirage sur pierre, au moins pour les travaux ordinaires

Mais l'art qui a illustré Aloys Senefelder n'y perdra rien.

C'est toujours de la lithographie.

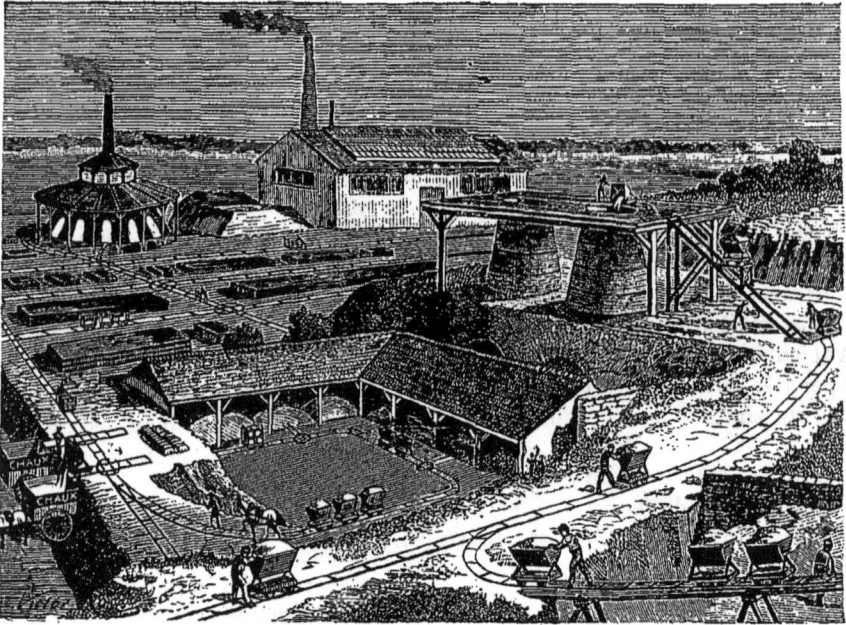

LA CÉRAMIQUE

La céramique est l'art du potier de terre dans toute son extension, avec tous les perfectionnements qu'y ont apportés successivement la chimie et la minéralogie.

On conçoit que cet art soit aussi ancien que la civilisation et il n'était pas besoin de l'affirmation de Platon pour comprendre que la fabrication des poteries en terre, séchées au soleil ou cuites au four, a été partout une des premières inventions de l'industrie humaine.

En effet, l'un des premiers besoins qu'aient éprouvé les peuples, c'était d'avoir des vases pour conserver leurs provisions alimentaires, pour préparer leur nourriture, pour boire.

Il est vrai qu'à l'origine, ils ont pu se faire des assiettes, des tasses, voire même des cuillers avec des coquillages de diverses grandeurs; ils se servaient surtout pour boire de cornes de bélier ou de bœuf, au naturel d'abord, mais qu'ils enjolivèrent par la suite, avec des gravures, des sculptures.

On part même de-là pour tirer le mot Céramique du grec *Keramikos*, formé de *Keras*, qui signifie corne, parce que la Céramique fut appliquée d'abord à la fabrication des cornes à boire.

Si nous faisions ici de la science, nous pourrions discuter cette étymologie, d'autant plus facilement que l'art de travailler la terre était connu bien avant la langue grecque; il nous serait tout aussi facile de renverser la version mythologique, qui attribue l'invention de l'art du potier à Keramos, fils de Bacchus et d'Ariane, version qui, soit dit en passant, ne manque point d'à-propos, car il paraît tout naturel de faire inventer le vase à boire par le fils du dieu du vin.

Mais, nous ne faisons point de science inutile, et notre seule prétention est

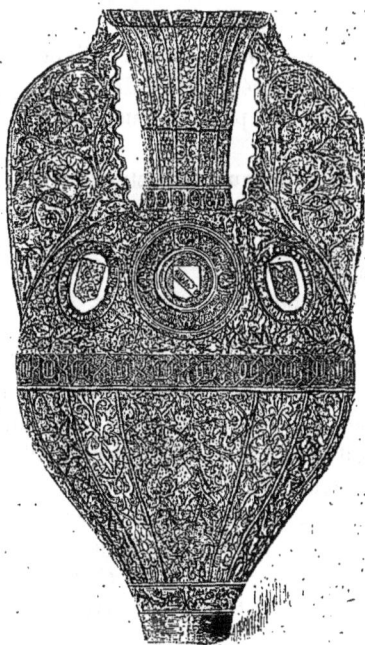

Vases de l'Alhambra.

d'être clair et aussi pratique que possible.

Pour cela, nous serons obligé de faire un peu d'historique, car la céramique est encore plus intéressante par l'histoire de ses produits anciens et modernes, que l'on collectionne aujourd'hui si chèrement, que par ses procédés de fabrication.

Il est évident que les premières poteries faites avec le limon des fleuves, et certaines argiles, étaient simplement séchées au so-leil, et cela remonte loin : car du jour où l'homme s'est aperçu que la terre glaise sur laquelle il marchait, conservait l'empreinte de ses pas, le modelage était inventé.

Mais ces premières poteries étant très fragiles et trop poreuses pour contenir des liquides, sous l'influence desquels elles se délayaient, on imagina de les faire cuire, car on n'avait pas été sans remarquer qu'aux places où l'on avait fait un grand feu, la terre changeait de nature, de couleur et devenait plus ou moins indétrempable.

Ce premier progrès fut bientôt suivi d'un autre ; les poteries cuites étaient encore trop poreuses pour que les liquides ne prissent pas dedans un goût désagréable ; outre qu'ils finissaient par filtrer au travers.

Il fallait trouver quelque chose qui rendît la terre imperméable ; on trouva un enduit vitreux dont on appelle aujourd'hui les équivalents : *vernis* quand il est à base de plomb, *émail* quand il renferme de l'oxyde d'étain, et *couverte* s'il est exclusivement composé de matières terreuses.

Et voilà les éléments caractéristiques de la céramique trouvés, c'est-à-dire, le corps du vase, qui est la pâte, et l'enduit vitreux qui est la glaçure.

Il n'y avait plus qu'à perfectionner la fabrication par le choix des terres, des glaçures et surtout la main-d'œuvre : c'est ce que firent tous les pays et tous les siècles et c'est ce que nous allons étudier.

**

L'histoire de la céramique, faite d'après les spécimens découverts dans presque toutes les parties du globe : soit dans les monuments, soit dans les ruines et plus particulièrement dans les tombeaux, grâce à l'habitude qu'on avait dans l'antiquité, d'enterrer les morts avec une partie des objets qu'ils avaient possédés, se subdivise chronologiquement en dix-huit époques, savoir :

1° *Époque Égyptienne*, qu'on peut faire rencontrer jusqu'à 3,400 ans avant notre ère, puisqu'il est entré des briques dans la construction de la pyramide de Dashour, bâtie à cette époque ; encore pour ne remonter que là, faudrait-il admettre qu'on les ait inventées exprès pour cela.

Les poteries de cette époque ont pour caractères principaux une pâte tendre d'une couleur grisâtre avec des ornements noirs en zigzag.

2° *Époque Chinoise*, qu'on fixe sûrement à 2,600 ans avant Jésus-Christ, parce qu'à cette époque il y avait déjà dans l'empire chinois un intendant des arts céramiques et vraisemblablement une manufacture nationale, bien que l'invention de la porcelaine soit beaucoup plus moderne.

Ce qui caractérise la période chinoise n'est pourtant que la porcelaine dure à fond blanc, mais en grande partie recouvert de décors variés de sujets, de couleurs, mais où, pourtant, le vert domine.

3° *Époque Assyrienne* (2,120 avant Jésus-Christ) dont les spécimens les plus remarquables qui soient arrivés jusqu'à nous sont des briques et des carreaux émaillés trouvés dans les ruines de Babylone.

Pâte compacte, glaçure vitreuse de couleurs variées.

4° *Époque Osque* (1,500 avant Jésus-Christ) comprenant des poteries assez difficiles à distinguer des poteries campaniennes ; et assez nombreuses dans les musées et collections particulières ; par la raison que, d'après leurs rites religieux, les Osques devaient être enterrés en terre vierge, c'est-à-dire à sept, huit et quelquefois dix ou douze pieds au-dessous des couches d'alluvion, et qu'à ces profondeurs, les vases couraient bien moins de risques de brisure.

5° *Époque Étrusque* (1,300 avant Jésus-Christ), vases de formes variées en pâtes tendres, mate, de couleur noire ou rougeâtre, avec ornements en relief, représentant généralement des figures et des tableaux mythologiques. Principaux centres de fabrications : Chiusi, Perouse, Cortone, Volterre.

6° *Époque Grecque* (1,200 avant Jésus-Christ), poteries tournées ; on attribue même l'invention du tour à potier à Thalès ; ce qui est une hérésie, car les Égyptiens le connaissaient dès les premiers temps de leur fabrication.

Pâte tendre de couleur rougeâtre, lustre rouge et noir, formes simples mais gracieuses avec beaucoup de pureté dans les contours.

Les vases de Samos sont généralement ceux qui ont le plus de valeur artistique.

7° *Époque Romaine* (715 avant Jésus-

Christ, date à laquelle Numa Pompilius, institue le collège des potiers.) Les produits furent d'abord des imitations de la fabrication grecque et n'acquirent que plus tard leur caractère particulier : pâte tendre très fine, de couleur rouge, lustre rouge et bistre, formes et ornementation très variées.

8° *Époque Italo-Grecque* (500 avant Jésus-Christ), on comprend sous cette dénomination les vases fabriqués dans l'Italie méridionale, la Sicile, la Corse, la Sardaigne et toutes les poteries campaniennes recueillies dans des tombeaux, creusés en terrains d'alluvion.

Pâte tendre, façonnée avec soin, fine, légère, mais peu cuite, de couleurs rougeâtre ou gris rougeâtre, ornements en relief.

9° *Époque Celtique* (200 avant Jésus-Christ), embrassant les poteries gauloises, bretonnes, germaniques et scandinaves.

La fabrication est en rapport avec la civilisation des pays, la pâte est grossière, grise ou noire mate, les ornements sont ou en traits linéaires, ou incrustés en relief, ou en pointes enfoncées.

10° *Époque Américaine* (1 après Jésus-Christ), c'est-à-dire tous les vases trouvés lors de la conquête du nouveau|continent, aussi bien que depuis, au Pérou et surtout au Mexique, où la civilisation était plus avancée.

Faute de pouvoir assigner une date certaine à ces poteries, vu le manque absolu de documents historiques, on leur donne généralement une origine contemporaine de notre ère.

Leurs caractères distinctifs sont : une pâte dure grisâtre, peu cuite, avec lustre silico-alcalin dur ; ornements symétriques gravés en creux ou peints en noir et en rouge.

11° *Époque Gallo-Romaine* (150), fabrication de beaucoup supérieure à celle de l'époque celtique et dans laquelle on constate l'influence gréco-romaine : pâte tendre, assez fine, bien cuite, grise ou noire mate, lustrée en rouge, bistre ou brun ; —formes renflées, ornements en relief.

12°. *Époque Arabe* (711), comprenant les premières faïences communes recouvertes d'un vernis vitreux, que les Arabes avaient emprunté des Persans, qui les tenaient eux-mêmes des Chinois.

Le vernis plombifère ne fut inventé que quatre cents ans après, à Pesaro, disent les uns, à Schlestadt, si l'on en croit les autres ; mais il se répandit bientôt dans toute l'Europe et s'y employa presque exclusivement jusqu'en l'an 1300, époque à laquelle les Arabes d'Espagne trouvèrent l'émail d'étain ou glaçure stannifère.

Les caractères de cette époque sont : une pâte tendre de faïence commune, grise ou jaune pâle, formes à lignes droites ou à courbures simples, décor en zones droites ou en rubans entrelacés.

Les spécimens les plus renommés de ce genre de fabrication sont les fameux vases connus sous le nom de vases de l'Alhambra et que représente la gravure précédente.

13° *Époque Italienne* (1415). — C'est le temps où Luca della Robia trouvait un nouveau procédé pour appliquer un vernis vitreux sur les terres cuites, sans altérer la finesse des formes ; procédé qui donna une réputation européenne à la fabrique de majolique des frères Fontana de Pesaro.

Pâte de faïence commune, de couleur gris-blanc. Ornements très variés de formes et de couleurs : allégories, mythologie, animaux et figures d'un beau style quoiqu'un peu efféminé.

14° *Époque Allemande* (1550). — C'est celle des débuts des fabriques de faïence de Delft et de Nuremberg, qui transportèrent dans le Nord, sinon l'art de Luca della Robia, du moins le métier des frères Fontana.

En raison des progrès qu'elle fit en peu de temps, cette époque a plusieurs caractères : d'abord, pâte tendre, mate ou vernissée ; puis, pâte dure, rouge ou brune, et enfin, faïence émaillée, mais dans tous les cas, formes lourdes, sans grâce, et ornements assez variés.

15° *Époque Française*. — On range dans cette période, qui commence en 1547 :

1° Les produits, extrêmement rares et que les amateurs couvrent d'or, de la fabrique de faïence fine établie à Oiron, dans les Deux-Sèvres, et qui paraît n'avoir guère tra-

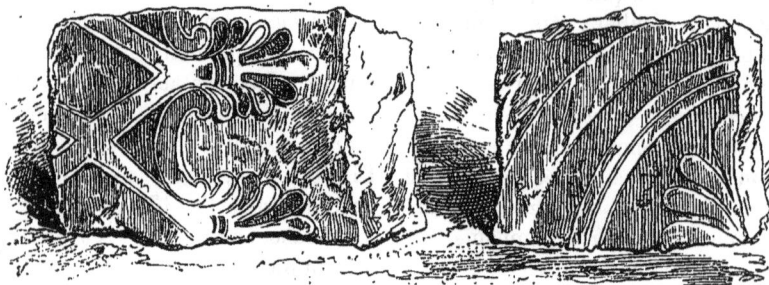

Briques de Babylone.

vaillé que pour le roi Henri II, au chiffre de Diane de Poitiers ;

2° Les essais, couronnés de succès d'ailleurs, de Bernard Palissy dans l'art de la faïence émaillée ;

3° Les produits des manufactures de faïences françaises : Nevers, Rouen, etc..

Et les porcelaines tendres que l'on commençait à fabriquer à Saint-Cloud, à la fin du XVII° siècle.

Les caractères de cette période sont multiples ; nous ne nous y arrêtons pas dans ce sommaire, parce que nous les ferons connaître en détail, avec gravures à l'appui, comme nous le ferons aussi méthodiquement pour toutes les autres époques.

16° *Époque Saxonne*. — Elle date de 1706, alors que le chimiste allemand Bottger réussit à fabriquer à Meissen, de la porcelaine dure imitant la porcelaine de la Chine

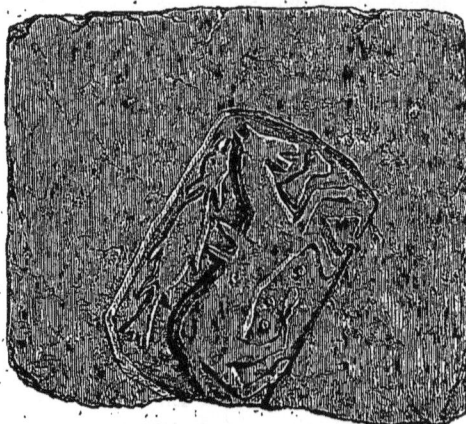

Carreau eu terre réfractaire très dure, trouvé dans les fouilles de l'abbaye de Sainte-Colombe-lez-Sens (Yonne). IX° siècle.

17° *Époque Anglaise* (1730). — Comprenant les porcelaines tendres, les grès cérames et les faïences fines anglaises ; invention

qui n'en est pas une, en somme, puisqu'il ne s'agissait que de reprendre la fabrication des faïences fines de Oiron.

18° *Époque moderne.* — Ne commençant chronologiquement qu'à 1840, mais comprenant aussi les belles productions de notre manufacture nationale de Sèvres qui, par la correction des modèles et la finesse des décorations est, sans contredit, la première

Carreau de dallage en terre cuite non vernissé, provenant du château de la Grainetière (Vendée). — XIIIᵉ siècle.

fabrique de l'Europe: et, par les perfectionnements apportés constamment dans ses procédés de fabrication, est un excellent modèle pour les usines particulières.

L'époque moderne n'a pas, à proprement dire, de caractère, ou, pour parler plus exactement, elle les a tous, car elle imite surtout les genres anciens et avec une perfection qui sera désespérante pour les collectionneurs du siècle prochain.

Carreau cadran solaire (XVIᵉ siècle).

Toutes les faïences célèbres, tous les genres de porcelaines, toutes les poteries anciennes et jusqu'à la faïence fine de Oiron, jusqu'aux émaux de Bernard Palissy, dont les procédés de fabrication étaient perdus, défilent en *fac-simile* dans nos expositions.

Le seul côté un peu personnel de la fabrication contemporaine, est le côté décoratif architectural qui, comme on s'en souvient, était représenté par des façades entières à l'exposition de 1878.

De cette classification, seulement chronologique, il résulte que la céramique comprend un certain nombre de produits d'une fabrication différente, et qu'il faut ranger par espèces si l'on veut les étudier avec fruit.

C'est ce que nous allons faire en adoptant la classification spécifique de M. Brongniart, qui fait d'autant plus autorité dans la matière, qu'il a été plus de quarante ans directeur de la manufacture de Sèvres, tout en nous reportant aux époques pour indiquer, à l'aide de gravures, ce qu'elles ont produit de plus remarquable, tant au point de vue de l'art qu'à celui de la curiosité.

M. Brongniart divise la céramique en trois classes, qui se subdivisent elles-mêmes en neuf ordres, savoir :

I. Poteries a pate tendre, c'est-à-dire rayable par le fer, soit argilo-sableuse, ou calcarifère, et généralement fusibles au feu de porcelaine, comprenant :

1° Les terres cuites sans lustre, vernis ou émail ;

2° Les poteries lustrées — glaçure mince, silico-alcaline ;

3° Les poteries vernissées, — glaçure plombifère.

4° Les poteries émaillées, faïence commune, — glaçure stannifère.

II. Poteries a pate dure, opaque, argilo-siliceuse, infusible, comprenant :

5° Faïence fine, — pâte incolore, glaçure vitro-plombique.

6° Grès cérame, — pâte colorée, sans glaçure ou avec glaçure silico-alcaline.

III. Poteries a pate dure translucide argilo-siliceuse, alcaline, ramollissable, comprenant :

7° Porcelaine dure, — pâte kaolinique, feldspathique.

8° Porcelaine tendre naturelle, — pâte argilo-saline phosphatique, kaolinique, — glaçure vitro-plombique, boracique.

9° Porcelaine tendre, artificielle, — pâte marno-saline, frittée, — glaçure vitro-plombique.

Nous allons étudier séparément chacune de ces catégories, mais sans en suivre exactement l'ordre, car il nous paraît plus rationnel de donner à la porcelaine le rang qu'elle doit occuper chronologiquement

TERRES CUITES

Les terres cuites proprement dites, ne comprenant ni glaçure, ni vernis, ni émail, doivent être rangées en trois catégories :

Les matériaux de construction : briques, carreaux, tuiles, plaques de revêtement

Les poteries mates : fourneaux, réchauds, tuyaux, ustensiles de ménage, etc.

Et la plastique, qui touchant de très près à l'art, comprend les statuettes d'ornement et les bas-reliefs, dont les anciens revêtaient les tombeaux et les monuments.

MATÉRIAUX DE CONSTRUCTION

Les briques sont évidemment les premiers produits de la céramique, car on a dû songer à fabriquer des matériaux pour élever les maisons avant de faire des tuiles pour les couvrir, et des carreaux pour en paver le sol.

On se servit d'abord du limon retiré des rivières, puis, de la terre ordinaire et enfin de la terre glaise, à laquelle on mélangeait de la paille hachée pour lui donner plus de consistance.

A l'origine, ces briques durent être faites à la main qui, seule, servait à comprimer la terre et à lui donner une forme à peu près régulière : cependant, l'invention du moule est extrêmement ancienne puisque les briques trouvées dans les ruines de Babylone en portent l'empreinte ; autrement, comment expliquer les inscriptions cunéiformes dont la plupart sont recouvertes ?

Mais, déjà à cette époque, on ne se contentait pas de briques gravées ou imprimées, si tant est que les inscriptions n'étaient pas en relief dans le moule, mais repoussées après coup sur la brique au moyen de caractères mobiles (ce qui ferait remonter bien haut l'invention de l'imprimerie); on fabriquait aussi des briques, ou carreaux de revêtement, dont la surface était couverte d'ornements en relief, témoin celle que possède le musée céramique de la manufacture de Sèvres et que nous représentons page 856.

Ce système ornemental s'effaça dans l'antiquité romaine devant la mosaïque, mais le moyen âge le reprit, surtout en nos pays où les éléments qui constituent la mosaïque, manquaient presque complètement.

Nous en donnerons quelques spécimens.

Voici d'abord (page 856) un carreau du ixe siècle, trouvé dans les fouilles de l'ancienne abbaye de Sainte-Colombe-lez-Sens; il est en terre réfractaire très dure et porte estampée, une figure assez singulière qui devait occuper le milieu du carreau.

Cette composition représente un cheval, lancé au galop, foulant aux pieds une pique et dévorant une clepsydre placée devant lui; le tout surmonté d'un grand poisson.

Dessin allégorique qui porte sa date, car il est visiblement inspiré par l'attente de la fin du monde, qu'une interprétation un peu large de l'Apocalypse, avait fixé à l'an mil.

Le poisson, suivant l'usage des premiers temps du christianisme, symbolise le Christ qui monté sur un cheval blanc dévore le temps (représenté par la clepsydre), en marchant à travers les dangers (le fer de pique placé entre les jambes du cheval).

Cet autre carreau (page 857), représentant un cerf, accompagné d'une fleur de lys, non plus gravé mais en relief sur la terre, est du xiiie siècle; il provient du château de la Grainetière (dans le département de la Vendée).

A cette époque déjà, on faisait quelque usage des carreaux incrustés à glaçures, dont nous reparlerons plus loin, mais l'emploi des carrelages en terre cuite ne se généralise véritablement qu'après la découverte du vernis plombeux, aussi retrouvons-nous parmi les curiosités céramiques de nos musées des carreaux et briques en terre cuite du xvie siècle.

Celle que représente notre gravure de la page 860 et qui ne manque point d'un certain art, est un spécimen des briques de revêtement qui ornaient intérieurement et extérieurement un petit manoir de l'arrondissement du Havre.

Ces briques, surmoulées sur des panneaux en bois, puisqu'elles conservent encore la trace ligneuse du chêne sculpté qui leur a servi de matrice, ne paraissent pas avoir été d'une fabrication courante, car on n'en connaît pas d'autres spécimens; elles ont évidemment été faites sur commande par un briquetier plus intelligent que les autres, auquel le maître du château avait demandé quelque chose de nouveau.

Tel n'est pas le cas de la précédente qu'on rencontre communément dans l'est de la France, sur les façades des maisons des seizième et dix-septième siècles, où elles étaient placées pour servir de cadran solaire.

Les briques primitives furent simplement séchées au soleil, système encore suivi de nos jours en Perse et dans quelques contrées de la Haute-Asie et qui fut surtout adopté en Égypte et dans les pays voisins; c'est même ce qui explique la disparition complète de certaines villes comme Carthage, Tyr, Ninive et autres, dont les briques crues se sont peu à peu amoncelées et ont fini par se désagréger complètement, pour s'identifier avec le sol.

Mais en Palestine, où l'on s'aperçut bientôt que les pluies torrentielles d'hiver délayaient les briques, on ne tarda pas à les faire cuire au four, usage qui se répandit partout.

La fabrication des briques communes, si l'on excepte les procédés mécaniques dont nous parlerons tout à l'heure, a peu varié depuis les Égyptiens.

On peut les faire avec toutes sortes de terres argileuses que l'on dégraisse plus ou moins, selon leur composition, soit avec du ciment (pâte argileuse cuite que l'on réduit en poudre aussi fine que possible), soit même avec du machefer et des escarbilles de charbon de terre, broyées menu.

Ce dégraissage, appelé *ciment* dans tous les cas, a pour but d'empêcher en partie le retrait considérable que les marnes argileuses subissent par la cuisson.

C'est donc au briquetier à connaître la nature des terres qu'il emploie, pour proportionner le ciment capable de lui donner une bonne pâte.

La préparation de la pâte à briques est du reste très élémentaire : la terre extraite à l'automne est exposée en masses que l'on

Brique de revêtement, non émaillée (xvi⁰ siècle).

remue de temps en temps, aux intempéries de la saison jusqu'au mois d'avril où l'on commence à la mettre en œuvre, si toutefois on la juge bonne à être employée.

Dans ce cas, on en jette une certaine quantité dans une fosse qu'on appelle *tinne*, creusée dans la terre, et quelquefois garnie de planches, où un *marcheur* la piétine longuement, en ayant soin de la purger des petites pierre ou des cailloux qu'elle peut encore contenir, et en forme de grosses mottes nommées *vasons*.

Ces vasons sont pris alors par un autre ouvrier appelé *vangeur*, qui pétrit chacun d'eux avec ses mains sur une table et les divise en mottes plus petites et beaucoup plus malléables, qu'il dispose au fur et à mesure sur l'établi du chef de l'équipe, qui est le *mouleur* et s'occupe de la fabrication proprement dite, très simple et nécessitant peu d'outils ; puisqu'il n'a besoin que d'un cadre en bois ou en métal, qui lui sert de moule et d'un couteau de bois appelé *plane*.

Machine à brique en terre granulée, telle qu'elle sort de la carrière.

Plaçant le moule sur son établi, il le saupoudre de sable pour que l'argile ne s'attache pas à ses parois, puis le remplit de pâte qu'il jette à poignées et qu'il com-

prime le plus possible avec ses mains; le cadre rempli, il passe dessus sa plane, qui unit la surface supérieure de la brique.

La brique terminée est prise par un ma-

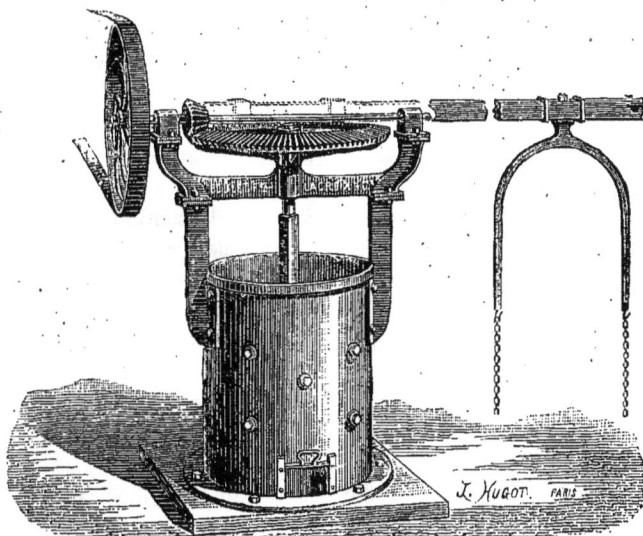

Malaxeur à terre molle.

nœuvre, nommé *porteur*, qui la dépose sur une aire parfaitement aplanie, où elle reste jusqu'à ce que sa dissecation soit suffisante pour lui permettre d'aller au four.

Un marcheur, deux vangeurs, deux mouleurs et un porteur forment ce qu'on appelle une *compagnie* qui, par la division du travail peut produire un grand nombre de briques dans la journée.

Mais ce système n'est plus guère employé que dans les petites briqueteries; dans les grandes usines on moule les briques à la mécanique, indispensable pour les briques creuses qui s'emploient maintenant très communément.

Il y a d'assez nombreux systèmes de machines à fabriquer les briques, d'autant qu'on les perfectionne tous les jours en les proportionnant à la production des usines; il y a des constructeurs comme MM. Boulet et Lacroix qui ne font absolument que cela, ce qui ne veut pas dire qu'ils ne fabriquent pas beaucoup, au contraire.

La plus simple de leurs machines, et ce n'est pas celles qu'ils vendent le plus, car chacun cherche à produire le plus possible et s'outille en conséquence; la plus simple est une presse à bras, composée, comme on le voit par notre gravure, d'un banc de travail percé vers son extrémité pour recevoir deux moules accolés, que l'on emplit de terre granulée telle qu'elle sort de la carrière; on rabat ensuite sur le double moule un couvercle à charnière, muni à son extrémité d'un levier qui traverse le banc par une ouverture faite exprès, et recourbée pour maintenir fixe le couvercle, au moment où la pièce de bois, actionnée par le levier moteur, vient presser les moules par-dessous.

Les briques faites, et ce n'est pas long puisqu'avec cette machine quatre hommes peuvent en fabriquer trois ou quatre mille par journée de travail, on les sort des moules en mettant le pied sur la pédale qui en fait remonter le double fond.

Des machines de ce genre se font avec plus ou moins de moules, soit pour être mues à la manivelle, ou par tout autre système rotatif, ou percutant; mais les plus répandues sont les machines mixtes — pour carreaux, briques creuses et tuyaux de drainage — et les nouvelles machines Boulet, pour la fabrication des briques pleines.

Mais elles partent toutes du même principe, et ne sont que des perfectionnements de la machine installée par M. Carville à Moulineau (près Paris), l'une des premières qui ait fonctionné régulièrement dans notre pays.

Elle se compose d'une chaîne sans fin, amenant les moules en fonte, joints à charnière, sous une tinne à corroyer, où ils se remplissent de terre malaxée, puis passent sous un rouleau qui comprime la pâte dans les moules, et plus loin sur un refouloir qui opère le démoulage, de haut en bas, et dépose les briques terminées sur des planchettes, posées sur une seconde chaîne sans fin, qui les conduit jusque sur la brouette servant à les transporter au séchoir.

Naturellement le mélange de la terre se fait mécaniquement et l'on peut employer la terre dure telle qu'elle sort de la carrière, sans aucune addition d'eau pour faire la pâte.

Tout d'ailleurs est automatique; des trémies, convenablement placées, servent à saupoudrer les moules de sable, un filet d'eau coule continuellement sur le rouleau compresseur pour qu'il n'adhère jamais à la pâte, et les moules une fois vides, et toujours conduits par la chaîne sans fin sur laquelle ils sont fixés, se lavent dans un bac rempli d'eau avant de repasser sous la tinne.

Cette machine et ses similaires font moyennement, par journée de dix heures de travail, de huit à douze mille briques pleines, elles peuvent être servies seulement par trois ouvriers.

Pour les briques creuses, la quantité est

beaucoup moindre, la fabrication d'ailleurs est très différente. Il faut d'abord que la terre subisse une préparation plus complète, et qu'elle soit réduite à un état de division convenable sous des cylindres lamineurs, ou avec des couteaux mécaniques qui constituent les machines appelées trancheuses, après quoi on la jette dans un malaxeur quelconque où on la mélange avec le sable qui doit entrer dans la composition.

Ces malaxeurs, qu'ils soient destinés à triturer les terres molles ou des argiles plus résistantes, se ressemblent plus ou moins. C'est toujours, comme celui que représente notre gravure, une cuve dans laquelle un arbre vertical, muni de lames dont la disposition varie depuis la croix jusqu'à l'hélice, — écrase la terre et la mélange intimement avec l'eau que l'on verse dans la cuve.

Au bas de cette cuve se trouve un orifice par lequel la terre malaxée sort en traînée continue, facile à diviser en lopins pour le moulage, qui s'opère dans des machines, comme la mixte de MM. Boulet et Lacroix que notre dessin de la page 864 représente.

Cette machine se compose d'une caisse prismatique, en fonte, placée sur un bâti, dans laquelle se meut horizontalement un double piston, recevant par des engrenages un mouvement de va-et-vient.

Cette caisse, s'ouvrant par le haut au moyen de couvercles à charnières, porte à son extrémité antérieure une filière, qui est le moule proprement dit, et derrière laquelle se trouve un crible épurateur.

L'ouvrier, conducteur de la machine, remplit la caisse avec des lopins de terre malaxée que lui passe un aide, il la ferme, la fixe solidement sur le bâti à l'aide d'un levier à cames. Le piston, mis en mouvement, pousse la terre, qui s'épure en passant dans le crible, et traverse la filière qui la laisse sortir sous forme de bandes prismatiques percées d'autant de vides qu'on veut en avoir dans la brique.

Ces bandes, toujours poussées par l'effort du piston, glissent sur la table à l'aide de rouleaux qui leur servent de point d'appui, et deviennent ainsi des briques d'une longueur indéfinie, que l'on coupe d'échantillon en adoptant sur la table, un châssis mobile garni de fils de fer placés à des distances voulues, et qui font office de couteaux, pour finir les briques, que l'on enlève aussitôt pour les porter au séchoir.

On comprend que cette machine puisse servir aussi bien à la fabrication des tuyaux de drainage, puisqu'il n'y a pour cela qu'à changer la filière, mais nous en reparlerons plus loin.

Mue à bras, une machine de ce genre, qui occupe quatre ouvriers peut faire 4 à 5,000 briques creuses par journée de travail.

Actionnée par un moteur, qui peut faire mouvoir en même temps les malaxeurs, et des monte-charges pour emporter les briques aux séchoirs, elle en fait de 6 à 7,000 avec trois hommes seulement.

Le séchage, qui doit être plus rapide que pour les briques pleines, se fait sur des rayons mobiles, planchettes d'un mètre de longueur sur lesquelles on pose dix briques de champ; ce qui en rend le transport facile.

La cuisson des briques pleines ou creuses, se fait à la houille ou au bois, soit à *la volée*, c'est-à-dire en plein air, soit dans des fours, où on les empile les unes sur les autres, ce que l'on appelle *enfournement en charge*.

La cuisson à *la volée*, encore en usage en Angleterre, en Belgique et dans le nord de la France, se fait à la houille.

Sur un pied de fourneau en maçonnerie très solide, de briques cuites et d'argile, les enfourneurs placent d'abord en suivant les contours, tracés par des cordeaux, un lit de briques déjà cuites, sur lequel ils posent de champ, trois rangs de briques crues superposées, en réservant à l'intérieur de l'espèce d'édifice qu'ils construisent, les foyers nécessaires pour la combustion de la houille, qu'ils chargent en place avant de continuer leur travail.

Les foyers garnis, prêts à être allumés, l'enfourneur fait une quatrième assise de briques qui préparent les voûtes du foyer,

Machine mixte à briques creuses et tuyaux de drainage.

un cinquième qui les recouvre complètement, puis un sixième, et quelquefois deux ou trois de plus.

Dans tous les cas, le dernier tas, qui couronne l'édifice, est en briques déjà cuites. Cela fait, avec un mortier d'argile bien

Four ordinaire à briques.

délayé, on crépit tout le parement du fourneau, de façon à luter ensemble toutes les briques extérieures, pour qu'il n'y ait pas de déperdition de chaleur, puis on allume les

foyers et on laisse la combustion se faire lentement.

Dans quelques localités notamment à Ruppelmonde, on remplace la chemise d'argile par une construction en maçonnerie, qui devient alors un véritable four qu'on appelle *Klamp*.

Dans nos pays, les fours les plus communément employés ont la forme d'un demi-cylindre couché, d'un parallélépipède voûté,

Four intermittent (système Virollet), élévation et coupe transversale.

dont la partie supérieure est percée de trous qui font office de cheminées.

Le foyer est séparé du laboratoire par une

voûte, également percée de trous, pour permettre à la flamme de se tamiser dans l'intérieur du four; il est, si l'on chauffe au

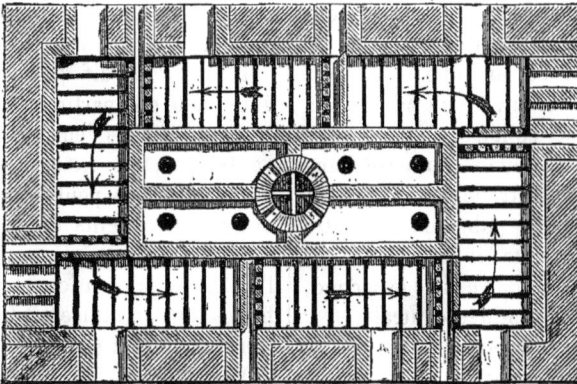

Coupe en plan du type à six compartiments.

charbon de terre, muni d'une grille qui devient inutile lorsque l'on chauffe au bois. Les briques introduites dans le four sont

placées de champ, de manière que les briques de chaque assise croisent celles de l'assise inférieure.

La durée de la cuisson est d'environ dix jours y compris les opérations de l'enfournement et du défournement.

Dans les grandes usines on se sert maintenant de fours à compartiments carrés, rectangulaires ou annulaires qui tiennent beaucoup moins de place et font plus vite et mieux beaucoup plus de besogne.

Ils se composent de quatre ou six foyers groupés autour d'une cheminée centrale ; au-dessus de ces foyers se trouve une série de voûtes en briques réfractaires, entre lesquelles on a laissé des intervalles pour le passage des gaz de la combustion.

La chambre destinée à renfermer les briques est recouverte par une voûte percée de plusieurs ouvertures que l'on tient fermées pendant la cuisson et que l'on débouche lorsqu'on veut laisser refroidir le four.

Ces constructions dont les variétés sont nombreuses, se distinguent en fours intermittents et fours continus.

Les premiers, devant être éteints après chaque cuisson pour permettre le déchargement, les seconds pouvant fonctionner sans interruption.

Parmi les intermittents, l'un des mieux compris, sinon des plus répandus, est le système Virollet, modification de son four tunnel, à l'usage des petites tuileries ou briqueteries qui ne cuisant que cinq à six cent mille pièces par an, n'ont pas besoin de se grever d'une construction coûteuse comme le four tunnel qui est composé d'une ou deux galeries de 40 tranches.

Ce nouveau four se fabrique à quatre ou à six compartiments, il est carré dans le premier cas, rectangulaire dans le second, mais toujours avec cheminée centrale.

La combustion est fractionnée sur grilles et par tranches d'un rang de tuiles ou de deux rangs de briques. La communication, d'un compartiment à l'autre s'établit au moyen de registres métalliques verticaux, de petites dimensions, et s'introduisant sur la cloison de séparation par une ouver-

ture ménagée dans l'épaisseur des murs.

Cette cloison est composée de deux murettes ou diaphragmes ; le premier percé d'ouvertures dans toute sa surface ; le second, sur lequel vient s'appliquer le registre, n'est percé que de deux ouvertures en face des grilles des deux premières tranches du compartiment suivant, de manière à porter toutes les flammes et les gaz chauds sur les premières grilles.

Outre l'économie qu'il présente, le four intermittent Virollet a l'avantage de pouvoir être enfourné, cuit, refroidi, et défourné en même temps, avec un rallumage après chaque tournée, pour les produits qui demandent une cuisson ordinaire, tels que tuiles, carreaux et briques faits en pâte plastique.

Il peut d'ailleurs être rendu continu, pour les produits à cuire à haute température, tels que les briques réfractaires ou les briques fabriquées en glaise à la compression ou par agglomération, car ces produits exigeant une cuisson plus longue, et permettant un refroidissement plus prompt il est facile d'éviter un rallumage et d'avoir ainsi la continuité ; car, par la division en compartiments, de la cheminée, on peut toujours enfourner et refroidir sans nuire à la cuisson.

Nous avons dit que ces fours étaient à 4 ou à 6 compartiments et nos gravures représentent les deux cas, l'une en coupe et l'autre en plan ; mais pour les usines plus importantes on peut augmenter le nombre des compartiments ou faire mieux encore, disposer deux ou plusieurs fours autour de l'atelier de fabrication et les réunir par des halles où l'on utiliserait la chaleur perdue à faire sécher les produits.

Les fours à feu continu sont de trois sortes.

Dans les premiers, le foyer toujours entretenu de combustible, se déplace d'une manière continue et cuit, les unes après les autres, les différentes assises de briques chargées dans le four ; tel est le système Barbier, fondé sur l'emploi d'un foyer locomobile qui porte successivement la chaleur dans une série de laboratoires, disposés les uns à côté des autres à une même hauteur au-dessus du sol.

Dans les seconds, dont le type le plus intéressant est le four Demimuid, ce sont au contraire les charges de briques qui se déplacent et se présentent, chacune à leur tour, devant le foyer fixe.

Mais ces deux systèmes ont été abandonnés pour le troisième dans lequel le foyer fixe, aussi bien que les briques à cuire, est placé au centre d'une série de chambres disposées autour de lui, et avec lesquelles il peut être mis successivement en communication au moyen de registres.

Le plus anciennement connu de ce genre est le four circulaire Hoffmann.

Il consiste en une galerie annulaire dont les dimensions, variables du reste, sont généralement de 3 mètres de largeur, sur 2 de hauteur, et divisée en 12 compartiments munis extérieurement de portes et intérieurement de coulisses, dans lesquelles s'introduisent des registres par des fentes ménagées dans la voûte.

Dans chacun de ces compartiments, et près de la coulisse, débouche un canal ou *rampant* qui aboutit dans une seconde galerie circulaire concentrique à la première, et qu'on appelle chambre à fumée, laquelle est elle-même en communication, par quatre canaux, avec la cheminée, placée au centre de tout le système.

Chacun des douze rampants peut être obstrué au moyen d'autant de cloches qui se manœuvrent de l'intérieur et, permettent ainsi d'interrompre à volonté la communication de la chambre à fumée avec tel ou tel compartiment du four.

La cuisson s'opère par compartiments dans lesquels on charge les briques au fur et à mesure de leur refroidissement, avec une disposition spéciale, c'est-à-dire en ménageant d'abord trois petites galeries de 35 centimètres de hauteur sur 25 de largeur, et en empilant par-dessus, comme dans les chargements ordinaires, avec cette différence pourtant qu'il faut ménager dans la masse des briques, une cheminée verticale, dans laquelle on dispose de distance en distance, des briques en croix qui ont pour objet d'empêcher le charbon de tomber jusqu'au fond de la cheminée et de s'y accumuler, au point d'intercepter l'arrivée de l'air.

Le combustible arrive dans le four par des trémies placées sur des trous circulaires ménagés dans la voûte du four, à des distances très rapprochées, et qu'on peut fermer hermétiquement avec des couvercles, munis de plaques de verre, qui permettent de contrôler la marche du feu dans tous les points du canal et de remédier aux accidents de chauffage qui se produisent quelquefois, comme le bouchage d'une cheminée ; accidents sans inconvénients du reste, puisque la chaleur des cheminées voisines est suffisante à la cuisson.

Le travail fait d'une façon régulière, c'est-à-dire le four ayant toujours deux compartiments dont les portes sont ouvertes : l'un pour le chargement, l'autre pour le déchargement, on doit avancer d'un compartiment toutes les vingt-quatre heures ; il s'ensuit donc que les briques restent douze jours dans le four.

Ce système, notablement perfectionné depuis qu'il obtint un grand prix, à l'Exposition universelle de 1867, a été généralement adopté par les grandes usines, il est d'ailleurs fort ingénieux, car il isole presque entièrement les pertes de chaleur par rayonnement, mais il n'est pas sans inconvénients : d'abord, il occupe beaucoup de place et sa construction savante et surtout très coûteuse, effraye avec raison bon nombre d'industriels.

Aussi le four Hamel, qui est rectangulaire et non annulaire et par conséquent bien plus facile à construire, et bien moins encombrant, est-il très répandu depuis quelques années; surtout depuis les perfectionnements apportés dans son installation par M. Virollet.

Ces modifications reposent principalement sur le passage des flammes d'une galerie à l'autre.

Pour éviter la lenteur de ce passage les fours de galerie sont munis de diaphragmes

Four à feu continu rectangulaire (système Hamel perfectionné).

Coupe transversale.

Coupe en plan du canal d'étuvage ou enfumage.

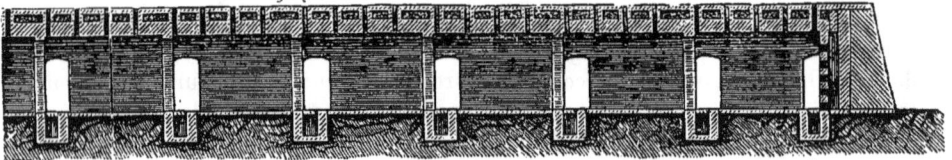

Coupe longitudinale dans l'axe d'une galerie.

Coupe en plan à la hauteur de la naissance des portes et des prises de fumée.

à minces parois, percés d'un grand nombre d'ouvertures, laissant le passage des flammes de la première galerie et leur retour dans la deuxième, par un couloir régnant sur toute la surface des deux galeries, de

manière à tamiser la chaleur sur toutes les surfaces, et non par un seul passage sur le côté interne de la galerie.

De plus le four est muni d'une galerie d'étuvage ou d'enfumage, soit avec l'air

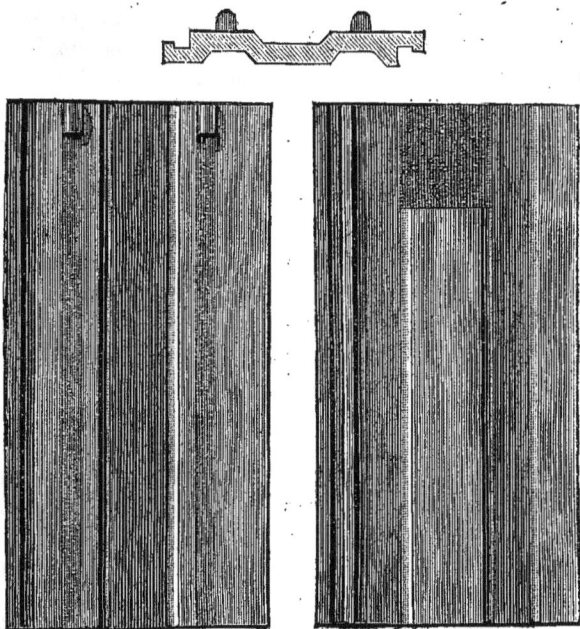

Tuiles de montagne.

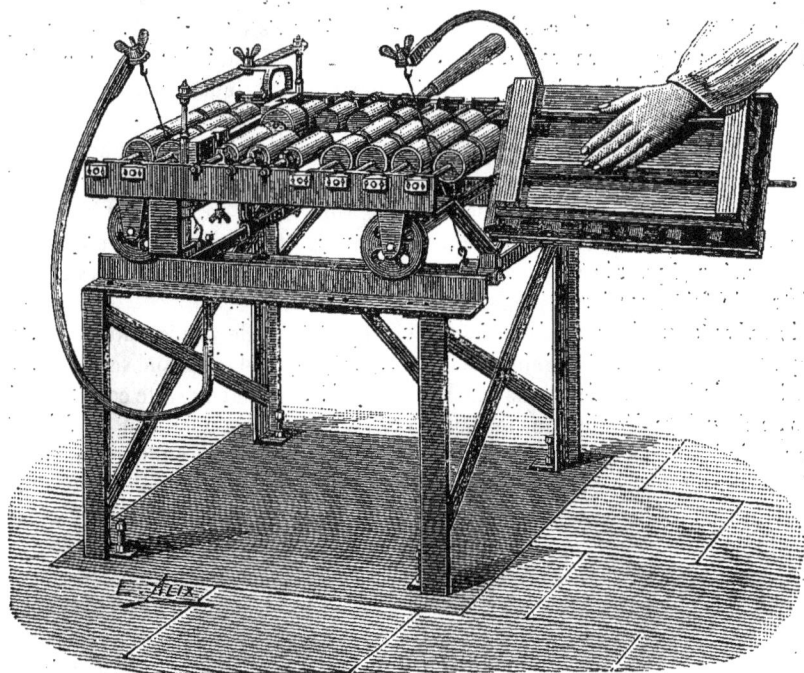

Tablier coupeur pour la fabrication des tuiles de montagne.

chaud du refroidissement, soit avec un calorifère fixé à l'extrémité de cette galerie.

Cette disposition, toute nouvelle, permet de porter, en avant du feu, de l'air chaud, par plusieurs points à la fois, dans le compartiment à enfumer et la distribution en est établie par des ouvertures dans la voûte, sur la même ligne que les trous de chauffage, et dans le vide laissé par chaque tranche de produits enfournés.

La fermeture de ces différentes ouvertures est établie par une seule soupape pour chaque compartiment, dans un canal supérieur au canal de fumée.

Autre modification encore : la prise de fumée se fait horizontalement sur toute la largeur de la galerie, et non, comme dans les anciens systèmes, par une seule ouverture verticale sur le côté interne de la galerie; cette prise de fumée est établie par un canal transversal en dessous de la sole, près des registres ou diaphragmes et des portes.

Ce canal représente un cendrier recouvert de grilles et peut recevoir du combustible par les trous de la voûte.

Cette nouvelle disposition de prise de fumée, tout en donnant une plus grande surface au passage des gaz de la combustion et des buées, en égalise même la sortie sur toute la surface du four et permet, dans l'espace ménagé pour le fonctionnement du registre, de faire sur les grilles une combustion vive aux pieds du four, à chaque compartiment, de manière à égaliser le feu dans la partie basse du four; tandis que les puits de chauffage l'égalisent dans le centre et la partie haute.

Cette idée de placer le canal de prise de fumée au-dessous de la sole a encore cela de bon, qu'elle protège les soupapes qui ne se trouvent plus placées dans le rayonnement du four.

*
* *

Les briques réfractaires ne diffèrent des briques ordinaires que par la pâte qui sert à leur composition ; employées pour les revêtements intérieurs des fours et fourneaux, elles doivent pouvoir résister sans se fendre, ni entrer en fusion, aux températures les plus élevées.

Elles se fabriquent avec des argiles très réfractaires lavées, et additionnées, en plus ou moins grande quantité, d'un ciment provenant d'une argile également réfractaire, cuite et finement pulvérisée.

Les *briques flottantes*, ainsi nommées de la propriété qu'elles possèdent d'être plus légères que l'eau, sont faites le plus souvent avec une espèce de magnésie poreuse et très réfractaire, qui s'extrait aux environs de Florence, à Castel del Plano. On en fait cependant aussi avec certains tufs silicieux, qu'on additionne d'une petite quantité d'argile grasse.

Ces briques sont plus résistantes au poids que les briques ordinaires, aussi sont-elles surtout employées à la construction des voûtes et des cloisons.

Pour ce dernier usage on leur préfère pourtant les briques creuses beaucoup plus communes.

Quant aux briques dites hollandaises, ce sont des briques ordinaires qu'à l'imitation des Hollandais, on fait cuire à une température très élevée, de façon qu'une partie de la fournée se ramollit toujours et se vitrifie à la surface.

Cet espèce de vernis naturel, leur donne la propriété de ne pas absorber l'eau, propriété qu'on peut du reste communiquer aux briques communes en leur faisant absorber soit du goudron de houille, ou quelque autre substance goudronneuse ou bitumineuse.

Les carreaux se fabriquent exactement comme les briques et aujourd'hui beaucoup plus mécaniquement qu'à la main; quelquefois on les estampe en creux de dessins ou d'ornements, comme on le fait aussi pour les tuiles à Montchanin, à Ecuisses, à Argences et dans les grandes usines créées sur.

ces modèles ; mais ce n'est qu'une question de moules.

Si l'on veut leur donner une certaine glaçure, on jette dans le four, en même temps que le combustible, et pendant la période de grand feu, un mélange de sel marin, de litharge et d'ocre rouge.

Bien entendu nous ne parlons pas ici des carreaux incrustés qui appartiennent à la catégorie des poteries lustrées ou vernissées, et que nous retrouverons en temps et lieu.

TUILES

La fabrication des tuiles demande un peu plus de soin, la terre doit en être mieux choisie, mieux triturée surtout, et le mélange d'argile et de sable qui la compose doit être exempt de matières calcaires.

Aussi ne se contente-t-on pas d'un simple marchage, on répète l'opération trois ou quatre fois, par petits tas, sur une aire bien propre, en ayant soin de changer de place à chaque fois.

On fait mieux encore, et dans toutes les tuileries importantes, on prépare la pâte qui doit être plus fine, mieux corroyée et plus comprimée que celles des briques, avec des machines à malaxer mues soit par manège, soit par le moteur de l'usine, au moyen d'une courroie de transmission.

Nous ne revenons pas sur ces malaxeurs, qui sont variés d'aspects et de dispositions selon les systèmes, mais qui reposent toujours sur les mêmes principes.

La pâte préparée, on la comprime dans des moules absolument comme les briques, quelquefois encore manuellement, mais le plus souvent mécaniquement, et on laisse sécher avec précaution avant de mettre au four.

Les espèces de tuiles sont assez nombreuses, on les distingue en tuiles plates, tuiles creuses, tuiles en dos d'âne, tuiles plates à rebords, tuiles flamandes, tuiles romaines et en tuiles modernes, de plus en

plus perfectionnées, dont les types prennent de leurs fabricants ou inventeurs, les noms de tuiles Gilardoni, Muller, Courtois, Peyrusson, pour ne citer que les plus connus, sans compter les tuiles de montagne, les plus récentes de toutes, mais qui nous paraissent appelées à un certain avenir.

Les tuiles plates ont la forme d'un rectangle dont le grand côté se place parallèlement à la pente du toit, et dont l'un des petits est muni, vers son milieu, d'un *talon*, espèce de saillie en crochet qui sert à la retenir aux lattes.

Quelquefois ce talon n'existe pas, il est alors remplacé par deux trous par lesquels on passe les clous, qui fixeront les tuiles après les lattes.

Les tuiles plates, selon leurs dimensions, sont dites de grand moule ou de petit moule ; dans le premier cas elles ont 0m,31 de longueur sur 0m,23 de large, dans le second 0m,25 sur 0m,18 à quelques millimètres près, bien entendu.

Les tuiles creuses, en forme de gouttière, employées surtout en Espagne, en Portugal et dans le midi de la France, sont généralement coniques, elles ont à une extrémité 0m,20 de diamètre et 0m,15 à l'autre, sur une longueur de 0m,40.

On les fabrique dans un moule ayant la forme d'un trapèze, et on les verse encore molles sur un mandrin conique sur lequel elles sèchent et dont elles gardent la forme.

Les tuiles en dos d'âne se font de la même manière, seulement le mandrin sur lequel on les forme est triangulaire ; leur longueur est généralement de 0m,45 sur 0m,16 de longueur.

Les tuiles flamandes, qu'on appelle aussi *pannes*, sont à double courbure en forme d'S ; très employées en Belgique, en Hollande et dans l'Allemagne du Nord, elles se fabriquent comme les précédentes sur un mandrin spécial, qui a une partie concave et une partie convexe.

Les tuiles romaines sont de deux sortes,

les *tégoles* et les *canali*, qui en Italie s'emploient encore simultanément.

Les *tégoles*, tuiles plates à rebords, dont les dimensions sont variables, se posent à bain de mortier sur un lit de briques appelées *pianelles;* et les *canali* (tuiles creuses)

recouvrent les espaces laissés entre les *tégoles*.

Les tuiles plates, à rebords, rappellent un peu les tégoles, mais on les modifie tous les jours et chaque usine adopte des formes particulières. C'est à cette catégorie qu'appartiennent

Four continu pour tuiles et carreaux (système Virollet).

Coupe transversale.

Coupe longitudinale dans l'axe d'une galerie.

Coupe en plan à la hauteur de la naissance des portes et des prises de fumée.

partiennent les tuiles dites de Bourgogne, fabriquées à Montchanin-les-Mines et à Écuisses, les tuiles de Normandie provenant de l'usine d'Argences, et les produits similaires qui viennent d'un peu partout.

Dans presque toutes, les rebords de la tuile sur les côtés longitudinaux forment un quart de cône à base circulaire, de façon que lorsque deux tuiles se touchent on a

une portion de cône que l'on enveloppe exactement par un couvre-joint, de forme plus ou moins élégante, dont le renflement a surtout pour objet de faciliter l'écoulement des eaux pluviales.

Voici, d'ailleurs, et par rang d'ancienneté, les types les plus connus :

Les tuiles de MM. Gilardoni, d'Altkirch (Alsace), sont rectangulaires et accompagnées sur leur périmètres de rainures accompagnées de rebords saillants, qui présentent leur concavité en dessus sur deux côtés, et en dessous sur les deux autres, de façon que chaque tuile se trouve ainsi convenablement liée avec la tuile voisine

Poteries gauloises.

extérieure. C'est le genre que l'on fait à Montchanin, sauf les reliefs.

Les tuiles Muller sont à peu près du même système, mais l'usine d'Ivry s'est surtout attachée à produire des tuiles spéciales pour rives, arrêtiers, chenaux, ainsi que des tuiles percées, soit pour le passage des tuyaux de cheminées, soit pour l'ouverture des tabatières, fabrication qui se

fait du reste maintenant à peu près partout.

Les tuiles Girard sont rectangulaires à colonne; leur forme, très simple, n'offre aucun relief susceptible de se remplir de poussière et de s'engorger, le rebord extérieur et longitudinal de forme cylindrique qui constitue la colonne est un peu plus élevé que le rebord intérieur dans lequel il

Poteries gallo-romaines.

s'emboîte, ce qui facilite encore l'écoulement des eaux.

C'est le système des tuiles que l'on fabri-

que avec plus ou moins de modifications à Acheux, à Roanne, à Alençon.

Les tuiles Courtois, dites *en lozanges*,

sont des tuiles carrées, que l'on pose de façon que l'une des diagonales soit horizontale, ce qui donne plus de légèreté, plus d'élégance aux toitures.

Les deux côtés supérieurs sont munis en dessus de rebords saillants qui sont recouverts par les tuiles adjacentes, et les deux côtés inférieurs de rebords saillants en dessous, qui servent à recouvrir et à accrocher les tuiles voisines; de plus, le sommet est muni en dessous d'un crochet d'attache sur le lattis, et par-dessus d'un autre crochet saillant offrant prise à la tuile supérieure, l'autre sommet ayant un crochet saillant en dessous pour maintenir la tuile inférieure, il s'ensuit que chaque tuile est en contact avec six autres.

Le même fabricant a imaginé la tuile ogivale ou en écaille, qui a les mêmes systèmes d'attache, mais qui a l'avantage d'introduire dans les couvertures un élément décoratif qu'on peut varier presque à l'infini.

Les tuiles de MM. Peyrusson et Desfontaines, d'Ecuisses (Saône-et-Loire), celles du moins qui sont spéciales à leur usine, où l'on fabrique tous les systèmes, sont de deux modèles : tuiles à tenon et tuiles à panneton à tenaille, elles ne diffèrent point d'aspect de leur tuile losangée à emboîtement de fabrication courante, mais leurs systèmes d'attache sont autres.

La tuile à tenon est ainsi nommée parce qu'elle porte à sa partie inférieure, à droite, un tenon, à gauche une mortaise; mises en place, le tenon d'une brique s'emboîte dans la mortaise de la suivante, et ainsi de suite, de sorte que toutes les tuiles sont reliées entre elles et par suite tout à fait solidaires.

La tuile à panneton comprend un panneton à tenaille ajouté à la partie inférieure du recouvrement et au revers, dans lequel s'emboîte exactement l'extrémité de la rainure recevant le recouvrement de la tuile voisine.

Ce système offre les mêmes avantages de solidité et d'économie de pose que le précédent, mais il est préférable en ce sens que la partie qui rend les tuiles solidaires se trouve en dessous et par conséquent ne nuit pas à l'aspect général de la toiture.

Les tuiles de montagne, les plus modernes, comme nous l'avons dit déjà, sont ainsi nommées parce que, par leur croisement transversal sur des surfaces plates s'emboîtant hermétiquement, elles présentent les mêmes qualités étanches que l'ardoise, c'est-à-dire qu'elles ne laissent pas passer la neige sur les toits.

Elles ont cette supériorité sur les autres tuiles plates, que faites sans moulage ni compression, mais simplement à la filière, elles n'ont aucun des inconvénients inhérents à l'emploi des moules, car il est incontestable que le déplacement du trop plein entre les alvéoles d'un moule à moulures variées, produit une sortie d'ébarbures irrégulières à droite, à gauche, au haut ou au bas de ce moule, et qu'en même temps que le déplacement par glissement augmente l'état feuilleté ou lamellaire, il donne aussi un arrangement moléculaire irrégulier et cause des gauchissements et des fendillements inévitables.

La tuile de montagne, ne conserve que l'arrangement moléculaire du passage à la filière, sans autre cause de déformation, et la suppression de l'ébarbage laisse aux lignes de rives une netteté sans déchirures qu'il est impossible d'obtenir avec le fil ébarbeur.

Sa fabrication a cela de pratique qu'elle peut être adoptée, presque sans frais, dans toutes les usines où l'on fabrique déjà de la brique creuse ou des tuyaux de drainage, puisqu'il suffit d'ajuster à la machine une filière spéciale, et le tablier coupeur, que représente notre gravure de la page 869.

Ce tablier est muni de plusieurs fils en acier, dont deux transversaux coupent la tuile à la longueur voulue; un troisième, fixé en dessous, détache le demi-jonc pour former les crochets, et un quatrième, en dessus, coupe la partie haute de la nervure pour faire le recouvrement.

Pendant que les deux premiers fils coupent la longueur de la tuile, un levier, fonctionnant en même temps, fait sortir en dessous le fil coupeur des crochets et fait entrer le fil de dessus dans l'extrémité de la côte pour former l'amincie du recouvrement.

L'extrémité de ce tablier, bon à toutes les machines, est muni d'une partie basculante pour recevoir la tuile sur une planchette.

Outre toutes ces tuiles, il y a encore, pour couronner les combles des bâtiments, ce qu'on appelle les tuiles faîtières, dont les plus anciennes sont simplement creuses, mais dont les modernes affectent des découpures supérieures, à modèles très variés, pour satisfaire, autant que possible, à tous les genres de décoration employés dans les bâtiments.

Ces ornements se font dans des moules spéciaux, et pour la plupart appartiennent plus à la catégorie de la poterie mate, qu'à celle de la briqueterie.

Pour qu'une tuile soit bonne et reconnue pour telle, il faut qu'elle soit sonore, presque vitrifiée ou tout au moins que sa cassure présente des traces de vitrification.

Tout dépend donc de la cuisson qui, si elle n'exige pas beaucoup de soins, demande au moins de bons appareils de chauffage.

Tous les fours dont nous avons parlé peuvent être employés avec plus ou moins de succès ; il y a cependant des appareils particuliers pour la cuisson de la tuile et du carreau, car les fours Hoffmann et Hamel, excellents pour la brique, où l'on a toujours le placement des produits de seconde qualité, cuits en pieds de four et en puits de chauffage (produits qui équivalent à 30 pour cent de la fournée), feraient beaucoup trop de déchet.

Le four à feu continu rectangulaire du système Virollet évite cet inconvénient par divers perfectionnements apportés au four Hamel que nous avons déjà décrit.

Il s'en distingue par le système de cloisonnement de chaque compartiment, au moyen de diaphragmes en briques réfractaires, avec ouverture à la partie inférieure pour établir la communication des compartiments entre eux et pour permettre l'introduction d'un registre métallique sur les ouvertures de la cloison ; et par une modification dans la construction des diaphragmes percés d'un grand nombre d'ouvertures qui séparent entre elles les galeries. Ces diaphragmes, en minces parois en réfractaire, se trouvant dans un même milieu de chaleur devant et derrière, permettent de cuire par rayonnement la dernière tranche de produits, aussi bien que les précédentes ; ce qui n'arrive jamais lorsque le fond du four a toute l'épaisseur des maçonneries absorbantes.

Ce système de four, à grilles et par tranches de 60 centimètres, de centre en centre, permet, outre l'avantage de ne pas tacher les tuiles par le contact du combustible, le refroidissement selon la fragilité des produits, et de limiter par conséquent le nombre des compartiments du four, tout en laissant la même longueur de galerie et le même nombre de portes, ce qui est absolument indispensable au bon fonctionnement, car s'il est des produits qui, ne craignant pas le refroidissement, peuvent faire supprimer une cloison sur deux, il en est d'autres qui exigent un plus grand nombre de compartiments, 8, 10, 12 et même 14.

Mais ce n'est là qu'une question de pratique sur laquelle nous n'insistons pas.

POTERIES MATES

La pâte des poteries mates ou poteries communes, se compose, soit d'argile figuline, soit de marnes argileuses, limoneuses ou calcaires, tantôt employées seules, tantôt mélangées en proportions variables soit entre elles, soit mélangées avec du sable et toujours avec des matières dégraissantes, ayant pour objet de déterminer la plasticité de la pâte et d'atténuer le retrait considérable qu'elle prendrait à la cuisson.

Poteries américaines.

L'argile figuline donne une pâte liante, assez tenace, renfermant jusqu'à 5 et 6 pour cent de chaux et une certaine quantité de fer, de sorte qu'elle se colore en jaune ou en rouge par la cuisson à haute température; qui la ramollit et la recouvre d'une sorte de vernis.

D'après M. Salvettat, le savant chimiste de la manufacture de Sèvres, l'oxyde de fer n'est cependant pas la seule cause de la coloration des terres cuites.

« Cette coloration, liée tout d'abord à la nature comme à la quantité des matières introduites dans la pâte, telles que le charbon dans les poteries à pâtes noires, dépend considérablement et de l'état d'oxydation et de l'état de combinaison de l'oxyde de fer; elle tient, en général, moins de la composi-

Poteries péruviennes.

tion centésimale du composé que de l'atmosphère dans laquelle la pièce a cuit et s'est refroidie.

« Des expériences précises ont fait voïr que plusieurs briques faites avec une même terre, renfermant par conséquent la même quantité d'oxyde de fer, suivant la place qu'elles occupent dans le four, sont tantôt incolores, tantôt roses ou rouges, tantôt enfin complètement brunes. »

110.

PORCELAINE CHINOISE.

Les marnes argileuses et limoneuses, qu'on rencontre partout en si grande abondance, sont les plus employées pour la fabrication de la poterie commune ; elles

Alcarazas de Valence.

présentent du reste les avantages de faire facilement, avec l'eau, une pâte aisée à façonner, et d'acquérir une grande dureté par une cuisson modérée.

Les marnes calcaires ne s'emploient qu'en petites quantités pour mélanges, car elles sont antiplastiques. Tout le monde sait que la chaux introduite dans les pâtes en

Le tour à potier.

proportions convenables, ajoute à leur fusibilité; mais s'il y en avait trop, elle faciliterait leur déformation par affaissement ou par ramollissement, d'autant plus vite que la température du four de cuisson serait plus élevée.

Les matériaux choisis et extraits de carrières, qui s'exploitent quelquefois par galeries, comme de véritables mines, subissent une préparation plus minutieuse que pour la fabrication des briques, car il faut que la pâte ait une grande homogénéité pour que le retrait que causera la cuisson soit bien égal et n'amène pas la déformation des pièces.

A cet effet, ils subissent deux séries d'opérations :

1° Un broyage, soit manuel, au moyen de cylindres de bois cerclés d'une lame de fer qui ressemblent aux *demoiselles* dont se servent les paveurs, soit mécanique à l'aide de meules, cylindres et de machines très nombreuses inventées pour cela.

Et 2° un lavage par décantation, qui se fait à l'eau chaude, plus facilement qu'à l'eau froide et plus communément, surtout dans les usines où l'on utilise, à cet effet, l'eau de condensation de la machine à vapeur,

Cette décantation est suivie, naturellement, d'un délayage dans un malaxeur quelconque.

Pour ne pas faire de double emploi, nous ne décrirons point ici ces diverses opérations sur lesquelles nous reviendrons avec plus de détails lorsque nous nous occuperons de la préparation de la pâte à porcelaine, la plus minutieuse de toutes et qui, par cela même, comprend toutes les phases du travail et tous les procédés que l'on y peut employer.

La pâte obtenue, on ne s'en sert point tout de suite; on la laisse, généralement, pourrir dans des fosses pendant une année, quelquefois plus, en ayant soin d'en accélérer la fermentation, en l'humectant de temps en temps avec du jus de fumier ou des eaux marécageuses.

C'est du moins ce que l'on fait de nos jours, car, si les Chinois qui, du reste, faisaient de la porcelaine, ont inventé ce système, qu'ils poussent si loin qu'ils laissent, dit-on, pourrir leur pâte pendant plus de cent ans avant de s'en servir, il est peu probable que nos anciens se donnassent tant de peine pour préparer la fabrication de leurs ustensiles culinaires, dont les musées et collections sont peu fournis, non qu'ils soient rares, mais c'est, qu'en général, ils présentent peu d'intérêt; car, en dehors du genre alcarazas qui doit rester mat pour que la terre conserve toute sa porosité, toutes les poteries anciennes de quelque valeur étaient recouvertes d'un lustre ou d'une glaçure quelconque.

Nous donnerons pourtant quelques spécimens, mais nous ne les prendrons ni chez les Égyptiens, ni en Grèce, ni à Rome où les poteries, en quelque sorte, primitives, étaient déjà lustrées et presque toujours peintes.

Voici (page 873) des poteries gauloises dont les originaux ont été recueillis un peu partout, mais plus particulièrement dans les anciens cimetières de Normandie.

La forme en est simple et, jusqu'à un certain point, grossière; on voit que ces essais de nos pères dans l'art de la céramique, alors à son apogée dans la Grèce, n'ont pas été modelés au tour.

Les matières premières ne sont pas non plus très choisies, la pâte sableuse et souvent micacée est généralement brune, noirâtre (les poteries rouges sont rares), la surface est raboteuse, d'une texture lâche, facile à entamer avec le couteau, ce qui s'explique en ce sens que ces poteries sont à peine cuites et que la plupart ont dû simplement être séchées au soleil.

L'art du potier ne fit des progrès dans la Gaule qu'avec l'occupation romaine qui apporta des modèles que les ouvriers gaulois cherchèrent à imiter; on peut s'en convaincre par les vases gallo-romains trouvés à Langres, au nombre de cent vingt, en creusant un puits.

Non seulement, la pâte n'a plus ces tons charbonneux qui prouvaient le mauvais choix de la terre, puisque les plus foncés de ces vases sont d'un rouge brique, tandis que les plus clairs sont d'un blanc sale; mais encore la forme est régulière, ce qui prouve l'usage du tour à modeler et, progrès plus sensible encore, ces vases ont des anses, qui leur donnent une certaine grâce et permettent de les transporter commodément, ce qui n'avait pas lieu primitivement où l'on se contentait de pratiquer dans les parois intérieures des vases, des cavités où l'on plaçait ses doigts pour les maintenir avec plus de facilité, quand on les portait sur la tête.

Une chose assez remarquable c'est que nos poteries usuelles ont conservé les formes gallo-romaines : nos cruches, nos pots, n'ont pas changé d'aspect et le vase à deux anses que l'on voit sur notre gravure est encore très commun dans la Vendée et dans la Bretagne où, sous le nom de bue, il sert à transporter l'eau et même à la puiser dans les puits.

L'époque Américaine nous fournit des spécimens plus intéressants au point de vue de l'art. Il est vrai qu'ils appartiennent au genre alcarazas. Car, au Mexique et surtout eu Pérou, on a su de bonne heure l'art de décorer et de lustrer les poteries.

Tous les vases d'usage domestique et qui font partie de la magnifique collection du Louvre, ont une physionomie spéciale, imposée aux ouvriers par le besoin que l'on a toujours de boire frais dans un pays très chaud, et la nécessité de mettre le liquide à l'abri du contact des insectes ou animaux nuisibles, qui auraient pu y entrer par un large orifice.

Aussi, la plupart ont des goulots de bouteille, contournés en syphons, à ramifications de conduits, pour que l'eau ait à parcourir plusieurs cavités avant d'arriver à la bouche du buveur.

Le n° 1, en terre noire, reproduit, ou à peu près, la forme d'un canard, et sur le goulot en syphon on remarque un petit singe en relief.

Le n° 2, l'un des plus beaux de la collection, est décoré de deux oiseaux, qui sont vraisemblablement des colombes, placés au point de départ d'une anse tubulaire aplatie, dont chaque face porte en relief une série de dessins représentant très sommairement des oiseaux,

Ce vase, en terre noire, obtenu, vraisemblablement, par un mélange de charbon dans la pâte, ressemble à celui du musée céramique de Sèvres, qui est de même provenance, du reste, puisqu'il a été trouvé à Lima.

Le n° 3, tout aussi curieux, a été trouvé à Borja; son anse qui se relie par un syphon au goulot, est formée par une figure d'homme assis, qui porte un vase de la main droite.

Le n° 4 est un poisson, qui fait le pendant du canard, puisque son anse est aussi surmontée d'un petit singe en relief. Il provient des ruines du grand Tchimu, aux environs de Truxillo.

Dans la seconde gravure, nous trouvons encore deux alcarazas ou, pour mieux dire, deux gargoulettes en terre rouge, trouvées toutes les deux aux environs de Truxillo.

Le n° 1 est un cône tronqué dont le goulot, divisé en deux parties, forme l'anse, portant d'un côté une figurine humaine d'une grossière exécution.

Le n° 5 est un échantillon des vases jumeaux, qu'on rencontre fréquemment dans la céramique américaine où il n'est pas rare d'en voir jusqu'à trois, quatre ou cinq, réunis par un tuyau en arc de cercle avec goulot supérieur.

Le n° 2 est un vase proprement dit (en terre rouge), qui se recommande surtout par l'élégance de sa forme.

Je n'en dirai pas autant du n° 4, mais il a des prétentions décoratives justifiées, bien plus par la tête humaine qui surmonte sa panse quasi sphérique et qui représente assez exactement un tonneau debout, que par les deux bras qui ne s'y rattachent point du tout.

Ce vase, en terre noire, a été trouvé à Quilca.

Enfin le n° 3 est une fantaisie d'artiste il représente, et assez exactement, un sing

Série d'opérations que doit subir la terre au tournage.

assis, dont la queue recourbée forme l'anse du vase.

Comme spécimens d'une fabrication plus moderne du même genre, nous mettons sous les yeux de nos lecteurs (page 877) quelques-uns des alcarazas de Valence, que possède le musée de Sèvres.

L'un, assez simple, avec des décors gravés à la pointe dans la pâte; l'autre muni d'un couvercle formant niche pour une statuette et tellement chargé d'ornements en relief que l'intérieur, lui-même, est couvert de fleurs.

Nous bornerons là la reproduction des curiosités de cette catégorie qui comprend outre la poterie primitive de tous les peuples, les vases pour l'horticulture, pots à fleurs, corbeilles de suspension et autres, les formes à sucre, les fourneaux, réchauds, terrines, les hydrocérames ou alcarazas et la grande poterie très usitée encore dans certaines de nos campagnes, comme cuviers pour couler la lessive, et surtout en Italie et en Espagne où l'on fabrique des jarres de deux et trois mètres de hauteur pour conserver le vin ou l'huile.

Machine à fabriquer les tuyaux de drainage (système Schlosser).

En Toscane, où elles sont très communes elles ont des noms divers : *cziro* aux environs de Sienne et *orcio* autour de Florence.

Mais c'est surtout l'Espagne qui se dis-

tingue dans ce genre de fabrication; au musée de Sèvres, il y a une *tinajas* de cette provenance qui a plus de trois mètres de hauteur sur un mètre de diamètre, et dont la contenance est de 4,197 litres. C'est évidemment une curiosité, mais si l'on allait à Grenade on en verrait de deux fois plus grandes, qui servent de ci-

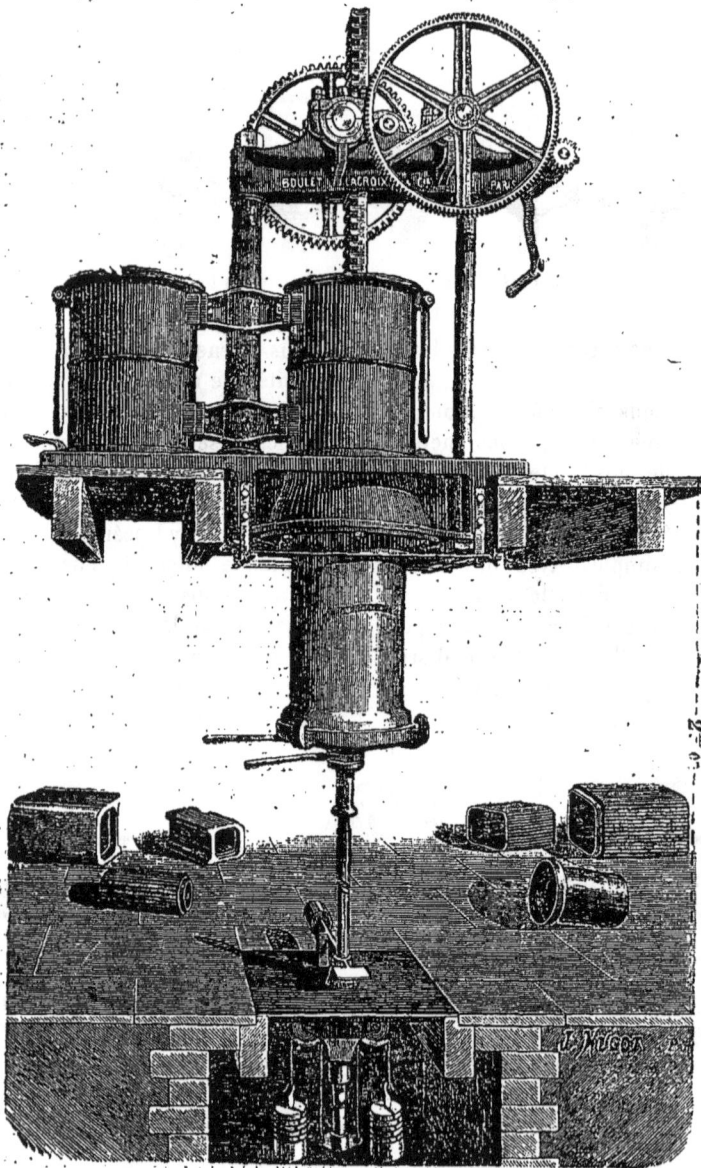

Machine (dite Revolver) pour fabriquer la poterie de bâtiment.

ternes pour recueillir les eaux pluviales. Les jarres, de dimensions moindres, il est vrai, ne sont du reste pas si rares parmi nous qu'on n'en voie journellement à la porte de nos épiciers qui exposent dedans de l'huile, des olives et autres denrées plus ou moins coloniales.

Elles ont, d'ailleurs, été employées de tous temps et par tous pays : les Grecs, les Romains s'en servaient journellement pour recueillir leurs céréales et leurs boissons ; le fameux tonneau de Diogène était une jarre.

On en a trouvé partout, sinon d'entières, car de pareils morceaux sont trop fragiles pour braver les siècles.

On en fait aujourd'hui jusque chez les Hottentots, qui ne sont pas si sauvages qu'ils n'éprouvent le besoin de conserver leurs grains.

Le voyageur Daniell nous en a raconté la fabrication, qui repose sur les mêmes procédés qu'employaient les peuples de la plus haute antiquité, et qu'on emploie encore aujourd'hui peut-être avec plus de vitesse, mais sans plus d'habileté ; c'est ce qu'on appelle le façonnage par colombins.

Les colombins sont des espèces de boudins de pâte, dont la longueur est proportionnée à la circonférence de la pièce à ébaucher, de façon que chaque boudin, dont la grosseur est également proportionnée, ne fasse qu'un tour, qui devient une des zones de la poterie.

La base du vase posée, on établit par-dessus un premier colombin et l'on juxtapose successivement tous les autres, en les pressant avec la main, par les deux faces, pour les faire adhérer entre eux et les réunir plus intimement avec les zones déjà posées.

Rien n'empêche, pour la régularité de l'opération et surtout pour que les contours du vase soient bien circulaires, de placer à l'intérieur une série de guides de diamètres variables, mais l'habileté des potiers rend cette précaution presque inutile.

Les poteries de moindre dimension : notamment les pots à fleurs, les terrines, les cruches et ces espèces d'urnes en usage en Bretagne sous le nom de bues ou de buies (diminutif de buire) se font sur le tour,

toujours comme dans l'antiquité, avec cette différence que le tour a été perfectionné.

Cet instrument se compose aujourd'hui d'un grand disque de bois placé horizontalement et auquel le pied de l'ouvrier communique un mouvement de rotation, transmis à un disque plus petit qui porte la pâte à travailler, par un axe vertical.

Cependant il n'est pas rare, surtout dans l'ouest de la France, de voir encore des tours composés simplement d'une roue de charrette dont le moyeu sert de table de travail, et auquel l'ouvrier assis au-dessus, les jambes écartées, imprime, avec un bâton passé dans les jantes de la roue, un mouvement qui se prolongera suffisamment pour l'achèvement d'une pièce, d'autant qu'on ne fabrique ainsi que la poterie grossière.

Le modelage au tour se fait ainsi :

Le potier, assis en face de son tour de façon à avoir les pieds sur le disque inférieur et les mains à la hauteur du disque supérieur, a, au devant de lui, une tablette sur laquelle un aide a posé, du côté de sa main droite, une certaine quantité de pâte à travailler, divisée en boules ou pains d'une quantité suffisante aux pièces qu'il s'agit de faire ; à gauche sont ses outils, peu nombreux du reste, savoir : une terrine pleine d'eau dans laquelle il trempe ses doigts, de temps en temps, pour qu'ils n'adhèrent pas à la pâte, une petite palette de bois ou de corne, en forme de demi-lune, qu'on appelle *estèle* et qui sert à lisser la surface du vase façonné, et un *tournassin*, espèce de couteau à lame recourbée, pour en raboter le trop plein.

Il prend alors un des pains de pâte, le pose sur le disque supérieur et, mettant son tour en mouvement, il façonne la terre avec ses deux mains humides, de manière à lui donner la forme voulue, modelant de la main droite, tandis que de la gauche il régularise et donne un premier poli.

Cette opération est extrêmement curieuse pour le spectateur, qui s'émerveille de voir naître sous ses yeux les formes les plus variées; cependant quoique très prompte elle demande beaucoup de soins, car il ne suffit pas seulement de faire un vase régulier aux lignes plus ou moins gracieuses, il faut encore qu'il présente les conditions de solidité et surtout d'homogénéité nécessaires à la bonne cuisson.

Pour obtenir ce résultat, qui est surtout une question de pratique, il y a cependant une théorie que résume ainsi M. Salvetat :

« Nous avons dit que toute pâte céramique doit, pour pouvoir entrer dans une fabrication régulière, présenter une homogénéité des parties et des masses. C'est en raison de cette circonstance que les tourneurs élèvent, puis abaissent, relèvent, pour abaisser encore la masse informe qui doit devenir une tasse, une coupe, un vase.

« Je pense que pour conduire à des produits fabriqués dans des conditions normales, chaque ballon de pâte doit joindre aux sortes d'homogénéités que nous avons rappelées, l'homogénéité de tendance.

« Il est évident que la pièce ébauchée peut être considérée comme formée par une lame de pâte hélicoïdale qui s'appliquerait sur une surface de révolution occupant le milieu de l'épaisseur de la pièce. C'est en sens inverse du mouvement qui a développé cette bande de pâte, c'est-à-dire en sens inverse du mouvement rotatoire du tour, que la retraite a lieu pendant la cuisson.

« Or, il faut pour qu'il n'y ait ni déchirures, ni fentes, que toutes les particules qui composent la pièce, celles du haut, celles u bas, celles de l'intérieur de la pâte, aient, lors de la retraite, la même direction avec la même vitesse. Elles ne suivront cette direction que lorsqu'elles auront toutes, et tour à tour, reçu l'impression de la main du tourneur, élevant et aplatissant la masse lenticulaire sous laquelle se présente tout d'abord le ballon que doit fournir l'ébauche. Cet usage, qui ne souffre pas d'exception,

n'aurait d'autre but que d'entraîner toutes les molécules d'une pièce dans une direction unique. »

Il est donc acquis qu'une pièce ne peut être parfaitement homogène que si elle a subi au tournage les huit phases que représentent notre gravure, page 880, et que nous ne décrivons point parce qu'elles s'expliquent d'elles-mêmes.

Mais ce n'est encore là qu'un ébauchage, et bien que la poterie qui nous occupe ne soit pas très fine, il faut encore qu'elle soit polie. Ce qui se fait au moyen de l'*estèle* que l'ouvrier passe en dernier lieu sur les contours de la pièce, et qui non seulement en abat toutes les aspérités, mais comprime mieux la pâte que les doigts et lui donne un grain plus serré.

L'intérieur s'achève soit de la même façon, soit au tournassin.

La pièce finie, l'ouvrier la détache de son tour avec un fil de laiton semblable à celui dont les épiciers se servent pour couper le savon et nos fruitières pour couper le beurre, et la dépose à côté de lui, sur une planche qu'un aide emporte au séchage, quand elle est remplie.

Mais si la pièce doit avoir des anses ou une queue, elle les reçoit d'abord, ce qui est très facile puisqu'il ne s'agit que de coller en place, d'un simple coup de pouce, des languettes de pâte fraîche, façonnées à cet effet.

Le séchage a pour but de faire subir à la pâte un premier retrait et de la préparer progressivement à supporter la chaleur du four, qui la ferait éclater si on l'y déposait toute fraîche.

Les fours dont on se sert pour la cuisson des poteries communes sont les mêmes que ceux que nous avons déjà décrits pour les briques et particulièrement pour les tuiles ; l'enfournement s'y fait également en charge (le plus souvent du moins) mais avec un peu plus de soin, selon la fragilité des objets.

On comprend très bien que les grosses

pièces de poterie puissent se cuire, pêle-mêle dans les fours, en se supportant mutuelle- ment, c'est-à-dire en plaçant sur la sole les pièces les plus épaisses et non susceptibles

Terres cuites antiques.

Égyptienne.   Chinoise.   Grèce primitive

de se déformer par le poids des autres, d'autant qu'avec les fours à compartiments l'échafaudage n'est pas difficile à faire.

Ce système rend d'ailleurs à peu près inutile ce qu'on appelait l'*encastage* en *échappage* ou en *chapelle*, destiné à donner des supports aux pièces fragiles ou de formes irrégulières, puisque cet encastage consiste précisément à diviser la hauteur du four par plusieurs planchers mobiles, for-

Statuettes grecques.

més de plaques de terre cuite, supportés par des piliers de même nature, ce qui est exactement le four à compartiments.

Quel que soit du reste le procédé employé

pour enfourner et faire cuire les poteries, il faut toujours qu'elles soient disposées de façon à ce que la flamme puisse circuler librement autour d'elles, et comme

Bas-relief grec. (Hélène et Ménélas.)

malgré les perfectionnements des nouveaux fours, il y a toujours certaines parties qui chauffent plus que les autres, on y place les poteries plates qui exigent plus de feu que les creuses et les objets de grande dimension.

Ce que nous venons de dire concerne toute la poterie commune d'usage domestique : réchauds, fourneaux, terrines, cruches, pots à fleurs, etc.

La fabrication des Alcarazas ne diffère point, seulement comme il faut que ces vases, très usités dans les pays chauds, aient une grande porosité pour se laisser pénétrer par

Statuettes gauloise et mexicaines.

l'eau, on en modifie la pâte en y introduisant du sable fin ou une terre argilo-sableuse, quelquefois même un peu de sel marin, et l'on fait cuire à très basse température.

Les formes à sucre ne se font pas tout à fait de la même façon ; on les ébauche sur le tour et on les termine sur un moule conique placé sur un autre tour ; leur cuisson doit être plus complète, car il faut qu'elles acquièrent une dureté assez grande pour résister aux chocs nombreux qui les attendent dans les usines.

Les tuyaux de drainage, tuyaux de conduite, tuyaux de cheminée, qui se faisaient autrefois sur le tour par sections assez courtes se font aujourd'hui mécaniquement par morceaux plus considérables.

Ces machines sont aujourd'hui assez répandues. En Angleterre on se sert généralement, du moins l'on se servait en principe, d'une presse verticale, consistant en une boîte cylindrique dans laquelle on met la pâte ; la partie inférieure de cette boîte se raccorde avec un cylindre qui doit former l'intérieur du tuyau, par une partie conique à laquelle se trouve fixé un couteau transversal à lames dentées, qui supporte le noyau.

Un piston plein, mu par une vis, sert à refouler l'argile, qui est d'abord coupée en deux par le couteau, mais ces deux parties se réunissent presque aussitôt et, en passant entre le noyau et le cylindre qui l'enveloppe, forment un tuyau cylindrique dont la longueur est absolument facultative.

La machine horizontale de M. Schlosser, que représente notre gravure page 880, nous paraît bien préférable en ce qu'elle est à double effet, puisqu'elle crible la terre argileuse en même temps que se font les tuyaux, au moyen de grille formant tamis placée en avant des filières.

Elle comprend trois cylindres mobiles, dont deux fixés sur la machine et le troisième entre les mains de l'ouvrier qui le remplit.

Si l'on met la manivelle en mouvement à droite ou à gauche, le pignon fait mouvoir la crémaillère horizontale aux deux extrémités de laquelle sont placés les pistons.

Pendant qu'un piston presse l'argile et la fait sortir du cylindre sous forme de tuyaux,

l'autre quitte son cylindre, vide. Ce qui permet de l'enlever pour le remplacer par le troisième, rempli de pâte.

En renversant le mouvement l'opération se répète de l'autre côté et l'on remplace le cylindre vide par un plein, de façon à ce que le travail soit continu.

Des ficelles, placées sur un cadre de bois à distances égales, coupent aux longueurs voulues, en se rabattant sur la machine, les tuyaux qui s'avancent au fur et à mesure de leur fabrication sur une série de rouleaux qui facilitent leur mouvement.

Comme on le voit, c'est très simple et surtout très ingénieux ; ce n'est, du reste, pas autre chose, au double effet près, que la machine mixte dont nous avons déjà parlé, et qui est aujourd'hui la plus répandue parce qu'en changeant seulement les filières, on peut faire avec de la brique creuse, aussi bien que des tuyaux de drainage.

Pour les conduits de plus grande dimension, tuyaux de cheminées et autres qui forment ce qu'on appelle la poterie de bâtiment, on se sert maintenant de la machine dite *Revolver*, parce qu'elle est en effet à plusieurs canons, puisqu'on peut faire avec des tuyaux carrés ou ronds, lisses ou cannelés, avec ou sans rebords ou emboîtement.

C'est un perfectionnement de la machine anglaise que nous avons décrite ; elle s'en distingue surtout par l'addition d'un second cylindre récepteur, placé en face de l'autre et mobile comme lui autour d'un axe vertical, ce qui permet de rendre le travail continu, puisqu'on remplit un cylindre pendant que l'autre se vide, et qu'il n'y a qu'à faire tourner le chariot qui les porte tous deux pour qu'ils changent de place.

Cette machine, bien servie, peut donner 800 pièces par jour, aussi bien en grès qu'en terre cuite.

Ce n'est en somme qu'une question de matière première.

PLASTIQUE.

La plastique, qui forme chronologiquement la troisième catégorie des terres cuites, en est intrinsèquement la première, car c'est de l'art tout pur : celui qui précéda et inspira la statuaire.

A ce titre elle ne devrait peut-être pas figurer dans cette étude, mais nous ne nous en occuperons qu'au point de vue céramique.

Du reste, bien qu'elle ait un côté industriel, la céramique est de l'art, puisqu'elle n'existerait pas sans le secours de la peinture et de la sculpture.

Il ne sera point ici question de procédés de fabrication, car bien que les terres cuites dont nous parlerons soient toutes moulées, elles proviennent toujours d'un modèle, et les modèles sont des œuvres d'art plus ou moins grossières, plus ou moins élevées, selon les temps et les peuples qui les ont produites.

Nous passerons seulement une revue succincte des terres cuites anciennes, en reproduisant surtout celles qui sont le plus susceptibles de donner une idée générale de la situation de l'art, à diverses époques, et de faire comprendre le plus ou moins de délicatesse des produits céramiques qui en sont la conséquence.

Les plus anciennes terres cuites connues sont égyptiennes ; le musée du Louvre en possède une collection remarquable dans les vitrines des produits de la céramique des Pharaons.

Parmi ces statuettes, modelées avec beaucoup de finesse, les unes représentent le dieu soleil, Ka, avec une tête d'épervier ; la déesse Pacht à la tête de lionne ; la Vénus égyptienne avec des oreilles de vache ; celle que nous avons fait graver est l'image du dieu Anubis, toujours représenté avec une tête de chacal.

L'époque chinoise qui vient ensuite chronologiquement, nous offre des produits plus fins. La statuette que nous donnons comme spécimen est celle de Kouan-in, divinité bouddhique, dont le symbolisme est très étendu et pèche même par la fixation du sexe, car on l'identifie tantôt avec le dieu suprême et créateur, tantôt avec le soleil, et pourtant c'est une femme, si l'on en juge par son costume et surtout par sa physionomie.

L'époque grecque primitive était assez barbare, à en juger par les six terres cuites trouvées dans l'île de Chypre par le général Palma de Cesnola, consul des États-Unis.

Il est vrai que ces figurines, à peine ébauchées, étaient des jouets d'enfant.

Des deux que nous donnons, l'une représente un serviteur monté sur un âne et tenant dans ses bras deux grands vases qu'il porte avec précaution comme si ils étaient remplis de liquide ; l'autre est une femme, ou du moins le buste d'une femme couchée nonchalamment sur un char auquel il ne manque que l'attelage.

Malgré leur grossièreté, ces figurines ne sont point sans valeur même artistique, car les attitudes sont pleines de naturel et les figures, si petites qu'elles soient, ne manquaient point d'expression.

Il ne faut, d'ailleurs, voir en elles que le travail d'un ouvrier pétrissant des jouets d'enfants pour gagner sa vie, car le temps n'était pas loin où la Grèce allait produire des merveilles.

De la belle époque de cette terre classique du grand art, nous montrerons quelques statuettes empruntées à la collection du musée du Louvre.

Ces figurines, admirablement drapées, sont, pour la plupart, des figures symboliques ou religieuses qui servaient pour l'ornement des sanctuaires et surtout des tombeaux.

Les archéologues ne sont pas absolument d'accord là-dessus : les uns ne veulent y voir que des divinités mythologiques ; les autres, au contraire, rangent toutes les statuettes en terre cuite parmi ce qu'ils appellent « les sujets de genre. »

Il nous semble qu'il y a un milieu à prendre ; mais la question n'est pas là, pour nous il suffit que ces statues existent et qu'elles soient admirables.

Statuettes gallo-romaines.

L'époque gréco-romaine renchérit encore sur la précédente ; mais sans abandonner absolument les statuettes, elle s'adonna surtout aux bas-reliefs, soit pour masquer les quatre faces en brique des autels, soit pour l'ornement intérieur des palais, soit même pour la décoration extérieure des maisons.

Les spécimens abondent dans la collection Campana, du musée du Louvre, et tous plus beaux, plus intéressants les uns que les autres, de sorte qu'il est bien difficile de choisir.

Presque tous ces bas-reliefs proviennent ou de Tusculum ou de Roma-Vecchia, localité aujourd'hui disparue, mais où tous les riches citoyens de Rome avaient leurs villas, décorées avec des terres cuites grecques ; car il n'y a point de doute à émettre sur leur origine, puisque tous les sujets traités sont tirés de l'histoire ou de la mythologie de la Grèce.

Mode de fabrication gallo-romaine (cheval et son moule).

Hercule s'y voit à nombre d'exemplaires, tantôt domptant le taureau de la Crète, combattant le lion de Némée, ou écrasant l'hydre de Lerne.

L'histoire de Thésée a fourni aussi de belles pages, et les épisodes de la guerre de Troie n'y sont point rares.

C'en est un que représente une de nos gravures. Hélène, guidant le char qui la ramène à Lacédémone, avec son premier

Bas-relief italo-grec. (Bacchus et les faunes.)

époux Ménélas; on voit même que celui-ci a un pied pendant et prêt à toucher le seuil de sa maison, qu'il semble montrer du doigt.

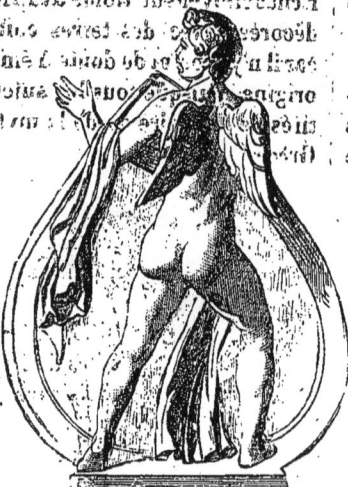

Antéfixe romaine.

Antéfixe gargouille (italo-grecque).

Le pendant de ce bas-relief n'est pas moins curieux : il représente Pâris enlevant sur son char la belle Hélène, dont les traits sont cachés par de savantes draperies. Mais nous ne l'avons pas reproduit, nous avons aimé mieux donner un bas-relief d'un autre genre, provenant d'un temple, plus vraisemblablement d'un autel, vu ses dimensions, car il représente deux faunes agenouillés, l'un jouant du tambour et l'autre des cymbales, pour réjouir Bacchus enfant.

Nous reproduisons aussi deux antéfixes, l'une toute d'ornement; l'autre non moins sculpturale, mais ayant un but utilitaire.

Il faut dire d'abord ce que les anciens appelaient antéfixe.

C'était un ornement placé le long de l'entablement d'une maison, au-dessus de la corniche, de façon à masquer l'extrémité des tuiles faîtières.

Sur la façade des palais les antéfixes étaient généralement en marbre; sur celle des villas moins riches on se contentait de terres cuites.

Quelquefois ces ornements étaient creux et leur partie antérieure était percée d'une ouverture, destinée à l'écoulement des eaux pluviales; cette ouverture remplissait ainsi l'office des gargouilles en pierre de nos monuments gothiques.

Tel est le cas de la tête de femme que représente notre gravure, et qui est une image de Vénus, inspirée par la célèbre Vénus de Cnide, car comme elle, le chef-d'œuvre de Praxitèle porte des pendants d'oreille.

Nous n'avons point à expliquer notre autre antéfixe, à ses ailes on reconnaît l'Amour.

Avec l'époque celtique nous revenons à l'enfance de l'art, car la statuette gauloise qui figure parmi les curiosités céramiques de la manufacture de Sèvres, et que nous avons fait dessiner page 885, est tout à fait barbare, et donne une triste idée de l'état des beaux-arts, dans notre pays, avant que nos pères eussent reçu la civilisation romaine en échange de leur indépendance.

A la même époque, ils étaient bien plus avancés dans un pays qu'on prétendait sauvage lors de sa découverte au xvie siècle, témoins quelques spécimens de terres cuites

de l'époque américaine représentée assez largement à notre musée du Louvre, et qui pourrait l'être beaucoup mieux et dans toutes les collections de curiosités, si Fernand Cortez et ses Espagnols n'avaient détruit plus de vingt mille statues et statuettes, en faisant la conquête du Mexique.

Les figurines que nous avons fait dessiner sont des idoles de l'ancienne religion aztèque.

La première, dont le moule est au musée, représente Yxcuina, la Latone mexicaine, tenant un enfant dans ses bras.

La suivante est une représentation fort bizarre de Quetzalcoatl, le dieu de l'air, ce dont on ne se douterait guère à première vue, car il est tellement enfermé dans son espèce de guérite, qu'il paraît redouter beaucoup l'élément auquel il commande.

La troisième est le dieu Topiltzin, le créateur des hommes, si l'on en juge par la petite figure humaine qu'il tient sur le bras.

Le quatrième n'est rien moins que Huitzilopochtli, le dieu de la guerre, plus barbare encore que son nom, puisque c'est par milliers qu'il fallait lui immoler les victimes humaines, pour qu'il daignât protéger les armes de ses adorateurs.

Quant au dernier, ce n'est vraisemblablement pas un dieu, à moins que ce ne soit celui des excès de table, mais la statuette n'en est pas moins intéressante, elle a même sur les autres une certaine supériorité d'exécution.

Terminons notre exposition rétrospective par quelques terres cuites de l'époque gallo-romaine, que nous choisirons parmi les nombreux types découverts en 1857 et 1858, à Toulon-sur-Allier, aux environs de Moulins.

Découverte d'autant plus importante, du reste, que non seulement on a trouvé des objets très curieux : statuettes, poteries rouges lustrées, terres cuites grotesques, animaux, jouets d'enfants; mais encore les moules qui avaient servi à leur fabrication, et trois ou quatre fours à poteries ornées, ce qui indique suffisamment que cette petite localité était jadis un centre de production des plus considérables de la Gaule romaine.

Les statuettes de notre premier dessin sont, comme presque partout, des idoles, des dieux lares, ou pour mieux dire, des déesses, car il n'y a là que des femmes.

Il est facile de reconnaître dans la première une Vénus anadyomène, pressant ses cheveux pour en exprimer l'onde amère.

Dans la seconde, Pomone, la déesse des fruits.

La troisième est plus ambiguë, car il n'y a pas de raison absolue pour que ce ne soit, comme le croient quelques antiquaires, une Isis gallo-romaine.

Cependant, comme elle n'a aucun caractère égyptien, il est probable que c'est une figure symbolique de la fécondité, peut-être même une Latone, portant dans ses bras ses enfants jumeaux, Apollon et Diane.

La suivante est bien une Minerve, malgré que son casque ne soit pas surmonté du hibou traditionnel, mais la tête de Méduse qu'elle porte sur la poitrine, au lieu de l'avoir sur son bouclier, suffit pour qu'on ne la confonde pas avec Bellone.

Quant à la dernière, qu'on pourrait prendre pour la Vierge et l'enfant Jésus, si elle avait deux ou trois siècles de moins, c'est la déesse Junon, qui sous le nom de Lucine était maîtresse sage-femme de l'Olympe et présidait à ce titre aux heureux accouchements des humaines.

Notre second dessin représente seulement un cheval en terre cuite, provenant également de Toulon-sur-Allier, et à côté de lui, la moitié du moule qui a servi à le produire, car ce moule nous donnera une idée de la fabrication de ce genre de terres cuites dans la Gaule romaine.

Ce moule était composé, comme ceux dont on se sert aujourd'hui, de deux parties creuses qui, en se juxtaposant, donnaient la

forme entière, seulement rien n'indique que la forme était coulée d'un sel jet; il est probable, au contraire, que les deux parties étaient coulées séparément, et réunies ensuite à la main.

De plus, comme on l'a certainement remarqué, ce moule ne donne pas l'animal complet, mais seulement la tête et le corps; il fallait donc que les jambes fussent faites séparément, soit modelées à la main, soit coulées dans une autre moule, et appliquées au corps de l'animal.

Si cela n'indique pas une grande intelligence de la part du fabricant, qui n'aurait pas eu plus de difficultés à faire ses moules complets; cela prouve surabondamment, que l'art grec, qui devait rayonner sur le monde, n'était pas encore arrivé jusqu'en Gaule.

Et cependant le temps avait marché, car ces terres cuites ne doivent pas être antérieures au vi[e] siècle, puisqu'on a trouvé, avec elles, une pièce de monnaie mérovingienne de cette époque.

Nous arrêterons ici cette étude. Jusque-là, elle nous est utile pour apprécier, en connaissance de cause, les produits ornés de céramique proprement dite; la pousser plus loin, serait entrer dans le domaine de l'art pur, et partant, sortir de notre cadre, et sans grand intérêt d'ailleurs; car, du jour où les terres cuites ont atteint une perfection relative dans les procédés d'imitation de la nature ou des modèles antiques, il n'y a plus qu'une question de nuances.

PORCELAINE DURE

La porcelaine est une invention chinoise, qui n'a été connue en Europe que lorsque les Portugais eurent découvert les Indes, d'où ils en importèrent, sous le nom de *porçolana*, que nous avons adopté en le francisant, parce que, dans notre langue, il signifie vaisselle de terre.

Son origine se perd dans la nuit des temps, car, bien que les savants se soient mis d'accord, pour ne la faire remonter qu'à la dynastie des Hang, qui occupa le trône depuis l'an 185 avant Jésus-Christ, jusqu'en l'an 87 après, il est probable, sinon certain, qu'on la connaissait avant, puisque l'empereur Hoanghti, qui vivait 2,600 ans avant

Extraction du kaolin.   Fabrication du pétuntz.   Broyage des matières.

notre ère, créa un intendant pour surveiller le développement de la céramique.

Cette céramique, dont Kouen-Ou avait trouvé les premiers secrets, était rudimentaire alors, cela ne fait pas de doute. Elle ne produisait que de la poterie commune pour les usages domestiques, c'est bien évident ; mais qui prouve qu'elle n'était pas faite avec de la terre à porcelaine, puisque l'argile blanche, qu'on appelle kaolin, se trouve partout en Chine, aussi bien que le pétunsé ?

Du reste, qu'elle soit connue depuis quatre mille ans, ou seulement depuis deux, la porcelaine n'en est pas moins belle, la porcelaine chinoise surtout, qui n'a pu être égalée

Fabrication des cassettes.   Le moulage.   Le tournage.

sinon dépassée dans les temps anciens, que par celle du Japon et de nos jours que par notre porcelaine de Sèvres.

Nous indiquerons un peu sommairement les procédés de fabrication du Céleste Empire, d'après l'excellent livre sur la matière que M. Stanislas Julien a traduit du chinois, nous réservant de suivre avec plus de détails; ceux de notre manufacture nationale, applicables, d'ailleurs, sauf les compositions de pâtes, à toutes les branches de la céramique.

Dans l'*Histoire et fabrication de la Porcelaine chinoise*, M. Julien nous donne le nom du premier fabricant que les annales de Chine mentionnent : Thao-yu, qui, au

Broyage du bleu.   Décoration au pinceau.   Décoration par insufflation.

vII° siècle, façonnait des vases dits de Jade artificiel, et toute une liste de successeurs, qui se transmirent ses procédés, sans les perfectionner sensiblement.

Le dernier nommé est Yhang-nig, qui mourut en 1795, directeur de la manufacture impériale de porcelaine établie, depuis le

xI° siècle à King-te-Chin, dans la province de Kiang-si, ville qui, saccagée par les Tai-pings, n'est plus aujourd'hui qu'un amas de ruines, mais qui était un centre considérable de fabrication, le plus considérable même qui ait jamais existé.

Qu'on en juge par cette description qu'un

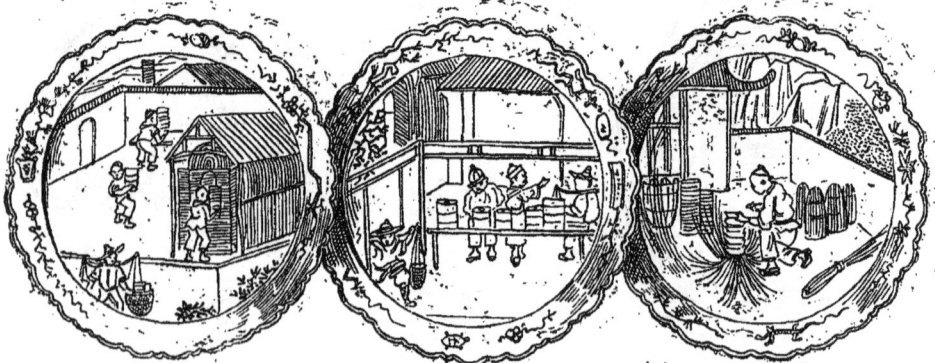

Enfournement des pièces.   Défournement après la cuisson.   Emballage.

missionnaire, le père d'Entrecolles, en faisait en 1717.

Il ne manque à King-te-tchin qu'une enceinte de murailles pour mériter le nom

de ville et pouvoir être comparée aux villes même les plus vastes et les plus peuplées de la Chine.

« Ces endroits nommés *tchin*, qui sont en

petit nombre, mais qui sont d'un grand abord et d'un grand commerce, n'ont point coutume d'avoir d'enceinte, peut-être afin qu'on puisse les agrandir et étendre autant qu'on veut, peut-être afin qu'on ait plus de facilité pour embarquer les marchandises.

« On compte à King-te-tchin dix-huit mille familles. Il y a de grands marchands dont l'habitation occupe un vaste espace et contient une multitude prodigieuse d'ouvriers; aussi l'on dit communément qu'il y a plus d'un million d'âmes.

« Au reste King-te-tchin a une grande lieue de longueur, sur le bord d'une belle rivière; ce n'est point un amas de maisons, comme on pourrait se l'imaginer; les rues sont tirées au cordeau; elles se coupent et se croisent à certaines distances, tant le terrain y est occupé et les maisons n'y sont même que trop serrées et les rues trop étroites. En les traversant, on croit être au milieu d'une foire: on entend de tous côtés les cris des portefaix qui se font faire passage.

« La dépense est bien plus considérable à King-te-tchin qu'à Joa-tcheou; parce qu'il faut faire venir d'ailleurs tout ce qui s'y consomme et même le bois pour entretenir les fourneaux. Cependant malgré la cherté des vivres, King-te-tchin est l'asile d'une multitude de pauvres familles, qui n'ont pas de quoi subsister dans les villes des environs. On trouve à y employer les jeunes gens et les personnes les moins robustes. Il n'y a pas même jusqu'aux aveugles et aux estropiés qui n'y gagnent leur vie à broyer les couleurs.

« Anciennement, dit l'histoire de Feouliang, on ne comptait à King-te-tchin que trois cents fourneaux à porcelaine; mais présentement il y en a bien trois mille.

« King-te-tchin est placé dans une vaste plaine environnée de hautes montagnes : celle qui est à l'Orient, et contre laquelle il est adossé, forme en dehors une espèce de demi-cercle; les montagnes qui sont à côté donnent issue à deux rivières qui se réunissent; l'une est une petite mais l'autre est fort grande et forme un beau port de près d'une lieue, dans un vaste bassin où elle perd beaucoup de sa rapidité.

« On voit quelquefois dans ce vaste espace jusqu'à deux ou trois rangs de barques à la queue les unes des autres.

« Tel est le spectacle qui se présente à la vue lorsqu'on entre par une des gorges dans le port. Des tourbillons de flamme et de fumée, qui s'élèvent en différents endroits, font d'abord remarquer l'étendue, la profondeur et les contours de King-te-chin. A l'entrée de la nuit, on croit voir une vaste ville tout en feu ou bien une immense fournaise qui a plusieurs soupiraux. Peut-être que cette enceinte de montagnes forme une situation propre aux ouvrages de porcelaine. »

Il fallait ce témoignage pour comprendre l'importance énorme de l'industrie céramique en Chine, importance bien amoindrie d'ailleurs et qui diminue encore tous les jours depuis que l'exportation n'a presque plus de raison d'être, puisqu'on fabrique maintenant de la porcelaine à peu près partout; depuis surtout que la manufacture impériale a disparu.

Ce qui reste de plus curieux de cette manufacture de King-te-tchin : outre les produits d'ancienne fabrication, que les collectionneurs s'arrachent à prix d'or, est un atlas du directeur, Yang-nig, dont les nombreuses planches représentent toutes les phases de la fabrication dans l'usine impériale. Ces planches ont été depuis reproduites sur la vaisselle, et c'est sous cette forme que nous présenterons les plus caractéristiques à nos lecteurs, pour servir de commentaire au texte que nous empruntons à un excellent extrait du livre de M. Stanislas Julien, publié dans le *Magasin Pittoresque* de 1857.

« Pour fabriquer la porcelaine de Chine on emploie une pierre blanche ou *pe-tun*, qui se tire de deux montagnes dans le district de Khi-men ; on la nettoie et l'on en forme des *pe-tun-tse* ou briques de pâte blanche.

« Les meilleures sont celles qui, fendues en deux, présentent des fleurs qui ressemblent à la plante chinoise *lon-kio-tsaï.*

« On pratique la même opération à l'égard d'une autre sorte de terre, le *kao-lin*, dont on trouve des dépôts au sein des montagnes couvertes d'un sable rougeâtre. La porcelaine n'est possible qu'en mélangeant les carreaux de kao-lin avec les briques de pe-tun ; seulement il est assez curieux que ce soit une terre molle qui donne de la force aux pe-tun-tse, lesquels se tirent des plus durs rochers.

« Aussi dit-on du kao-lin que c'est le nerf de la porcelaine. Le père d'Entrecolles raconte que des Hollandais ayant emporté des pe-tun-tse pour fabriquer de la porcelaine, omirent l'ingrédient essentiel, le kaolin, sur quoi, s'étant plaints à un marchand chinois, celui-ci leur répliqua : « Comment « voulez-vous avoir un corps dont les os se « soutiennent sans ossements? »

« Mais ce n'est pas assez des deux substances que nous avons mentionnées, pour que la porcelaine ait la blancheur et l'éclat désirable, il faut un vernis, un émail, ou *huile d'émail*, qui s'obtient du mélange d'une espèce de fougère, réduite en cendres, avec une pierre calcaire broyée et calcinée. Des barques chargées de ce produit blanchâtre et liquide stationnent continuellement sur le rivage King-te-tchin. Les fabricants chinois, qui ne sont pas trop scrupuleux, versent de l'eau dans cette huile pour en augmenter le volume et afin de dissimuler leur fraude, ajoutent du gypse fibreux (*chikao*) en proportion, pour donner plus d'épaisseur au mélange.

« A mesure que l'on prépare les vases de porcelaine, on façonne les enveloppes ou boîtes de terre, nommées cassettes (*hia*) destinées à les préserver de la violence du feu. L'argile dont on fabrique ces caisses se tire du village de Lichén, au nord-est de King-te-tchin.

« Voici comment on procède pour insérer les vases crus de porcelaine dans les étuis. L'ouvrier ne les touche pas avec la main, ce qui occasionnerait plus tard des gerçures et des irrégularités dans les pièces cuites ; en outre il pourrait casser les vases; mais à l'aide d'un petit cordon, il tire la pièce de dessus la planche ; ce cordon tient d'un côté à deux branches un peu courbées d'une fourchette en bois, que l'opérateur prend d'une main, tandis que de l'autre il tient les deux bouts du cordon, croisés et ouverts, selon la largeur de la porcelaine.

« C'est ainsi qu'il l'environne, la soulève et la dépose dans la caisse; tout cela avec une rapidité merveilleuse. Les porcelaines, de n'importe quelle forme, se cuisent dans les cassettes, celles qui ont un couvercle et celles qui n'en ont pas. Les couvercles adhèrent faiblement au corps du vase, s'en détachent aisément par un petit coup qu'on leur donne. Les cassettes peuvent être superposées ; on en forme des piles assez élevées; seulement, on a soin que les pièces ne se touchent pas.

« En Chine les cassettes de dernière qualité ne peuvent aller plus de trois fois au feu ; les meilleures se brisent au bout de dix. Les étuis dont on se sert à la manufacture de Sèvres sont bien supérieurs, puisqu'ils subissent, sans s'altérer, trente-six à quarante passages au grand feu des fourneaux, qui cuisent à une température beaucoup plus élevée que celle de la Chine.

« Au début de la fabrication de la porcelaine dans l'Empire Céleste, les cassettes se cuisaient à part dans un fourneau, avant qu'on ne s'en servît pour y faire cuire la porcelaine ; mais alors les commandes étaient moins nombreuses qu'aujourd'hui et l'on regardait moins à la dépense qu'à la perfection du travail.

« Avant que les pièces ne passent au feu,

les artistes les décorent de ces dessins, de ces ornements qui rehaussent le prix de la porcelaine. La peinture en bleu est surtout en vogue; il y a différentes nuances de cette couleur; la nuance *bleu du ciel après la pluie* s'y remarque surtout sur les porcelaines impériales du x° siècle, que les amateurs payent fort cher.

« Le nom de *bleu du ciel après la pluie* a l'origine suivante : un fabricant demanda un jour un modèle à l'empereur Chi-tsong, de la dynastie des Heu-Tcheou, et ce dernier lui répondit : « Qu'à l'avenir les porce-
« laines pour l'usage du palais soient bleues
« comme le ciel qu'on aperçoit, après la
« pluie, dans l'intervalle des nuages. »

« Certains fonds de couleur des porcelaines chinoises causent le désespoir de nos artistes qui, malgré leur habileté, et malgré les moyens ingénieux dont la chimie européenne dispose, n'ont pu parvenir encore à les reproduire. Telle est la couleur d'un vert bleuâtre clair, connue sous le nom de *Céladon*; tels sont les fonds rouges tantôt orangés, tantôt tirant sur le violet; les fonds laque de Chine nuancés, tantôt clairs tantôt bronzés, qui doivent leur origine à la proportion d'oxyde de fer entrant dans la composition, ainsi qu'à la nature du gaz développé pendant la cuisson. »

M. Stanislas Julien dit que les Chinois n'ont pas de chimistes; mais, à coup sûr — et c'est l'opinion de M. Brongniart — il faut que la chimie ait été poussée à un haut degré de perfection pour qu'on obtienne de tels résultats. Sans doute, cette industrie doit beaucoup au hasard, et certaines nuances que nous admirons tous, sont peut-être le résultat de circonstances fortuites, surtout quand il s'agit de couleurs obtenues par des mélanges, en proportions variables, de terres ferrugineuses, manganésiennes et cobaltifères, avec l'émail qui recouvre la porcelaine.

Dans l'ornementation des pièces chaque ouvrier a sa spécialité. L'un peint les oiseaux,

l'autre les dragons, un troisième les fleurs, un quatrième trace les figures; celui-ci forme le premier cercle coloré qu'on voit près des bords de la porcelaine; celui-là figure les eaux et les montagnes.

Pour produire le bleu qui doit couvrir entièrement ou partiellement la porcelaine, on se sert de deux moyens : on plonge la tasse dans une composition de manganèse cobaltifère, ce qui est le procédé par immersion.

Quant au procédé par insufflation, on prend un chalumeau dont l'extrémité est couverte d'une gaze serrée; on l'applique contre la couleur dont la gaze se charge, puis l'ouvrier souffle par l'extrémité du chalumeau laissée libre, contre la porcelaine qui se trouve ainsi semée de petits points bleus.

Les vases préparés de cette façon sont beaucoup plus chers et plus estimés que les autres.

Les ouvriers ont grand soin de ne laisser échapper aucune parcelle de couleur; à cet effet le vase est posé sur un piédestal, et sous ce piédestal est étendue une feuille de papier, que l'on frotte avec une brosse délicate quand l'azur est sec.

« Il s'agit maintenant de mettre les pièces au four. Les appareils que les Chinois construisent actuellement ressemblent aux anciens fours adoptés à Vienne en Autriche, pour la cuisson de la porcelaine dure. Autrefois ils étaient plus petits, n'ayant que deux mètres de hauteur; aujourd'hui, ils ont 3m,30. On construit par-dessus un hangar, *yas-piong* (hangar de la porcelaine), assez solide pour qu'on puisse y marcher. Le tuyau placé derrière s'élève au-dessus du toit du hangar; cinq petites ouvertures, — les yeux du fourneau, — permettent de juger du degré de la cuisson.

« Le four se trouve au fond d'un assez long vestibule, qui sert comme de soufflet, et qui en est la décharge. Les cassettes y sont empilées et rangées régulièrement de façon que la flamme circule librement entre toutes les colonnes. Cependant les pièces sont disposées suivant la mollesse ou la dureté de leur émail. Le feu ne s'allume que quand le fourneau est totalement rempli de vases crus.

Porcelaines chinoises (fabrications particulières).

« Un traité chinois nous apprend qu'il y a plusieurs siècles on jetait dans le foyer 240 charges de bois et 20 de plus si le temps était pluvieux; aussi la porcelaine avait-elle beaucoup plus de corps que celle d'aujourd'hui. Pendant sept jours et sept nuits, on

Porcelaines chinoises (blanc de Chine et camaïeu bleu).

entretenait un feu modéré; le huitième, on faisait un feu ardent.

Aujourd'hui, ces précautions sont omises; le four ayant été chauffé pendant un jour et une nuit, deux hommes ne cessent d'y enfourner du combustible. Au bout de quatre jours la porcelaine est cuite.

Le four est ouvert de grand matin; les

cassettes présentent une teinte rouge ; les ouvriers ne peuvent s'en approcher qu'en se couvrant la tête, la figure et les mains de linges mouillés pliés en dix. On profite de la chaleur du four pour y insérer d'autres cassettes.

Outre les fourneaux clos, il y a des fourneaux ouverts où l'on ne cuit que les petites pièces. Un fait curieux, c'est qu'après la combustion du bois — même quand on en a mis dans le foyer jusqu'à cent quatre-vingts charges — il n'y reste pas de cendres ; cela tient à la manière dont on dispose le bois pour la cuisson de la porcelaine.

« En effet, dit Brongniart, le combustible qui est presque toujours du bois, fendu en bûchettes très déliées, ne se jette pas dans le foyer, mais se place horizontalement sur son ouverture qui est supérieure, de manière que la flamme du bois est renversée ; elle se dirige donc d'abord du haut en bas et ensuite latéralement, pour pénétrer dans le four ; disposition fort remarquable, d'où résulte une perfection telle de combustion qu'il n'y a point de fumée produite et point de braise ; tout ou presque tout est brûlé lorsque le feu marche bien. »

Lorsque ces opérations sont terminées on emballe les porcelaine ; des actions de grâces sont rendues aux dieux, des représentations théâtrales et des réjouissances terminent cette fête de l'industrie.

Voilà pour les procédés généraux, employés aujourd'hui dans tout l'Orient, et aux perfectionnements près, dans notre manufacture nationale ; mais la Chine, dont les anciennes productions sont si curieuses, a connu, de longtemps, et pratique encore, certains procédés particuliers : tels que le *craquelé*, le *truité*, le *flambé*, le *soufflé*, qui, se révélant d'abord comme des accidents de fabrication, ont été utilisés ensuite pour produire des effets originaux.

Les poteries craquelées sont vraisemblablement, les premières qu'ait fabriquées la Chine, grâce à l'inexpérience des ouvriers,

qui ne savaient pas alors que toute terre cuite dont la pâte est plus sensible aux changements de la température que son enduit extérieur, se gonfle à la cuisson et fait fendiller le vernis en cassures plus ou moins multipliées, selon la résistance de celui-ci.

Mais, comme nous l'avons dit, ce défaut fut érigé en procédé, et bien que, dans la porcelaine dure, la pâte et la couverte aient une unité d'origine qui empêche précisément le craquelage, les potiers chinois arrivèrent, en modifiant leurs pâtes ou leurs enduits, à produire du craquelé à peu près comme ils voulurent, et divisé, dans leur fabrication, en grand, en moyen, et en petit.

Ce dernier, qui a pris le nom de *truité*, est très employé pour des vases de petites dimensions, des potiches élancées, dont l'émail, de couleurs vives, ne porte ni décoration ni ornements accessoires.

Non que la décoration soit impossible avec le craquelage, puisque ce n'est qu'une question de vernis, et il n'est pas rare de voir des vases craquelés, sur lesquels des réserves en vernis blanc rehaussées de traits bleus, sont restées parfaitement lisses.

Il y a, du reste, un système de décoration tout indiqué pour les pièces craquelées : c'est la variété des vernis.

En exposant au contact de l'eau une porcelaine sortant du four, on obtient des craquelures très profondes, que l'on remplit, par exemple, avec du noir (les couleurs varient selon les effets qu'on veut obtenir et selon la teinte primitive de la pièce) ; on remet au four et l'on calcule la chauffe de façon à produire sur la surface du vase des craquelures extrêmement fines, que l'on colore par l'infiltration d'un liquide pourpre ou café pâle ; l'effet obtenu est très original, et les poteries de cette nature atteignent un haut prix.

Le *flambé* fut encore en principe un accident, — la transmutation, dont la science moderne connaît tous les effets ; — mais il est probable que les premiers potiers ne savaient pas que le cuivre oxydulé, qui donne à la peinture vitrifiable la couleur rouge haricot, peut, s'il est trop chauffé, produire un beau vert, qui se transforme en bleu céleste si l'on chauffe encore davantage.

Un coup de feu donné à une fournée, le leur apprit, non à leurs dépens, car leurs premiers vases, veinés comme des agathes, sont très estimés ; depuis, ils ont tellement perfectionné le procédé, qu'ils sont à peu près sûrs de leurs effets, et que leurs paires de vases flambés sont régulièrement : l'un à fond rouge, semé de veinules de toute la gamme des couleurs entre le vert et le bleu, et l'autre à fond bleu, strié de flammes rouges et lilacées.

Il font aussi, et avec plus d'habileté encore, des figurines, dont la tête et les mains sont couleur de chair et dont les draperies sont vertes ou bleues, et il n'est pas rare de rencontrer des théières en forme de pêche dont la base est bleue, le corps violacé et le sommet rouge vif.

De là à trouver l'émaillage à grand feu, il n'y avait pas loin ; mais on se contenta longtemps des couvertes à demi grand feu ; il est vrai que ce sont des merveilles, surtout les violets obtenus avec l'oxyde de manganèse, et les bleus turquoises, produits par le cuivre.

Quant au *soufflé* c'est un défaut de décoration qu'on a érigé en système ; il s'agissait de faire, en rouge par exemple, un réseau qui couvrît comme d'une dentelle le fond bleu d'une potiche, le décor ne se vitrifie que par endroits, et produit une multitude de fines jaspures d'un bien meilleur effet.

Du reste, à quoi bon nous appesantir là-dessus ? chacun sait que les Chinois sont passés maîtres en l'art de la porcelaine, leurs produits le démontrent clairement.

Ce qui serait plus intéressant, ce serait d'en faire une classification, qui permît de les distinguer au premier coup d'œil ; mais il faudrait y consacrer un volume tant ils sont nombreux et variés de formes et de dimensions.

Je ne l'essaierai point ; mais, adoptant le système de M. Jacquemart, dans ses *Merveilles de la céramique*, je les diviserai par familles, au point de vue de la couleur et de la décoration, laissant de côté les formes, car la Chine ne produit pas seulement toute espèce de vaisselle, depuis la soucoupe qui sert d'assiette, jusqu'au plat grand à tenir un mouton rôti ; toute espèce de vases, depuis le bol grand comme un coquetier, qui joue là-bas le rôle de verre, jusqu'à la potiche de deux mètres de hauteur, en passant par ces merveilleuses bouteilles dont le musée de Sèvres possède de si précieux échantillons ; et toute espèce de statuettes, depuis les délicieux biscuits en blanc de Chine jusqu'au colossal magot qui dodeline de la tête.

Elle fabrique aussi des tuiles à émail coloré, des briques creuses qui s'ajustent en galeries ou en balustrades et des plaques de revêtement, soit pour les monuments comme le fameux mur de porcelaine et la non moins célèbre pagode des environs de Nankin, soit pour la décoration des meubles et principalement des paravents.

Sans compter des écrans, des éventails, des manches de couteaux, des cannes, des pipes à opium, même les objets les plus bizarres et les plus inattendus.

Nous distinguerons donc seulement, outre les vases craquelés, les vases truités et les flambés dont nous avons déjà parlé et qui sont représentées dans notre première gravure de la page 897.

Les *céladons*, dont la fabrication est très ancienne puisqu'il est acquis qu'elle a précédé la connaissance de la porcelaine dure, translucide.

On appelle ainsi tous les produits céramiques recouverts d'un enduit semi-opaque qui varie de couleur, entre le gris roussâtre et le vert de mer ; les plus anciens, d'ailleurs très rares, sont craquelés avec ou sans réservos.

D'autres qu'on appelle céladons fleuris, sont relevés de méandres ou de fleurs en relief.

Le *blanc de Chine*, qu'on nomme ainsi assez improprement, puisqu'il ne reste jamais blanc et qu'au contraire il est toujours recouvert d'un enduit plus tendre et plus vitreux que celui de la porcelaine ordinaire;

qui prend admirablement les couleurs de demi grand feu, violet pensée et bleu turquoise.

Le *camaïeu bleu;* c'est le décor le plus ancien et aussi le plus estimé en Chine, il s'exécute sur la pâte crue, et simplement séchée et la couverte posée par dessus le rend ineffaçable.

Les grandes pièces de la belle époque (de 1460 à 1487) se payent de 5 à 10 000 francs.

Porcelaines chinoises à décors polychromes.

Les *vases polychromes,* faciles à classer en somme, puisque nous avons vu que la décoration en est faite par le système de la division du travail et que les mêmes ouvriers exécutent toujours les mêmes dessins avec les mêmes séries de couleurs.

Nous distinguerons donc :

1° La *famille chrysanthémo-péonienne,* ainsi nommée parce que sa décoration, très chargée d'ailleurs, se compose surtout de chrysanthèmes et de pivoines (pæonia).

Souvent les vases de cette famille présentent des réserves bizarres et même des appliques laquées qui s'étalent avec profu-

La famille rose doit être plus moderne que les autres, car elle ne paraît être qu'une

décorations remplis de personnages, à compartiments remplis de personnages; plus souvent, plus de décors remplis bien régulièrement, des sujets qu'ils représentent en médaillons plus ou moins réguliers, en cartouches, en formes d'éventails, en bandes tressées, quadrillés qui s'entrecroisent, se cachent l'une l'autre, avec plus de richesse que de bon goût.

C'est la poterie usuelle du pays, celle avec laquelle se font les services de table des familles les moins opulentes.

2° La *famille verte,* reconnaissable à ses décors dans lesquels le vert de cuivre est prédominant, mais dont le dessin moins confus que dans le genre précédent, laisse toujours un espace libre pour la représentation d'un sujet historique.

Les animaux surtout, sont parlants; selon

fleurs.

Le décor varie peu. Ce sont toujours des tiges d'œillets, de marguerites, de nélumbo autour desquelles voltigent des insectes ou des papillons; mais le sujet principal est avec chaque vase un épisode nouveau emprunté à l'histoire des anciens empereurs ou des hommes illustres.

C'est dans cette famille, dont les produits sont de grand effet et qui ne servent en Chine qu'à l'ornement des appartements, que se rangent les coupes dites des grands lettrés, et les vases religieux destinés aux sacrifices.

3° La *famille rose* qui a pour base décorante un rouge carminé qui se dégrade par toutes les nuances jusqu'au rose pâle; mais son caractère encore plus distinctif est la finesse de sa pâte et son peu d'épaisseur qui fait que nous lui donnons en France, le nom de *coquille d'œuf*.

Porcelaines coréennes et japonaises communes.

Les vases de cette famille sont décorés à compartiments remplis de personnages; mais ce ne sont plus des personnages historiques, les sujets qu'ils représentent — sauf les potiches de grande dimension sur lesquels on voit des intérieurs de palais, des fêtes et même des tournois équestres — sont des scènes familières, des femmes promenant leurs enfants, des servantes montant les escaliers d'un pavillon planté au milieu d'un lac, des jeunes filles se balançant sur une escarpolette. Quelquefois même les personnages sont remplacés par des animaux, des oiseaux, des chevaux, aux couleurs les plus inattendues, qui courent au milieu de bouquets de fleurs.

La famille rose doit être plus moderne que les autres, car elle ne paraît être qu'une imitation des belles porcelaines du Japon. Il ne faut pas oublier non plus les vases à *inscriptions*, fabriqués spécialement pour les cadeaux que les Chinois ont l'habitude de se faire à toute occasion, à l'époque de leur naissance, au renouvellement de l'année, quand il survient un événement heureux dans une famille, etc., on les désigne quelquefois sous le nom de vases de *longévité*, parce qu'ils portent presque toujours les emblèmes de la longévité, emblèmes tout de convention mais que tout le monde connaît en Chine, où chaque décor appliqué sur la porcelaine est un symbole.

Les animaux surtout, sont parlants; selon

leur espèce, ils désignent tous les mois de l'année; c'est un animal, le dragon à cinq griffes, qui personnifie l'empereur.

Ce sont aussi des animaux, le cerf blanc, l'axis et la grue qui, sur les vases offerts, prédisent la longévité aux personnes qui les reçoivent, ils sont accompagnés d'inscriptions qui les commentent et formulent des vœux, dont la collection peut satisfaire tous les goûts, comme les inscriptions de nos couronnes de cimetière; libre aux gens riches qui veulent formuler des souhaits spéciaux, de faire fabriquer leurs vases sur commande.

Les *vases réticulés* forment aussi une classe à part : et ce n'est pas la moins curieuse.

Les vases appelés ainsi, sont enveloppés dans un autre vase découpé à jour, soit en rets réguliers, soit en dessins arabesques, de façon à laisser voir le premier et à produire avec la variété des couleurs des effets très pittoresques.

Ce système est surtout adopté pour les tasses à thé, que le réseau extérieur permet de tenir à la main, malgré la chaleur du liquide qu'elles contiennent.

Mais dans les vases de fantaisie, il est poussé jusqu'à l'extrême limite de la difficulté. Ainsi les Chinois fabriquent des potiches réticulées seulement en partie, mais dont le reste est complètement découpé par une solution de continuité contournant, en les séparant absolument, deux séries de dessins arabesques.

Ces vases ne sont naturellement d'aucun usage en tant que récipient, mais ils posent un problème, à savoir comment ils ont pu cuire sans que les deux parties qui les composent se soient soudées ; cela s'explique évidemment par une garniture occupant toute la partie qui doit rester vide, mais ce n'en est pas moins très curieux.

Ils font aussi, toujours pour se jouer de la difficulté, des potiches ornées d'un manchon ou d'un anneau mobile, qui tourne entre le col à la partie renflée du vase.

On n'en finirait pas d'ailleurs si l'on voulait relever toutes les particularités de la fabrication chinoise, et faute de pouvoir tout dire, nous nous en tiendrons là.

PORCELAINE CORÉENNE

La presqu'île de Corée dut produire la porcelaine presqu'en même temps que la Chine, puisque c'est une colonie de Coréens qui, en l'an 27 avant Jésus-Christ, en introduisit la fabrication au Japon; mais elle n'en produit plus depuis longtemps.

Sa plus belle époque paraît être le XVIe siècle et certaines porcelaines de ce temps peuvent soutenir la comparaison avec celles de la Chine.

On les reconnaît à une certaine sobriété de couleurs ; les Coréens n'ont jamais employé que le rouge de fer, le vert de cuivre tirant sur le bleu, le jaune paille, le bleu céleste foncé, le noir et l'or, plus foncé que dans toutes les autres poteries de l'extrême Orient.

Ces couleurs, posées sur la couverte et non à cru, comme en Chine, forment le plus souvent relief.

Quelquefois, comme dans la théière que nous reproduisons, page 901, le fond est gravé en ondulations qui sont censé représenter les flots de la mer.

Quelquefois aussi, les potiches sont chargées de bouquets de fleurs qui ont dû inspirer le décor persan.

Quant aux vases à figures, ils n'ont pas une individualité bien marquée, les personnages sont généralement peu nombreux; mais comme ce sont toujours des Chinois ou des Japonais, on ne s'est point appliqué à leur donner leur origine véritable, et on les a presque toujours confondus avec les porcelaines de ces deux pays.

Ils en diffèrent pourtant, et à leur avantage, par un certain aspect de grandeur et de simplicité qui les a fait choisir pour modèles par les Européens lorsqu'ils ont commencé à fabriquer de la porcelaine, à ce point qu'en Saxe, on les a copiés servilement, mais assez heureusement, du reste, pour tromper même un œil exercé.

PORCELAINE JAPONAISE

Bien que connue depuis dix-neuf cents ans, la fabrication de la porcelaine ne fit de véritables progrès au Japon qu'à partir du XIIIᵉ siècle, alors qu'un fabricant nommé Katosiro-Oyno-Mon se rendit en Chine avec le moine bouddhiste Fo-Gen, pour y surprendre les secrets de l'art céramique.

Il y réussit d'ailleurs, et ses successeurs, perfectionnant ses procédés, arrivèrent à faire aussi bien et quelquefois mieux qu'en Chine.

Naturellement, ils commencèrent par imiter leurs maîtres, et on retrouve dans leurs produits céramiques les mêmes divisions par famille, mais on les reconnaît facilement à la présence dans le décor du dragon impérial armé seulement de trois griffes, du *kiri-mon*, arbuste à trois feuilles, surmontées chacune d'une tige de graminées, d'un oiseau de proie tout particulier, et quelquefois d'une armoirie impériale appelée *guik-mon* et composée d'une fleur de chrysanthème ouverte en roue.

Du reste les porcelaines varient selon les fabriques, dont les principales sont :

Imari, en Fitzen, où l'on fait surtout les vases artistiques que les Japonais distinguent maintenant sous le nom de *Nankin-tsoutsi* (terre de Nankin); Kaga, dont les produits ne sont point livrés au commerce, au Japon du moins, car ils s'exportent et ont figuré avec honneur à notre exposition de 1867.

Les plus remarquables sont des pièces d'un fond très blanc, décorées presque exclusivement de rouge et d'or, quelquefois le rouge est associé à des parties polychromes faisant bordures ou médaillons, et presque toujours quand l'or est en minces

ou en larges rubans, il est rehaussé de gravures à la pointe.

Une usine voisine produit ce qu'on appelle la poterie Kutani, qui fournit surtout les vases à inscriptions pour cadeaux, seulement au Japon les signes de longévité ne sont pas les mêmes qu'en Chine; c'est le pin, le bambou, la grue, et surtout une tortue fantastique terminée par une flamme en pointe.

On cite encore :

Owari, dont la porcelaine épaisse et très lustrée, est souvent chargée de fonds surajoutés en brun mat, ponctués d'une multitude de points noirs qui lui donnent l'aspect du chagrin. Owari fabrique surtout les grandes jardinières et les vases d'ornementation à fond bleu, avec reliefs réservés en blanc, soit pour une décoration à personnages soit pour des inscriptions.

Tamba, qui fait surtout de la porcelaine chrysanthemo-pœonienne d'un décor assez rudimentaire,

Et Yeddo, qui paraît continuer la fabrication coréenne.

Mais le Japon n'a pas fait qu'imiter, il a ses produits originaux, ses porcelaines artistiques et ses porcelaines à mandarins qui, avec sa porcelaine vitreuse et ses laques burgautées sont sa vraie gloire céramique.

Les porcelaines artistiques qui sont de la famille rose japonaise se distinguent par la pureté des couleurs que l'on dirait gouachées, par l'élégance des formes et la variété des décors.

Sans doute, les figures sont maniérées et presqu'uniformément dessinées, mais les plantes, les oiseaux surtout qui se jouent dans un fouillis de fleurs, sont au naturel, sauf le brillant des couleurs.

Les potiches à mandarins, ainsi nommées parce que le sujet principal de la décoration est une scène familière dont les personnages sont des mandarins chinois, se subdivisent presque à l'infini.

Il y a les grands vases dont le fond est

ornementé à l'encre de Chine, et les sujets peints sont entourés d'une bordure d'or.

Les vases à fond filigrané d'or très doux à rinceaux très serrés ; le médaillon est encadré d'un filet ou d'arabesques d'or bruni, les petits sont généralement décorés de paysages en camaïeu rouge ou noir, ou d'oiseaux et de fleurs aux couleurs multicolores.

Les vases à fond rouge, rehaussé d'une mosaïque en tresses noires (ce qu'on appelle *clathré*) et de traits d'or groupés par trois.

Les vases chagrinés ou gaufrés, dont le fond est semé de petits points qui imitent la peau de chagrin, ou selon l'expression locale, la chair de poule.

Il y a aussi les mandarins camaïeu, ainsi

Porcelaines de la Cⁱᵉ des Indes (Japon). Statuettes représentant Louis XIV et la duchesse de Bourgogne.

nommés parce que certaines parties du fond sont remplies d'un losange ombré que les porcelainiers d'Europe ont imité à profusion, et qui a pris chez nous le nom de genre Pompadour.

Et les mandarins à fonds variés, et qui par cela même, défient toute description.

PORCELAINE VITREUSE

Arrivons maintenant à la porcelaine vitreuse, produit tout à fait spécial au Japon,

et qui est fait avec une substance si difficile à broyer par les moyens manuels que les céramistes japonais ont fait ce dicton : « Il entre des os humains dans la composition de la porcelaine. »

Ce qu'on fabrique surtout avec la porcelaine vitreuse, mince comme une feuille de papier et qui mérite plus que tout autre le nom de coquille d'œuf, ce sont de petites coupes très évidées qui servent à boire le *saki*, espèce d'eau-de-vie de grains que les Japonais avalent presque bouillante, et des petites tasses, encore plus microscopiques, et sans soucoupe.

Elles restent blanches à l'intérieur, elles sont, du reste, le plus souvent entourées

Porcelaines japonaises artistiques.

d'un clissage en fils de bambou, l'intérieur n'en est décoré que très sobrement et avec des esquisses plutôt que des dessins.

Quant aux porcelaines laquées, peu communes, du reste, elles ne sont point l'objet d'une fabrication spéciale ; ce sont des pote-

Porcelaines de Perse.

teries quelconques (on en connaît même de provenance chinoise), sur lesquelles on applique, soit entièrement, mais plus souvent par médaillons réservés sur un décor, de la

Arrivons maintenant à la porcelaine vitreuse, produit tout à fait spécial au Japon.

Liv. 114

laque burgautée; opération qui n'a rien de céramique puisqu'elle se fait sur toutes sortes de matières, mais que les Japonais sont les seuls à savoir exécuter sur la poterie.

Ils sont, du reste, passés maîtres en cet art, qui consiste à étendre sur un objet quelconque, une couche de vernis] noir (extrait d'un arbre résineux de leur pays) qu'on appelle *laque*, et à incruster dans cet enduit humide, des parcelles de nacre provenant d'une coquille univalve nommée *burgau*, de façon à former des dessins et même à reproduire les tableaux les plus compliqués.

C'est de la mosaïque; puisque les parcelles de burgau sont coloriées artificiellement pour rendre les tons du modèle, mais de la mosaïque microscopique qui demande une patience de bénédictin; l'effet du reste est merveilleux, surtout sur les vases en craquelé, que les Japonais réussissent aussi bien, sinon mieux que les Chinois.

PORCELAINES DES INDES.

C'est encore à la production japonaise qu'appartiennent les porcelaines connues sous le nom de porcelaines des Indes, ou plus exactement de la Compagnie des Indes, parce que c'est cette société, fondée en 1702, par les Pays-Bas, pour favoriser la navigation commerciale, qui les importa en Europe et en quantités si considérables que l'inventaire de 1664 porte à 44,943, le nombre des pièces rares ou précieuses, recueillies au Japon par la Compagnie Néerlandaise.

Il est vrai que cette année-là elle redoubla probablement d'efforts, pour battre en brèche la concurrence que la France essayait de lui faire, en créant aussi une Compagnie des Indes Orientales.

Mais cette tentative demeura infructueuse, et il n'en est resté au point de vue céramique, que de curieuses statuettes ayant la prétention de représenter Louis XIV et les membres de sa famille.

Les deux que nous reproduisons sont

celles du roi et de la duchesse de Bourgogne, faites évidemment d'après des estampes apportées de France, mais l'artiste japonais les a interprétées à sa façon et avec les traditions du pays.

Ainsi les fleurs de lis de l'habit de Louis XIV, sont devenus des *guik-mon*, armoiries du souverain, elles réapparaissent pourtant sur le bâton du commandement qu'il tient à la main, mais ce bâton a la forme du rouleau sacré des divinités bouddhiques.

Par la même raison les broderies de la robe de la duchesse de Bourgogne ont fait place au *fong-hoang*, oiseau qui dans l'extrême Orient est le symbole des impératrices.

Il ne faudrait pas juger la porcelaine des Indes, uniquement sur ces spécimens; cette classe de la fabrication japonaise a produit de fort belles choses, notamment en vases réticulés (voir celui que nous donnons) et en potiches, décorées assez sobrement et toujours avec des fleurs : la chrysanthème, l'œillet, la rose, le pavot et l'anémone double.

Seulement, elle a été obligée de se modifier pour satisfaire le goût des négociants hollandais exportateurs; on en trouvera la preuve dans ce passage des *Ambassades mémorables*.

« Pendant que le sieur Wagenaar se disposait à retourner à Batavia, il reçut 24,567 pièces de porcelaine blanche, et un mois auparavant il en était venu à Désima une très grande quantité mais dont le débit ne fut pas grand, n'ayant pas assez de fleurs.

« Depuis quelques années les Japonais se sont appliqués à ces sortes d'ouvrages avec beaucoup d'assiduité. Ils y deviennent si habiles que non seulement les Hollandais mais les Chinois même en achètent

« Le sieur Wagenaar, grand connaisseur et fort habile dans ces sortes d'ouvrages, inventa une fleur sur un fond bleu qui fut trouvée si belle, que de deux cents pièces où il la fit peindre il n'en resta pas une seule qui ne fût aussitôt vendue, de sorte qu'il n'y avait point de boutique qui n'en fût garnie. »

C'est évidemment sous l'influence de ce Wagenaar, auquel la Compagnie des Indes concéda le monopole du commerce des porcelaines, que la fabrication pour l'importation perdit peu à peu son caractère japonais, qui n'avait pas *assez de fleurs*, et devint un bariolage.

Mais ce bariolage était à la mode, et il n'y eut pas dans le nord et le centre de l'Europe, si petit hobereau qui ne commandât à la Compagnie des Indes un service de table avec ses armoiries; on s'ingéniait même à inventer des fleurs, comme le grand connaisseur Wagenaar.

Il fallut l'apparition de la porcelaine de Saxe, puis de la porcelaine française, n'imitant que les bons modèles, pour mettre un terme à ce dévergondage de décors et de couleurs.

PORCELAINES DE PERSE.

Les Persans connaissent la porcelaine depuis nombre de siècles; ils ont d'abord fabriqué une espèce de porcelaine émail, en pâte très blanche, qu'ils décoraient simplement de quelques arabesques en traits noirs, quelquefois même ils se contentaient de percer dans la pâte des jours qui n'étaient recouverts que par l'émail.

Cette fabrication fut abandonnée pour la porcelaine tendre, dont nous n'avons point à nous occuper maintenant, et surtout pour la porcelaine dure, à l'imitation de celle de la Chine, puisque le nom qu'ils lui donnent est *tchini*.

Les produits persans, moins variés qu'en Chine et au Japon, comprennent :

1° — La porcelaine blanche, à décor bleu sous couverte, qui est peut-être la plus ancienne, mais qui ne mérite pas la haute estime que les Persans lui accordent, probablement parce que la fabrication en a disparu.

La pâte en est grossière, le tournage assez rudimentaire et l'émaillage assez généralement incomplet.

Le décor est quelquefois purement chinois; quand il affecte le caractère national, il consiste en médaillons remplis de fleurs, peints à cru sur la pâte et dans les intervalles, en combinaisons assez harmonieuses de bâtons rouges, gravés sur les vases, avant la cuisson.

Les pièces exécutées le plus couramment de cette façon sont des bouteilles, des narghilés, des biberons, des aiguières sans anse, le plus souvent sans plateau, des cafetières, des tasses, etc.

2° — Les porcelaines à dessins polychromes, qui imitent celles de la Chine, sauf par les formes, se subdivisent comme elles en familles chrysanthemo-pœonienne, verte et rose.

Les vases de la première famille, qui sont surtout des aiguières, des gargoulettes à panse cannelée et des biberons, sont moins chargés qu'en Chine et partant plus élégants.

Ils ne portent le plus souvent que du rouge de fer et de l'or, quelquefois le bleu sous couverte; la décoration, toujours sobre, se compose généralement de branches feuillées, terminées par une fleur à long pistil, et de palmes dont le fond rouge est rempli d'arabesques en réserve.

Les pièces de la famille verte sont plus variées, elles approchent de celles de la Chine par la valeur des émaux, mais elles les copient assez grossièrement dans les sujets à personnages; les décorateurs persans, peu habitués à dessiner des figures (leur religion défend la représentation humaine), en font de véritables caricatures; il est vrai que ce sont toujours des Chinois qu'ils représentent.

Ce qu'il y a de meilleur, dans cette catégorie de leur production, sont leurs vases à fonds diversement colorés, qui sont d'ailleurs très remarquables... c'est presque toujours le bleu qu'ils marient avec les palmes vertes du décor principal, quelquefois sur un fond nankin, ou sous cette couverte feuille-morte que les Chinois appellent *tse-kin-yeou*.

Les porcelaines de famille rose sont plus rares, elles reposent du reste sur les mêmes principes décoratifs.

Les Persans fabriquent aussi des porcelaines trempées en couleur, qu'ils décorent simplement avec un relief d'argile blanche, et des bordures arabesques, faites de la même façon ; leurs céladons, dont la teinte vert de mer est aussi belle que celle des vieux céladons chinois, sont décorés plus richement quand ils ne sont pas seulement cannelés ou *godronnés*, pour nous servir de l'expression consacrée.

PORCELAINES DE L'INDE.

On a cru longtemps que les Hindous, qui sont, sans contredit, le peuple le plus ancien du monde, n'avaient jamais connu la fabrication de la porcelaine ; et cela, sur la foi d'anciens voyageurs, et notamment de Chardin, qui se connaissait en céramique comme un aveugle en couleurs, au point de confondre la faïence avec la porcelaine.

Porcelaines de l'Inde.

Il avait écrit : « On ne fait point de faïence aux Indes ; celle qu'on y consomme y est toute portée ou de la Perse, ou du Japon, ou de la Chine, ou des autres royaumes entre la Chine et le Pegu ; » on le crut sur parole.

Mais la question est élucidée maintenant par les recherches des savants et les spécimens qu'on rencontre dans nos musées et dans les collections particulières ; ce qui ne serait peut-être pas très concluant, car, de ce qu'une porcelaine orientale existe, il ne s'ensuit pas qu'elle ait été fabriquée dans l'Inde, mais où il n'y a plus de doutes à avoir c'est quand on a lu le passage du livre chinois traduit par M. Stanislas Julien, où dans un catalogue relatif à la fabrication, on trouve :

N° 54. Imitation des vases frottés d'or de l'Indo-Chine.

N° 55. Imitation des vases frottés d'argent de l'Indo-Chine.

Or, si les Chinois, si savants en céramique, imitaient les Hindous, c'est que non seulement ceux-ci fabriquaient de la porcelaine, mais qu'ils la fabriquaient très bien.

Ces porcelaines, frottées d'or ou d'argent, ne sont pas toutes cassées, on en peut voir deux spécimens au musée de Sèvres, une petite cafetière à bec, et une coupe de forme originale.

Ce n'est pas, du reste, ce que les Hindous ont produit de mieux, leurs porcelaines imitant l'émail cloisonné sont infiniment plus remarquables.

En dehors de cela, leurs produits peuvent se classer en deux catégories : famille bleue et famille verte.

Voici d'ailleurs, d'après M. Jacquemart, si compétent en la matière, les caractères distinctifs de la porcelaine de l'Inde.

« La pâte hindoue est bleuâtre, son émail est bien lustré et brillant ; elle est souvent obtenue par coulage dans des moules, et à sa surface troublée, ces caractères la rapprochent des poteries de la Chine et du Japon.

« L'un des éléments du décor hindou est un bleu émaillé vif et profond, tout à fait caractéristique, il n'a d'analogue que le bleu de la porcelaine tendre de Sèvres ; sur certaines œuvres il forme des fonds partiels, ou silhouette des bouquets du style des anciennes toiles peintes ; on y voit des ananas, des pivoines, des chrysanthèmes et des fleurettes dont les détails sont marqués par des

Porcelaines de Saxe.

rehauts d'or d'une incroyable finesse ; cette délicatesse infinie, qui laisse loin derrière elle tout ce qu'ont peint les Chinois et les Japonais, est le plus sûr moyen de reconnaître les œuvres hindoues.

« Des filets verts ou bleus sont chargés de points d'or qui en font une broderie, les guirlandes de ces points imperceptibles supportent des marguerites non moins imperceptibles, au cœur rouge. Des teintes douces et fondues, vertes ou carnées, jettent une harmonie parfaite sur certains motifs arabesques formant frises purs, des guillochures d'or, des losanges microscopiques, s'épandent sur des galons plats, et

complètent ainsi la ressemblance du décor peint avec les plus riches étoffes.

« Ces genres de transition deviennent faciles à reconnaître pour ceux qui les ont vus une fois, et ils se relient parfaitement, par le style et les procédés avec une espèce spéciale de l'Inde extrême, dont notre expédition de Cochinchine nous a rapporté les premiers spécimens.

« Ce sont des bols ou des vases cylindriques couverts, en porcelaine parfois assez fine, le plus souvent très commune ; toute la décoration, en couleur de demi grand feu, couvre le biscuit ; on n'aperçoit la couverte blanche que sous le pied des bols et à l'intérieur des pièces couvertes. Le fond principal est un émail noir verdâtre, semé de flammes lobées, rehaussées de rouge sur blanc; des figures bouddhiques, coiffées de la tiare et nimbées occupent les quatre faces du vase; deux sont représentées en buste, dans des médaillons arabesques, les deux autres jetées sur le fond se terminent en queue contournée, comme celle des sirènes.

« Ces pièces, dont la plupart sont de fabrication moderne, se rattachent évidemment à une tradition ancienne; nous n'en voudrions pour preuve qu'un bol décoré en bleu sous couverte, qui est venu à l'improviste éclairer la question par son apparition dans une vente publique d'anciennes marchandises hollandaises. »

PORCELAINES DE SAXE.

La porcelaine, comme nous l'avons dit, ne fut connue en Europe qu'au commencement du xvie siècle, par les Portugais, qui en importèrent quelques chargements, mais elle devint si à la mode au xviie siècle, alors que les Hollandais en faisaient par leur Compagnie des Indes, un commerce si étendu, qu'on chercha partout à l'imiter.

Les savants pourtant si chercheurs, les potiers pourtant si habiles du xvie siècle, avaient déclaré la chose impossible, parce que leurs efforts à en étudier la composition avaient été superflus.

Claude Révérend, au lieu de perdre son temps à la chercher, travailla à côté, et à l'aide de procédés d'une complication extrême, parvint vers 1660, à singer absolument la poterie chinoise; mais ce qu'il fabriqua n'était point de la porcelaine dure, mais seulement la première idée de la porcelaine tendre, dont la fabrication fut une des premières gloires de notre manufacture de Sèvres, mais dont nous n'avons point à nous occuper ici.

C'est de la Saxe que sortirent les premières porcelaines dures fabriquées en Europe, et l'invention, car ce fut une véritable invention, puisqu'on ne connaissait aucun des procédés chinois, en est due à Jean Frédéric Boettcher, chimiste très distingué, et même alchimiste, car il cherchait, dit-on, la pierre philosophale, le grand dada du moyen âge.

C'est même à cette circonstance qu'il faut attribuer sa découverte.

L'électeur de Saxe, Frédéric-Auguste, qui voulait faire travailler le savant pour son compte personnel, le fit arrêter et emprisonner, lui donnant pour adjoint et surveillant un autre savant, Walther de Tschirnhausen, qui avait aussi essayé de faire de l'or.

Et c'est en travaillant que Boettcher découvrit en 1705, non pas le secret du grand œuvre, mais que la terre d'Okrilla avec laquelle il faisait ses creusets, était précisément de la nature qui convenait à la porcelaine, et il en fit des poteries, dont il perfectionna la fabrication et qui s'appelèrent *porcelaine rouge*.

Cinq ans après, encore par un hasard, il trouva la pâte blanche, avec une terre tirée d'Aue, près Schneeberg, et que tout le monde connaissait, puisque réduite en poudre, elle remplaçait avantageusement en Allemagne la farine à blanchir les perruques.

Trouvant un jour de pluie que sa perruque avait un poids inusité, il en palpa la poudre et lui reconnut les qualités plastiques qu'il cherchait.

Dès lors, l'électeur de Saxe renonça à l'or, prit possession du gisement kaolinique, et établit une nouvelle manufacture de porcelaines dans l'Albrechtburg (château d'Albert), à Meissen.

Boettcher fut le directeur de ce premier établissement qui, malgré les précautions prises, eut bientôt des imitateurs; du reste son ancien collaborateur Tschirnhausen fonda bientôt après la manufacture de Vienne, qui ne donna pourtant de résultats appréciables que vers 1720.

Dès 1713, on fabriquait de la porcelaine à Brandersbourg, en 1718 à Anspach, puis à Baireuth, à Hochist, à Frankental, Furstensberg, Louisbourg, Nymphenbourg; la manufacture de Berlin ne fut créée qu'en 1743, et à cette époque déjà il y en avait en Allemagne une trentaine, qui eurent des destinées plus ou moins éphémères, écrasées qu'elles furent, plus ou moins, par la supériorité des produits de Meissen.

Les premières porcelaines de Boettcher furent des imitations coréennes ou japonaises, mais si exactement reproduites, que sans la marque de fabrique, qui était alors un caducée (les deux épées croisées, ne furent adoptées qu'en 1720), il serait impossible de les reconnaître pour des porcelaines européennes.

La manufacture de Meissen ne prit un style personnel, abusant peut-être un peu de la composition rocaille, que lorsque Boetcher mort à 35 ans, fut remplacé comme directeur par Horold.

Les guirlandes en relief, aussi bien que les figures, qui n'acquirent d'ailleurs leur remarquable fini que beaucoup plus tard sous la direction artistique de Dietrick, professeur de peinture à Dresde, — ne commencèrent à paraître sur les vases de Saxe que vers 1730, sous l'impulsion du sculpteur Kandler, mais chose bizarre et tout à l'honneur de notre manufacture nationale, ce ne fut qu'à partir de 1765 lorsque le sculpteur François Assier, de Paris, introduisit à Meissen le style de Sèvres, que la réputation des porcelaines de Saxe devint européenne.

Ce fut la belle époque de la fabrication, celle dont les produits, qu'il ne faut pas confondre avec ce qu'on appelle le vieux Saxe, sont le plus chèrement cotés par les amateurs.

Mais Sèvres, déjà célèbre par sa manufacture de porcelaines tendres, entrait en lutte pour la porcelaine dure, et créait à l'usine de Meissen une concurrence si redou-table, que bientôt elle ne fut plus qu'au second plan.

D'autant que les produits de Saxe ont peu à peu cessé d'être artistiques pour devenir de plus en plus industriels.

Les procédés de fabrication diffèrent peu de ceux de Sèvres, que nous décrirons de préférence, les matériaux employés sont le kaolin argileux d'Aue, le kaolin de Seilitz et celui qu'on rencontre à Sosa près Johanngeorgenstadt; quant au feldspath il vient de Carlsbad.

Jadis la pâte renfermait un nombre assez considérable de matières diverses, mais sous la direction de Kuhn on a adopté seulement celles que nous avons citées et dans les proportions suivantes pour la pâte de service :

Kaolin de Saxe	18	0/0
Kaolin de Aue	18	»
Kaolin de Seilitz	36	»
Feldspath laminaire de Carlsbad	26	»
Et Degourdi	2	»

La glaçure, autrement dit le petuntse, se compose de :

Quartz hyalin calciné	37	0/0
Kaolin de Seilitz calciné	37	»
Calcaire de Neuntmansdorf	17 1/2	»
Tessons de porcelaines pulvérisés	8 1/2	»

Nous donnons ces chiffres d'après Brongniart, qui par faveur spéciale, fut admis en 1812 à visiter la manufacture de Meissen, mais il n'y aurait rien d'étonnant à ce que les dosages aient changé depuis cette époque; ce qui est d'ailleurs pour nous d'une importance très secondaire.

PORCELAINES DE SÈVRES

Un mot, d'abord, de la genèse de notre manufacture nationale, qui restera, malgré ses défaillances passagères, une des gloires de l'industrie française.

Nous avons dit déjà que Claude Révérend avait trouvé le moyen d'imiter avec de la poterie émaillée, les porcelaines chinoises ; ce succès, bien qu'incomplet, suffit à l'enfantement de l'usine de Sèvres.

En 1695, le chimiste Morin, membre de l'Académie des sciences, établit à Saint-Cloud une fabrique de poteries sous la direction des frères Chicanneau qui, poussant à la perfection l'invention de Révérend, produisirent nombre d'assez belles pièces, que l'on reconnaît à un décor bleu symétrique sur une pâte d'un blanc laiteux assez épaisse, mais plus facilement à la marque du soleil, qu'ils avaient prise, par une flatterie à l'adresse de Louis XIV, flatterie qui leur valut d'ailleurs quelques privilèges.

En 1736, les frères Dubois : l'un peintre, et l'autre modeleur de la manufacture de Saint-Cloud, la quittèrent pour fonder à Chantilly, sous la protection du prince de Condé, un établissement qui donna de si beaux résultats que le ministre des finances Orry leur acheta leurs procédés de fabrication, en 1740, et les installa à Vincennes

Porcelaines de Sèvres du XVIIIe siècle (Vieux Sèvres).

où leurs essais n'étant point couronnés du succès qu'on attendait, on les remplaça par un de leurs ouvriers nommé Gravaud, qui végéta pendant quelques années.

En 1744, Orry de Fulvy, frère du ministre, à la tête d'une société de huit bailleurs de fonds, versant chacun 30,000 francs, se fit concéder pour 30 ans la nouvelle manufacture, dont la direction fut confiée au sculpteur Charles Adam. Celui-ci acheta d'un nommé Gallot, un procédé de composition des couleurs, et celui de la dorure du frère Hippolyte, prit Duplessis comme modeleur, Mathieu comme dessinateur des ornements et Hellot comme chimiste.

Cette société périclitant, le roi s'y intéressa bientôt personnellement en se chargeant des trois quarts du capital, mais il fit passer le privilège entre les mains d'Éloi Brichard ; alors la manufacture, sortie des tâtonnements et mise sous la direction de Boileau, produisit des porcelaines tendres qui eurent un tel succès que l'établissement devint trop petit, et qu'en 1756 on le transporta à Sèvres, dans de vastes bâtiments construits tout exprès; quatre ans plus tard, le roi

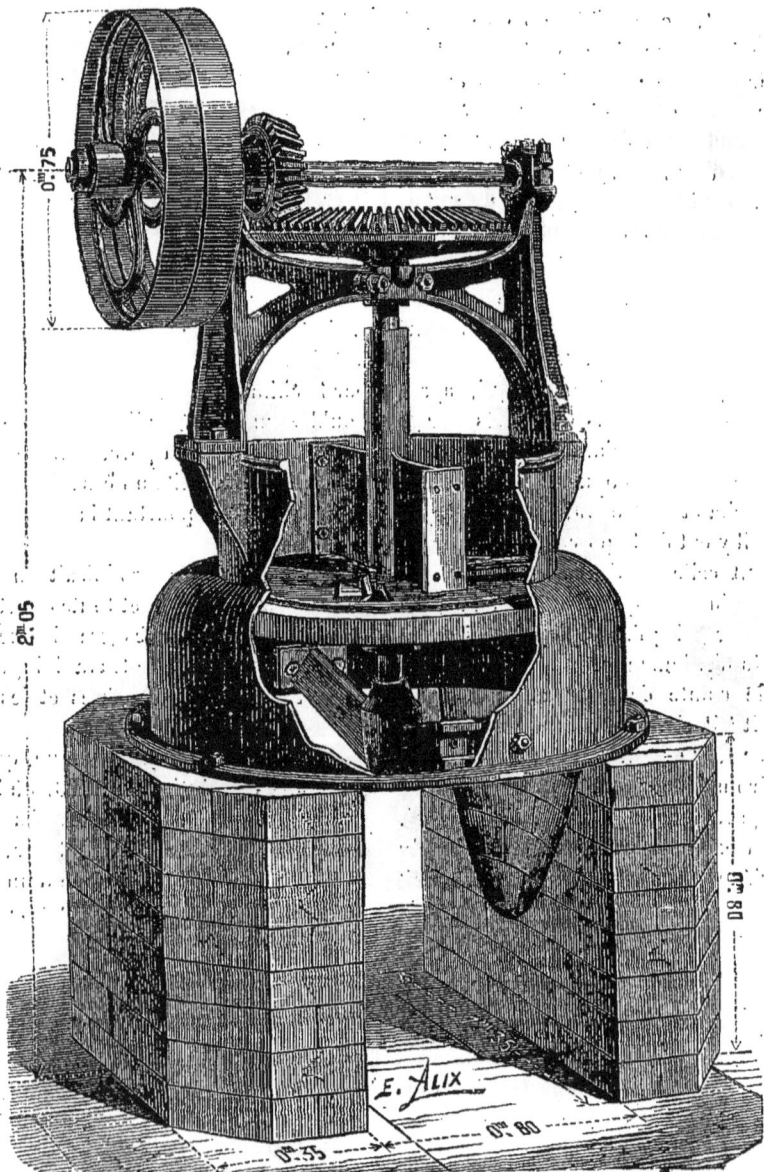

Tailleuse pour les terres plastiques.

désintéressa les derniers actionnaires et devint seul propriétaire de la manufacture royale de Sèvres, dont la réputation était déjà faite et à laquelle il consacra environ 90,000 francs par an.

C'est à peu près à cette époque que la

manufacture acquit de **Hannong** de Strasbourg, fils du directeur de la fabrique de Frankenthal, le secret de la pâte dure. Malheureusement, pour utiliser ce secret, il fallait posséder le kaolin, produit naturel qui était la base de la porcelaine dure et l'on n'en connaissait aucun gisement en France.

L'acquisition de ce secret était d'ailleurs bien inutile, car il n'en était plus un depuis que le père d'Entrecolles, missionnaire en Chine, avait publié un mémoire dans lequel il était dit que les Chinois avaient pour matériaux principaux le kaolin et le petuntse, mais ces mots barbares avaient effarouché les céramistes et les savants.

Excepté pourtant Réaumur qui, ayant analysé des échantillons rapportés par le père d'Entrecolles, déclara qu'il existait en France des terres analogues.

On chercha et on trouva, du moins à peu près, car il y eut de la porcelaine dure française avant celle de Sèvres, sans compter bien entendu celle qu'Hannong fabriquait à Strasbourg puisqu'il employait des matériaux tirés d'Allemagne.

Mais le comte de Brancas Lauraguais produisait à Paris, dès 1758, une porcelaine dure, avec des terres kaolineuses recueillies aux environs d'Alençon.

Cette porcelaine était bise, il est vrai, mais n'en excita pas moins l'émulation du duc d'Orléans qui, depuis longtemps, faisait travailler dans son cabinet d'expériences de Bagnolet, le chimiste Guettard, — ayant découvert aussi lui le gisement kaolinien d'Alençon, — et produisit de la porcelaine dure, qu'il présenta à l'Académie des sciences le 13 novembre 1755.

L'année d'avant, Gérault, directeur de l'usine céramique d'Orléans, avait fabriqué quelques pièces en pâte dure, notamment des groupes en biscuit.

On en fit aussi à Marseille; le faïencier Gaspard Robert produisait, dès 1766, des vases de grande dimensions ornés de sculptures en relief, des bouquets de fleurs en biscuit, et même des services de table.

A cette époque, du reste, la plupart des faïenciers connaissaient les secrets de la fabrication des porcelaines; toute la question était de trouver, pour en faire, de la terre qui à la cuisson devînt blanche et translucide, en un mot du kaolin.

Le hasard fit découvrir à Mme Darnet, femme d'un chirurgien de Saint-Yrieix, une matière encore plus précieuse que le kaolin pur, car elle renfermait, en outre, le *petuntse* qui sert à fabriquer la glaçure de la porcelaine.

Cette terre, que Mme Darnet avait cherché à utiliser comme savon, fut étudiée et essayée par le chimiste Macquer, qui en reconnut les doubles qualités et établit à Sèvres, en 1769, la fabrication de la porcelaine à pâte dure, qui prit tout de suite un essor considérable, mais ne détrôna pourtant la pâte tendre que vers 1808.

Dès 1774, Sèvres produisait en quantité des services de table et toutes sortes d'ustensiles, mais d'un très grand luxe, car la manufacture royale ne travaillait guère que pour les maisons princières et les grands seigneurs.

La porcelaine de cette époque, qui se termine à la Révolution de 1789, où la fabrication des objets de luxe fut abandonnée, est très recherchée des amateurs, elle est d'ailleurs fort belle, bien que d'un style un peu efféminé: car, dessins, décors, statuettes d'ornement, tout rappelle le faire des Boucher, des Natoire et des Watteau, les peintres élégants du règne de Louis XV.

On la distingue sous le nom d'ancien Sèvres.

Les pièces marquées du double L couronné, pour les distinguer des porcelaines tendres, dont elles ne diffèrent guère d'aspect, sont l'œuvre d'artistes distingués dans tous les genres : sous les règnes de Louis XV et de Louis XVI, la manufacture, sous la direction artistique de Genest, comptait :

Comme peintres de figures : Dodin, Caton ;

Peintres d'oiseaux : Arnaud, Castel ;

Peintres de fleurs : Bouillat, Parpette, Micaud, Pithou ;

Peintres de paysages : Rosset, Évans ;

Peintres d'arabesques : Chulot, Laroche ;

Doreurs : Vincent, Girard, Leguay.

On cite comme une des merveilles de cette époque, le service de cent mille écus, commandé par l'impératrice de Russie. Chaque assiette, qui coûtait 250 livres, représente cinq têtes de personnages illustres, dessinées d'après l'antiquité.

Les pièces reproduites par notre gravure, ne sont pas moins célèbres : On y voit le vase pendule de Marie-Antoinette, des assiettes du fameux service fait pour la du Barry ; un vase en forme de vaisseau à mât, d'une décoration magnifique ; le beau médaillon en biscuit, représentant Louis XV ; au-dessus, un grand vase de milieu à sujet mythologique ; devant, l'encrier de la reine Marie Leczinska et, à côté, l'un des deux grands vases faits pour le roi, en commémoration de la bataille de Fontenoy.

La période révolutionnaire passée, la manufacture de Sèvres fut réorganisée sous la direction de Brongniart, qui la dirigea pendant plus de quarante ans et s'attacha surtout à faire prévaloir la porcelaine dure sur la pâte tendre.

Il ne recula, d'ailleurs, devant aucun essai, aucune expérience pour agrandir le domaine de l'industrie, répandre les découvertes tout en conservant les bonnes traditions.

C'est ainsi qu'on aborda les pièces gigantesques, et qu'on reproduisit sur des plaques de plus d'un mètre carré, les chefs-d'œuvre de Raphaël, Titien, Van-Dyck et ceux des maîtres de l'école moderne.

Pour en arriver là, il fallut d'abord combattre le goût du jour qui, outrant le style noble de David, adoptant exclusivement les décorations grecques, était devenu monotone à force d'être théâtral.

Isabey, Swebach, Parent, employés à la décoration des grandes pièces, réagirent bien un peu, mais, vers la fin de l'Empire, l'école de David régnait d'une façon aussi exclusive que déplorable, et il ne fallut rien moins que l'influence de Fragonard et de Chenavard pour la détrôner.

Il est vrai que le style byzantino-gothique introduit dans la décoration par ce dernier, pouvait, et précisément par son éclectisme, faire reprocher aux productions de Sèvres, de manquer de caractère.

L'époque Empire a cependant produit le fameux *service des philosophes*, commandé par Napoléon et ainsi appelé parce que toutes les pièces représentaient les bustes des philosophes de l'antiquité.

Depuis lors, et bien que notre manufacture puisse citer parmi ses collaborateurs :

Peintres d'histoire et figuristes : Leguay, Constantin, Béranger, Georget, Parent ; Mme Jacotot, Decluzeau, Ferd. Regnier ;

Fleurs et fruits : Drouet, Schild, Van-Os, Jaccober, Fontaine, Sinsson ;

Paysages : J. Robert, Langlac, Lebel, Poupart, Duvelly ; Jules André, Swebach ;

Peintre de camées : Degault, Parent ;

Peintres de coquillages : Philippini ;

Peintres de genre et décorateurs : Devilly, Huard, Barbin, Didier, Eug. Julienne ;

Doreurs : les frères Boullennès,

Elle a subi des phases diverses, ses progrès eurent des intermittences plus ou moins prolongées, trop prolongées même, car à la fin du second Empire, elle était sur la pente de la décadence, à ce point que ses produits avaient fait une assez triste figure à l'exposition de 1867.

A cette époque, les bâtiments de la manufacture menaçant ruine, on construisit à l'extrémité du parc de Saint-Cloud, près du pont de Sèvres, un palais de grand aspect, dans lequel elle s'installa définitivement en 1876 ; de ce jour, d'importantes modifications furent apportées dans son administration, et, innovation capitale, au lieu d'être dirigée par un savant, elle le fut par un artiste, M. Robert, assisté d'une commission de treize membres.

Notre grande manufacture se releva à l'exposition de 1878, de son quasi-échec de 1867, et elle est entrée dans la voie des progrès qu'on est en droit d'exiger d'elle, puisqu'elle coûte annuellement près de 500,000 fr. à l'État, et qu'elle en produit à peine 100,000.

Mais il ne faut pas la considérer seule-ment au point de vue spéculatif, et l'admettre bien plutôt comme un grand conservatoire d'une des branches importantes de l'art industriel.

C'est à ce titre qu'elle possède un musée de céramique, unique au monde, et où l'on admire les plus beaux et les plus rares spécimens des productions anciennes et modernes de tous les pays.

Outre le musée et les galeries d'exposi-

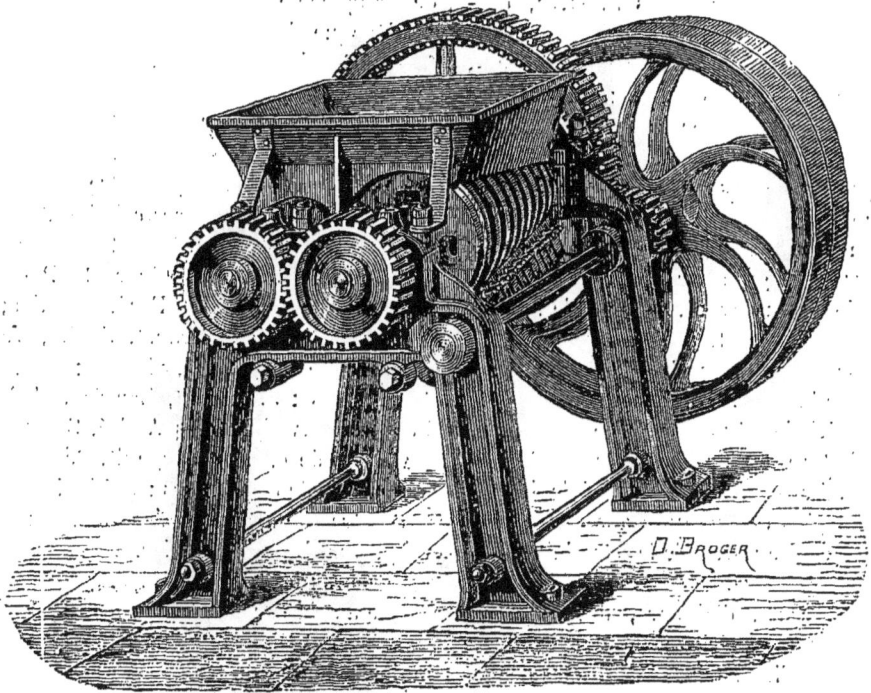

Machine broyeuse à cylindres, de MM. Boulet et Lacroix.

tion, des produits si variés et si intéressants de la manufacture, ouverts tous les dimanches au public, on peut visiter, certains jours de la semaine, les différents ateliers et assister à presque toutes les phases de la fabrication des produits.

Ces phases sont généralement curieuses; nous allons les indiquer en détail, en adoptant les grandes divisions suivantes:

Préparation des pâtes, façonnage, glaçure, décoration, cuisson.

PRÉPARATION DES PATES

Nous avons dit que le kaolin était la matière première de la porcelaine dure; celui qui est employé à Sèvres provient de Saint-Yrieix la Perche, à 26 kilomètres de Limoges, et est tiré des carrières de Marcagnac et du clos de Barre.

Les mêmes carrières fournissent aussi le feldspath qui donne la translucidité, le *pe-tun-tse* des Chinois, et que les fabricants

113.

PORCELAINE JAPONAISE.

de porcelaine appellent plus communément caillou.

Le kaolin est employé dans la fabrication des pâtes, soit comme kaolin argileux, kaolin caillouteux ou sable de kaolin, additionné, outre le pe-tun-tse, indispensable, de plus ou moins de craie de Bougival, de sable siliceux d'Aumont (près de Creil) ou d'argile plastique recueillie à Abondant, dans la forêt de Dreux, selon les usages auxquels on destine ces pâtes.

Il y en a de trois sortes : la pâte de service ordinaire qui sert à faire la vaisselle et les petites pièces ; la pâte de sculpture avec laquelle on fabrique, sans glaçure, les bustes, les groupes et les statuettes dits en biscuit de Sèvres ; sa couleur est d'un blanc tirant sur le bleu, et a l'aspect du beau marbre de Carrare ; et la pâte chinoise due à M. Régnier, chef d'atelier sous la direction Brongniart, qui est surtout propre à la fabrication des grandes pièces.

Broyeur à tamis conique central (système Janot).

La pâte de service doit contenir 58 pour cent de silice, 35 d'alumine, 4 de chaux et 3 de potasse.

La pâte de sculpture se compose de :

Argile de-kaolin caillouteux. . . . 64 pour cent
Feldspath. . . . . 16 »
Sable d'Aumont . . . . 16 »
Craie de Bougival . . . . 4 »

La pâte chinoise, destinée à la fabrication des grandes pièces et qui a besoin d'être plus plastique, renferme :

Argile de kaolin caillouteux de 42 à 44 pour cent
Argile plastique d'Abondant . . 21 à 25 »
Feldspath. . . . . 16 à 17 »
Sable quartzeux d'Aumont. . . 16 à 9 »
Craie de Bougival. . . . . 4 à 5 »

Mais quelle que soit la composition de la pâte, la préparation s'en fait toujours de la même manière.

Que le kaolin brut caillouteux (c'est-à-dire, en granules plus ou moins quartzeux et friables) soit sablonneux, c'est-à-dire en poudre où le quartz est très visible, soit argileux, ce qui est son état le plus satisfaisant, il faut d'adord qu'il soit débarrassé par un lavage, du sable feldspathique qu'il contient encore.

A cet effet, on le laisse sécher et on le réduit en poudre grossière, soit à la batte à main, soit sous les meules broyeuses, soit mieux encore au moyen d'une tailleuse d'invention récente et déjà très employée pour le déchiquetage des terres plastiques. Cette machine, construite par MM. Boulet et Lacroix, n'exige que la force d'un cheval et taille facilement trente mètres cube de terre par journée de travail; pour que son fonctionnement, que l'on comprendra facilement par l'examen de notre gravure, soit aussi satisfaisant que possible, il faut que la poulie motrice fasse de 110 à 120 tours par minute.

Sortant de là, le kaolin est arrosé d'une petite quantité d'eau, dont on le laisse s'imprégner pendant vingt-quatre heures, après quoi on le délaye dans une cuve remplie d'eau, dans laquelle se meut, comme dans les malaxeurs ordinaires, un agitateur vertical muni de bras.

Le sable plus lourd se dépose au fond de la cuve, et l'argile entre en suspension dans l'eau; on soutire cette eau trouble que l'on verse dans des cuves échelonnées, où on la laisse jusqu'à ce que l'argile se soit déposée.

Dans cet état, surtout si l'on a eu soin d'en séparer les impuretés en la passant sur un tamis au sortir de la première cuve, elle peut entrer dans la fabrication.

Mais ce n'est là qu'une partie de la pâte, reste à traiter le sable, que le lavage a séparé du kaolin qui est le pe-tun-tse, et le sable ou feldspath d'alliage.

Ces matières dures sont d'abord *étonnées* pour en faciliter la réduction en poudre, c'est-à-dire, chauffées à une haute température et jetées toutes rouges encore dans l'eau froide, qui détruit ainsi leur ténacité et les rend plus friables.

Ensuite on les broie à sec; il y a pour cela, maintenant, une machine à cylindres qui est un heureux perfectionnement des broyeuses américaines, dont nous avons déjà parlé dans notre travail sur la métallurgie, pour la pulvérisation des minerais.

Cette machine, actionnnée à 130 tours de volant par minute, peut produire de 12 à 15 mètres cubes de matières par dix heures.

Mais à la manufacture de Sèvres, dont l'outillage a été refait pour sa nouvelle installation, et où l'on ne tient pas à aller très vite pourvu que l'on fasse très bien, on se sert de meules verticales munies de râteaux, qui ramènent dessous automatiquement la matière qui n'est pas suffisamment broyée, analogues, en un mot, à la broyeuse de M. Janot de Triel, que nous avons déjà eu occasion de décrire, mais que nous remettrons sous les yeux de nos lecteurs pour leur éviter des recherches.

Les matières broyées une première fois, on les crible soigneusement, puis on achève de les pulvériser à l'eau dans des moulins particuliers qu'on appelle *tournants*, et qui ressemblent assez aux moulins à farine.

Ces *tournants*, sont composés de deux meules de grès, placées horizontalement dans une cuve en bois, sans fond. La meule inférieure est fixe, tandis que la supérieure, mobile et entraînée dans un mouvement de rotation sur elle-même par le moteur de l'usine, frotte dessus, en écrasant naturellement les parties grossières qu'elle rencontre.

Le résidu de l'opération est ensuite soumis au lavage par décantation, comme on l'a fait déjà pour les argiles, mais beaucoup plus facilement.

Reste maintenant la deuxième série des opérations, qui est la préparation proprement dite des pâtes, et qui a pour objet d'obtenir un mélange aussi intime que possible des matières premières.

Pour obtenir cette parfaite homogénéité, à laquelle la pâte de la porcelaine de Sèvres doit surtout sa supériorité sur les porcelaines des manufactures privées, on jette toutes les matières quand elles ont été soigneusement dosées, soit par des pesées directes, soit en employant des volumes déterminés, dans une tonne à malaxer d'une disposition spéciale.

C'est une grande cuve pleine d'eau, dans laquelle une roue, munie de jantes de bois, pousse des blocs de pierre pesant au moins 100 kilogrammes, lesquelles glissant à frottement avec une vitesse de huit tours par minute, sur le fond de grès très dur de la cuve, augmentent encore la ténuité de toutes les molécules composant la pâte.

Mais ce qu'on obtient ainsi n'est pas de la pâte, et bien qu'on n'ait employé qu'une quantité d'eau insuffisante pour que les matières se déposent par ordre de densité, ce n'est que de la bouillie, qu'il faut raffermir au plus vite pour que ses composés ne se séparent pas.

Cette expulsion d'une partie de l'eau est ce qu'on appelle le *ressuage*, qu'on obtient de différentes façon.

Par le système ancien, on versait la bouillie dans des caisses en plâtre appelées coques. Ce procédé est excellent, par la raison que le plâtre gâché clair, absorbe promptement l'eau avec laquelle il est en contact, et raffermit ainsi la pâte, mais il est très coûteux par le matériel considérable qu'il exige.

Le procédé trouvé par MM. Honoré et Grouvelle est bien plus pratique, il consiste à enfermer la pâte claire dans des sacs de grosse toile, préalablement trempée dans l'huile bouillante (pour empêcher l'eau d'en altérer le tissu) et à placer ensuite ces sacs par lits de quatre, séparés par des planches sous les plateaux d'une presse.

Dans le principe on se servait, pour cela, d'une presse à percussion, mais mainte-nant on accélère la filtration de l'eau par un système de pression atmosphérique, imaginé par M. Alluaud.

Cet appareil comprend une trémie en fonte, munie d'une grille hémisphérique convexe, que l'on recouvre d'une étoffe de laine, serrée mais perméable à l'eau, et sur laquelle on verse la pâte à ressuer.

On fait le vide dans des cylindres placés au-dessous de l'entonnoir et la pression atmosphérique commande la filtration de l'eau.

Pour cela, les cylindres sont munis de deux robinets, placés à la partie supérieure, dont l'un communique avec l'air, et dont l'autre sert à mettre le cylindre en communication ou avec la trémie ou avec un réservoir d'eau supérieure; un troisième robinet, placé à la partie inférieure, et mu par la même tige que le précédent, communique avec un tuyau de décharge, de 10 à 11 mètres de long, et qui va plonger dans un réservoir d'eau inférieur.

On remplit d'abord le cylindre d'eau empruntée au réservoir supérieur en laissant ouvert le robinet à air; sitôt que l'eau jaillit par ce robinet, on le ferme, et, changeant le sens des deux autres robinets, on produit dans le cylindre un vide barométrique indiqué intérieurement par un manomètre.

Ce n'est pas tout encore, la pâte ressuée, raffermie, doit être à nouveau pétrie, et l'expérience a démontré qu'elle donnait des résultats d'autant plus avantageux qu'elle avait été remuée plus souvent.

Le pétrissage se fait ou au malaxeur ou dans l'aire, par le marchage sur un cercle plan, qu'un ouvrier opère en piétinant dessus en partant du centre et en tournant en spirale vers la circonférence; ce travail terminé il relève la pâte en masses d'environ 25 kilogrammes, qu'on appelle ballons et qu'on porte de là sur des tours spéciaux, où ils sont ébauchés, quelquefois même tournassés.

Après le pétrissage, vient le pourrissage

que nous avons déjà suffisamment expliqué et que l'on prolonge le plus longtemps possible, étant généralement admis par tous les fabricants : que les pâtes anciennes se travaillent beaucoup mieux que les nouvelles, qu'elles sont moins susceptibles de gauchissements et de fissures, soit au séchage ou à la cuisson.

On trouve encore moyen d'ajouter à la bonne qualité des pâtes neuves en les mélangeant d'une certaine quantité de *tournassures* anciennes, c'est le nom qu'on donne aux copeaux enlevés aux pièces ébauchées par le tournassage, opération que nous décrirons tout à l'heure.

FAÇONNAGE DES PATES

Le façonnage est la première des opéra-

Atelier de tournage de la Manufacture de Sèvres.

tions de la fabrication proprement dite.

Les procédés en sont variables, selon la forme, les dimensions et l'épaisseur des pièces qu'il s'agit d'obtenir ; ils reposent ou sur l'emploi du tour, qui permet à la main de l'ouvrier de donner à la pièce un profil régulier, au besoin même compliqué ; ou sur l'emploi de moules, soit avec de la pâte liquide qu'on appelle *barbotine*, pour les petites pièces, soit avec de la pâte affermie comme pour le tournage.

De là trois sortes de procédés : le tournage, si l'on ébauche sur le tour ; le moulage, si l'on ébauche au moule avec de la pâte affermie ; et le coulage, si l'on procède avec de la pâte liquide.

TOURNAGE

L'ébauchage sur le tour se fait exactement comme le façonnage des poteries grossières et l'instrument est le même, seulement l'opération, qui est peut-être la plus intéressante des phases par lesquelles la terre passe pour devenir vase, tasse ou cuvette, est infiniment plus délicate.

La pâte ayant subi, au sortir des fosses de pourrissage, un battage préalable, l'ouvrier en prend une masse proportionnée à l'objet qu'il veut faire, et après l'avoir pétrie dans ses mains, frappée avec force sur une table de marbre, repétrie de nouveau pour en expulser jusqu'à la moindre bulle d'air, il la pose sur la tête du tour, qu'on appelle *girelle*, met le tour en mouvement, et les mains mouillées de *barbotine* (bouillie très claire de pâte à porcelaine), il élève la terre en cône, la rabaisse comme pour en faire une lentille, perce cette lentille avec ses pouces et, l'élevant de nouveau, lui donne par la simple pression de ses doigts les

Atelier du petit moulage, à Sèvres.

formes les plus délicates et les plus variées.

Les petites pièces s'ébauchent seulement avec les doigts par l'opposition du pouce à l'index, soit d'une seule main, soit des deux à la fois ; l'ébauchage des grandes pièces se fait avec les mains et les poignets opposés l'un à l'autre ; l'ouvrier augmente l'étendue de ses doigts en se servant d'une éponge fine, mais dans un cas comme dans l'autre, la pièce conserve à l'ébauchage une telle épaisseur, qu'on ne peut se faire qu'une idée vague de la forme définitive qu'elle doit avoir.

Cette épaisseur voulue, a sa raison d'être dans la fusibilité de la pâte à porcelaine, et elle a pour objet, surtout, d'éloigner le plus possible de la pièce, telle qu'elle doit être, les surfaces internes et externes de l'ébauche, qui ont reçu toutes les pressions successives ayant amené sa transformation.

En somme, l'ébauchage ne donne en quelque sorte qu'un bloc, duquel sortira après nombre d'opérations de finissage, la pièce qu'on veut fabriquer.

MOULAGE

Les pièces que leurs dimensions : soit trop grandes, soit trop petites, empêchent d'être modelées au tour, de même que les anses et les ornements qu'on ajuste après coup aux vases, sont ébauchés par le moulage.

Les modèles employés pour cela, peuvent être en plâtre, gaché serré et durci à l'huile siccative, ou en étain, ou en bronze ; cela n'a pas d'importance, puisqu'ils ne constituent pas le moule, qui est fait sur ce modèle type en deux parties se raccordant exactement, soit en plâtre, soit en terre demi-cuite ou dégourdie ; l'important est de savoir que dans le moule en plâtre les dimensions de la pièce augmentent d'un pour cent, tandis qu'elles diminuent, plus ou moins, dans les moules en terre cuite.

Du reste, comme il y a plusieurs espèces de moulage, les moules varient de formes, selon les pièces qu'il s'agit de faire.

Le moulage se fait, suivant les cas, à la balle, à la croûte et à la housse.

Pour le *moulage à la balle*, l'ouvrier prend deux balles de pâte, qu'il introduit exactement dans les cavités de chacune des deux coquilles du moule ; qu'il rapproche ensuite, après en avoir enduit les bords de barbotine pour augmenter l'adhésion de la pâte ; aussi bien que pour éviter les bavures trop fortes.

Ce système est employé pour les vases sculptés et ornementés de moyenne grandeur, pour les pièces de garniture et tous autres ornements d'application qui doivent rester pleins.

Il demande, dans tous les cas, une grande adresse, car il faut que la pression exercée par le mouleur pour obtenir une empreinte nette, soit égale sur toute la pièce moulée ; il faut aussi, ce qui est surtout délicat lorsqu'il s'agit d'un vase assez élevé, qu'il le fasse sortir du moule sans le déformer et sans produire le moindre gauchissement, qui, bien que réparé, se reproduirait à la cuisson.

Cette opération est très simple pour une pièce de garniture isolée, puisque la partie qui reste en saillie dans l'une des deux coquilles, sert à la prendre pour l'enlever du moule, mais quand il s'agit d'un ornement d'application, destiné à être posé sur une surface concave ou convexe, on ne peut la sortir du moule qu'au moyen d'une petite pelote de pâte, que l'ouvrier tient à la main, et qu'il applique contre la pièce, encore engagée dans le moule, de façon à en faire une sorte de poignée.

L'habileté est d'ailleurs indispensable dans toutes les opérations du façonnage.

Le *moulage à la croûte*, appliqué aux pièces creuses d'une grande dimension telles que les soupières, et aux garnitures creuses telles que becs de théières, de cafetières, se fait avec une feuille de pâte obtenue, de l'épaisseur nécessaire, sur une toile forte ou une peau mouillée, posée sur une table en pierre, au moyen d'une espèce de rouleau de pâtissier.

On dépose cette croûte et on la fait adhérer avec une éponge, sur la convexité mouillée du noyau en plâtre, qui doit former l'intérieur du vase ; on pose ensuite par-dessus le moule creux qui sera l'extérieur de la pièce et qui, étant plus sec, enlève la croûte au noyau.

Ce moule renversé, c'est-à-dire, placé dans la position naturelle du vase, on presse la croûte contre ses parois, d'abord avec l'éponge, ensuite avec des tampons remplis de poussière de pâte à porcelaine.

Pour les becs de théières, l'opération se modifie en ce sens qu'on ne se sert pas de noyau et qu'on applique la pâte au doigt et à l'éponge dans les deux coquilles du moule, de façon à polir le canal intérieur que formera le creux de la pièce, on réunit ensuite les deux parties en ayant soin de laisser dans le canal, un petit tampon de linge ;

qu'on en retirera ensuite, pour enlever de l'intérieur les bavures du moule.

Le *moulage à la housse* n'est employé que pour les pièces que l'on ébauche au tour.

Retirées de sur la girelle, on les place encore molles dans un moule de plâtre creux contre les parois duquel on les applique avec une éponge. Quelquefois pourtant, c'est l'inverse qui se produit, ainsi le moule qui a la forme d'un noyau et peut donner directement des dessins à l'intérieur, est posé sur le tour ; et l'on place la housse dessus et on l'y fait adhérer pendant que le tour est en mouvement.

Pour les pièces, dites de petit creux, on fait mieux encore, au point de vue économique surtout, car on moule mécanique-

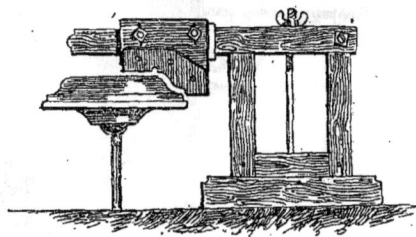

Calibrage des assiettes.

ment en faisant à la fois l'ébauchage et le moulage.

Le moule creux est placé sur le tour en même temps qu'une balle de pâte, que l'on fait monter, soit en la perçant avec les doigts, soit même avec une sorte de noyau, qui les remplace, le long des parois du moule.

Le *calibrage* est un procédé du même genre, plus expéditif et plus régulier, qu'on emploie maintenant partout pour le finissage des assiettes, soucoupes et de toutes les pièces plates de révolution.

Après avoir été ébauchées, soit au tour, mais plus généralement par le moulage à la croûte, on les pose renversées sur un tour spécial dont le noyau présente la forme

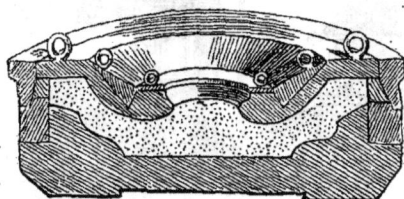

Moule à assiettes de M. Hubert Moreau.

intérieure qu'elles doivent avoir, et qui se meut sous un calibre, qui présente à son bord interne le profil exact, découpé dans une lame d'acier, de leur forme extérieure.

Ce calibre, de même aspect que ceux dont les maçons se servent pour faire les ravalements des maisons, est fixé à charnière sur un support convenable ; établi au-dessus du tour, il peut, au moyen d'écrous, être baissé ou haussé à volonté, de manière à régler l'épaisseur que l'on veut donner aux pièces.

C'est par ce moyen, que notre dessin fera bien comprendre, que l'on fait à Sèvres des assiettes d'une régularité, d'une minceur et d'une légèreté remarquables.

Le calibre est également adopté dans toutes les usines industrielles, dans quelques-unes, notamment à Mehun, chez M. Pillywuyt, à Bordeaux, les assiettes sont ébauchées au moulage, dans des moules spéciaux inventés par M. Hubert Moreau, car les moules ordinaires présentent un inconvé-

nient : le plâtre se gonfle au fur et à mesure qu'il est en prise avec la barbotine, et augmente de volume à ce point que la vingtième assiette, tirée dans le même moule, diffère de deux centimètres et plus de la première.

Dans le moule nouveau le gonflement

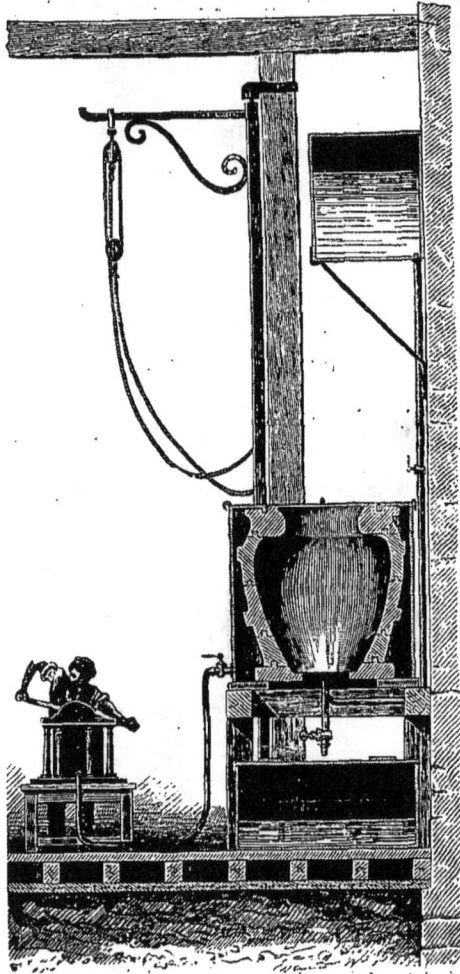

Coupe de l'appareil Regnault pour l'emploi du vide dans le moulage.

graduel du plâtre disparaît et il n'y a plus ce gauchissement qui déforme les assiettes.

Il se compose d'une mère en plâtre durci à l'huile grasse, et présentant la forme intérieure de l'assiette, cette mère est surmon-

tée d'une couronne en zinc d'une seule pièce qui fait obstacle au gonflement du plâtre au moment de la coulée.

Sur cette couronne adhérente, on en place, pour régler le diamètre et la hauteur du moule, une autre composée de trois pièces qui sont réunies dans une chape s'emboî-

tant dans le cercle adhérant à la mère ; les autres parties du moule sont formées de

Atelier de moulage à la croûte et de garnissage.

pièces en zinc, s'adaptant dans une chape qui détermine la forme extérieure de l'assiette, et sont d'un maniement d'autant plus

facile pour le moulage, qu'elles sont munies d'anneaux métalliques.

En consultant notre dessin, qui est une

Jatte chinoise coulée, décors en pâte de couleurs appliquées au pinceau.

coupe du moule, on se rendra facilement compte de son usage, et l'on comprendra

que la partie surplombante qui reste au milieu de l'assiette, sert pour la retirer du moule; elle disparaît d'ailleurs par les opérations du rachevage.

Le coulage, qui est un moulage à la pâte liquide, est surtout employé pour la fabrication des pièces extrêmes, c'est-à-dire les infiniment grandes et les infiniment petites; on l'applique aussi au façonnage des plaques, tables, tubes, colonnes, qu'on ne saurait exécuter autrement.

Son principe repose sur la propriété que possède le plâtre, d'absorber l'eau avec laquelle on le met en contact, et l'on prépare la pâte en conséquence.

On mélange de la pâte neuve, avec son poids de rognures, provenant du tournassage des pièces, et on la délaye dans de l'eau jusqu'à ce qu'elle forme une bouillie très claire, qu'on appelle barbotine et que l'on filtre dans un tamis de laiton, avant de la verser dans les moules.

S'il s'agit d'une plaque, le coulage se fait sur une plaque en plâtre humectée, et encastrée dans une bordure de planches. Dès que la barbotine s'est suffisamment raffermie par l'absorption de l'eau dans le plâtre, on enlève les planches de bordure et on retourne la plaque de pâte sur une autre plaque de plâtre très sèche, où on la laisse de 10 à 15 jours, jusqu'à ce qu'elle ait atteint un degré de dessiccation convenable.

Cette opération est extrêmement difficile lorsqu'il s'agit de pièces de grandes dimensions.

Le coulage des tubes se fait dans des moules à deux coquilles, que l'on réunit ensemble et que l'on pose verticalement; on bouche d'un tampon l'extrémité inférieure du moule, que l'on remplit de barbotine, et on l'y laisse un moment, puis on retire le tampon pour laisser écouler le liquide qui n'a pas adhéré aux parois du moule; on recommence cette opération jusqu'à ce que la partie adhérente ait atteint l'épaisseur voulue.

L'opération la plus délicate est la fabrication de certaines tasses presque transparentes à force d'être minces et qu'on appelle coquilles d'œufs.

Ce n'est pas le moulage de la tasse proprement dite qui présente les difficultés sérieuses, puisqu'il n'y a qu'à verser la barbotine dans un moule en plâtre et à décanter le trop plein pour obtenir l'épaisseur voulue, mais c'est celui de l'anse, qui doit être creuse pour ne pas augmenter le poids de la tasse.

On procède par injection, car la barbotine qu'on verserait dans le moule, ne tarderait pas à le remplir complètement; on se sert pour cela d'une petite seringue qui chasse le liquide dans le moule, par un petit tube disposé à l'entrée; un tube semblable favorise la sortie de l'excédent de liquide.

Naturellement, on répète l'injection jusqu'à ce que l'anse ait atteint l'épaisseur voulue, ce qui est assez difficile à préciser.

Pour les très grandes pièces, qui sont aussi de fabrication courante à Sèvres, où l'on a fait beaucoup, si l'on n'en fait plus maintenant, de grandes jattes chinoises comme celle que représente notre gravure, et qui atteignent et dépassent même 80 centimètres de diamètre, c'est une tout autre affaire.

On a d'ailleurs des procédés spéciaux qui demandent un outillage.

La barbotine est déposée, en quantité plus que suffisante, dans un bac placé le long d'un mur à une certaine hauteur, et mis en communication, par un tuyau, avec le moule, percé à cet effet d'un orifice à sa partie inférieure, et placé sur une espèce de table, dont le dessous est occupé par une cuve, destinée à recevoir l'excédent de la barbotine nécessaire au coulage et qu'on soutire au moyen d'un robinet, s'adaptant au trou de réception.

On comprend que la barbotine, arrivant par le bas, monte graduellement dans le moule sans secousses et par conséquent sans former de bulles d'air.

Reste à boucher le trou qui perce le fond de la pièce, ce que l'on fait en y adaptant d'abord un bouchon de plâtre très sec et en coulant par-dessus, pour plus de précaution, assez de barbotine, très épaisse, pour faire un nouveau fond à la pièce.

Ce qui est difficile dans le coulage de ces vases géants, c'est de maintenir la pâte liquide aux parois du moule, car l'éponge et la pression manuelle, qui d'ailleurs déformeraient la pièce, y sont insuffisantes, et l'on est obligé d'opérer une pression en quelque sorte mécanique, soit au moyen de l'air comprimé, soit avec l'air libre, en faisant le vide extérieurement.

Dans le premier cas, une fois que la barbotine a empli, au moyen d'un tuyau en caoutchouc, le moule hermétiquement fermé, on ouvre un robinet inférieur pour laisser échapper l'excédent, et l'on met en mouvement une pompe à compression, au moyen de laquelle l'air comprimé, conduit dans le moule par un autre tube, colle aux parois la pâte légère qui, sans cela, s'affaisserait, et n'adhérerait pas.

Dans le second cas, le plus usité à Sèvres, au moyen de l'appareil Regnault, qu'une de nos gravures représente, la partie supérieure du moule est ouverte pour donner accès à l'air et tout le reste est recouvert d'une caisse de tôle ; la barbotine, une fois injectée, on fait avec une machine pneumatique, le vide entre la caisse de tôle et les parois extérieures du moule, et la pression atmosphérique, s'exerçant par l'ouverture supérieure, on obtient le même résultat qu'avec la pompe foulante.

Il nous reste à parler maintenant du procédé de coulage adopté pour les plateaux des cabarets, déjeuners, services à thé.

Au lieu de verser la barbotine dans le moule, on fait glisser celui-ci dans un bain de pâte liquide où il se recouvre naturellement, dessus et dessous, de pâte bientôt affermie par la porosité du plâtre gâché très clair ; mais on en est quitte pour gratter la face inférieure du moule avec un couteau dont la lame sert à détacher le faux bord du plateau, lequel se dessèche sur le moule comme dans les coulages ordinaires, car quel que soit le mode employé, le démoulage ne s'opère que lorsque la pâte a acquis assez de solidité pour ne plus redouter la déformation.

En général, on ne se presse point de retirer les pièces des moules, excepté lorsque, comme les garnitures creuses, bec de théières et autres, elles demandent à être terminées sans délai.

LE RACHEVAGE

Les pièces façonnées, soit au moyen du tournage, soit au moyen du moulage, on laisse sécher un peu la pâte, après quoi on se livre à une série d'opérations qui constituent le *rachevage* ou *reparage ;* car les pièces ne sont en somme qu'ébauchées.

Ces opérations sont nombreuses et presque toutes très délicates.

Les pièces qui ont été façonnées, sur le tour subissent d'abord le *tournassage ;* elles sont reposées sur la girelle ou sur un tour spécial, et à l'aide d'une série d'instruments, de formes et de calibres divers, qu'on appelle *tournassins ;* mais qui ressemblent assez aux outils des tourneurs sur métaux, l'ouvrier enlève l'excédent de pâte présentée par l'ébauche et laissée à dessein pour ménager une dessiccation lente, creuse les gorges, arrondit les saillies, accentue les arêtes, rabat les moulures, revers de feuilles, baguettes, et réduit le vase à l'épaisseur déterminée.

Quand il a fini, il en polit la surface avec une lame de corne.

Les copeaux provenant de cette opération, et qu'on appelle *tournassures*, sont employés, comme nous l'avons dit, à la bonification des pâtes neuves.

Les pièces moulées subissent une opération à peu près identique, qui constitue le reparage proprement dit, mais qu'on appelle aussi le *grattage*, parce qu'au moyen d'instruments nommés *gradines*, on enlève les coutures et autres saillies provenant du moulage.

Les opérations suivantes sont communes à toutes les pièces, soit tournées, soit moulées. Il y a : le remplissage, le sculptage, l'estampage, le garnissage et l'évidage.

Le *remplissage* consiste à faire disparaître, en les bouchant avec de la pâte raffermie, mais sans compression, les gerçures, les défauts en creux et les trous que le tournassage ou le grattage ont pu mettre à découvert.

Le *sculptage*, en raison duquel, comme

Atelier de rachevage à la manufacture de Sèvres.

son nom l'indique, on creuse les ornements en relief, qui ne peuvent avoir encore qu'une forme assez grossière.

Cette opération, faite avec habileté, devient un procédé sinon absolument de fabrication, mais tout au moins de décoration, que l'on appelle à Sèvres, où l'on fait ainsi des pièces de dimensions très variées et d'une grande valeur artistique, *sculpture en pâte cru sur cru*.

Ce procédé, dont les Chinois ont tiré un

très grand parti, consiste à appliquer au pinceau, sur une pièce unie ou en relief, de la pâte blanche ou colorée, pour obtenir des reliefs d'une forme déterminée, soit ton sur ton, ou sur un fond d'une autre couleur.

On peut modeler ensuite la pâte par incision et grattage, comme si c'était une ébauche moulée, pour produire des saillies serrées et très nettes.

« Cette méthode, dit M. Salvetat, permet de conserver religieusement la touche du

soulpteur si souvent altérée par les opérations du moulage. Elle ajoute encore à la
la valeur artistique de la pièce faite par ce
moyen, le mérite de constituer en quelque
sorte un objet unique, puisqu'il n'a pas été
confectionné dans le but de multiplier les
épreuves.

« Le même motif, encadré différemment,
ajusté dans d'autres données, peut présenter sans frais de composition la plus grande

Vase de Rimini, décor en pâte blanche sur fond Céladon, forme de M. Diéterle, figures de M. Regnier.

variété d'aspects. Par le moulage, au contraire, pratiqué comme on est dans l'usage
de le faire, on n'obtient qu'une reproduction
fâcheuse pour des objets d'art.

« Lorsqu'on fait usage de pâtes de diverses couleurs, on peut produire les effets
les plus heureux; et les plus belles productions en ce genre qu'ait offertes la manufacture de Sèvres sont les vases dits en
Céladon, rehaussés de sculptures en pâte
blanche. Au lieu des pâtes vert d'eau, on
peut faire un fond de toute autre nuance et

créer de la sorte des poteries très variées et du meilleur goût. »

Comme spécimens de ce genre de fabrication nous donnons une grande jatte chinoise et un vase de Rimini, qui sont deux pièces remarquables de la fabrication moderne de Sèvres.

La jatte, dont le coulage a déjà été une difficulté, est pour la forme de M. Peyre et sa décoration consiste en pâte de couleurs variées, appliquées au pinceau d'après les dessins de M. Diéterle. Le vase de Rimini est à fond céladon, rehaussé de sculptures en pâte blanche, la forme est de M. Diéterle, les figures de M. Régnier; c'est d'ailleurs une pièce magnifique.

L'estampage consiste dans l'application des ornements en creux, ou sur champ creux, soit avec des poinçons ou cachets, soit avec des molettes; dans le dernier cas l'opération prend le nom de moletage.

Le garnissage comprend deux sous-opérations : le collage et l'appliçage, qui toutes deux ont pour objet l'addition des anses, des becs, des pommes de couvercles, de certains ornements en relief, comme perles, fruits et fleurs quelconques, fabriqués d'avance et que l'on n'a qu'à coller sur les pièces avec de la barbotine.

Rien de plus simple quand la pièce est humide et que la garniture a été préservée d'une trop grande dessiccation, par l'application à ses extrémités de petites balles de pâte fraîche ; on les ajuste et l'on fait sur les deux surfaces, qui doivent être collées ensemble, des raies croisées qui les rendent rugueuses et que l'on enduit de barbotine avec une petite spatule; le collage se fait parfaitement.

Mais lorsque les pièces sont sèches; comme elles absorbent promptement l'humidité, la barbotine serait desséchée avant qu'elles ne soient en contact; alors on évite cette absorption, en enduisant d'eau gommée les surfaces qui doivent être soudées ensemble et l'on procède avec la barbotine, également

gommée, exactement comme dans le premier cas.

L'évidage consiste à faire, avec des lames coupantes, les jours et les ouvertures qu'on pratique généralement dans les corbeilles, les bordures de certaines assiettes et soucoupes.

L'évidage est aussi devenu un procédé de fabrication ; il est même la base de deux, le façonnage des pièces riches qu'on appelle réticulées et le façonnage par incrustation.

Les vases réticulés, c'est-à-dire recouverts d'une enveloppe à jour en forme de rets, dont nous donnons comme spécimen un vase piriforme moulé par M. H. Régnier, s'ébauchent dans des moules qui donnent un trait en creux, indiquant les parties qu'il faut enlever, et se terminent par un évidage d'autant plus délicat, que le réseau, toujours d'une couleur tranchant sur celle du fond, est plus serré.

Dans ce cas, on se sert de lames très étroites et très aiguisées, au besoin même de petites gouges qui font presque l'office d'emporte-pièce.

Le façonnage par incrustation est presque un procédé mécanique, qui permet de reproduire des vases anciens, coupes précieuses, à peu près comme on veut.

L'expérience en a été faite à Sèvres pour copier la coupe en faïence fine de Oiron, dite de Henri II, que représente notre gravure de la page 933.

On contre-épreuve une mère en plâtre sur la pièce elle-même, et on procède au moulage, dans ce moule, qui, naturellement trace les parties de pâtes de couleur qu'il s'agit d'incruster; naturellement aussi, au moyen de l'évidage, on creuse toutes ces parties aussi régulièrement que possible, et on les remplit, au pinceau, de pâtes de tons aussi variés que l'on veut et enlacés de la façon la plus bizarre, de manière qu'elles se trouvent en relief sur la surface de la pièce.

Si l'on veut éviter l'évidage et ne pas conserver de relief sur la pièce, c'est sur le moule lui-même qu'on fait l'opération; les reliefs qu'on y applique donnent à la pièce des creux correspondants qu'on n'a plus qu'à remplir de pâtes de couleurs, pour obtenir l'effet désiré.

La coupe de Bologne, que nous reproduisons (page 933) a été faite ainsi.

SÉCHAGE

Quel que soit le mode de fabrication adopté, lorsque les pièces sont façonnées et rachevées, il faut leur faire subir une première dessiccation qui les met en état de supporter, non pas précisément l'action du feu qui doit leur donner la dureté et la translucidité, mais une demi-cuisson qu'on appelle *dégourdi*.

Dans beaucoup d'usines ce séchage se fait au soleil, ce qui a de grands inconvénients, ne fût-ce que celui d'une pluie subite qui ne laisse pas toujours le temps de rentrer les pièces, sans qu'elles soient mouillées.

Dans d'autres, on les expose dans des hangars, plus ou moins aérés, sur des planches superposées, et où l'on entretient du feu, au moyen de poêles disposés au centre de la pièce et dont les longs tuyaux traversant le magasin, servent de surface de chauffe.

M. Salvetat trouve que ce système, qui élève plus ou moins graduellement la température, mais ne chasse point la vapeur d'eau qui se répand dans l'atmosphère, laisse beaucoup à désirer, et il cite comme infiniment préférable celui que les manufacturiers anglais ont adopté, d'autant qu'il utilise la chaleur perdue des fours servant à la cuisson.

« Deux fours accolés sont placés près d'une cheminée commune; ces fours, dont le laboratoire forme un cône surmonté d'une calotte sphérique, sont séparés par une galerie qui donne accès, d'une face à l'autre, à deux chambres où se trouvent les cuiseurs; les alandiers, au nombre de six pour chaque four, trois de chaque côté, sont placés immédiatement au-dessous du volume des marchandises à cuire.

« Les produits de la combustion s'élèvent au travers d'arcadons dont la surface supérieure forme le sol du four; ils traversent les matériaux qu'ils doivent porter à la température rouge, et s'échappent ensuite par une ouverture qui existe dans la calotte sphérique, limitant le laboratoire dans sa partie supérieure.

« Les fours n'ont donc pas de cheminée comme les fours ordinaires. Un canal horizontal, qui se recourbe pour passer dans les ateliers dits séchoirs, conduit ces gaz chargés de fumées épaisses, et portant encore une température élevée, dans les tuyaux circulant dans l'atelier, de manière à maintenir l'atmosphère à 30 ou 40 degrés centigrades. La vapeur d'eau, produite par la dessiccation des matériaux encore humides, est conduite, au moyen d'ouvertures communiquant avec un canal, qui dirige les fumées et les gaz chauds dans la cheminée d'appel.

« En sortant des séchoirs qu'ils ont échauffés sans dépense nouvelle, les gaz et les fumées reviennent dans la partie inférieure du four, se partageant en deux courants qui circulent entre les trois rangées de fourneaux; là, rencontrant les plaques de fonte portées au rouge, qui forment les parties latérales du foyer, ils se brûlent en dégageant une chaleur assez intense pour déterminer un tirage très violent, dans la cheminée verticale, dont la hauteur règle l'appel de l'air froid sur les grilles des alandiers chargées de charbon de terre.

« Avec deux systèmes de fours accolés, placés chacun à l'extrémité des séchoirs, on pourrait chauffer d'une manière continue; car on peut toujours avoir un four en feu, pendant qu'on en emplit un ou qu'on vide les deux autres, on a de la sorte, toute faculté pour cuire un four tous les trois jours. »

Cette installation n'est guère pratique à Sèvres où la fabrication n'est pas très active, mais elle est recommandable pour les usines privées, dont la prospérité est en rapport avec le travail.

Les pièces suffisamment séchées, subissent seulement, comme nous l'avons dit, une demi-cuisson qui les met en état de recevoir la glaçure.

Cette demi-cuisson, qu'on appelle le *dégourdi*, s'obtient en mettant les pièces dans la partie supérieure du four, après les avoir préalablement enfermées, pour les préserver des souillures, dans des étuis en terre réfractaire appelés *cazettes*; on les y laisse le temps d'une cuisson ordinaire, car si la température, en cet endroit du four, est assez forte pour faire évaporer toute l'eau que contient la pâte, elle est insuffisante pour la cuire complètement.

Sortant de là, la porcelaine est très poreuse, perméable à l'eau et par conséquent dans les meilleures conditions pour recevoir la glaçure; sorte d'enduit qui, se liquéfiant à une certaine température, recouvre les pièces d'une couche vitreuse qui les rend imper-

Pose de la glaçure. — Trempage, égouttage, retouchage.

méables aux liquides, augmente leur dureté et leur donne la translucidité qui est le caractère distinctif de la porcelaine.

GLAÇURE DES PIÈCES

La glaçure de la porcelaine, la *couverte*, puisque c'est le nom qu'on lui donne généralement, se compose, comme nous l'avons dit, de pegmatique de Saint-Yrieix qui contient environ 74 pour cent de silice, 18 d'alumine, 7 de potasse et 1 de chaux ou magnésie.

Cette roche broyée, réduite en poudre impalpable, par les moyens que nous avons indiqués, est mise en suspension, dans une fois et demi son poids d'eau, avec cinq pour cent de pâte de sculpture, qu'on mélange intimement avec pour la rendre plus fusible et lui donner plus d'étente; on agite le tout, pour empêcher que la poudre ne tombe au fond, et l'on s'oppose encore à sa précipitation par une addition de vinaigre.

La pose de cette couverte, qui reste le plus souvent blanche, mais que l'on peut colorer selon les fabrications entreprises, se fait par immersion; on en est quitte, lorsqu'on veut ménager des réserves qui doivent cuire à nu, ce qu'on appelle en *biscuit*, pour enduire au pinceau les parties que l'on veut préserver du vernis, d'une couche de suif ou de graisse fondue.

La théorie de cette opération s'explique d'elle-même : quand on plonge une pièce dans l'eau, devenue trouble par son mélange

Coupe à incrustations, moulée.

Vase piriforme réticulé, moulé par M. H. Regnier.

glaçure; on l'y met après coup au pinceau, quelquefois même lorsque les pièces sont déjà séchées, ce qui n'a nul inconvénient et ne laisse aucune traces de raccord, puisque la cuisson liquifiera de nouveau la couverte ; qui s'étendra également sur toutes les parties de la pièce, pour peu qu'elle soit bien posée.

Les mêmes femmes, qui appliquent de la glaçure aux endroits qui en manquent,

avec les matières composant la couverte, elle absorbe du liquide et se trouve recouverte d'une couche de glaçure, plus ou moins épaisse, selon le temps de l'immersion qu'il appartient à la pratique de régler; car il est bien évident qu'une pièce de petite dimension n'a pas besoin d'une couche de vernis aussi épaisse qu'une très grande.

Naturellement, la partie par laquelle l'ouvrier tient la pièce pour l'immerger dans le baquet de couverte, ne prend point de

Coupe de Bologne, moulée par M. Diéterle.

enlèvent avec une brosse ou avec des gradines, souvent même avec un feutre, cette glaçure aux parties qui n'en doivent point avoir ; notamment au-dessous des tasses, des assiettes, et de toutes les pièces qui pourraient se coller aux cazettes lors de la cuisson.

ENCASTAGE DES PIÈCES

Les retouches terminées, les pièces sont portées au séchoir où l'on s'occupera de leur *encastage;* car si les poteries communes peuvent être cuites pêle-mêle dans le four, il n'en est pas ainsi des porcelaines, qui doivent être protégées contre l'action des cendres, de la fumée, des flammes, et qu'on enferme pour cela dans des cazettes, qui, comme nous l'avons dit, sont des espèces de boîtes en terre réfractaire, de dimensions plus ou moins grandes selon les pièces qu'elles doivent contenir, mais de formes régulières pour pouvoir être empilées les unes sur les autres avec le moins de perte possible de place.

Mais il ne suffit pas de mettre les pièces dans les cazettes, il faut encore les consolider, car par leur propre poids elles s'affaisseraient et se déformeraient à la cuisson; et c'est ce qu'on appelle l'encastage.

L'encastage est une opération très délicate et qui nécessite des supports de toutes sortes pour se prêter à toutes les formes des pièces et éviter qu'elles soient placées en porte à faux.

Ces supports sont faits au moule et de la même pâte que la porcelaine à cuire, de manière à subir le même retrait par l'action du feu.

Les pièces creuses comme les pots, tasses, sont placées dans des cazettes dont le fond est parfaitement dressé et qui sont composées, pour cela, de cercles à talons superposés ; sur les talons on pose des rondeaux qui servent à supporter les pièces et les retiennent toujours verticalement.

Les assiettes, qui se cuisaient jadis dans des cazettes à culs-de-lampes, sont encastées maintenant dans des cazettes inventées par M. Régnier, infiniment plus économiques en ce sens qu'elles en tiennent davantage, et qui sont divisées, ainsi qu'on le voit par notre dessin, en autant de compartiments, mobiles sur des supports ménagés dans les parois des cazettes, que l'on peut y mettre de pièces.

Mais il est un système beaucoup plus simple, l'encastage à pernette, pratiqué surtout en Angleterre ; il consiste à placer entre chaque assiette un support circulaire qu'on appelle *pernette*, dont l'emploi est facile à comprendre par l'examen de notre dessin.

Comme on le voit, ces garnitures ont différentes formes, car le système n'est pas bon seulement pour les assiettes ; elles portent alors les noms de pattes de coq ou colifichets.

Les grandes pièces, les vases ornés de sculptures ou d'ornements surajoutés, sont d'un encastage beaucoup plus difficile, car il faut des supports appropriés à leurs formes et fabriqués tout exprès.

Les parties qui sont en contact avec ces supports, doivent être dégarnies de couvertes, pour qu'il n'y ait pas d'adhérence ; de plus on les *terre*, ce qu'on fait aussi pour le pied des vases reposant sur le fond de la cazette. Ce terrage se fait avec du sable mélangé d'un peu d'argile plastique, quelquefois même avec de la gomme dont on enduit le bord de la pièce.

Les pièces cuisent généralement sur leurs pieds, quand celui-ci est assez fort ; s'il est trop délicat on les cuit séparément et on les ajuste ensuite ensemble, au moyen d'une tige de fer munie d'écrous.

Certaines pièces comme les soupières, les tasses, se cuisent à *boucheton*, c'est-à-dire en reposant par leur orifice, sur un support plat ou légèrement conique.

Pour cuire les tubes, on ne les glace qu'intérieurement d'abord, on les place horizontalement les uns sur les autres, dans une espèce de gouttière en porcelaine cuite, où ils sont *terrés* convenablement pour prévenir toute adhérence.

Les colonnes sont cuites verticalement, suspendues par un rebord ménagé dans la fabrication et qu'on enlève après la cuisson.

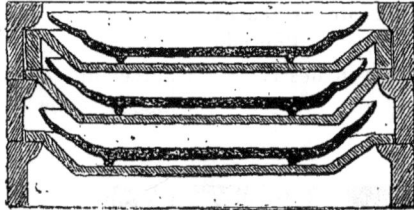

Encastage Regnier.

CUISSON DES PIÈCES

L'encastage terminé, on procède à l'enfournement qui se fait comme nous l'avons dit, en empilant les cazettes l'une sur l'autre en plusieurs rangées circulaires, en laissant entre elles un espace suffisant pour que la flamme puisse se répandre également partout.

Les fours à porcelaine diffèrent de ceux que nous avons déjà décrits.

Ce sont des tours cylindriques à un, deux ou trois étages, flanqués à leur base ou à chaque étage, d'un certain nombre de fourneaux extérieurs à flammes renversées qu'on appelle *alandiers*, d'où le nom de fours à alandiers donné aux fours à porcelaine.

A la manufacture de Sèvres les fours sont à trois étages voûtés, les deux premiers ont chacun quatre alandiers : le dernier qui n'en a point et se termine par le tuyau de cheminée qui laisse échapper la fumée, n'est employé que pour le *dégourdi*.

Le four rempli, c'est-à-dire : le premier étage, de poterie et de platerie, le second de pièces plus délicates, le troisième de pièces crues qui vont y subir le dégourdi, on assure la solidité des cazettes à l'aide de tasseaux en briques qui réunissent les piles; celles de la circonférence sont elles-mêmes réunies au mur par des fragments de cazettes hors d'usage, qu'on appelle *accots*, et protégées du côté des foyers, contre les coups de feu, par un doublage de plaques cintrées.

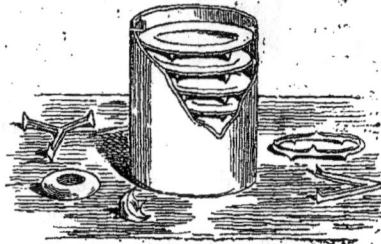

Encastage à pernettes.

Cela fait et les cazettes préalablement lutées, on ferme le four avec un mur de briques et l'on allume les alandiers, chauffés soit avec du bois, soit avec la houille, qui est entrée maintenant dans la fabrication courante et donne d'aussi bons résultats que le bois, grâce à des systèmes de grilles ingénieusement disposées et qui ont été appliquées pour la première fois à Sèvres par M. Vital Roux.

On fait d'abord petit feu, puis un grand feu que l'on maintient à un degré égal pendant trente-quatre ou trente-six heures, temps nécessaire à la cuisson, que l'on peut surveiller, du reste, au moyen des *visières* et des *montres*.

Les *visières* sont des ouvertures réservées dans certains endroits du four, munies d'un long tuyau en terre cuite, dont l'extrémité est fermée par un morceau de verre, au travers duquel on peut voir dans l'intérieur et juger de l'état d'incandescence des cazettes.

Les *montres* sont des petits tessons de porcelaine, analogue à celle que l'on cuit, disposés sur divers points du four, par

Manufacture de Sèvres. — L'empilage des cazettes.

l'examen desquels on suit les progrès de l'opération.

Quand on la juge terminée, c'est-à-dire lorsque les montres indiquent par le glacé de la couverture et la transparence de la pâte, une cuisson parfaite (une température de 1,600 degrés centigrades), on cesse le feu et l'on ferme les alandiers et toutes les

ouvertures, pour empêcher l'accès de l'air froid, qui pourrait mettre la fournée en danger, et l'on attend que la chaleur du feu soit tout à fait tombée avant de l'ouvrir et de le décharger.

Ce refroidissement dure généralement quatre jours. On démolit d'abord la porte, qu'on a murée avec des briques, et l'on n'entre dans le four pour procéder au défournement, que lorsque les cazettes sont descendues à la température de l'air ambiant.

Manufacture de Sèvres. — Four à alandiers (coupe et élévation).

Les pièces défournées, sont débarrassées du sable de terrage, par un frottement avec un grès artificiel, qui ne raie pas la couverte.

Les grains de terre tombés des cazettes, pendant la cuisson, sont enlevés sur un tour à polir, à peu près semblable au tour des lapidaires.

La même opération est faite au-dessous des vases, tasses, assiettes, ainsi qu'aux orifices et aux parties qui n'ont pas pu recevoir de glaçure, parce qu'elles étaient en contact avec d'autres pièces ou avec des supports, et ce polissage leur donne un brillant à peu près égal à celui de la couverte; il est même une excellente préparation pour la dorure.

Quant aux pièces délicates ou de grand luxe, dont la consolidation a nécessité un grand nombre de supports et qui sont naturellement privées de glaçure, en tous les endroits de contact, elles sont retouchées au pinceau et cette glaçure nouvelle se vitrifiera par une seconde cuisson, qu'elles doivent d'ailleurs subir pour la fixation des décors.

DÉCORATION

Sortant du four, la porcelaine est faite, mais les pièces ne sont terminées que si l'on ne veut pas les décorer; ce qui n'est pas le cas à Sèvres, où le fini de la décoration est poussé aux dernières limites, si même on n'y dépasse pas le but; car au lieu de ne demander à l'art que ce qu'il peut donner de beau en se combinant avec la chimie, on veut aller plus loin et chercher des gammes de tons qui n'ont de raison d'être que dans la peinture à l'huile.

« C'est là, disait en 1862 M. Aldalbert de Beaumont, dans une excellente critique encore applicable aujourd'hui, c'est là l'erreur funeste, le vice inhérent à tout ce que la manufacture enfante. La chimie, qui domine tout ici, ne veut admettre que les procédés mathématiques et les formules certaines; les seules couleurs dont elle fait cas sont celles de grand feu; peu lui importe le charme de la nuance. Ainsi cet oxyde de chrome dont Sèvres est si fière d'avoir fait la découverte en 1802, donne des verts et des jaunes détestables et toujours inharmoniques. Voyez ces paysages, ces arbres et ces gazons d'un ton si faux, si dur, si écrasant, qui couvrent les vases et les assiettes! N'est-ce pas un ennemi véritable introduit dans la gamme des couleurs?

« On croit logique de se proposer comme but suprême de l'art industriel, l'imitation de la peinture à l'huile, parce que ses ressources puissantes permettent de reproduire le relief et la couleur, et l'on ne songe aucunement à la forme ou à l'usage de l'objet qu'il s'agit de décorer. La *Vierge à la chaise*, un portrait de Van Dyck, ou tel autre chef-d'œuvre de ce rang, sont produits sans hésitation au fond d'un plat ou sur le ventre d'une potiche. Vous sortez de même des lois du bon sens et du bon goût lorsque vous imitez en porcelaine l'argent, le bronze, l'or ou l'acier. Le résultat ne saurait être qu'un pitoyable objet d'art.

« Si vous voulez le progrès dans l'art du décor céramique renoncez à ce système déplorable : « faire de la grande peinture ».

« Transformer une industrie de pure décoration en un art d'expression, c'est la détourner de son but. Non seulement il y a la difficulté de peindre sur des matériaux impropres, mais encore l'inconvénient d'appliquer l'objet point à un usage qui jure avec l'effet qu'on a voulu produire. Ainsi, quoi de plus ridicule que ce service de table où chaque assiette représente, d'après les tableaux de Joseph Vernet ou de Gudin, des marines au clair de lune, des tempêtes, des naufrages et des hommes à la mer? Tout cela est admirablement peint, mais en désaccord complet avec le bord rouge, vert ou bleu qui encadre le tableau, et l'œil n'est pas moins choqué que le goût par ces contre-sens.

« Et pourtant voilà des assiettes-tableaux qui reviennent à 500 francs la pièce, tant il faut de soins et de patience pour obtenir ce résultat, si déplorable au point de vue de l'art céramique.

« Sous Louis XV et au commencement du règne de Louis XVI, lorsqu'on se permettait de faire soit un portrait sur un vase ou sur une assiette, soit des amours et parfois des paysages, c'était avec une légèreté de touche, une fraîcheur de nuances qui laissaient la chair, les draperies ou les fleurs sans ombres, sans traits noirs, sans dureté, mais seulement tracées et modelées, ou pour mieux dire modulées par des nuances du même ton. Souvent le paysage était teint en rose, en bleu ou en violet, avec les dégradations de ces couleurs, et cela suffisait à l'ornementation. On se gardait bien alors de cet entassement de dessins et de couleurs, que par un singulier euphémisme, vous appelez composition, de ces ombres noires que vous prenez pour des reliefs et qui percent le vase au lieu de l'arrondir. »

Cette critique était juste, tout le monde l'a compris, et sans renoncer absolument aux reproductions de tableaux, on a su mieux choisir les sujets ; sans se modeler sur le xviiiᵉ siècle, on s'en est insensiblement rapproché. De plus, pour introduire des éléments nouveaux dans la production, la commission directrice a créé un concours et un prix de de la valeur de 2,000 francs, qui est décerné tous les ans depuis 1875, à l'auteur du meilleur modèle proposé, qui est exécuté dans le cours de l'année à la manufacture. Ce système qui a déjà produit des résultats excellents, remettra bientôt notre grand établissement national au niveau de sa haute réputation.

Après avoir constaté que la manufacture de Sèvres, dont les produits nouveaux avaient été très remarqués à l'exposition de 1878, a pris une revanche éclatante à celle d'Amsterdam, occupons-nous des divers procédés de décoration, aussi succinctement que possible, car la décoration n'est pas seulement un accessoire de la céramique ;

c'est un art très complexe, fourmillant de détails, dont l'étude nous entraînerait sans profit hors de notre sujet.

MATIÈRES COLORANTES

Les porcelaines, comme toutes les autres poteries, du reste, sont décorées au moyen de matières colorantes, qui se fixent dessus par l'action du feu et qu'on distingue en oxydes métalliques, engobes, émaux, couleurs vitrifiables, métaux et lustres métalliques.

OXYDES MÉTALLIQUES

Les oxydes métalliques sont surtout employés pour la coloration des pâtes avant la fabrication de la poterie, on s'en sert cependant aussi pour faire, sous la glaçure, des irisations, des dessins colorés qui prennent, après leur cuisson, avec la glaçure même, l'aspect d'une peinture en couleurs vitrifiées.

C'est ce qu'on appelle peindre sous couverte, procédé beaucoup plus à l'usage des faïences que des porcelaines, mais qui est cependant employé à Sèvres : notamment pour des décorations analogues au fameux bleu sous émail des Chinois.

En général, huit espèces d'oxydes servent à colorer les pâtes, ce sont :

Les oxydes de fer, qui donnent, suivant le degré de cuisson, du jaune, du rouge ou du brun.

L'oxyde de manganèse, produisant du violet ou du brun.

L'oxyde de chrome, qui donne du vert jaune ou vert bleu, mais qui, exellent pour colorer les pâtes à biscuit, n'est pas applicable aux porcelaines, parce que son addition enlève la transparence aux terres les plus translucides.

L'oxyde de cobalt, qui donne une teinte bleue aux pâtes incolores, mais qui pousse au brun les pâtes plus ou moins ferrugineuses.

L'oxyde d'urane, qui produit une coloration d'un jaune clair, lorsque la porcelaine est cuite dans un courant d'air, et brune si la cuisson se fait au charbon, dans une atmosphère enfumée.

L'oxyde d'or, qu'on appelle aussi pourpre de Cassius, donne du rose ou du gris violacé.

L'oxyde de platine, qui donne un joli gris.

L'oxyde d'iridium, qui produit du gris ou du noir.

On comprend, du reste, que les nuances varient selon les quantités d'oxyde ajoutées à la pâte, et voici, d'après M. Salvetat, les principaux dosages employés à Sèvres

Vase en émail de M. Jobert.

pour cent grammes de pâte blanche :

Bleu foncé.	2 gr..500 d'oxyde de cobalt.
Bleu tendre.	5 centigrammes du même oxyde.
Vert Céladon.	Mélange de 10 centigrammes d'oxyde de chrome avec 3 milligrammes d'oxyde de cobalt.
Bronze foncé.	50 centigrammes oxyde de nickel.
Vert olive	1 gramme oxyde de nickel

	et 20 centigrammes d'oxyde de cobalt.
Brun.	15 centigrammes oxyde de fer rouge.
Brun noir.	Mélange de 1 gr. 55 de chromate de fer. 1,55 oxyde de cobalt, 1,55 oxyde de manganèse et de 1,52 d'oxyde d'urane.
Jaune.	20 centigrammes d'oxyde d'urane.
Rose.	1 gr. 10 d'or à l'état de pourpre de Cassius.

Les engobes sont des matières terreuses et opaques, soit blanches, ou colorées par l'addition des oxydes, dont on enduit des pièces ou des parties de pièces, pour en dissimuler le fond.

Buire en cuivre émaillé. — Grisaille sur fond bleu de roi par M. Meyer Heine.

L'engobage est un procédé de fabrication très usité pour les faïences fines et communes, mais qu'on n'emploie que partiellement dans les porcelaines, notamment pour la sculpture en pâte, cru sur cru, que nous avons expliquée précédemment.

ÉMAUX

Les émaux ne diffèrent des engobes que par leur apparence vitreuse, qui atteint même quelquefois la limpidité la plus complète ; leur emploi pour la décoration de la porcelaine est limité aux pièces dites de grand feu, parce que le décor cuit en même temps que la glaçure.

Cependant la manufacture de Sèvres qui a fait des essais de toutes sortes, dans le but honorable de vulgariser des procédés perdus, a produit de grandes pièces émaillées non seulement sur pâte, mais encore sur tôle, sur cuivre, à l'imitation des anciens émaux de Limoges.

L'émaillage sur pâte n'est en somme que de la peinture décorative dont nous dirons les procédés plus loin, avec cette différence pourtant qu'elle est dans un état granuleux qui la rend difficile à employer et qu'il ne faut compter ni sur le charme ni sur le prestige de la couleur pour faire valoir la pièce ; tout réside absolument dans le dessin, dans la justesse du modèle, puisque l'émail doit être appliqué couche par couche sur un fond noir ou très coloré, pour que le modèle s'obtienne par transparence.

Pour produire une œuvre réussie comme le vase de M. Gobert que nous reproduisons et qui figurait avec honneur à l'exposition de 1878, il faut plus que du talent, il faut une très longue pratique et surtout une grande expérience du feu, l'éclat, la richesse de l'émail dépendant surtout de la cuisson.

L'émaillage sur métaux n'est pas intrinsèquement plus difficile, mais demande infiniment plus de patience et est d'autant plus incertain que le résultat ne s'obtient qu'après nombre de cuissons.

Suivons par exemple la fabrication de la buire en cuivre émaillée en grisaille sur fond bleu de roi par M. Meyer Heine et qui fut un des plus beaux produits de cette fabrication, commencée à Sèvre vers 1849.

Il fallut d'abord enduire la pièce, préalablement décapée au carbonate de potasse, frottée avec des cendres chaudes, lavée à l'eau acidulée, asséchée dans de la sciure de bois, d'un émail préparatoire blanc et à deux couches, car tout se fait à deux couches en émaillage.

La première, toujours très incomplète, s'étend au moyen d'une spatule, on assèche ensuite la pièce en la mettant en contact avec une étoffe de toile d'un tissu peu serré, puis on régularise la couche avec la partie plane de la spatule, on fait sécher à l'air et l'on porte au four.

La seconde couche, qui se fait de la même manière, a pour objet de combler les vides que les grains de la matière vitreuse ont laissés sur la pièce, d'égaliser la surface préparée en augmentant son épaisseur.

La pièce subit alors une seconde cuisson.

Quelquefois il en faut même une troisième, car si la seconde couche présente des bouillons, des fentes ; il faut faire disparaître les grains en crevant les bulles avec une série de poinçons, de limes, de râpes, et boucher les fentes avec de l'émail en poudre, qui doit nécessairement passer au four pour se souder complètement avec les parties voisines.

Cette préparation faite, il n'y a plus qu'à décorer la pièce, c'est-à-dire lui donner une première couche de bleu et la porter au four, pour lui faire subir une troisième cuisson si l'on ne compte pas la précédente, qui peut n'être qu'accidentelle.

Donner une seconde couche de bleu, quatrième feu ; sur le fond, dessiner au trait la grisaille qu'il faut empâter avec du blanc pour obtenir les transparences ; cette grisaille est faite au moins à trois couches qui exigent trois feux successifs.

Voilà donc sept cuissons pour une pièce où il n'y a que du blanc sur fond bleu.

S'il s'était agi d'un émaillage en couleurs il aurait fallu deux feux de plus pour cuire les deux couches d'émaux ; s'il y avait eu des rehauts de peinture, deux nouvelles cuissons, l'une pour l'ébauche, l'autre pour la retouche.

Des applications d'or, encore deux feux pour cuire le fondant qu'on passe par-dessus.

Bref, pour une pièce émaillée en couleur avec ornements d'or, il faut compter sur treize cuissons successives, qui représentent, l'une après l'autre, des chances de non réussite.

Qu'on s'étonne après cela du prix élevé des émaux !

COULEURS

Les couleurs diffèrent des émaux parce qu'elles se composent d'un principe colorant et d'un flux vitreux appelé fondant, qui les font adhérer sur la pâte et qui leur donnent par la cuisson, un brillant qu'on peut comparer au vernis appliqué sur la peinture à l'huile.

Selon le degré de chaleur auquel elles se vitrifient, les couleurs se divisent en trois catégories : couleurs de grands feu, couleurs dures ou de demi-grand feu et couleurs tendres ou de moufle ordinaire.

Les couleurs de grand feu sont peu nombreuses et, si l'on n'employait pas les émaux aux décorations de ce genre, on n'aurait qu'un choix peu varié pour les fonds.

Une des plus belles couleurs employées à Sèvres est le bleu, dit gros bleu, obtenu avec de l'oxyde de cobalt pur que l'on mélange si l'on veut des nuances, avec de l'oxyde de zinc et de l'alumine.

Les couleurs tendres sont beaucoup plus nombreuses : elles embrassent même toute la gamme des tons et le peintre sur porcelaine peut avoir une palette presqu'aussi variée que le peintre sur toile, bien qu'il ne puisse faire de mélanges, à moins de posséder une connaissance complète de la composition de ses couleurs.

Nous n'entrerons point ici dans le détail et la combinaison des principes colorants ; nous dirons seulement que les noirs et les gris sont produits par des mélanges d'oxyde de cobalt et d'oxyde de fer, les verts par l'oxyde de chrome, les bleus par l'oxyde de cobalt, les rouges par différentes combinaisons d'oxyde de fer, les jaunes par l'oxyde d'antimoine ; enfin les carmins, les pourpres, les violets, par l'or à l'état de pourpre de Cassius.

Naturellement les matières sont pulvérisées très finement et mélangées avec les fondants spéciaux à chaque teinte et de l'essence de térébenthine, qui en augmente la fluidité.

On trouve du reste aujourd'hui dans le commerce, les couleurs vitrifiables toutes préparées et en petits tubes, absolument comme les couleurs à l'huile.

Quant aux couleurs de demi-grand feu, ce sont les mêmes que les précédentes, qu'on a durcies par l'addition d'un ou de plusieurs des oxydes qui entrent dans leur composition : ainsi l'oxyde de fer sert pour les rouges et les bruns, le jaune de Naples pour les jaunes ; mais le carbonate de zinc peut être employé presque dans tous les cas.

MÉTAUX

Les seuls métaux employés en nature pour la décoration des porcelaines, sont l'or, l'argent et le platine, encore l'argent est-il à peu près abandonné, du moins à l'état pur, parce qu'il perd trop facilement son éclat et noircit à la longue.

Les métaux, appliqués sur la pâte sous forme de poussière insoluble préparée par des moyens chimiques ou mécaniques, ne prennent point à la cuisson l'apparence vitreuse, mais ils doivent la remplacer par un grand éclat, qu'on leur donne en les frottant avec de l'agate ou de la sanguine, employées sous formes de brunissoirs.

LUSTRES MÉTALLIQUES

Les lustres métalliques ne diffèrent des métaux qu'en ce qu'ils sont préparés de façon à recevoir directement de la cuisson le brillant, qu'on ne donne aux métaux proprement dis que par le brunissage.

Les plus employés sont :

Le *lustre burgos*, qui s'obtient en précipitant, par un acide faible, une solution de sulfure double d'or et de potassium, que l'on broie ensuite avec du fondant et de l'essence de lavande.

Le *lustre d'or*, obtenu par une précipitation dans l'ammoniaque d'une dissolution régalienne d'or, on le délaye dans l'essence de térébenthine, mais sans ajouter de fondant. ;

Le *lustre d'argent*, produit par du chlorure d'argent fondu dans une matière plus ou moins fusible et plombifère. .

Le *lustre cuivreux*; employé surtout en Espagne, et qui s'obtient avec du silicate de protoxyde de cuivre, il donne à peu près les mêmes effets que le *burgos*.

Le *lustre de platine*, dissolution concentrée de chlorure de platine, mélangée avec une huile essentielle.

Le *lustre cantharide*, mélange de verre plombeux avec de l'oxyde de bismuth et du chlorure d'argent. ·

Il y a aussi les *lustres nacrés*, dont l'emploi

Vase décoré en grand feu par M. Ch. Cabau.

est assez récent ; ils se composent d'un fondant spécial, obtenu avec des sels de bismuth et de plomb et de colorants : nacre blanche, jaune, jaune-orange, imitation d'or, couleurs irrisées du prisme, dont la préparation est généralement très délicate.

Tous les lustres que nous venons d'énumérer se posent sur les pièces exactement comme les couleurs.

L'apposition des couleurs sur la pâte se fait selon les cas, sous la glaçure, dans la glaçure et sur la glaçure. ·

Le posage sous glaçure ne se fait en porcelaine que pour les pièces de grand feu, dont la fabrication n'est pas absolument courante, vu les grandes difficultés qu'elle présente, surtout pour les vases de grande dimension.

Ce n'est guère qu'à l'Exposition de 1878,

que la manufacture de Sèvres a pu montrer de grandes pièces décorées par ce procédé. Celle que représente notre gravure est du nombre, et quoique simple dans la forme, peu compliquée dans le décor, elle représente une grande somme de difficultés vaincues par l'artiste, M. Charles Cabau.

En effet, la peinture destinée à être cuite à grand feu, c'est-à-dire en même temps que la couverte, ne peut pas se retoucher; il faut qu'elle soit parfaite du premier coup et que les couleurs soient bien nuancées pour les effets de vitrification qu'on en attend.

Elle se fait sur le dégourdi, qu'on a d'abord imbibé d'eau pour le rendre moins

Vue en coupe d'une moufle pour faire cuire les porcelaines peintes.

absorbant, ou en y faisant des réserves avec du suif fondu, pour que la peinture ne s'étale pas sur le fond.

Dans ce cas, par exemple, la pièce décorée doit passer une seconde fois au dégourdi pour détruire la matière grasse, qui l'empêcherait de prendre la couverte.

Le posage dans la glaçure est peu usité

en porcelaine, ce n'est, du reste, qu'une autre façon de procéder, en faisant usage de réserves, pour obtenir le même résultat que tout à l'heure.

Le posage sur la glaçure est le plus répandu, il se fait soit au pinceau, soit par impression.

Au pinceau, c'est œuvre de peintre, dont

les procédés varient avec les artistes ; les uns se servent de couleurs, toujours additionnées d'un peu d'essence, comme pour l'aquarelle ; d'autres travaillent à la gouache ; d'autres au pointillé comme pour la miniature ; tous doivent bien connaître la composition des couleurs, pour savoir celles qu'ils doivent mettre en couches épaisses pour donner les meilleurs effets de vitrification ; car au point de vue de la cuisson, il y a trois sortes de couleurs :

Celles qui se fondent.

Celles qui ne se fondent pas.

Celles qui se frittent.

Les couleurs qui ne fondent pas, provenant de l'oxyde de fer, de l'oxyde de chrome et de l'or, sont les plus faciles à employer, puisqu'elles conservent à la cuisson le ton qu'elles ont à l'application.

Celles qui se fondent, comme les verts de cuivre, les jaunes d'antimoine et les bleus de cobalt, prennent des tons différents, selon les degrés de cuisson.

Les couleurs qui se frittent sont les plus délicates de toutes, car non seulement elles n'ont pas le ton à l'emploi, mais on n'est jamais absolument certain de la nuance qu'elles prendront à la cuisson.

Les fonds, les teintes plates, se font au putois ; pour les grandes pièces dont les fonds seraient trop longs à couvrir ainsi, on les fait au *mordant*, c'est-à-dire en recouvrant les parties qui doivent recevoir le fond, d'huile de lin ou d'huile de noix lithargirée, et en les saupoudrant, au tamis, avec de la couleur bien sèche et finement broyée.

Le posage par impression est un travail mécanique, peu usité à Sèvres, où l'on fait surtout de l'art, sinon pour les encadrements et les décors métalliques ; mais qui est fort expéditif et très intéressant.

Deux procédés sont en usage, l'impression directe en couleur, qui est un report de taille-douce, sur la pâte, ou l'impression au mordant, qu'on saupoudre ensuite avec de la couleur sèche.

D'une façon comme de l'autre, la matrice est toujours une gravure en creux, sur cuivre ou sur acier, que l'on imprime sur du papier non collé, comme une taille-douce, soit avec les couleurs, ou les lustres métalliques mélangés d'huile de lin.

Quand l'épreuve tirée sur le papier, assez épais pour le report sur biscuit, très fin pour le posage sur glaçure ; est sèche, on la décalque sur la pièce à décorer, en comprimant le papier avec un rouleau.

Si l'on veut décorer au mordant, l'épreuve est tirée sur gélatine, à l'huile de lin seulement, et reportée de la même façon sur la pièce, qu'on n'a plus qu'à couvrir au tamis, de couleur sèche en poudre très fine.

Naturellement, il faut faire autant de tirages qu'il entre de couleurs dans la pièce à décorer, à moins qu'on ne décalque seulement que le dessin et qu'on pose les couleurs au pinceau, ce qui se fait assez fréquemment, mais il y a un système qui abrège singulièrement le travail ; une chromolithographie spéciale, que tout le monde connaît ou a connu, car elle a été très à la mode pendant un temps, sous le nom de *décalcomanie*.

C'est une chromolithographie, mais faite au mordant, c'est-à-dire que les couleurs y sont posées en poudres, par autant d'opérations successives, qu'il y a de tons dans le dessin, sur un papier, dans la préparation duquel il entre du jus d'ail cuit dans l'eau, du tapioca et de l'amidon, ou de la fécule de pomme de terre.

Ce mucilage donne au papier, la propriété de pouvoir se conserver convenablement pour l'impression pendant plusieurs années,

On peut avoir ses dessins d'avance et ne s'en servir qu'au fur et à mesure des besoins. Le décalque est des plus faciles, il suffit d'humecter le papier, appliqué sur la pièce à décorer, avec une éponge fine ou un linge mouillé, et de laver ensuite à grande eau lorsque le papier, tout blanc alors, est décollé.

Seulement il faut qu'au préalable une matière adhésive, qu'on appelle mixtion ait été posée sur la pâte ou sur le dessin, pour plus de sûreté sur les deux à la fois. Cette mixtion est de composition variable, mais le principe en est toujours la térébenthine de Venise ou le vernis copal.

Comme on le voit, ce système de décoration est très économique, mais, répétons-le, il n'a jamais été en usage à Sèvres, où les artistes ne manquent point pour peindre les porcelaines.

CUISSON DES COULEURS

Les couleurs de grand feu se cuisent, comme nous l'avons dit, en même temps que la pièce qu'elles décorent, mais les autres se vitrifient dans des fourneaux spéciaux qu'on appelle *moufles*, d'où leur nom de couleurs de moufle.

La moufle n'est autre chose qu'une grande cazette, divisée en étages et en compartiments, par des tablettes sur lesquelles on pose les pièces, le tout en argile réfractaire bien entendu, et renfermée dans un four de petite dimension, presque toujours accolé à un autre ; ce qui produit une économie de combustible.

Comme dans le grand four, l'intérieur est à l'abri des atteintes de la flamme et de la fumée, et percé de *visières*, par lesquelles on surveille la cuisson, qui est moins lente, quoique faite à un feu plus doux, puisqu'il s'agit seulement de vitrifier les couleurs et les métaux.

Outre les visières, on se sert aussi de *montres*, pour suivre les progrès de l'opération. Ces montres sont des tessons de porcelaine cuite sur lesquels on a couché de l'or et du carmin pour peindre.

Cette dernière couleur donnant une échelle thermométrique suffisamment exacte pour faire apprécier les diverses températures du four.

Ainsi au rouge naissant, elle est brique, et passe par tous les tons du rouge, jusqu'au violet sale, qu'elle prend seulement à la température de fusion de l'argent.

L'or contrôle les indications du carmin, car s'il commence à prendre de l'adhérence c'est qu'on approche de la température à laquelle la peinture serait trop cuite, et qu'il est temps de cesser le feu.

Ceci indique suffisamment que l'or ne se cuit pas en même temps que les couleurs ; puisqu'il lui faut une température de mille degrés pour devenir adhérent.

Du reste, il faut bien plus d'une cuisson pour terminer les pièces.

Celles dans la décoration desquelles il entre de l'or, sont cuites d'abord, avant que les couleurs aient été appliquées dessus.

On les brunit, comme nous l'avons dit déjà, puis on les peint ; elles subissent alors une seconde cuisson, suivie d'une et de plusieurs autres ; car il y a toujours des retouches à faire à la peinture et il faut bien que les couleurs ajoutées, surtout pour corriger des défauts, soient vitrifiées à leur tour, et se fondent avec les autres.

On répète donc l'opération autant de fois que cela paraît nécessaire, et ce n'est que lorsque la décoration est bien réussie que la pièce est faite et parfaite.

Ce dernier adjectif n'a rien d'excessif, du moins au point de vue de la fabrication, car il ne sort rien de Sèvres qui ne soit absolument achevé, et tout ce qui est vicié, si peu que cela soit, est impitoyablement brisé.

Les morceaux en sont bons, du reste, pour faire de nouvelle pâte.

PORCELAINE DE VALENCIENNES.

En suivant, pas à pas, les procédés de fabrication en usage à la manufacture de Sèvres, nous n'avons pu viser que la porcelaine d'art, nous allons maintenant nous occuper de la porcelaine d'usage, en étudiant la première manufacture privée qui ait été établie en France, celle de Valenciennes, dont à ce titre, les produits sont classés parmi les curiosités céramiques.

Cette fabrique date de 1785, mais son fondateur, Fauquez, avait commencé dès 1771, alors que faïencier à Saint-Amand-les-Eaux, il avait sollicité l'autorisation de transformer son établissement.

La manufacture royale, voulant conserver le privilège de fabriquer des porcelaines dures à l'imitation de celles de la Chine, il n'obtint de livrer au commerce que des produits décorés en camaïeu et sans aucune dorure ni peinture polychrome.

Il réussit assez bien dans la fabrication, mais non au point de vue commercial, car écrasé par la concurrence que lui faisait la porcelaine tendre de Tournay, beaucoup plus décorée, et naturellement plus attrayante d'aspect, il ne lutta que quelques années, et en 1778, il ne faisait plus que des faïences.

Il sollicita pourtant, en 1785, un nouveau privilège pour établir une fabrique de porcelaine dure à Valenciennes, mais il n'y fût autorisé qu'à la condition de ne chauffer ses fours qu'au charbon de terre.

Cette difficulté n'arrêta pas Fauquez, il

Écuelle en porcelaine de Valenciennes.

mit à la tête de sa manufacture, Michel Varnier, d'Orléans, inventeur d'un procédé de cuisson à la houille, et réussit parfaitement.

Le procès-verbal du premier défournement, 27 novembre 1785, constata que sur 1,548 pièces sorties du four, il n'y en avait que 48 de défectueuses.

L'établissement prospéra, mais la tourmente révolutionnaire vint l'arrêter dans son essor, d'autant que Lamoninary, beau-frère et associé de Fauquez, et ensuite seul propriétaire de l'usine, se mêla un peu trop aux événements politiques.

Condamné à mort par le tribunal révolutionnaire, il n'échappa à cette sentence que par la fuite.

Rentré en France, quelques années plus tard, il essaya de relever sa fabrique qui avait été mise sous séquestre et qu'on n'avait pas vendue, faute d'acquéreur. mais l'établissement fermé pendant sept ou huit ans, ne retrouva point son ancienne splendeur, il fallut l'abandonner.

Malgré sa mauvaise fortune la manufacture de porcelaine de Valenciennes a été l'une des plus importantes de la fin du xviiie siècle, elle occupait quatre-vingt-dix ouvriers et ses produits, renommés pour leur exécution parfaite, rivalisaient avec ceux des plus célèbres fabriques de l'époque.

Ils avaient d'ailleurs leur physionomie particulière, ainsi qu'on en jugera par les spécimens que nous avons fait dessiner et qui représentent trois sortes de décors, dont l'un la tasse en fond bleu, relevée de bandes blanches chargées de bouquets de bluets est aussi original que les autres sont gracieux.

Les guirlandes de roses sur le petit broc

Porcelaine de Limoges. — Vase en biscuit de MM. Ardant et Bourdeau.

blanc, quoique bien xviiie siècle, sont d'un effet charmant.

Ce qu'il y avait de plus remarquable dans la fabrication de Valenciennes, c'étaient les décors à sujets de paysages en camaïeu violet, ou rouge de fer, entourés d'or et de légères guirlandes de fleurs, comme dans la soupière que nous représentons page 948.

Mais, si la manufacture de Valenciennes — dont nous avons surtout parlé parce qu'elle fut la première à adopter le chauffage à la houille, en usage presque partout aujour-

d'hui — a disparu, notre pays, peut s'enorgueillir de beaucoup d'autres, qui rivalisent d'élégance dans les formes, de goût dans les décors.

Bordeaux, Limoges, Mehun, pour ne citer que les plus connus, sont des centres d'une production aussi considérable que remarquable.

Si l'on n'y fait pas couramment de l'art, comme à Sèvres, parce qu'on y travaille pour gagner de l'argent, on y est tout aussi bien outillé, tout aussi bien pourvu de matières premières de choix ; et l'on sait y employer des artistes aussi capables de créer des compositions, que d'exécuter les décorations.

Un seul exemple suffira, d'autant qu'il est pris dans une spécialité de fabrication, où notre manufacture nationale a une supériorité marquée.

Voici (page 949) un vase en biscuit fabriqué à Limoges par MM. Ardant et Bourdeau, et qui figurait dans leur exposition de 1867, comme pièce de milieu d'une garniture de cheminée, exécutée pour le cercle de l'Union de Limoges.

Notre dessin n'en peut donner que la forme, mais cela est suffisant pour prouver que la province peut lutter avec Paris et surtout avec la Saxe, — qui aujourd'hui produit lourd et bariolé, — dans l'art de la porcelaine.

Il faudrait, du reste, n'être jamais passé dans la rue Paradis-Poissonnière, qui est une exposition permanente de Céramique, pour n'avoir pas constaté les progrès immenses de richesse et de bon goût, accomplis tous les jours dans cette branche si intéressante de notre industrie nationale.

Nous retrouverons d'ailleurs la fabrication moderne, quant nous nous occuperons des faïences, de la céramique artistique, et des porcelaines tendres française et anglaise, mais avant et pour rester dans l'ordre chronologique, il nous faut faire une sorte d'exposition rétrospective, pour parler des poteries lustrées.

POTERIES LUSTRÉES

L'étude que nous allons faire de la poterie lustrée ne sera guère qu'une revue des produits les plus remarquables de toutes les époques, cette fabrication ayant complètement disparu depuis l'invention du vernis planibifère ; à moins qu'on ne fasse entrer dans cette catégorie, les carreaux incrustés, si en usage au moyen âge, mais comme la plupart de ces produits étaient vernissés nous en parlerons dans le chapitre suivant.

L'histoire de la poterie lustrée embrasse les époques Assyrienne, Égyptienne, Osque, Étrusque, Grecque, Romaine, Italo-Grecque, Celtique, Américaine et Gallo-Romaine.

ÉPOQUE ASSYRIENNE

De l'époque Assyrienne proprement dite, il ne nous est guère parvenu que les curieuses briques de Babylone, mais les poteries de l'Asie Mineure, lui appartiennent par filiation, bien que la plupart de celles qu'on a trouvées à Santorin, à Rhodes, à Chypre, à Corfou, à Milo, aient été fabriquées en Grèce.

On les divise en trois catégories : vases peints de style primitif, vases asiatiques à relief, et vases peints de style asiatique.

Les vases primitifs sont en terre blanche ou jaunâtre, chargés, en brun ou en noir rougeâtre, de chevrons, de zones ou de damiers tracés au trait ; on y voit quelquefois des poissons, des oiseaux ou des serpents, dessinés très sommairement.

Les vases à reliefs, largement représentés au Louvre et au musée de Sèvres, sont généralement de terre rouge ornés de cannelures, soit horizontales, soit verticales, quelquefois même de bandes en relief, représentant, avec un art très rudimentaire, des animaux, des courses de chars, etc.

Cependant, on en voit dont le lustre est d'un beau vert ou d'un bleu turquoise, mais ce lustre est un véritable vernis que les Égyptiens et leurs voisins possédaient presque dès l'origine de leur fabrication céramique, mais que les Grecs et les Romains n'ont point connu.

L'ampoule côtelée qui figure dans notre gravure (page 952) est d'un émail bleu turquoise, cette pièce précieuse a été trouvée dans l'île de Rhodes.

Les vases peints de style asiatique, qu'on a longtemps qualifiés d'égyptiens, sont les premiers essais de l'art grec, qui devait faire de si étonnants progrès ; aussi ne sont-ils que des imitations. On les distingue en trois classes qui répondent à des époques successives de fabrication.

Les premiers sont d'aspect terne, sans reflet, et les décors, d'un jaune orange, sont des zones superposées d'animaux naturels ou fantastiques.

Les seconds sont rehaussés de dessins, mais d'un noir terne.

Les plus modernes, qui remontent au vııᵉ siècle avant notre ère, présentent des scènes mythologiques encadrées par des zones d'animaux, et les figures noires sont presque toujours rehaussées par des teintes rougeâtres ou blanc mat.

Dans la collection du Louvre, les plus beaux vases de ce genre, qui ont été trouvés dans l'île de Milo, représentent Bacchus assis au milieu d'une troupe de Menades, un combat de Grecs et d'Amazones, la naissance de Minerve, etc.

ÉPOQUE ÉGYPTIENNE

De toutes les poteries remarquables que possèdent nos musées, les poteries égyptiennes, trouvées dans les ruines d'Edfon, de Memphis, de Karnac, et dans les catacombes de Thèbes, sont incontestablement les plus anciennes, et au point de vue de l'art céramique elles ne sont pas les moins intéressantes.

On les distingue en trois époques, dont la fabrication a ses caractères particuliers, la haute antiquité, l'antiquité moyenne et l'ère des Ptolémées.

Les produits de la haute antiquité, dont le travail est très pur, sont à peine lustrés, l'enduit qui les recouvre est excessivement mince.

Les vases de cette époque sont presque toujours sans pied, mais on ne les enfouissait pas dans le sable, comme les amphores grecques ; pour les faire tenir debout, on les fixait sur des trépieds de métal.

Leur décoration consistait généralement en gravures ou en incrustations dans la terre, quelquefois peintes de couleurs variées, quelquefois ton sur ton, surtout dans les vases ornés de fleurs de lotus, très communs alors.

Les produits de l'antiquité moyenne, moins purs peut-être de formes, sont infiniment plus ornés, et couverts d'une glaçure si épaisse qu'elle constitue un véritable émail, tantôt d'un beau vert, tantôt d'un bleu mat, comme dans la gourde figurée sur notre gravure, mais assez souvent polychrome, car dans la série qu'on admire au Louvre, la plupart des pièces sont à glaçure blanche, rehaussées de dessins incrustés ou peints en noir, violet foncé, rouge, vert, violet de manganèse et jaune.

Toutes ces couleurs étaient maniées avec une telle habileté par les potiers égyptiens que les tons, tranchant vivement l'un sur l'autre, occupent quelquefois des espaces très restreints, et qu'on y distingue même des hyéroglyphes microscopiques se détachant sur l'agrafe du bracelet d'un personnage.

L'époque des Ptolémées, à laquelle appartient le vase à hiéroglyphes du musée de Sèvres, que nous avons fait dessiner, se reconnaît pour la forme, à une influence grecque, assez caractérisée, et pour la fabrication, à l'abandon de la pâte siliceuse pour une pâte plus tendre, mais plus grossière, décorée à la façon des Grecs, soit par des peintures sur la surface nue des vases, soit par une glaçure plus ou moins vitrifiée, mais qui n'était déjà plus l'émail, dont les céramistes d'alors semblent avoir oublié les procédés, que les Arabes et les Persans avaient vraisemblablement appris d'eux.

ÉPOQUE GRECQUE

Nous étudierons tout de suite les poteries lustrées grecques, parce que toutes celles que l'on classe parmi les époques Osque,

Etrusque, Italo-Grecque, Romaine, et naturellement Gallo-Romaine, en dérivent.

Bien que les vases trouvés dans les tombeaux des Osques soient plus anciens que ceux qui nous sont parvenus des Grecs, ce qui s'explique par la disposition des tom-

Poteries lustrées. — Époque Assyrienne.

beaux osques, ils sont, à n'en pas douter, de fabrication grecque, aussi bien que la plupart des poteries dites Étrusques; l'art céramique ayant été apporté en Étrurie, lors de son plus grand développement, par la colonie qu'y fonda l'aïeul de Tarquin, Demarate, de la race des Bacchiades, une des plus puissantes de Corinthe.

Poteries lustrées. — Époque Égyptienne.

La poterie grecque est composée d'argile figuline, de marne argileuse et de sable, matières premières très vulgaires... mais qui, préparées avec un soin extraordinaire, décorées avec une science particulière, n'en constituent pas moins de véritables œuvres d'art.

La pâte, qui contient en quantités variables : du silice, de l'alumine, du fer et de la chaux, est fusible à la température de 40 de-

grés, elle produit alors une sorte d'émail brun jaunâtre, mais le lustre non métalloïde

Poteries lustrées grecques : Olpes, Amphores de diverses époques; — Amphoridion et Stamnos.

et dont la composition a longtemps intrigué les savants, n'est pas le seul employé par les artistes grecs.

Leurs vases présentent trois couleurs de fond :

Le rouge brique, qui est le ton de la pâte,

Poteries lustrées grecques : Hydries, Phiales, Amphore, Lécythus, OEnoché.

quelquefois recouvert d'un vernis très mince, mais le plus souvent avivé par un polissage sur le tour.

Le noir, dont les éléments sont l'oxyde

de fer et l'oxyde de manganèse, et qui passe au vert bronze par l'action d'un combustible produisant beaucoup de fumée.

Et le brun marron, qui s'obtient par

l'adjonction, sur la pâte, d'une couche de noir très mince. Cette glaçure prend un ton vert olivâtre, dans un four trop chauffé.

Ces fonds étaient les seuls employés par les potiers grecs, et si quelques pièces de nos musées en présentent d'autres, c'est que quelques-unes ont été brûlées ; ayant été placées sur le bûcher de leur propriétaire, avant d'être enfouies avec lui dans la tombe.

Du reste, il est quelquefois assez difficile de distinguer le fond des poteries, car les Grecs employaient pour enrichir leurs vases des engobes argileuses, jaunes, blanches, rouges, violacées, qu'ils posaient en saillie ou en fond, et qu'ils décoraient au pinceau, de dessins de couleurs très variées, dont quelques-unes, le rouge, le vert et le bleu, n'étaient pas vitrifiables; pas plus que l'or avec lequel elles étaient mélangées dans les pièces qu'on appelle : richement colorées.

Mais avant de nous occuper de la classification des vases, par genre de fabrication, étudions-les d'abord par leur dénomination, ce qui nous aidera beaucoup, puisqu'ils ont des formes particulières selon les usages auxquels ils étaient destinés, à l'exception pourtant de l'*urne*, expression vague qui est devenue une sorte de terme générique, employé assez arbitrairement pour désigner toutes sortes de vases, mais qui pour les céramographes n'a pas de signification.

Il faut aussi excepter l'*amphore*, qui n'a pas de destination absolue, et qui peut être aussi variée de formes que de dimensions.

Tout vase allongé, à col rétréci, qui a deux anses, est une amphore, puisque ce mot est composé de deux autres, qui signifient « porter des deux côtés. »

On donne cependant le nom d'*amphoridion* aux amphores de proportions très réduites.

Les très grandes, qui servaient à conserver le vin dans les caves, sont aussi quelquefois appelées *pithos*, mais elles n'ont pas le col rétréci, qui est le caractère distinctif de l'espèce.

Les Grecs ont fabriqué des amphores pour toutes destinations ; les plus remarquables sont les pièces à incriptions destinées aux cadeaux que les citoyens se faisaient entre eux à l'occasion des noces, des réjouissances.

Et surtout les amphores panathénaïques, ainsi nommées parce qu'elles servaient de prix pour les vainqueurs des jeux publics, courses, luttes, etc., célébrés dans les fêtes appelées Panathénées.

Ces vases étaient pour la plupart décorés de la représentation de Minerve, comme celui que l'on peut voir dans notre gravure de la page 953, et dont l'original est au Louvre.

Les autres vases grecs sont, par espèces : l'*hydrie*, espèce de cruche qui sert à porter l'eau et même à la puiser, aussi y en a-t-il de plusieurs sortes et de différentes dimensions ; le plus souvent leur anse se replie sur l'ouverture, évasée en forme de trèfle, comme celle de notre gravure de la page 953 ; quelquefois l'ouverture est ronde, le vase plus petit mais plus richement décoré, c'est le cas du premier de la même gravure, un des plus élégants de la collection du Louvre et dont la peinture représente la lutte d'Hercule et de Nérée.

Le *cratère*, vase de grandes dimensions qui servait au mélange de l'eau et du vin, soit pour le service de la table, soit pour les sacrifices.

De là, deux espèces de cratères, mais ils ne diffèrent que par la richesse des ornements et par l'adjonction d'un pied; en principe le cratère est un vase largement ouvert, muni de deux poignées, fixées au point de réunion du cylindre avec la base sphéroïdale.

Un des plus beaux que l'on connaisse est celui du Louvre, dont le sujet est Apollon poursuivant le géant Tytus qui veut enlever Latone, mais celui que nous donnons page 956 n'est pas moins remarquable, il est d'ailleurs de même provenance et représente : Oreste réfugié au temple d'Apollon à Delphes.

Le héros, assis, tient encore à la main le glaive avec lequel il a assassiné sa mère; derrière lui, Apollon, dont le corps est à moitié couvert par un riche manteau, tient à la main droite un petit cochon, victime expiatoire qu'il semble secouer au-dessus de la tête du parricide; derrière Apollon est Diane en costume de chasseresse.

De l'autre côté d'Oreste on voit l'ombre de Clytemnestre, qui réveille deux furies endormies, pour les charger du soin de sa vengeance; une troisième furie, vue à mi-corps au pied de l'autel, complète le tableau.

De la même famille que le *cratère* sont la *kélébé* et l'*oxybaphon*.

La *kélébé* a d'ailleurs la même destination et ne diffère du cratère que par la disposition des anses, qui s'élèvent en courbes gracieuses et dépassent parfois le rebord saillant du vase.

Celle que nous donnons comme type page 956 est étrusque et appartient à ce qu'on appelle l'époque de la décadence de l'art grec, qui a pour principaux caractères : l'exagération dans la proportion des vases, la surabondance des ornements et le choix des sujets, qui s'affranchit du domaine de l'histoire pour entrer, sinon dans celui de la vie privée, au moins dans les représentations théâtrales.

La scène de notre vase, très remarquable d'ailleurs par sa richesse, est de ce genre: dans l'un des deux personnages portant le masque tragique on reconnaît facilement Mercure à ses ailes talonnières, bien que l'instrument qu'il a sur l'épaule ne ressemble guère à un caducée; l'autre est Saturne qui agite les serpents de la jalousie derrière un mari qui embrasse sa femme (vraisemblablement Agamemnon et Clytemnestre).

L'*oxybaphon* est de proportions beaucoup plus réduites; son usage le plus ordinaire était de contenir du vinaigre; cependant, il en est de très ornés, qui n'ont évidemment

pas été faits pour cette destination et que l'on peut considérer comme des coupes à boire, tels sont ceux de notre gravure de la page 956.

Les instruments bachiques ne sont du reste pas rares dans la céramique grecque.

En première ligne il faut citer le *canthare*, coupe à deux anses très élancées et posée sur un pied délicat. Ces vases dont on se donnera une idée par notre gravure de la page 956 étaient des vases sacrés, réservés plus spécialement pour les sacrifices à Bacchus.

Pour le service de la table, il y avait l'*amphotis*, coupe à pied également à deux anses, se relevant exagérément au-dessus des bords, comme on peut le voir, page 961, ce qui ne devait pas être très commode pour boire.

Le *calyx*, d'où nous avons fait calice, bien qu'il donne de ce vase une idée beaucoup moins complète que le canthare.

Celui que nous avons fait graver page 961 est une coupe étrusque, un peu lourde d'aspect, mais qui devait être beaucoup plus maniable que sa voisine.

L'*aryballos*, sorte de tasse, de bol plutôt, quelquefois large à sa base et se rétrécissant un peu au sommet, quelquefois sans pied, mais toujours de forme bursaire, et souvent décoré de fines peintures à sujets mythologiques comme ceux de notre gravure page 956.

Enfin le *kottabe*, dont nous donnons, page 961, un spécimen qu'il ne faut pas cependant considérer comme un type; d'abord il est de façon étrusque et dans ce pays, de même qu'en Sicile, on ne s'en servait pas spécialement pour boire, mais plutôt pour un jeu, assez innocent d'ailleurs, et qui consistait à jeter avec du liquide dans un vase d'airain en produisant un certain bruit.

Ce divertissement devint tellement à la mode qu'on fabriqua des vases exprès pour cela.

Pour puiser le vin dans les cratères et le

verser dans les coupes, les Grecs avaient deux sortes de vases.

L'œnoché, ou coupe ovoïde, au col mince, s'évasant pour recevoir une anse gracieusement recourbée en S (voir page 953).

Le cyathus (représenté page 961), espèce de coupe plate munie d'une seule anse et dont on se servait comme d'une grande cuillère pour soutirer le liquide des cratères et surtout des kélébés, dont l'orifice moins large ne permettait pas l'introduction d'une cruche comme l'œnoché.

Introduction qui avait, du reste, l'inconvénient de mouiller les parois du vase, et partant de salir les convives, mais on y remédiait en transvasant leur contenu dans des vases à peu près de même forme, mais plus ornés, appelés olpes, et avec lesquels on pouvait remplir les coupes des convives sans risquer de tacher leurs habits.

Poteries lustrées grecques : Hydrie, Aryballos, Kélébé, Oxybaphons, Cratère, Canthare.

L'olpe se faisait aussi de dimensions plus petites pour renfermer l'huile dont s'oignaient les athlètes au moment de la lutte.

Celui que nous donnons, page 953, est un olpe de table, célèbre dans la collection Campana, sous le nom de Vase des trois Muses.

L'ornementation en est simple, puisqu'elle ne comprend que deux frises et les trois figures de femme, mais elle est d'une pureté, d'une élégance remarquables.

La représentation des Muses, est d'ail-leurs très rare sur les vases grecs, et jamais on ne les y voit au complet, comme dans les œuvres romaines, où elles semblent reproduire par des attitudes et des attributs presque invariables, un modèle consacré; et cette circonstance augmente encore la valeur du vase du Louvre, sur lequel on voit Uranie, muse de l'astronomie, un compas à la main, Calliope représentant la poésie héroïque, et Melpomène, muse de la tragédie, jouant de la double flûte.

Il y avait encore pour le même usage des vases à couvercles, légèrement bombés,

120.

VASE HISPANO-MAURESQUE.

qu'on appelait *stamnos*, mais comme forme ils se rapprochent plus du genre cratère, étant pourvus de poignées fixées au-dessous des hanches.

Les poteries destinées à contenir des parfums sont moins variées, il n'y a guère que le *lecythus* et la *phiale*.

Les lecythus sont très variés de dimensions, mais jamais de forme, rarement même de dispositions de décors ; c'est toujours une burette élancée, dont le col rétréci se termine par une embouchure évasée en entonnoir, contre laquelle s'appuie une anse mince et large, dont l'autre extrémité se fixe sur la partie cylindrique du vase, laquelle est presque toujours entièrement recouverte par un sujet à personnages peints sur engobe.

Nos gravures, page 953, donneront une idée de ces sujets, qui ne sont pas toujours d'une compréhension très facile.

La *phiale* est une petite bouteille du

Poteries italo-grecques : Rhytons, vases à figures et vases d'ornementation religieuse.

genre de celles que nous appelons *fiole* par corruption... et il y en a de forts jolies, témoin celle que nous avons fait copier au musée céramique de Sèvres, et qui fait partie de notre 2e gravure de la page 953.

Outre ces vases d'un usage courant, les Grecs fabriquaient aussi des poteries de fantaisie, qui avaient plus ou moins d'utilité pratique.

Tels sont les *rhytons*, les pièces à figure et les vases d'ornementation religieuse.

Le *rhyton* est un souvenir de la corne à boire, employée à l'origine de presque toutes les civilisations, mais particulièrement chez les Grecs.

Il a la forme de la corne de bœuf, et se termine souvent par la représentation de la tête de cet animal, quelquefois aussi remplacée par celle d'un cheval ou mulet bridé, d'un éléphant, d'un chien, d'un bélier, d'un griffon, etc.

La série des rhytons de la collection Campana est particulièrement remarquable.

En somme, ce sont des coupes, d'une

espèce particulière, car la plupart ne sont pas percées au fond, de manière à devenir des vases propres à boire à la régalade.

Quelques-uns pourtant, sont à cet usage, comme le petit, à tête de cheval, de la collection du Louvre, qu'on voit sur notre gravure page 957, mais on remarquera que l'anse est disposée très haut et de façon à ce qu'on puisse passer dedans, le pouce, pour tenir le rython au-dessus de sa tête.

Tandis que, dans l'autre, à tête de bœuf, l'anse plus large, posée plus bas, est faite pour servir comme celle d'une tasse.

Ce rython, provenant de la riche collection de Luynes, est un des plus remarquables que l'on connaisse par la richesse de son ornementation.

Au-dessus de la tête de bœuf, couverte d'un lustre noir, qui le termine, on voit, modelé en demi-relief, dans la terre rouge, un griffon terrassant un cheval.

Le seul inconvénient pratique de ce genre de coupe était de ne pas tenir debout; un spécimen, que l'on voit au Louvre, prouve qu'on l'avait reconnu et qu'on cherchait à y remédier.

C'est un rython, coloré en blanc et rose, qu'une femme nue posée sur un genou, embrasse en le maintenant debout; mais alors, c'est une composition qu'on peut classer dans les vases à figure.

Les vases à figures, très nombreux au Louvre, sont de deux sortes : ceux dont la panse est formée par une tête ou deux têtes accolées, et ceux qui représentent des personnages et même des groupes.

Nous avons donné page 957 des spécimens de la première sorte; et notre vase, dont les deux têtes représentent Alphée et Aréthuse, est un des plus beaux de ce genre que l'on connaisse.

Nous n'en donnons point de la seconde, parce que c'est de la plastique proprement dite; nous nous contenterons de citer parmi les plus curieux qu'on voit au Louvre, un nègre accroupi, un pygmée étouffant une

grue, et un crocodile dévorant un homme.

C'est presque aussi à la plastique qu'appartiennent ces terres cuites d'ornementation religieuse, qu'on fabriquait dans la Grande Grèce et particulièrement dans l'Apulie, mais avec quelque prodigalité qu'elle s'y montre, la sculpture n'y est pourtant qu'un accessoire purement ornemental.

Ce n'est qu'en 1843, qu'on a trouvé près de Canosa, dans l'ancienne Apulie, les premiers vases de ce genre, qu'à cause de cela on appelle quelquefois « vases de Canosa, » et jusqu'à l'acquisition de la collection Campana, le musée du Louvre n'en posséda qu'un exemplaire, offert par M. le baron de Janzé, exemplaire très curieux d'ailleurs, et que nous avons fait graver, avec quelques autres, page 957.

C'est celui de moyenne grandeur, dont la base est rehaussée d'une tête de femme, finement modelée, surmontée d'un génie ailé.

De chaque côté, en guise de poignées, sont implantés dans la panse du vase, deux tritons dont les pieds de chevaux marins battent l'air; au-dessus s'élèvent parallèlement au col de la poterie, évasée comme une hydrie, deux divinités ailées; et une plus grande, placée au milieu, lui sert d'anse.

Notre gravure nous dispensera de décrire les autres vases, qui de formats divers et de compositions différentes, affectent néanmoins la même disposition dans l'ornementation, le même goût dans le coloris, bleu céleste ou rose tendre des draperies des figures, et la même harmonie dans l'ensemble.

* *

Cette description, par espèces, a presque fait toute notre besogne, il nous reste pourtant quelques mots à dire sur les différentes fabrications, que nous distinguerons chronologiquement : en vases corinthiens, vases italo-grecs à figures noires, vases italo-grecs à figures rouges, vases noirs à figures blanches.

Les vases corinthiens furent, en principe, des imitations du style asiatique, mais ils abandonnèrent bientôt les zones d'animaux fantastiques pour aborder les sujets mythologiques.

Le Louvre possède de ce genre une kélébé représentant Hector prenant congé de la famille de Priam pour aller combattre, et quelques hydries fort remarquables.

Les plus anciens que l'on connaisse ont été trouvés dans le tombeau lydien, qui fait partie de la collection Campana; les uns rappellent les poteries asiatiques, d'autres sont à couverte noire avec des peintures blanches, rouges et brunes, et presque tous ont quatre ou six anses.

C'est dans cette collection que nous avons pris les types que nous mettons sous les yeux de nos lecteurs page 960.

Les vases italo-grecs à figures noires, sont déjà beaucoup plus modernes, leur fabrication ne date guère que du v° siècle avant notre ère, aussi les progrès sont-ils considérables, les formes sont élégantes, les pieds, les anses, sont attachés avec grâce, mais le dessin, dont les contours sont tracés à la pointe sur le vase, pèche par l'uniformité, le convenu.

C'est à cette époque qu'appartient la grande amphore panathénaïque, représentée page 953, ainsi que la première du même dessin, connue sous le nom de son auteur, Nicosthènes, et qui est le type de cette époque, où il était de règle, que de deux chevaux attelés à un char, l'un fût toujours blanc et l'autre noir; la même règle voulait aussi que les parties nues du corps des femmes restassent blanches.

D'ailleurs, toutes les figures dessinées de profil se ressemblent, et leur caractère distinctif est l'exagération anguleuse des formes.

Comme sujets, c'est toujours la mythologie, des épisodes de la guerre de Troie et surtout des scènes bachiques.

Une variété dans la fabrication, c'est l'emploi d'une engobe blanche sur laquelle se détachent des figures noires rehaussées de rouge; le cabinet des médailles possède de ce genre quelques spécimens très curieux, notamment la pièce connue sous le nom de coupe d'Arcésilas, qui a cela de particulier qu'elle représente des scènes de mœurs.

L'époque des vases à figure rouge est la belle époque de la Grèce.

Ces figures ne sont pas peintes, c'est la couleur de la poterie qui les donne, au moyen de réserves faites lors de l'application de la glaçure, elles sont simplement rehaussées avec du rouge violacé, employé seulement pour les bandelettes, broderies, bracelets et autres accessoires.

Quelques vases ont leurs figures rouges rehaussées de blanc, mais ils sont plus modernes et n'appartiennent pas, comme les autres, au siècle de Périclès.

L'influence de Phidias, de Zeuxis, se fait sentir dans le dessin, les formes deviennent plus naturelles, et le nu domine dans les compositions.

On cite comme les plus beaux spécimens de cette époque, à laquelle appartiennent la plus grande partie des vases que nous avons fait dessiner, les célèbres amphores de Nola.

Un siècle plus tard, les vases à figures rouges devenaient multicolores, on les rehaussait avec du jaune, du violet, du blanc, l'or s'adjoignit bientôt à cette décoration, et cela produisit, avec les combinaisons des reliefs de la sculpture, les poteries connues sous le nom de vases à riches décors, assez rares d'ailleurs, et dont le plus beau spécimen est, dit-on, la célèbre hydrie découverte à Cumes et qui est au Musée de l'Ermitage à Saint-Pétersbourg.

A défaut de dessin, nous en donnerons la description, d'après M. Raoul Rochette.

« C'est un vase de très grande proportion à trois anses, à vernis noir le plus fin et le plus brillant qui se puisse voir; il est orné, à plusieurs hauteurs, de frises sculptées en terre cuite et dorées; mais ce qui lui donne une valeur inestimable, c'est une frise de figures de quatre à cinq pouces de haut, sculptée en bas-relief, avec les têtes, les pieds et les mains dorés et les habits peints de couleurs vives, bleues, rouges, vertes, du plus beau style grec qu'on puisse ima-

Poteries lustrées grecques. — Vases corinthiens de diverses époques

giner. Plusieurs têtes dont la dorure s'est détachée, laissent voir le modelé, qui est aussi fin, aussi achevé que celui du plus beau camée antique. »

Les vases noirs à figures blanches sont la dernière manifestation de l'art céramique italo-grec, qui produisit encore des pièces fort remarquables, mais qui avait déjà

Poteries lustrées romaines et gallo-romaines

perdu les grandes traditions, et préférait le gracieux au beau.

La plupart des pièces de nos musées ont été recueillies dans l'Italie méridionale et leur fabrication remonte au IIIᵉ siècle avant notre ère, il paraît même qu'elle cessa tout à fait, du moins en ce qui concerne les vases peints artistiques, l'an 186 avant J.-C.

alors que le Sénat romain proscrivit les Bacchanales, qui étaient la raison d'être de la production des vases bachiques.

A cette époque, d'ailleurs, le luxe avait pénétré à Rome, et la poterie était remplacée, chez tous les patriciens, par l'orfèvrerie et les vases taillés dans les pierres précieuses.

Nous en avons donc fini avec les antiques grecs, reste à parler des fabrications italiennes.

ÉPOQUE ÉTRUSQUE

Nous avons dit que la plupart des poteries que l'on appelle étrusques, étaient d'origine grecque, il y eut cependant une fabrication spéciale à l'Etrurie, celle des vases noirs à gravures et à relief, trouvés dans les tombeaux de Vulci, de Chiusi, de Cerœ, de Veïes.

Ces gravures étaient faites presque mécaniquement, au moyen de rouleaux qu'on

Poteries étrusques de diverses époques.

passait sur la terre encore molle; les reliefs, modelés à part, étaient appliqués avec des estampilles qui leur donnaient la forme voulue.

Plus tard, les potiers étrusques, s'inspirant des Grecs, firent des vases peints, des urnes funéraires, et même des pièces de décoration religieuse, ornées de figurines et de statuettes comme celles de l'Apulie, mais quelquefois d'un art plus rudimentaire, car on en voit dont les bras s'adaptent au moyen de chevilles.

Notre gravure ci-dessus réunit un certain nombre de pièces, de différentes natures.

Au milieu est la célèbre coupe de Vulci, vue de face pour montrer le sujet décoratif qui a été longtemps une énigme pour nos antiquitaires, parce qu'au-dessus de la Pythie que consulte Egée, on lit le nom de Thémis, qu'on était plus habitué à voir avec les attributs de la justice, qu'assise sur le trépied fatidique des sybilles.

Mais, il est avec la science des accommodements, et il a été prouvé qu'avant de présider au papier timbré, Thémis avait été devineresse en titre au temple de Delphes.

Au-dessous de cette coupe est une espèce de réchaud, de forme bizarre, dont l'usage est encore un problème ; les uns affirment que c'est un meuble de toilette, quelque chose comme un nécessaire à parfums ; d'autres y voient une pièce de service de table, destinée à conserver chauds les mets ou les boissons, mais l'opinion la plus générale veut que ce soit un brûle-parfums, pour les cérémonies funèbres ou simplement religieuses.

Le vase élancé de droite est une urne funéraire dont la fabrication remonte à peine à quelques années avant l'ère chrétienne.

Quant aux autres pièces, *amphiotis, kottabe, cyathus*, comme nous avons eu déjà occasion de les décrire, nous n'y revenons pas.

ÉPOQUE ROMAINE.

Les antiquités romaines en matière de céramique, ne sont que des imitations de la poterie grecque, imitations qui allèrent en s'amoindrissant jusqu'au jour où la terre cuite fut complètement abandonnée pour le service de la table et les cérémonies religieuses.

Il y eut pourtant un semblant d'école nationale, qui se répandit du reste partout où les Romains étendirent leur domination ; c'est la fabrication d'Arezzo, en Étrurie.

Le vase sans anse que l'on voit dans notre gravure est un spécimen de ce genre, qui a été aussi celui de l'époque Gallo-Romaine, ce qui nous dispensera de l'analyser, et nous terminerons notre revue des poteries lustrées par la céramique Américaine, la seule qui présente quelque originalité.

ÉPOQUE AMÉRICAINE.

Nous avions déjà parlé des poteries mates provenant du Pérou et du Mexique ; la fabrication de la poterie lustrée ne fut

qu'un progrès de main-d'œuvre dans cet art, que l'antiquité américaine avait porté très loin.

Nos spécimens, dessinés d'après des pièces appartenant à la magnifique collection du Louvre, en donneront la preuve, ou du moins une idée ; car ce sont les couleurs qu'il faudrait voir pour juger de l'effet des petites aryballes à fond conique, de provenance péruvienne, que nous mettons sous les yeux de nos lecteurs ; le vase à tête humaine vient également du Pérou et il est absolument remarquable par le modelé de la figure et par le type d'une race éteinte qu'il représente.

Si remarquable même qu'à côté de cette figure le masque humain posé sur le vase primitif aztèque, paraît une caricature, et pourtant il ne manque point de valeur, surtout venant de peuples que nous étions habitués à considérer comme des sauvages.

Nous donnons aussi une assiette mexicaine et deux péruviennes ; elles se ressemblent assez, sinon par les couleurs qui sont mieux traitées dans les dernières.

En dehors du vase à tête humaine, qui est tout à fait hors ligne, ce que la poterie péruvienne a produit de plus curieux, sont ces sifflets dont le musée de la manufacture de Sèvres possède deux spécimens que nous avons fait graver.

Le premier de ces sifflets est un vase en terre noire, singulièrement orné de dessins en relief, mais plus singulièrement disposé encore pour que l'eau qu'il contient, produise en s'échappant du goulot, un espèce de sifflement, qui imite le chant des oiseaux.

Cette disposition consiste dans l'adjonction d'une sorte de cavité, qu'on devait remplir d'eau pour en faire usage, car le refoulement du liquide par l'air est indispensable pour obtenir l'effet désiré.

Certes ce n'est point là de l'art, mais c'est une curiosité qui a bien son prix, étant donnée son ancienneté.

Le second sifflet, également en terre noire,

mais dont la décoration est partie gravée, partie en relief (les perles, ajoutées à l'estampe sur la terre encore molle), se contente d'être un instrument de musique, un peu primitif si l'on veut, mais possédant néanmoins trois trous superposés, pour varier les modulations.

Du reste, ce n'est pas à ce titre qu'il occupe ici la place que nous lui donnons et qu'il mérite, comme pièce originale de la céramique antique.

POTERIES VERNISSÉES

L'art céramique que nous venons de voir si brillant, disparut complètement dans nos pays, à la grande conflagration du vᵉ siècle, qui changea la face de l'Europe et du monde.

L'invasion des Barbares fit oublier les belles poteries gréco-romaines, et pendant des siècles aucun perfectionnement, aucune innovation ne fut apportée à la fabrication grossière des vases de terre, que l'on savait à peine ébaucher et qu'on faisait insuffisamment cuire. Aussi, pendant toute cette période, le luxe de table des seigneurs consista-t-il en vaisselle d'argent et d'or, en bassins et aiguières de cuivre, en plats d'étain et même de fer.

Les Croisades ne modifièrent point le goût; ceux qui revenaient d'Orient avaient dû y voir de curieuses œuvres céramiques, mais ils rentraient chez eux trop appauvris pour penser à un luxe nouveau.

Ce ne fut que vers la fin du xiiiᵉ siècle que la poterie commença à faire des progrès, grâce à la découverte qu'un artisan de Schelestadt, fit du vernis plombeux, espèce de glaçure brillante, d'une dureté excessive qui, s'il ne rendait pas la terre plus compacte, corrigeait du moins les inconvénients de sa porosité.

Cette découverte n'était pas absolument une invention nouvelle, car le glacé plombifère était connu de longtemps en Orient, il l'était aussi certainement en France,

puisque le musée de Sèvres possède des fragments de poteries vernissées, trouvées à l'abbaye de Jumièges, dans une tombe portant la date de 1120, mais il n'était pas employé dans la fabrication courante.

Bientôt on perfectionna, sinon le vernis absolument, mais son emploi; à l'aide d'oxydes métalliques, on lui donna des couleurs variées, puis on créa de nouvelles formes, que l'on décora avec des dessins imprimés en relief ou en creux, et dès lors les produits céramiques ne furent plus regardés seulement comme des objets d'utilité, mais devinrent aussi, peu à peu, des objets de luxe.

Une des premières, et la plus considérable peut-être, des manifestations de cet art en renaissance, est la fabrication des carreaux incrustés et des tuiles d'ornementation pour les châteaux, les édifices religieux; aussi lui consacrerons-nous la première partie de ce chapitre que nous diviserons en deux sections : les carreaux incrustés et la poterie proprement dite.

CARREAUX INCRUSTÉS

Jusqu'au xiiiᵉ siècle, les carreaux gravés, dont nous avons donné quelques spécimens; les pierres de couleurs diverses, combinées en grossières mosaïques, avaient satisfait aux besoins de l'architecture, mais après l'invention du vernis plombifère, on voit apparaître des briques, des carreaux de formes diverses, à dessins variés, à couleurs tranchant sur le fond, pour remplacer économiquement les coûteuses mosaïques.

Dans beaucoup de vieilles églises on en a trouvé, la galerie des chasses de saint Louis à Fontainebleau, l'abbaye de Voulton près de Provins, nombre d'anciens châteaux dans l'Ain, dans le Calvados, dans la Seine-Inférieure, les monuments de Rue, de Crotoy (dans la Somme), de Cosne, offrent de très curieux spécimens de cette fabrication céramique, abandonnée longtemps, mais reprise aujourd'hui avec succès, surtout en France et en Angleterre.

Nous en avons fait graver quelques-uns, de façon à donner des types très variés d'armoiries, d'inscriptions, de devises, de monogrammes qui, combinés avec des ani-

Poteries mexicaines et péruviennes.

maux fantastiques et des rinceaux diversement agencés et souvent bizarrement disposés, formaient dans les salles d'armes des châteaux, dans les chapelles, de curieux tapis de pied aux riches couleurs. Voici, page 965, un carreau de dallage vernissé, à dessin incrusté, provenant d'une salle de l'ancienne chancellerie de Blois.

Il représente, en brun rouge sur fond jaune, un cavalier sonnant de la trompe, une branche d'arbre qui se détache sur le coin gauche est chargée de représenter une

Sifflets péruviens de la manufacture de Sèvres.

forêt et de désigner au cavalier son rôle de chasseur.

C'est naïf comme dessin, mais il ne faut pas oublier que ce carreau date du xive siècle.

Le carreau représenté à la même page, était dans une chapelle de Saint-Amand-les-Eaux, c'est un des plus curieux de la catégorie à inscription et à monogramme.

L'inscription « De roisin vient le vin »

Carreau de dallage, de l'ancienne chancellerie de Blois.

bour par à peu près, comme on les faisait au XVIᵉ siècle.

Pour le comprendre, il faut savoir que

encadrant circulairement un raisin grossièrement dessiné, mais relié par une double tige aux deux lettres D R, est un calembour par à peu près, comme on les faisait au XVIᵉ siècle.

primitivement ce carreau servait au pavage de la salle de réunion d'une compagnie d'arbalétriers, dont un nommé Denis ou

Carreau à inscription, d'une chapelle de Saint-Amand-les-Eaux.

Désiré Raisin était lieutenant, ou capitaine.

Et, comme en raison de son grade, il payait à boire à ses soldats, ceux-ci par

reconnaissance lui ont voté la devise rappelée par le carreau.

Ce ne sont là que des morceaux carrés,

qui contenaient un sujet complet, qu'il fallait répéter ou entremêler avec d'autres pour avoir un carrelage entier ; bientôt on abandonna ce système et l'on fabriqua des carreaux de formes variées, dont l'assemblage composait des dessins et des arabesques du plus gracieux effet.

Tel est le carreau écoinçonné de la page 967, et qui, trouvé à Troyes, faisait partie d'un pavage d'un grand effet décoratif.

On comprendra mieux cet effet en examinant la gravure suivante, composée de divers carreaux formant un ensemble, qui était le pavage d'une salle de la maison d'Ango, à Dieppe.

Ce panneau, que possède d'original le musée de la manufacture de Sèvres, est d'ailleurs fort remarquable par le style du dessin et la finesse du travail, qui rappelle les délicates niellures des Italiens.

La fabrication de ces carreaux fut d'abord assez simple ; on formait avec de la terre argileuse, des carrés sur lesquels on imprimait avec des moules, d'assez faible relief, les dessins adoptés, qui se reproduisaient en creux dans la terre.

Une fois les carreaux soumis à une première dessiccation au soleil, on appliquait dans les creux une terre d'une couleur différente, le plus souvent de la terre de pipe blanche ou colorée par les oxydes métalliques, puis on mettait au four.

Pendant la cuisson, au moment du grand feu, on saupoudrait les carreaux d'une mince couche de minerai de plomb pulvérisé et mélangé avec du sable très fin, que l'action du feu convertissait en un vernis vitreux, qui recouvrait intérieurement les pièces en leur donnant de l'éclat.

On reconnaît les carreaux fabriqués ainsi à la couleur jaunâtre communiquée à l'argile blanche par cette opération.

Plus tard, on procéda par engobage, c'est-à-dire que l'on couvrit le noyau de terre brune, avec une mince couche d'argile blanchâtre d'abord, puis diversement colo-

rée ensuite, dont l'opacité cachait la couleur de la pâte.

Après dessiccation, on dessinait sur la couche superficielle : les cercles, les ornements, les zigzags, les légendes qu'on voulait avoir sur le carreau, et on les gravait en grattant, par places, la première couche, jusqu'à ce qu'on soit arrivé au niveau de la seconde ; le résultat était le même, mais le procédé était exactement le contraire.

Ce système permettait d'obtenir des reliefs sur les plaques et sur les poteries, puisqu'il suffisait de gratter tout autour du sujet donné, et d'augmenter l'épaisseur de l'engobe.

On avait pour cela un procédé qui fut en usage vraisemblablement avant l'engobe, et qui est l'ancêtre de celui qu'on appelle aujourd'hui *pastillage*.

On dessinait sur la pâte blanche, quelquefois même sur le vernis brun, des traits, des rinceaux, des personnages, et avec une corne de bœuf, percée par le petit bout, et remplie de pâte délayée à l'état de barbotine, on formait sur les dessins des épaisseurs plus ou moins compactes, que l'on modelait ensuite, soit à la main, soit avec des demi-moules à plastique.

C'est ainsi qu'a été fabriquée la brique vernissée de notre page 969, et qui, provenant de la décoration extérieure d'une maison du XVᵉ siècle de Beauvais (aujourd'hui démolie) présente en haut relief la figure de sainte Barbe, assez élégamment modelée.

Ces briques de revêtement, de grandes dimensions et d'aspect très décoratif, ne devaient pas être d'un usage courant, car les spécimens de ce genre sont aujourd'hui très rares.

Ces fabrications, négligées pendant des siècles, oubliées même presque complètement, ont été reprises il y a une vingtaine d'années, surtout celle des carreaux incrustés, maintenant très à la mode, aussi bien que les tuiles et poteries de bâtiment, dont la fabrication est si variée que l'on peut construire tout en terre cuite, des kiosques charmants, témoin celui que représente notre gravure de la page 976 et qui faisait partie de l'exposition de M. Peyrusson en 1878.

C'est un Anglais, M. Wright, directeur des poteries du Staffordshire, qui le premier essaya de faire revivre les procédés anciens, mais il n'y réussit pas complète-ment et céda son brevet à M. Herbert Minton, de Stoke-Upon-Trent, qui donna de grands développements à la fabrication et compléta la gamme de couleurs connues au moyen âge, par l'addition du gris, du noir, du café au lait, du fauve pour les fonds, et du lilas, du vert, du bleu, du pourpre, pour les incrustations.

Les procédés de fabrication ne diffèrent

Carreau écoinçonné incrusté, de Troyes.

de ceux des anciens potiers que par l'emploi des presses mécaniques pour le moulage des carreaux.

Voici d'ailleurs comment on opère à Stoke-Upon-Trent et vraisemblablement dans nos usines françaises, qui pour s'y être mises un peu plus tard, font tout aussi bien, sinon avec plus de goût dans la décoration.

Les pâtes, destinées à donner les parties incrustées, sont préparées avec le plus grand soin, délayées jusqu'à l'état de barbotine, tamisées et raffermies jusqu'à consistance pâteuse.

Avec cette argile de première qualité, on fait à la presse, dans un moule métallique dont le dessous est garni d'un plâtre qui donne les reliefs du dessin qu'offrira la pièce, un premier carreau d'une épaisseur de 6 millimètres, que l'on laisse dans le moule pour le surcharger d'une seconde couche d'argile plus commune, puis d'une troisième, jusqu'à ce qu'on ait obtenu l'épaisseur voulue, en ayant soin d'alterner les qualités de terre, de façon à éviter les irrégularités du retrait à la cuisson.

Puis on imprime un fort coup de presse pour donner au carreau une compacité suffisante, on le sort du moule et l'on coule dans les creux du dessin, les pâtes de couleurs convenables, à l'état de barbotine, en remplissant non seulement tous les creux, mais en couvrant complètement la surface du carreau.

On laisse sécher deux ou trois jours, pour que les pâtes ajoutées fassent corps avec le carreau, dont on racle alors la surface

Carrelage de la maison Augo, de Dieppe.

avec un large couteau, de façon à faire apparaître le dessin, dont la couleur définitive ne ressortira pourtant qu'après la cuisson, qui se fait en cazettes ou par empilage; mais il faut dans ce cas, que chaque carreau soit protégé, sur sa surface ornée, par une brique commune.

Si les carreaux ne doivent avoir qu'une glaçure très mince, on la leur donne dans le four même, en recouvrant les parois internes des cazettes, d'un vernis volatil qui se transporte sur l'objet à cuire et lui donne un glacé suffisant.

S'ils doivent recevoir une glaçure épaisse on procède par immersion, comme pour la porcelaine, et l'on fait cuire de nouveau pour fixer le vernis.

Ces règles ne sont pas sans exceptions; on comprend, du reste, que pour les carreaux à plusieurs couleurs, il faut avec des moules spéciaux, répéter l'opération incrustante autant de fois que l'ornementation du carreau comprend de tons.

Et cela suffit à expliquer pourquoi les carreaux polychromes, appelés carreaux mosaïques, si bien fabriqués par nos céramistes, notamment à Choisy-le-Roi, chez M. Boulanger, à Écuisses, chez M. Peyrusson, à Maubeuge, chez MM. Boch frères, sont beaucoup plus chers que les carreaux qui n'ont reçu qu'une seule incrustation.

POTERIES

Les poteries vernissées, ayant apparence artistique, n'ont guère fait leur apparition en France qu'au XIVe siècle; leur apogée fut

Brique vernissée du XVe siècle, avec figure en relief.

au XVe, car après cela, elles s'effacèrent devant les poteries émaillées.

Les fabriques célèbres étaient à la Chapelle-aux-Pots, Beauvais et Savignies.

Dans le Poitou on faisait surtout de la poterie vernissée d'un beau vert; c'était aussi la spécialité du Bordelais et il y avait à Sadirac une fabrique renommée pour sa « Potherie de verderie.»

Aux procédés de décorations employés pour les carreaux, c'est-à-dire le simili-pas-

tillage et l'engobage avec ces gravures dans la pâte que les Italiens appellent *graffiti*, on ajouta le *pastillage* proprement dit et la *sigillation*.

Le pastillage consiste dans l'apposition sur la pâte, d'ornements modelés à part, en terre de même nature; mais quelquefois de couleurs différentes que l'on y colle au moyen de la barbotine et qui s'y fixent par la cuisson.

La *sigillation*, au contraire, a pour but de

produire des creux dans la pâte, au moyen de moules en relief, dont l'ensemble concourt à produire une riche décoration, qui ne coûte ni beaucoup de temps ni beaucoup d'art.

Malheureusement, dans les fabriques ces moules une fois faits se transmettaient de génération en génération, et s'apposaient sur les pièces de toutes sortes; ce qui fait qu'il est extrêmement difficile d'assigner une date aux poteries décorées de cette façon.

En veut-on un exemple concluant : il existe au musée du Louvre un grand plat, vernissé en vert, sorti d'une fabrique de Beauvais qui, bien que chargé dans une ornementation très compliquée du chiffre cinq fois répété de Charles VIII... (le K surmonté d'une couronne royale) porte comme date de fabrication l'année 1511, époque à laquelle régnait déjà, depuis longtemps, son successeur, Louis XII.

Il est évident qu'on s'est servi de vieux moules pour estamper le chiffre du roi, et que si le plat n'avait pas de date on lui donnerait naturellement celle du règne de Charles VIII.

Malgré cet anachronisme, cette pièce dont le musée de Sèvres possède un exemplaire en vernis brun et que nous reproduisons dans notre gravure de la page 973, est une des plus curieuses que l'on connaisse par ses dimensions, ses richesses et par sa nature éminemment religieuse, puisque la plupart des ornements sont les symboles de la passion et que le chiffre de Jésus-Christ, entouré de rayons, en occupe le milieu.

Autour de ce monogramme sont les lettres composant *Ave Maria*, espacées par des écussons couronnés, composés alternativement d'une fleur de lis et du chiffre de Charles VIII.

Ce deuxième cercle, circonscrit par le fond du plat, est lui-même entouré d'un troisième, formé d'arcades gothiques et d'écussons

couronnés; sous les arcades, au nombre de six, sont les divers instruments de la passion et la figuration du Christ en croix ; quant aux écussons ils sont aux armes de France, de Bretagne, écartelés de France et Bretagne, et de France et Dauphiné, il y en a même un tout à fait de fantaisie et sur lequel est écrit en gothique le mot *Masse*, qui est vraisemblablement le nom de l'auteur de la pièce, chargée encore d'une inscription gothique : *O vos omnes qui transitis per viam attendite et videte si es dolor similis sicut dolor meus.*

« O vous tous, qui passez par cette voie, examinez et voyez s'il est une douleur semblable à ma douleur, » pieuse citation, qui est le commentaire le plus naturel de la décoration principale du plat.

Les inscriptions sont d'ailleurs un des caractères distinctifs des poteries artistiques du XVe siècle, faites pour la plupart par des ouvriers qui, selon les usages des corporations, étaient obligés de produire leur chef-d'œuvre, pour être reçus maîtres en leur art.

Tel est certainement le cas de ce plat à engobes grattées, que possède le musée de Sèvres, et autour duquel l'artiste a écrit son nom, en le faisant précéder d'un vœu de bonne augure.

L'inscription, d'un caractère gothique et d'un français non moins gothique est : *Je cuis planter pour reverdir. Vive Truppet.*

En la traduisant par : « Je suis planté pour reverdir » elle se rapporte à l'arbre à grosses fleurs, planté dans le fond du plat, et encadré d'une bordure losangée coupée symétriquement de galons en demi-relief.

L'origine de ce plat (qu'on voit dans notre gravure page 973), est généralement attribuée au midi de la France, dont il est à peu près le type de la fabrication.

Les autres poteries groupées dans notre gravure, toutes pièces de musées du reste, ont aussi leur intérêt. On y voit une gourde à personnages en relief rappelant pour la forme, certaines faïences orientales, une écuelle de style étrusque, un vase à inscriptions aussi élégant que les amphores grecques, un grand broc à pastillage, une buire godronnée du Poitou, et la gourde de chasse du musée du Louvre, connue sous le nom de gourde de Montmorency, parce qu'elle porte sur sa panse les armoiries de cette maison avec l'épée du connétable, spéciale au célèbre Anne de Montmorency; ce qui donne pour date à cette pièce, très curieuse, les premières années de la deuxième moitié du XVIᵉ siècle, c'est-à-dire précisément l'époque ou Bernard Palissy cherchait l'émail blanc, déja connu en Italie.

De l'autre côté est un petit pot à surprise du musée du Louvre, mais pour ce genre de production, qui fut une des joies de nos pères, nous avons fait une gravure spéciale (page 972) afin de les expliquer mieux.

Les pots à surprise, qu'on appelait aussi pots trompeurs, étaient quasi de fabrication courante; car toutes les familles un peu aisées en possédaient au moins un, pour s'amuser aux dépens de leurs convives non initiés.

Ceux que nous représentons sont d'un certain luxe : l'un est muni d'un couvercle adhérent, finement découpé, qui lui donne un aspect bizarre, l'autre est tout bonnement une cruche ou un broc, mais dont la partie supérieure est criblée de tant de trous symétriques, qu'il est impossible de boire avec... par les moyens ordinaires du moins.

Mais il y a un secret, le même pour les deux pots, le même, du reste, pour tous les vases à surprise.

C'est par l'anse seulement que le liquide peut arriver de la partie pleine du vase jusqu'aux lèvres du buveur, puisque la partie supérieure est découpée à jour.

L'anse creusée fait office de syphon dans l'intérieur du broc et elle amène le liquide dans le rebord du vase, également creux et muni d'un bec en saillie; on en met deux ou même plusieurs pour dérouter les chercheurs ; mais il n'y en a naturellement qu'une de bonne.

Quand il s'agit de boire, on prend le pot d'une main par l'anse, de manière à pouvoir fermer, avec le doigt, le petit trou caché sous la courbure de l'anse, qui est toute la clef du mystère : puis on aspire le liquide en appliquant sa bouche au bec qui existe au bord supérieur du vase ; ce qui permet de le vider sans être obligé de le pencher, et par conséquent sans répandre le liquide.

Cette fabrication n'a jamais été abandonnée et si les pots à surprise sont à peine connus dans les villes, dans les campagnes, surtout dans l'ouest de la France, ils sont assez communs.

On n'en saurait dire autant de la fabrication des poteries vernissées artistiques qui n'a pas essayé de lutter contre les majoliques et les faïences, et qui a complètement disparu.

On la reprend pourtant, et avec un certain succès même, à Vallauris, qui est un des centres les plus considérables de production des poteries communes, puisque cette petite localité des Alpes-Maritimes compte aujourd'hui près de cinquante fabriques de poteries.

C'est là que nous étudierons les procédés de fabrication qui seront vite décrits, du reste, puisque nous connaissons déjà tous les systèmes d'ébauchage et de façonnage, et que nous n'avons plus à nous occuper que de la mise en couleurs, qui se fait aussitôt que les pièces tournées, rabotées et garnies de leurs anses, pieds ou queue (s'il s'agit de poêlons ou de marmites), sont suffisamment séchées.

C'est avec des terres fines, additionnées d'oxydes métalliques, broyées soigneusement, étendues d'eau jusqu'à l'état de barbotines, que se préparent les couleurs; il y en a de blanches, de rouges, de jaunes, de brunes, de vertes.

Si la pièce doit avoir une couleur uniforme, on procède par immersion dans l'un ou l'autre des liquides ; la fantaisie qui produit des fonds jaspés ou irisés de reflets fauves, s'obtient par de rapides mélanges et par un adroit coup de main : ainsi, quelques gouttes de rouge, jetées sur un fond blanc, produisent par une agitation calculée la marbrure la plus réussie.

C'est de la même façon qu'on obtient les variations claires sur les fonds sombres verts ou bruns de ces pièces, fort jolies du reste, qu'on appelle barbotines, parce que leur décoration consiste en applications de guirlandes de fleurs et de feuillages moulées avec des barbotines de nuances éclatantes.

Pour les casseroles et autres ustensiles de ménage qui doivent être colorés intérieurement, on y fait passer rapidement une écuellée de liquide colorant, que l'on reverse aussitôt dans une autre, en ayant soin que toutes les parois en soient imprégnées.

Le vernis se pose de la même façon que

Pots à surprise, ou pots trompeurs, du xviᵉ siècle.

les couleurs, après dessiccation des pièces.

Cette composition, que les potiers appellent de l'alquifoux, a pour base du minerai de plomb, renfermant une certaine quantité de soufre ; il se trouve en abondance aux environs de Toulouse, dans la Sardaigne et dans l'Espagne, d'où le nom de vernis d'Espagne qu'on lui donne quelquefois.

Cette glaçure n'est pas sans inconvénients ; mal préparée, insuffisamment cuite surtout, elle se gerce facilement et le plomb qu'elle contient, en se combinant avec certains aliments, peut donner lieu à de véritables empoisonnements.

Aussi commence-t-on à l'abandonner, et dans les poteries de Bretagne on ne se sert plus guère que de l'enduit inventé par M. Constantin, pharmacien de Brest, qui est un mélange de silicate de soude, de quartz, de craie de Meudon et de borax, et donne, sans aucun danger, d'excellents résultats.

Les pièces vernies, séchées une seconde fois, vont à la cuisson, qui s'opère quelquefois dans des fours à compartiments analogues à ceux dont nous avons déjà parlé pour les poteries mates, et qu'une coupe en plan pour quatre compartiments (page 976) rappellera à nos lecteurs, mais le plus souvent, dans des constructions spéciales au pays.

On aura une idée exacte de ce four, en s'imaginant trois pièces superposées, communiquant ensemble par des raies percées à égales distances entre les planchers : un sous-sol, dans lequel on fait le feu ; un rez-de-chaussée, ou sont rangées les poteries : les plus grossières en *charge*, les plus délicates en *échappade ;* et un premier étage dans lequel la flamme et la fumée trouvent des issues, par les ouvertures encadrées de tuiles plates, qui font office de cheminées.

Ces ouvertures servent aussi de visières pour surveiller la cuisson ; une fente ména-

Poteries vernissées françaises des xive et xve siècles.

gée dans la porte du foyer est affectée au même usage.

Du reste, on fait des essais ; du moment où l'on s'est aperçu par le retrait des pièces qui, au moment de la charge, remplissaient le four entièrement, que la cuisson s'avance, on sort, au moyen d'une longue tige de fer, que l'on plonge par l'ouverture du four, une pièce incandescente que l'on fait refroidir au dehors, pour en apprécier la couleur et le vernis, et l'on répète l'opération jusqu'à satisfaction.

Alors on éteint le feu, et on attend le refroidissement pour défourner.

Une cuisson, y compris l'enfournement et le défournement, dure généralement trois jours, et elle coûte de deux cents à deux cent cinquante fagots.

Ce qui explique pourquoi les habitants de Vallauris ont abandonné la culture, pour planter en pins tous leurs terrains.

Ce qu'on fabrique surtout à Vallauris, pays privilégié pour les excellentes argiles qu'on y recueille, ce sont les poteries d'usage :

marmites, fourneaux, poêlons, pots à fleurs, cafetières, tuyaux et conduits de cheminées, cependant quelques maisons y font des poteries artistiques.

Indépendamment des barbotines que tout le monde connaît, de ces cache-pots plus ou moins verts, à vernis ombrés, popularisés par leur bon marché, charmants d'effet d'ailleurs; des assiettes à dessert, à feuilles de vigne, obtenues par les mêmes procédés; on y fait aussi de vraies œuvres d'art, bien supérieures à celles du xve siècle, et des imitations de l'antique, très réussies.

Cette branche de la céramique ne reste point en arrière, et dans sa sphère modeste, elle participe et concoure au progrès que fait tous les jours l'art du potier.

POTERIES ÉMAILLÉES

Les poteries émaillées sont les faïences communes, connues de longtemps en Orient mais qui n'ont été fabriquées chez nous que vers la fin du xvie siècle.

Ces mots de : faïences communes ne doivent cependant pas être pris au pied de la lettre ; car ce sont précisément les poteries portant ce nom, qui peuplent nos musées des produits les plus variés, les plus intéressants et peut-être les plus artistiques, de toute la Céramique.

A cet égard, elles seraient plutôt *rares*, bien que presque tous les pays se soient appliqués à en produire.

Elles ne sont dites « communes » qu'à cause de la composition de leur pâte, généralement colorée, quelquefois blanchâtre, toujours tendre (c'est-à-dire facilement rayable par le fer), à texture lâche, à cassure terreuse ; mais dont la grossièreté disparaît sous un émail brillant et opaque de compositions variables, selon les fabrications, mais dont l'étain est la base.

Bien que l'ancienne Égypte paraisse avoir connu la glaçure stannifère, elle ne s'en est servi qu'accidentellement et c'est à la Perse qu'on doit la faïence en fabrication suivie.

FAIENCE DE PERSE

La faïence persane se compose d'un sable quartzeux blanc, mélangé d'argile en petite quantité, ce qui la rend facilement vitrifiable ; aussi quelquefois est-elle seulement lustrée avec un vernis silico-alcalin, mais le plus souvent pourtant, elle ne doit sa blancheur qu'à l'émail, composé de plomb et d'étain, qui la recouvre.

Les premiers objets fabriqués en faïence paraissent être des carreaux de revêtement pour l'ornement intérieur et extérieur des palais, des mosquées, et nos musées en possèdent des spécimens très intéressants : d'autant que cette fabrication s'est continuée, presque sans modifications ; de sorte qu'il est assez difficile de reconnaître les produits anciens des modernes, sinon à l'apparition, dans le décor, de figures humaines, posées le plus souvent, pour ne pas enfreindre trop ouvertement les lois de Mahomet, sur un corps d'oiseau, de dragon, d'un quadrupède quelconque, ce qui produit ce que nous appelons des chimères.

Mais ces figures, fréquentes sur la poterie, les vases, n'apparaissent qu'assez rarement sur les carreaux, faits d'ailleurs pour une destination et devant pour la plupart se relier avec d'autres de façon à former ensemble une décoration complète.

C'est ainsi que Shah-Abbas fit revêtir son palais d'Ispahan de véritables tableaux en céramique de plus de deux mètres de côté, et représentant les principaux faits de l'histoire de la Perse.

Mais ceci est relativement très moderne puisque Shah-Abbas est mort au xviie siècle.

En fait de vases, ce que la faïence persane a le plus produit sont des bouteilles à long col, presque toujours renflé du milieu ; des aiguières avec plateau garni d'un double fond à jour, des brocs de table qui sont restés le modèle de nos pots à eau, des gargoulettes, des vases cylindriques qui se rapprochent assez de nos chopes à bière; des bols de toutes dimensions, évasés ou coniques; des coupes avec ou sans couvercles, hémisphériques ou campanulées, mais toujours montées sur un pied assez élevé.

Et naturellement, des plats, des assiettes qui se font remarquer par l'étroitesse de leur marli.

On distingues les faïences persanes en camaïeu et en polychrome.

Les camaïeus sont de deux sortes : la première, à fond très blanc, à ornements bleus, d'un seul ou de plusieurs tons, chatironnés (c'est-à-dire entourés d'un trait noir) : c'est le type qui a été le plus et le mieux imité par les faïenciers de Hollande et de France..

La deuxième, à fond bleu turquoise, avec fleurs réservées en blanc, et ornementée, en bleu de cobalt, chatironné ou non; ce système de décoration est surtout employé; pour les coupes d'une certaine dimension et presque toujours l'intérieur est à deux tons, tandis que l'extérieur est monochrome; du reste, les ornements en sont toujours différents, et quelquefois même, le vert composé, le violet de manganèse, le noir vif, s'y montrent en rehauts d'un grand effet.

La troisième classe comprend les faïences polychromes, les plus nombreuses et les plus variées ; toutes les couleurs de la palette vitrifiable s'y rencontrent pour représenter, plus brillantes que nature, des tulipes, des œillets et beaucoup d'autres fleurs, entremêlées d'ornements, de galons, de rinceaux, la plupart de très bon goût, mais répandus avec trop de profusion, surtout dans les vases, car les plaques de revêtement affectent une certaine sobriété, notamment celles qui forment un tout complet et se reconnaissent à leur encadrement.

La plus curieuse de ce genre est celle que M. Jomard apporta d'Égypte, comme provenant de Kirnan ou de Zorende et qui est censée représenter la célèbre mos-

quée de la Mecque, mais elle n'a pas l'éclat des spécimens réunis dans notre gravure.

FAIENCES ARABES

De la Perse, la fabrication de la faïence passa dans l'Inde et dans l'Asie Mineure. Dans l'Inde elle resta, ou à peu près, à l'état d'imitation, et celle qu'on fabrique encore aujourd'hui à Hayderabad, ne diffère pas d'une façon sensible des produits persans.

Dans l'Asie Mineure, au contraire, le style se transforma promptement, et dès le IXe siècle, la fabrication se répandait sur la côte nord-est de l'Afrique et surtout dans le Magreb, et adoptait le style arabe.

Il y eut cependant une époque de transition, et il n'est pas rare de rencontrer des lampes votives en forme d'œufs qu'on suspendait dans les mosquées, décorées de croix de Jérusalem.

Mais l'influence chrétienne, apportée vraisemblablement par des artistes byzantins, ne tarda pas à s'effacer et l'arabesque régna en maîtresse, — d'abord mélangée avec les fleurs persanes, comme dans le brûle-parfums de notre gravure, provenant de la fabrique de Kutahia, où se faisaient spécialement des services à café, décorés dans le goût des châles de Kachemyre, — puis absolument seule, pour produire des objets très caractéristiques, et dont les plus nombreux furent naturellement les plaques de revêtement.

Ces plaques, plus soignées, et surtout plus grandes que les carreaux à l'imitation de la Perse, sont une des spécialités de la fabrication arabe, peu recommandable par la qualité de la pâte, et surtout par celle de l'émail généralement granuleux, mais très curieuse d'aspect : les arabesques se détachant sur un fond blanc en rinceaux presque aussi déliés que des niellures italiennes.

Les Arabes, qui n'emploient pour leurs ornements, ni les figures, ni les fleurs, du

Coupe en plan du four à 4 compartiment pour la cuisson des terres vernissées.

moins au naturel, ni même avec aucune prétention à l'imitation, ont cependant plusieurs sortes de décors.

Ils ont l'arabesque proprement dite d'une finesse extrême, d'une profusion excessive, se groupant par médaillons, par zones sur

Kiosque en terres cuites vernissées de M. Peyrusson.

la panse des poteries, c'est à ce genre qu'appartient le grand vase que nous reproduisons et qui a été trouvé avec d'autres objets antiques, dans des fouilles faites au Caire.

Faïences de Perse.

Ils ont les zigzags en forme de caractères, d'une couleur tranchée, généralement noirs ou rouges, entremêlés avec des fleurettes ou des ornements de couleurs plus claires.

Ils ont les zones, quelquefois répandues sobrement et garnies d'oves, de quadrillages, laissant la plus grande partie du vase à nu, mais quelquefois le couvrant complètement, comme dans la grande coupe de

Faïences arabes.

notre dessin, et alors chargées d'ornements de toutes sortes, imitant assez le bariolage des anciennes étoffes de l'Orient.

FAIENCES HISPANO-MORESQUES

Les Arabes apportèrent leur art, en même temps que leur domination, en Espagne, et c'est là que leur céramique fit les plus grands et les plus rapides progrès, car ce sont vraisemblablement leurs potiers qui fabriquèrent les magnifiques carreaux de revêtement de la mosquée de Cordoue, que les Espagnols imitèrent avec succès sous le nom d'*azulejos,* à cause de la couleur bleue qui dominait dans leur décoration, et qu'ils dépassèrent bientôt, s'il est vrai que les plaques de l'Alhambra, ornées de la devise des souverains Mores : « Il n'y a pas de fort si ce n'est Dieu, » proviennent de la fabrique de Malaga, tout espagnole.

C'est aussi cette fabrique, la plus ancienne de la Péninsule, qui produisit ces merveilleux vases de l'Alhambra, dont nous avons déjà donné une gravure page 853, bien qu'il n'en reste plus qu'un aujourd'hui et qui, contemporains du monument, à la décoration duquel ils concoururent, sont évidemment de la fin du XIII° siècle.

Il est certain, d'ailleurs, d'après la relation du voyage d'Ibn-Batoutah, de Tanger, qu'en 1350, Malaga était déjà en grande réputation pour ses œuvres dorées, qui s'exportaient dans les contrées les plus éloignées.

Ces *œuvres dorées* étaient les faïences hispano-moresques, qu'on nommait ainsi, à cause des reflets métalliques du vernis qui les recouvrait.

Car Malaga ne fabriqua pas que des vases géants comme celui de l'Alhambra de Grenade (1m,36 de hauteur sur 2m,25 de circonférence), mais elle garda une certaine prédilection pour les pièces de dimensions considérables, témoins les trois grands bassins conservés au musée de Cluny, et dont la décoration, composée de dessins à reflets métalliques, entremêlés d'émaux bleus, n'est pas sans analogie avec celle du célèbre vase de Grenade.

Du reste, la plupart des pièces venant de Malaga, dont le fond est d'un blanc jaunâtre tirant sur le ton chair, sont décorées en bleu pur, rehaussé de filets d'or, du moins celles de la belle époque, car la décadence

arrivant, les figures géométriques, la plupart symboliques, des Arabes, disparurent pour faire place à des ornements plus variés contournant des médaillons, des cartouches où apparaissaient avec tous leurs émaux, toutes leurs couleurs, les armoiries des rois d'Espagne et des princes chrétiens qui faisaient travailler l'usine.

Il est probable que cette fabrique disparut vers le XVI° siècle, car on ne trouve plus de trace historique de son existence après cette époque.

Valence hérita de sa réputation, qu'elle avait peut-être partagée depuis deux siècles, car, bien que lorsqu'il s'empara de la ville en 1289, le roi Jayme d'Aragon y trouva la céramique des Mores si avancée, qu'il crut pouvoir la frapper d'un impôt, les vases dorés qui illustrèrent la poterie valencienne, ne sont pas antérieurs au XV° siècle.

On les reconnaît le plus souvent à une inscription latine : « *In principio erat verbum et verbum erat apud Deum,* » qui est le commencement de l'Évangile de saint Jean, ou à l'aigle, oiseau emblématique du même saint, vénéré particulièrement à Valence.

Le grand vase que nous avons reproduit dans une de nos gravures hors texte, est un spécimen de cette fabrication, qui finit par s'éteindre comme celle de Malaga, comme celle de Barcelone, qui du reste ne fit jamais grand bruit et laissa passer la renommée dans une petite ville voisine, Manisès, qui en jouissait surtout au XVIII° siècle, en produisant des vases dont le fond était poussé jusqu'au cuivre vif, d'une forme tourmentée et d'une décoration surchargée de fleurs et d'armoiries.

C'était bien toujours du style hispano-moresque, mais comme on le verra dans notre gravure, il n'y avait plus rien d'arabe.

La décadence a été complète, du reste, car la fabrique n'existe plus.

Pour retrouver l'ancien style, il faut étudier la fabrication de l'île Majorque, moins ancienne peut-être que celles de Malaga et de Valence, mais qui eut le mérite de se conserver pure, et l'honneur de donner son nom (*majolique*) aux premières imitations des Italiens, qui d'ailleurs ne tardèrent pas à faire oublier les faïences à reflets — quelquefois rougeâtres, comme dans un grand plat aux armes de la ville d'Yuca (centre de la fabrication), le plus souvent nacrés comme dans le vase, aux deux anses massives de notre gravure — qui étaient la spécialité, non seulement de Majorque, mais encore des autres îles Baléares, car Iviça possédait aussi une fabrique importante, puisque Vargas déplorait sa disparition en 1787.

FAIENCES ALLEMANDES

L'Allemagne fabriqua la faïence bien avant l'Italie et presque en même temps que l'Espagne, puisqu'il en existe encore qui date du commencement du XIIIᵉ siècle.

Dans les débris du couvent de Saint-Paul, à Leipzig, achevé de construire en 1207, on a trouvé des briques émaillées qui font supposer des connaissances céramiques assez étendues.

En 1290, on éleva à Breslau, à la mémoire d'Henri IV, duc de Silésie, un monument qui existe encore aujourd'hui, en terre cuite émaillée.

Il est probable que les potiers allemands connurent l'émail stannifère par des Grecs de Byzance, mais cependant rien ne le prouve, car on ne trouve ni dans les musées allemands, ni dans les nôtres, aucune pièce de faïence byzantine; peut-être ont-ils inventé le procédé, comme le fit plus tard chez nous Bernard Palissy; ce qu'il y a de certain c'est qu'au XIVᵉ siècle l'art céramique était très développé en Allemagne et qu'au XVᵉ Veit Hirschvogel créait, à Nuremberg, une fabrique de faïences qui acquit une renommée considérable et sut la conserver pendant plus d'un siècle, malgré les majoliques d'Italie qui se répandaient alors partout, et la concurrence plus redoutable, parce qu'elle était plus locale, des fabriques de Delft.

Les Hirschvogel ne produisirent pas seulement des faïences artistiques, encore admirables aujourd'hui, surtout les pièces à relief; ils fabriquèrent aussi des ustensiles d'un emploi usuel, et ce furent les premiers qui démocratisèrent l'art de la faïence, jusqu'alors employée seulement à la fabrication de vases de luxe ou d'ornement.

Du moins le dit-on, car on ne connaît de leurs produits que des objets artistiques, notamment le vase à portraits que représente notre gravure et qui appartient à la riche collection du Louvre et nombre de plaques de poêles (à Cluny et au Louvre) dont les émaux, tantôt blanchâtres, ou verts, ou bruns, ou oranges, quelquefois de toutes ces couleurs à la fois, encadrent des figures mythologiques ou des personnages historiques, formant relief sur des compositions d'une belle architecture.

Les poêles de cette époque et de ce pays sont d'ailleurs des monuments, et Augsbourg en conserve trois, qui sont d'une haute curiosité.

Après les Hirschvogel l'art céramique, qui ne s'était d'ailleurs distingué que dans le genre à figures en relief, est à peu près resté stationnaire à Nuremberg, et au XVIIᵉ siècle on fabriquait encore des plats d'une décoration analogue à celles des premières majoliques italiennes; le musée de Sèvres possède même un grand plat daté de 1720, encore inspiré par les richesses ornementales de Faenza.

Le style moderne n'apparut à Nuremberg qu'au milieu du XVIIIᵉ siècle; et on peut s'en faire une idée par la chope que représente notre gravure.

Nuremberg ne fut certainement pas le seul centre de fabrication ancienne, mais l'histoire de la céramique en Allemagne est assez peu connue. Cela tient surtout à ce que les fabriques des XVIIᵉ et XVIIIᵉ siècles, à l'exception pourtant de celles de Hochst sur le Mein, de Frankenthal et de Baireuth, ont produit peu de pièces qui méritent classement.

Faïences hispano-arabes : Manises, Majorque, Valence, Malaga

FAIENCES ITALIENNES

Il est généralement admis que la connais-sance de l'émail stannifère passa des îles Baléares en Italie, par des ouvriers arabes

Faïences allemandes.

ou espagnols, appelés dans les fabriques de poteries vernissées qui florissaient de long-de Florence, fit ces figures et bas-relief temps à Faenza, Pesaro, Gubbio, Urbino, Castel-Durante et ailleurs

« Le nom de *Majolica*, nous apprend l'Italie à cette faïence, dérive de *Majorica* Brongniart, donné alors dans presque toute (Majorque), ce nom transformé, par coquet-

Terres cuites de Luca della Robia et de ses neveux André et Luca.

terie de langage, en celui de majolica, ne laisse aucun doute sur cette filiation. Cette introduction aurait eu lieu vers 1415, à peu près à l'époque où Luca della Robia, sculp-

Plat en majolique de Faenza.

teur de Florence, fit ses figures et bas-reliefs en terre cuite et les empâta dans un émail d'étain. »

Seulement, il ne faut pas du tout confondre les terres cuites émaillées de Luca della Robia, invention absolue, avec la *majo-*

lique, qui n'est en somme qu'une transformation des poteries vernissées déjà fabriquées avec succès, à Pesaro notamment, et qu'on appela depuis « demi-majolique ».

Ces demi-majoliques sont assez difficiles à distinguer des autres, puisqu'elles ont quelquefois les reflets métalliques des faïences hispano-moresques et de leurs imitations italiennes ; attendu que ce n'est pas l'émail qui les donne, mais bien l'emploi de certains métaux, revivifiés au four par un coup de feu ; et c'est ce qui a fait croire à certains auteurs, que les Italiens n'avaient point eu besoin des ouvriers de Majorque pour connaître la faïence, et qu'ils s'étaient inspirés des produits de la Perse.

Oui, sans doute, au point de vue de l'effet, mais non en réalité, car ce qu'ils fabriquaient n'était que de la terre vernissée, recouverte d'une engobe d'argile blanche pour cacher la couleur de la pâte, et qu'ils enduisaient, après cuisson, à basse température facilitant la décoration, d'un vernis composé d'oxyde de plomb, de potasse et de sable très fin, — et ils ne connurent l'émail stannifère qu'après les essais couronnés de succès de Luca della Robia.

A cet égard, Brongniart se trompe de date, ce qui est permis, surtout à un vrai savant ; car il ne paraît pas que le sculpteur florentin soit né avant l'année 1398 et ce n'est guère que vers 1438, qu'accablé de commandes il pensa, pour éviter le long travail du ciseau ou les opérations multiples de la fonte, à faire cuire ses modèles en terre et à les préserver des variations atmosphériques par l'application de l'émail, que lui révéla vraisemblablement un potier majorquais, car il paraît avoir réussi du premier coup et donna à ses bas-reliefs le nom de *terra invetriata*.

Dans le premier qu'il fit, la *Résurrection*, placé au-dessus de la porte de la sacristie de l'église de Sainte-Marie des Fleurs à Florence, les figures se détachent en blanc sur un fond bleu lapis, mais dès le second, il ajouta dans les draperies : du vert, du brun violacé, du jaune et employa bientôt toute la gamme des couleurs vitrifiables mais sobrement, de manière à ne point nuire à ses effets plastiques ; c'est-à-dire en ne jetant jamais de coloration sur les chairs et les figures, quitte à donner à son vernis blanc une teinte légèrement carnée.

Son procédé se répandit bien vite, d'autant que, si l'on en croit Vasari, il essaya lui-même d'appliquer sur la vaisselle la peinture en couleurs vitrifiables.

D'ailleurs, il fit d'assez nombreux élèves sans compter ses neveux qui héritèrent de ses traditions, en continuant en quelque sorte sa fabrication. Et dans notre gravure de la page 981, il n'y a que la pièce ronde (la Vierge et l'Enfant Jésus), une des merveilles du Musée de Cluny, qui soit de lui ; le bas-relief voisin est d'André della Robia, et la tête de Condottière, d'un second Luca, celui-là qui vint en France, appelé par François Ier, pour diriger la décoration de son château de Madrid.

Dès 1450, tous les potiers de la Toscane et de la Romagne employaient le vernis stannifère, et le succès des majoliques fut si vif que les princes régnants accordèrent leur protection aux usines et qu'à leur instigation, les plus grands artistes, et Raphaël lui-même, fournirent aux faïenciers soit des modèles de vases, soit des motifs d'ornementation ; ce qui explique le goût et le fini de la plupart des pièces du XVIe siècle.

Les usines se créèrent nombreuses, mais les procédés de fabrication furent partout les mêmes : toutes les majoliques de cette époque sont en argile figuline, mélangée de marne calcarifère et de sable, cuite une première fois avec la couverte composée de plomb, d'étain, de sable quartzeux, de sel marin et de soude, puis décorées sur l'émail et recouvertes sur la peinture d'un vernis plombeux, qui leur donne un glacé remarquable.

Jusque vers 1570, époque de la mort du dernier des frères Fontana d'Urbino, toutes les manufactures, qui ne faisaient, d'ailleurs, que des objets d'art, ou des services de table de grand luxe, prospérèrent merveilleusement; quand elles se mirent à fabriquer des ustensiles pour le service usuel, les nécessités du commerce, le besoin d'établir à bon marché, firent négliger puis abandonner complètement le côté artistique, et la décadence arriva très vite, de sorte que la belle époque italienne ne dépasse guère le xvie siècle.

Sans vouloir passer en revue toutes les fabriques, nous dirons quelques mots des plus célèbres, pour donner des spécimens de leurs produits.

Faenza — que l'on a considéré peut-être à tort (en tant que majolique) comme la fabrique la plus ancienne de l'Italie, mais qui fut certainement la plus connue en France, puisque c'est son nom — qui a servi à désigner chez nous ses produits et tous les similaires — que nous avons adopté, aussi bien, d'ailleurs, que tous nos voisins, pour nos poteries émaillées.

Cette petite ville des Marches fabriquait de longtemps des poteries vernissées et engobées; lorsque se répandit le procédé de Luca della Robia, elle fut des premières à l'adopter, mais sa réputation ne date que du commencement du xvie siècle et ne fut vraiment méritée que par les produits des fabriques de Pirote et Nicolo, on n'y saurait ajouter aveuglément les pièces peintes par Balthazar Manara, car si ce dernier était bien de Faenza, rien ne prouve qu'il ait exclusivement travaillé dans son pays et quelques plats qu'il a signés, paraissent au contraire, appartenir à des fabriques étrangères.

Les produits faïentins se reconnaissent d'ailleurs assez facilement : la première manière avait une ornementation très simple, des entrelacs; des zones successives presque à la moresque, mais de couleurs plus variées, en faisaient tous les frais.

Les grotesques, plus récents, portent pres-

que tous comme signe distinctif un masque de face, terminée par une barbe élargie en feuille d'acanthe.

Quant aux pièces à composition, elles ne se laissèrent point envahir par la mythologie, les figures représentées sur les coupes sont généralement des portraits historiques : on connaît celui de Charles-Quint, daté de 1521, ceux du pape Paul III, celui de Michel-Ange, qui est à la bibliothèque de l'Escurial.

Les sujets dits à *histoires*, sont quelquefois des reproductions de tableaux ou d'artistes contemporains, mais souvent aussi des scènes de mœurs.

Le plat représenté par notre gravure page 981 est de ce genre, et quoique de dimensions assez restreintes, 0m,33 de diamètre, il a été payé 3,000 francs par l'institution de Marlboroug House, à Londres, à la vente de sir Ralph Bernard (1858); c'est assez dire qu'on le vendrait beaucoup plus cher aujourd'hui. Il est d'ailleurs intéressant pour l'histoire de la céramique, puisqu'il représente l'intérieur d'un peintre de majoliques, occupé à décorer un plat pendant que de riches amateurs suivent son travail avec intérêt. On croit que ce jeune homme et cette jeune femme assis en face de l'artiste, sont Raphaël et la Fornarina, mais cette supposition est peu fondée, sinon pour la femme, au moins pour le jeune homme qui n'a jamais ressemblé aux portraits que nous connaissons de Raphaël.

Cela n'empêche pas le plat d'être très curieux.

La spécialité de Faenza, à la belle époque, fut la fabrication des coupes à pieds bas, divisés par des godrons ou des bossages réguliers, et celle des pièces à compartiments arlequinés, c'est-à-dire à fonds de tons divers et tranchants, séparés entre eux par des arabesques en réserve, genre qui a été bien vite imité par toutes les usines italiennes et notamment à Castel-Durante.

PESARO. — La fabrique de Pesaro vient ensuite par rang d'ancienneté, elle s'essaya une des premières aux poteries à reflets métalliques à l'imitation des faïences hispano-moresques, comme le vase en forme de broc du musée du Louvre, que repré-

Majoliques italiennes. Gubbio. Deruta, Bologne.

sente notre 2e gravure de la page, mais elle a un meilleur titre de gloire céramique : l'invention des pièces ornées de portraits et devises, généralement de grandes coupes, peu profondes, dont le fond est couvert d'un buste de femme quelquefois un peu sec,

Majoliques italiennes : Chaffagiolo, Pesaro, Gubbio, Trévise.

mais artistement drapé et enguirlandé d'un nom ou d'une épithète, laudative naturellement. Ce sont les premières productions de Pesaro qui, la Renaissance venue, aborda comme presque toutes les fabriques italien-

...nes les compositions à figures, d'après les tableaux ou les dessins des maîtres, rehaus-

sés d'ornements en or ou en rouge rubis.

Les potiers les plus célèbres de Pesaro

Majoliques italiennes : Urbine, Citta di Castello, Castel-Durante.

au XVIᵉ siècle furent Gironino et Balthasar. Castel-Durante fabriquait de la demi-majolique dès 1361. A la découverte de l'émail

stannifère, on y fit comme partout de la vraie majolique à reflets ou à compositions; mais on y adopta un système de décoration

Faïences de Delft (décor en camaïeu).

composé de rinceaux contournés, capricieusement et se terminant par des corps de chevaux-marins, de sirènes, de monstres

ailés ou de masques antiques; c'est ce qu'on appelle des grotesques.

On retrouve ces décorations, plus ou

moins modifiées selon le goût du jour, jusqu'au xvıı° siècle.

Quant aux coupes à sujets historiques ou mythologiques, le Louvre en a des spécimens importants, nous en reproduisons un, page 984, qui représente Apollon et Marsyas et qui est d'un très bon travail.

Urbino, pour n'être pas la plus ancienne, est l'une des plus importantes des fabriques célèbres de l'Italie ; c'était du reste la capitale du duché, dont dépendaient Pesaro, Castel-Durante, Gubbio, Castello ; son influence sur les fabrications voisines était telle qu'il ne faut pas la considérer seulement comme ville, mais comme le centre de la production de la contrée, et c'est à cause de cela, que la plupart des pièces de musées, d'origine inconnue ou douteuse, sont classées comme majoliques d'Urbino.

Les potiers les plus célèbres de cette ville furent les frères Fontana : Guido, connu aussi sous le nom de Guido Durantino, dont il signait le plus souvent, parce qu'il était originaire de Castel-Durante, et Orazzio, qui lui succéda vraisemblablement dans la direction de la fabrique, dont la production cessa vers 1572.

Urbino n'eut point de spécialité absolue, on y fit des pièces à portraits comme à Pesaro, des grotesques, comme à Castel-Durante et mieux qu'à Castel-Durante ; car on y maria ce genre avec la décoration à personnages, et des coupés à compositions mythologiques et historiques, avec plus d'art que partout, car on y possédait des peintres de faïences de grand talent.

François Xanto Aveli de Rovigo, qui empruntait la plupart de ses sujets à Raphaël et copiait sinon ses tableaux, mais des scènes, des groupes avec beaucoup de maestria ;

Orazio Fontana, qui a signé entre autres merveilles la coupe du Louvre, reproduite dans notre gravure page 985 et représentant, avec profusion de détails, l'*Enlèvement d'Europe*.

La coupe ovale à grotesques du même

dessin, est également d'Ozario, mais ce que nous n'avons pu faire voir, c'est la décoration intérieure, qui représente un banquet public dans l'ancienne Rome.

Pendant que nous tenons ce dessin, disons que la coupe du second plan, est un spécimen de la fabrique de Citta di Castello, fabrication spéciale du reste et que les Italiens appellent *grafiti*.

Ce n'est, ni plus ni moins, que la gravure sur engobe dont nous avons déjà parlé à propos des poteries vernissées du xvᵉ siècle, et qui ne nécessite point l'emploi de l'émail stannifère. Dans le principe, du reste, on ne s'en servait point, puisque l'on fait remonter la fabrique de Castello, aussi bien que celle de Faenza, au commencement du xıvᵉ siècle.

Mais si à Faenza on aborda la fabrication de la majolique, à Castello, on en resta toujours aux *grafiti*, modifiés plus ou moins par le secours de l'émail, et décorés, surtout intérieurement, avec des peinturse vitrifiables.

Gubbio. — Les produits de Gubbio sont estimés à l'égal de ceux d'Urbino, et généralement ils peuvent soutenir la comparaison.

On commença par imiter la fabrication de Pesaro, puis celle de Chaffagiolo, et la première originalité de Gubbio se constate par l'apparition de plats à sujets religieux, sous l'influence de Georgio Andreoli, statuaire de Pavie, émule de Luca della Robia, qui vint établir à Gubbio une fabrique dont l'importance dut être considérable, puisque son directeur fut nommé gonfalonier de la ville, au commencement du xvıᵉ siècle.

Andréoli fit personnellement des rétables, des madones, ce qui ne l'empêcha pas d'aborder les sujets profanes dans son usine.

On y fabriqua des *ballate*, vases de composition spéciale à Gubbio, ayant toujours pour sujet principal une figure d'amour ressortant sur un fond métallique central et entourée de rinceaux ou de grotesques rehaussés d'or ou de rouge rubis ; un de ces plats est figuré dans notre 1re gravure de la page 984.

Ensuite on y aborda les pièces à portraits, presque toujours des têtes de femmes, additionnées d'une banderole portant le nom de la destinatrice invariablement suivi de l'adjectif bella (voir notre 2e gravure de la même page).

Puis les vases à sujets historiques et mythologiques, dans le genre de ceux d'Urbino, avec ou sans ornements de grotesques.

DERUTA. — Cette fabrique, qui commença dès la connaissance de l'émail stannifère par des pièces à reflets métalliques, fut la plus importante et la plus ancienne des États Pontificaux ; fondée par un élève de Luca della Robia, Antonio di Duccio, elle ne tarda pas à abandonner la servile imitation des poteries hispano-moresques, pour adopter un genre plus italien, qui se distingua par des bordures de têtes de chérubins, enguirlandées de rinceaux et d'arabesques, ce qui n'empêchait pas l'artiste directeur de produire des bas-reliefs religieux, dans le goût de Luca della Robia.

Mais aussi des compositions profanes, de l'histoire, de la mythologie et des coupes à portraits.

Ces dernières se distinguent même de toutes celles de même genre qu'ont produites les usines italiennes par une recherche dans les accessoires qui atténue en partie la sécheresse du dessin.

Au lieu de se contenter de détacher un buste de femme, sur un fond plus ou moins à reflets métalliques, on en faisait une sorte de mosaïque, on l'encombrait de détails, on y dessinait un ciel, un paysage.

Ces coupes paraissent appartenir d'ailleurs à une autre usine que celle de Duccio, car pour n'être qu'un petit village aux environs de Pérouse, Deruta n'en posséda pas moins plusieurs fabriques et c'est même un

des centres de production qui ont résisté le plus longtemps ; puisqu'on y faisait encore de la majolique au XVIIIe siècle.

Parmi les nombreuses fabriques d'Italie, dont les produits se classent dans les collections, on peut citer encore :

CHAFFAGIOLO, dont l'importance est très ancienne, mais dont on a souvent confondu les produits avec ceux plus renommés de Faenza ; on dit même que c'est là que Luca della Robia a pris connaissance de l'émail stannifère. Chaffagiolo s'est surtout fait remarquer par ses grotesques, et si l'on n'y a pas inventé le genre, on l'y a poussé à une perfection qu'il n'atteignit nulle autre part ; le plat, que nous en reproduisons, page 984, en donnera une idée ;

BOLOGNE, dont nous reproduisons une gracieuse coupe, page 984 (1er dessin) ;

TRÉVISE, dont la fabrication a été prospère et intéressante jusqu'à la fin du XVIIIe siècle, témoin le plat genre rocaille, que nous donnons comme spécimen, page 984 (2e dessin).

Il y eut aussi des fabriques à Sienne, à Pise, à Forli, à Rimini, à Florence, à Venise, à Padoue, à Bassano, mais comme elles ne produisirent rien de particulier et qu'elles n'occupent qu'un rang secondaire, il serait sans intérêt d'en parler autrement que pour mémoire.

FAÏENCES HOLLANDAISES

Pendant que les fabriques italiennes prospéraient, la Hollande entrait en lice pour la production de la faïence. Vers le milieu du XVe siècle, dit-on, des potiers allemands y introduisirent l'industrie nouvelle, mais rien de sérieux ne contrôle cette assertion ; car cette prétendue date de 1480, elevée sur des faïences assez médiocres d'ailleurs, de la fin du XVIIIe siècle, n'était que des chiffres de série, des numéros se rapportant à la fabrication.

Ce n'est que vers 1547 que l'on vit paraître les premiers faïenciers ; encore la première autorisation accordée par le gouvernement des Pays-Bas ne porte-t-elle que la date du 4 avril 1614.

Cette autorisation était en faveur de Claes-Janssen Wytmans, établi à La Haye ; il y eut aussi des fabriques à Amsterdam, mais c'est surtout à Delft que se centralisa l'industrie des poteries émaillées, qui acquit bientôt une très grande prospérité.

Au XVII° siècle il s'y fonda huit usines importantes, dont les produits sont cotés parmi les collectionneurs.

Au XVIII° siècle il y en avait plus de vingt.

Aujourd'hui il n'y en a plus du tout et la faïence n'y existe plus qu'à l'état de souvenir... et de spéculation.

Du reste, il n'est pas besoin d'aller en Hollande pour trouver à acheter du faux Delft, surtout du vieux Delft et à un prix relativement si peu élevé qu'il devrait éclairer les amateurs, par occasion, sur sa provenance véritable.

Mais si les Delft des bazars sont généralement des barbouillages, dont les dessins sont ébauchés tout exprès pour avoir un air plus authentique (ce qui est un non sens, mais trompe parfaitement l'acheteur

Faïences de Delft (décor polychrôme).

qui n'est séduit que par le bon marché) les véritables produits sont curieux, intéressants et même jolis dans toute l'acception du mot.

Ce n'est pas à dire pour cela que la réputation des faïences de Delft n'ait pas été surfaite ; mais parmi les pièces de musée, il y a de très belles choses, il suffira de regarder nos gravures pour s'en convaincre.

L'influence italienne ne s'est point du tout fait sentir en Hollande ; la majolique resta un objet de luxe, mais la faïence de Delft qu'on appela dans le pays de la por-

celaine, embrassa tous les ustensiles d'usage domestique.

S'inspirant des décors chinois, on fit d'abord des services à thé, des tasses à fond rouge, puis, on aborda le camaïeu bleu et l'on produisit ainsi, toujours en imitation de Chine, des assiettes, des plats, des potiches, des vases de toute sorte.

A la fin du XVIII° siècle on aborda les objets de luxe et les frères Pynaker, associés avec Cornelis Keyser, se distinguèrent par des vases de formes originales, décorés avec du bleu, du rouge et de l'or et singeant les plus belles porcelaines orientales; la buire en forme de casque de notre gravure (page 988) est de cette fabrication.

Plus tard on fabriqua toutes sortes d'ustensiles et jusqu'à des violons; une certaine légende prétend pourtant qu'il n'y en eut

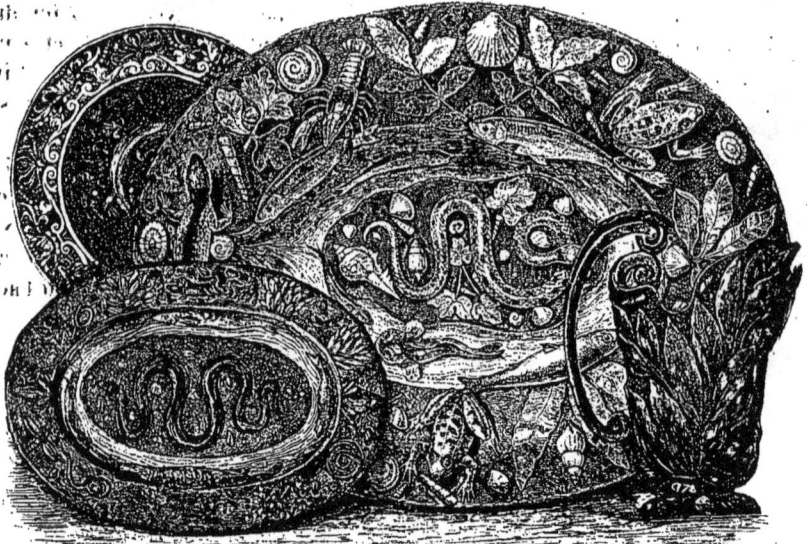

Faïences de Bernard Palissy. — Rustiques figulines.

jamais que quatre de fabriqués, par un faïencier qui, ayant quatre filles à marier, leur en donna à chacune un, comme joyeux cadeau de noces.

Faïences de Bernard Palissy (première et deuxième manières).

Plus tard encore, on adopta le décor polychrome. Ce n'est peut-être pas ce que les potiers de Delft ont fait de mieux; car il ne règne jamais une grande harmonie dans leurs couleurs; cependant ils ont produit des paysages très bien venus et des tableaux d'une bonne tonalité.

Il est vrai que les plaques de ce genre, assez rares d'ailleurs, sont tout de suite attribués à Jean Steen, à Van de Velde, Berghem et n'importe quel maître de l'école hollandaise — qui vraisemblablement ne se sont guère amusés à peindre sur faïence, surtout à cette époque où il fallait broyer et vitrifier ses couleurs soi-même.

Il se peut pourtant que les peintres de Delft aient pu, par passetemps, par curiosité, jeter des esquisses sur des poteries; mais les pièces les plus finies peuvent être attribuées à Terhimpelen, un artiste de talent et qui s'est fait à Delft une grande réputation comme peintre de faïences. Après lui, c'est-à-dire avant lui, au point de vue chronologique, avait brillé Suter Van der Even, qui excellait dans les décorations en camaïeu d'imitation chinoise.

Quant aux potiers, ils sont généralement plus connus par leurs marques de fabrique: comme la Hache, l'Étoile Blanche, l'A grec, les trois cloches, que par leurs noms; on cite pourtant:

Kiell, qui l'un des premiers adopta les lambrequins du décor rouennais (genre rayonnant) et les modifia pour en faire une sorte de décor national;

Dextra, qui fit des imitations de porcelaine chinoise tellement réussis que l'œil s'y trompe;

Justus Brower, qui eut la même spécialité. La grande potiche de notre gravure, page 985, est de sa fabrique;

Roos, qui a dû beaucoup produire, car ses pièces signées, décorées en bleu et en rouge pâle, se rencontrent assez fréquemment, de même que des assiettes, lourdes de décor, mais d'un bel émail bleuâtre, rehaussé d'or;

Paauw, l'un des premiers qui adoptèrent le décor rouge de fer, de style japonais, qu'il mélangea quelquefois avec des iris et d'autres fleurs, en petits-bouquets de couleurs différentes;

Et d'autres encore qui, pour n'avoir pas eu de spécialité, n'en ont pas moins produit des pièces remarquables.

FAÏENCES FRANÇAISES

Les premières faïences fabriquées dans notre pays sont ces magnifiques poteries incrustées connues sous le nom de faïences de Henri II, ou de Oiron; mais ce sont des faïences fines qui ne rentrent point dans cette catégorie, et que nous retrouverons plus tard.

Du reste, elles n'eurent aucune influence sur la fabrication nationale, car elles ne sortirent du château qui les avait vu naître, que pour prendre place sur les dressoirs des grands seigneurs, pour qui on les faisait, et Bernard Palissy lui-même, qui était du métier, et qui habitait dans la même province, n'en entendit jamais parler.

Autrement, aurait-il consumé tant d'années de sa vie à chercher l'émail blanc quand il était connu à vingt lieues de chez lui?

D'autres contrées de la France le connaissaient également, soit le vernis stannifère apporté par les Italiens, soit un équivalent; ce qu'il y a de certain, c'est que dès 1542, il y avait à Rouen un fabricant de faïences, puisque les pavages si remarquables du château d'Écouen, portent en toutes lettres cette inscription: Fait à Rouen en 1542.

Je sais bien qu'on peut objecter que ce faïencier rouennais pouvait être un majoliste italien qui serait venu s'y établir, comme Jérôme Salobrin de Forli s'était déjà établi à Amboise, comme un peu plus tard, de 1555 à 1560, s'installèrent à Lyon Jehan-Francisque, de Pesaro, Julien Gambyn, de Faenza, et Sébastien Griffo, de Gênes; à Nantes, Jean Perro; au Croisic, Horazio Borniola. Mais il n'en est rien: on connaît le nom bien normand, Abaquesne, du potier français, qui avait travaillé pour le duc de Montmorency ; on a retrouvé les quittances des sommes qu'il a reçues pour ce magnifique pavage, composé de 238 carreaux, formant aujourd'hui deux curieux tableaux céramiques, que possède M. le duc d'Aumale, et dont l'un représente Mucius Scœvola, et l'autre Curtius.

Du reste, dès cette époque, en Normandie, on fabriquait des faïences moins artistiques, il est vrai, mais tout aussi concluantes pour l'histoire de l'art français qui ne doit, peut-être, aux Italiens que le goût pour les majoliques, et qui n'a connu le secret de leurs procédés, que lorsqu'il y avait déjà suppléé par ses inventions.

Presque tous les fabricants de poteries vernissées de l'Ouest : à Malicorne, à Chatel-la-Lune, à Armentières, à Infreville, faisaient pour la décoration des bâtiments, des chéneaux, des pièces faîtières et particulièrement des épis en terre cuite émaillée de couleurs diverses, avec le plomb et l'étain ; dans le Calvados, à Manerbe et surtout au Pré d'Auge, les épis devenaient de véritables œuvres d'art, des pyramides fouillées, sculptées avec goût, et presque toujours terminées par l'emblème si connu, du Pélican saignant ses flancs pour nourrir ses enfants.

Palissy ne savait rien de tout cela, et c'est facile à comprendre : à cette époque on voyageait peu et les nouvelles ne se répandaient guère, et pendant que d'autres avaient trouvé, il cherchait encore, et avec une persévérance digne du succès qui vint enfin couronner ses efforts, brûlant ses meubles, et jusqu'à son propre lit, pour chauffer ses fourneaux, passant pour fou aux yeux de ses voisins, et d'autant plus malheureux que sa femme, elle-même, qui se voyait mourir de faim ainsi que leurs enfants, n'avait aucune foi dans son œuvre.

Il réussit pourtant, et après vingt ans de recherches, il quitta Saintes pour s'établir à la Rochelle. Mais le succès avec la renommée ne vinrent à lui que lorsqu'il se fut établi à Paris, aux Tuileries même, avec le titre « d'inventeur des rustiques figulines du roy et de la reine-mère » que lui avait fait donner, par Catherine de Médicis, son premier protecteur, le connétable de Montmorency.

La fabrication de Bernard Palissy comprend trois genres très distincts.

La majolique genre italien, à émail blanc, ce qu'il chercha si longtemps et qu'il employa à recouvrir des pièces, ornées de médaillons en relief.

A cette première manière, perfectionnée plus tard, appartiennent : un certain nombre de vases très curieux, affectant plus ou moins les formes italiennes, mais en différant toujours en ce que les sujets composant le motif principal, étaient en relief ; quelques bas-reliefs, dans le genre de ceux de Luca della Robia, qu'il s'est surtout donné comme modèle, et de grands médaillons. Nous avons réuni dans notre 2ᵉ gravure de la page 989 ses œuvres les plus célèbres en ce genre.

La seconde manière fut la fabrication des poteries à glaçure jaspée, dont la vente l'aidait à vivre pendant qu'il continuait ses recherches ; il nous en reste, entre autres choses remarquables, la fameuse coupe à jours du musée de Sèvres, tellement découpée, ciselée en arabesques gracieuses, qu'on l'appelle l'écumoire ; des vases à reliefs, des salières ornementées, etc.

Enfin sa dernière manière, celle qu'il inventa de toutes pièces, et qui en un mot lui donna la grande place qu'il occupe en céramique : c'est la fabrication de ses rustiques figulines, genre qui peut ne pas être très agréable à l'œil, parce qu'il représente avec leurs proportions, leurs couleurs naturelles, presque toujours des reptiles, des batraciens, qu'il moulait sur le vif, mais qui n'en est pas moins une haute manifestation de l'art et restera toujours une curiosité céramique, malgré les nombreuses imitations qu'on en a faites.

« Les faïences de Palissy, a dit M. Ballard, sont caractérisées par un style particulier et par des représentations d'objets naturels en reliefs coloriés, d'une très grande variété. Entre autres objets, on remarque les coquilles fossiles du bassin de Paris, moulées sur nature, et qui peuvent être utilement employées, selon l'observation de Brongniart, pour faire reconnaître les vraies faïences de Palissy et les distinguer des faïences postérieures, fabriquées sans doute dans le Midi et qui portent souvent des reptiles en relief. »

Ce n'est pas seulement dans le Midi qu'on imita Palissy, mais comme il avait emporté dans la tombe son secret de fabrication,

Faïence de Nevers, genre italien.

toutes ces imitations sont froides, décolorées, et il n'est pas besoin des gerçures, que présentent presque toujours les originaux, pour les faire distinguer d'avec les copies.

Il faut pourtant excepter les imitations tout à fait modernes : après Avisseau, de Tours, qui fit aussi beau que Palissy, nous avons maintenant M. Pul et M. Deck, notamment, qui ont retrouvé le secret des rustiques et qui les imitent avec un rare bonheur.

Du reste, nous l'avons dit déjà, nous le redirons encore, la fabrication moderne ne connaît point d'obstacles, elle peut tout imiter et ne s'en gêne guère.

FAIENCES DE NEVERS

A la mort de Palissy, l'art de la faïence

dégénéré en Italie, n'était connu en France, en quelque sorte, qu'expérimentalement ; car, s'il y avait quelques usines italiennes qui végétaient, il n'y avait pas à proprement dire, d'établissement national où l'on fabriquât couramment la faïence.

Le premier ne date que de 1608, alors qu'un gentilhomme savonais, nommé Conrade, passé en France à la suite de Louis de Gonzague, duc du Nivernais, remarqua aux environs de Nevers, une terre analogue à celle qu'on employait en Italie, et obtint l'autorisation de créer la fabrique de Nevers, qu'un de ses frères, appelé par lui, ainsi

Faïences de Nevers. — Fabrications diverses.

que quelques ouvriers italiens, vint diriger.

Cette fabrique, qui eut bientôt des imitateurs, des concurrences redoutables même, resta la plus considérable de Nevers et trois générations de Conrade se succédèrent à sa direction ; c'est d'ailleurs, celle dont les produits sont le plus recherchés par les collectionneurs, et dont nous parlerons plus particulièrement, les autres n'ayant fait que l'imiter.

Les productions céramiques de Nevers sont, de genres différents, qui correspondent à des périodes parfaitement distinctes.

La première époque comprend deux styles.

Le style italien, empruntant aux produits

d'Urbino leur forme et leur système de décoration, modifiée par la facture française.

Les pièces, fort rares, de ce genre et dont notre gravure, page 992, donne un spécimen, appartenant au musée de Sèvres, ont presque toujours pour sujet principal une scène mythologique ou une allégorie, d'un dessin correct et d'une exécution large et facile.

Le type que nous reproduisons est dans les deux cas; car si l'une des faces du *fiascone* représente l'hiver, celle de l'autre est un épisode emprunté à la fable : « Apollon tuant Coronis. »

Les contours des dessins sont esquissés au manganèse violet et les chairs sont d'un jaune plus ivoirin, plus doux que celui des majoliques italiennes, les ornements sont d'élégants rinceaux se détachant en jaune sur fond bleu; des têtes de béliers et des pendentifs de fleurs et fruits en relief, forment les anses de ce vase, qui peut être considéré comme un des plus brillants spécimens de cette fabrication.

Le second style de cette période, caractérise l'influence directe des Conrade, les vases sont toujours de forme italienne, mais les sujets traités deviennent, peu à peu, plus familiers et les décors sont empruntés à la Chine, et comme la fabrication de Savone, presque toujours en camaïeu bleu, quelquefois rehaussé de manganèses.

La potiche de notre dessin d'ensemble page 993 est de ce genre, que M. Jacquemart appelle italo-chinois.

La deuxième époque de la fabrication vit naître le style italo-nivernais et le genre persan.

Au premier appartient le vase à long col de notre gravure d'ensemble, décoré sur la panse d'un sujet mythologique avec des ornements plus orientaux qu'italiens ; quelquefois ce genre est agrémenté de guirlandes de fleurs.

Au second est le plat que nous avons fait graver séparément page 996 parce que c'est peut-être le plus beau type de ce genre que l'on connaisse; il entre des personnages dans sa composition, ce qui était très rare dans l'imitation persane qui se caractérisait par ceci :

Fond bleu lapis d'une intensité et d'un éclat remarquables, sur lequel les dessins sont appliqués en blanc fixe, quelquefois en jaune, mais alors sur une engobe blanche, car à la cuisson, le jaune se mélangeant au bleu du fond, deviendrait vert.

Ces dessins sont le plus souvent des arbustes et feuillages de fantaisie et des animaux fabuleux.

La troisième époque de la fabrication de Nevers qui correspond au xviiie siècle, produit le style nivernais proprement dit, d'abord pur, puis mélangé d'imitation rouennaise, qui amena une dégénérescence rapide; car la fabrication abandonnant peu à peu l'art pour devenir tout à fait commerciale, perd presque tout son intérêt.

La mythologie, complètement délaissée, fit place aux sujets religieux. Nevers fabriqua beaucoup de statuettes de saints, de vierges, de bénitiers, sans compter les assiettes et les plats décorés d'images de saints, ce qu'on faisait aussi beaucoup à Rouen.

Puis une réaction se produisit et la mode vint aux sujets grivois, qui accaparèrent à peu près la fabrication. Ce genre produisit d'ailleurs quelques pièces originales, notamment le grand broc de notre dessin d'ensemble, qui porte une date et une inscription. Ce n'est point la signature du potier, les céramistes nivernais du xviiie siècle, signaient très peu, mais le nom de la personne qui avait commandé le vase.

L'usage s'en était répandu, et le petit broc qui est à côté et dont le décor à compartiments est assez heureux, porte également le nom de son destinataire.

Nevers s'essaya aussi dans le genre polychrôme, en imitant les produits de Rouen et de Moutiers, mais il n'y réussit que médiocrement, car si les fabriques nivernaises possédaient un beau jaune orange qui leur est à peu près spécial, à aucune époque elles n'ont pu produire le beau rouge de fer que d'autres fabriques, Rouen et Strasbourg notamment, employaient avec tant de succès.

Cela tient surtout à ce qu'on cuisait à une haute température, qui limite singulièrement le choix des émaux.

Pendant la période révolutionnaire la fabrique nivernaise, déjà en complète décadence et qui devait cesser complètement en 1810, produisit des assiettes patriotiques, dont il faut parler seulement pour mémoire, car si quelques-unes sont originales, toutes affectent un si profond dédain pour le dessin et même pour la couleur, qu'on ne peut guère les consulter que comme documents historiques. (Voir notre gravure hors texte.)

En résumé, si Nevers n'a pas marqué dans la production de la faïence, à un degré si élevé que Rouen, elle a cependant laissé dans les musées des pièces dignes d'étude ; elle a du reste le mérite d'avoir été la première ville de France où la fabrication se soit établie.

Qui sait même si sa réputation ne renaîtra pas de ses cendres, grâce aux fabriques modernes qu'elle possède, et qui paraissent s'inspirer des belles traditions du passé?

FAIENCES DE ROUEN

Rouen tenant la première place dans l'histoire de la céramique française, aussi bien au point de vue artistique que par le nombre et l'importance de ses fabriques, nous ne la lui avons point donnée au point de vue chronologique, malgré les pavages émaillés de 1542 dont nous avons déjà parlé, parce qu'elle ne posséda d'établissements réguliers que vers la moitié du xvii° siècle, et qu'une industrie dans l'histoire de laquelle il existe une lacune d'un siècle, ne peut pas officiellement remonter jusqu'à la première date.

A la vérité les travaux d'Abaquesne

n'étaient point une industrie, c'était un art! et qui prouve que ce n'est pas précisément au fait de l'existence préalable de cet art à Rouen, que l'industrie doit cette originalité, qui donne à ses produits la supériorité sur tous les autres.

Quoi qu'il en soit ce n'est qu'en 1646, que Nicolas Poirel, sieur de Granval, huissier du cabinet de la reine, ayant fait venir des ouvriers de Delft, dit-on, mais peut-être bien aussi de Nevers, demanda et obtint un privilège pour établir, à Rouen, une fabrique de faïence, dont il confia la direction à Esmon Poterat, sieur de Saint-Étienne.

Les premiers produits de l'établissement furent des imitations du genre italo-nivernais : des plats, des drageoirs à bassins creux et bords très larges, décorés de chimères, d'amours, de bouquets de fleurs en camaïeu bleu comme à Nevers; avec cette différence pourtant que la pâte de Rouen était plus lourde, plus épaisse, mais son émail beaucoup plus blanc.

On imita aussi les faïences de Delft en copiant, en camaïeu, les porcelaines bleues de la Chine et du Japon, comme on le voit par la potiche de notre gravure, page 997, mais ce qui caractérise en quelque sorte la fabrication d'Esmon Poterat ce sont les grands plats armoriés, la plupart en camaïeu bleu, mais dont quelques-uns sont rehaussés par d'élégants rinceaux, des baldaquins, des pilastres, très purs de style, en rouge de fer intense.

L'industrie nouvelle prospéra si bien à Rouen que Louis Poterat, qui travaillait avec son père sous Granval, songea qu'il y avait de la place pour deux usines et demanda, en 1673, l'autorisation « de cuire la porcelaine, la faïence violette peinte de blanc et de bleu, et d'autres couleurs, à la forme de celle de Hollande. »

Cette rivalité amena une louable émulation entre les deux établissements et l'industrie devint si prospère, que d'autres fabriques se fondèrent dans le faubourg

Saint-Sever et qu'à la fin du siècle elles occupaient déjà plus de deux mille ouvriers.

Louis XIV n'avait pas été étranger au succès des produits rouennais, mais l'indus-

Faïence de Nevers. — Imitation persane.

trie faïencière ne lui en doit aucune obligation; s'il la protégea efficacement ce fut sans le vouloir et voici comment.

A la suite des guerres de la succession d'Espagne, les finances étaient si complètement épuisées, que le roi envoya sa vais-

Faïence de Rouen. — Première époque.

selle d'or à l'Hôtel des Monnaies, espérant être imité par ses courtisans; il le fut en effet et pendant que le roi mangeait seulement dans de la vaisselle d'argent, les prin-

FONTAINE EN FAÏENCE DE MOUSTIERS.

ces et les princesses, les plus riches familles, à l'exemple du duc d'Antin, achetèrent de la faïence.

« Tout ce qu'il y eut de grand et de considérable se mit en huit jours à la faïence, dit Saint-Simon dans ses Mémoires, ils en épuisèrent les boutiques et mirent le feu à cette marchandise. »

Rouen ressentit le contre-coup de cet engouement, et grâce au rôle des courtisans le débit de ses faïences augmenta dans une proportion considérable.

C'est à cette circonstance qu'il faut attribuer la fabrication de nombreuses pièces armoriées, qui se continua du reste lorsque Rouen eut trouvé son premier style personnel, le genre rayonnant, inventé en 1725 par Pierre Capelle, et qui atteignit son apogée vers 1736, avec Claude Borne.

Jusque-là on n'avait guère fait que des

Faïence de Rouen. — Imitation chinoise.

imitations; le privilège de Louis Poterat avait apporté quelques modifications aux premières fabrications, comme par exemple les bordures bleues et jaunes, puis des pièces de formes très variées où le cobalt le plus brillant s'unit dans le décor à un rouge de fer intense, d'autres enfin dont le fond est granulé ou fouetté de violet, avec réserves pour les armoiries.

Le décor rayonnant fut d'abord appelé à broderies, parce qu'en effet il rappelle par ses combinaisons si élégantes et si variées, la broderie sur étoffe, le point de dentelle ou les guipures; mais comme les dessins se composent toujours de motifs alternés et répétés à intervalles égaux, partant du bord de la pièce pour converger vers le centre, on a donné à ce genre, le nom qu'il porte encore aujourd'hui et qui le désigne d'ailleurs exactement.

On range dans cette famille — la plus belle de la fabrication rouennaise, malgré le nom de *splendeur*, donné au genre qui lui succéda — toutes les pièces produites dans la première moitié du xviii° siècle; elles sont généralement bleues et couvertes de lambrequins délicats, de guirlandes de fleurs et de corbeilles.

Les pièces à figures rentrent dans cette catégorie, ainsi que les assiettes à musique dont on n'expliquerait peut-être pas l'excessive rareté, étant connu l'usage adopté à Rouen, de répéter à satiété les sujets une fois trouvés, si M. Champfleury, une autorité dans la matière, n'en avait découvert le motif.

Il faut savoir, d'abord, que, malgré les recherches des collectionneurs, on n'a pas pu

Faïence de Rouen. — Décor polychrôme.

constater l'existence de plus d'une douzaine d'assiettes à musique, dans les musées nationaux et dans les collections particulières. Eh bien! M. Champfleury croit, et il y a tout lieu de partager son opinion, qu'elles n'ont été faites que sur commande, pour un musicien d'une des plus célèbres maîtrises de Rouen, qui voulait rappeler son art, même dans son service de table.

En tous cas elles sont fort belles, toutefois ce n'est pas la notation d'airs de brunettes ou de couplets bachiques ou galants qui en fait le prix, c'est aussi le décor du marli, dans lequel les jaunes, les verts, les bleus et le rouge d'œillet sont magistralement adaptés à une ornementation bien ordonnée et dont l'harmonie est augmentée encore par le fond légèrement bleuté de l'émail.

La décoration à lambrequins fut à peu près la seule employée à Rouen, pendant la première moitié du xviiie siècle, mais la nécessité de produire vite et à bon marché, fit adopter un genre nouveau, qui demandait moins de fini dans le dessin et permettait la reproduction des motifs au moyen de poncifs.

Ce genre connu sous le nom de *splendeur* et qui fut surtout en vogue de 1760 à 1780, n'est en somme qu'une imitation du décor chinois, mais imitation intelligente et appro-priée au goût français, dans laquelle réussirent surtout Dieu et Guillebaud, dignes continuateurs de Capelle et de Borne, comme Vavasseur, Hugue, Gardin et bien d'autres, dont les produits sont célèbres, les continuèrent eux-mêmes.

Il n'est pas rare de rencontrer parmi les faïences de la splendeur, des pièces ornées de Chinois, de pagodes ou de paysages fleuris (comme le grand plat de notre gra-

Faïence de Rouen. — Sucrier à fond jaune ocré.

vure de la page 1000) avec une bordure à dessins quadrillés vert de cuivre ou rouge de fer, accompagnés de fleurs détachées en petits bouquets; ce sont les types de Guillebaud, mais on en voit aussi avec des décorations en polychrome simple.

Après 1780, le genre chinois fut abandonné pour faire place au genre rocaille, si à la mode à cette époque; on ne vit plus alors sur la faïence de Rouen, que des scènes galantes et champêtres, des trophées d'armes, d'instruments de musique, carquois et des torches enflammées, formant décoration principale, entourées de bordures irrégulières.

Le décor, dit au carquois, qu'on peut considérer comme le type de cette fabrication, disparut assez vite, devant la décoration en polychrome vif, dite à la *corne*, parce que le principal sujet en était une corne d'abondance d'où s'échappait une botte de tiges de fleurs, accompagnées d'insectes et de papillons aux couleurs crues dans lesquels le rouge et le jaune dominent.

La soupière de notre gravure au-dessous est un type de ce genre, qui subit des variations assez nombreuses, jusqu'à n'avoir plus ni carquois ni cornes; mais dans les fleurs étalées qui composent cette décoration on retrouve toujours la même vivacité des couleurs et l'emploi du jaune citrin qui suffirait au besoin à caractériser le genre.

Le jaune fut d'ailleurs une des préoccupations des faïenciers rouennais et les rares et belles pièces, décorées d'arabesques comme celles de notre gravure, page 999, sont à fond jaune ocré; on fit aussi à Rouen, à l'imitation de la faïence genre persan de Nevers, des plats à fonds bleu lapis rehaussés de décors blancs et jaunes, mais ce n'est

Faïences de Rouen, buire de Saint-Romain, soupière à la corne, plat genre splendeur.

pas du Rouen de fabrication courante.

Pas plus que la faïence décorée à la moufle, qu'on essaya de faire à la fin du siècle dernier pour réagir contre la porcelaine, qui menaçait de tuer la faïence et dont deux jardinières très curieuses, du musée céramique de Rouen, figuraient à l'exposition rétrospective de 1878.

Mais à cette époque déjà, les jours de la fabrication rouennaise étaient comptés.

Quant la Révolution vint, il y avait encore, à Rouen, dix-huit faïenciers, mais déjà l'introduction des faïences fines anglaises avait fait le plus grand tort à leur industrie, la vulgarisation de la porcelaine dure la ruina; peu à peu les fours se fermèrent, il en restait encore sept en 1802; aujourd'hui il n'y en a plus du tout, et l'on ne voit plus de faïences de Rouen, à Rouen, qu'au musée céramique, qui en possède d'ailleurs une collection magnifique où tous les genres sont représentés non seulement par des pièces capitales, mais encore par les objets les plus variés et les plus inattendus : sabots de Noël, consoles, chambranles de cheminées, poêles, tabourets, fontaines, petites commodes, encriers, lampes, crucifix, pupitres, lanternes, coffrets, tabatières, jusqu'à des rapes à tabac, jusqu'à des globes terrestres.

Il y en a deux, fabriquées par Pierre Capelle, pour la décoration du vestibule du château de Choisy-le-Roi, et qu'on a pu voir à notre exposition universelle de 1878.

Ce sont là de véritables œuvres d'art; car ces sphères ont des supports, qui représentent les quatre saisons et les quatre éléments,

Faïences de Rouen. — Genre rayonnant.

enguirlandés de fleurs, accompagnés d'attributs, le tout en émaux chauds et harmonieux de ton.

Mais les œuvres de fantaisie, les œuvres purement industrielles, sont toujours ornées d'une façon appropriée à leur usage, avec une fécondité d'invention qui n'a jamais été surpassée ni peut-être même

égalée, et c'est précisément à cause de cela que les faïences de Rouen ont été imitées si fréquemment, à ce point que presque partout au xviii° siècle, où les faïenceries étaient si nombreuses, on faisait du décor normand, même à Delft, même à Nevers.

Les villes qui réussirent le mieux, et arrivèrent même à rivaliser avec Rouen, avec ses propres armes, furent Sinceny et Quimper.

FAIENCES DE MOUSTIERS

Les faïences de Moustiers, petite ville des Basses-Alpes, qui fut un centre de fabrication très considérable, ont été longtemps confondues avec celles de Rouen, desquelles elles se rapprochent un peu par les marlis, les décors à broderies, mais elles en diffèrent absolument par l'ornementation principale et surtout par la couleur.

Quelques écrivains du siècle dernier : l'abbé Delaporte, Piganiol de la Forte, Fournay, en avaient parlé avec éloge, mais elles étaient tombées dans un oubli complet dont M. Riocreux, conservateur du musée céramique de Sèvres, les fit d'abord sortir, et après lui M. le baron Davilliers.

« Les produits de Moustiers, dit M. Riocreux, étaient donc connus et appréciés il y a plus de cent ans, mais il s'agissait de les déterminer avec certitude ; le hasard m'y aida beaucoup en me faisant acquérir, il y a quelques années, une pièce des plus intéressantes, un plat ovale, sur lequel était peinte une chasse à l'ours d'après Antoine Tempesta.

« Cette peinture, d'une exécution supérieure à tout ce qu'ont produit les autres fabriques françaises, porte la signature de Gaspard Viry, peintre habile qui travaillait à Moustiers, dès la fin du xviie siècle ; son nom, qu'il a placé au bas du sujet principal, est suivi de celui de la fabrique et de celui de Clérissy. »

Ce fut un trait de lumière, car déjà quelques amateurs possédaient des faïences de Moustiers, dont ils ignoraient la provenance exacte, mais qu'ils ne pouvaient attribuer aux fabriques de Rouen.

M. le baron Davilliers se rendit à Moustiers, où il recueillit les éléments de son *Histoire des faïences de Moustiers*, qui a déchiré le voile.

Ce fut un nommé Pierre Clérissy, petit-fils d'Antoine qui avait fait une certaine fortune en dirigeant à Fontainebleau une verrerie et une fabrique de poteries vernissées — qui créa à Moustiers l'industrie faïencière.

Son établissement était en pleine activité en 1686, et c'est lui qui produisit le plat dont parle M. Riocreux et beaucoup d'autres pièces similaires, qui constituent le premier genre de Moustiers, caractérisé par des compositions à figures, combats ou chasses aux bêtes féroces, d'après Tempesta, célèbre graveur florentin, ou scènes mythologiques copiées sur le Raphaël flamand, Franz-Floris.

Ces sujets, reproduits par des peintres habiles sur la panse des vases, à l'intérieur des bassins profonds, destinés à rafraîchir le vin, étaient entourés d'une bordure assez lourde, de style antique ou oriental, et quelquefois de lambrequins et arabesques empruntés à la décoration chinoise ; le tout d'un bleu intense, le plus souvent chatironné.

Clérissy mourut en 1728, et laissa sa fabrique à son fils Pierre, qui la fit si bien prospérer, que non seulement il y fit sa fortune, mais il y gagna des honneurs ; créé baron et seigneur de Trévans et de Saint-Martin d'Alignies par Louis XV, il fut nommé, en 1747, secrétaire du roi en chancellerie près le parlement de Provence. C'est alors qu'il céda sa fabrique à Joseph Fouque, dont la famille la possédait encore en 1850.

Ce Clérissy était tellement en faveur qu'en 1745, Mme de Pompadour, qui protégeait les arts, lui avait commandé un service dont le prix fut fixé à dix mille livres.

Ce service, dont la plupart des pièces sont dispersées, était du second genre de Moustiers, du genre gracieux, celui qui empruntait à Bérain, à Boulle, leurs délicates arabesques, leurs élégants dessins, qu'il encadrait dans des bordures délicates à point de dentelle, inspirées vraisemblablement par le genre rayonnant de

Rouen, mais traitées avec plus de finesse.

L'œuvre de Bernard Toro, sculpteur du roi, dont les travaux sont à peine connus aujourd'hui, fut largement mise à contribution par les faïenciers de Moustiers, et les pièces qui, comme le grand plat du musée du Louvre et la fontaine représentée par notre gravure hors texte, sont décorés d'entrelacs, de baldaquins, de cariatides, au milieu désquelles s'encadrent des figures de nymphes, de satyres ou d'amours, sont inspirées de Bernard Toro, sinon copiées sur ses dessins.

La même époque produisit aussi les pièces à médaillons et à guirlandes, car il n'y avait pas qu'une seule fabrique à Moustiers; en 1756, on en comptait six, et le successeur de Clérissy avait surtout deux concurrents très sérieux : Paul Roux, qui faisait comme lui, et aussi bien que lui le décor bleu de style Berain, et Joseph Oléry, dont la fabrique finit par disparaître, mais qui eut un moment de vogue avec ses pièces à décor polychrome.

D'autres fabricants s'essayèrent dans ce genre en imitant le décor rouennais, mais ils ne purent jamais obtenir le beau rouge vif, dont les faïenceries de Rouen semblaient posséder le secret.

Ce qui réussit le mieux à Moustiers, en dehors du genre Berain qui se perpétua, fut le genre à décors grotesques, dont il reste d'assez curieux produits, témoin l'assiette que représente notre gravure, page 1004.

Ce n'était pas tout à fait de l'art pourtant, car les caricatures empruntées à Callot, pour la plupart, étaient reproduites au poncif, sur la vaisselle d'usage, au milieu d'ornements assez délicats, mais peu soignés comme exécution.

Ces assiettes sont tantôt peintes en vert rehaussé de noir, tantôt en jaune mêlé de vert, le plus souvent même en camaïeu jaune ou vert.

Ce fut la dernière période de la fabrication de Moustiers; lorsque la Révolution arriva, la ville, qui comptait plus de trois mille habitants, possédait onze fabriques de faïence.

Aujourd'hui s'il y en a encore une ou deux, on n'y fait plus que de la faïence blanche commune, qui ne sort pas de la région.

Les faïences de Strasbourg, qui constituèrent le quatrième genre français, ne se fabriquèrent qu'au xviii⁰ siècle, en tant que vaisselle et pièces de table, car dès le xvii⁰ siècle, des potiers de la famille Hannong, fabriquaient à Haguenau et à Strasbourg des poêles émaillés ornés de relief, dans le genre de Nuremberg.

En 1709, Charles-François Hannong fonda rue du Foulon, à Strasbourg, une manufacture de pipes, qu'il transforma dix ans après, par suite de son association avec Wackenfeld, transfuge de l'usine de Meissen, en une fabrique de porcelaines à l'imitation de celle de Saxe, mais où l'on fit surtout de la faïence, avec un tel succès que la fabrique de Haguenau, à peu près abandonnée par Hannong, fut réorganisée en 1724, pour la même fabrication.

Hannong mourant en 1739, laissa ses établissements à ses deux fils. Paul resta à Strasbourg, Balthazar à Haguenau. Ce dernier se consacra bientôt exclusivement à la faïence, pour éviter les ennuis que son frère éprouvait déjà du fait de la manufacture de porcelaines de Vincennes, jalouse de sa fabrication, et qui finit par la faire supprimer.

En 1754, la manufacture royale de porcelaines de France obtint contre Paul Hannong un arrêt lui interdisant de cuire la porcelaine et ordonnant la démolition de ses fours dans la quinzaine.

Paul transporta son usine à Franckenthal, dans le Palatinat, mais sans pourtant abandonner complètement sa fabrique de Strasbourg, qui sous la direction de son fils

Pierre, produisit exclusivement des faïences et encore en assez petite quantité.

L'arrêté de 1766, qui rendit libre la fabrication de la porcelaine, à la condition de ne

Assiette à grotesques de Moustiers.

la décorer seulement qu'en camaïeu, sans rehauts d'or, fit rentrer en France Joseph

Hannong, héritier de la fabrique de Fran kenthal; il racheta de son frère, celle de

Faïence de Paris (xviiie siècle).

Strasbourg et la transforma de nouveau pour la fabrication de la porcelaine dure.

Sans abandonner la faïence, dont la production était remarquable, non seulement par la finesse et la blancheur de l'émail, mais par les formes élégantes et capricieuses des objets et par l'application à la décoration des procédés à la moufle en usage pour la porcelaine, dont la céramique est redevable à Paul Hannong.

Jusqu'en 1774, les affaires de Joseph prospérèrent, mais des difficultés surgirent de la part du fisc, qui taxa l'entrée en France des porcelaines alsaciennes à un taux qui dépassait leur propre valeur : il fallut payer 5 livres 6 sous pour une douzaine d'assiettes qui se vendait 4 livres à Strasbourg, et 28 livres pour la porcelaine qui n'en coûtait que 20.

Ce procédé ruina la manufacture, elle lutta pendant quelques années et ferma définitivement en 1780.

Faïences de Strasbourg et de Haguenau.

La fabrique de Haguenau subsista plus longtemps, grâce à des transformations successives ; on peut même dire qu'elle existe encore aujourd'hui ; mais depuis la fin du xviii° siècle, faisant tour à tour des poêles en faïence, des faïences anglaises, dites terre de pipe, ou des terres blanches de Luxembourg, elle n'a plus produit de pièces artistiques.

Celles qu'elle fit au beau temps des Han- nong, sont du reste classées parmi les faïences de Strasbourg, dont elle ne diffèrent ni par les formes ni par la décoration, où domine un rouge d'autant plus beau qu'il est le plus souvent rehaussé de blanc.

Ce sont toujours des bouquets de pivoines, de jacinthes, d'œillets, de tulipes, de myosotis, mais surtout de roses d'une coloration riche, exécutés avec une hardiesse qui n'exclut pas l'élégance, tantôt avec des traits noirs et des hachures très fines, tantôt modelées comme des décors de porcelaines.

Quelquefois, au lieu de fleurs, on y voit des personnages grotesques, des Chinois fumant gravement leur pipe ou pêchant à la ligne, genre de décor qui a été imité un peu partout, mais principalement à Marseille et à Orléans.

Quant aux formes, elles étaient, comme nous l'avons dit, des plus variées et des plus originales. Outre la vaisselle à tous usages, on a fait à Strasbourg, des pendules, des cartels, des consoles, des appliques, des brûle-parfums avec ornements en reliefs et souvent rehaussés d'or, ce qui est beaucoup moins rare dans la fabrication que le décor bleu chinois, dont on ne connaît guère qu'une pièce du temps de Charles Hannong.

Celles que représente notre gravure de la page 1005 et que nous avons empruntées au musée céramique de Sèvres, sont également des plus remarquables :

C'est au premier plan, un vase rocaille d'un modèle élégant et d'une grande finesse d'exécution ; derrière, un saucier en forme de nacelle, avec un petit marin manœuvrant la queue d'un oiseau en guise de gouvernail ; derrière encore, un grand plat avec bordure à jour, et un plat à bouquets de tulipes et de roses, type de la fabrication la plus ordinaire, mais qui tout ordinaire qu'elle est, conserve cette supériorité d'exécution, qui est la vraie marque de Strasbourg.

FAIENCES GENRE PORCELAINE

Le cinquième type de nos anciennes faïences françaises, est le genre porcelaine, qui au xviiie siècle s'est implanté à peu près partout et marque d'ailleurs la décadence dans la fabrication de la faïence, mais qui est né à Paris avec Claude Révérend, ce premier imitateur de la porcelaine de Chine, qui dès 1664, obtint des lettres patentes

« pour faire des faïences et imitations de porcelaines orientales, et introduire en France les marchandises déjà fabriquées en Hollande, où il avait longtemps été établi comme potier, et où, disait-il, il était parvenu à surprendre les meilleurs procédés employés dans ce pays. »

Ce bourgeois de Paris n'a pas dû produire beaucoup, du moins ses œuvres originales sont très rares, les premières ayant dû être confondues avec les faïences de Delft, qu'il imita d'abord, peut-être un peu trop.

On ne connaît de lui que quelques pièces à personnages, accompagnées d'inscriptions françaises : comme la *Comédienne*, (qu'on trouvera dans une gravure hors texte), le *Violon de campagne*, le *Marchand ambulant* et trois plats, dont deux aux chiffre et armoiries de Colbert, et l'autre aux armes de France, appartenant au musée céramique de Sèvres.

Ces plats blancs, en camaïeu bleu, sont décorés d'une façon élégante dans le style japonais.

Celui dont nous donnons une gravure page 1004 est évidemment de son école, pour la composition et l'exécution du sujet principal, mais le marli appartenant au genre à dentelle de Rouen, lui donne une date plus moderne.

Des successeurs de Révérend, Digne est le plus remarquable ; on connaît de lui de curieux vases exécutés pour la pharmacie de la duchesse d'Orléans, abbesse de Chelles, mais qui n'ont rien d'original, parce qu'ils rappellent tout à fait le genre rayonnant de Rouen.

A Saint-Cloud on fabriqua aussi des faïences, à l'imitation du genre rouennais, mais qui s'en écartèrent peu à peu, témoin cette indication de l'*Almanach* d'Abraham de Pradel, pour 1690 : « Il y a une faïencerie à Saint-Cloud où l'on peut faire exécuter tels modèles que l'on veut. »

A cette époque il n'y en avait qu'une, mais il est probable qu'il y en eut d'autres plus tard, car les produits de Saint-Cloud sont assez divers et quelques-uns dénotent une infériorité dont n'était point capable la première fabrique, celle de ce Chicanneau dont nous avons déjà parlé à propos de la manufacture de Sèvres et qui, avant de s'essayer dans la porcelaine tendre, fabriquait certainement de la faïence, et principalement sur commande, comme le disait l'almanach.

C'est à la facilité que les bourgeois avaient d'y faire exécuter les modèles qu'ils désiraient, que l'on doit, entre autres pièces intéressantes, le curieux saladier que représente notre gravure page 1008 et qui fut fabriqué par Trou, successeur de Chicanneau, dont il avait épousé la veuve.

Ce saladier, dont le sujet principal est le baptême de Jésus-Christ, est chargé d'une inscription qui rappelle le nom du destinataire, chirurgien du régiment des Suisses; et la bordure représente, au milieu d'une ornementation qui rappellerait bien plus Moustiers que Rouen, tous les instruments de sa profession.

Trou adopta d'abord un genre de décoration particulière, et l'assiette que M. Édouard Fleury a donnée au musée céramique de Sèvres, est un des rares spécimens de cette fabrication qui, pour prendre à Rouen ce qu'elle avait de meilleur, n'en conservait pas moins une certaine originalité.

Après Trou, le décor rouennais fut copié plus servilement; nous en donnons pour preuve, un *pot pourri* fabriqué pour Trianon, ce qui se reconnaît au T couronné qui le décore.

On trouve, marqués d'un C (Chantilly) des vases du même genre, destinés aux résidences royales et qu'on appelait « pot pourri » parce qu'ils étaient percés de trous à leur orifice supérieur, pour recevoir des tiges de fleurs d'espèces et d'odeurs différentes, qui en faisaient en effet un véritable pot pourri de parfums.

Plus tard encore, ou peut-être dans le même temps, Saint-Cloud produisit des faïences lourdes, décorées de bleu foncé, chatironné de noir, imitations grossières des produits rouennais et qui, s'ils étaient les seuls connus seraient suffisants pour disqualifier la fabrication de Saint-Cloud, qui disparut, d'ailleurs, avec le XVIIIᵉ siècle.

Il y eut d'autres fabriques de faïence aux environs de Paris, à Saint-Denis, à Meudon et même à Sèvres, mais la plus importante fut celle de Sceaux, fondée en 1751 par Jacques Chapelle, démonstrateur en chimie et membre de l'Académie royale des sciences; cette date est établie par le privilège du 26 juin 1753 dont voici les considérants:

« Sur la requête présentée par le sieur Jacques Chapelle, contenant qu'il aurait établi depuis environ deux ans au village de Sceaux une manufacture de terre fayance, dont il a seul le secret; que les ouvrages qu'il y fait fabriquer sont goûtés du public à cause de leur bonté et de leur propreté, et que le débit en augmente tous les jours; que cet établissement occupe un grand nombre d'ouvriers, etc. »

Cette manufacture, protégée d'abord par la duchesse du Maine, comme elle le fut plus tard par le duc de Penthièvre, produisit d'ailleurs des faïences remarquables, surtout dans la première période; car lorsque Richard Glot succéda à Chapelle, la fabrication s'en ressentit un peu, bien que celui-ci fût un sculpteur habile, mais il rechercha surtout la prospérité commerciale de son usine, et l'art y fit peu à peu place à la marchandise.

Le genre de Sceaux, fut celui qui se rapprocha le plus heureusement de la porcelaine décorée : on y voit de délicates figures se mouvant dans des paysages légers de tons, des groupes d'amours, des bouquets, des emblèmes, des sujets de pêche ou de chasse, le tout encadré de guirlandes de lauriers, d'arabesques délicates en or ou en couleurs d'un effet charmant; plus tard la décoration s'alourdit, les fines peintures qui rivalisaient avec celles des porcelaines tendres, les paysages, les groupes en camaïeu rose ou bleu, cédèrent la place aux décors à bleuets imitant la porcelaine dite à la Reine et aux bouquets isolés diaprés de couleurs, d'autant moins élégants et surtout moins légers.

Les musées de Sèvres et de Cluny possèdent de magnifiques spécimens des faïences de Sceaux et les deux que nous donnons peuvent compter parmi les plus élégants, les plus réussis de cette fabrication exceptionnelle qui s'éteignit dès 1780, et disparut en 1794, sinon complètement puisque l'usine fut reprise à cette époque par Antoine Cabaret, mais du moins au point de vue artistique, car le successeur de Richard Glot ne fabriqua plus que des faïences blanches usuelles.

Saladier en faïence de Saint-Cloud.

FAIENCES DIVERSES

Sous cette classification nous rangerons les centres de fabrication qui pour n'avoir fait qu'imiter plus ou moins heureusement les quatre grands genres français : Nevers, Rouen, Moustiers et Strasbourg, n'en ont pas moins produit des faïences remarquables et classées dans les collections.

La fabrique de Niederwiller, la plus importante de toutes, puisqu'elle comptait jusqu'à 35 fours en 1728, dut son extension au baron de Beyerlé, directeur de la monnaie de Strasbourg, qui en 1754 y fonda une usine sur le modèle de celle des Hannong, et à laquelle il attacha des artistes et des ouvriers de Strasbourg et d'Haguenau.

Mme de Beyerlé, artiste distinguée et douée d'un goût exquis, fut la véritable directrice de cette usine, qui produisit des pièces fort intéressantes, tant en faïence qu'en porcelaine imitation de Saxe, notamment des assiettes, des plats, des corbeilles, dans le genre décoratif de Strasbourg, avec bordures déchiquetées, ou percées à jour.

Ce genre a été continué par le général comte de Custine, qui fut ensuite propriétaire de la fabrique de Niederwiller et en

confia la direction industrielle à François Lanfrey, céramiste habile, et artistique au sculpteur Charles Sauvage, plus connu sous le nom de Lemire. Grâce à leurs efforts, l'usine put résister à la crise commerciale qui ruina la plupart des fabriques de faïences, vers la fin du siècle dernier.

On voit au musée de Sèvres quelques

Soupière en faïence, de Sceaux.

pièces, à bord treillagé, d'un service que le général Custine avait fait faire pour son usage particulier.

Mais le genre le plus personnel, le seul personnel de Niederwiller, est la fabrication de vases, ou assiettes en imitation de bois veiné, sur lesquelles sont plaquées, en trompe-

l'œil, des espaces blancs, imitant une feuille de papier, souvent repliée par un coin et chargée d'un léger paysage, exécuté avec soin, en camaïeu noir, rose ou violet.

C'est un vase de ce genre que représente notre gravure, page 1011.

Lunéville fabriqua de la faïence dès le

Liv. 127.

127

commencement du xviii° siècle; fondée par Jacques Chambrette, son usine, dirigée par les fils de celui-ci, prit, en 1758, le titre de *Manufacture royale* (mais il s'agissait du roi de Pologne, qui comme on sait, habitait alors en Lorraine), ses produits sont d'ailleurs assez peu connus, par la raison qu'ils ne sont pas signés.

Ils se font remarquer pourtant par la finesse des peintures et la beauté de l'or employé à leur décoration.

Les produits de Bellevue, à peu près du même genre, comme ceux de Saint-Clément, sont généralement mieux classés que ceux de Lunéville, cela tient surtout à ce que Saint-Clément produisit plus tard et produit encore des fines faïences remarquables, car l'usine fut dirigée longtemps par les Chambrettes de Lunéville.

Quant à celle de Bellevue, qui existe encore aujourd'hui, et où les anciennes traditions sont toujours observées, sans préjudice des améliorations modernes, elle date de 1758 et fut fondée par Lefrançois; en 1771, elle était gérée par deux associés, Bayard et Boyer, qui obtinrent pour leur usine le titre de manufacture royale et s'attachèrent un artiste célèbre, Paul Cyfflée de Bruges, qui leur fournit ses plus charmants modèles et y produisit surtout des terres cuites remarquables, représentant des scènes familières.

Les pièces décoratives de Bellevue sont surtout des vases de jardin adoptant les anses à grotesques du genre italien de Nevers et le décor à fleurs de Strasbourg. (Voir notre première gravure de la page 1017.)

Avec les faïences de Lille, nous nous rapprochons singulièrement du genre rouennais, l'assiette qui figure dans notre première gravure de la page 1017, à gauche, rappelle en effet le décor polychrôme rouennais genre rocaille, et si l'on n'y voit pas la corne d'abondance on y remarque les fleurs et les insectes qui ont été l'une des marques de fabrique de Rouen.

La disposition cependant est plus décorative; ce ne serait du reste pas la peine d'imiter si l'on ne cherchait à perfectionner un peu.

On fabriquait des faïences à Lille dès 1696... époque à laquelle Jacques Febvrier, céramiste de Tournay, et Jean Bossu, peintre de Gand, s'y associèrent sous la protection de la municipalité.

L'établissement passa successivement aux mains de François Bousmaert, 1729, et de Petit, en 1778.

Mais il se créa d'autres fabriques : notamment celle de Barthelémy Dorez en 1711, et en 1740, celle de Wamps, qui faisait surtout des carreaux à la manière hollandaise.

Ce qu'on fit surtout à Lille furent les grandes pièces décoratives, autels, consoles, cheminées et poêles à la flamande; un des spécimens les plus curieux en ce genre est la magnifique cheminée décorée en bleu à rocailles, qu'on admire au musée de Cluny.

Après une grande ville, un village, Sinceny, dont l'usine date officiellement de 1737, bien qu'on en connaisse des produits de trois ans antérieurs.

Sinceny a eu plusieurs genres : sous Pierre Pellevie on y produisit, dans un style se rapprochant beaucoup du rouennais par les bordures en camaïeu bleu, où se retrouvent toutes les fleurs du décor à la corne.

Plus tard, le genre polychrôme chinois fut adopté, toujours d'après l'inspiration rouennaise, avec les couleurs : bleu fondu, vert brun et jaune citrin; les décorateurs de cette époque étaient d'ailleurs tous des artistes appelés de Rouen, auxquels on ajouta quelques Lillois, Claude Borne et Joseph Lecomte.

Plus tard encore, vers 1775, Chambon, alors directeur de l'usine, sans renoncer tout à fait à l'ancien genre, introduisit dans la fabrication le style de Strasbourg avec décoration à la moufle.

Sinceny produisit aussi des grotesques à l'imitation de Moustiers, témoin l'assiette que nous en donnons dans notre gravure de la page 1017 et qui est un des plus curieux spécimens de ce genre.

Le petit bol qui est au-dessous appartient à la deuxième manière.

La fabrication d'Aprey (village de la Haute-Marne), fut surtout une imitation du genre porcelaine, mais imitation fort

réussie, ainsi qu'on pourra le voir par l'assiette à reliefs de notre dessin, page 1017 ; ce fut pourtant un potier nivernais du nom d'Ollivier qui y dirigea l'usine, fondée vers 1740, par les sieurs de Lallemand, seigneurs d'Aprey, mais il s'attacha surtout à donner aux pièces de sa fabrication, des formes rappelant l'orfévrerie.

Outre les assiettes, les plats, — dont le fond est toujours un paysage légèrement

Vase à trompe-l'œil, de Niederwiller.

peint, accompagné de bouquets, de fleurs et presque toujours d'oiseaux, sans prétention, comme couleurs, à l'imitation naturelle, mais fort décoratif, — Aprey a produit nombre de pièces couvertes, de pots dont les anses sont généralement des branches rugueuses avec feuillage, fleurs et fruits, sur des tiges coloriées au naturel.

La Bretagne eut d'assez nombreuses fabriques de faïences, la plus importante et la plus ancienne (en tant que fabrique fran-

çaise), — puisque nous avons vu des potiers italiens s'établir à Nantes et au Croisic — est celle de Rennes, qui a certainement existé au XVIIe siècle, puisqu'on connaît une plaque tombale en faïence, faite à Rennes en 1653, mais qui n'a fait parler d'elle, d'une façon certaine, qu'à partir de 1748, alors qu'un Florentin, connu sous le surnom de Barbarino, y établit une usine dans le quartier des Capucins.

Cette fabrique fit surtout des pièces décoratives; on en connaît une fontaine avec sa vasque et un groupe représentant Louis XV, Hygie et la Bretagne.

Les faïences de service sont, comme genre décoratif, un moyen terme entre Moustiers et Rouen, mais le genre du Midi semble dominer sur le genre normand; quant aux couleurs des émaux, elles sont généralement ternes, le violet de manganèse, qui domine, est sans éclat, le vert paraît sale par le chatironnage en noir, il n'y a guère que le bleu et le jaune qui y gardent des tons assez vifs.

La fontaine de notre page 1017 (1er dessin) est du genre rocaille rouennais, dans lequel on remarquera des bordures et un sujet principal, empruntés à la décoration de Moustiers.

Rennes a produit assez de pièces en camaïeu violet foncé.

Si nous étudions maintenant les fabrications du Midi, nous trouvons pres-

Faïence de Saint-Cloud, pot pourri fabriqué pour Trianon.

que partout des imitations de Moustiers.

Cependant Marseille paraît s'être attaché à produire un genre original.

Les premières faïences que fabriqua Clérissy, dans cette ville et à Saint-Jean-du-Désert, à la fin du XVIIe siècle, reproduisaient bien aussi des chasses d'après Tempesta, mais elles se distinguent par le mélange du manganèse au cobalt, et on reconnaît facilement les pièces de cette époque à leur décoration, dont tous les contours sont en violet pâle, et qui ont le plus souvent sur les marlis, des compartiments losangés.

D'autres fabricants s'établirent, si bien qu'il y en avait, en 1750, une douzaine, dont les produits sont peu connus, probablement parce que la plupart sont confondus avec ceux de Moustiers.

Les plus importantes de ces fabriques furent: celle de Savy, auquel le comte de Provence (depuis Louis XVIII) permit de prendre le titre de *Manufacture de Monsieur, frère du Roi* et qui produisit des pièces à

fleurs, tenant le milieu entre le genre Stras- vure de la page 1017 appartient à cette
bourg et l'imitation de la porcelaine. fabrication.

La théière ronde de notre deuxième gra- Celle de Robert, qui inventa ce qu'on

Assiette en faïence, de Sceaux

pourrait appeler en décoration, le genre maïeu vert, des fleurs, des poissons, des
bouillabaisse, puisqu'il comprend en ca- coquillages.

Assiette en faïence, de Marseille.

Celle de la veuve Perrin, qui exploita aus- des services connus sous le nom de *services*
si ce genre, en le perfectionnant par l'emploi *aux insectes*, où au lieu de poissons, grou-
du décor polychrôme ; elle produisit aussi pés comme dans l'assiette de notre gravure

de la page 1013, on voyait des papillons, des mouches, etc.

Le centre de fabrication le plus important du Midi, après Marseille, fut Apt, qui ne fit pas précisément et spécialement des faïences, mais produisit surtout en terre vernissée, des pièces à relief d'un grand intérêt, et dont la fabrication a été reprise de nos jours avec succès par quelques potiers de Vallauris.

Un mot maintenant des faïences historiques représentées surtout dans notre pays, par les assiettes patriotiques, fabriquées un peu partout à l'époque de la Révolution, mais principalement à Nevers et à Paris chez Olivier qui fit, non seulement des assiettes, mais un curieux poêle représentant la Bastille et qu'il offrit à la Convention nationale; il appartient aujourd'hui au musée de céramique de Sèvres, et ce n'en est pas la pièce la moins originale.

Presque toutes les pièces groupées dans notre gravure hors texte proviennent de cette fabrique ou de Nevers, à l'exception de l'assiette à guillotine, qui a été faite à Ancy-le-Franc et que nous avons reproduite d'après une photographie du musée céramique de Rouen; l'original fait du reste partie de la riche collection de M. Gouellain, et il est probable que M. Champfleury ne l'a pas vue, puisqu'il nie absolument l'existence des assiettes à guillotine, très rares du reste, il faut en convenir, et qui ne sont pas plus belles pour cela.

C'est d'ailleurs le cas de toutes les assiettes de la Révolution, qui sont encore plus pauvres de dessin que d'imagination, et qu'on n'a pas besoin de regarder deux fois pour voir qu'elles n'ont pas été faites par des artistes.

Aussi pour que notre gravure ait quelque intérêt décoratif, y avons-nous ajouté un grand plat à musique de Rouen, et un spécimen de la fabrication de Claude Reverend, le premier faïencier parisien.

La manie des assiettes dites patriotiques,

et dont beaucoup d'imitations aussi mauvaises que les originaux, se voient aujourd'hui chez les marchands de curiosités, fut une triste résurrection des faïences à inscriptions, qu'on appelait faïences parlantes et qui avaient été à la mode en France, comme nous l'avons vu déjà, et qui l'étaient encore en Angleterre, où depuis l'année 1750, c'est-à-dire depuis l'invention par John Sadler, du procédé de décoration céramique par l'impression, on avait pris l'habitude d'écrire une partie de l'histoire politique et religieuse du pays, et même des pays voisins, sur des assiettes, des théières et surtout des pots et des cruches à bière.

C'était une façon comme une autre de manifester la liberté de la presse.

Ainsi, pendant la guerre de Sept Ans, presque toute la poterie anglaise commune est décorée du portrait de Frédéric II, écho des vœux que formait la population pour le succès des armes du roi de Prusse; après les victoires de Prague, de Rosbach, de Breslau, on ne voyait plus que des trophées militaires aux aigles de Prusse, et des renommées trompettant la gloire des vainqueurs.

Les élections au Parlement étaient toujours l'occasion d'une fabrication nouvelle, les candidats faisaient chanter leurs louanges sur les pots à boire, avec lesquels ils abreuvaient leurs électeurs. Nous reproduirons page 1025 un spécimen de ce genre.

Les vases à portraits n'étaient pas plus rares; et les réputations de William Pitt, de l'amiral Nelson, de Wellington, et de bien d'autres, ont pénétré dans les masses par des cruches à bière. Un personnage dont l'image paraît plus spécialement réservée pour l'ornement des théières (voir notre gravure page 1025) fut le célèbre John Wesley, l'un des fondateurs de la secte des *méthodistes*, prédicateur si acharné, qu'il prêchait jusqu'à extinction de chaleur naturelle, six ou sept heures durant, en plein air; les fidèles étaient presque toujours obligés de le rapporter inanimé chez lui. Ce leur était, du reste, une occasion pour le porter en triomphe.

La céramique anglaise qui imprima a des millions d'exemplaires sa haine contre la France en général et Napoléon en particulier, fit aussi de la caricature de mœurs, témoin la cruche de notre gravure, qui représente une scène tournant en ridicule les modes excentriques des sportsmen ou des élégants du jour, les *macaronis*, comme on les appelait alors.

Cette coutume s'est perdue, ce qui n'est pas absolument regrettable au point de vue de l'art céramique, qui n'avait rien à gagner et tout à perdre, d'un procédé de décoration que l'actualité poussait à l'emploi de n'importe quel dessin, bon ou mauvais.

Du reste, les Anglais n'ont jamais déployé beaucoup d'art dans la fabrication de la faïence commune ; il est vrai que ce sont eux qui ont inventé, ou fait revivre, la faïence fine, comme nous le verrons plus loin.

**

Nous arrêterons ici cette revue, qui ne franchit point le seuil du siècle, où nous ne rencontrerions que les faïences modernes, certainement fort remarquables pour la plupart ; mais dont nous ne voulons point parler, parce qu'il y aurait trop à dire au point de vue des centres de fabrication, répandus aujourd'hui par toute la France, et pas assez au point de vue original ; car si tous nos céramistes sont des industriels habiles, ce sont aussi des artistes pleins de goût, qui restent imitateurs, précisément parce que les modèles anciens sont charmants.

Depuis Avisseau, qui a retrouvé pour la fabrication des rustiques, le secret de Bernard Palissy, qu'ont retrouvé après lui MM. Pull et Deck, jusqu'à M. Parvillée qui a réinventé les plaques de revêtement de Perse, et les *azulejos* hispano-moresques, on ne fait qu'imiter les anciens.

Mais à part ceux-là, qui font véritablement œuvre d'art, même dans leurs imitations, par le cachet d'originalité, le goût moderne qu'ils savent leur donner ; à part aussi quelques autres encore, dont les produits sont justement remarqués dans toutes nos expositions et qu'on peut admirer tous les jours, rien qu'en se promenant dans la rue Paradis-Poissonnière, véritable exposition permanente, où toutes les fabriques importantes de France et de l'étranger sont représentées par des spécimens intéressants de leurs produits ; la plupart de nos faïenciers, qui sont avant tout des négociants, refont les anciens modèles de Rouen, de Nevers, de Moustiers, de Lorraine et de Strasbourg, avec une exactitude si complète qu'on ne les reconnaît qu'à plus de fini dans le dessin, plus d'harmonie dans les couleurs, dont ils semblent s'attacher à étendre les tons, quelquefois criards.

Du reste, nos fabricants de vaisselle de service font plutôt aujourd'hui de la faïence fine, terre blanche, terre de pipe, que de la faïence commune, et nous n'avons à parler ici que de la terre cuite émaillée.

PROCÉDÉS DE FABRICATION

Les procédés de fabrication pour la faïence commune, qui ne comprend plus guère maintenant, en dehors de quelques fabrications artistiques, que les carreaux émaillés, les plaques de revêtement pour bâtiments, pour poêles et pour cheminées, sont exactement les mêmes que ceux déjà décrits par nous pour la porcelaine.

Ce qui diffère sont les compositions de la pâte et de l'émail.

La pâte, qui est de deux sortes, selon qu'on veut faire de la faïence brune, destinée à aller au feu, ou de la faïence blanche, varie selon les localités.

A Paris, d'après Brongniart, la pâte brune se compose ainsi :

Argile plastique d'Arcueil	30	pour cent.
Marne argileuse, verdâtre	32	—
Marne calcaire blanche	10	—
Sable impur, marneux, jaunâtre	28	—

La pâte blanche comprend :

Argile plastique d'Arcueil. . . . 8 pour cent.
Marne argileuse, verdâtre. . . 36 —
Marne calcaire blanche. . . . 28 —
Sable impur. . . . . 28 —

A Nevers, où l'on a conservé les traditions de la fabrication primitive, on emploie :

Marne argileuse, blanche, de la Raye
de Porteneul. . . . . 33 pour cent.
Argile figuline jaune, sableuse, non
effervescente, des Chaumoines. . 50 —
Argile figuline friable, grise des
Neuf-Piliers . . . . 17 —

Chargement d'un four à faïences.

Au Havre :

Argile rouge de Saint-Aubin. . . . 45 pour cent.
Marne des prairies. . . . . 33 —
Marne extraite au bord de la mer. 22 —

A Tours, on mélange en parties égales
de la marne calcaire de Chambray et de
l'argile figuline impure, qu'on recueille dans
les prés.

On ne connaît pas le dosage des pâtes
employées à Limoges, à Gien, pas plus qu'à
Sarreguemines, aujourd'hui centre de fabrication très considérable, ni à Lunéville,
Saint-Clément, Bellevue, mais la base en
est la même partout.

Quant à l'émail, pour la faïence brune
il se compose de :

Minium. . . . . 52 pour cent.
Manganèse. . . . . 7 —
Poudre de brique fusible . . . 41 —

Faïences diverses : Lille, Lunéville, Sinceny, Rennes, Bellevue, Aprey.

Pour la faïence blanche, il y en a de plusieurs sortes, plus ou moins dures ou tendres, qui ont pour base ce qu'on appelle la *calcine*, c'est-à-dire un mélange d'oxyde de plomb et d'oxyde d'étain, dont les proportions varient.

Faïences du Midi : Marseille, Saint-Jean-du-Désert, Apt, grand plat de Moustiers.

Ainsi l'émail le plus dur se compose :

Calcine à 23 p. d'oxyde d'étain et
   77 d'oxyde de plomb...... 44 pour cent.
Minium................. 2 —
Sable de Decize.......... 44 —
Sel marin.............. 8 —
Soude d'Alicante......... 2 —

Le n° 2 :

Calcine à 18 d'oxyde d'étain.... —
   82 d'oxyde de plomb. 47 pour cent.
Sable de Decize.......... 47 —
Sel marin............. 3 —
Sable d'Alicante......... 3 —

Le n° 3 comprend :

Calcine comme dans le numéro 1. 45 pour cent.
Sable quartzeux lavé........ 45 —
Minium............... 2 —
Sel marin............. 5 —
Soude d'Alicante......... 3 —

Le n° 4 :

Calcine comme dans le numéro 2. 45 pour cent.
Sable quartzeux.......... 45 —
Sel marin............. 7 —
Soude d'Alicante......... 3 —

En somme, ce sont toujours les mêmes matières, seulement les proportions varient, à ce point même qu'on peut presque dire que chaque fabricant a son émail particulier.

Pour le façonnage des pièces, c'est comme pour la porcelaine : le tournage, le moulage et toutes les opérations du rachevage, seulement il y a une fabrication spéciale à la faïence, comme celle des grandes plaques de poêle, qui s'obtiennent par moulage, à la croûte. Nous allons la décrire d'après M. Barral.

« Le marcheur ayant rendu la pâte suffisamment homogène et plastique, en forme de gros ballons qu'il marche en plaques circulaires d'un diamètre plus ou moins grand, suivant la dimension de la croûte qu'il veut obtenir. Il place ensuite ces plaques l'une sur l'autre, jusqu'à ce qu'il en ait formé un cylindre d'environ un mètre de hauteur; il change ensuite ce cylindre en

un parallélipipède rectangle, qui est placé sur un brancard à pieds bas, pour être transporté dans l'atelier de moulage.

« L'ouvrier mouleur indique au moyen de deux règles l'épaisseur des croûtes qu'il veut enlever; il fixe ces règles sur les faces verticales du parallélipipède, à l'aide de petits morceaux de pâte, puis avec le fil de laiton qui est, comme on le sait, la scie du potier, il enlève successivement les croûtes qu'il veut mouler.

« Pour enlever et transporter cette croûte sans la déchirer, l'ouvrier en soulève un des côtés, puis prenant les deux règles qui lui ont servi, pour limiter l'épaisseur de la croûte, il en serre le bord soulevé, et transporte alors la plaque, ainsi suspendue, dans le moule.

« Ce moule est une plaque de plâtre, d'une épaisseur convenable, sur laquelle on pose un cadre en fer, qui donne les limites en largeur, longueur et épaisseur de la plaque. Plus ordinairement, au lieu de ce cadre en fer, le moule a des rebords en plâtre : mais alors il faut autant de moules que l'on veut faire de pièces différentes ; avec les cadres en fer, il n'y a besoin que de plaques de plâtre.

« Le mouleur place sa croûte dans le moule, la tamponne et la comprime le plus également possible. Avec une racle en fer, il enlève tout ce qui de la surface supérieure excède la hauteur des rebords du cadre. Il place ensuite les *Colombins*, faits avec la même pâte et qui sont destinés à maintenir la plaque et à la transformer en carreau de poêle.

Cette opération peut se faire et se fait du reste mécaniquement, avec la machine à fabriquer les briques creuses ou les tuyaux de drainage, à laquelle on applique une filière spéciale, mais nous avons tenu à donner aussi le procédé manuel.

L'émaillage des faïences se fait comme pour la porcelaine, après une première cuisson en biscuit.

Cette cuisson a lieu aussi dans des fours à alandiers à plusieurs étages, le premier cuisant l'émail, en même temps que le supérieur cuit le biscuit, seulement l'enfournement n'est pas le même.

La poterie crue est placé dans l'étage supérieur du four : partie en charge, partie en échappade ; pour le biscuit émaillé on emploie l'encastage en échappade, pour les pièces ordinaire, et l'encastage en cazettes à pernettes pour les assiettes ou les pièces plus délicates; toutes choses que nous avons expliquées déjà et que l'on comprendra mieux encore en consultant notre gravure de la page 1016 qui représente le chargement d'un four à faïence.

La cuisson, plus prompte que pour la porcelaine, ne dure que 24 heures.

DÉCORATION DES FAIENCES.

Pour les faïences on use des mêmes procédés de décoration que pour la porcelaine, seulement on emploie plus couramment les peintures de grand feu, qui s'appliquent de deux façons.

La première, très délicate, parce qu'elle rend toutes les retouches impossibles, consiste à peindre sur les pièces, après leur première cuisson, et quand elles ont été trempées dans l'émail liquide, qu'on laisse bien sécher à la surface.

Cette peinture sur émail cru, donne des effets magnifiques; car les peintures vitrifiables se fondent avec la couverte et acquièrent une moelleux qu'on ne saurait obtenir autrement.

On l'essaie pourtant en peignant avec des couleurs de grand feu, sur l'émail cuit comme s'il était destiné à rester blanc, et l'effet obtenu est encore très satisfaisant, d'autant que l'artiste peut se corriger autant qu'il le juge nécessaire, quitte à remettre la pièce au four de moufle, autant de fois qu'il fera des retouches.

Du reste, rien n'est plus perfectible que l'art de la décoration et les progrès s'y réalisent tous les jours, ainsi c'est à M. Hippolyte Pinart que l'on doit la peinture à grand feu et personne encore ne possède le secret de sa palette; d'autres artistes décorent élégamment à grand feu, notamment M. Bouquet, qui a la spécialité des marines et des paysages, mais aucun ne sait produire comme lui des camaïeux bleus et pourpres, si frais, si onctueux qu'on les croirait couverts d'eau, et donner aux fruits et aux fleurs des couleurs aussi naturelles.

C'est son invention, comme celle de M. Pull fut de régénérer le genre Palissy, après un travail de recherches aussi long, aussi patient que celui du maître, mais de même, couronné de succès; ce qui ne l'a pas empêché de chercher depuis autre chose, et de trouver un certain genre de décoration qui lui est tout personnel, et qu'on a pu admirer dans la remarquable cheminée qu'il exposait en 1867, et dans le magnifique poêle en faïence émaillée que possède de lui le Palais de Justice.

M. Collinot, lui, s'est ingénié à restituer l'art persan, dont les procédés étaient perdus, même dans le pays où l'on ne fait plus que des faïences communes, et il a réussi à produire des pièces qui ne sont pas seulement une imitation parfaite du genre cloisonné des Hindous, mais de véritables émaux cloisonnés.

M. Parvillée, creusant le même sillon, s'est attaché surtout à la production des grandes plaques décoratives pour cheminées, bâtiments, et s'il pas retrouvé tous les émaux des Persans, il en a créé d'autres qui ont tout autant d'éclat et de vigueur.

M. Deck fait principalement les décorations à personnages dans l'ancien genre italien, qu'il fait plus beau que les modèles; ce qui ne l'empêche pas d'exceller aussi dans le style japonais, dans l'incrustation genre Oiron et genre moresque ; il a même restitué, en grandeur naturelle, celui des deux fameux vases de l'Alhambra dont il ne reste plus que des dessins.

M. Ulysse paraît s'être attac é aussi à l'imitation italienne, mais modifiée à sa façon, c'est-à-dire avec plus d'élégance dans la forme, plus de légèreté dans le dessin d'ornement, plus de liberté dans la peinture des sujets.

M. Rousseau, qui fait aussi de la porcelaine, s'est créé dans la faïence, un genre, la peinture des oiseaux et volatiles, qui, s'il n'est pas absolument original, lui est très personnel, il est d'ailleurs d'un grand effet pour la vaisselle d'usage.

Sans compter beaucoup d'autres céramistes qui, pour n'avoir pas une spécialité aussi tranchée, une réputation aussi constatée, ne concourent pas moins aux progrès incessants qui se réalisent dans cet art.

FAÏENCES FINES

La faïence fine, qu'on appelle aussi faïence caillouteuse, terre blanche, terre de pipe, et même porcelaine opaque, est d'origine anglaise, du moins industriellement parlant, car les produits de Oiron, si estimés

Faïences de Oiron (dites de Henri II).

des collectionneurs, n'étaient pas autre chose que des faïences fines, mais comme les procédés de fabrication en étaient perdus, il ne faut point disputer aux Anglais le mérite de l'invention.

Du reste, les poteries de Oiron, dont on ne connaît que cinquante-cinq pièces, classées d'abord dans les grandes collections sous le nom de faïences de Henri II, sont toutes artistiques, et la fabrique installée dans le château de Oiron, par la veuve d'Arthus

Gouffier, ancien gouverneur de François Ier, ne paraît pas avoir travaillé pour le public, et pendant sa période d'existence (une trentaine d'années) elle ne produisit que des objets d'art, soit pour les propriétaires du château, ou quelques seigneurs de leurs amis, soit pour les rois François Ier et Henri II.

La plupart des pièces de musée, plats, biberons, coupes, aiguières, flambeaux, salières, sont marquées généralement en

Faïences genre Palissy : Porte-cigares, vase et coffret d'Avisseau, plats ovale et coupe de Pull, plats ronds de Deck.

bleu dans la pâte : de la salamandre de François Ier, du chiffre d'Henri II, des croissants entrelacés de Diane de Poitiers, de l'écu de France, du monogramme d'Henri II combiné avec celui de Catherine de Médicis, et des armoiries de la maison de Montmorency-Laval, ou de celle des Coëtmen, de Bretagne.

Le potier qui produisit tous ces chefs-d'œuvre, dont les plus connus sont groupés dans notre gravure d'ensemble page 1020, est François Cherpentier, qui fut aidé dans son œuvre par Jehan Bernart, secrétaire et gardien de la librairie de la châtelaine d'Oiron.

D'après M. Benjamin Fillon, dont les

Faïences modernes : Coupe, vase, écuelle, gourde à deux anses de Deck, buire et petites pièces d'Ulysse, plat et assiette de Rousseau.

savantes recherches ont abouti à la découverte des noms de ces artistes, la fabrication commença vers 1529, mais elle ne fut jamais très active, car on procédait lentement et il est probable que Cherpentier travaillait seul, autrement ses secrets n'eussent pas été perdus quand il cessa de produire.

Ses faïences sont d'une pâte choisie, faite avec de l'argile très blanche contenant une si grande porportion d'alumine, qu'il n'y aurait rien d'étonnant à ce qu'elle eût été additionnée de kaolin.

Les pièces, travaillées à la main, se composaient d'un premier noyau très mince, sur lequel on étendait une espèce d'engobe, en terre plus pure et plus blanche encore, sur laquelle on gravait en creux les linéaments d'ornementation, qu'on remplissait ensuite d'argile colorée en jaune d'ocre, en brun foncé, et plus tard en vert, en noir, en bleu, en violet et en rouge.

Car il y eut plusieurs phases dans la fabrication. La première comprend les pièces d'une forme simple, sévère même, dont la décoration semble s'inspirer de l'art oriental. Ce sont des zones d'arabesques, des séries d'aiglons ou d'autres emblèmes héraldiques, accompagnant les armoiries de Gilles de Laval, de la Trémouille, de Guillaume Gouffier, de l'amiral Bonnivet et autres.

La seconde période, qui commence à la mort de la châtelaine et à la prise de possession de son fils Claude Gouffier, affecte les formes architecturales et l'ornementation chargée de certaines contructions de la Renaissance ; c'est moins beau, mais c'est plus riche : il est vrai qu'alors Cherpentier avait perfectionné sa pratique ; au lieu de creuser ses arabesques, en travaillant comme les relieurs, avec des poinçons gravés d'avance, il traçait d'un seul coup les entrelacs destinés à être remplis d'argiles colorées, et à servir de cadres à des motifs plus délicats, exécutés au pinceau.

C'est de cette époque que sont surtout les pièces aux marques de Henri II et de Diane de Poitiers.

La troisième période est celle de la décadence, qui se manifeste par une profusion dans l'emploi des arabesques et des entrelacs, et l'addition des statuettes et des figurines. Quelques pièces de cette fabrication sont cependant d'un grand intérêt artistique, parce qu'elles réunissent non seulement tous les genres de décoration connus jusqu'alors, mais encore le rustique, que Palissy allait bientôt illustrer.

Plus tard la fabrication devient tellement grossière, que sans les anciens poinçons qu'on y retrouve avec la devise et les emblèmes des Gouffier, il serait impossible de l'attribuer à Oiron.

Il est probable, d'ailleurs, qu'elle lui est à peu près étrangère et qu'elle a été continuée tant bien que mal, plutôt mal que bien, par un industriel quelconque, qui s'était emparé du matériel de Cherpentier, alors que les Gouffier avaient été chassés de leur château par les guerres religieuses ; ce qui prouve du reste que ce potier n'avait point les secrets du maître, c'est qu'il renonça tout de suite aux inscrustations pour faire des pièces à fonds jaspés, dans le même genre que celles de Bernard Palissy.

FAIENCES ANGLAISES

Il est certain que l'Angleterre fabriquait des faïences dès le XVIIe siècle, nous en avons montré des échantillons, mais c'étaient des faïences communes, vernissées d'abord avec du plomb sulfuré, puis avec une couverte au sel marin, introduite dans la fabrication en 1690 par les frères Elers.

Dix ans plus tard, un potier nommé Astburg, remarqua que le silex noir calciné devenait blanc et l'employa avec succès pour blanchir les pâtes de ses poteries.

Mais la vraie création de la faïence fine appartient à Wedgewood, qui réussit, vers 1763, à fabriquer à Burslem, une pâte à biscuit dense, opaque et à glacure transparente qu'on appela d'abord *cream colour* à cause de sa couleur et bientôt après *queen's ware* parce que la reine prit sous sa protection la nouvelle fabrication, qui s'attachait surtout aux pièces artistiques.

Wedgewood, qu'on a surnommé le Palissy anglais, produisit des œuvres de haute valeur avant de faire de l'industrie; il est vrai que l'addition du kaolin dans la plupart de ses pâtes fines pourrait les faire classer parmi les porcelaines tendres.

Il les divise lui-même de la façon suivante : *porphyre*, dont il fit de délicieuses imitations de poteries antiques ; *basalte* ou biscuit de porcelaine noir, qu'il mit à la mode par ses médaillons, sur lesquelles se détachent des bustes ou des bas-reliefs d'un blanc translucide; *biscuit* de porcelaine blanc, qu'il employa surtout à la fabrication de vases avec figures, se détachant en relief sur un fond bleu très doux; puis des biscuits couleur bambou pour la poterie de luxe, et du biscuit de porcelaine, propre aux appareils chimiques.

On remarquera peut-être que dans cette nomenclature il n'existe point de faïence fine, c'est que l'inventeur n'avait pas adopté le nom que nous donnons à ses produits, car ces différentes pâtes, sauf celles où il entrait du kaolin en trop grande proportion, ne sont que des faïences, dont il fit bientôt des objets usuels, et en telle quantité qu'en 1770, un village entier, *Etruria*, se bâtit autour de son usine pour loger les ouvriers qu'il employait.

La faïence anglaise réussit admirablement non seulement en Angleterre, mais encore à l'étranger; à ce point même que ce fut son introduction en France, commencée vers 1780, qui, plus que la Révolution, époque seulement de crise, ruina notre industrie faïencière que la mode ne protégeait plus.

D'autant, que ce n'est guère qu'après 1824 que l'on se mit à fabriquer de la faïence anglaise, dans notre pays ; grâce au succès qu'obtint immédiatement là grande manufacture de Johnston et Saint-Amans de Bordeaux, les fabriques qui avaient pu lutter contre l'abandon général de la faïence commune, par la classe aisée, se mirent à la faïence fine, et il se fonda des usines importantes à Sarreguemines, à Chantilly, à Choisy, et surtout à Creil et à Montereau, dont la production actuelle n'a rien à envier à celle de l'Angleterre, malgré les Minton, le Doulton et les Maw, pour ne citer que les fabricants les plus célèbres, si ce n'est peut-être le bon marché.

Ce qui caractérise la faïence fine c'est sa pâte blanche, opaque, à texture fine et sonore : couverte d'un vernis vitro-plombifère.

Cette pâte se compose d'argile plastique et de silex pyromaque ou de quartz réduit en poudre très fine; on y ajoute quelquefois un peu de chaux, du reste les compositions varient selon les fabrications ; car il y a au moins trois sortes principales de faïence fines : la *faïence calcarifère* ou terre de pipe, la faïence caillouteuse et la faïence feldspathique.

La pâte de faïence calcarifère comprend :

Argile plastique	85	pour cent.
Silex	13	—
Chaux.	2	—

La pâte de faïence caillouteé de Creil, de Montereau, de Sarreguemines et de la région Nord de la France se compose de :

Argile plastique de Dreux ou de Montereau	87	pour cent.
Silex	13	—

Le dosage de Bordeaux, au temps de Saint-Amans était différent, il comprenait :

Argile plastique d'Angleterre	83	pour cent.
Silex	17	—

La pâte de faïence feldspathique est un composé de :

Argile plastique d'Angleterre.	62	pour cent.
Kaolin.	16	—
Silex	19	—
Feldspath altéré.	3	—

Cette pâte présente deux sous-variétés, le *cream colour* et la pâte à biscuit d'impression. Dans le *cream colour* il n'existe pas de Kaolin mais seulement :

Argile. . . . . 82 pour cent.
Silex 16   —
Feldspath. 2   —

La pâte à biscuit contient :

Argile. . . . . 64 pour cent.
Kaolin. 16   —
Silex 16   —

Quant aux glaçures, leur composition diffère également selon les faïences auxquelles ils sont destinées :

Voici les dosages les plus usités (pour terre de pipe, recette Schumann) :

Feldspath calciné. . . . . 7 pour cent.
Sable 31   —
Minium. 30   —
Litharge 27   —
Borax. 3   —
Verre de cristal. 2   —

Faïences fines de Wedgewood.

La recette Bastenaire d'Audenard est différente, elle comprend :

Sable quartzeux. . . . . 36 pour cent.
Minium. 45   —
Carbonate de soude. 17   —
Nitre. 2   —
Et un dix-millième de bleu de cobalt.

Pour faïence caillloutée :

Sable de feldspath altéré. . . 40 ou 42 p. cent
Minium. . . . . 23 ou 26   —
Borax. . . . . 23 ou 21   —
Carbonate de soude. . . . . . . 14 ou 11   —
Plus un soupçon de bleu de cobalt.

Pour faïence feldspathique (*cream colour*) :

Kaolin caillouteux. . . . . 25 pour cent.
Silex 13   —
Oxyde blanc de plomb. 52   —
Verre de cristal. 10   —

Pour faïence feldspathique imprimée :

Kaolin caillouteux. . . . . 25 pour cent.
Silex. 16   —
Carbonate de chaux. 4   —
Oxyde blanc de plomb. 30   —
Acide borique. 6   —
Carbonate de soude. 16   —

Comme on le pense bien, les recettes sont plus ou moins modifiées selon les usines,

mais si les proportions changent, les éléments de compositions restent les mêmes,

cependant dans quelques-unes de nos fabriques du Nord on remplace le vernis tendre

Faïence anglaise : pot à bière, à caricatures.

vitro-plombeux par l'émail stannifère de la
faïence commune.

Nous n'entrerons dans aucun détail de

fabrication, puisque nous avons décrit tous
les procédés en parlant de la porcelaine et
de la faïence commune ; nous dirons cepen-

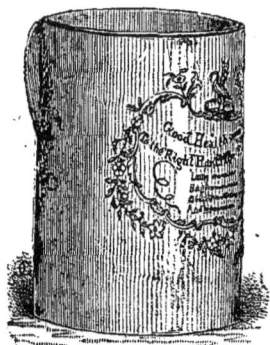

Faïence anglaise : chope électorale.

Faïence anglaise : théière à portrait.

dant quelques mots de la fabrication des
pipes, qui appartient, du reste, à la céramique et ne manque point d'intérêt.

Liv. 129.

LES PIPES

La pâte qui sert à fabriquer les pipes est
généralement sans mélange, c'est une argile

plastique blanche, non lavée, mais corroyée avec autant de soin que s'il s'agissait de terre à porcelaine.

Quand elle est raffermie au point de devenir maniable, on la façonne en petites boules d'une grosseur suffisante à former un ou deux tuyaux, car il n'est pas plus difficile de faire à la fois deux tuyaux qu'un seul, ainsi qu'on va le voir par la description du système manuel, peu usité maintenant, mais qui fut longtemps le seul connu.

Un enfant prend un de ces petits ballons de pâte, le roule à la main sur une planchette très unie, pour en former une baguette dont on fera un ou plusieurs tuyaux de pipe — qu'il coupe de longueur, s'il y en a plusieurs, et à l'extrémité desquels il ajoute un petit morceau de pâte, qui servira à l'ouvrier auquel il les passe, à fabriquer le fourneau.

L'ouvrier commence par percer le tuyau, en enfonçant dedans une tige de fer ou de laiton huilée, pour pouvoir mieux pénétrer dans la pâte, et il met le tout dans un moule formé de deux coquilles en cuivre, qu'il serre l'une contre l'autre au moyen d'une vis de pression.

Ce moule n'est fermé par aucune de ses extrémités, de façon à ce que l'ouvrier puisse terminer la pipe dedans; il fait d'abord le fourneau avec un refouloir ou étampon en cuivre, qu'il enfonce en tournant dans la partie correspondante du moule, puis il achève le tuyau en enfonçant l'aiguille restée dedans, jusqu'à ce que son extrémité apparaisse au fond du fourneau.

Les pipes se font aujourd'hui mécaniquement, du moins en ce qui concerne les tuyaux qu'on fabrique en baguettes soit avec la presse à colombins, soit avec des filières spéciales adaptées aux machines à briques creuses, ou tout percés, avec des machines analogues à celles avec lesquelles on fabrique le macaroni, qui ne sont en somme que des réductions des appareils à tuyaux de drainage.

Les tuyaux sont alors coupés de longueur, ajustés à la petite masse destinée au fourneau et passés au moule, comme nous venons de le dire, pour en sortir pipes achevées qu'on ébarbe et qu'on met à sécher en attendant la cuisson.

La plupart des ornements du fourneau viennent au moulage, surtout les reliefs; les estampages, ainsi que les marques de fabrique, s'impriment au sortir du moule au moyen de poinçons ou de roulettes gravées; l'émaillage, pour les pipes qui ont des parties émaillées, le plus souvent des perles, ou des noms de baptême, écrits sur le tuyau, se fait plus tard au pinceau, avec l'émail stannifère des faïences communes.

La dessiccation des pipes doit se faire très lentement et à l'ombre, la cuisson se fait : soit comme en Angleterre dans des espèces de moufles en terre réfractaire, disposés par étages avec des cazettes pour contenir 2,000 pipes, soit comme en France et en Allemagne, dans des fours cylindriques ou rectangulaires, dans lesquels on charge un certain nombre de cazettes remplies de pipes.

L'encastage des pipes dans les cazettes, qu'on appelle aussi *boisseaux*, est assez simple, car les pipes y sont en quelque sorte emballées dans une poudre très fine de terre cuite, et évitent ainsi toutes les chances de casse; le boisseau plein, on lute son couvercle, comme les cazettes à porcelaine, et la cuisson s'opère en huit à dix heures.

Sortant du four, les pipes subissent une dernière opération, qui a pour but de les rendre moins happantes à la bouche. — Quand elles sont refroidies, on trempe le bout du tuyau dans de l'eau contenant un peu d'argile grasse en suspension, que l'on enlève ensuite au moyen d'une flanelle.

Cela suffit pour les pipes ordinaires; mais les pipes fines, celles qui se vendent deux sous au détail et qui coûtent de 8 à 10 sous la douzaine, aux marchands, subissent encore une espèce de vernissage qu'on leur donne en les frottant fortement avec une flanelle imbibée d'un mélange de savon, de cire et de gomme, qu'on a fait bouillir dans de l'eau.

Un bon ouvrier peut faire au moule environ 500 pipes par jour.

PORCELAINES TENDRES

Sans remonter jusqu'à la Perse qui fabriqua certainement des porcelaines tendres avant de connaître le secret de la porcelaine chinoise, la fabrication, en Europe, de la porcelaine tendre est plus ancienne qu'on ne le croit généralement ; on en faisait en Italie au xvie siècle, non pas industriellement, il est vrai, mais dans le laboratoire de chimie de François Ier de Médicis, dont il sortit des pièces, sinon remarquables comme fabrication, du moins très réussies comme imitation ; car l'objectif était de reproduire les belles œuvres céramiques de l'extrême Orient ; ce qui n'empêcha pas l'illustre Florentin et son potier, Bernardo Buontalenti, de fabriquer des pièces de forme et de goût italiens, qui à la vérité, sauf la pâte, ressemblaient aux faïences de l'époque.

Cependant les vases les plus connus, précisément parce qu'on les fabriquait pour en faire hommage aux souverains étrangers, de façon à répandre partout le bruit de la découverte, sont généralement de style persan avec entrelacs, réseaux à chrysanthèmes, oiseaux fantastiques, perchés sur des tiges fleuries ; les deux spécimens conservés au musée céramique de Sèvres sont dans ce genre.

Abandonnée à la mort du grand-duc de Toscane, cette fabrication ne fut cependant pas perdue, car on en retrouva toutes les recettes dans le livre de laboratoire de San Marco, que l'on n'eut plus tard qu'à copier et à régulariser pour fabriquer cette porcelaine italienne que Brongniart appelle porcelaine hybride, parce qu'en effet elle renferme une partie des éléments naturels de la porcelaine tendre, que l'on fabriqua plus tard en Angleterre, et une partie de ceux qui composent artificiellement la porcelaine française.

D'où il s'ensuit que la porcelaine tendre comprend trois catégories très distinctes : porcelaine tendre artificielle, de fabrication française, porcelaine tendre naturelle (fabrication anglaise) et porcelaine hybride ou mixte, qui se fabrique encore en Italie.

PORCELAINE TENDRE FRANÇAISE

L'histoire de la porcelaine tendre dans notre pays ne nous tiendra pas longtemps ; nous en avons déjà vu une partie en étudiant les origines de la manufacture de Sèvres, où cette fabrication acquit une célébrité justement méritée.

Cependant elle remonte beaucoup plus haut.

Ainsi, il est aujourd'hui certain que Claude Révérend utilisa, pour imiter la porcelaine des Indes, le privilège qu'il avait demandé et obtenu le 21 avril 1664 ; nos musées possèdent trois ou quatre de ces pièces d'essais (nous en reproduisons une page 1028, soupière oblongue à gauche de la 1re gravure) qui est, il est vrai, de fabrication assez grossière, d'une ornementation assez primitive, mais dont la pâte a la translucidité qui est le caractère distinctif de la porcelaine.

Quelques années plus tard, en 1675, Louis Poterat, le faïencier de Rouen, était autorisé à cuire « de la véritable porcelaine de la Chine, conjointement avec la faïence de Hollande, » le succès de sa fabrique de faïence l'empêcha vraisemblablement de s'adonner, autant peut-être qu'il l'aurait voulu, à la porcelaine ; il en fit cependant et de fort jolie, témoin le pot à couvert et à anse que possède de lui le musée de Sèvres : il est en camaïeu bleu, et orné des armoiries de la famille Asselin de Villequier.

Premières porcelaines tendres françaises : Paris, Rouen, Saint-Cloud, Chantilly, Vincennes.

Celui que nous reproduisons dans notre 1er dessin de la page 1028 est un pot pourri, dont le décor de genre persan ne manque point d'élégance, bien qu'il ait plus le caractère de la faïence que celui de la porcelaine.

A peu près à la même époque Pierre Chicaneau, faïencier de Saint-Cloud, s'es-

Porcelaines tendres françaises : Lille, Mennecy, Orléans, Arras, Valenciennes.

sayait aussi à la porcelaine ; il ne réussit pas du premier coup, mais il légua à ses enfants des procédés certains qu'ils mirent à profit avec succès, puisqu'en 1698, le sa-vant docteur anglais Martin Lister, venu en France à la suite du duc de Portland, plénipotentiaire du traité de Ryswick, écrivait : « J'ai vu la poterie de Saint-Cloud avec

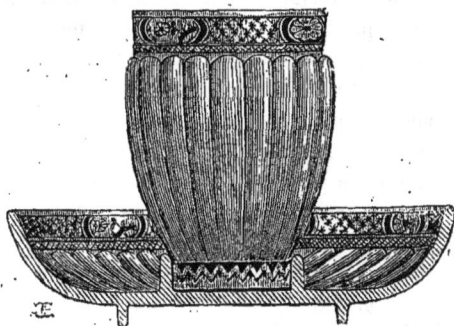

Tasse, dite trembleuse, en porcelaine tendre de Saint-Cloud.

un merveilleux plaisir, et je dois avouer que je ne puis faire aucune distinction entre les produits qui y sont fabriqués et la plus belle porcelaine de Chine que j'ai vue, et je crois que notre époque peut se féliciter d'égaler ainsi, si ce n'est même de surpasser les Chinois, dans leur plus bel art. »

En effet, la porcelaine de Saint-Cloud

Porcelaines tendres de la manufacture de Sèvres.

était très belle, et Savary des Bruslons pouvait dire, quelques années après, dans son *Dictionnaire universel du commerce* : « Il y a quinze ou vingt ans, on a commencé en France, à tenter d'imiter la porcelaine de Chine ; de premières épreuves qui furent faites à Rouen, réussirent assez bien, et l'on a depuis si heureusement perfectionné ces essais dans les manufactures de Passy et de Saint-Cloud, qu'il ne manque presque plus aux porcelaines françaises pour égaler celles de Chine, que d'être apportées de cinq ou six mille lieues et de passer pour étrangères, dans l'esprit d'une nation accoutumée à ne faire cas que de ce qu'elle ne possède pas et à mépriser tout ce qui se trouve au milieu d'elle. »

Malgré la justesse de l'observation finale, malheureusement toujours d'actualité, la France prit goût aux porcelaines nationales et Louis XIV accorda sa protection à la manufacture de Saint-Cloud, dirigée alors par Henri Trou, qui avait épousé la veuve de Chicaneau.

Trou, bien que fabriquant avec succès des faïences (dont nous avons parlé autre part) donna une extension considérable à la production des porcelaines, dont l'usage se répandit pour les services de table.

C'est lui qui inventa ces petites tasses à fins godrons, comme celle que représente notre 1er dessin de la page 1029, avec une coupe de la sous-tasse, qui furent très à la mode au xviiie siècle puisque toutes les fabriques étrangères, Meissen, Berlin et Venise notamment, les imitèrent : aussi bien par le décor à frise, toute française, qui fut longtemps, comme la marque de Saint-Cloud, que par la disposition, d'ailleurs fort ingénieuse, qui permettait, au moyen d'un encastrement pratiqué dans la soucoupe pour maintenir la tasse, de prendre son café debout sans courir les risques de le renverser.

Aussi appelait-on ces tasses, *trembleuses*, parce qu'elles paraissent destinées à l'usage des personnes qui tremblent.

Notre gravure de la page 1028 donne deux spécimens de la première fabrication de Saint-Cloud : une espèce de porte-allumettes assez simple et un pot décoré de fleurs, et ayant la bordure à frise qui fut si à mode au xviiie siècle.

Le succès de l'usine de Saint-Cloud en fit créer une à Lille, en 1711, dont les produits furent pendant longtemps des imitations serviles de celles de Trou, si bien qu'on les confond maintenant avec les porcelaines de Saint-Cloud.

En 1722, Paris possède rue de la Ville-Lévèque, une fabrique de porcelaines qui n'est d'ailleurs qu'une succursale de Saint-Cloud.

En 1725, le prince de Condé établit à Chantilly une manufacture dont il donna la direction à Ciquaire Cirois, qui s'attacha surtout à imiter la porcelaine Coréenne, genre que ses successeurs abandonnèrent pour adopter les décorations de Saxe, de Sèvres et de Mennecy, car dans ce village un nommé François Barbin fonda, en 1735, sous la protection du duc de Villeroy, une fabrique de porcelaine, dont les produits furent renommés et méritent le classement honorable qu'on leur donne aujourd'hui dans les collections.

En 1740 se fonda, comme nous l'avons dit déjà, l'établissement de Vincennes, qui fut le point de départ de la manufacture de Sèvres.

La fabrication de Vincennes n'eut rien de bien brillant, car les frères Dubois, transfuges de Saint-Cloud, ne savaient pas le premier mot des secrets qu'ils prétendaient vendre à Orry de Fulvy ; ils se consumèrent pendant trois ans, en essais infructueux, et cédèrent la place à un de leurs ouvriers, Gravant, qui réussit à produire des porcelaines tendres et suivit la manufacture dans sa translation à Sèvres, où on l'installa dans l'ancienne propriété de Lully.

Sous la direction de Boileau, la manufacture royale produisit d'abord des fleurs coloriées pour garnir les lustres et les bronzes dorés et elle n'attaqua les vases de grandes dimensions, qui ont fait sa gloire, qu'après avoir en quelque sorte épuisé le succès qu'obtinrent à leur apparition, ses groupes ou statuettes en biscuits que modelaient, du reste, des artistes de mérite :

Falconnet, Pajou, Clodion, Boirot, Larue et autres.

Les grands progrès s'accomplirent peu à peu, grâce au concours de savants chimistes, ainsi en 1752, Hellot découvrit le fond bleu turquoise qui vint remplacer le fond bleu de roi, magnifique il est vrai, mais dont on abusait un peu ; en 1757, Xzrowet trouvait le rose pompadour ; puis apparurent le violet pensée, le vert pomme, le vert pré, le jaune jonquille, toute la gamme des couleurs tendres fut bientôt connue et employée à la décoration des vases, qui acquirent une réputation universelle. Notre gravure de la page 1029 réunit quelques pièces célèbres de cette intéressante fabrication.

A côté de la manufacture royale, prospéraient l'usine de Sceaux, où l'on commença la fabrication de la porcelaine en 1753 ; celle d'Orléans, fondée à la même époque et qui devint plus importante ; celle d'Etiolles (1768) ; celle de Bourg-la-Reine, qui ne fut qu'une continuation de celle de Mennecy ; celle d'Arras, fondée en 1784, pour lutter avec la fabrique de Tournay, qui accaparait le marché français, et celle de Valenciennes, dont nous avons déjà parlé.

L'apparition de la porcelaine dure fit négliger d'abord, puis abandonner, vers 1804, la porcelaine tendre, dont la manufacture de Sèvres paraît avoir repris la fabrication depuis que M. Lauth la dirige ; mais en dehors de cela, et sauf pour quelques productions particulières, dont nous parlerons tout à l'heure, on n'en fait presque plus en France, en dehors des services de table ordinaires, à l'usage des restaurants, qui d'ailleurs sont en grande partie d'origine belge.

C'est à Tournay que se trouve aujourd'hui l'une des plus importantes manufactures de porcelaine tendre artificielle, mais sa production est tout industrielle. Sa vaisselle quoiqu'un peu lourde, et par conséquent solide, est d'un bon emploi ; mais la pâte comme la couverte présentent le plus souvent une teinte bleuâtre qu'on est obligé de dissimuler en décorant les assiettes avec des dessins bleus.

Comme composition, c'est, à quelques détails de dosage près, la même que celle de l'ancienne porcelaine de Sèvres.

C'est-à-dire un mélange de :

Nitre fondu	220	pour mille.
Sel marin gris.	72	—
Alun	36	—
Soude d'Alicante	36	—
Gypse de Montmartre.	36	—
Sable de Fontainebleau	600	—

Ce mélange, bien broyé, bien trituré, par les moyens que nous avons indiqués, ne donnait pas la pâte, ce n'en était que l'élément principal, que l'on faisait fritter et qu'on additionnait dans les proportions de 75 pour cent avec 17 pour cent de craie blanche et 8 pour cent de marne calcaire d'Argenteuil, lavée.

Ce mélange, bien que réduit en pâte liquide et malaxé pendant six semaines, n'acquérait aucun liant, on ne pouvait lui en donner qu'en la remélangeant, une fois sèche, dans une dissolution bouillante de savon noir dans l'eau.

Malgré cela le façonnage ne pouvait s'obtenir que par le moulage, d'où une difficulté considérable de fabrication ; le rachevage se faisait néanmoins par tournassage et nul doute qu'aujourd'hui les assiettes ne soient terminées par le calibrage.

Le vernis, ce qu'on appelle la couverte, n'était appliqué que par arrosage ; il se composait de :

Sable de Fontainebleau calciné.	27	pour cent.
Silex calciné.	11	—
Litharge	38	—
Carbonate de soude.	9	—
Carbonate de potasse.	15	—

Quant aux autres opérations : encastage, décoration, cuisson, ce sont les mêmes que pour la porcelaine dure, avec cette différence pourtant qu'à l'époque où l'on en fabri-

quait à Sèvres on ne possédait point l'outillage perfectionné que les progrès modernes
ont amené.

PORCELAINE TENDRE ANGLAISE

Avant de trouver leur porcelaine tendre
naturelle, qui s'appelle chez eux *Iron stone
china*, les Anglais tâtonnèrent longtemps
et il est à peu près impossible de dire comment a commencé la fabrication, car on

trouve dans les produits les plus anciens de
ce pays, non seulement de la porcelaine
artificielle, se rapprochant beaucoup comme
composition de celle de France, mais encore
des pâtes plus tendres, décorées à l'imitation des pièces de l'extrême Orient, mais
d'une transparence voisine de la vitrification.

On fabriqua cette porcelaine vitreuse
jusqu'au jour où des potiers de Bow, selon les

Porcelaines tendres anglaises.

uns, de Chelsea, d'après les autres, trouvèrent, vers 1740, en mélangeant de l'argile
plastique et du sable d'Alumbay (dans l'île
de Wight), les éléments qui constituent la
porcelaine tendre naturelle.

Les produits de Bow, ou de Strattford le
Bowe, sont généralement considérés comme
les plus anciens, parce qu'ils semblent plus
primitifs ; la pâte en est grossière, à peine
blanchâtre et se prête fort peu à la décoration peinte ; aussi c'est dans les reliefs que
cette fabrique chercha d'abord ses effets artistiques et ce n'est guère qu'à partir de 1760

qu'elle commença l'imitation des décors
japonnais.

Dans la fabrique de Chelsea, déjà très
prospère en 1745, on commença par le
genre oriental, que l'on abandonna bientôt
pour créer un style à peu près national dont
la richesse, sinon toujours l'élégance, pouvait lutter avec les plus beaux produits de
Saxe et de Sèvres.

Les plus anciennes usines d'Angleterre
après celles-là, furent celle de Derby fondée
en 1750, avec des ouvriers et des artistes
de Bow et de Chelsea ; celle de Worcester,

qui date de 1751, et celle de Gaughley, près Broseley, à peu près à la même époque.

La fabrique de Plymouth n'est que de quelques années plus jeune, mais comme on y produisit surtout de la porcelaine dure, avec des kaolins trouvés près d'Helstone et des pe-tun-tse, provenant de Saint-Austel, nous n'en parlons que pour mémoire.

Du reste, cette fabrication réussit peu et l'usine ne paraît pas être restée ouverte après 1772.

Aujourd'hui c'est surtout dans le comté de Stafford que se fabrique laporce laine tendre naturelle, qui n'est pas sans analogie avec la faïence fine et n'en diffère guère que par la translucidité de la pâte, augmentée encore par la couverte, vernis très

Céramique anglaise moderne : Vase en majolique de Minton, plaques décoratives de Maw.

tendre, dont l'oxyde de plomb est la base.

Voici d'ailleurs les compositions de pâtes et de couvertes.

Pour services de luxe :

Feldspath altéré (kaolin argileux).	58	pour cent.
Argile plastique de Devon	40	—
Flint-Glass (verre à cristal) . . .	2	—

Pour services de table ordinaires :

Kaolin argileux lavé.	11	pour cent.
Argile plastique	19	—
Silex calciné et broyé	21	—
Os calcinés à blanc	49	—

Pour services à dessert :

Kaolin argileux lavé	41	pour cent.
Silex calciné et broyé	16	—
Os calcinés.	43	—

Pour services à thé :

Kaolin argileux lavé	31	pour cent.
Kaolin caillouteux brut.	26	—
Silex calciné.	3	—
Os calcinés à blanc.	40	—

Ces pâtes, plus plastiques que celles de la porcelaine dure, se façonnent à peu près

comme la faïence fine. On les cuit d'abord
en biscuit, mais comme elles ne se ra-
mollissent pas assez pour se coller, le contact
des pièces n'offre aucun inconvénient, et
on peut les placer dans le four, les unes dans
les autres, après les avoir saupoudrées de
silex, comme surcroît de précaution.

Cette cuisson n'exige pas une température
plus élevée que celle du dégourdi pour la
porcelaine.

Lorsque les pièces l'ont subie et qu'elles
sont refroidies on les passe à la couverte
par immersion.

Cette couverte est très variable quant aux
dosages, nous ne citerons que la recette de
M. Saint-Amans de Bordeaux.

C'est d'abord une fritte qui se compose
de :

Feldspath.	48	pour cent.
Silex ou sable quartzeux:	9	—
Borax non calciné.	22	—
Verre à cristal.	21	—

On fait fritter ce mélange et on y ajoute
de 10 à 12 pour cent de minium.

La cuisson de la couverte ne demande
pas plus de difficultés que celle du biscuit
et comme elle se fait à une très basse température qui ne saurait ramollir les pièces,
l'encastage se fait comme celui de la faïence
commune, sans cazettes et seulement par
empilage ou par échappage.

Ce sont ces avantages, qui font réaliser
une grande économie dans la fabrication,
qui permettent aux manufactures anglaises
d'établir leurs produits à très bon marché.

Celles de notre pays leur font d'ailleurs une
concurrence redoutable ; car depuis que la
fabrication de la porcelaine anglaise a été
introduite en France, — à peu près simultanément par Johnston et Saint-Amans à
Bordeaux et par Lebœuf et Miller à Creil, —
elle y a fait de tels progrès que la porcelaine
artificielle, plus difficile et plus coûteuse à
fabriquer, a été complètement abandonnée
et que la porcelaine dure ne s'emploie plus
guère que pour les services de luxe.

Les produits anglais viennent toujours
chez nous, mais leur apparition sur nos
marchés n'est point d'un effet onéreux pour
notre industrie, car si le chiffre qu'ils représentent est considérable, il est loin d'é-
galer l'importation de nos produits céramiques en Angleterre.

Les uns comme les autres, d'ailleurs, ont
leurs appréciateurs qui les jugent plus par
les qualités qui leur sont propres que par
leur effet décoratif, qui peut se résumer en
ceci :

Si les produits céramiques anglais ont
quelquefois plus de richesse, plus de recherche dans la décoration, plus de profusion dans les ornements; les produits français ont plus d'élégance dans la forme,
plus de légèreté dans l'ornementation, plus
d'art dans le dessin.

Nos deux gravures, pages 1033 et 1036,
reproduisant des pièces d'exposition des
fabricants notables des deux pays, aussi
bien en faïences qu'en porcelaines, en permettront la comparaison.

PORCELAINE TENDRE ITALIENNE

Nous avons dit déjà que la porcelaine
hybride en Italie, datait du xvie siècle ; mais
la fabrication, tout artistique, en fut abandonnée à la mort du grand-duc de Toscane,
et ne fut reprise industriellement qu'en
1725, à Doccia, près de Florence, où le
marquis Carlo Ginori fonda une usine, qui
prit bientôt une importance considérable.

Les premiers produits, peu réussis comme
pâte, moins encore comme cuisson, sont décorés en bleu foncé au moyen de patrons découpés, mais la période d'essai n'est pas longue et des décorations au pinceau se mêlent
bientôt gracieusement aux ornements en
relief et même à la sculpture d'art.

Ce fut la spécialité de la fabrique, qui produisit surtout des vases en relief et des
plaques de revêtement.

Les autres usines importantes, de la

première moitié du xviii° siècle furent à Vineuf près de Turin, où l'on fit bientôt de la pâte dure ; à Le Nove près Bassano, où l'on fabriquait déjà des faïences ; à Este, à Milan et à Venise dont les productions sont surtout remarquables.

La fabrique de Naples a été installée en 1736, à Capo di Monte, par le roi Charles III qui s'intéressait beaucoup à la céramique ; on y fit d'abord des imitations des produits artistiques japonais, avec tant de perfection qu'on ne distingue les copies des originaux qu'à la marque de fabrique, qui fut d'abord une étoile à 6 rayons dont une courbe et plus tard une fleur de lys ; mais à l'époque où l'on marquait ainsi, la fabrique royale faisait principalement des pièces décoratives de grande ornementation ; ce qui ne l'empêcha pas de produire nombre de services, assez originaux de forme, et décorés en relief, de coquillages, de coraux et de plantes marines.

La fabrique de Naples subsista de fait jusqu'en 1821, mais son ère de prospérité cessa en 1759, lorsque Charles III laissa la couronne des Deux-Siciles à son fils Ferdinand, pour aller s'asseoir sur le trône d'Espagne, car il emmena avec lui les meilleurs ouvriers de Capo di Monte, qu'il établit au palais de Buen Retiro à Madrid, où ils continuèrent la fabrication sans y rien changer, pas même la marque, ce qui rend les porcelaines espagnoles assez difficiles à reconnaître.

L'usine de Venise, si elle n'est pas la plus ancienne, est du moins celle qui produisit la première en Italie des œuvres de valeur, originales, rehaussées de cet or pur et chaud de ton, que les céramistes appellent or de ducat : on y fit beaucoup de vases à sujets mythologique, entourés d'arabesques, d'encadrements quadrillés ou de baldaquins à riches pendentifs dans le genre de Moustiers, mais on y fabriqua surtout de la porcelaine d'usage, délicieuse : témoin la soupière à bouquets détachés représentée dans notre gravure (page 1037).

L'Italie, d'ailleurs, fabrique toujours de la porcelaine mixte, qui ne diffère en somme des autres porcelaines tendres que par la composition de la pâte et la nature des matériaux indigènes. Ainsi, le kaolin employé est tiré soit de Porto Ferrajo (île d'Elbe), soit de Tretto, aux environs de Vicence ; le sable argileux blanc provient de Monzane ; le quartz de Saravezza. Quant à la couverte, son élément principal est la pegmatite blanche de Calabre.

FABRICATIONS SPÉCIALES

Il nous reste à parler de deux compositions, qui pour n'être que des variantes de porcelaines, ne trouvent point leur classification dans les espèces que nous avons déjà décrites, ce sont le *parian* ou *paros*, ainsi nommé parce qu'il imite l'aspect du marbre antique et la pâte feldspathique dite *agathe* avec laquelle on fabrique aujourd'hui sur une grande échelle les boutons céramiques.

PARIAN

La porcelaine imitant le marbre de Paros est d'invention anglaise, mais on ne sait pas au juste si la découverte, qui ne remonte pas au delà de 1848, appartient à M. Minton, à M. Copelands ou à M. Battann.

En y regardant un peu près on en trouverait l'idée première dans certains produits de la manufacture de Meissen, du temps que M. Kuhn en était directeur — des médaillons d'une composition particulière se rapprochant beaucoup, comme aspect, des marbres de l'antiquité.

Peut-être aussi dans quelques statuettes en biscuit, produites par l'usine de Nymphembourg.

Mais c'était là de la porcelaine dure et le parian, bien plus fusible, a sur les biscuits de grands avantages, car sa pâte d'une teinte plus jaunâtre, prend sans le secours du vernis, et par la seule action du feu, un très beau glacé à tons ivoirins, qui la rend surtout propre à la reproduction des objets d'art.

La composition de cette pâte varie naturellement selon les usines et surtout selon que les matériaux employés contiennent plus ou moins d'oxyde de fer, car c'est le seul colorant qu'on y admette; nous ne citerons ici que la recette de M. Salvetat, savoir :

100 parties de feldspath cristallisé de Bayonne
40   —   de kaolin lavé.
10   —   d'argile de Dreux

mais il est bien entendu que le feldspath de Bayonne et l'argile de Dreux peuvent être remplacés, sans inconvénient, par des matériaux analogues et le dosage proportionné à leur principe colorant et à leur fusibilité.

Car le ton jaunâtre ne s'obtient pas seulement par l'oxyde de fer, contenu naturellement dans les matières premières, il faut encore que la pâte soit suffisamment fusible pour que la cuisson en puisse être faite à une température assez basse, pour ne pas

Céramique française moderne: Statuettes en biscuit de Ménard, vase de Deck, vase en porcelaine de Rousseau, vase en biscuit de Jouhannaud et Dubois, de Limoges.

réduire tout le fer à l'état de protoxyde et donner ainsi un excès de coloration.

La plate, peu plastique, bien que se rapprochant assez de la pâte de porcelaine tendre anglaise, ne peut être façonnée sur le tour qu'avec de grandes difficultés; on procède par moulage, mais plus généralement et plus facilement par le coulage.

Elle se cuit en une seule fois dans les fours à faïence fine, à moins pourtant qu'on ne veuille s'en servir pour fabriquer des

objets de consommation ménagère et comme dans ce cas elle reçoit une glaçure plombifère, il faut bien la faire cuire à nouveau pour fixer la glaçure.

Pour les pièces de luxe, il est d'usage dans le Staffordshire, de cuire à plusieurs feux de biscuit, jusqu'à ce qu'elles aient atteint le ton jaunâtre que l'on recherche. Le Parian n'est plus aujourd'hui un article exclusivement anglais. Sans doute M. Minton et ses émules d'outre-Manche le fabri-

LIV. 130

ASSIETTES A INSCRIPTIONS.

quent admirablement, mais nos manufacturiers français ne sont point au-dessous, et
Creil, Bordeaux, Sarreguemines et Choisy-
le-Roi, notamment, le fabriquent d'une
manière remarquable.

BOUTONS CÉRAMIQUES

La fabrication des boutons en pâte feldspathique est toute mécanique, nous ne nous
attarderons point à la décrire, puisqu'on connaît déjà les filières et les presses, et que
ce n'est plus qu'une question de moule,

mais nous en dirons quelques mots au point
de vue de l'ensemble en suivant la fabrication de M. Bapterosse de Briare, d'après le
procédé dont il est l'inventeur.

La pâte employée, et qu'on appelle *Agathe*,
est une pâte feldspathique, analogue à la
pâte de porcelaine anglaise, mais à laquelle
on ajoute, lorsqu'elle est encore légèrement
humide, c'est-à-dire ayant perdu environ
4 pour cent de son poids, 125 kilogr. de
phosphate de chaux pour 2, 00 kilogr. de
pâte. On mélange intimement avec 140
kilogrammes d'acide sulfurique. Ce passage

Porcelaines hybrides italiennes : Venise, Milan, Naples.

à l'acide a pour objet de débarrasser la pâte
de l'oxyde de fer qu'elle contient, de façon
à ce qu'elle cuise blanc.

Pour la rendre plus souple au moulage
on ajoute au tout de 40 à 50 litres de lait
(à Creil, le lait est remplacé par de l'huile);
ce mélange a en même temps un autre
avantage, il empêche de se rouiller les
pièces de la machine, soit en fer ou en
cuivre, qui sont en contact avec la pâte.

Les presses dont on se sert chez M. Bap-

terosse, sont extrêmement ingénieuses ; au
moyen de mécanisme faciles à compendre,
en somme, les boutons viennent au sortir
de la presse se ranger d'eux-mêmes sur une
feuille de papier et de là sur la plaque de
terre, qui doit les supporter dans le four.

Ces plaques sont nombreuses, comme on
le pense bien, mais leur manœuvre est faci-
litée par la *tournette*, plaque métallique à
deux rebords verticaux, juste de la largeur
des plaques de terre qu'elle doit recevoir, et

qui, fixée horizontalement sur un axe vertical pour recevoir un mouvement de rotation, peut déposer dans la moufle les
plaques chargées de boutons à la place
qu'elles doivent occuper pour la cuisson,
qui est très rapide, à feu continu et à
simple vue.

Le papier qui porte les boutons n'est pas
un embarras, car à peine déposé sur la
plaque rouge il se consume, et les boutons
se trouvent rangés sur la plaque, dans la
disposition symétrique qu'ils avaient au
moment du moulage.

Les boutons une fois cuits, tombent dans
des espèces de caisses à claire-voie disposées l'une au-dessus de l'autre pour tourner autour d'un axe vertical, ce qui leur
permet de se présenter, chacune à leur
tour, devant l'ouvrier qui les charge au fur
et à mesure, pour que les boutons s'y refroidissent.

Quand ils sont refroidis, un système
analogue les conduit au-dessus de la caisse
commune qui doit les recevoir tous, et
comme les fonds des caisses à claire-voie
sont mobiles, il suffit d'appuyer sur un
ressort pour les vider instantanément.

Naturellement les boutons, qu'ils se
fassent en blanc, avec des pâtes colorées,
ou qu'ils soient rehaussés de peintures ou
d'ornementation métallique, s'obtiennent
de la même manière.

La peinture et la dorure se font par impression et très économiquement en opérant
à la fois sur des quantités de boutons collés
d'avance sur des feuilles de papier.

Le brunissage, indispensable pour les
boutons portant des filets, doit se faire
mécaniquement, c'est-à-dire que les boutons
rangés circulairement sur une plate-forme
tournante, viennent se présenter chacun
à leur tour devant l'outil brunisseur.

Chez M. Bapterosse on fait aussi des boutons *Strass* qui ne diffèrent des boutons
Agathe que par la composition de la pâte,
qui est du feldspath pur, additionné d'un

peu de lait pour lui donner le liant nécessaire; la fabrication en est exactement la
même sauf pour les boutons bombés destinés à recevoir une queue en anneau, qui
se font d'ailleurs avec les deux pâtes.

Là, les procédés diffèrent. Nous en empruntons les détails à M. Turgan, qui a suivi
toute l'opération dans ses *Grandes Usines*.

« Un bouton à queue se compose de
quatre parties : d'abord l'émail, puis une
petite boule de métal fusible, un petit
plastron en laiton percé de deux trous, dans
lesquels passent les deux branches de l'anneau ouvert, également en laiton. Ce
plastron est découpé par une petite machine
à emporte-pièce, qui du même coup, enlève
le petit disque et perce les trous du suivant.
Les queues se fabriquent deux à deux, en
enroulant un fil métallique autour de deux
tiges mobiles de laiton, séparées par une
lame de cuivre, de manière à en faire une
sorte de barrette plate; on passe ensuite
cette barrette entre les cannelures de deux
cylindres qui forment de chaque côté une
dépression. Quand deux passages ont suffisamment accusé l'étranglement, on retire la
règle plate qui est au milieu, et un troisième
cylindre coupe sur toute la longueur les fils
enroulés; chacune des deux tringles latérales se trouve avoir autour d'elle un cha-
pelet de quatre à six cents queues de boutons.
Comme chaque tringle est surmontée d'un
petit renflement, en désembrochant toutes
les petites sections de fil de laiton, le passage
de la boule force la branche à s'écarter. »

L'introduction des deux branches écartées
de l'anneau qui formera la queue de bouton, dans les deux trous du plastron, se fait
à la main, en dehors de l'usine, par des
femmes, des enfants qui accomplissent ce
travail en gardant les troupeaux ou se livrant
aux soins du ménage, mais la fixation de l'anneau dans le bouton au moyen d'une petite
boule en métal fusible se fait dans la fabrique.

« Cette manœuvre est basée sur la division du travail, et se fait sur de longues

tables s'étendant sur l'un des côtés d'un atelier de 100 mètres de long sur 10 de large au plus. Plus de cent femmes, ou petites filles, sont assises de chaque côté de la table sur laquelle sont placés, dans les cases, des boutons à garnir, les petites boules de métal et enfin les queues emmanchées dans leur plastron.

« Une ouvrière, tenant en main une plaque de cuivre bronzée et percée, suivant la grandeur des boutons, de cent à trois cents trous, correspondant exactement au dos du bouton, enfonce cette plaque dans le tas ; puis, par un mouvement de va-et-vient, sorte de sassage, elle fait tomber un bouton dans chaque trou et rejette les autres en inclinant sa plaque ; puis, la posant sur deux supports, elle passe légèrement ses doigts sur la plaque et retourne tous les boutons qui ne présentent point en l'air leur face trouée. Quand tous les boutons sont placés de la bonne manière, ce qui est fait presque instantanément, elle passe sa plaque garnie de boutons à une autre ouvrière placée à côté d'elle, qui au moyen d'un distributeur met un grain de métal dans chaque trou.

« Pendant ce temps, une autre ouvrière a serré dans une pince en laiton, par une disposition analogue à celle d'un composteur à timbrer, les queues correspondantes aux boutons, rangées à l'avance sur une autre plaque trouée suivant la disposition voulue.

« On place alors le plateau garni de boutons sur un autre également en cuivre bronzé, muni de montants, dans les rainures desquels on introduit le petit appareil qui porte les queues, les tiges en l'air, et l'on donne le tout à un ouvrier assis à l'extrémité d'une table en fonte, étroite et longue, sous laquelle s'ouvre une série de petits becs de gaz allumés.

« L'aide de cet ouvrier place au bout de la table le petit wagonnet de cuivre chargé des pièces à réunir, et qui prend son rang à la suite de ceux qui l'ont précédé. Pendant que les petits wagonnets se rapprochent peu

à peu de l'ouvrier qui doit accomplir l'opération dernière, la table, doucement échauffée par la combustion du gaz, communique sa chaleur au plateau, qui la transmet aux boutons dans lesquels la petite boule métallique entre en fusion.

« Quand l'appareil arrive devant l'ouvrier assis au bout de la table, il n'a plus qu'à retourner et abaisser chaque composteur ; les branches de la queue entrent dans le métal et le petit plastron vient oblitérer entièrement le trou en le comprimant ; tout est si bien combiné qu'aucune bavure ne déborde à l'extérieur.

« L'appareil est ensuite enlevé tout entier, porté sur une table et mis en presse, au moyen de larges ressorts d'acier qui pressent les composteurs. Quand on juge le refroidissement suffisant, on lâche les ressorts et on retire du petit wagonnet le plateau rempli de boutons désormais achevés.

« Pour vérifier les boutons M. Bapterosse a inventé la singulière machine suivante : un levier à genouillère, dans le genre de ceux des aiguilleurs de chemin de fer, excerce sur une tige, un effort que l'on peut varier à volonté. Cette tige abaisse un plateau sur lequel sont disposés autant de crochets, qu'il y a de boutons, ces derniers restés sur leur plateau la queue en l'air et recouverts d'une plaque qui ne laisse passer que les queues ; on retourne le tout et on l'apporte sur le plateau garni de crochets ; un petit mouvement latéral enfile tous les crochets dans tous les anneaux : l'ouvrier fait alors basculer. La traction, calculée pour produire environ le poids de 13 kilogrammes sur chaque bouton, fait éclater les pièces défectueuses et arrache les queues mal soudées. »

Toutes ces opérations, bien que les dernières décrites, n'appartiennent à la céramique qu'auxiliairement, sont d'autant plus curieuses que les objets sont plus petits, mais on opère sur de telles quantités que la fabrication est assez économique pour que les cartes de boutons qui se vendaient en 1848 jusqu'à 8 francs, soient descendues successivement jusqu'à 1 fr. 75 et même jusqu'à 1 fr. 25, pour les boutons unis bien entendu, les boutons imprimés se vendent en moyenne 4 francs la masse.

Ces prix sont d'ailleurs si réduits, que l'Angleterre, qui a inventé les boutons céramiques et où la fabrication a été très prospère, notamment dans l'usine Minton et chez M. Chamberlain de Worcester, n'a pas pu soutenir la concurrence et s'approvisionne aujourd'hui chez nous.

Malgré cela le monopole ne nous reste pas, et si l'Espagne et l'Italie ont échoué dans leurs tentatives de fabrication, l'Allemagne et le grand-duché de Bade possèdent en ce genre des manufactures très prospères.

GRÈS CÉRAMES

L'histoire des grès cérames est encore à faire, car on n'en connaît pas bien l'origine, que l'on ne fait remonter qu'au XVe siècle, bien qu'il soit à peu près certain

Grès céramiques des xv° et xvi° siècles.

que les anciens aient connu ce genre de poteries.

Le moyen âge au moins l'utilisait, car il existe au musée de céramique de Sèvres, une grenade à feu grégeois, que reproduit notre gravure ci-dessus, et qui a été fabriquée au XIIIe siècle, à Hama, ville alors importante de la Syrie, sur la route d'Alep à Tripoli.

Or, si les Arabes ont connu cette fabrication, il est permis de croire qu'ils l'avaient

empruntée des Persans, à qui ils doivent tous les procédés de leur céramique, mais comme il ne reste point de spécimens indiscutables, nous adopterons les données générales.

Il est admis que les grès sont d'origine allemande, et que c'est à Jacqueline de Bavière qu'on en doit la fabrication. Cette princesse, enfermée dans la forteresse de Teylingen vers 1424, y aurait trompé les ennuis de sa captivité en pétrissant de la terre siliceuse, dont elle fabriquait des pots, des cruches, qu'elle jetait ensuite dans les fossés.

Cette légende n'est pas aussi dubitative qu'elle le paraît, car il existe au musée de Sèvres, des pots fabriqués par Jacqueline de Bavière, et s'ils ne révèlent pas un grand talent, il faut les accepter comme les prémisses d'un art qui devait faire vite de rapides progrès.

A cette époque, du reste, les poteries de grès étaient connues en France, et l'on en fabriquait surtout dans le Beauvoisis où les matériaux étaient abondants, mais il faut reconnaître que c'est à l'Allemagne et à la Flandre que l'on doit les pièces artistiques les plus anciennes.

Pourtant, il ne faut pas les chercher au delà du XVI° siècle, car ce n'est vraiment qu'à cette époque que l'art de la décoration s'établit sur des bases stables.

Cologne, Bunzlau, Creussen, en Bavière,

Grès cérames anglais de Doulton.

se sont surtout fait remarquer par le bon goût de leurs produits, dont notre gravure page 1040 donne quelques-uns des plus beaux spécimens.

A Cologne, d'où vient la cannette conique datée de 1574, on adoptait généralement les fonds blancs, ou d'un gris brun, sur lesquels s'enlevaient, en couleurs, des reliefs d'une délicatesse rare et d'un dessin très pur; la pièce en question, décorée au milieu des armes de l'Allemagne, porte en dessous l'écusson de l'archevêque électeur de Mayence, ce qui semble indiquer qu'elle lui était destinée.

Le lion héraldique que l'on voit sur le même dessin et qui porte dans ses pattes de devant une coupe largement évasée, prouve l'habileté de modelage des artistes allemands.

Les pièces les plus remarquables de Bunzlau sont à fond brun, sur lequel tranchent des reliefs en pâte jaune mat.

A Creussen, on utilisa toutes les colorations, et nombre de pièces remarquables, où l'on voyait surtout des personnages, sont rehaussées d'or et couvertes des émaux les plus brillants; c'est quelquefois plus riche mais pas toujours plus beau.

En France, la fabrication ne fit pas les mêmes progrès, c'est-à-dire qu'elle n'adopta pas le même système, et suivant pas à pas le goût national, elle produisit des pièces élégantes, décorées soit en creux, soit en relief, comme le vase de Beauvais qu'on voit dans notre gravure, de dessins ou de fleurs répétées symétriquement, d'une couleur tranchant sur le fond.

Les Allemands firent aussi des vases de ce genre, sans renoncer à leurs canettes à groupes en relief, mais on les reconnaît facilement à leur pâte grise, et à leurs ornements de zones bleu d'azur ou violet de manganèse, sur lesquelles ressortent des reliefs d'un ton différent.

Les grès flamands ne diffèrent guère des produits de l'Allemagne, cependant ils sont d'une forme moins architecturale et adoptent plus volontiers la fantaisie dans l'ornementation.

Nous ne parlons, bien entendu, que des pièces anciennes, dites de curiosité, car l'art moderne s'est modifié dans tous les pays en devenant à peu près, comme dans toutes les autres branches de la céramique, un art d'imitation. Nous en reparlerons tout à l'heure ; mais avant, un mot de la fabrication proprement dite.

D'abord il faut distinguer deux sortes de grès : les grès communs dont on fait les tuyaux de conduite, les pots à beurre, les bouteilles, cruchons, touries à acides, bonbonnes, etc., et les grès cérames dont on fait de la poterie de luxe et des carreaux de dallage.

La pâte des grès communs se compose d'argile plastique non lavée, dégraissée avec du sable quartzeux, elle se façonne, grâce à sa plasticité, aussi facilement sur le tour que par le moulage.

Les grès communs sont lustrés ou non, ceux qui ne le sont pas sont recouverts, par immersion, d'un mélange d'ocre jaune tenu en suspension dans l'eau, qui leur donne à la cuisson, selon l'intensité du feu, une couleur jaune, jaune brune ou bronzée.

Le lustre s'obtient d'une façon très simple ; pendant la cuisson — qui se fait généralement dans des fours à réverbère et dure quelquefois huit jours — on jette dans le four et à plusieurs reprises, surtout pendant la période du grand feu, une certaine quantité de sel marin, qui se volatilise et réagit sur la surface des poteries, en les couvrant d'une mince couche de silico-aluminate de soude, qui les rend luisantes comme si elles étaient vernissées.

Tout sel marin est bon pour cette opération, mais le meilleur est celui qui a déjà servi à la salaison de la morue, et qu'on appelle, à cause de cela, sel de Terre-Neuve.

Dans certaines usines on revêt les poteries communes d'une couverte composée avec les laitiers recueillis à la base des hauts fourneaux à fer.

Du reste, le grès est susceptible de recevoir toutes les couvertes et toutes les décorations en émaux fusibles, à moyenne ou à haute température, mais c'est ce qui distingue le grès cérame.

Les grès cérames ou grès fins, diffèrent des communs par la composition de la pâte et par celle de la glaçure.

Cette composition varie naturellement selon les usines et surtout selon les espèces que l'on veut fabriquer.

La pâte de grès cérame noir se compose de :

2	pour cent	de kaolin.
48	—	d'argile plastique.
43	—	d'ocre calciné.
7	—	de manganèse.

La pâte de grès cérame blanc, comprend :

25	pour cent	d'argile plastique de Dreux.
25	—	de kaolin argileux.
50	—	de feldspath de Saint-Yrieix.

Enfin la pâte de grès cérame, destinée à

recevoir diverses colorations se compose de :

14	pour cent	de kaolin.
14	—	d'argile plastique.
15	—	de silex.
27	—	de pegmatite altérée.
21	—	de sulfate de chaux.
9	—	de sulfate de baryte.

Les procédés de fabrication ne diffèrent point de ceux employés pour la porcelaine et la faïence fine; le prix assez élevé de cette sorte de poterie permet du reste d'apporter beaucoup de soin au façonnage.

La cuisson se fait dans des fours à alandiers, les pièces étant encastées dans des cazettes et soutenues par des colifichets.

Quant à la glaçure, elle est très variable, quelquefois on la donne pendant la cuisson, en enduisant l'intérieur des cazettes avec du sel marin qui se volatilise : c'est le procédé que nous venons de décrire tout à l'heure.

Quelquefois on emploie une glaçure vitro-plombeuse, analogue à celle des faïences fines, qui se pose soit par immersion, soit par arrosement et qu'il faut cuire naturellement à un second feu, mais à basse température.

Cette glaçure se compose généralement de :

35	pour cent	de feldspath.
25	—	de sable quartzeux.
20	—	de minium.
5	—	de potasse.
15	—	de borax calciné.

Pour les grès noirs qui n'ont pas besoin de glaçure extérieure, il est d'usage de les enduire intérieurement de la composition suivante :

84	pour cent	de minium.
14	—	de silex.
2	—	d'oxyde de manganèse.

On met surtout en couverte, les pièces qui doivent être décorées et qui peuvent l'être aussi richement, avec des lustres métalliques et des couleurs vitrifiables, que les faïences et porcelaines; on en est quitte pour leur faire subir, à la moufle, les cuissons supplémentaires nécessaires à la vitrification des couleurs et des retouches.

Les grès cérames fins dont la fabrication a été modernisée par Wedgwood, se font aujourd'hui un peu partout; l'usine que M. Ziégler, peintre distingué, avait établie à Voisinlieu, près de Beauvais, n'existe plus, du moins pour la fabrication artistique, et la France ne compte pas d'usine importante en ce genre, depuis que Sarreguemine est allemande, géographiquement parlant.

La Flandre produit encore des vases genre renaissance, assez remarquables, ainsi qu'on peut le voir par les spécimens de nos gravures, dessinés au grand dépôt de M. Becker.

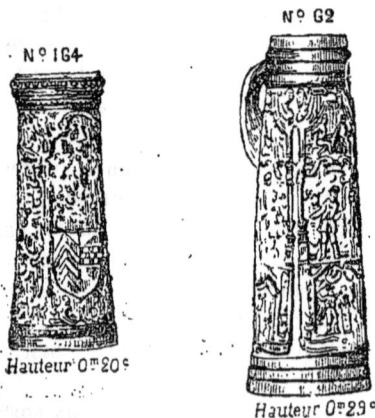

N° 164

N° 62

Hauteur 0ᵐ20ᶜ

Hauteur 0ᵐ29ᶜ

Mais c'est surtout d'Angleterre que nous viennent les pièces les plus artistiques, notamment de la maison Doulton, qui spécialise sa fabrication, à ce point de ne jamais exécuter deux fois la même pièce.

Ces grès sont très beaux de forme et de couleurs, très compliqués de travail, ils n'ont qu'un seul défaut, c'est de ne point présenter d'originalité dans le décor et de n'être que des imitations de tous les styles et surtout du grec et du romain.

C'est, d'ailleurs, le défaut commun à toute la céramique moderne, dont les progrès industriels et artistiques ne sont point discutables, mais qui n'a pas encore trouvé (sans doute faute de le chercher) ce qu'on pourrait appeler le genre du xıxᵉ siècle.

Il est vrai que cette persistance à reproduire les formes et les décors des siècles passés est le plus grand éloge qu'on puisse faire de la céramique ancienne.

Et c'est ce qui explique pourquoi elle est si admirée de tous, si recherchée des amateurs.

C'est aussi, nous l'espérons du moins, ce qui excusera la longueur inusitée de

Hauteur 0ᵐ52ᶜ   Hauteur 0ᵐ44ᶜ   Hauteur 0ᵐ40ᶜ

Grès flamands modernes de M. Becker.

cette étude, que nous nous sommes attaché à rendre aussi complète, aussi claire

que possible, sans nous écarter de notre programme.

ÉTOFFES DE SOIE

Bien que cette étude soit spécialement consacrée à la fabrication des étoffes, nous dirons cependant quelques mots de la matière première et des préparations qu'elle doit subir, avant d'arriver à la fabrique.

La soie, comme on le sait, n'a aucun rapport avec les autres matières textiles : puisqu'elle est produite, en quelque sorte toute filée, par la larve du bombyx du mûrier.

Cette larve, ou chenille, appelée communément ver à soie, sécrète le produit à l'aide de deux organes, qui font office de glandes et sont placés parallèlement, au-dessous du tube digestif ; ils forment vers leur extrémité un canal excréteur, aboutissant à la lèvre inférieure de l'insecte, où se trouve une sorte de trompe dans laquelle se réunissent en un seul, les deux conduits, qui se terminent alors par un véritable trou de filière par lequel sort la soie, en un seul fil, mais composé de deux parties distinctes, l'une intérieure, qui est la vraie soie, et l'autre, sorte d'enveloppe composée de matières étrangères, qu'on appelle grès.

C'est avec ce fil continu, qui atteint jusqu'à 1,300 mètres de longueur, que la chenille construit, en l'enroulant successivement autour d'elle, cette espèce d'œuf qu'on appelle cocon, et dans lequel elle doit subir sa métamorphose en chrysalide et en papillon.

Le cocon est donc la matière première de la soie; il se compose de trois parties : la bourre, qu'on appelle aussi boursette ou araignée; la soie proprement dite et un duvet interne, si fin, si gommeux, qu'il est à peu près impossible de le dévider entièrement : ce qui explique le déchet produit par le dévidage, puisqu'il faut environ 100 kilogr. de cocons pour obtenir 8 kilogr. de belle soie filée; la soie renfermant, outre de la fibroïne qui constitue plus de la moitié de son poids, environ 20 pour cent de gélatine, 25 pour cent d'albumine, et des quantités variables de matières colorantes, grasses ou résineuses.

FILAGE

Le filage, appelé aussi dévidage, est la première des opérations que subit la soie, mais ce n'est pas la moins délicate, ni la moins intéressante.

Voici, d'après le voyage de Corneille Lebrun, comment elle se faisait en Perse, au commencement du siècle dernier :

« J'eus la curiosité d'entrer dans une cabane où l'on dévidait de la soie, et trouvai qu'on n'y emploie qu'une seule personne.

« Il y avait, à droite en entrant, un fourneau qu'on échauffe par dehors, et dans lequel était un grand chaudron d'eau presque bouillante, dans laquelle étaient les cocons des vers. Celui qui dévidait la soie était assis sur le fourneau et remuait souvent les cocons avec un petit bâton.

« Je trouvai aussi, au milieu de cette maisonnette, une grande roue qui avait huit ou neuf paumes de diamètre et qui était fixée entre deux piliers. Il la faisait tourner du pied, assis sur le fourneau, comme on tourne un rouet parmi nous, et l'on avait placé deux petits bâtons sur le devant du fourneau, autour duquel tour-

naient deux petites poulies qui conduisaient la soie des cocons vers cette roue.

« On m'a assuré que cette manière de dévider la soie est en usage par toute la Perse. Il faut avouer que cela se fait avec une promptitude surprenante. »

Ce sytème est toujours celui qu'on emploie, de principe; mais il a été modifié, même en Orient.

Ainsi, aujourd'hui le dévideur est une fileuse qui, debout entre le fourneau et le rouet, tient de la main droite un petit balai en paille de riz, dont elle fouette les cocons pour en dégager le fil; ce qui se fait d'autant mieux que l'eau bouillante du chaudron les y a déjà préparés. Le fil, avant d'être mis sur le rouet, est passé sur un petit crochet en fer qui surmonte le fourneau, et dont le frottement le débarrasse déjà d'une partie des matières étrangères.

Un cocon étant entièrement dévidé et quand il ne reste plus que la chrysalide, dont les poules se régalent, l'ouvrière joint le bout du fil avec celui d'un nouveau cocon, et continue ainsi son opération, qui se fait généralement en plein air, pour que la soie se refroidisse plus vite.

Il est bien entendu que, vu l'extrême finesse du brin élémentaire de la soie, un seul cocon ne suffit pas à former un fil de soie grège; on en prend depuis 3 jusqu'à 20, selon la grosseur, ce qu'on appelle le titre qu'on veut donner à la soie grège.

En Europe et particulièrement dans notre pays, où l'on travaille surtout dans des ateliers, les procédés ne diffèrent que par la perfection de l'outillage, ils comprennent deux séries d'opérations :

l'*ouvraison*, autrement dit le tirage de la soie des cocons, et le *moulinage* qui consiste dans le dévidage, le doublage et la torsion qu'on fait subir à la soie grège, pour la rendre propre au tissage.

TIRAGE DE LA SOIE

La première opération, la plus importante de toutes, est le tri des cocons, dont il faut écarter tous ceux qui sont atteints de moisissure, et qu'il faut classer par espèces similaires, de façon à réunir ensemble ceux qui présentent les mêmes qualités.

Pour cela, on enlève avec les doigts la partie duveteuse, qui est la première bourre, et l'on fait cinq tas différents.

Les cocons blancs, appelés *sina*, qui produisent la soie la plus estimée.

Les cocons *doubles*, dont le dévidage présente le plus de difficultés.

Les *chiques*, qui donnent de la soie plus ou moins tachée.

Les *cocons pointus*, qui ont des chances pour se trouer par le bout.

Et les cocons *satinés*, dont la contexture est molle.

Ce choix fait, on commence l'opération par le battage et la *purge*, qui consiste à enlever de sur les cocons la bourre, que l'on met de côté pour l'utiliser ensuite.

L'ouvrière plonge une poignée de cocons dans une bassine d'eau bouillante. Elle les agite avec un petit balai, en bouleau ou en chiendent, jusqu'à ce que tous les bouts rompus de la surface des cocons soient enlevés (ce déchet varie entre 18 et 30 0/0). Les cocons suffisamment purgés, elle saisit tous les brins que son balai a démêlés et les dispose isolément sur les bords de la bassine, où la fileuse les retrouvera.

L'appareil qui sert au tirage de la soie s'appelle un *tour*; il se compose essentiellement :

D'une bassine à eau chaude, dans laquelle on met tremper les cocons.

D'une filière pour livrer passage et réunir en un seul fil, les brins empruntés à différents cocons, pour former la soie grège.

D'un appareil croiseur, qui comprime l'humidité du fil et fait adhérer entre eux tous les brins qui le composent.

D'un guide à mouvement alternatif et qu'on appelle, à cause de cela, *va-et-vient*. Son objet est de faire croiser le fil sur le

dévidoir, de façon qu'il se pose sur les parties déjà sèches et ne se colle pas en revenant sur lui-même, ce qui rendrait le dévidage ultérieur très difficile.

Et d'un dévidoir, qu'on appelle *asple*, sorte de roue assez large, disposée pour recevoir la soie, qui lui est amenée par le *va-et-vient*.

Naturellement beaucoup de modifications ont été apportées à ces machines, chaque filateur faisant de son mieux pour accélérer la besogne, ou en réduire le prix de revient. Nous ne citerons que les plus usitées :

Le tour piémontais, qui est celui que nous venons de décrire, le tour Robinet et le tour Locatelli.

Sur le tour piémontais on forme deux écheveaux à la fois, de la façon suivante, que fera mieux comprendre notre croquis.

La fileuse, assise devant la bassine A, recueille les brins des cocons, en nombre nécessaire, selon le titre qu'elle doit donner à la soie grège, pour former deux fils qu'elle fait passer dans les filières BB du tour; puis elle les croise l'un sur l'autre : soit deux fois, soit une seule, comme en C, les dirige dans les guides du *va-et-vient* D et les porte sur l'asple E, qui mis en mouvement par une femme, par un enfant, ou par un moteur quelconque, à l'aide d'une courroie de transmission, tire la soie pendant que la fileuse surveille les cocons, ajoute des brins, au fur et à mesure que cela lui paraît nécessaire, par la raison que la ténuité des brins augmente au fur et à mesure que les cocons diminuent, et qu'il est important de conserver au fil de soie grège, une grosseur égale.

Les difficultés qu'elle doit vaincre sont : l'irrégularité de la jonction des fils, qui forment ce qu'on appelle un bouchon, et le bris d'un des deux fils, qui se collant alors sur l'autre, produit ce qu'on appelle un *mariage*. Dans l'un et l'autre cas, il suffit d'arrêter la manivelle pour remédier à l'inconvénient, mais, comme l'ouvrière ne s'aperçoit pas toujours du défaut au moment où il se produit, on a cherché des moyens mécaniques de le prévenir et l'on a trouvé un certain nombre d'appareils, qui s'appellent *purge-mariage, coupe-mariage, brise-mariage*, etc.

Le premier en date, et qui fut inventé

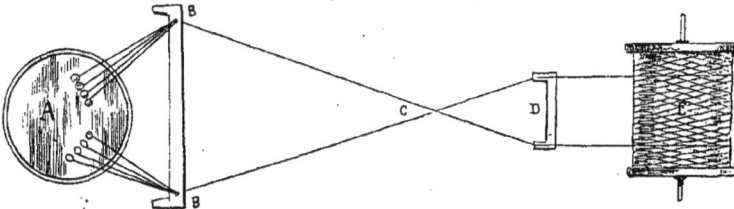

Tour piémontais, pour le filage de la soie.

par MM. Lacombe et Barrois, filateurs d'Alais, est des plus simples.

Il se compose de deux cylindres en verre, placés entre la croisure et le va-et-vient, en AA sur notre dessin, près des barbins BB, qui déterminent un écartement des fils ; ces cylindres sont posés l'un sur l'autre avec un intervalle suffisant pour laisser passer un fil uni, mais trop étroit pour qu'un bouchon ou un mariage puisse y trouver place.

Ce système ne répare pas l'accident, mais il en prévient la fileuse, qui arrête le tour et rajuste les fils.

Pour éviter l'irrégularité qui provient souvent du croisage fait à la main, M. Bourcier, de Lyon, a imaginé un croiseur mécanique, qui fait, il est vrai, la besogne par avance, mais qui est d'un emploi très facile, puisqu'il suffit de porter les fils sur le tour lorsque la croisure est faite.

Le tour Robinet est un perfectionnement du tour piémontais ; il a aussi son chasse-mariage et son mécanisme croiseur ; mais à cela près, et à la disposition de l'axe moteur, qui agit directement sur le *va-et-vient* et, par des courroies de commande, sur le dévidoir, il en diffère si peu que notre gravure suffira pour le faire comprendre.

Le tour Locatelli tient infiniment moins de place ; il est vrai que dans le principe il n'a été construit que pour le filage d'un seul écheveau et pour être manœuvré au pied, par le moyen d'une pédale.

Il se compose, d'ailleurs, des mêmes organes que les autres ; seulement ils sont disposés autrement, pour être plus ramas-

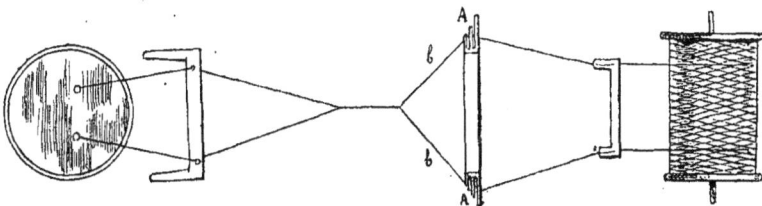

Coupe-mariage, de MM. Lacombe et Barrois.

sés. Ainsi, la filière est placée immédiatement au-dessus de la bassine ; entre celle-ci et le dévidoir est placé un montant vertical qui supporte une bobine en porcelaine et un petit cylindre en verre entre lesquels la croisure s'opère ; au pied de ce montant

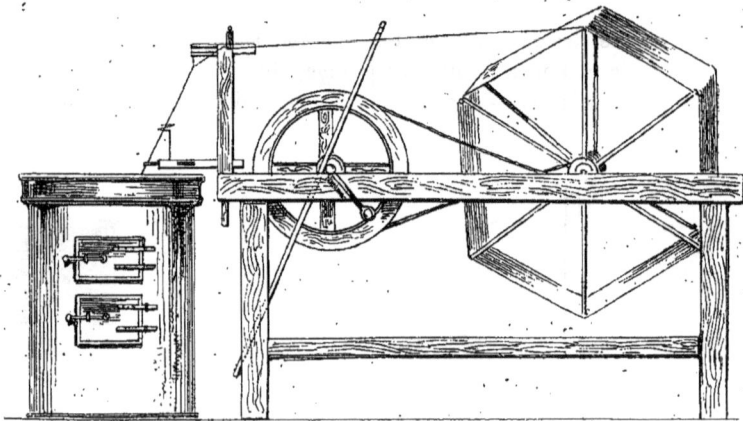

Tour Robinet.

se trouve le va-et-vient, mis en mouvement par une commande, venant de l'axe à manivelle.

Ce système très préconisé en Italie a

aussi ses détracteurs ; le seul véritable avantage qu'il présente sur les autres c'est la disposition des fils sur le dévidoir. L'inventeur a calculé les mouvements de l'aspe

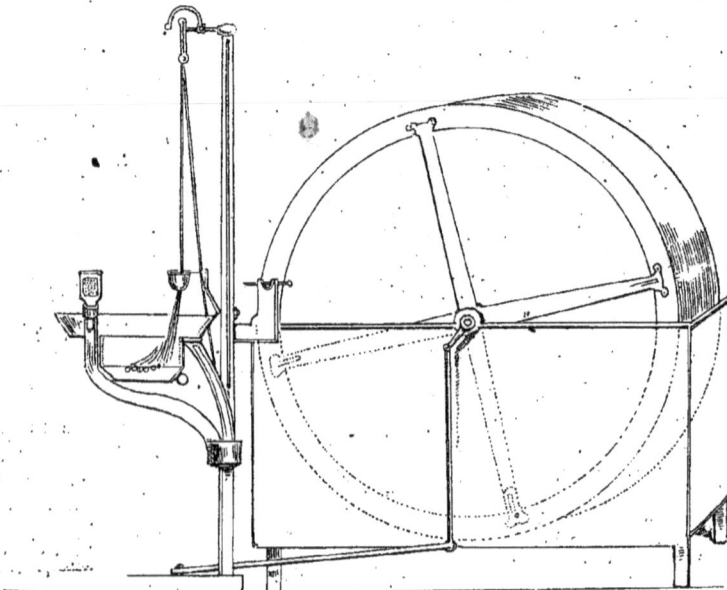

Tour Locatelli.

et du va-et-vient, de façon qu'une course de celui-ci corresponde exactement à deux tiers de révolution du tour, et que les fils de l'écheveau s'arrangent en zigzag et se

plient en losange, aussi régulièrement qu'on le voit sur notre dessin, page 1052.

Mais cette disposition peut s'appliquer à n'importe quel tour, ce n'est qu'une question de dimension à calculer pour le dévidoir.

Nous avons, d'ailleurs, en France, un système plus récent et plus expéditif, celui de M. Aubenas, de Valréas; mais nous en parlerons plus loin, parce que c'est un système mixte, qui fait à la fois le tirage de la soie et le moulinage.

Mais, avant de nous occuper des diverses opérations du moulinage, un mot d'abord des déchets pour n'avoir plus à y revenir.

Ces déchets avec lesquels on fabrique ce qu'on appelle ordinairement la *bourre de soie* et que les tisseurs nomment la *fantaisie*, sont de plusieurs sortes.

Les meilleurs proviennent des cocons pointus, qui se sont percés, et des déchets provenant du moulinage; la bourrette et le frison qui forment les couches supérieures des cocons produisent la deuxième sorte; la troisième comprend les résidus de cocons, c'est-à-dire l'enveloppe mince qui reste autour de la chrysalide après le tirage, et que le tour ne peut enlever.

Ces déchets se présentent en masses pelotonneuses et agglutinées par la gomme que contient la soie : il faut d'abord les dégommer par une macération suffisante dans de l'eau chaude additionnée de savon, quelquefois d'acide ; on les traite ensuite comme les textiles ordinaires par les battages mécaniques, suivis de peignage ou de cardage et on les file comme le coton, quitte à les mouliner ensuite comme la soie, selon leur qualité et l'usage auquel on les destine.

MOULINAGE DE LA SOIE

Le moulinage a pour objet de donner à la soie grège, qui ne pourrait en sortant de sur le tour, supporter que difficilement la cuite et la teinture, une consistance suffisante pour pouvoir servir au tissage.

Il comprend quatre opérations distinctes :

1° Le dévidage des écheveaux de soie grège sur des bobines.

2° Le premier apprêt, torsion imprimée séparément à chaque fil des bobines et qu'on appelle alors *poil*.

3° Le doublage, qui consiste dans la réunion de deux *poils*, formant par une nouvelle torsion un fil double, qu'on appelle *trame*.

4° L'*organsinage* qui consiste à fabriquer l'*organsin*, servant à la composition des chaînes; par la réunion, au moyen d'une nouvelle torsion, de deux ou plusieurs fils de trame.

Ces opérations sont désignées sous le nom de moulinage, parce qu'elles se font sur des espèces de moulins. Suivons-les séparément.

DÉVIDAGE

Le dévidage a pour but principal de nettoyer la soie grège, de rattacher les fils rompus, d'enlever les bouts et les inégalités, en un mot de rendre le fil aussi homogène que possible.

Sur des soies de notre pays, de bonne qualité et bien tirées, il produit un déchet qui varie entre 2 et 8 pour cent. Mais avec des soies étrangères, grossièrement travaillées, on a quelquefois jusqu'à 50 pour cent de bourre.

En dehors de cela, l'opération serait encore indispensable, car pour passer au moulinage la soie doit être **sur des bobines, qu'on appelle roquets, et non plus en écheveaux.**

Il y a plusieurs espèces de dévidoirs, l'opération se faisant aussi en sens inverse, pour la conversion des roquets en écheveaux. Les plus employés sont le moulin à dévider, inventé par M. Belly de Lyon, et le dévidoir à compteur de M. Guilleny.

Le premier se compose d'une table ronde, au-dessus de laquelle sont disposés verticalement un certain nombre de guindres, assemblés dans des poignées à charnières, qui permettent de les incliner.

Au poùrtour de la table, se trouvent autant de roquetins qu'il y a de guindres. Ces roquets ont, autour de leur axe, un mouvement circulaire, qui leur est transmis par des poulies, le recevant par transmission du moteur de l'appareil, mécanisme facile que l'ouvrière, assise devant, peut avec son pied activer ou ralentir à volonté.

C'est une pédale perfectionnée, suspendue entre deux tiges à articulation et actionnant un croisillon de trois bras, terminés chacun par une lentille pesante, qui font office de volant — et communiquent le mouvement à un système d'engrenage.

L'une des extrémités des broches des roquets est garnie de drap, et s'appuie contre une face de la poulie, disposée obliquement, qui l'actionne ; et c'est le frottement qui en résulte, qui fait tourner les roquets ; naturellement on peut augmenter plus ou moins le frottement en serrant ou desserrant des vis ad hoc, selon besoin.

Pour dévider, on passe un écheveau de soie sur chaque guindre, on amène l'extrémité des fils sur chaque roquet correspondant, où on le fixe en l'humectant d'un peu de salive, après l'avoir fait passer dans le guide, appelé barbin, placé au-dessus de chaque roquet ; on met la machine en mouvement, et le fil entraîné par le mouvement de relation d'abord assez lent, s'enroule sur la bobine en passant par un petit anneau de verre, qui fait l'office de va-et-vient d'un bout du roquet à l'autre, de façon que la bobine prenne une forme bombée vers le milieu.

Si un fil casse, si l'écheveau s'embrouille, l'accident peut se réparer sans arrêter la machine et sans se déranger de sa place ; car la table est à pivot sur son axe vertical, l'ouvrière la fait tourner jusqu'à ce que le fil cassé se trouve devant elle, elle le rattache, remet l'écheveau correspondant en état d'être dévidé, et l'opération continue jusqu'à ce que les écheveaux soient dévidés.

Il est bien évident que l'opération en sens contraire pourrait se faire sur la même machine, mais on se sert de préfé-

rence du dévidoir Guilleny, parce que c'est en même temps un régulateur, et qu'on évite autant que possible les occasions de fraude, de soustraction, trop tentantes avec une matière première aussi chère que la soie.

Le meilleur moyen de n'être point trompé sur la quantité, ni sur la qualité, était d'admettre en principe que les écheveaux fussent tous de même longueur et divisés en un certain nombre d'échevettes, faciles à examiner.

Et c'est ce que permet de faire le compteur Guilleny, véritable instrument de précision qui s'arrête net, après le nombre de tours voulus, formant généralement une longueur de trois mille mètres.

Avec ce système, le fil est convenablement croisé dans l'écheveau, ce qui facilite beaucoup les dévidages ultérieurs ; la division par échevettes se fait mécaniquement, pendant le dévidage ; le cas de rupture du fil est lui-même prévu et, quand il se présente, le dévidoir s'arrête par l'effet d'un mécanisme fort ingénieux, qui repose sur ceci.

Le barbin, dans lequel le fil passe pour aller de la roquette sur le guindre, est à charnière et se ploie sur lui-même sitôt qu'il n'est plus soutenu par le fil ; ce qui arrive nécessairement quand celui-ci se casse.

Alors, le barbin s'abat et tombe sur un petit châssis, qui règne sur toute la longueur de la machine, et qui basculant aussitôt par l'effet de la boule dont il est chargé, s'engage dans une dent d'un levier, qui lui-même fait reculer une détente, pressée par un ressort qui soutient le levier d'embrayage, lequel arrête aussitôt la machine : ce qui permet de renouer le fil et de continuer l'opération, qui se poursuit ainsi, automatiquement, jusqu'à ce que les guindres aient fait le nombre de tours voulus, c'est-à-dire que les écheveaux aient une longueur égale de 3,000 mètres.

Alors la machine s'arrête de nouveau, par l'effet d'une barre transversale, corres-pondant avec le compteur et qui sert aussi à la subdivision en échevettes, au moyen

Disposition des fils sur le tour Locatelli.

d'un bec, qui opère sur le guindre le déplacement de l'échevette terminée et pousse une tringle, qui fait passer le barbin de la flotte achevée, à celle que l'on doit commencer.

PREMIER APPRÊT

La soie, dévidée sur des roquets, peut recevoir le premier apprêt ou le moulinage proprement dit.

On se sert pour cela de moulins fort anciens, connus sous les noms de moulin rond, moulin ovale, à cause de la disposition donnée aux bobines autour de ces machines ; il y a aussi un moulin rectangulaire, dit à la Vaucanson, et pour lequel le célèbre in-

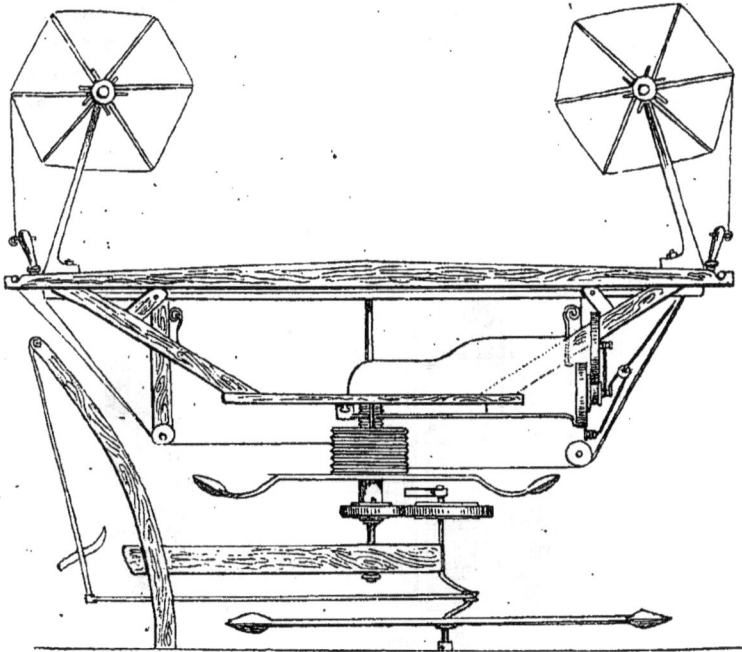

Machines à dévider, Belly.

génieur a inventé la chaîne sans fin, qui porte encore son nom, mais il est très peu usité, du moins pour le premier apprêt, et si l'on s'en sert, ou de machines analogues, c'est surtout pour l'organsinage, que l'on peut faire également sur les autres.

Le moulin rond est une machine circulaire qui a généralement trois étages de

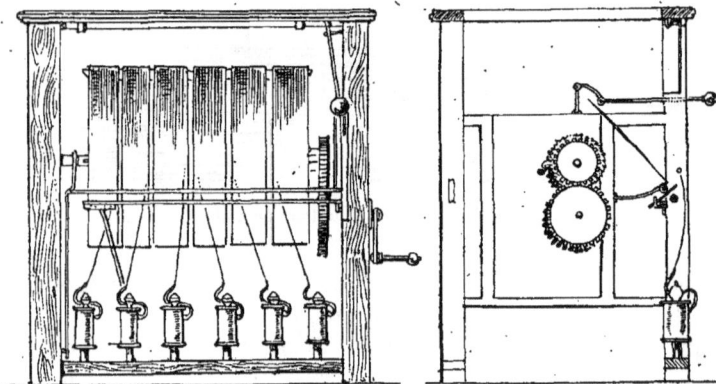

Dévidoir Guilleny. — Élévation et coupe du système d'arrêt.

fuseaux superposés; les étages supérieurs sont disposés pour le premier apprêt, c'est-à-dire qu'au-dessus des rangées de fuseaux se trouvent disposées horizontalement, sur des baguettes, autant de petites bobines en bois, destinées à recevoir le fil des fuseaux après qu'il aura subi la torsion.

L'étage inférieur, disposé pour l'organsinage, porte à la place de ces bobines, des aspes, où les fils des premiers rangs de fuseaux s'enroulent en écheveaux.

Comme principe, rien n'est plus simple et notre dessin fera suffisamment comprendre l'appareil; mais comme fonction-

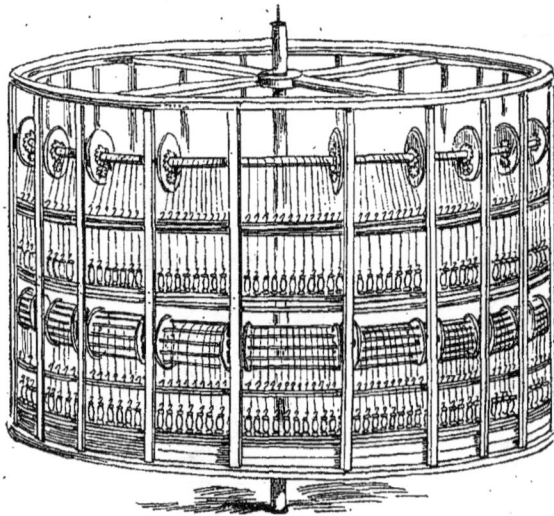

Moulin rond.

nement rien n'était plus compliqué que l'ancien système de commandes qui mettaient

la machine en mouvement, mais la science moderne a modifié cela et le moulin emprunte à son axe vertical, des transmissions pour actionner les fuseaux, au moyen de courroies, qui en passant dessus les font tourner avec une vitesse calculée sur la torsion qu'on veut faire subir à la soie, et dans le sens contraire, les guindres ou les bobines, sur lesquels s'enroule la soie tordue.

Le moulin ovale, presque aussi ancien que le rond, est peut-être plus employé, parce qu'il est moins compliqué, et qu'il a été plus modifié; il n'en diffère guère pourtant que par la disposition des fuseaux, qui sont sur deux rangs, autour du moulin, suivant la courbe de l'ellipse et superposés en quinconce. Ce qui permet de les faire desservir par un seul rang de bobines ou d'asples, selon qu'on travaille au premier tors, ou pour l'organsinage.

Mais il n'est pas plus parfait que le moulin rond et ce fut précisément pour remédier aux inconvénients que présentaient ces machines, que Vaucanson inventa la sienne, en se donnant pour objectif:

De proportionner la vitesse de rotation des fuseaux, au renvidage qui se fait sur les bobines.

D'éviter le changement de rouages que nécessitaient les anciens moulins.

Et surtout de donner un mouvement de va-et-vient aux guides des fils, afin d'obtenir un renvidage uniforme, ce qui n'avait pas lieu avec les autres machines.

Nous donnons une description de ce moulin par des extraits du Mémoire explicatif que Vaucanson adressa à l'Académie des sciences, en 1756.

« Les fuseaux sont placés sur deux lignes droites et parallèles, qui peuvent avoir 10, 20, ou 30 pieds de long, suivant la grandeur du lieu.

« On peut mettre plusieurs rangs de fuseaux sur la hauteur du moulin, suivant que le bâtiment est plus ou moins élevé. Tous les fuseaux de chaque rang sont mis en mouvement par une chaîne sans fin, dont les maillons engrènent un petit pignon que porte la tige de chaque fuseau, de façon que, dans le temps que le premier mobile qui conduit les chaînes, a fait une révolution, tous les fuseaux du moulin en font un nombre déterminé, et le nombre est aussi invariable que le serait celui des révolutions d'un pignon, qui engrènerait sur une roue dentée ordinaire.

« Les bobines y reçoivent leur mouvement par le même mobile que les fuseaux, mais avec cette différence que leur vitesse diminue à mesure qu'elles se remplissent de soie, toutes les fois que le va-et-vient, par son mouvement de retour, a distribué le fil de soie sur toute la bobine; sa circonférence ou son volume se trouvent augmentés de la grosseur de ce même fil. — C'est aussi à chaque mouvement du va-et-vient que s'opère la diminution de vitesse des bobines et cela dans la même raison de la grosseur du fil.

« Le va-et-vient n'y reçoit pas son mouvement par une manivelle; il est produit par la révolution d'une portion de cercle denté, qui engrène alternativement avec des crémaillères, ce qui rend la vitesse très uniforme, au moyen de quoi tous les pas de l'hélice, formés par le fil de soie sur la bobine, se trouvent parfaitement égaux entre eux et dans tous les temps; soit que les bobines soient vides ou pleines, au quart ou à la moitié, elles tirent toujours, à chaque tour qu'elles font, une même longueur de soie, pendant que les fuseaux ont tous fait un même nombre de révolutions, d'où il résulte une soie toujours également apprêtée, c'est-à-dire également tordue dans toutes ses parties.

« Le plan du moulin forme un parallélogramme de 16 pieds de long sur 15 pouces de large; outre que cette forme est beaucoup plus avantageuse pour le service du moulin, qui se trouve partout éclairé, elle épargne la moitié du terrain.

« Le travail s'y fait beaucoup plus commodément. Quand il faut augmenter **ou** diminuer l'apprêt, on est obligé, dans un moulin ordinaire, de changer soixante-douze pignons. Un seul suffit dans le moulin nouveau, pour augmenter ou diminuer la vitesse de toutes les bobines, et par conséquent pour changer tout l'apprêt. »

Malgré tous ces avantages, le moulin à la Vaucauson ne fut pas adopté lors de son apparition, par les filateurs, et, si l'on y est revenu depuis, c'est pour l'organsinage ; nous le retrouverons tout à l'heure et nous en donnerons la description faite par l'inventeur.

DOUBLAGE

Le doublage consiste, comme nous l'avons dit, dans la réunion de deux fils de soie tordus séparément et qu'on appelle *poils*.

Il nécessite deux opérations ou une opération double :

Un dévidage de deux fils, qui se marient en s'enroulant sur un seul fuseau et ensuite le tordage de ces deux fils pour en faire de la trame.

On comprend, du reste, que ces opérations peuvent se faire simultanément sur le moulin où les poils sont déjà sur des bobines ; on met ces bobines sur des broches verticales de la machine où elles deviennent fuseaux, et l'on accouple les fils, de façon à les faire passer par deux, à l'aide du barbin, jusque sur les guindres, si, moulinant seulement pour trame, on veut avoir la soie en écheveau, ou sur de nouvelles bobines si la trame doit être doublée de nouveau pour faire de l'organsin.

ORGANSINAGE

Si la soie est en écheveau il faut la dévider pour assembler sur le même roquet... deux, trois ou quatre brins de trame, selon le titre qu'on veut donner à l'organsin.

Si elle est en bobines, on fait comme précédemment, et l'on marie le nombre de brins nécessaire, pour leur donner la torsion convenable, sur un moulin disposé d'une façon spéciale, c'est-à-dire pour que la soie monte en écheveaux sur un guindre.

Nous avons vu la disposition adoptée par le moulin rond, voyons celle, beaucoup plus pratique, du moulin à la Vaucauson, qui remédie à de nombreux inconvénients dont les plus graves étaient : l'inégalité des écheveaux, par la raison que le fil s'y renvidait toujours au même endroit, ce qui faisait que les premiers tours étaient notablement plus courts que les derniers, et la nécessité de faire, sur le moulin même, ce qu'on appelle la *capieuse*, c'est-à-dire lier les écheveaux quand on les jugeait assez gros, et les retirer de sur le guindre pour faire place à d'autres.

« Ces inconvénients, dit Vaucanson, qui les fait clairement ressortir dans son Mémoire, ces inconvénients sont tous évités dans le nouveau moulin pour le dernier apprêt ; les révolutions des fuseaux y sont tout aussi régulières et tout aussi constantes que dans le moulin du premier apprêt, puisque le mécanisme est absolument le même à cet égard ; la soie y monte en écheveaux sur des guindres, mais tous les fils y sont conduits par des boucles ou guides attachés sur des tringles, qui ont un petit mouvement d'allée et venue et qui promènent insensiblement chaque fil de soie sur le guindre, et lui font former un écheveau de 10 lignes de large sur un quart de ligne d'épaisseur.

« Quand les guindres ont fait 2,400 révolutions et que chaque écheveau se trouve avoir 2,400 tours, il part, sans qu'on touche au moulin, une détente qui fait subitement reculer les tringles où sont attachés les guindres, ce qui fait changer de place à tous les fils de soie, qui viennent former un nouvel écheveau, à côté du premier. Après 2,400 autres révolutions la détente part de nouveau, et tous les fils de soie se trouvent encore dans une nouvelle place pour former un troisième écheveau ; ce qui se répète constamment, jusqu'à ce que tous les guindres se trouvent couverts d'écheveaux.

« Incontinent après le dernier tour du

dernier écheveau, le moulin s'arrête de lui-même et avertit l'ouvrier, par une sonnette, de lever les guindres qui sont pleins et d'en remettre de vides. »

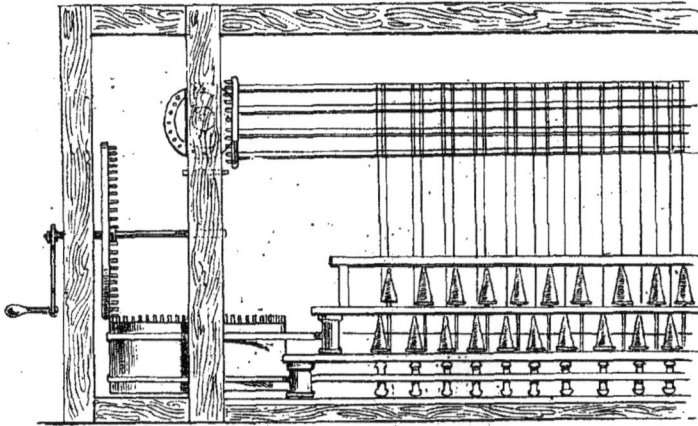

Moulin ovale.

Ce système est évidemment le point de départ du dévidoir compteur de M. Guilleny; mais il est excellent, puisqu'il donne précisément ce qu'on cherche, c'est-à-dire des écheveaux exactement de même longueur. Il paraît, du reste, satisfaire pleinement nos filateurs, qui gardent leurs machines en bois, et n'adoptent point les appareils plus modernes que construisent les Anglais et qui d'ailleurs, malgré des perfectionne-

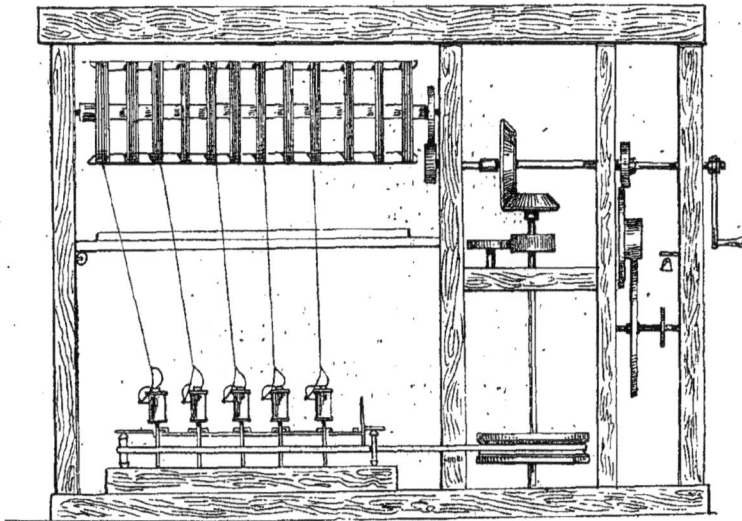

Moulin à la Vaucanson.

ments continuels, ne leur donnent pas toutes les satisfactions désirables.

MOULINAGE MIXTE

Par ce titre nous entendons le procédé de

M. Aubenas, de Valréas, qui mouline la soie au fur et à mesure de son tirage, mais nous n'en parlerons que succinctement, ne connaissant pas les détails des appareils qu'il emploie.

Ce procédé consiste surtout à filer lente-

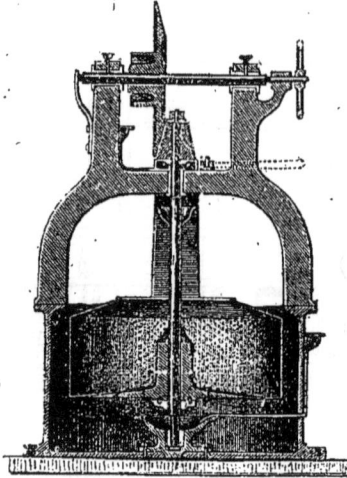

Hydro-extracteur Buffaud pour tout moteur.

ment la soie, et à lui faire parcourir un assez long trajet avant d'arriver sur la bobine. Pour cela, on installe le métier à filer au rez-de-chaussée pendant que la bassine,

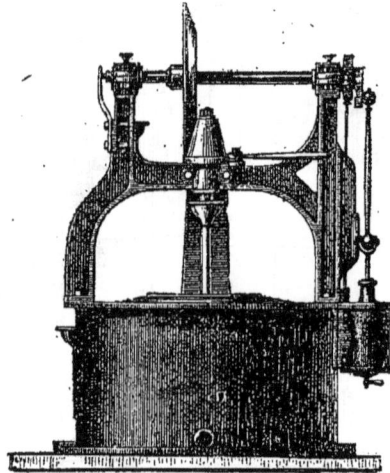

Hydro-extracteur Buffaud, à moteur direct.

où trempent les cocons est au premier étage, ce qui nécessite deux ouvrières : l'ouvreuse qui bat les cocons et en tire les fils, et la dévideuse, qui à la vérité surveille aussi le moulinage, mais cette dernière est dans des conditions bien meilleures pour la soie qu'il au lieu d'être dans une atmosphère rendue humide par la buée des bassines, se bobine à l'air sec.

De plus elle peut surveiller 35 à 40 fils à la fois, tandis que, par la méthode ordinaire, c'est tout au plus si elle peut en conduire cinq ou six.

Par ce système, au lieu de s'enrouler sur un tour, sous forme d'écheveau de soie grège, le fil, qui peut subir sans se briser une torsion considérable — jusqu'à 140 tours au mètre — par suite du parcours qu'il fait, s'envide tout mouliné sur des bobines.

En premier apprêt, naturellement; car pour le doublage et l'organsinage il faut une opération subséquente, par des procédés analogues à ceux que nous avons décrits. Mais c'est déjà bien quelque chose que d'économiser deux opérations (le premier dévidage et le premier tors); la soie en a tant à subir avant d'être propre au tissage !

Ces opérations préparatoires sont : le blanchiment, le mettage en mains, la teinture, le dévidage, l'ourdissage, le pliage et le cannetage.

Nous allons les étudier séparément.

BLANCHIMENT DE LA SOIE

Le blanchiment de la soie a pour objet principal de la dépouiller de son enduit naturel (le grès) mais qu'on appelle plus communément gomme ou vernis, et qui contient quelquefois des principes colorants qu'il faut enlever par des dissolvants convenables.

On opère soit sur les fils, soit sur les tissus, mais nous n'avons à nous occuper ici que du blanchiment des écheveaux.

Le travail comprend des opérations distinctes, selon la nature des soies que l'on traite, car il y en a de trois sortes :

Les soies *cuites*, matière première de qualité supérieure, que l'on emploie à la fabrication des étoffes riches.

Les soies *souples*, qui servent à fabriquer les étoffes légères et à bon marché.

Et les soies *fermes* employées à la fabrication des gazes, des blondes et des étoffes qui doivent rester consistantes comme si elles étaient empesées.

Pour les soies cuites, il y a deux opérations : le dégommage et la cuite, qu'on appelle aussi le décreusage.

Le dégommage consiste à plonger dans de l'eau, contenant 30 pour cent de savon, très chaude, mais non bouillante, les écheveaux de soie enfilés sur des perches qu'on appelle lissoirs, disposées au-dessus de la chaudière et qu'il est facile de faire tourner dessus, pour que toutes les parties de l'écheveau soient immergées à peu près pendant dix minutes, quitte à recommencer l'opération dans une eau moins forte en savon, si l'on trouve, après séchage, que la soie n'est pas suffisamment dégommée.

Autrefois on se contentait de tordre les écheveaux à la cheville, mais aujourd'hui on les assèche au moyen de l'essoreuse qu'on appelle aussi hydro-extracteur.

L'essoreuse était à son point de départ un panier à salade mécanique que Pentzoldt, ouvrier dans une fabrique de pianos, construisit pour sa femme ; en le perfectionnant il en fit l'hydro-extracteur, consistant dans un double tambour en cuivre tournant rapidement sur un axe vertical, au moyen d'une manivelle.

La manivelle fut bientôt remplacée par un engrenage recevant le mouvement d'une courroie de transmission, et de nombreuses modifications furent apportées à l'appareil.

Les essoreuses se fabriquent aujourd'hui par nombre de constructeurs ; les plus connues, surtout à l'usage de la soie, sont les hydro-extracteurs de MM. Buffaud frères, constructeurs de Lyon, dont ce fut une des spécialités.

Ils en fabriquent de deux sortes, l'un à courroie et à friction, combiné pour être mû indifféremment par un moteur à vapeur, hydraulique, ou à gaz. Il n'a pas de poulie folle ; un embrayage la remplace et produit, quand on le veut, l'arrêt, au moyen d'un frein circulaire, ce qui non seulement fait gagner du temps, mais évite les chances de salir les étoffes en procédant au graissage de la poulie.

L'autre est à moteur direct; il porte en effet fixée à la cuve une petite machine à vapeur, dont la bielle agit directement sur la manivelle de l'arbre horizontal, qui communique son mouvement à l'axe vertical commandant l'essoreuse, comme dans l'autre machine, par l'intermédiaire de deux roues d'angle à couronnes lisses dont la friction suffit pour imprimer au tambour une rotation de 1,200 à 1,300 tours à la minute.

Cette vitesse donne une telle puissance à la force centrifuge que les écheveaux de soie enfermés dans la partie tournante de l'appareil, espèce de panier à salade cylindrique, sont asséchés en moins de dix minutes, quelque trempés qu'ils fussent, et qu'il n'y a plus qu'à les mettre à l'étendage, sur des cordes, pour leur enlever toute humidité.

Les soies sèches on les soumet à la *cuite*, c'est-à-dire on enferme les écheveaux dans des sacs en canevas grossier qu'on appelle *poches*, et on les empile dans une chaudière contenant une dissolution bouillante de 15 à 20 pour cent de savon.

On soutient l'ébullition pendant une heure et demie en ayant soin de remuer les sacs, pour éviter que ceux qui occupent le fond de la chaudière ne reçoivent une trop grande chaleur; après quoi on les dégorge dans l'eau courante et on les fait sécher de nouveau.

Ces deux opérations enlèvent à la soie environ 25 pour cent de son poids.

Pour les soies souples, l'opération est différente et moins coûteuse, en somme, puisqu'elle n'enlève au produit que 18 pour cent de son poids.

On les plonge dans une eau régale, composée de 4 parties d'acide chlorhydrique et d'une partie d'acide azotique suffisamment étendue d'eau, que l'on chauffe à 33 degrés.

On les laisse dix minutes dans ce bain, puis on les dégorge à l'eau courante; on les soumet pendant 12 heures à l'action de l'acide sulfureux, et on les plonge ensuite dans un bain où il entre du bicarbonate de soude, ou simplement du savon blanc en quantité égale au dixième de leur poids.

C'est tout, mais à la condition de répéter le soufrage et le bain alcalin autant de fois que cela paraît nécessaire pour que les soies soient bien blanches.

Et comme, en sortant de là, elles sont généralement rudes, cassantes, on les assouplit en les trempant dans l'eau bouillante.

Après quoi on les sèche à l'essoreuse pour pouvoir les mettre en balles.

Les soies fermes ne doivent point subir le dégommage, autrement elles ne pourraient pas conserver leur raideur naturelle.

Le plus généralement ce sont les soies écrues très blanches que l'on prépare ainsi, et dans ce cas il suffit de les passer en eau tiède et de les soufrer autant de fois que cela est nécessaire.

Si elles sont jaunes on les blanchit par l'eau régale comme nous l'avons dit tout à l'heure, ou, ce qui est plus coûteux d'ailleurs, et par conséquent moins usité, on les fait séjourner 48 heures dans un mélange d'alcool à 36 degrés, et d'un trente-deuxième d'acide chlorhydrique pur.

Tels sont les moyens anciens, pour le blanchissage des soies. On a essayé de beaucoup d'autres; les seuls qui aient donné de bons résultats, quoique présentant des inconvénients, sont le décreusage à la soude caustique et le décreusage à la vapeur.

Le premier consiste à faire bouillir la soie pendant une demi-heure, dans un bain contenant 12 pour cent du poids de la soie de soude caustique.

Ce système est économique, mais il donne peu de brillant au produit et attaque quelquefois assez profondément la fibre. Aussi ne l'emploie-t-on que pour les soies qui doivent être teintes en noir.

Le décreusage à la vapeur, essayé surtout en Angleterre, et qui consiste à lancer des jets de vapeur à travers les écheveaux convenablement disposés, serait le plus économique de tous s'il pouvait s'employer indifféremment pour toutes les soies, mais il blanchit à peine et ne laisse aucun éclat aux fils, qui ne se gonflent pas comme dans le décreusage au savon.

Reste à parler d'une opération que l'on fait subir presque à toutes les soies de première qualité, mais surtout à celles qui doivent rester blanches, soit avec ce petit reflet rougeâtre qu'on appelle blanc de Chine, soit légèrement azurées, soit mates, ce qu'on appelle blanc de fil.

Cette opération est un nouveau bain dans l'eau de savon, assez concentrée pour qu'elle devienne mousseuse, et à laquelle on ajoute un peu de rocou pour le blanc de Chine, et

Mettage en mains.

plus ou moins d'indigo pour les autres blancs.

On immerge à plusieurs reprises et, au sortir du bain, on tord ou on essore la soie que l'on achève de sécher à l'air sur des perches, et que l'on porte ensuite au soufroir, si elle doit être employée blanche.

L'emploi du savon n'est pas indispensable, car à Lyon on ne s'en sert point, et l'on se contente d'azurer la soie dans de l'eau de source, convenablement additionnée de teinte, après l'avoir soufrée au sortir de la cuite.

METTAGE EN MAINS

La soie blanchie, les écheveaux sont mis en matteaux ou masses dont on fait des balles, et c'est ainsi qu'elle arrive chez le fabricant.

L'opération de défaire ces matteaux s'appelle le mettage en mains; l'ouvrière qui l'accomplit ne se borne pas à ouvrir les écheveaux et quoique chez le moulineur ils aient été triés une première fois, de façon que les balles ne contiennent que des fils de même grosseur, elle en fait un nouveau triage beaucoup plus minutieux, en raison de ce principe de tissage que la première condition pour fabriquer une belle étoffe est la régularité de la matière première.

L'ouvrière, qui doit être très expérimentée et surtout très soigneuse, s'assied devant un appareil porte-chevilles, que notre gravure nous dispense d'expliquer ; elle détord les écheveaux placés à sa portée, les ouvre l'un après l'autre sur une cheville, compare la grosseur des fils qui les composent... et réunit ensemble tous ceux qui lui paraissent de même titre.

Quand la balle entière est examinée et divisée par sortes, on réunit ensemble deux, trois ou quatre écheveaux qu'on appelle

Le bobinage

aussi *flottes*. Cette réunion forme une *pantine*.

Quatre pantines assemblées font une main.

Vingt mains font un paquet qui pèse environ un kilo cinquante, mais dont on constate le poids avec beaucoup d'exactitude, car c'est en paquets que la soie est envoyée à la teinture, et avec une matière première aussi chère et surtout aussi facile à faire disparaître, il est utile de prendre ses précautions.

Il va de soi, que chaque paquet ne contient que des fils de même sorte, autrement ce n'aurait pas été la peine de les trier.

La metteuse en mains ne fait généralement que quatre choix, car il est bien rare que les balles contiennent des soies de différentes natures et surtout de différents apprêts ; mais on distingue les soies ouvrées en espèces beaucoup plus nombreuses que nous énumérons ici pour mémoire.

Outre la *trame* et l'*organsin*, dont nous avons déjà parlé et qui ne diffèrent en somme que par leur force, il y a :

La soie *ovale*, ainsi nommé parce que faiblement tordus, les fils qui la composent décrivent l'un sur l'autre une espèce d'ovale; elle sert à faire des lacets, des broderies, la couture des gants, et est, comme on le voit, peu employée en tissage.

La soie *plate*, soie grège commune, composée du tirage de 20 à 25 fils de cocons et qui ne sert que pour la tapisserie.

La *grenadine*, qui est une soie à deux fils très serrés par la torsion, et avec laquelle on fait des effilés et, selon qu'elle est commune ou fine, de grandes dentelles ou des dentelles noires.

La *grenade*, encore plus tordue, est surtout employée pour la passementerie et la fabrication des boutons.

La *fantaisie* est une soie inférieure, produite avec la bourre et le frison; elle sert principalement à la bonneterie, et aussi à la fabrication des foulards à bon marché.

Et enfin le *fleuret monté*, que les ouvriers lyonnais appellent *galette*, et qui provient des déchets de soie; il est employé en passementerie surtout pour faire la chaîne des galons d'or et d'argent.

Il y a aussi le *marabout*, qui est un fil de soie d'une préparation spéciale, c'est-à-dire que, mouliné déjà avant la teinture, il l'est encore après, ce qui lui fait perdre 4 ou 5 pour cent de sa longueur, mais lui donne une force d'une fois et demie plus grande; cela indique naturellement son emploi pour le tissage des soies riches et d'une grande consistance, de ces étoffes dont on dit vulgairement qu'elles se tiennent debout. Aussi ne fait-on du marabout qu'avec la plus belle soie blanche.

Naturellement aussi, et cela s'explique de reste, si le marabout doit être employé blanc, on ne le fait pas teindre, mais cela n'empêche pas le second moulinage.

TEINTURE DES SOIES

La teinture étant une industrie tout à fait à part, et qui n'est point spéciale à la soie, nous n'entrerons pas ici, pour ne point sortir de notre cadre, dans le détail des nombreuses opérations qu'elle exige; elles sont d'ailleurs trop intéressantes pour être traitées sommairement. Nous ne considérons donc la teinture que comme une opération auxiliaire et nous supposons la soie revenue à la fabrique.

Là on la pèse de nouveau, soit par pantines, soit par mains, soit par paquets, selon qu'on veut faire une vérification plus ou moins rigoureuse.

Cette opération se renouvelle d'ailleurs à toutes les phases de la fabrication, chaque fois que la soie sort de l'atelier et y rentre.

Le poids est une grande question dans la soie, et question d'autant plus délicate que la matière est, comme on sait, très hygrométrique et peut absorber de 10 à 30 pour cent de son poids d'eau. Ce qui fait que sa pesanteur varie selon les températures.

Et c'est pour remédier à cet inconvénient que dans tous les centres de fabrication il y a un établissement public qu'on appelle la *condition des soies*, dans lequel les soies subissent une dessiccation parfaite après laquelle on les pèse pour juger de leur *conditionnement*.

BOBINAGE

Le bobinage consiste à mettre en bobine les écheveaux de soie revenant de la teinture. C'est en somme un nouveau dévidage qui se fait, soit sur des bobinoirs mus à la main ou mécaniquement et construits de façon à produire le plus grand nombre de bobines à la fois, soit, et plus communément, sur le dévidoir mécanique dont nous avons déjà parlé et dont notre gravure fera mieux comprendre encore le fonctionnement.

Ce dévidoir est muni de seize guindres et d'autant de broches portant les roquets; il se fait donc à la fois seize bobines ou roquets sans que l'ouvrière ait d'autre peine que d'actionner la machine, au moyen de la marche-pédale qu'elle a sous les pieds, et de rattacher les fils qui se cassent pendant l'opération, sur laquelle nous passons brièvement puisque nous l'avons déjà décrite.

OURDISSAGE

Le bobinage est la première des opérations qui constituent la préparation de la chaîne; l'ourdissage est la seconde.

On appelle *ourdir*, assembler parallèlement entre eux, autant de fils de la longueur totale de la pièce que l'on veut faire, qu'il en faut pour former sa largeur, ce qu'on appelle généralement la lèze. Cela se fait sur un appareil nommé ourdissoir, assez ingénieusement disposé pour qu'une femme puisse le conduire sous trop de fatigue (voir notre gravure de la page 1064).

C'est un tambour vertical, de deux mètres de hauteur sur un diamètre d'un mètre cinquante, animé, par une manivelle, d'un mouvement de rotation sur son axe central, et autour duquel des chevilles sont fixées en haut et en bas.

L'ourdisseuse commence par *encantrer*, c'est-à-dire fixer un certain nombre de roquets, généralement quarante, sur des broches alignées, dans un double châssis, monté sur pieds, comme un banc, et qu'on appelle le *cantre*.

Elle fait passer ensuite les fils de chaque roquet dans une boucle en verre, puis elle les rassemble par un nœud, pour les faire passer dans un guide appelé *plot* et dont nous allons voir l'utilité tout à l'heure; après quoi elle les accroche aux chevilles de l'ourdissoir en ayant soin de les placer alternativement l'un dessus, l'autre dessous, de façon à ce qu'ils se croisent en s'enroulant sur le tambour.

Cette précaution, qui forme ce qu'on appelle l'envergure, a sa raison d'être; elle maintient les fils dans leurs positions respectives et facilite la recherche de ceux qui pourraient se casser pendant l'opération et qu'il faut nécessairement renouer, au fur et à mesure que ces accidents arrivent, bien qu'on prenne des précautions pour qu'ils soient aussi rares que possible.

Pour mettre son ourdissoir en mouvement, l'ouvrière fait tourner de la main gauche une manivelle placée à sa portée et les fils de la cantre, guidés par le *plot*, — pièce mobile qui monte et descend verticalement le long d'un montant de la machine — s'enroulent en ruban autour du tambour, formant des spirales d'autant plus régulières que la tension de tous les fils du cantre a été plus égale.

Lorsque les 40 fils du cantre, qui forment ce qu'on appelle une *musette*, ont atteint la longueur que l'on veut donner à la chaîne, on attache en plusieurs endroits l'envergure qu'ils ont produite (précaution indispensable sans laquelle les fils se mêleraient), et l'on recommence à ourdir une seconde musette, puis une troisième et ainsi de suite jusqu'à ce que l'on ait assez de fils pour former la largeur de la pièce.

Deux musettes composent une *portée;* mais le nombre des portées qui constituent la chaîne, varie selon le goût ou les usages du fabricant, et surtout selon la richesse de l'étoffe qu'il s'agit de tisser.

Ainsi, il est des pièces pour lesquelles 30 ou 40 portées sont suffisantes, tandis que d'autres, d'une largeur égale (60 centimètres), en exigent 100 et même jusqu'à 150, c'est-à-dire 12,000 fils.

On comprend alors qu'il soit utile de lier ensemble les musettes; car un si grand nombre de fils dévidés sur le même tambour s'emmêleraient infailliblement et la chaîne ne pourrait plus servir.

Sans ces ligatures, du reste, l'opération suivante, qui consiste à enlever la chaîne et à la plier sur le rouleau du métier, serait à peu près impossible.

PLIAGE

Le pliage comprend donc, en fait, deux opérations : par la première on enroule sur un bâton tourné, qui est plus gros vers le milieu de sa longueur qu'à ses deux extrémités, tous les fils disposés sur l'ourdissoir; c'est le moyen le plus moderne, mais on se sert encore de l'ancien qui a fait donner le nom de *chaîne* aux fils longitudinaux d'une pièce.

Il consiste à faire tourner à rebours l'ourdissoir et à ressembler, de distances en distance, les fils ourdis par de gros nœuds non serrés et formant de larges boucles, qui donnent, en effet, à la pièce l'apparence d'une chaîne.

La seconde opération est le montage des fils ourdis, sur l'ensouple de derrière, qu'on a préalablement enlevée du métier et placée sur deux chevalets, à une certaine distance d'un tambour horizontal, sur lequel on enroule d'abord la pièce.

Notre gravure de la page 1065 nous aidera à expliquer l'opération.

Le plieur fait passer chaque musette

Ourdissage de la chaîne.

entre les dents d'un râteau, qui a juste la largeur de l'étoffe à tisser, puis il porte l'extrémité des fils sur le rouleau du métier à tisser, placé, comme il a été dit, sur deux chevalets, où il les fixe au moyen d'une baguette disposée pour entrer dans une rainure pratiquée dans la longueur du rouleau.

Il n'y a plus alors qu'à faire tourner ce rouleau au moyen d'une manivelle, pour étaler et enrouler régulièrement les fils qui passent tous entre les dents du peigne, qu'un ouvrier tient à la main pour pouvoir dégager les fils qui se seraient emmêlés.

Chaque fois que le rouleau a fait cinq tours, on glisse sous la chaîne un papier qui servira plus tard pour suivre les progrès de l'opération du tissage.

C'est en somme assez facile, mais il importe que les fils aient toujours une tension égale; pour cela des contrepoids attachés au tambour l'empêchent de tourner trop vite et maintiennent la régularité de la tension.

Quand le tambour est vide, la chaîne entière est sur le rouleau, et peut aller sur le métier.

Il est bien entendu que la manivelle tournée par un apprenti peut être remplacée par une courroie de transmission, animée par un moteur quelconque.

Elle l'est du reste maintenant, dans beaucoup de fabriques, par le moteur Otto, dont l'emploi est si simple, si commode, qu'on le voit à peu près partout maintenant où l'on trouve du gaz pour l'alimenter.

Pliage de la chaîne.

Une de nos gravures hors texte montre son fonctionnement pour le pliage des chaînes, et d'une façon d'autant plus économique, que l'on peut actionner plusieurs rouleaux à la fois.

CANNETAGE

Dans cette première série d'opérations, il faut comprendre encore le *cannetage*, qui est la préparation de la soie pour la trame,

bien qu'il ne se fasse que dans l'atelier du tissage et au moment de le commencer.

On comprend facilement que les fils qui doivent servir à la trame ne peuvent être employés en roquets puisqu'ils doivent prendre place dans la navette ; il faut donc qu'ils soient dévidés sur des bobines moins longues, moins grosses aussi, qu'on appelle *canettes*.

Les canettes ne sont même pas des bobines, ce sont de petits tuyaux de carton de cinq centimètres de longueur, autour desquels on pelotonne la soie de trame.

Autrefois, et souvent encore, car cette opération ne se fait point en fabrique mais chez les ouvriers tisseurs (les *canuts*, comme on dit à Lyon), qui ne sont pas toujours en mesure de renouveler leur matériel, et de remplacer un vieil outil par un moderne, — autrefois on se servait d'un rouet assez semblable à ceux qu'emploient les fileuses de chanvre et la canette était placée sur une broche qui était la continuation de l'axe de la plus petite des deux roues.

A côté de ce rouet (voir notre gravure de la page 1068), l'ouvrière avait un châssis vertical, garni de tringles en fil de fer, sur lesquelles étaient disposés deux ou, trois roquets, quelquefois plus, selon le nombre de brins dont on voulait faire le fil de trame.

Elle réunissait tous ces brins entre le pouce et l'index de la main gauche et leur faisait subir une légère torsion pendant que la main droite imprimait au rouet un mouvement de rotation qui faisait enrouler le fil tordu autour du petit tuyau de carton.

Ce système fait certainement de bonne besogne, mais il est fatigant et ne peut produire qu'une canette à la fois.

Par le nouveau système on se sert d'une machine nommée cannetière, qui peut en faire plusieurs en donnant beaucoup moins de peine à l'ouvrière.

Cette machine, que montre notre gravure de la page 1069, a beaucoup d'analogie avec le dévidoir que l'on connaît déjà ; seulement, au lieu d'être montée sur une table ronde, elle est droite, et les guindres y sont remplacés par une série de montants porte-broches, sur lesquelles on enfile autant de roquets garnis de soie, que l'on veut avoir de brins au fil de trame.

Chacun de ces montants correspond à une canette, enfilée horizontalement dans une broche, mise en mouvement par un mécanisme à pédale, identique à celui du dévidoir, et sur ces canettes viennent naturellement s'enrouler, réunis en un seul par suite de leur passage dans une petite boucle de verre, tous les fils devant composer la trame.

Seulement, comme il importe que le fil de trame soit toujours composé d'un même nombre de brins, et que l'opération va trop vite pour que l'ouvrière puisse toujours s'apercevoir du bris d'un ou de plusieurs fils, elle en est prévenue par un mécanisme fort ingénieux.

La boucle de verre dans laquelle passe la trame est fixée au sommet d'une petite broche verticale, en bois, mobile dans une coulisse appelée *pantin*. Tant que le fil n'est pas rompu il est nécessairement tendu entre le roquet et la canette, et le pantin se trouve suspendu ; mais si le fil casse, le pantin, que rien ne soutient plus, retombe et son poids fait lever une petite bascule, qui arrête la canette et permet à l'ouvrière de réparer l'accident et de rétablir le nombre de brins nécessaire à la régularité de la trame.

LES MÉTIERS

La deuxième série des opérations comprend ce qu'on appelle le montage du métier, c'est-à-dire le corps, l'empoutage, le colletage, l'appareillage, la remisse et le peigne ; mais avant de nous en occuper en détail, il faut parler d'abord des métiers.

Nous ne nous occuperons naturellement que de ceux que on l'emploie aujourd'hui pour le tissage de la soie, et nous prendrons le plus simple, puisqu'il s'agit d'abord de faire connaissance avec les différentes pièces qui le composent.

Le plus ancien métier de tissage est le métier à marches, dont on se sert encore aujourd'hui, en soie, pour la fabrication des étoffes unies ; les métiers mécaniques que l'on emploie à peu près généralement pour le fil et le coton ne donnant pour la laine et surtout pour la soie, que des résultats très médiocres.

Naturellement, on le modifie selon les travaux à exécuter, mais le principe est toujours le même.

Le métier se compose d'un bâti solide, immobilisé dans l'atelier, pour plus de rigidité, par des pièces de bois nommées *ponteaux* qu'on appuie aux murs latéraux et au plafond, et de parties mobiles qui servent à exécuter le travail.

Le bâti cubique a 3 mètres de hauteur, autant de longueur, quelquefois même un peu plus, sur une largeur de 1ᵐ,80 ; les deux pieds de devant sont unis par une traverse inclinée, assez large pour servir de siège au tisserand ; les traverses transversales prennent le nom de *clefs*, parce qu'en effet elles règlent le plus ou moins d'ouverture du métier.

Quant aux parties mobiles, nous allons les expliquer avec les lettres de renvoi de notre dessin.

A est l'ensouple de derrière ou l'ensouple proprement dite ; c'est le rouleau sur lequel nous avons vu déjà qu'on enroulait la chaîne après l'avoir enlevée de sur le métier.

B est l'ensouple de devant, qu'on appelle aussi *rouet* et ensouple de travail, et sur laquelle l'étoffe s'enroule au fur et à mesure de sa production.

Comme il est de première importance que la chaîne soit fortement tendue pendant le travail, l'ensouple de devant est munie d'une manivelle ou d'un levier, au moyen duquel on peut lui imprimer un mouvement de rotation, et d'une roue à déclic ou d'un rochet qui l'empêche de retourner dans l'autre sens ; celle de derrière est pourvue d'un mécanisme quelconque qui ne lui permet de tourner que lorsqu'on agit sur l'autre.

Dans le métier perfectionné, que représente, en action, notre gravure de la page 1073, le rouleau de devant s'appuie à gauche sur un support en fer ou en fonte qui s'appelle la *patte du régulateur*, le support du côté de droite étant le *régulateur*.

C'est un cadre en fonte, à la partie inférieure duquel est pratiquée l'ouverture qui supporte le tourillon de l'ensouple ; la partie supérieure porte deux roues : celle d'en haut à rochet, — munie d'une manivelle et de deux cliquets, qui la laissent tourner librement de gauche à droite, mais pas dans l'autre sens, — communique par un pignon avec la seconde qui fait de même avec une troisième, plus grande, solidement fixée au rouleau.

On comprend qu'en tournant la manivelle on opère sur la chaîne une tension réglée par les cliquets et augmentée par la résistance que fait le rouleau d'arrière, chargé de contrepoids.

Sur notre gravure, on voit à l'arrière du métier une caisse suspendue à deux cordes, lesquelles sont enroulées chacune trois fois sur le rouleau et se terminent à leur autre extrémité par un contrepoids.

En mettant dans cette caisse des pierres, ou n'importe quel objet pesant, on contrebalance le contrepoids, et alors tout ce que l'on ajoute dans la caisse est supporté par la chaîne, et lui donne la tension que l'on doit savoir approprier à chaque genre d'étoffe qu'il s'agit de tisser.

C C sont les *lisses* ou lacs, ensemble de ficelles munies soit de boucles, soit d'anneaux de verre ou de métal, destinées à laisser passer les fils de la chaîne, et qui sont reliées en haut et en bas par deux réglettes, dont l'une, la supérieure, est attachée à une corde qui va passer sur la gorge d'une poulie, tandis que l'autre communique, par des attaches semblables, avec les pédales P P sur lesquelles l'ouvrier appuie alternativement ses pieds et qu'on appelle marches.

Voici, d'ailleurs, une description technique : « Une lisse se compose d'une lame horizontale en bois qu'on nomme *lisseron* ou *lamette*, haute d'environ deux pouces et d'une largeur proportionnée à celle de l'étoffe; sur le lisseron sont à cheval les *mailles*, boucles en cordonnet très fin, dans chacune desquelles doit passer un des fils de la chaîne. Ces mailles sont tenues dans une position verticale par un lisseron semblable à celui qui les porte, et auquel sont attachés des poids en plomb destinés à leur donner une tension égale.

« Elles sont ordinairement en soie pour les étoffes très fournies en chaîne, et en fil ou en coton pour celles qui le sont moins : la raison en est que, plus il y a de fils dans une pièce et par conséquent de mailles dans une lisse, plus le frottement est considérable, et que, dans ce cas, le fil ou le coton ne tarderaient pas à former une bourre qui d'abord aurait l'inconvénient de grouper les fils entre eux, et ensuite de laisser dans l'étoffe un duvet qui ternirait l'éclat de la soie.

« Le nombre des mailles de chaque lisse

Roues pour le cannetage.

dépend du *compte* de chaînes, ou du nombre de fils qui la composent, et du nombre des lisses, lequel dépend à son tour du tissu que l'on veut fabriquer. »

On comprendra mieux cela tout à l'heure quand nous nous occuperons du montage du métier; l'important pour le moment est que l'on sache que les lisses ont pour but de diviser par le mouvement du haut en bas que leur impriment les marches, en deux parties égales, et alternativement, les fils de la chaîne, de façon que le fil de trame, chassé par le mouvement de va-et-vient de la navette, se croise avec les fils de la chaîne pour former le tissu. A cet effet les lisses, quel qu'en soit le nombre, selon le grain qu'on veut donner à l'étoffe, mais qui naturellement ne saurait être inférieur à deux, sont suspendues chacune à un crochet du mécanisme qui a pour mission de les faire mouvoir.

Celles qui doivent faire lever les fils impairs et qui se meuvent de bas en haut s'appellent *lisses de levée*, celles qui doivent faire baisser les fils *pairs* s'appellent lisses *de rabat* et leur ensemble prend le nom de corps de lisses, ou *remisse*.

E est le *battant*, qui consiste en un cadre de bois suspendu en haut du bâti, de façon à pouvoir osciller d'avant en arrière et venir *battre* l'étoffe au fur et à mesure qu'elle se tisse, et serrer les uns contre les

autres, les fils de la trame à chaque coup de navette.

A cet effet, il est muni à sa partie inférieure d'un instrument qu'on appelle *peigne* à cause de sa forme, mais dont le nom véritable est *ros*, par abréviation du roseau, avec lequel ses dents étaient fabriquées jadis.

Le peigne se compose de petites lames d'acier poli extrêmement minces et placées

Cannetière.

verticalement dans une rainure pratiquée dans la largeur du battant, à l'endroit même où celui-ci rencontre les fils de la chaine; mais il n'est pas indispensable qu'il ait précisément autant de dents que la chaîne contient de fils, car on en passe toujours 2 ou 3, quelquefois cinq et plus, dans chaque dent.

Enfin au-dessous du peigne, du moins dans les battants modernes qu'on appelle

battants à bouton et *au marcheur*, et dont nous donnons un dessin détaillé, se trouve en A une longue boîte appelée *masse* ou *chasse*, dans laquelle glisse la navette.

Plus longue que le battant, cette masse porte à ses deux extrémités les deux boîtes B B où se réfugie la navette après chaque passée de trame. Une petite pièce, munie d'un anneau de buffle, glisse dans une rainure et commande la navette en lui communi-

quant son mouvement de va-et-vient, au
moyen de cordes qui vont passer dans une
poulie fixée à la traverse supérieure du
métier et qui aboutissent à un bouton C, que
l'ouvrier tient à la main, et qu'il n'a qu'à
tirer pour que la navette fasse une passée.

Un autre système de poulies, non moins
ingénieux, permet de faire agir automatiquement le battant, qui chaque fois que le
tisseur appuie sur une marche se recule
d'une quantité convenable et retombe de
tout son poids sur l'étoffe, pour battre le
coup de trame, sitôt qu'on lâche la marche.

Plus le tissu est consistant, plus il faut
que le coup de trame soit fort ; dans ce cas
on ajuste au battant, à l'aide de boulons à
oreilles, des poids proportionnés à la
force qu'on veut obtenir, et qui vont quelquefois jusqu'à 100 kilogrammes.

Ce système permet de faire le travail
plus vite et surtout plus régulièrement que
celui qui consistait à lancer la navette à la
main et à tirer à soi le battant, après chaque passée, pour appuyer le coup de trame,
et il ne nécessite qu'une simple modification dans la forme de la navette.

Elle est généralement en buis, d'une
longueur de 15 à 20 centimètres. Conique
aux deux extrémités, pour que les fils de la
chaîne ne puissent s'y accrocher, et évidée
dans le milieu, de manière à recevoir dans
sa cavité la canette, qui y est fixée sur une
petite broche appelée *pointiselle* autour de
laquelle elle tourne, en se déroulant. Le
petit trou par lequel le fil de trame s'é-
chappe à chaque passée se nomme *agnolet*.

Nous en avons fini avec la description de
la machine ; il nous reste cependant à
parler d'un instrument accessoire appelé
temploir et qui, précisément parce qu'il est
accessoire, ne se voit pas sur notre dessin.

Il a pour objet de maintenir uniforme la
largeur de l'étoffe et se compose de deux
règles assemblées en forme de compas,
que l'on ouvre à la largeur voulue, et dont
on enfonce les extrémités garnies de dents

dans les deux lisières du tissu, dont la chaîne
est toujours faite avec des organsins plus
gros, d'une qualité moindre et d'une couleur différente.

MONTAGE DU MÉTIER

Maintenant que nous connaissons le
métier, nous pouvons suivre avec fruit
les opérations de son montage, ce qui est,
en somme, la mise en train du tissage.

Il est bien entendu que nous ne nous
occupons encore que de la fabrication des
étoffes unies.

REMETTAGE

Au début, la chaîne est enroulée sur
l'ensouple de derrière ; il faut nécessairement qu'elle soit fixée sur le rouleau de devant, mais il faut d'abord que tous les fils
qui la composent soient passés, un à un,
dans toutes les mailles des lisses, ainsi
qu'entre les dents du peigne fixé au battant. C'est ce qu'on appelle le remettage, et
les ouvrières, dont le travail exige autant
de patience que d'adresse, s'appellent des
remetteuses.

Il y a deux façons de procéder : le remettage suivi et le remettage amalgamé ; mais
dans l'un ou l'autre cas il faut toujours
prendre les fils un à un en commençant par
la gauche du métier et les passer dans les
mailles et dans le peigne.

Le remettage suivi étant le plus usité, est
celui que nous décrivons ; il s'exécute en
passant le premier fil de la chaîne dans la
première maille de la première lisse, le
second fil dans la première maille de la
seconde lisse, le troisième dans la deuxième
maille de la première lisse, le quatrième
dans la deuxième maille de la deuxième
lisse, et ainsi de suite, de façon que tous
les fils impairs passent dans les mailles de
la première lisse et tous les pairs dans
celles de la deuxième, afin que la lisse de
levée porte le même nombre de fils que la
lisse de rabat, pour que le croisement de la
navette soit régulier.

Cela ne paraît pas très compliqué; mais ce croisement simple, qui s'appelle *armure taffetas*, n'est pas le seul usité, en soieries surtout, où l'on donne aux tissus des grains ou aspects particuliers, tels que satin, gros de tour, etc., qui nécessitent l'emploi d'un plus grand nombre de lisses.

Ces aspects, même dans l'uni, peuvent se varier presque à l'infini, mais il n'y a en principe que quatre espèces d'armures fondamentales :

L'armure taffetas, la moins compliquée de toutes, qui se tisse avec deux lisses, qui montent et baissent alternativement, chacune la moitié de la chaîne.

L'armure serge ou le sergé qui exige au moins trois lisses que l'on monte de différentes manières, soit deux impaires et une paire, soit autrement. Ce tissu a un envers, et cela se comprend : la trame paraît plus que la chaîne du côté où deux lisses sont fixées à une marche contre une à l'autre.

L'armure croisée se compose d'au moins quatre lisses, souvent davantage, mais en nombre pair, de façon que la chaîne se croise par moitié avec la trame.

Et *l'armure satin*, qui exige au moins cinq lisses, mais pour la fabrication de laquelle on en met presque toujours huit se répartissant également les 150 portées ou 12,000 fils de la chaîne.

On voit d'ici quel travail de patience pour la remetteuse qui est obligée de passer le premier fil dans la première maille de la première lisse, le deuxième dans la première de la deuxième, et ainsi de suite jusqu'au huitième, en recommençant avec le neuvième dans la seconde maille de la première lisse et en continuant toujours et sans faire d'erreur, ou du moins sans la laisser non réparée; car ce qu'il faut surtout, c'est que les fils de la chaîne soient répartis régulièrement pour que le tissu ait tout son lustre.

PIQUAGE AU PEIGNE

Les fils passés dans les lisses, il faut ensuite les introduire entre les dents du peigne; mais le travail est plus facile, plus prompt surtout, car on les y passe par deux, par trois, quelquefois par cinq, mais cependant toujours régulièrement; c'est un calcul facile à faire étant connus le nombre de parties de la chaîne et celui des dents du peigne.

Cette opération, qu'on appelle piquage au peigne, exige deux ouvrières : l'une qui se place entre le remisse et le battant pour choisir les fils, et l'autre qui est derrière le peigne et qui, au moyen d'un crochet plat, très mince, qu'on appelle passe-fils, attire de son côté, en les passant entre chacune des dents du peigne, les fils que la première ouvrière lui présente.

Quand les fils sont passés dans le remisse et dans le peigne, on les noue devant le peigne en petites parties, de façon qu'ils ne puissent plus s'échapper, et c'est par ces nœuds, pratiqués rigoureusement sur une même ligne transversale, que la chaîne est fixée au rouleau de devant, car autrement il se formerait dans la chaîne des parties plus lâches ou plus tirantes que les autres.

Cela fait, le métier est monté et l'ouvrier, ayant à sa disposition un certain nombre de canettes, peut commencer le tissage.

TISSAGE DES ÉTOFFES UNIES

Cette opération n'aurait plus guère besoin de description après tout ce que nous venons de décrire; aussi ne ferons-nous plus qu'une récapitulation, à l'aide de notre gravure de la page 1073.

L'ouvrière se place devant son métier, s'assied sur la traverse inclinée à cet effet des poteaux de l'avant, de façon à pouvoir alternativement, avec chacun de ses pieds, enfoncer les marches qui se trouvent au début à la même hauteur, de même que les lisses qu'elles commandent.

Appuyant son pied sur l'une des pédales, elle fait baisser les lisses correspondantes et monter toutes les autres.

Dans notre dessin, le métier est au pas *ouvert*, c'est-à-dire qu'il est représenté au moment où l'ouvrière a enfoncé la marche

Métier à marches.

et produit par ce fait l'écartement des deux parties de la chaîne, l'une élevée par trois lisses, l'autre abaissée par trois autres. Il résulte de ce mouvement un parallélogramme fourni par les fils de la chaîne dans l'angle duquel l'ouvrière fait passer la navette chargée de la canette du fil de trame.

Nous savons déjà que la navette fait sa passée dans un guide placé au bas du battant et qu'il n'y a pour cela qu'à tirer le bouton dont la ficelle le met en mouvement; la trame passée, le battant s'abaisse et vient frapper le coup de trame de façon à serrer le tissu.

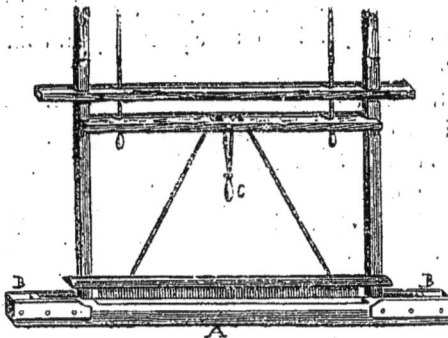

Battant à bouton.

Cela fait l'ouvrière enfonce la seconde marche : la partie de la chaîne qui était en dessus, se trouve en dessous, et *vice versâ*,

la navette chassée de nouveau revient à son point de départ en déposant le fil de la trame dans le nouvel écartement, un nouveau coup de battant serre la trame près du premier fil et ainsi de suite jusqu'à ce que la pièce soit finie, en ayant soin de faire tourner le rouleau de devant, qui doit recevoir le tissu fabriqué, au fur et à mesure, de façon à avoir toujours l'extrémité du battant à portée de la main.

Mais à l'aide d'un système nouveau l'ou-

Métier pour fabriquer les étoffes de soie unies.

vrier n'a même plus besoin de s'occuper de l'enroulement de l'étoffe.

Au-dessous du rouleau de devant se trouve une barre de bois, transversale au métier, fixée à l'une de ses extrémités, commandée

Liv. 135.

à son centre par les marches et correspondant par l'autre extrémité, au moyen d'une corde, à un levier muni de cliquet, actionnant la roue à rochet du régulateur.

A chaque coup de trame, ou pour mieux

dire, chaque fois qu'une marche est enfoncée, le levier est soulevé et fait tourner la roue à rochet d'une quantité correspondante à l'épaisseur du coup de tramé sur l'étoffe ; il s'ensuit donc que le tissu s'enroule de lui-même, au fur et à mesure de l'opération, sur l'ensouple de devant.

Un autre perfectionnement qui améliore sensiblement le travail en diminuant la fatigue de l'ouvrier, consiste dans l'addition, entre le battant et le rouleau de devant, d'un petit rouleau que l'on peut, à l'aide de supports à vis, hausser ou baisser à volonté, de façon à maintenir le tissu à une hauteur constante.

Avant l'adoption de ce système, le rouleau de devant grossissait d'autant plus que la pièce approchait de sa fin ; il fallait élever le battant et le remisse au fur et à mesure que l'étoffe s'élevait elle-même, ce qui faisait perdre beaucoup de temps et était cause de beaucoup d'imperfections.

Car la moindre irrégularité, dans l'arrangement des pièces d'un métier, peut l'empêcher de fonctionner ; la soie est une étoffe si délicate que la moindre négligence apportée à l'une des opérations, soit de la préparation, soit du travail, occasionne dans l'étoffe des défauts très apparents et qu'il n'est pas toujours possible de réparer.

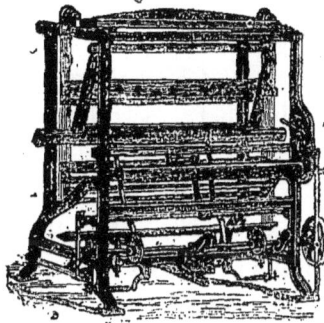

Métier pour le tissage mécanique.

C'est pour cela que les métiers mécaniques, dans lesquels les mains de l'ouvrier sont remplacées par des moteurs hydrauliques, à vapeur, ou à gaz, ne sont employés en soierie que pour la fabrication des étoffes à bon marché ; encore le moteur à gaz est-il le seul qui donne des résultats satisfaisants parce qu'il est presque aussi facile de régler son travail que celui d'un ouvrier. Il est du reste assez usité à Lyon, à Saint-Étienne, et même pour le tissage des étoffes façonnées.

Nous n'entrons point dans le détail des métiers mécaniques, qui partent du même principe que les métiers à marches et n'en diffèrent que par les rouages qui doivent déterminer les trois mouvements alternatifs nécessaires à l'opération.

TISSAGE DU VELOURS

Les velours unis et les peluches forment la catégorie des tissus du second genre ; leur fabrication a lieu sur le métier à marches ou sur le métier mécanique convenablement modifié. Elle ne diffère d'ailleurs de celle des tissus ordinaires que parce qu'ils ont deux chaînes superposées.

Ces deux chaînes sont entrelacées l'une dans l'autre en forme d'S sans fin, la première, l'inférieure, devant former le fond ou le corps, tandis que la supérieure sert à former le poil du tissu.

Cet entrelacement se fait, sur le métier, par portions de chaînes tendues entre les deux rouleaux, au moyen de deux baguettes de cuivre appelées *fers*, de forme ovoïde, qui ont en longueur un peu plus que la largeur de l'étoffe.

L'ouvrier place successivement ces fers dans les boucles produites par la rencontre des deux chaînes, de façon à les accentuer de toute l'épaisseur que doit avoir l'étoffe ; puis il les retire à mesure qu'une rangée de

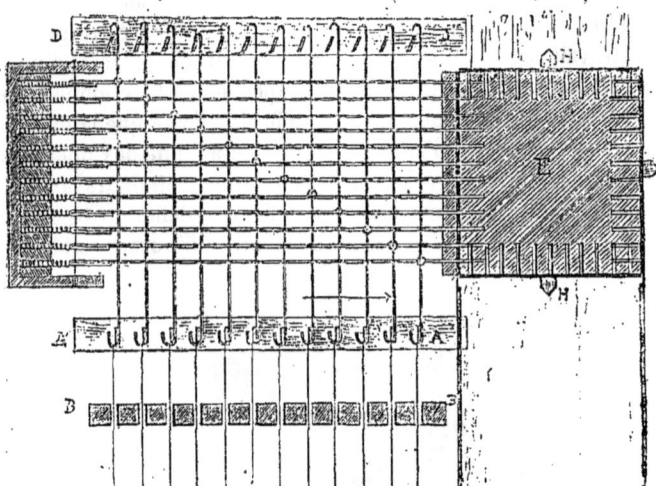

Mécanisme du système Jacquard.

boucles est faite, en ayant soin de n'en retirer qu'une à la fois pour que les boucles ne se défilent pas.

Les chaînes ainsi préparées et fixées à des lisses disposées à cet effet, on tisse comme à l'ordinaire, si l'on veut faire du velours *épinglé* ou *frisé*.

Si, au contraire, on fabrique de la peluche, on coupe, avec un couteau spécial nommé *rabot*, l'extrémité des boucles de la chaîne supérieure au moment où elles sont encore soutenues par le fer, qui est muni, à cet effet, d'une rainure longitudinale dans laquelle s'appuie le rabot.

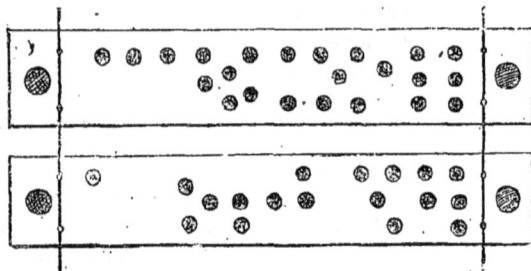

Cartons découpés. — Système Jacquard.

Quelquefois pourtant, pour les velours ras de petite lèse, et principalement pour les rubans, on tisse en double, c'est-à-dire à quatre chaînes, et le métier est pourvu au rouleau de devant d'un rasoir qui fend l'étoffe en deux.

Mais c'est là une fabrication spéciale, qui n'est pas de la soie proprement dite et ne lui appartient que par la matière première.

TISSUS FAÇONNÉS

Nous arrivons à la partie la plus difficile, mais aussi la plus intéressante de la fabrication de la soie, les tissus *façonnés* ou *figurés*, nommés ainsi parce qu'ils sont ornés de dessins de couleurs variées, obtenus par des croisements particuliers de fils de tons différents.

Il ne s'agit plus seulement de lisses qui soulèvent ou rabaissent la moitié de la chaîne ; il a fallu trouver de nouveaux moyens, combinés de telle sorte, que chacun des fils de la chaîne puisse se mouvoir soit isolément, soit avec d'autres diversement

Le lisage.

espacés, pour produire, par chaque passée de trame, qu'on appelle une *duite*, des dessins déterminés.

Empruntons la théorie de l'opération à M. Alcan, professeur de tissage au Conservatoire des Arts-et-Métiers.

« Supposons qu'on ne lève qu'un seul fil sur une ligne et qu'aussitôt on passe une duite, il s'ensuivra que, sur toute la largeur de cette ligne, la trame ne sera apparente qu'en un seul point, dont la grosseur égalera celle du fil.

« Si nous supposons encore que les fils de la trame soient d'une couleur et ceux de la chaîne d'une autre, que par exemple les premiers soient blancs et les seconds noirs, il est facile de comprendre qu'on pourra réaliser sur la même duite autant de points semblables qu'on voudra ; il suffira pour cela de lever un égal nombre de fils.

MÉTIERS DE PLIAGE DES CHAINES POUR ÉTOFFES DE SOIE, ACTIONNÉS PAR LE MOTEUR OTTO.

« On concevra également que cette manœuvre peut varier pour chaque duite, suivant des combinaisons de croisement et de couleurs arrêtées d'avance, et de manière à produire des effets aussi variés que ceux que produirait le crayon du dessinateur, ou mieux le pinceau d'un peintre ; crayon et pinceau dont chaque fil tient en quelque sorte lieu.

« Enfin , on comprendra aussi que, comme dans tout dessin, même dans le plus compliqué, il y a toujours des parties qui se répètent. il est possible de simplifier le travail du tisseur en réunissant et en faisant mouvoir ensemble tous les fils d'une même ligne, ou d'une duite, destinés à réaliser des effets semblables. »

Toute la question est donc en effet dans

Le piquage (première opération).

les moyens pratiques d'enlever les fils de la chaîne au moment opportun.

Jusqu'au xviiᵉ siècle on se servit de métiers, dits à la *petite tire*, dans lesquels un ouvrier placé au-dessus du métier tirait les fils qu'il fallait, au commandement du tisseur. Claude Dangon inventa les métiers à *grande tire*, en changeant la disposition des cordons de tirage, de façon qu'on pût

les manœuvrer d'en bas. Ce système permit de faire des étoffes plus larges.

En 1725 un ouvrier, nommé Bazile Bouchon, inventa un mécanisme — connu sous le nom de Falcon parce que c'est dans l'atelier de celui-ci qu'il fonctionna plus tard, — qui remplaçait l'inextricable complication des nœuds et de cordes, aux lacs qu'il fallait toujours tirer, par des bandes de

carton percées de trous en des points
déterminés par le dessin et réunis ensemble,
de façon à former une surface continue.

C'est le point de départ du métier Jacquard, fusion heureuse des cartons de Falcon et des organes caractéristiques d'une
machine que Vaucanson avait inventée et
qu'il ne put jamais réussir à faire adopter,
ce dont il se vengea en la faisant fonctionner par un âne.

C'était fort spirituel, mais cela ne prou-
vait pas que la machine, qu'on peut voir
au Conservatoire des Arts-et-Métiers, fût
pratique; pas plus du reste que celle que
construisit ensuite Falcon.

MÉTIER A LA JACQUARD

La seule qui le fut réellement est la machine de Jacquard, qui ne date que du
commencement du siècle. Encore ne le de-
vint-elle qu'après les perfectionnements qu'y
apporta un mécanicien habile, nommé
Breton, de 1805 à 1816; c'est alors que le
métier, dit à la Jacquard, s'est répandu partout où l'industrie du tissage a une certaine
importance et on l'a depuis enrichi d'améliorations si considérables, que le premier
inventeur aurait bien de la peine à le
reconnaître aujourd'hui.

Le métier à la Jacquard est en somme
un métier ordinaire avec tous les organes
que nous avons déjà décrits, mais augmenté
d'un second étage, comprenant le mécanisme
destiné à soulever les fils de la chaîne;
mécanisme qui paraît d'une complication
extrême, mais qui est cependant assez facile
à comprendre, (voir dessins pages 1075).

Les fils, nommés arcades, qui passent entre
les interstices de la planche à collets BB,
correspondent à tous les fils de la chaîne
qui doivent être soulevés en même temps,
pour donner passage aux fils de trame, et sont
rattachés, par leur extrémité supérieure, à
des aiguilles accrochées elles-mêmes à la
lisse AA, de telle sorte que si l'aiguille soulève la lisse, elle soulèvera en même temps
le fil de chaîne.

Ces aiguilles, ou broches verticales, qui
portent d'ailleurs le nom de crochets parce
qu'elles sont recourbées aux deux bouts,
sont fixées par leur courbe supérieure à des
lamelles inclinées de telle sorte que le
moindre effort les leur fasse quitter. — De
plus elles sont passées, une à une, dans un
œil ovale pratiqué dans un nombre égal de
broches horizontales nommées aiguilles,
qui s'appuient, par une de leurs extrémités,
sur autant de ressorts à boudins placés
dans la boîte C et qui les renvoient à leur
position première au moindre choc.

Si les aiguilles sont repoussées en arrière,
comme elles entraînent en même temps les
broches verticales, le crochet de celles-ci
quittera la lame inclinée; si l'on soulève
alors la traverse DD, seules les broches
dont le crochet est encore engagé dans la
lamelle seront entraînées par la traverse et
soulèveront les arcades correspondantes
qui passent en BB, et qui soulèveront à
leur tour les fils de chaîne sous lesquels
devra passer la navette.

Toute la question était d'obtenir des aiguilles, isolément, un mouvement automatique, réglé sur les besoins du dessin à exécuter, et voici comment on y arriva :

En regard de la boîte où sont les ressorts
à boudins; c'est-à-dire à l'autre extrémité
des aiguilles, se trouve une autre boîte E,
prismatique, percée et en regard, d'autant
de trous qu'il y a d'aiguilles horizontales.

Ce prisme reçoit un mouvement de rotation, au moyen de cames, qui, lorsqu'il tourne,
obligent une série de cartons, de même dimension que lui, et assemblés à la file comme
les feuilles d'un paravent, de façon à se
succéder sans interruption; à venir se placer
l'un après l'autre sur sa face intérieure,
celle qui regarde la pointe des aiguilles.

Si ces cartons étaient pleins ils exerceraient
sur toutes les aiguilles, — qui, poussées par
le ressort à boudin ne trouveraient plus à

se loger dans les trous du prisme, — une pression égale, et d'après le mécanisme dont nous venons de parler, aucune lisse ne serait soulevée.

Mais ils ont, au contraire, des parties pleines et d'autres qui sont percées de trous ronds, à des places qui se trouvent précisément la continuation des trous du prisme, de façon qu'alors qu'un carton obéit au mouvement de rotation qui l'amène sur la face intérieure du prisme, le bout des aiguilles, qui ne rencontrent point d'obstacles, entre dans le trou du prisme, en passant à travers le carton ; et, comme ce mouvement a déplacé les broches, il n'en faut pas plus pour faire monter les fils de la chaîne, engagés dans les anneaux correspondant à ces broches.

Un nouveau coup de trame amène un nouveau carton devant le prisme ; car chacun de ces cartons est percé du nombre de trous nécessaire pour la quantité de tiges verticales, qu'il faut soulever pour former la partie d'un dessin comprise dans une duite ; il faut donc autant de cartons, percés de trous disposés selon la nature du dessin à exécuter, qu'il y a de passées de navette à faire pour le tisser en entier ; c'est-à-dire un nombre effrayant, qui dépasse quelquefois quarante mille, souvent beaucoup plus quand un même dessin ne se répète pas à intervalles très rapprochés.

Nous verrons tout à l'heure comment se découpent tous ces cartons ; occupons-nous d'abord du montage du métier, avec une machine Jacquard, qui est autrement laborieux que celui du métier à fabriquer de l'uni.

MONTAGE DU MÉTIER A LA JACQUARD

Avant de faire passer, un à un, les fils de la chaîne dans le remisse et dans le peigne qui servent à tisser le fond de l'étoffe, il faut les placer dans ce qu'on appelle le *corps*, qui ne sert absolument qu'à former le dessin.

Le *corps* est, de fait, la partie pendante du mécanisme Jacquard. Il se compose de l'ensemble des cordes verticales qu'on appelle *arcades*, et qui, comme nous l'avons vu, traversent la planche à collets avant de s'attacher à un crochet de la machine, qui lui donne le mouvement nécessaire.

Chaque arcade se termine à sa partie inférieure par un maillon en verre percé de plusieurs trous ; chaque fil de la chaîne doit être passé dans un des trous de ces maillons, où l'on en compte quelquefois jusqu'à dix ou douze, selon la délicatesse que l'on veut donner aux traits et aux contours du dessin. C'est d'ailleurs le dessin qui détermine le nombre des maillons composant le corps.

Ce nombre est rarement inférieur à mille, mais souvent supérieur à deux ou trois mille, en supposant seulement une étoffe de 60 centimètres de largeur ; car pour les tissus de grande lèze, destinés aux tentures d'appartement, il augmente dans des proportions considérables.

Le passage des fils dans les trous des maillons est facilité par la rigidité des arcades, qui est obtenue à l'aide d'un poids en plomb attaché au-dessous de chaque maillon.

Mais avant d'entreprendre cette longue et méticuleuse opération, qui ne peut être faite qu'à la main, on procède à l'*empoutage*, au *colletage* et à l'*appareillage*.

L'*empoutage* est la disposition des arcades dans les trous de la planche à collets, plateau de bois horizontalement placé au-dessus de la chaîne et préparé spécialement pour chaque dessin, c'est-à-dire percé d'autant de trous que le dessin qu'il s'agit de produire exige de maillons.

La disposition des arcades est donc aussi subordonnée au dessin à exécuter, qui peut être à un ou plusieurs *chemins*, ou en termes moins techniques, se reproduire une ou plusieurs fois dans la largeur de l'étoffe.

Le *colletage* est la disposition, qui rappelle d'ailleurs celle des collets, dans laquelle les arcades, après avoir traversé la planche, viennent s'attacher sur la lisse aux crochets verticaux du mécanisme, crochets qui naturellement sont aussi nombreux que les arcades.

L'appareillage consiste dans l'alignement des maillons, sur une ligne rigoureusement horizontale ; car il importe que les fils de la chaîne, qui sont passés dedans, soient régulièrement tendus.

Quand on en a fini avec le corps on pro-

Le piquage. — Poinçonnage des cartons.

cède comme dans le métier ordinaire et l'on passe successivement tous les fils de la chaîne dans le remisse, dans le peigne, et on les fixe, après les avoir noués, sur le rouleau de devant.

LE DESSIN

Le tissage peut alors commencer : car on a pendant les opérations précédentes, quelquefois même avant qu'elles ne se fassent, préparé non pas le dessin, qui est nécessairement arrêté avant la montage du métier, mais les moyens pratiques de transformation qu'il doit subir, pour se reproduire mécaniquement sur l'étoffe.

Cette préparation comporte quatre opé-

rations importantes : la *mise en carte*, le *lisage*, le *piquage* et l'*enlaçage*.

MISE EN CARTE

La mise en carte se fait par un dessina-

Piquage des cartons à la machine, actionnée par un moteur à gaz.

teur spécial qui transporte, à une échelle plus grande, le dessin adopté sur du papier régulièrement quadrillé, du même genre que celui qu'on emploie pour faire les modèles de tapisserie à la main.

Mais son dessin est tout mathématique ; ainsi les lignes verticales de son papier représentent chacune une arcade du métier, et sont pour cela appelées *cordes*, tandis que les lignes horizontales qui figurent les passées de trame , s'appellent *coups*.

Il en résulte que chaque croisement de lignes représente un point de l'étoffe. Si ce point fait partie du dessin, il est recouvert de couleur ; et c'est la réunion de tous ces points, coloriés du ton qu'ils doivent avoir sur l'étoffe, qui constitue la mise en carte du dessin.

Il est bien entendu que tous les papiers ne sont pas quadrillés de même manière, car il y a des étoffes dans lesquelles les cordes sont plus nombreuses que les coups, d'autres où c'est le contraire qui a lieu ; le dessinateur sait d'ailleurs, selon la fabrication qu'on veut faire, quel papier il doit employer, et il le prend à carreaux d'autant plus grands que le dessin est plus compliqué.

Cela lui permet de bien combiner son travail dans tous ses détails, et cela facilite singulièrement l'opération du lisage.

LISAGE

Ce mot a une signification double : il s'applique à l'opération de *lire* un dessin et désigne aussi la machine sur laquelle cette opération se fait.

Cette machine, que représente notre gravure de la page 1076, est un bâti en bois de 4 piliers verticaux de 2 mètres de hauteur, reliés en carré par des traverses latérales.

Les deux côtés, devant et derrière, du lisage se terminent par deux châssis sur lesquels sont placés, parallèlement entre eux, un certain nombre de rouleaux en bois : en bas, et fixé par un axe sur les traverses inférieures de la machine, est un tambour de 50 centimètres de diamètre, parallèle aux rouleaux et en communication avec eux par un grand nombre de cordes sans fin, dont la tension est maintenue égale, par l'addition à chaque corde d'un petit poids en plomb comme ceux que l'on met aux métiers.

Sur le devant du *lisage* se pose, sur une planchette fixée aux deux montants de la machine et qu'on appelle l'*escalette*, le dessin, mis en carte, qu'il s'agit de lire.

Lire un dessin, c'est le traduire mécaniquement, pratiquement, sur les cordes de la machine.

A cet effet, l'ouvrière assise devant l'escalette, et ayant préalablement disposé à sa portée, un nombre des cordes du rouleau de devant égal à celui de la carte, commence à la lire en suivant la première ligne horizontale, c'est-à-dire le premier coup de trame.

Elle sépare avec ses doigts toutes les cordes du lisage, correspondant à celles de la carte qui sont couvertes par le dessin, et elle fait passer derrière, en les croisant comme au tissage, une corde flottante, qui n'appartient pas au lisage, et qu'on appelle *embarde*.

Cette embarde représentant un coup de navette, il faut recommencer l'opération autant de fois qu'il y a de couleurs différentes sur le même coup de la carte, et la réunion de toutes les embardes d'un coup de la carte se nomme une *passée*.

La passée finie, l'ouvrière se met à en faire une nouvelle, en lisant la seconde ligne horizontale de la carte, et ainsi de suite jusqu'à ce que le dessin soit entièrement lu, c'est-à-dire figuré par des cordes et des embardes, croisées exactement comme les fils de la chaîne et ceux de la trame le seront dans l'étoffe.

LE PIQUAGE

Le lisage terminé, il s'agit de le reporter sur des cartons ; c'est ce qu'on appelle le piquage.

Cette opération se fait sur la même machine, et au fur et à mesure de celle qui la prépare, par un ouvrier placé à l'arrière, où se trouve dans une position correspondante à celle que l'escalette occupe à l'avant, un plateau en métal, percé d'autant de trous qu'il y a de cordes au lisage et qu'on appelle assez justement *étui*, parce que chacun de ces trous sert d'étui à un emporte-pièce en acier et qui est rendu mobile par le mécanisme suivant, que nous suivrons seulement sur une corde, bien qu'il se rapporte à toutes.

Si l'on tire sur une corde, pour lui faire faire une révolution autour du tambour et des rouleaux ; en quittant l'escalette elle descend sous le tambour, remonte sur l'un des rouleaux supérieurs du derrière des bâtis, traverse un anneau auquel est fixé le poids qui la maintient rigide, et revient à l'escalette.

Mais en faisant ce trajet et en arrivant en face de l'escalette, elle passe dans le chas d'une aiguille horizontale, dont l'extrémité communique exactement à l'un des trous de l'étui et conséquemment à un emporte-pièce, de sorte que, si en ce moment on la tirait à soi, de derrière, elle amènerait une aiguille, qui chasserait un emporte-pièce.

Eh bien ! c'est précisément ce que fait le *piqueur*, non pas sur une corde isolée, mais par embardes et sur toutes les cordes à la fois.

Sitôt que la liseuse a terminé une passée, il l'amène de son côté en faisant glisser toutes les cordes sous le tambour ; quand elle est en face de lui, il prend la première embarde par ses deux bouts, l'attire fortement à lui, et avec elle, naturellement, toutes les cordes sous lesquelles elle est passée, qui par ce mouvement chassent à la fois tous les emporte-pièces correspondants ; lesquels viennent se fixer dans une plaque métallique, qui est la répétition exacte de l'étui contre lequel elle est appliquée, de sorte que ces emporte-pièces, aussi coupants d'un côté que de l'autre, forment sur la plaque une sorte de matrice, dont on tire sur carton autant d'épreuves que l'on veut, en la portant sous une presse en fonte, sorte de machine à estamper que l'on peut voir sur les deux gravures qui représentent les deux phases de l'opération.

Il suffit, en effet, de donner un coup de presse pour que la bande de carton, de grandeur exactement semblable à celle de la plaque, soit percée d'autant de trous qu'il y a d'emporte-pièces ou, au point de vue pratique, d'autant de trous qu'il y a dans le même coup de trame, de cordes couvertes d'un point de la même couleur.

Le carton, qui servira de guide au mécanisme du métier, perforé, le piqueur reporte la plaque, toujours garnie de ses emporte-pièces, qu'il fait rentrer dans les trous de l'étui, à l'aide d'une troisième plaque garnie d'aiguilles correspondantes, et il recommence, par une seconde embarde, l'opération, qu'il continue autant de fois qu'il y aura de coups de trame dans le dessin à exécuter.

Nous l'avons dit déjà, il y a des dessins qui demandent 40,000 cartons et plus, et cela seul suffit à expliquer la cherté des belles étoffes de soie ; car rien que pour le piquage il y a une main-d'œuvre effrayante, sans compter la matière première.

On était bien arrivé, vers 1836, à remplacer le carton par du papier avec une mécanique nouvelle ; mais on n'a point donné suite aux essais de ce système qui sans doute présentait des inconvénients, mais qu'on n'aurait pas tardé à améliorer et à rendre pratique. Les Anglais l'ont fait, du reste, et un de ces jours, si ce n'est déjà fait, nos fabricants adopteront cette machine qui se prétend écossaise, bien qu'elle soit en réalité d'un ouvrier lyonnais qui, comme tant d'autres, n'a pas pu être prophète dans son pays, si bien qu'on n'en connaît pas même le nom.

Le prix de la main-d'œuvre est singulièrement diminué par le travail mécanique qui se fait maintenant à Lyon, chez quelques liseurs, outillés pour cela, et qui font mouvoir leur lisage par des moteurs à gaz, système Otto.

Ces machines ne diffèrent pas sensiblement des anciennes, et d'ailleurs elles ne font mécaniquement que le poinçonnage ;

car il faut toujours que le dessin mis en carte, soit d'abord lu et traduit manuellement. Malgré cela elles font réaliser une grande économie de temps, qui s'explique en ce sens que le piqueur n'a plus besoin de se déranger et que les embardes arri-

Roue à laver.

vent l'une après l'autre, faire manœuvrer les emporte pièces qui percent tout de suite les cartons, que l'on assemble par avance pour ne pas interrompre la continuité du travail.

ENLAÇAGE

L'enlaçage, sauf le cas dont nous venons de parler tout à l'heure, est l'opération qui suit le piquage; et c'est tout simple, puisqu'elle consiste dans l'assemblement, au

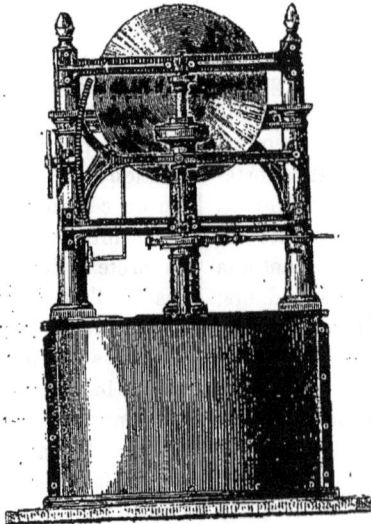

Essoreuse Tulpin.

moyen de liens, de tous les cartons piqués, dans l'ordre où ils doivent se présenter à la mécanique.

Quelquefois, quand le dessin n'est pas très compliqué, on n'en fait qu'une seule chaîne; mais, le plus souvent, on les divise par paquets de mille cartons.

MÉTIERS A CYLINDRES

Pour l'exécution des dessins faciles, quel-

ques fabricants ont à peu près renoncé au système des cartons, en adoptant le métier à cylindres, qui fait le même travail de soulèvement des fils, mais d'une autre manière.

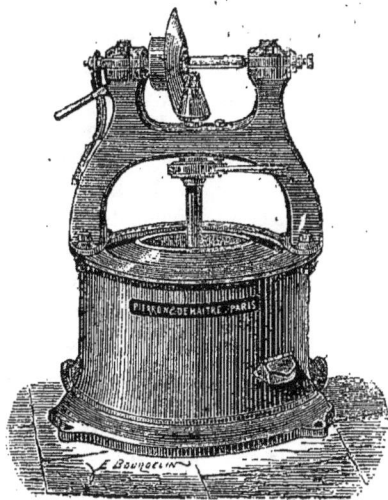

Essoreuse, système Pierron.

C'est un métier ordinaire auquel on ajoute, au lieu de l'appareil Jacquard, un cylindre garni de *cames* ou *touches*, qui ressemble tout à fait au cylindre adapté aux orgues de Barbarie.

Ces touches forment autant de rangées

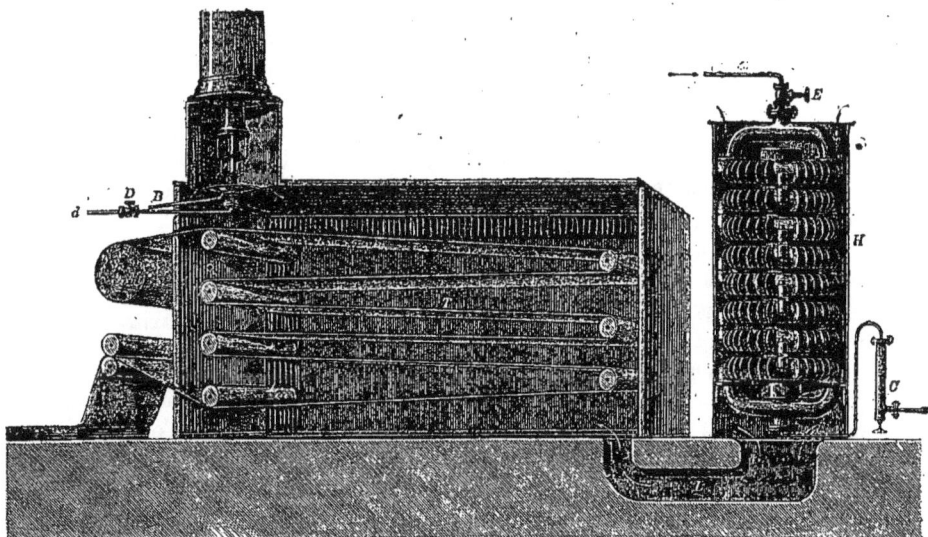

Séchage au ventilateur à jet de vapeur, système Koerting.

qu'il y a de séries de fils à lever pour l'exécution du dessin, et dans chaque rangée, chacune d'elle est naturellement placée de façon à correspondre avec celui des fils qui doit être soulevé à chaque passée de trame.

En faisant tourner le tambour, au fur et à mesure du travail, pour qu'il présente successivement chacune de ses rangées de touches aux leviers disposés pour commander les lisses, on obtient forcément les levées des fils de la chaîne, suivant l'ordre préparé par la disposition des cames.

Ce système est plus économique que le Jacquard, mais il ne peut être adopté que pour des dessins sans complication et sans grandes variétés de couleurs.

TISSAGE DES ÉTOFFES FAÇONNÉES

Le métier monté, comme nous l'avons dit ; les cartons empilés au pied de la machine, comme on le voit dans la gravure qui sert de frontispice à cet article, et le premier, posé sur le prisme de l'appareil Jacquard, le tissage peut commencer.

L'opération est à peu près la même que pour l'uni, mais elle demande à la fois plus de soin et plus de travail.

L'ouvrier assis devant le métier, en face du rouleau de devant, appuie de tout son poids sur la marche qui correspond à la mécanique, placée au-dessus du métier, par un cordon ajusté à l'extrémité de la marche, c'est-à-dire derrière le tisseur.

Par ce mouvement, il soulève le mécanisme supérieur par un levier du premier genre, et avec lui les arcades, les maillons et conséquemment tous les fils de la chaîne qui correspondent aux trous du carton ; en même temps il tire le bouton qui actionne la navette, la chasse de gauche à droite, ce qui lui fait passer le fil de trame entre les fils qui sont levés et ceux qui sont restés à leur place. Il donne ensuite un coup de battant pour serrer son tissu.

Il enfonce alors la seconde marche, ce qui fait succéder le second carton au premier et change de place tous les fils de la chaîne, selon les nécessités du dessin renvoie de droite à gauche sa navette et continue ainsi, changeant de navette quand il doit passer des fils de trame de couleurs différentes, ce qui est moins fréquent qu'on ne se l'imagine, car la chaîne est également préparée avec des fils de couleurs alternées, selon que les dessins à exécuter sont à deux ou plusieurs chemins.

En se rendant compte de ce travail, il est facile de comprendre que la trame est visible sur les fils qui restent en fonds, et de l'autre côté, sous ceux qui ont été levés au moyen de leur correspondance avec les trous du carton, qui se renouvelle, bien entendu, à chaque passée de trame.

Or, comme ces trous (nous l'avons vu par l'opération du piquage) correspondent exactement aux points qui, sur la carte, sont couverts par la couleur, il s'ensuit que le dessin s'exécute mécaniquement, mais l'endroit en dessous du métier, de façon que l'ouvrier ne voit en travaillant que l'envers de l'étoffe qu'il tisse.

Cela n'a, du reste, aucun inconvénient puisque le dessin, réglé par les cartons, s'exécute automatiquement ; la seule difficulté pour l'ouvrier est le changement des couleurs qui lui est d'ailleurs indiqué par une mise en carte qu'il a sous les yeux et sur laquelle il peut compter les duites de même couleur qu'il doit passer. Et cela ne l'empêche pas d'aller très vite, car il y a des tisseurs qui donnent jusqu'à 12,000 coups de navette par jour.

BATTANT BROCHEUR

Où le travail devient vraiment, sinon très difficile, du moins très minutieux, c'est quand il s'agit d'étoffes qu'on appelle *brochées*, parce que le dessin contenant un très grand nombre de couleurs, n'est pas tramé dans toute la largeur de l'étoffe, mais en quelque sorte appliqué ou broché sur le tissu.

Pour cette fabrication les grandes navettes, qui traversent la chaîne d'une lisière à l'autre, ne sont pas applicables ; du moins elles ne sont plus appliquées depuis 1838, époque à laquelle un habile fabricant de Lyon, M. Prosper Meynier, inventa le battant brocheur, qui seul permet de faire des dessins solides ne disparaissant pas à l'usage, comme cela arrivait avant ; et cela d'une façon relativement économique, puisqu'il n'est plus besoin de perdre, en augmentant inutilement le poids de l'étoffe, les bouts de fils qui ne doivent point paraître sur le tissu.

«Le battant brocheur, dit M. Alcan, se compose d'une série d'*espolins*, ou petites navettes, placés sur une ligne horizontale et pouvant se mouvoir simultanément, en fournissant chacun une course égale entre eux.

« La somme de ces courses partielles donne toujours une course moindre que celle d'une duite ; car les espolins ne sont disposés que pour exécuter le broché, de place en place, chacun d'eux pouvant être muni d'un fil d'une couleur différente ; on aura par conséquent le moyen, à chaque coup de battant, de produire autant de petites duites de nuances diverses qu'il y en a au battant ; et comme chacun ne fournit de fil qu'aux places nécessaires pour le broché, le tissu ne présentera plus de brides à l'envers ; le façonné se trouvera solidement incorporé avec la duite du fond de l'étoffe, quoique le tissu orné par cette méthode contienne bien moins de matière et soit moins lourd que s'il avait été exécuté au *lancé*, c'est-à-dire par la méthode ordinaire. »

Malgré l'ingéniosité de l'appareil, l'opération est délicate, car le nombre des espolins est quelquefois très considérable ; pour les grandes étoffes à tenture, notamment, il faut souvent en employer plus de quarante à la fois.

Cela donne une idée de l'attention et du soin qu'il faut à l'ouvrier pour ne pas se tromper dans la nuance d'un dessin, qu'il ne voit pas même, et pour l'exécution duquel il n'a pour guide que sa mise en carte.

Et l'on doit comprendre que ce travail va beaucoup moins vite que le tissage ordinaire ; d'autant qu'il faut s'arrêter souvent soit pour *rhabiller* les fils de chaîne qui se cassent et qu'il faut replacer bien exactement dans les mêmes maillons, soit pour renouer les fils de trame, qui malgré les passages mécaniques et par conséquent plus calculés de la navette, se brisent encore assez facilement.

Enfin la pièce finie, l'ouvrier la rend à la fabrique, où le receveur l'examine minutieusement, en constate les défauts pour retenir au tisseur, sous forme d'amendes, les sommes nécessaires à faire corriger ceux qui sont susceptibles de l'être. Cette opération faite par d'habiles ouvrières qu'on appelle *rentrayeuses*, parce qu'elles rentrent avec des pointes d'aiguilles les portions de fils qui font saillie sur le tissu ; l'étoffe n'a plus à subir que l'apprêt ; à moins toutefois, comme cela arrive pour les soieries de teintes très claires, ou pour celles qu'on ne veut teindre qu'après le tissage, qu'on ne juge à propos de les envoyer au blanchiment.

BLANCHIMENT DES TISSUS

Les étoffes de soie donnée au blanchisseur sont ou écrues, c'est-à-dire n'ayant pas été préalablement soumises au décreusage, ou dégommées.

Dans ce dernier cas, l'opération est des plus simples ; on se contente d'immerger les tissus dans une eau courante, puis on les fait bouillir pendant une heure dans une lessive composée de 60 grammes de savon blanc et 500 gramme de son par pièce de dix mètres, ensuite on les dégorge en eau chauffée à 40 degrés, puis à l'eau froide, après quoi ils sont nettoyés dans les roues à laver et asséchés dans les essoreuses.

Les roues à laver sont de plusieurs sortes : mais elles se composent essentiellement d'un vaste tambour en bois, dont l'intérieur est divisé en un certain nombre de compartiments (le plus généralement quatre) qu'on appelle chambres, par des planchers percés de trous. Chacune de ces chambres a sur le côté du tambour une ouverture par laquelle on introduit les étoffes.

Le tambour, plongeant de 25 à 30 cen-

Enlaçage des cartons.

timètres dans une eau courante, et nécessairement mobile autour de son axe, est chargé de pièces de tissus, et mis en mouvement avec une vitese de 20 à 24 tours par minute; les chambres passent simultanément dans l'eau, mais pour qu'elles en reçoivent encore davantage, des tuyaux disposés à l'orifice de chaque ouverture en amènent continuellement d'un réservoir supérieur.

Les étoffes, entraînées par la force centrifuge, montent jusqu'au haut de la roue et retombent par leur propre poids, sur le plancher de la chambre qui les contient; et cela si souvent et si vite que, grâce à l'eau toujours renouvelée dessus, en un quart d'heure elles sont complètement nettoyées et prêtes à passer aux essoreuses.

Les essoreuses sont du même genre que les hydro-extracteurs dont nous avons déjà parlé, pour le séchage des écheveaux, mais avec des modifications mieux appropriées à leur usage; il y a du reste de nombreux systèmes, ceux de MM. Pierron et Dehaître de Paris et de MM. Tulpin frères de Rouen sont des plus répandus.

Dans le premier, la machine est une cage verticale en tôle perforée, placée au centre d'une enveloppe en fonte et pouvant se mouvoir avec une vitesse de 1,500 à 1,800 tours

L'apprêt des tissus de soie.

par minute, si bien qu'en très peu de temps les étoffes se débarrassent entièrement de l'eau qu'elles contenaient et qu'il ne leur reste plus qu'un peu de moiteur.

L'essoreuse de MM. Tulpin diffère surtout par le mécanisme moteur.

Le mouvement est imprimé au panier qui reçoit l'étoffe mouillée, à l'aide d'un plateau vertical de friction, qui communique avec l'axe par une zone placée au centre du plateau, au moyen d'un petit volant à mains qui fait glisser à volonté le canon qui la porte.

La pression du plateau agit alors et le mouvement, d'abord lent, s'accélère rapidement; l'eau est séparée de l'étoffe d'autant plus facilement que le panier fait avec un tissu de fils métalliques est à mailles plus larges.

En sept ou huit minutes on obtient avec ces machines un séchage complet.

Ou du moins presque complet, car en sortant de là, les étoffes qui n'ont pas été dépliées, ont besoin d'aller à l'étendage on à ce qui le remplace. Car, si l'étendage sur des cordes est suffisant pour des écheveaux de soie, il ne l'est pas pour les tissus, que l'on passe à la vapeur sur des rouleaux sécheurs, disposés de différentes façons, car les systèmes ne manquent pas.

Le plus nouveau est celui de MM. Kœrting frères, qui ont adapté au séchage un ventilateur à jet de vapeur dont on comprendra facilement le fonctionnement à l'aide de notre gravure de la page 1088.

T est la machine à sécher, dans laquelle on voit le tissu passer alternativement sur une série de rouleaux, avec son entrée et sa sortie en dehors.

H est l'appareil pour chauffer l'air au-dessous duquel, en L, est la conduite par laquelle l'air chaud pénètre dans le séchoir.

E est la valve de réglage dans cet appareil, de l'admission de vapeur dont le jet arrive par le petit conduit e.

C est le purgeur automatique pour l'eau de condensation, produite dans l'appareil de chauffage, par le jet de vapeur.

V est l'ensemble du ventilateur installé dans une cheminée d'appel et mû par une prise de vapeur arrivant par le tuyau d et dont l'admission est réglée par le robinet D.

En B est le tuyau d'écoulement pour l'eau condensée dans le ventilateur.

Pour le blanchiment des soies écrues, le travail est plus considérable; il comporte deux opérations : le dégraissage et la décoloration.

Par la première, on immerge les étoffes après les avoir introduites, par pièces, en sac, dans une lessive bouillante contenant 250 grammes de savon par kilogr. de soie, où on les laisse 2 heures; après quoi on nettoie à l'eau courante et l'on donne un second bain semblable au premier; puis, après un dégorgeage dans la roue à laver, que l'on termine en ajoutant à l'eau 15 grammes de bicarbonate de soude cristallisé, pour chaque pièce de dix mètres, on la dégorge de nouveau pour la passer dans un bain très faible d'acide sulfurique; puis on la lave à l'eau chaude et on la rince,

par un battage à l'eau fraîche, dans la roue à laver.

Quant à la décoloration, elle n'a pour objet que les tissus unis qui doivent être teints ensuite en nuances très tendres, et se fait au moyen de bains dans l'acide sulfureux liquide, en agissant avec la plus grande circonspection, si l'on ne veut pas altérer la qualité du tissu.

Ce soufrage est cependant bon dans tous les cas, car non seulement il augmente la blancheur de la soie, mais encore il lui donne cet espèce de frémissement élastique qu'elle éprouve, quand on la presse avec les doigts, et qu'on appelle *froufrou*.

Il faut pourtant excepter le cas où la soie doit être moirée, car le soufrage nuirait à cette espèce d'apprêt que l'on donne aux étoffes, en les passant sous un laminoir dont la surface gaufrée produit le miroitement.

L'APPRÊT

L'apprêt proprement dit ne comporte pas les opérations auxiliaires, qui sont en réalité du calandrage, et dont nous n'avons point à nous occuper ici; il consiste seulement à ajouter un nouveau lustre au brillant naturel de la soie et à lui donner un soutien qui la conserve parfaitement étendue, dans tous les sens, et lui permet, comme on dit vulgairement, de se tenir debout.

Il y a plusieurs procédés; le plus employé est celui-ci, qu'expliquera bien notre gravure.

Deux rouleaux tournant sur leur axe, sont placés aux deux extrémités d'un bâti, long de quelques mètres, en dessous duquel est un petit chemin de fer qui va d'un cylindre à l'autre et qui est destiné à un chariot, contenant un réchaud rempli de charbons ardents.

Sur l'un des cylindres est d'abord roulée la pièce à apprêter, dont on prend l'extrémité, ce qu'on appelle la tête, pour la fixer sur l'autre cylindre, comme on le fait pour le pliage de la chaîne, au moyen d'une verge s'encastrant dans une rainure, de manière que le tissu soit bien tendu, l'envers dessus, l'endroit dessous.

L'apprêteur étend sur l'envers de l'étoffe une mixtion composée de gomme adragante de colle de poisson et de dextrine, qu'il répand avec une spatule ou une espèce de brosse, en couches aussi minces que possible, en ayant soin d'amener immédiatement, sous les parties qu'il vient de gommer, le réchaud plein de feu, qui sèche l'enduit avant qu'il n'ait eu le temps de traverser le tissu; ce qui ferait des taches que l'on ne pourrait enlever.

Ce système a été modifié et dans la plupart des fabriques on étend maintenant la gomme au moyen d'appareils nommés *foulards* (à cause de leur action de fouler) composés de trois cylindres compresseurs superposés deux et un. Les deux inférieurs sont en papier tandis que le supérieur, en cuivre, est creux et chauffé intérieurement soit par le moyen d'un courant de vapeur, soit avec des barres de fer rougies; le résultat est le même, d'ailleurs, puisqu'il s'agit surtout de sécher l'étoffe au fur et à mesure de son gommage.

On fait aussi l'apprêt avec des machines plus expéditives et outillées spécialement pour être mues par des moteurs à gaz, mais nous n'entrerons dans aucun détail sur ces machines, dont on se rendra, d'ailleurs, parfaitement compte, d'après les indications précédentes, en consultant notre gravure hors texte représentant l'apprêtage mécanique.

Au fur et à mesure qu'une longueur de la pièce est apprêtée, c'est-à-dire gommée et séchée, on l'enroule sur le cylindre de tête du métier et l'on continue avec une seconde longueur jusqu'à ce que toute la pièce soit gommée.

Dans cet état, la soie, soutenue outre mesure par une couche analogue à de la colle sèche, se tient très raide : mais elle est cassante comme du papier de paille ; on lui donne un toucher moelleux en la faisant passer entre les deux cylindres de métal d'une espèce de laminoir, dont l'un est chauffé, soit par le vapeur, soit par du fer ouge ou un récipient d'eau bouillante.

Pour les soies très légères, les tissus qui, précisément parce qu'ils sont très ordinaires, doivent être d'autant plus brillants, on procède autrement.

On commence par un lustrage à sec entre les cylindres lamineurs, on continue par le gommage et au lieu de cylindrer ensuite, on satine à la presse.

On place chaque pièce, dépliée aussi largement que possible pour avoir moins d'épaisseur, entre des cartons très minces et très lisses; on en met d'autres par-dessus en ayant soin de les séparer entre elles par des plateaux en bois, chauffés par des plaques de fer, non pas rouge, parce qu'il les enflammerait, mais aussi chaud que possible, et l'on soumet le tout à l'action d'une presse hydraulique très puissante.

*
* *

En sortant de là, la soie est complètement terminée ; il n'y a plus qu'à la plier en pièces et à la vendre, ce qui est infiniment plus facile que de la faire

TAPISSERIE-TAPIS

Nous donnons ici deux titres qui paraissent synonymes, mais qui ne le sont ni au point de vue de la fabrication ni à celui de l'usage, car le tapis est surtout destiné à couvrir les parquets, les tables ; tandis que la tapisserie est employée comme tenture et est quelquefois un véritable objet d'art.

Les tapis se divisent en quatre catégories dont toutes les autres ne sont que des variétés :

1° Tapis veloutés ou de la Savonnerie, ainsi nommés du nom de la première manufacture qui les fit en France et qui est aujourd'hui une annexe des Gobelins ; ils sont en haute lisse, d'un seul morceau, bien que leurs proportions soient parfois gigantesques.

2° Tapis d'Aubusson, également d'un seul morceau, mais faits sur des métiers à basses lisses.

3° Moquettes veloutées ou épinglées, qui s'exécutent sur le métier à la tire, par bandes dont les dessins se répètent et qu'on réunit ensuite à l'aiguille pour faire des ensembles complets, avec ou sans bordure.

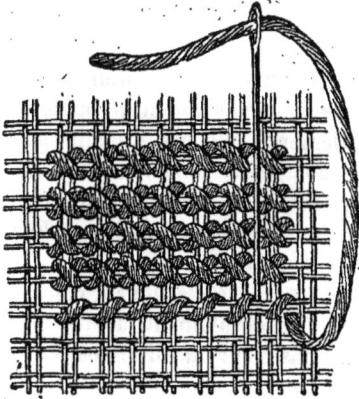

Point de marque.

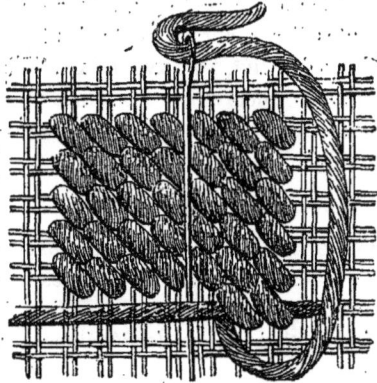

Point simple sur fils lancés.

Et 4° les tapis écossais qui sont à double face et se fabriquent sur les métiers à la Jacquard.

Nous ne faisons entrer dans cette nomenclature ni les tapis de Turquie, ni les tapis de Smyrne, qui sont célèbres parmi les produits orientaux ; parce qu'ils ne sont que des variétés de l'une ou l'autre des quatre espèces de fabrications que nous décrirons en temps et lieu.

Les tapisseries, quelque rang qu'elles occupent entre le métier et l'art, sont de deux sortes au point de vue de la fabrication.

Tapisserie à l'aiguille ou broderie en tapisserie, dont le plus ancien spécimen connu est la fameuse tapisserie de Bayeux,

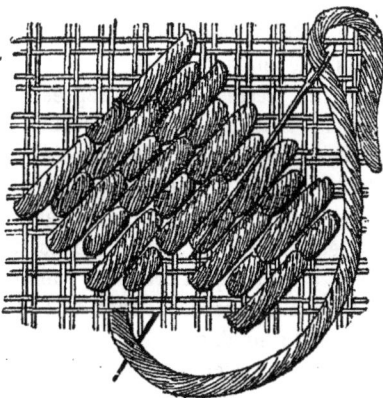

Point de velours.

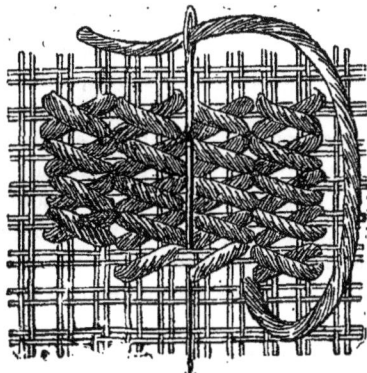

Point croisé.

exécutée, dit-on, par la reine Mathilde, femme de Guillaume le Conquérant, mais qui vraisemblablement n'est pas l'œuvre d'une seule personne, car elle a près de 80 mètres de long sur 60 centimètres de large, et l'on n'y compte pas moins de

1,500 objets différents, hommes, animaux, navires, sans compter les arbres, les fonds et les terrains.

Et tapisseries proprement dites, tissées soit au métier à basses lisses, soit au métier à hautes lisses, dont il reste des types merveilleux des XIVe, XVe, XVIe et XVIIe siècles, dépassés encore par les admirables productions de nos manufactures nationales des Gobelins et de Beauvais.

TAPISSERIE A L'AIGUILLE

La tapisserie à l'aiguille n'est pas exclusivement industrielle, car c'est un des travaux de distraction que les dames font le plus et le mieux, à l'instar de Pénélope, qui défaisait la nuit ce qu'elle avait fait le jour, mais sans pousser l'imitation jusque-là; aussi n'en parlerons-nous que succinctement.

On peut faire à l'aiguille toutes sortes de travaux, et il y a des dames très patientes qui entreprennent des tentures entières, des ameublements complets; mais le plus généralement, elle ne produit que des objets de petite dimension : pantoufles, toques, tabourets, bandes pour fauteuils, coffre à bois, corbillons, chaises de fumeurs, tapis de table, etc.

Cette broderie s'exécute sur canevas; en un mot c'est absolument la mise en carte des dessins pour la soierie et les tissus;

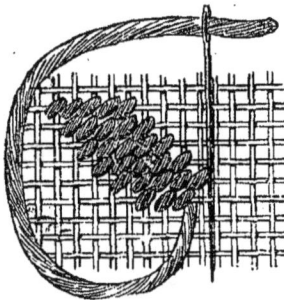

Petit point.

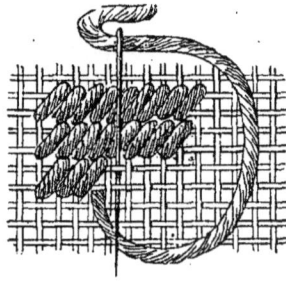

Point Gobelins.

seulement au lieu de travailler sur du papier avec des couleurs, on travaille sur de la toile avec des laines ou des soies, de nuances assorties au dessin qu'on veut représenter.

Généralement, ce dessin est esquissé en partie sur le canevas avec l'indication des couleurs, ce qui simplifie beaucoup la besogne, mais on peut facilement suppléer à l'absence du modèle échantillonné, en comptant les points sur un dessin tracé sur le papier.

Dans ces modèles, — nous en donnons un page 1096 pour rendre la chose plus claire — les couleurs sont représentées par des signes arbitraires qui ne dépendent que de la fantaisie du dessinateur; aussi chaque dessin de tapisserie doit-il être muni au bas d'une espèce d'alphabet donnant la clef des couleurs. Cependant il est de règle que les carreaux restés blancs représentent la couleur blanche et les carreaux noirs la couleur noire, ou la plus foncée, quand il n'entre pas de noir dans le dessin; car on tâche autant que possible de graduer les teintes des signes, suivant celles des couleurs, de façon qu'à première vue on puisse se faire à peu près une idée de l'effet d'ensemble du modèle.

Le canevas employé est de deux sortes, selon les points qu'on veut faire; ainsi le petit point et le point des Gobelins exigent le canevas treillis, dont les fils sont simplement croisés comme une toile grossière et peu serrée.

Pour les autres points on se sert du canevas Pénélope, dont les fils vont deux par deux, en hauteur comme en largeur, et se croisent à intervalles réguliers.

Mais on peut tapisser sur toutes sortes d'étoffes unies. Sur la toile rien de plus simple, puisque c'est un treillis plus ou moins serré ; si l'on veut travailler sur le drap, le velours, la peluche et autres étoffes dont on ne voit plus les fils, qui sont d'ailleurs trop serrés, pour permettre l'introduction de l'aiguille, on en est quitte pour appliquer sur ces étoffes un canevas qui sert de guide et sur lequel on travaille en serrant peu les points, de façon que, l'ouvrage fini, on puisse tirer tous les fils du canevas.

Voici maintenant la liste de tous les points que l'on peut exécuter en tapisserie, travail qui se fait peut-être plus vite lorsqu'on tient son canevas à la main, mais beaucoup plus régulièrement lorsqu'il est tendu sur un métier à broder, indispensable lorsqu'il s'agit de dessins compliqués et exigeant l'emploi d'une grande quantité de nuances de laine ou de soie.

1° *Point à la croix* qu'on appelle aussi point de marque, parce que c'est celui dont on

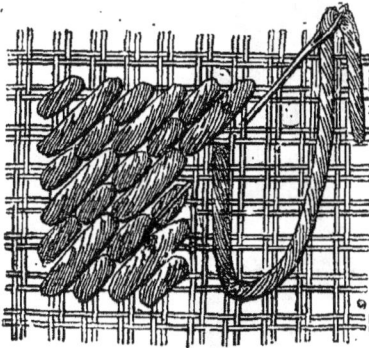

Point de pavé.

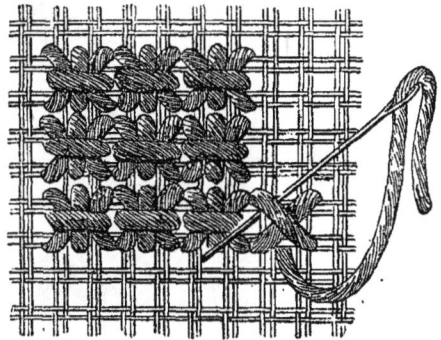

Point de diable

se sert pour marquer le linge ; c'est la base de tous les autres points et le plus employé.

Il se compose de deux parties : l'aller et le retour. A l'aller on pique l'aiguille du côté gauche ; on prend dans le point à côté à droite, en laissant les deux fils latéraux du canevas, on passe l'aiguille sous les deux fils horizontaux et on recommence à côté, l'aiguille pique toujours verticalement, mais le point paraît oblique, parce qu'il croise deux fils verticaux.

Le retour se fait de même, mais en sens inverse, c'est-à-dire de droite à gauche. Lorsque le point est exécuté, il est croisé comme on le voit sur notre dessin page 1093.

2° *Point simple sur fils lancés.* — Quand la laine est trop grosse, le point à la croix qui superpose deux fils, produirait un relief trop accentué. Pour éviter cet inconvénient on lance la laine de gauche à droite dans toute la longueur du travail que l'on veut faire, avec des arrêts si la distance est trop grande ; on revient alors de droite à gauche, comme au retour du point à la croix, les fils lancés étant destinés à cacher le canevas.

3° *Petit point.* — Ce point est surtout employé pour les ouvrages délicats et se fait exclusivement sur le canevas treillis, qu'il couvre à l'intersection des fils.

Il se fait toujours de biais ; car, si on opérait en ligne droite, les tons de la laine sembleraient changer à chaque rangée ; à cela près, il s'exécute comme l'aller du point de marque.

4° *Point Gobelins.* — Il se fait comme le précédent sur du canevas treillis. On travaille comme pour l'aller du point à la croix, c'est-à-dire de gauche à droite sur la même ligne; mais au lieu de prendre un fil on en prend deux en hauteur et un seul en largeur.

5° *Point de pavé.* — Il se fait en biais et se compose de deux rangées successives. La première est faite de points à cheval sur l'entrecroisement des fils du canevas, comme le petit point; la seconde est faite de points à cheval prenant obliquement sur deux trous, comme dans le point des Gobelins. On travaille en biais de haut en bas. Il y a donc un rang de petits et un rang de grands points.

6° *Point de velours.* — C'est une variété du précédent. On travaille dans le même

■ Bleu foncé . ⊠ Bleu . ▨ Cordonnet maïs, ▨ Vert . ▧ Ponceau . ▢ Blanc.

Modèle de tapisserie.

sens; et on a, comme dans le précédent, un grand et un petit points, mais on les entremêle dans la même rangée et on les contrarie au second rang.

7° *Point croisé.* — C'est le point à la croix; mais, au lieu de le prendre de maille en maille, on en laisse une d'intervalle, à l'aller comme au retour, en largeur mais non en hauteur. On peut alterner les points ou les superposer.

8° *Point de diable.* — C'est un des plus

employés dans les fonds, car il couvre très vite tout en faisant beaucoup d'effet. Il se commence comme le point de marque ordinaire, mais en prenant quatre fils en tous sens. On croise, mais en laissant toujours quatre fils.

On ramène l'aiguille entre les deux branches du bas de la croix, on la pique entre les deux branches du haut et la croix se trouve partagée en deux parties égales par un fil vertical.

Il ne s'agit plus que de placer un fil horizontal, venant couper le premier, à angle droit ; pour cela on fait passer l'aiguille à gauche au milieu des deux branches de la croix pour la repiquer à droite.

9° *Point natté.* — On fait d'abord la moi-

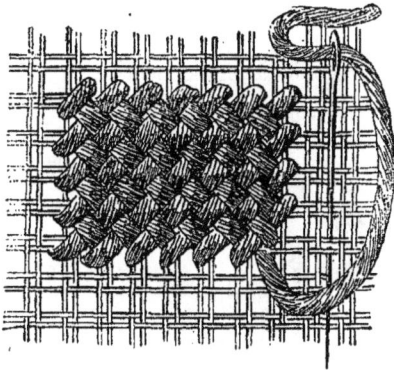

Point natté.

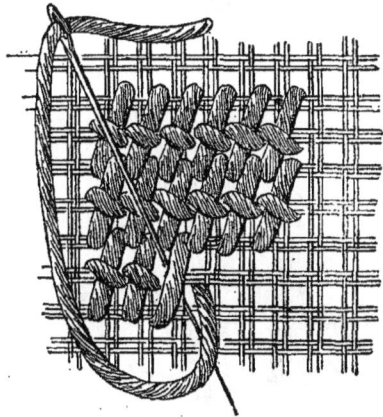

Point noué.

tié d'un point à la croix, on ramène l'aiguille en dessous, on prend deux mailles du canevas, on croise sur un point seulement, de droite à gauche, et l'on continue ainsi en contrariant les croisements.

10° *Point de Hongrie.* — On prend de gauche à droite comme pour faire une moitié de point de marque mais sur quatre fils, c'est-à-dire deux mailles, on fait ressortir l'aiguille sur la même ligne à gauche en

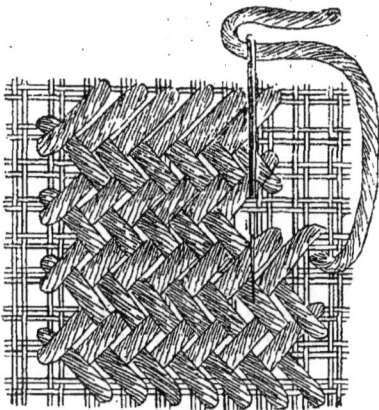

Point de Hongrie.

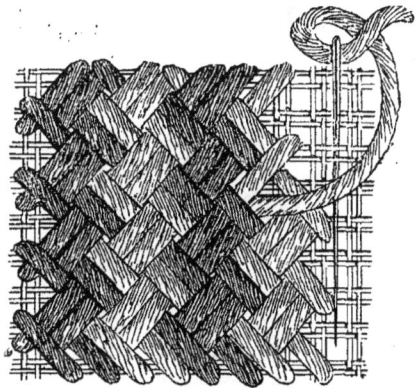

Point de Hongrie coupé.

laissant deux fils seulement. On ramène l'aiguille de gauche à droite, dans le bas, en laissant quatre fils, et on la ressort en laissant deux fils à gauche.

Liv. 138.

11° *Point de Hongrie coupé.* — C'est le même que le précédent, seulement on emploie alternativement de la laine de deux couleurs différentes.

12° *Point noué.* — On prend trois mailles dans la hauteur, mais deux seulement dans la largeur. L'aiguille, en revenant dans

le bas, passe sous quatre fils seulement et vient couper le premier brin. Elle doit ressortir dans la maille à côté du premier

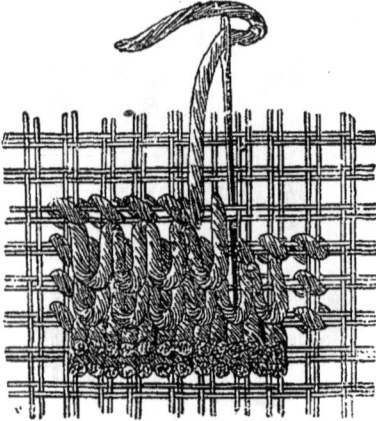

Point de peluche.

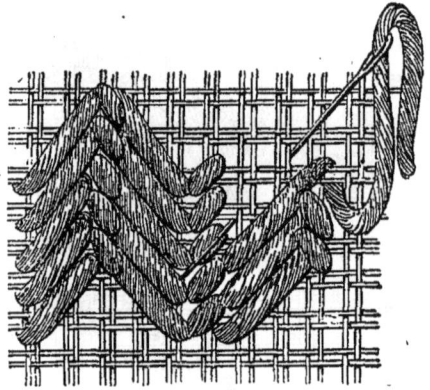

Point de pyramide.

point. En somme c'est un point de croix dont une des branches est plus longue que l'autre.

13° *Point de peluche.* — Ce point se compose d'une bouclette libre et d'un point qui la serre. On fait la moitié d'un point de marque mais en ramenant l'aiguille au point de départ, d'où on la fait repartir, mais cette fois en la maintenant droite, c'est ce qui produit la bouclette. On fait ensuite

un nouveau demi-point à la croix, en prenant le fil de la bouclette, pour la serrer sur le canevas, en terminant le point à la croix.

Ces bouclettes se coupent ensuite par le milieu, pour obtenir une sorte de moquette.

14° *Point de pyramide.* — C'est un point fort allongé et oblique, à chaque bout duquel se fait un demi-point à la croix.

Ces points ne sont pas tous très usités; les plus courants sont le point à la croix, le

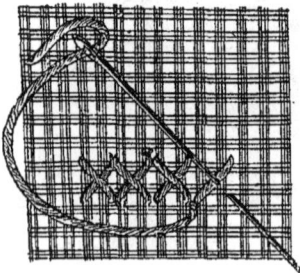

Point de croix sans envers (aller).

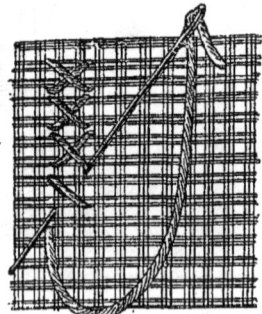

Point de croix envers (retour).

petit point et le point de diable pour les fonds; mais puisque nous avons tant fait que d'en entreprendre la nomenclature, nous

dirons aussi quelques mots des points sans envers, employés surtout et beaucoup maintenant, pour border et marquer la lingerie.

Il n'y en a d'ailleurs que quatre.

1° *Point à la croix.* — On fait d'abord la moitié du point ordinaire et l'on ressort l'aiguille à son point de départ ; on la repique dans le milieu sous le point qu'on vient de faire et on la fait ressortir en dessous,

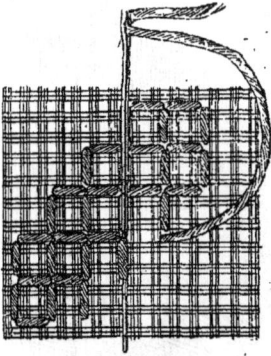

Point quadrillé sans envers (retour).

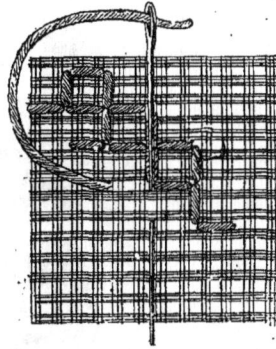

Point quadrillé sans envers (aller).

en biais à droite, à la place que doit occuper le fil dans le point à la croix ordinaire.

On relance le fil, de droite à gauche et de bas en haut, et l'on fait ressortir l'aiguille au point où la laine ressort, pour terminer le point à la croix.

2° *Point quadrillé.* — On le fait en deux fois, d'abord en descendant pendant une certaine longueur, et on ne le termine qu'en remontant. On pique l'aiguille deux mailles plus loin que la laine sur la même ligne horizontale, on la fait ressortir deux mailles plus bas sur une même ligne verticale. On pique deux mailles à droite, on ressort deux mailles au-dessous, et ainsi de suite.

Pour remonter, on fait exactement comme ci-dessus, mais en sens contraire ; partout où la laine est au-dessus du canevas, l'ai-

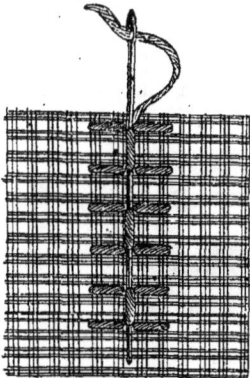

Point d'échelle.

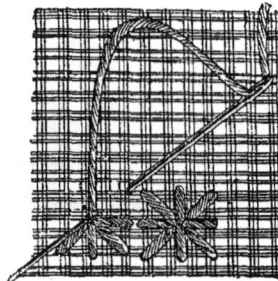

Point de diable sans envers.

guille doit passer dessous, et *vice versâ;* c'est la combinaison des aller et retour qui forme le quadrillé.

3° *Point d'échelle.* — On prend quatre fils à droite de la laine et l'on revient au point de départ pour en faire autant à gauche. On passe la laine par-dessus quatre fils, en descendant, et l'on pique exactement sur la même ligne verticale du point de départ.

On recommence au point de départ à droite et à gauche comme au début, mais avec cette différence que la laine passe par-des-

Métier à basses lisses. — Disposition des chaînes.

sous, au lieu de passer par-dessus, et l'on continue toujours ainsi ; car le point se trouve complété en remontant verticalement, passant l'aiguille dessus quand la laine est en dessous, et *vice versâ*.

4° *Point de diable.* — Ce point diffère de tous les autres en ce que son point de départ est au centre. On pose les fils tout autour et l'aiguille, à chaque branche, doit revenir au milieu.

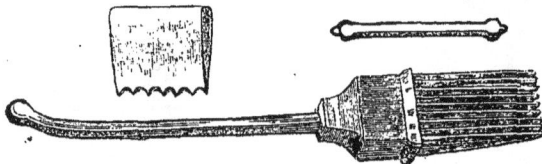

Outils du basse-lissier : grattoir, flûte et peigne.

Nos dessins, d'ailleurs, compléteront ces explications.

TAPISSERIES TISSÉES

L'art de la tapisserie paraît immémorial

dans l'Orient ; la Bible parle des tentures en tapisseries à personnages qui décoraient les murailles du temple ; les Grecs et les Romains les recherchèrent pour l'ornement de leurs palais, mais en laissèrent la fabrication à l'Égypte et à la Palestine ; et il fallut les Croisades pour que l'Occident se mît sérieusement à l'étude de la production. Ce furent les Orientaux qui vinrent y faire battre les premiers métiers : aussi les plus anciens fabricants portaient le nom de *Sarrasinois*.

La France faisait certainement de la tapisserie au XIII° siècle, puisqu'on connaît un édit du Châtelet de Paris, daté de 1295, qui autorise un sieur Renaut à avoir des ouvriers et à prendre des apprentis pour la tapisserie de haute lisse, mais il est à croire que l'art avait fait peu de progrès, puisque quand François Ier et après lui Henri II voulurent avoir de belles tapisseries, ils firent exécuter à Bruxelles les batailles et le triomphe de Scipion d'après les cartons de Jules Romain. Les Flandres et l'Artois avaient d'ailleurs, à cette époque, le mono-

Métiers mécaniques de la manufacture de Neuilly.

pole de la fabrication d'art, et les tapisseries de Bruges et d'Arras étaient particulièrement et justement renommées.

François Ier fonda en 1535, à Fontainebleau, un établissement dont les produits rivalisèrent bientôt avec ceux de l'étranger, mais qui tomba en décadence, puisque Henri IV essaya de relever cette industrie de luxe, en créant à Paris trois nouvelles fabriques, dont deux pour la haute lisse et l'autre, plus spécialement, pour exécuter des tapis semblables à ceux qu'on faisait venir du Levant.

Cette dernière, installée d'abord au Louvre, fut transportée ensuite à Chaillot dans une ancienne fabrique de savons, qui lui fit donner le nom de *Savonnerie*, que l'on a conservé à ses produits, bien que cette manufacture soit maintenant annexée à celle des Gobelins, créée en 1662 par Louis XIV, ou si l'on aime mieux par Colbert, comme une fabrique modèle et une école des divers arts auxiliaires à la tapisserie.

C'est également Louis XIV qui fonda l'établissement de Beauvais, dont les produits sont presque aussi célèbres ; ce qui n'empêcha pas des manufactures privées, celles d'Aubusson, d'Abbeville, de Felletin, plus récemment de Neuilly et de Tourcoing, de se créer des spécialités fort enviables ; car en somme dans cette industrie, surtout au point de vue artistique, c'est la France qui tient aujourd'hui le premier rang, quelque renommée que méritent les tapis de Smyrne, d'Alep et d'autres provenances orientales.

Les tapisseries et tapis se font, selon leur nature, sur des métiers à basses lisses et sur des métiers à hautes lisses ; ces derniers sont les seuls employés aujourd'hui aux Gobelins où l'on ne fait guère que de l'art. Si l'on se souvient de ce que nous avons dit en parlant des étoffes de soie, nous n'avons plus à expliquer ce qu'on entend par lisses et l'on doit comprendre ce qui distingue les deux genres de métiers.

MÉTIERS A BASSES LISSES

Les métiers à basses lisses, qui servent surtout à la fabrication des moquettes, sont les métiers à marches en usage pour les soieries, additionnés naturellement d'une et quelquefois de deux mécaniques Jacquard, selon la disposition du dessin.

On y travaille exactement comme pour le velours, à chaînes multiples ; seulement comme le fond n'est point d'une couleur uniforme, il y a autant de chaînes que de couleurs dominantes dans le fond et leur disposition est spéciale.

La longueur des fils de diverses couleurs n'étant point la même, puisqu'elle varie en raison de l'effet à produire, au lieu de les enrouler sur une ensouple unique, on les ourdit sur des séries de bobines, supportées par rangées sur un banc incliné, qu'on appelle cantre, exactement comme on le fait pour l'ourdissage ordinaire.

Cette disposition permet de remplacer, sans rien déranger à l'ensemble du métier, les bobines d'une couleur, par celles d'une autre couleur lorsque la chaîne doit présenter une nuance nouvelle.

Quant au tissage, il se fait, comme à la manufacture de Neuilly, par exemple, où l'outillage mécanique est des plus complets, soit au battant à bouton, soit au battant brocheur, selon la nature des dessins à exécuter et surtout la variété des couleurs ; la seule différence qu'il y ait dans le fonctionnement, avec celui des métiers à soieries, c'est que, vu la largeur des tapis, il faut deux ouvriers par métier, pour se renvoyer simultanément la navette.

Le procédé primitif, usité jadis aux Gobelins et qu'on emploie encore à Aubusson pour certaines fabrications très soignées, mérite description.

Le métier est un simple métier à marches, sans addition des mécaniques Jacquard qui soulèvent, comme nous l'avons expliqué pour la soierie, les fils de la chaîne, de façon à exécuter le dessin automatiquement ; c'est l'ouvrier qui fait lui-même cette besogne, ayant le dessin mis en carte, du tableau à reproduire, placé au-dessous de la chaîne, où il est maintenu de distances en distances par deux cordes transversales.

Cette disposition, rigoureusement exacte, lui permet de voir le dessin en écartant avec ses doigts les fils de la chaîne et de juger d'un coup d'œil de quelle couleur il doit se servir, et il le reproduit à l'envers en allongeant ou en diminuant la longueur des duites, suivant la grandeur du trait qu'il copie.

Ses instruments sont : le peigne, la flûte et le grattoir que nous ne décrivons point parce que notre dessin page 1100 les explique suffisamment.

La flûte lui sert de navette, le peigne remplace le battant des métiers à marches ordinaires, **et c'est avec le grattoir qu'il** égalise les duites.

Ce procédé est très lent; ce n'est pourtant pas ce qui l'a fait abandonner aux Gobelins; car les tapis de luxe sont payés assez cher pour que la main-d'œuvre puisse être suffisamment rémunérée; son plus grand inconvénient c'est que le travail se fait à l'envers. Il est vrai qu'il se fait bien ainsi dans le métier à hautes lisses; mais là, comme on le verra tout à l'heure, l'ouvrier n'a que la peine de passer devant son métier pour voir son ouvrage à l'endroit, quand il le juge nécessaire; tandis que le basse lissier ne peut voir son travail que lorsqu'il est terminé, et ne peut pas réparer ses fautes, s'il en commet.

On a bien inventé un système qui fait basculer le métier, mais ce système est encore très défectueux.

Ce qui ne l'empêche pas de produire de très belles choses; et c'est précisément pour cela que les tapissiers ne sont point considérés comme des ouvriers, mais sont désignés, et avec raison, sous le nom d'artistes tapissiers.

MÉTIERS A HAUTES LISSES.

Rien n'est plus simple qu'un métier à hautes lisses, mais rien n'est plus difficile que la manière de s'en servir.

Quatre pièces principales composent le métier : deux montants verticaux, et deux gros rouleaux ou cylindres de bois, placés transversalement, l'un en haut des madriers et l'autre en bas.

Ces cylindres jouent le même rôle que les ensouples dans le métier à basses lisses; celui d'en haut reçoit la chaîne avant le tissage, et sur celui d'en bas, le tissu s'enroule au fur et à mesure de sa fabrication; généralement ils sont à leurs extrémités percés de trous, disposés pour recevoir des leviers à l'aide desquels on les fait mouvoir, mais plus communément maintenant,

ils sont munis de roues à declic qu'on actionne avec une manivelle, comme dans les métiers à marches, que nous avons décrits en parlant de la soie.

Lorsque la chaîne est tendue elle est divisée en deux nappes, maintenues sur deux plans différents, d'abord par une ficelle dite de croisure, passée alternativement entre tous les fils de la chaîne; puis par un bâton *d'entre-deux* qui est quelquefois un tube de verre, et a pour objet de maintenir entre les deux nappes, un écartement suffisant pour le passage de la trame.

Par ce moyen, la moitié des fils de la chaîne est toujours tenue en arrière et l'autre moitié en avant, mais ces deux moitiés peuvent changer de place; car les fils de derrière (par rapport à l'ouvrier) sont tous fixés à des lisses, anneaux ou boucles comme dans le métier à basses lisses, attachés par leur autre extrémité sur une forte tringle qu'on appelle *perche des lisses*, et que le tapissier peut mettre en mouvement.

Sur les métiers on exécute deux sortes de tissages très distincts : le travail des tapis ras, connu autrefois sous le nom de point *sarrasinois* ou façon de Turquie, qui est la tapisserie, et le travail des tapis à surface veloutée, genre Savonnerie, qui conservent plus spécialement le nom de tapis

Nous allons étudier séparément ces deux sortes de tissage à hautes lisses en suivant les opérations, comme on les fait aux Gobelins.

On ne saurait adopter meilleur modèle.

TAPISSERIE

L'art de la tapisserie consiste à imiter un objet quelconque, tel que la peinture peut le représenter, avec des fils colorés d'un diamètre sensible nommés brins, que l'on applique par un nœud ou point autour de fils non colorés, nommés chaînes, tendus verticalement.

Cette imitation, véritable œuvre d'art, s'opère, soit par le mélange des couleurs ou *brins* tellement rapprochés ou divisés que l'œil en reçoit une impression unique, tel est le système des hachures ; soit par la juxtaposition de brins assortis d'après la loi du contraste des couleurs, et susceptibles d'être vus séparément et parfaitement distincts les uns des autres ; c'est ce qu'on appelle le système des teintes plates.

Aux Gobelins l'artiste tapissier, qui n'est jamais pressé par les exigences d'une commande, fait toute sa besogne lui-même. aussi bien matérielle qu'artistique. C'est lui qui ourdit sa chaîne, qui la monte, qui calque et décalque son modèle, et qui fait ce qu'en quelque sorte, on pourrait appeler sa palette, en choisissant dans les magasins, admirablement approvisionnés par la teinturerie justement célèbre de la manufacture, les laines ou soies de nuances innombrables

Le travail de tapisserie, sur le métier à hautes lisses.

dont il a besoin pour exécuter son tableau.

Mais il n'a point à s'occuper du dévidage ; car toutes ces laines sont enroulées d'avance sur les fuseaux en broches qui lui serviront de navettes.

Naturellement nous ne parlons point ici de toutes ces opérations préliminaires : ourdissage, cannetage, montage du métier, puisque ce sont les mêmes que nous avons décrites pour la soie.

La chaîne, formée de fils de laine blanche généralement retordue, et toujours d'excellente qualité, une fois montée de façon que tous les fils soient soumis à une tension égale, l'artiste s'occupe du décalque de son dessin ; car il faut que ce dessin, du moins les traits saillants, soient reportés sur la chaîne même et c'est précisément pour qu'ils soient plus apparents que cette chaîne, qui d'ailleurs disparaît entièrement sous la trame, est toujours blanche.

Cette opération est multiple. D'abord sur le tableau, qui sera reproduit en tapisserie sur sa base la plus large, c'est-à-dire le plus souvent de côté, l'artiste marque avec un crayon blanc les principaux traits et quelques détails de la peinture qu'il veut imiter; ensuite il applique sur le tableau du papier végétal, sur lequel il reproduit au crayon noir les traits qu'il a indiqués en blanc.

Puis, il place ce calque sur le devant de la

Métier à hautes lisses, de la manufacture des Gobelins.

chaîne, l'y fixe au moyen de baguettes plates, et le reporte alors sur la chaîne même, en marquant avec une pierre noire l'endroit du fil qui correspond au trait noir du calque, de façon que l'ensemble de tous ces points noirs sur la chaîne, constitue le dessin, qui se décalque par parties successives pour éviter qu'il ne s'efface pendant le travail.

Ces opérations préliminaires terminées, l'artiste, approvisionné d'autant de fuseaux qu'il aura de tons à employer et ayant derrière lui son modèle, commence son travail en l'exécutant à l'envers de la pièce.

Toutes ces dispositions ont leur raison d'être. Si le modèle, presque toujours un grand tableau, était placé devant l'artiste il lui cacherait le jour, tandis que placé derrière lui, à un demi-mètre de distance sur la droite, il n'a qu'à tourner la tête pour le consulter en toute occasion.

S'il travaillait à l'endroit il en résulterait de graves inconvénients qu'explique ainsi M. Deyrolles, qui fut l'un des plus habiles chefs d'atelier de la manufacture des Gobelins, dans son *Essaï sur l'art de la tapisserie :*

« La tapisserie en effet est un tissage et la marche des tons se voit à l'envers par les points que laisse le tissu qui voyage avec les broches, en suivant le mouvement des teintes. Si l'artiste travaillait par devant il serait obligé de couper chaque brin de tissu, à mesure qu'il cesserait de s'en servir; ce qui allongerait considérablement l'ouvrage et diminuerait sa solidité, au lieu que, le travail étant exécuté par derrière, tout le défectueux du tissu et de la chaîne est attiré à l'envers. »

L'exécution des tableaux sur leur plus grande longueur a aussi sa raison d'être; elle en a même plusieurs. D'abord cette pose du modèle sur le côté présente moins de difficultés pour le dessin en général; car il est plus facile et d'un plus grand effet de dessiner avec la trame qu'avec la chaîne, la première étant plus fine que l'autre.

Ensuite, elle permet de diviser le travail selon le genre de talent des artistes, appelés le plus souvent à y travailler plusieurs à la fois, car on a beau n'être pas pressé, un artiste ne pouvant guère faire plus d'un mètre carré par an de tapisserie tableau, il faudrait la vie d'un homme pour la reproduction des grandes pièces.

Arrivons maintenant au travail proprement dit, qui s'exécute à peu près comme le tissage, mais qui en diffère cependant beaucoup, principalement par les outils qu'on emploie : la broche qui remplace la navette et le peigne qui fait l'office du battant.

Il y a aussi le poinçon, espèce d'aiguille qui sert à presser les duites, et la pince pour enlever les boutons et les défectuosités de la laine ou de la soie.

La broche, ordinairement en bois de frêne, a de 18 à 20 centimètres de longueur; sa tête est ronde, se terminant en olive, son corps est naturellement évidé pour pouvoir contenir la laine ou la soie qui formera la trame et sa queue se termine en pointe, à peu près comme la lame d'un poignard.

Le peigne, dont la forme rappelle celle du coin à fendre les bûches, est en ivoire, il a 15 à 16 centimètres de longueur sur 5 ou 6 de largeur dans le haut et un peu moins à la partie inférieure, taillée en biseau et présentant 17 à 18 dents, disposées absolument comme celles d'un peigne et assez distancées pour que les fils des plus grosses chaînes puissent y trouver place.

Le tapissier, muni d'une broche chargée de la laine qu'il veut employer pour trame, passe la main gauche dans l'écartement des fils de chaîne, que produit le bâton de crassure et lui donne une ouverture plus grande, en tirant à lui la quantité de fils d'avant, qui est nécessaire à son travail; quantité déterminée par la longueur de la duite par laquelle il commence, puisqu'il ne peut opérer que par tons.

Il y passe alors de gauche à droite, au moyen de la broche, le fil de trame, qu'il tend autant que possible et qu'il tasse ensuite avec l'extrémité pointue de la broche. Cette première opération s'appelle une *passée;* la seconde qui se fait en sens inverse, c'est-à-dire entre les fils de derrière, ramenés en avant par le moyen des lisses, et ceux de devant abandonnés en arrière, complète ce qu'on appelle, comme dans le tissage ordinaire, une *duite.*

On continue ainsi avec la même broche, en exécutant, les unes au-dessus des autres, autant de duites qu'il en faut pour remplir exactement l'étendue et les contours de l'espace que doit occuper le ton dont la broche est chargée, en ayant soin, toutes les trois ou quatre duites, de les tasser vigoureusement avec les dents du peigne.

On comprend que ces duites ne sont pas toutes de la même longueur, puisqu'on procède surtout par hachures, mais comme les grandes parties du dessin sont crayonnées en noir sur la chaîne, cela ne cause ni difficulté, ni perte de temps.

Un ton fini, l'ouvrier coupe, arrête et fait perdre le fil de la broche qu'il vient de quitter, s'il ne doit s'en servir à nouveau qu'à une certaine distance, et continue son opération avec une broche chargée de laine d'une nouvelle nuance et ainsi de suite, pour que la combinaison de ses duites dessine les ombres et les demi-teintes et marie les couleurs avec une telle perfection, qu'il est impossible à l'œil peu exercé, de découvrir où commence et où finit une couleur.

C'est long, par exemple, mais c'est beau, et tellement, qu'au point de vue industriel on pourrait presque dire que cela dépasse le but.

TAPIS DE HAUTES LISSES

Pour l'exécution des tapis veloutés, dits de la Savonnerie, on se sert des mêmes métiers que pour la tapisserie, seulement ils sont disposés autrement et le travail, qui présente une certaine analogie avec celui du velours, ne s'y fait pas de la même façon.

D'abord, on ne fait point le décalque du dessin sur la chaîne, mais on la prépare de façon à ce qu'elle puisse présenter des divisions correspondant avec celles que l'on trace sur le modèle, comme les carrés réguliers que l'on fait sur un dessin que l'on veut reproduire.

Pour cela, l'ourdisseur dispose les fils de la chaîne, de façon à ce que tous les dixièmes fils soient d'une couleur, qui tranche vivement sur le blanc de la chaîne, et ce sont ces dixièmes fils qui tracent les lignes verticales du carré, les lignes horizontales qui les croiseront à angles droit, devant être les dixièmes fils de la trame.

Rien de plus régulier, et en somme rien de plus facile, puisque les dessins, beaucoup moins compliqués et surtout beaucoup moins nuancés que dans les tapisseries, présentent peu de variétés de tons dans un carré de dix fils, et d'ailleurs, l'ouvrier travaille à l'endroit, et son modèle, coupé par bandes, et strié de divisions correspondantes à ses carrés de dix fils, est fixé à la perche de lisses, au-dessus de sa tête.

Ce système permet aussi de mettre sur un seul tapis autant d'ouvriers qu'il peut en tenir sur sa largeur.

Autre différence encore pour les tapis, où les fils sont infiniment plus gros que pour la tapisserie; ils ne sont pas d'une nuance déterminée, pour les ornements ils se composent de cinq à six, et pour les fruits de huit à dix fils de tons différents, naturellement appropriés et combinés pour former des nuances imitant exactement le modèle.

Quant aux dixièmes fils, leur coloration ne présente aucun inconvénient, puisqu'ils sont couverts par le point, qui constitue le tapis.

Voici d'ailleurs les détails de l'opération : l'artiste, après avoir, avec sa main gauche, amené vers lui le fil sur lequel il doit commencer, passe derrière avec la droite, le fil de laine de la broche qui doit le recouvrir ; cela s'appelle une passée; lorsqu'elle est faite sur le premier fil, il amène en avant, au moyen de la lisse, le fil suivant qui se trouvait en arrière, et il fait dessus un nœud coulant, qui est le point proprement dit.

Mais comme ce nœud, serré seulement sur le fil de chaîne, ne formerait pas le velouté, il a soin de ne le serrer que sur un petit instrument appelé *tranche-fil* (et qu'on voit en A dans notre dessin) qu'il place précisément au point d'intersection du fil de trame avec celui de la chaîne.

Ensuite, il fait une seconde passée, puis un second nœud, et ainsi de suite jusqu'à ce que le tranche-fil soit entièrement recou-vert de nœuds, qui forment autant d'anneaux qu'il y a de points ; alors il le retire en le prenant par le petit crochet, et la partie coupante du tranche-fil coupe les boucles qui l'enveloppaient et la surface veloutée se trouve formée.

Lorsqu'une rangée complète de points

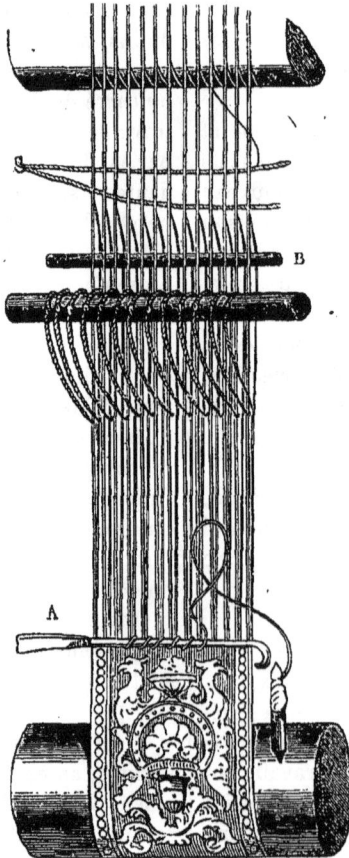

Tapis veloutés. Détails de fabrication.

est faite sur toute la largeur du tapis, on établit une liaison entre les fils de devant et les fils de derrière de la chaîne, en passant par l'ouverture ménagée par le bâton d'entre-deux B un fil de chanvre ou de lin qui va d'une lisière à l'autre du tapis ; c'est ce qu'on appelle passer en *duite* ou en *trame*.

On recommence une rangée de points à l'aide du tranche-fil ; on repasse un fil de chanvre, et ainsi de suite, en ayant soin de tasser régulièrement avec le peigne les points et les fils de chanvre, de façon que ces derniers disparaissent complètement dans le tissu.

Tout n'est pas dit pourtant, car le tranche-fil ne coupe les bandes du point que très irrégulièrement, mais il n'y a plus qu'à égaliser la surface veloutée du tapis en ébarbant les bouts de laine qui dépassent, avec des ciseaux spéciaux dont les branches sont recourbées, mais cette opération, si

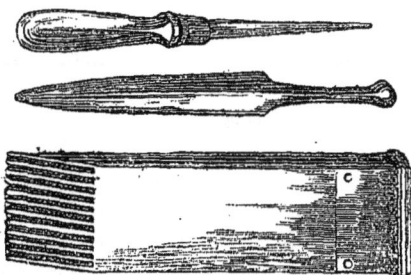

Outils pour la tapisserie : poinçon, broche et peigne.

simple en apparence, présente de grandes difficultés pratiques ; car la beauté du tapis dépend en grande partie de la précision avec laquelle elle a été faite.

Il est vrai qu'on peut se servir, lorsque les tapis ne sont pas d'une dimension extraordinaire, comme on le fait d'ailleurs dans toutes les manufactures privées où l'on fabrique des tapis communs, de tondeuses mécaniques du même genre que celles dont on se sert pour les velours.

Mais aux Gobelins, où l'on fait surtout œuvre d'art, on ne compte point les difficultés.

Il y a d'ailleurs un atelier spécial qu'on appelle le rentrayage, où l'on assemble à l'aiguille les parties de tapis ou de tapisse-ries, faites séparément sur le métier, et où l'on corrige les imperfections, les défauts qui ont pu se produire pendant la fabrication ; car il ne sort rien de notre manufacture nationale qui ne soit absolument parfait, et cela est indispensable pour justifier son immense réputation.

La teinturerie des Gobelins est aussi renommée que sa tapisserie, et c'est justice ; car sous la savante direction du grand chimiste Chevreul, elle a produit des tons inimitables.

Mais c'est à tort qu'on attribue la belle teinture des laines à des qualités spéciales aux eaux de la Bièvre, car les eaux bourbeuses de ce semblant de rivière ne servent presque jamais, et depuis longtemps on

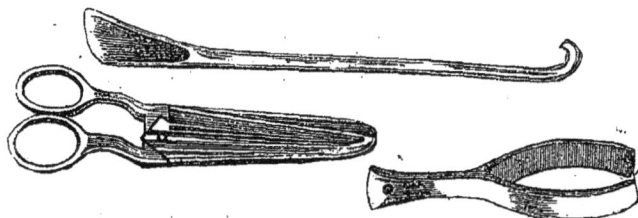

Outils pour les tapis : tranche-fils, ciseaux et pince.

n'emploie guère que l'eau de la Seine.

Le véritable secret des brillantes couleurs de la laine des Gobelins, est la science du chimiste directeur et l'habileté des teinturiers, de même que la beauté des tapisseries dépend du talent des artistes.

TRICOT — BONNETERIE

Le tricot est l'élément du commerce de la bonneterie, dont l'extension est d'autant plus considérable qu'il porte sur la laine, le coton, la soie et le lin, et qu'il embrasse une infinité d'objets d'utilité ou de toilette.

Le tricot est un tissu à mailles élastiques, formé par les entrelacements d'un fil unique, non tendu, dont les boucles passent successivement dans celles qu'on a faites avant.

Exécuté aujourd'hui presque partout mécaniquement, il se fait pourtant encore, il s'est fait surtout beaucoup, à l'aiguille ou au rateau.

Sans vouloir entrer ici dans les détails du tricot à l'aiguille, qui n'est plus guère industriel, et que tout le monde connaît pour le voir pratiquer journellement sous ses yeux, nous en dirons cependant quelques mots, parce que nous tenons surtout à ce que nos études soient complètes.

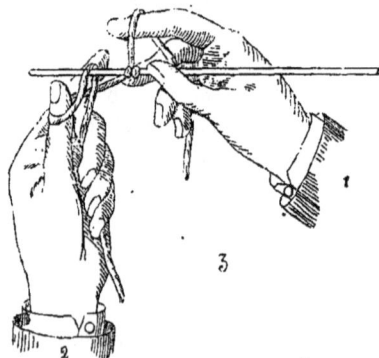

Fig. 1. — Montage, première manière, 1re pose.

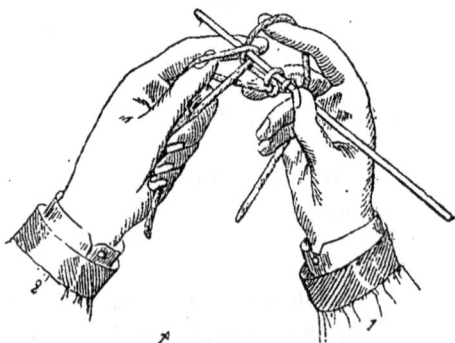

Fig. 2. — Montage, première manière, 2e pose.

TRICOT A L'AIGUILLE

Il se fait de deux façons, soit avec deux aiguilles pour les pièces planes, comme les jupons, les châles, etc., soit avec un jeu de cinq, pour les pièces circulaires, bas, chaussettes, etc.

Dans un cas comme dans l'autre, il faut d'abord monter l'ouvrage; la description succincte de ce montage du tricot, va nous donner la liste de tous les points qu'on peut exécuter avec des aiguilles.

Il y a quatre manières distinctes de commencer un ouvrage.

Dans la première, on dévide une longueur de laine ou de coton, cinq ou six fois plus grande que l'ouvrage entrepris. On fait une bouclette dans laquelle on passe une aiguille que l'on tient de la main droite, en l'inclinant légèrement, on prend le brin qui tient à la pelote et on s'en entoure le pouce gauche (voir fig. 1). Du brin libre on s'entoure ensuite l'index de la main gauche et l'on fait entrer l'aiguille dans la bouclette où se trouve déjà le pouce, en passant par-dessous, de manière que l'aiguille ressorte en dessus, le long du pouce, comme dans la figure 2.

On prend alors le fil qui est sur l'index et on le fait passer devant l'aiguille en le ramenant à soi, puis on passe l'aiguille sous la bouclette du pouce, on tire le fil de la pelote et la maille est formée ; on n'a plus

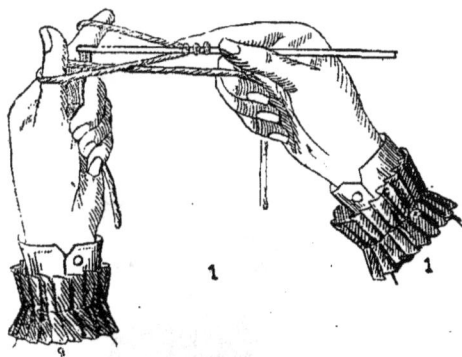

Fig. 3. — Montage, deuxième manière, 1re pose.

mande, qui consiste à faire tout d'abord la bouclette sur l'aiguille. On prend le fil libre et l'on forme une bouclette sous le pouce gauche (comme dans la figure 3) ; on passe alors le fil de la pelote sur l'index de la main gauche ; on fait passer l'aiguille sous le brin de la bouclette pour que l'aiguille ressorte au milieu (fig. 4). On prend le

Fig. 5. — Montage, quatrième manière.

deux aiguilles dedans. On prend le fil sur l'index de la main droite, on le fait passer entre les deux aiguilles et on le ramène à

qu'à recommencer pour en avoir une seconde, une troisième, et ainsi de suite.

Deuxième manière. — C'est la méthode alle-

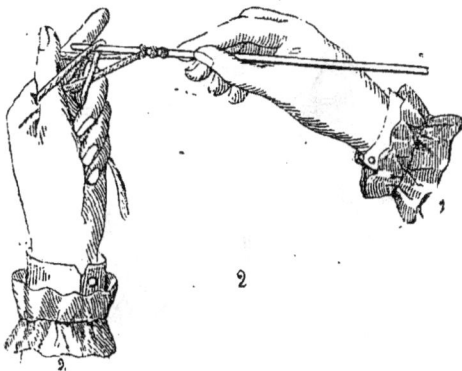

Fig. 4. — Montage, deuxième manière, 2e pose.

fil qui est sur l'index en passant l'aiguille par-dessus, et on ramène avec l'aiguille ce brin sous la bouclette du pouce ; on n'a plus qu'à serrer le fil libre pour que la maille soit faite.

Troisième manière. — C'est le montage avec deux aiguilles : on fait une bouclette sans laisser de bout libre et l'on place ses

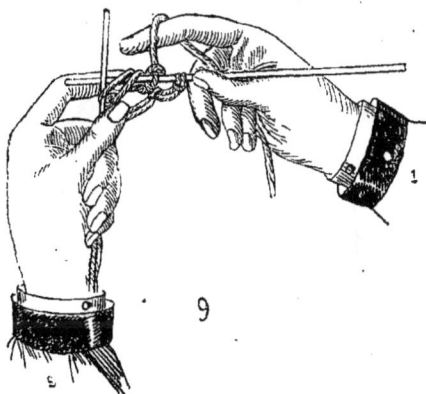

Fig. 10. — Mailles ensemble.

soi, pour le faire passer avec l'aiguille droite sous la bouclette, en le ramenant toujours à soi. Ce qui fait qu'on a maintenant une bouclette sur chaque aiguille et l'on n'a plus qu'à passer l'aiguille gauche sous la bouclette de l'aiguille droite, pour se retrouver dans la position du début et recommencer une seconde maille.

Quatrième manière. — C'est la plus sim-

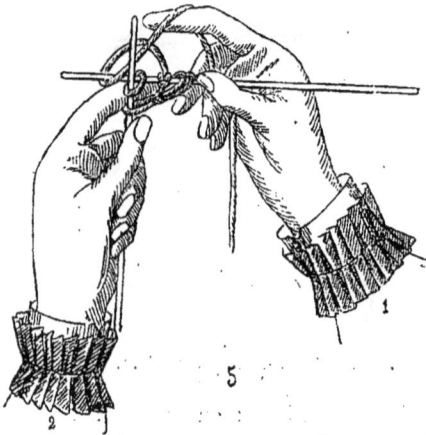

Fig. 6. — Maille à l'endroit.

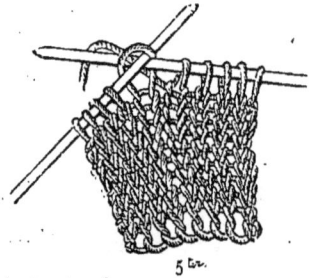

Fig. 7. — Tricot à l'endroit.

ple et peut-être la moins usitée, elle consiste à former un point de feston ordinaire sur le pouce et à jeter ensuite le feston sur l'aiguille (*voir* fig. 8); c'est ce qu'on appelle aussi ajouter des mailles, car c'est le procédé qu'on emploie, au cours d'un travail,

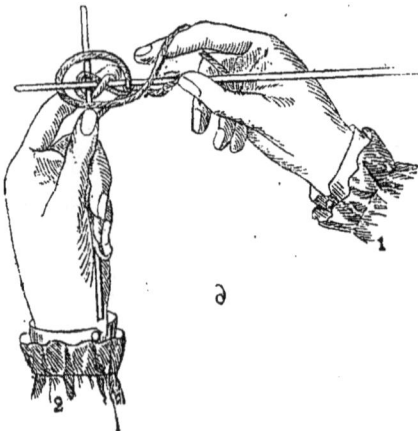

Fig. 8. — Maille à l'envers.

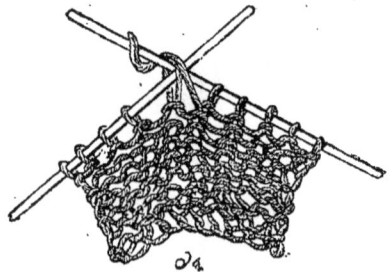

Fig. 9. — Tricot à l'envers.

pour l'élargir. Seulement il ne faut pas se faire d'illusion sur la rapidité de ce procédé ; car la maille n'est nullement formée sur l'aiguille et il faut faire un second tour en tricotant, pour la former.

Voyons maintenant les différentes espèces de maille que l'on fait, soit qu'on veuille tricoter à jour ou mat, avec ou sans côtes ou dessins.

Maille à l'endroit. — Le tricot, monté sur l'aiguille de la main gauche, on prend avec l'aiguille droite la bouclette de l'aiguille gauche, en passant en dessous, on croise les aiguilles de façon que la droite soit derrière la gauche (fig. 6). On prend le fil sur l'index de la main droite et on en entoure l'aiguille droite, en passant entre les deux aiguilles. On le fait alors passer, au moyen de l'aiguille droite, sous la bouclette, et l'on ressort cette aiguille avec la bouclette formée. Il ne reste plus alors qu'à faire tomber entre les deux aiguilles la bou-

Atelier de tricot mécanique. — Métiers rectilignes.

clette travaillée qui se trouve sur l'aiguille gauche, pour serrer la maille.

La maille à l'endroit s'appelle aussi maille simple ou maille unie et l'on peut juger de l'effet qu'elle produit par notre figure 7.

Maille à l'envers. — Pour faire une maille à l'envers il faut que le fil se trouve au devant de soi, position dans laquelle il se trouve si l'on vient de faire une maille à l'envers (fig. 8) mais à laquelle il faut

le ramener, si l'on vient de travailler à l'endroit.

Alors, on prend l'aiguille droite que l'on fait passer de haut en bas, dans la bouclette de l'aiguille gauche ; on prend sur l'index droit le fil dont on entoure l'aiguille droite en la ramenant à soi ; on ressort l'aiguille de la bouclette, mais avec le brin, et l'on fait tomber la bouclette de l'aiguille gauche pour serrer la maille.

Liv. 140.   140

En somme, le tricot fait en mailles à l'envers représente exactement l'envers du tricot fait en mailles à l'endroit (*voir* fig. 9).

Mailles levées. — On appelle ainsi une maille que l'on prend sur l'aiguille gauche avec la droite, sur laquelle elle reste sans être tricotée. On la prend, soit à l'endroit, en passant l'aiguille droite sous la bouclette, comme dans la maille à l'endroit, soit à l'envers, en piquant l'aiguille droite de haut en bas, comme dans la maille à l'envers.

Tous les rangs d'un travail, qui ne se fait pas en rond, commencent par une maille levée à l'envers.

Mailles ensemble. — On fait deux mailles ensemble quand on veut rétrécir le travail d'une maille. On procède absolument comme dans les mailles à l'endroit ou à l'envers, selon les cas, seulement on prend deux bouclettes à la fois sur l'aiguille gauche avec la droite et quand la maille est faite on laisse tomber les deux bouclettes à la fois.

On rétrécit aussi en faisant des surjets, maille surjetée qui n'est autre chose que la maille levée; le surjet est simple ou double, selon qu'on tricote une seule maille ou deux mailles ensemble.

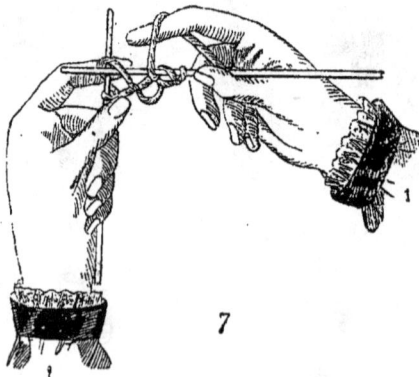

Fig. 11. — Passe à l'endroit.

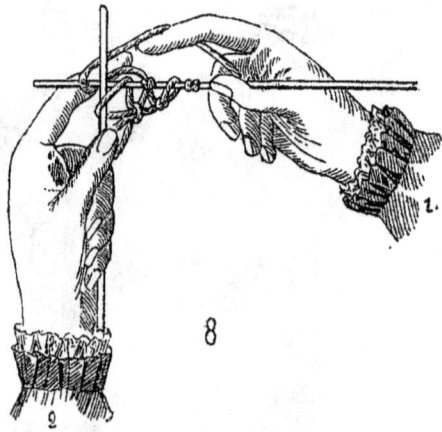

Fig. 12. — Passe à l'envers.

Pour augmenter, il y a les passes.

Passe à l'endroit. — Le fil se trouvant derrière l'aiguille droite, on le ramène en devant en le jetant entre les deux aiguilles, puis on fait une maille à l'endroit (fig. 11).

Passe à l'envers. — Même travail; seulement, après avoir entouré l'aiguille droite avec le fil en allant de droite à gauche, on fait une maille à l'envers (fig. 12).

Passe double. — La passe double ne diffère des précédentes qu'en ce qu'on tourne deux fois le fil autour de l'aiguille, soit à l'endroit, soit à l'envers.

Deux mailles dans la même. — Cette opération a pour but d'augmenter la largeur du tricot sans faire de jour, ce qui est le propre de la passe.

On fait d'abord une maille à l'endroit, mais on ne fait pas tomber la maille de l'aiguille gauche; on ramène le fil en avant et l'on fait une maille à l'envers sur la même maille, que l'on fait alors seulement tomber.

Maille torse. — On lève une maille avec l'aiguille droite, puis on passe l'aiguille gauche sous le brin de derrière de la maille que l'on vient de mettre sur l'aiguille droite. L'aiguille gauche ressort entre les deux fils, au milieu de la bouclette. On retire alors l'aiguille droite et l'on tricote une maille à l'endroit comme à l'ordinaire (fig. 13).

Maille rabattue. — Rabattre un tricot, c'est le terminer de façon qu'il ne se défile pas, une fois les aiguilles enlevées. En somme, c'est faire une suite de surjets, de sorte qu'à mesure qu'on avance, on diminue le nombre des mailles qui sont sur l'aiguille, si bien qu'on arrive à n'en conserver plus qu'une (fig. 14).

Tels sont les éléments du tricot à l'aiguille, et toutes les variétés de travaux ne sont que des combinaisons des différents points que nous venons de décrire.

Il n'est pas besoin d'ajouter que les aiguilles dont on se sert sont en métal ou en bois et plus ou moins grosses, selon les travaux qu'on veut exécuter.

TRICOT AU RATEAU

Ce tricot est une application quasi industrielle d'un jeu que tout le monde connaît, car beaucoup ont fabriqué, dans leur enfance, des cordons de montre au moyen d'un bouchon percé et d'une demi-douzaine d'épingles.

Le râteau n'est pas autre chose, seulement il est plus ou moins grand, rond, carré

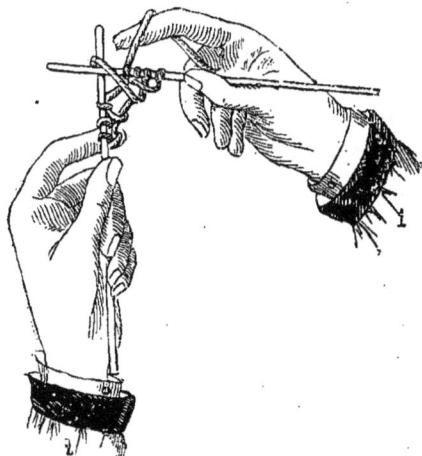

Fig. 13 — Maille torse.

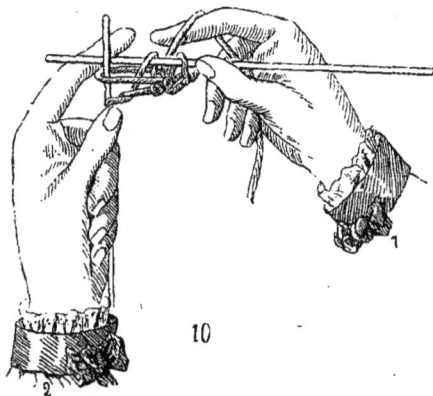

Fig. 14. — Maille rabattue.

ou ovale, selon les ouvrages que l'on veut faire avec et qui s'exécutent quasi machinalement, mais avec cet inconvénient que le râteau ne permet ni augmentations, ni diminutions.

Suivons d'abord l'opération sur un râteau rectangulaire comme celui de notre figure 15.

Pour commencer le travail, on prend un peloton de grosse laine et on l'enroule en formant un 8, alternativement autour de chacune des dents du râteau, en ayant soin pourtant de faire sur la première paire de dents des deux extrémités, deux huit super-

posés, car le point doit être doublé à chaque rangée extrême de la bande.

Lorsque la première série de huit est établie, on en superpose une seconde sur toutes les dents du râteau, de façon à avoir deux rangées sur les dents intermédiaires et trois sur les dents extrêmes.

On prend alors une aiguille à tricoter, ou une aiguille spéciale en ivoire, et l'on fait tomber dans le creux du râteau, le brin inférieur, c'est-à-dire le premier posé. On exécute ce travail sur toutes les dents du rateau en ayant soin, aux deux extrémités, de faire passer par-dessus les dents, les deux premiers rangs à la fois, de façon qu'en continuant toujours de même, on n'ait plus que deux rangs de huit partout.

Ce travail facile, produit un tricot qui ne manque pas d'aspect, ainsi qu'on peut en juger par la figure 16.

Le rateau rond permet de faire autre chose que des bandes et selon son diamètre, selon que ses dents sont plus ou moins rapprochées, on peut exécuter dessus, sinon des bas, puisque sa disposition n'admet ni ré-

trécissement ni élargissement, au moins des jambières, des brassières et même des maillots de corps, auxquels on n'aurait que la peine d'ajouter des manches.

Le travail s'y fait exactement comme au râteau rectangulaire, mais le montage diffère, en ce sens qu'il faut d'abord enrouler la laine en tournant autour de chaque dent jusqu'à ce qu'on soit revenu à son point de départ; mais à partir de ce moment, au lieu d'enrouler la laine autour des dents, on la

Fig. 16. — Tricot épais au râteau.

juxtapose seulement et l'on fait tomber par-dessus, le brin juxtaposé le tour précédent; au milieu du râteau par-dessus les dents.

Et ainsi de suite.

Mais, répétons-le, cette fabrication ne saurait être industrielle, car au prix où se vend la bonneterie commune, la main-d'œuvre n'y trouverait pas de rémunération suffisante.

TRICOT MÉCANIQUE

Le tricot vraiment industriel se fait sur

des métiers dont les variétés sont aujourd'hui très nombreuses, mais dont le principe fut le râteau perfectionné.

L'invention de la machine à tricoter est assez généralement attribuée à un pasteur protestant de Woodboroug, nommé William Lee, qui, ennuyé de voir sa fiancée absorbée par un tricotage sans relâche, étudia les moyens mécaniques de suppléer à cet ennuyeux travail; il y réussit vers 1589; mais, ne trouvant pas dans son pays les encouragements qu'il espérait, il passa en France

avec quelques ouvriers qu'il avait formés et, protégé par Henri IV, il fonda à Rouen, en 1600, la première fabrique de tricot mécanique que l'on connaisse.

La nouvelle industrie fut-elle prospère, comme on le dit? Il est permis d'en douter, car à la mort de Henri IV les ouvriers bonnetiers de Rouen retournèrent en An-

Fig. 17. — Râteau rond.

gleterre, où les métiers de William Lee furent alors si appréciés que l'exportation en fut interdite, et que la France devint tributaire de l'Angleterre, pour une industrie qui avait été créée chez elle. Ce ne fut qu'en

1656 que Jean Hindrès, mécanicien habile, qui était allé en Angleterre à la suggestion de Colbert, pour y surprendre le secret des métiers à tricoter, fonda dans le château de Madrid, au bois de Boulogne, une manu-

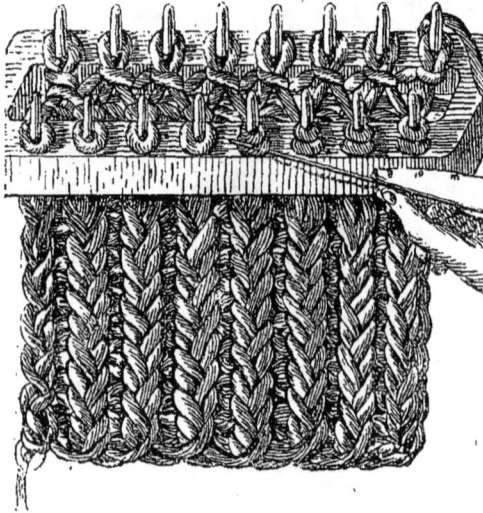

Fig. 15. — Râteau rectangulaire.

facture qu'il faut considérer comme l'origine de notre fabrication mécanique de tissus à mailles élastiques.

Le métier d'Hindrès a été notablement modifié par l'industrie moderne; mais comme les métiers nouveaux, dont nous parlerons plus loin, partent du même principe, nous le décrirons d'abord, sinon tel qu'il était d'origine, du moins tel qu'on l'employait encore il y a trente ans.

MÉTIERS RECTILIGNES

Le métier rectiligne produit autant de mailles, d'un seul coup, qu'il y en a de réparties sur une même ligne droite; mais il présente l'inconvénient de ne donner que des surfaces planes, qu'on est obligé de relier ensuite, soit par une couture, soit par un remmaillage, pour produire des vêtements fermés.

Il se compose, outre le bâti qu'expliquera suffisamment notre dessin, d'une série d'aiguilles placées parallèlement les unes aux autres, dans un même plan horizontal, à des distances proportionnées à la finesse du tricot que l'on veut fabriquer. L'ensemble de ces aiguilles s'appelle la *fonture* du métier.

Ces aiguilles sont terminées par un bec flexible et recourbé, dont l'extrémité se loge, dès qu'on appuie dessus, dans une rainure pratiquée à cet effet dans la partie rectiligne et qu'on appelle le *chas*.

Ce mécanisme est indispensable pour laisser glisser les fils, comme nous le verrons plus loin.

Elles sont maintenues, dans la position horizontale, par leur autre extrémité, qui est noyée dans un bâti composé d'une série de petites plaques en étain, qu'on appelle *plombs*, et qui contiennent chacune deux aiguilles.

Entre chacune des aiguilles sont intercalées des lames verticales, nommées *platines*, qui portent chacune un bec à angle droit, indiqué en A sur nos dessins (fig. 18 et suivantes), et une courbure convexe B, disposée au-dessous.

Ces platines sont animées, selon les temps, d'un double mouvement, l'un de translation verticale et l'autre de translation horizontale parallèlement à elles-mêmes; car

elles sont destinées à abaisser le fil entre les aiguilles pour l'opération du métier et voici comment:

Le fil à tricoter (que ce soit de la laine ou du coton, nous dirons toujours le fil), le fil C, est étalé, à la main, sans tension, suivant une ligne droite sur la rangée horizontale des aiguilles de façon à former un angle droit avec leur direction. Un mouvement de translation vertical des platines appuie successivement tous les becs A sur le fil (fig. 19) et le force à entrer dans les espaces vides qui séparent les aiguilles, et à former une espèce de feston qui constitue le *cueillage*.

Le mouvement de translation horizontale des platines, concourt avec l'action de la partie renflée, à ce qu'on appelle l'*amenage*.

Ce mouvement est combiné avec la fermeture des becs, qui s'obtient par l'abaissement d'une règle (nommée *presse*) sur les courbes D, et le dégagement du feston pardessus les becs fermés des aiguilles se fait tout naturellement, par la continuation du mouvement de translation horizontale des platines; c'est ce qu'on appelle l'*abattage* (fig. 21).

Ces mouvements constituent d'ailleurs toute l'opération; car la rangée de mailles, primitivement formée à la main, a passé par-dessus les becs des aiguilles, tandis qu'une nouvelle s'y est engagée, et il n'y a plus qu'à faire reprendre aux organes leurs positions primitives pour recommencer une seconde rangée de mailles et ainsi de suite.

Reste à voir maintenant comment ces mouvements se produisent, et nous allons l'expliquer à l'aide de la figure 22. Les platines sont assemblées à charnières sur des pièces A, nommées *ondes*, qui leur communiquent le mouvement, qu'elles reçoivent elles-mêmes de leur axe *aa*.

Il y a deux sortes de platines, les fixes et les abaisseuses, qui sont disposées alternativement, de façon que toute l'étendue de la fonture présente successivement une platine fixe et une platine abaisseuse.

Cette disposition a sa raison d'être; car si l'on abattait sur le fil tendu toutes les platines à la fois il en résulterait sur les aiguilles et sous les crochets des platines un frottement, qui concurremment avec la traction opérée sur le fil, ne manquerait pas ou de l'allonger au détriment de sa ténacité ou même de le faire casser.

En abattant au contraire successivement les deux espèces de platines (comme fig. 19), les premières descendent d'une quantité double. Ce qui permet aux autres de prendre la longueur de fil qu'il leur faut pour produire l'ondulation nécessaire, et la traction que subit le fil n'est pas de nature à l'allonger plus que de raison.

Cependant il n'est pas indispensable que les platines soient divisées en deux groupes rigoureusement réguliers; l'important est qu'elles soient abattues successivement, mais il est facile de comprendre que le fil est moins tiraillé si les platines abaisseuses sont espacées, que si elles sont rapprochées.

Voici maintenant comment s'opère l'abattage des platines (fig. 22) :

B est un curseur métallique, actionné par la corde CC, qui fait un tour complet sur une poulie D recevant le mouvement des pédales du métier. FF' sont des pièces, faisant ressort sur les extrémités du curseur, de façon à les tenir en place quand les platines abaisseuses sont levées.

Si le curseur avance, soit de gauche à droite ou de droite à gauche, il soulève successivement les extrémités des ondes et abat les platines, qui restent dans cette position jusqu'au moment où un taquet venant frapper sur l'extrémité d'un levier, fait abaisser la barre HH, laquelle agit directement sur les ondes A, qui soulèvent les platines abaisseuses.

Quant aux autres mouvements nous allons les indiquer à l'aide de notre dessin d'ensemble représentant un tricot déjà en train; car il n'est pas nécessaire de recommencer à décrire des choses déjà comprises.

La presse qui sert à enfoncer les crochets des aiguilles est abattue au moyen de la pédale B, placée entre les deux autres A et C; la corde attachée à cette pédale correspond à la barre G qui par l'intermédiaire des leviers à charnières H H, qu'on appelle cages en fer, communique le mouvement à la presse.

Un ressort E, communiquant par une corde avec deux barres G et L, a pour objet de les maintenir alternativement levées ou baissées. Ainsi quand on enfonce la pédale B, la pièce G est baissée, et la barre L, qui porte le bâti des platines fixes, est levée, de même que si la pédale B est relevée, la barre G se trouve levée et le bâti des platines baissé.

De sorte que, quand les platines fixes sont abattues, les crochets sont ouverts et quand elles sont levées les crochets sont fermés.

Les pédales A et C servent, au moyen de la poulie D, à mettre alternativement en mouvement de gauche à droite et de droite à gauche le curseur qui actionne les platines, par l'intermédiaire des *ondes* comme nous l'avons déjà dit plus haut.

Quant au mouvement d'avancement et de reculement des aiguilles, il se donne à la main au moyen des deux battants M M, placés de chaque côté du métier.

Avec l'appareil que nous venons de décrire on ne peut faire que du tricot à mailles ordinaires, que l'on peut rétrécir ou élargir en retranchant ou en ajoutant, de chaque côté de l'ouvrage, et progressivement par une maille à la fois, selon la façon du travail à accomplir ; nous allons étudier maintenant le métier pour tricot à côtes.

TRICOT A COTES

Le tricot à côtes ne diffère en somme du tricot ordinaire que par la disposition des mailles ; les unes présentant la tête en dehors, tandis les autres l'ont en dedans. Aussi le métier employé pour le faire est-il tout simplement un métier ordinaire, additionné d'une machine particulière que va faire comprendre notre figure 23, montrant un métier vu de face.

Toute la partie supérieure est celle d'un métier ordinaire. A est le bâti supportant les platines fixes, B B celui des platines abaisseuses et C C, les cages en fer ; la partie ajoutée sur le devant, est le cadre D D por-

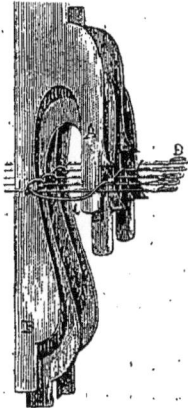

Fig. 19. — Le cueillage.

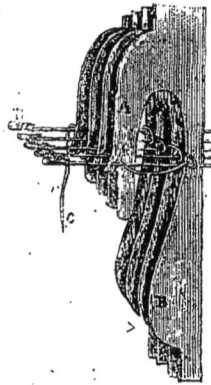

Fig. 18. — Position normale des platines.

tant des aiguilles à tricot semblables aux aiguilles ordinaires, mais disposées autrement, c'est-à-dire réparties par groupes de 2, 3, 4 au plus, selon l'épaisseur que l'on veut donner aux côtes et la largeur que l'on veut ménager entre chacune.

Ainsi, si le côtelage est régulier et composé de 3 mailles d'un côté et 3 mailles de l'autre, il y a trois aiguilles additionnelles devant trois aiguilles de tricot ordinaire, puis un vide de trois aiguilles, puis trois aiguilles à côtes devant trois ordinaires, puis

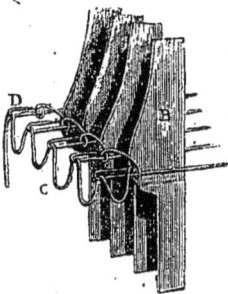

Fig. 20. — L'amenage.

Fig. 21. — L'abattage.

un vide, et ainsi de suite sur toute la fonture.

Pour la manœuvre de ces aiguilles additionnelles il faut retourner le sens d'un certain nombre de mailles, en présentant le dos de la maille, du côté opposé à celui que

lui donne la machine ; il suffit pour cela de changer la position du plan des parties ondulées du fil correspondant aux côtes, de façon que les mailles ordinaires et les côtes se fassent alternativement.

Les premières faites, les aiguilles à côtes

sont soulevées entre les aiguilles à mailles ordinaires, pour prendre le dernier fil des aiguilles à mailles correspondantes, que l'on fait repasser par la maille inférieure d'où il sort, pour revenir sur l'aiguille où il était d'abord.

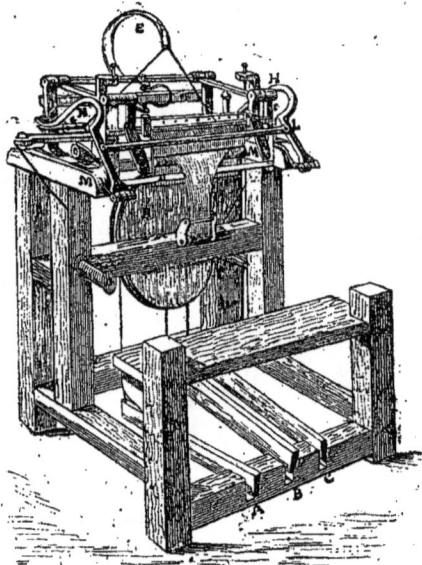

Ensemble du métier rectiligne.

De cette façon les côtes se produisent alternativement avec les creux, qui sont, en somme, des parties planes tricotées par les aiguilles du métier ordinaire.

MÉTIERS CIRCULAIRES

Pour remédier à l'inconvénient que présente le métier rectiligne, de ne pouvoir tisser que des surfaces planes, on a inventé les métiers circulaires, sur lesquels on fabrique des pièces de tricot, qui ont la forme cylindrique d'un tube ou d'un manchon, dont le diamètre dépend naturellement de la fonture.

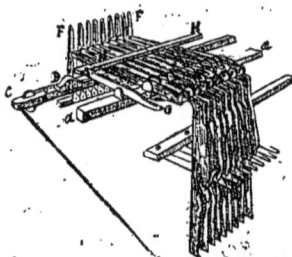

Fig. 22. — Détails du métier rectiligne.

Cette invention remonte à 1815; mais elle ne reçut guère d'application industrielle que vers 1835; encore a-t-elle eu longtemps à lutter contre les métiers rectilignes, que la routine avait consacrés pour la fabrication des bonneteries fines.

Des nombreux perfectionnements apportés au métier circulaire, il s'ensuit qu'il y en a de beaucoup de sortes, mais tous se composent des mêmes organes que les métiers droits, savoir :

D'une fonture, dont les aiguilles au lieu d'être disposées sur un bâti horizontal, sont plantées autour d'un plateau circulaire ; d'un organe cueilleur, modifié en vue de la disposition nouvelle des aiguilles ; d'un système de presse pour fermer les becs des aiguilles, et d'un procédé pour déterminer l'abattage des mailles.

Pourvus des mêmes organes, ces métiers fonctionnent naturellement comme les métiers droits, et si l'on a changé les moteurs, en remplaçant les pédales par des manivelles ou même des engrenages pour courroies de transmission, la même modification a été faite, ou peut être faite, sur les métiers classiques.

Les métiers circulaires se font de toutes dimensions, il y en a dont la fonture n'a que 5 centimètres de diamètre et d'autres où elle dépasse 3 mètres ; mais entre ces deux extrêmes, qui ont leurs destinations spéciales, il y a au moins une vingtaine de formats, qui se distinguent par leur nombre de *chutes;* on appelle ainsi la répétitions des mêmes organes tels que presses, mailleurs, pièces de reculement ou d'abattage.

Or, comme les organes constituant une chute font exactement le même office que les mains d'une ouvrière tricoteuse, il s'ensuit que plus une machine a de chutes, plus elle doit produire, et l'on se fera une idée du travail qu'on peut en attendre, en prenant pour base une machine de 36 cent. de diamètre, garnie de 1,000 aiguilles, qui produit avec deux chutes seulement, de 50 à 60 mètres carrés de tricot par jour.

Au premier coup d'œil d'une machine, on juge de son nombre de chutes par celui des pelotons de laine que l'on voit sur le porte-fuseaux.

Nous ne pouvons étudier ici tous les genres de métiers circulaires, mais il serait injuste de ne pas mentionner la modification apportée dans leur construction vers 1841, par M. Jacquin de Troyes. Dans son métier, connu sous le nom de métier à roues cueilleuses, les platines cueilleuses, qui tiennent beaucoup de place, sont remplacées par une roue dentée, disposée de telle sorte que chacune de ses dents, par un mouvement de rotation, appuie sur le fil posé sur la fonture et l'engage successivement entre les aiguilles correspondantes.

Ce système repose, comme tous ceux qui ont été imaginés depuis dans le même but : sur la mobilité des dents, qui peuvent rester ou sortir de la jante de la roue pendant sa révolution ; sur la propriété que cette mobilité donne aux dents de n'opérer qu'au moment de leur fonctionnement, et juste au point où leur action est utile ; et enfin sur l'avantage de pouvoir faire varier la longueur des boucles, en raison de l'amplitude donnée à la course de la dent mobile.

MÉTIERS RECTILIGNES A DIVISIONS MULTIPLES

Les perfectionnements n'ont pas été apportés seulement aux métiers circulaires et l'on possède des métiers rectilignes, pouvant faire simultanément et automatiquement un nombre de pièces, qui n'est limité que par celui des fontures, ou en d'autres termes par la largeur des métiers.

Les machines de ce genre sont surtout destinées à la fabrication des bas, et les plus usitées sont à 6 fontures ; c'est-à-dire qu'elle produisent à la fois, avec une force motrice insignifiante, puisqu'on peut l'évaluer à un dixième de cheval-vapeur, trois paires de bas.

Ces métiers étant automatiques, un seul homme peut en conduire deux à la fois et faire, dans sa journée de travail, 96 bas de finesse moyenne, tandis que sur un métier ordinaire il faut beaucoup travailler pour faire 3 bas en 12 heures.

Et la perfection du produit n'en souffre pas, au contraire ; car le travail est mécanique et une mécanique ne se trompe jamais tandis que la main de l'ouvrier, qui se fatigue, n'est plus aussi sûre le soir que le matin.

Seulement il faut que la mécanique soit bien faite ; c'est le cas de celle qui nous occupe.

En tant que métier, c'est absolument un métier ordinaire, à la condition que la fonture soit assez étendue pour qu'au lieu d'un fil on puisse en étaler six de même longueur, les uns à côté des autres, en laissant entre eux l'espace nécessaire pour le jeu du mécanisme de chacun.

En d'autres termes, c'est un métier à 6 fontures, dont chacune est munie de deux poinçons, placés l'un à la lisière ou *rive* de droite et l'autre à la lisière de gauche, et que l'on peut, quand cela est utile, déplacer pour changer ou rétrécir la pièce, selon les nécessités du travail.

Toute la difficulté, facilement vaincue, du reste, consistait à donner à ces six fontures un mouvement simultané pour que les

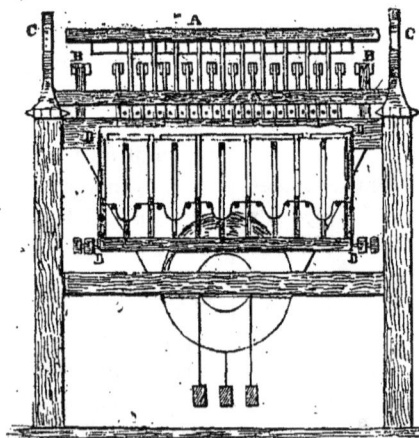

Fig. 23. — Appareil pour tricot à côtes.

pièces se fissent en même temps ; la poulie motrice du moteur ordinaire, actionnée par une manivelle ou une courroie de transmission du moteur de l'usine, et munie de commandes pour les organes principaux, suffit à toutes les fonctions qui se résument, d'ailleurs, à six :

1° Distribution du fil et alimentation de la machine, — 2° cueillage, — 3° formation et abattage des mailles, — 4° fermeture par la presse des becs des aiguilles, — 5° abaissement intermittent des poinçons et leur mouvement de translation, et 6° retour des organes et de leur commande à leurs positions initiales, après le fonctionnement.

A cet énoncé, le mécanisme paraît très compliqué, à cause de la précision que réclament la combinaison et l'exécution de toutes les pièces composant le métier ; il est cependant fort simple. Il consiste dans un arbre principal, axe de la poulie motrice, sur lequel sont assemblées autant [de cames que le métier à de mouvements] principaux à exécuter, et commandant les organes par des tiges ou des léviers, combinés de façon à établir les relations nécessaires.

Quels qu'admirables que soient ces métiers, connus seulement depuis 1862 et dont les premiers fonctionnèrent chez M. Talbouis de Saint-Just et chez M. Berthelot de Troyes, il y a mieux pourtant et l'exposition actuelle de Nice nous a fait voir une machine plus complète encore, puisqu'il n'y a, en quelque sorte qu'à la regarder faire.

Ce métier, exposé par M. Georges Schwab fils, de Beaume-les-Dames, sous le nom de machine à tricoter, a une histoire qui doit trouver sa place ici.

MACHINES AUTOMATIQUES A TRICOTER

Vers 1864, un Américain, nommé Lamb, inventa pour le tricot un petit métier, si simple, si portatif, que son emploi aurait dû s'universaliser comme celui de la machine à coudre.

Il n'en fut rien pourtant; la machine à tricoter ne réussit point en Amérique, et son inventeur vint tenter la fortune en Europe. Son brevet, pour la France, déjà près de tomber dans le domaine public, fut acheté par la Compagnie Bustorf, Dubied

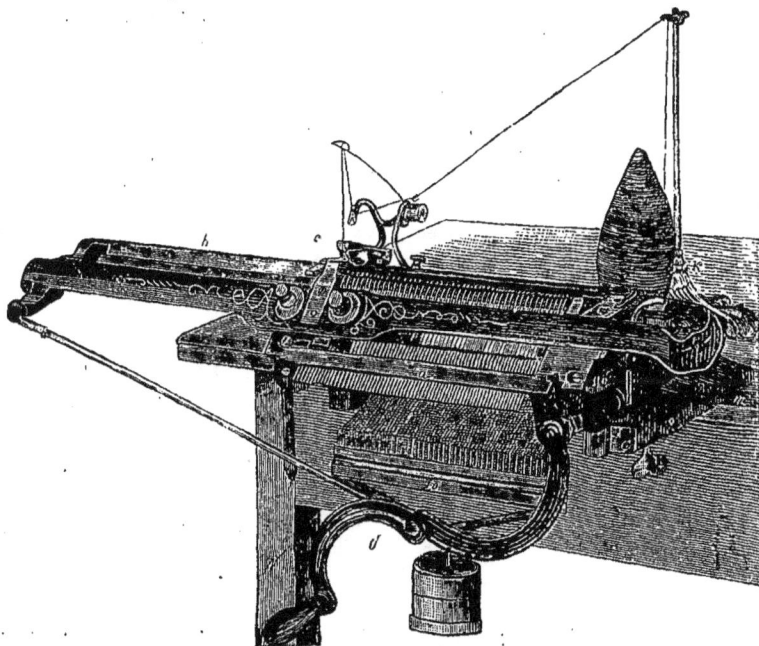

Fig. 24. — Machine à tricoter (système Schawb).

et Carbonnier, qui ne pouvant avoir l'espérance de se créer un monopole de fabrication, n'y attacha qu'une importance très secondaire.

La première machine à tricoter parut à l'Exposition universelle de 1867; mais soit que sa construction laissât à désirer ou pour toute autre cause, on y fit à peine attention.

En France, du moins; car un industriel allemand la remarqua, et quelque temps

après, la Saxe employait la tricoteuse mécanique.

C'est de là qu'elle nous est revenue, importée en quelque sorte par M. Hantz-Nass, qui, privé par la germanisation de l'Alsace-Lorraine, de son emploi d'agent voyer à Dannemarie, se mit en tête d'acclimater en France la machine Lamb, dont le fonctionnement l'avait enthousiasmé.

Certes, il ne réussit pas du premier coup; mais dès qu'on eut reconnu dans les produits de ce métier, le même fini et la même solidité que dans le tricot fait à la main, le succès fut assuré et l'ex-agent voyer de Dannemarie est aujourd'hui un de nos grands industriels, occupant près de 500 ouvriers à la confection mécanique du tricot.

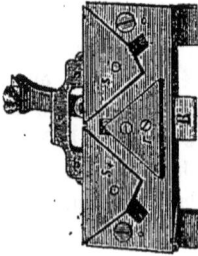

Fig. 25.

Détails de la tricoteuse Schwab.

Fig. 26.

L'exemple profita, et tous les fabricants de l'Est se pourvurent de machines Lamb, si bien que, sur les 4,000 machines employées dans la région bonnetière, il n'y en a pas 30 qui soient d'origine française.

Chiffre dérisoire, mais qui n'est que trop vrai, grâce à l'indifférence de nos constructeurs, qui laissent gagner des millions à leurs bons voisins les Allemands, quand ils n'auraient eu qu'à vouloir, pour fabriquer tout aussi bien, et aussi économiquement, une machine tombée dans le domaine public et devenue indispensable.

C'est cette machine, notablement perfec-tionnée, que M. Schwab fils, manufacturier de Beaume-les-Dames, vient d'exposer à Nice, avec une collection de ses produits les plus variés, mais tous étonnants de perfection.

En 1878, déjà, il avait pris un brevet pour une machine à conducteurs multiples, qui, employée par lui à la confection des gants tricotés, devint le point de départ de nombreux autres perfectionnements, tels que rayeurs à deux ou trois conducteurs, pour la fabrication des côtes de toutes sortes ; machines à deux ou trois têtes, auxquelles il ajouta un appareil aussi simple

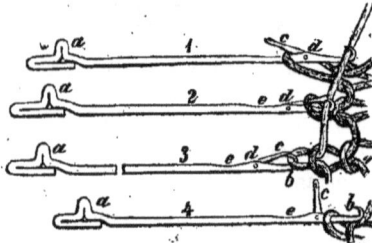

Fig. 27. — Détails de la tricoteuse Schwab.

que pratique, qui permet de déplacer automatiquement la fonture mobile et de produire sur le métier simple, sans erreur ni malfaçon, toute espèce d'objets, comme : bas, fichus, gilets, guêtres, béets, soit en tricot uni, à jours, et même à dessins les plus variés et les plus compliqués, grâce à l'addition d'un mouvement indirect et de cartons, genre Jacquart.

Voici d'ailleurs la description de la machine dont nous donnons un dessin, page 1124.

Elle se compose d'un chariot mobile B, qui, mis en mouvement par une manivelle d, glisse sur deux platines inclinées, chargées d'un nombre d'aiguilles, qui varie suivant la longueur et le numéro de la machine, c'est-à-dire entre un mètre et un mètre cinquante, car cette tricoteuse ne vise pas que le travail industriel; elle est certainement appelée, dans un temps donné, à remplir, au foyer domestique, la même mission économique que la machine à coudre.

Les aiguilles sont maintenues dans les rainures des platines par une plaque dite taie d'aiguilles, et qui est fixée sur le lit d'aiguilles et en dessous du chariot, qui met les aiguilles en mouvement ou les laisse en repos, selon qu'elles sont ouvertes ou fermées. Ces plaques sont indiquées par ss, dans notre figure 25.

Si l'appareil à cames est ouvert, comme dans la figure en question, les aiguilles viennent frapper contre le triangle R, et prennent immédiatement un mouvement ascensionnel, qui les élève jusqu'à la hauteur du fil qu'elles cueillent pour former la maille.

L'aiguille ayant accompli ce mouvement, vient de nouveau frapper contre l'une des tringles S, qui lui imprime un mouvement de haut en bas, et la reconduit dans son lit, en lui faisant former une nouvelle maille par la fermeture de son clapet, indiqué en c, dans la figure 27, qui montre ce clapet dans les différentes positions qu'il occupe pendant le cours du travail.

Si le triangle R du milieu est fermé comme dans la figure 26, les aiguilles restent en repos et ne forment pas de nouvelles mailles; ce qui permet de travailler alternativement sur l'une et sur l'autre fonture, et de produire un tricot uni, fermé, sans couture, et diminué selon besoin; l'un des grands avantages de la tricoteuse, et que l'on ne trouve point dans les autres métiers.

Les serrures SS et R s'ouvrent et se ferment à volonté, par la disposition de quatre verrous, placés aux extrémités de chaque fonture, et qui, suivant qu'ils sont levés ou baissés, poussent par l'appendice B (fig. 25 et 26) le triangle R de haut en bas.

On voit que rien n'est plus simple que le fonctionnement de cette machine qui, par d'ingénieuses dispositions, et l'addition d'appareils : à baisser la fonture de devant, à faire mouvoir horizontalement la fonture de derrière, peut produire tous les genres de mailles connues et toutes les côtes imaginables, à jour ou à dessins.

Par la diversité des produits qu'elle permet d'exécuter, elle est devenue le métier universel pour le tissage à mailles élastiques.

Tricotant et diminuant, en rond, sans couture, mieux que les métiers circulaires, elle remplace économiquement par ses produits les objets tricotés à la main et offre, en plus, de grands avantages de solidité, de durée, de forme et d'élégance sur la production manuelle des ménagères.

Après cette machine, pourvue d'un compteur automatique qui compte les tours et les demi-tours, même quand l'ouvrier ne travaille que par un court mouvement de va-et-vient, soit en bas soit en haut, — après cette machine, faut-il tirer l'échelle?

Qui sait? Le génie est si inventif! Le dernier mot n'est peut-être pas encore dit.

BOUGIES STÉARIQUES

La fabrication des bougies stéariques est une industrie toute française, inventée théoriquement par le savant chimiste Chevreul, et pratiquement par M. de Milly, gentilhomme de la chambre de Charles X, qui voyant son avenir brisé par la révolution de Juillet, se jeta courageusement dans l'industrie et fonda en 1831, place de l'Étoile, une manufacture de bougies, prototype et modèle de toutes les autres, et dont les produits sont universellement connus sous le nom de « bougies de l'Étoile ».

Le but de la stéarinerie était de trouver pour l'éclairage quelque chose de moins cher que la bougie de cire, à peu près inaccessible aux masses, et de plus propre que la chandelle de suif, dont les inconvénients sont plus nombreux que les avantages.

Pour cela, il fallait étudier scientifiquement l'origine, la nature et la composition des corps gras, auxquels on pouvait demander un élément nouveau.

C'est ce que fit Chevreul, dont les travaux, commencés dès 1811, n'aboutirent à une solution pratique qu'après de longues années de recherches.

En même temps que lui, et partant peut-être du principe qu'il avait émis : que les graisses, comparables aux éthers, combinaisons de l'alcool avec les acides, sont des combinaisons d'acides gras avec la glycérine et qu'on peut les décomposer par les acides, — un chimiste de Nancy, Braconnot, faisait des expériences.

En 1815, ayant réussi à séparer, par simple pression, les suifs en deux éléments de même nature, mais fusibles à des températures différentes, il essaya d'employer la partie solide à la fabrication des bougies,

mais n'obtint aucun résultat industriel ; il abandonna ses études et laissa libre le champ que Chevreul cultivait.

De 1813 à 1823, le savant directeur des Gobelins publia une série de mémoires, dont l'ensemble démontra que la graisse des animaux est formée de trois principes immédiats : la *stéarine*, la *margarine* et l'*oléine*.

Il fut en même temps acquis à la science que ces principes immédiats se dédoublaient en glycérine et en acide, de sorte que la stéarine produit de la glycérine et de l'acide stéarique ; la margarine, de la glycérine et de l'acide margarique, et l'oléine, de la glycérine et de l'acide oléique.

De plus, Chevreul sépara les acides gras, les uns des autres, et reconnut que tous sont volatilisables dans des conditions déterminées, mais que deux seulement, l'acide stéarique et l'acide margarique sont blancs, solides et cristallisables, tandis que l'acide oléique est liquide à la température ordinaire.

Il en résultait qu'on pouvait, par la saponification, réduire les acides gras à l'état de savon, séparer mécaniquement les parties solide et liquide, et consacrer l'acide stéarique à la fabrication des bougies.

Tel fut le point de départ de l'industrie stéarique, mais si l'on avait les données scientifiques, des certitudes expérimentales, les moyens pratiques n'étaient point trouvés.

Chevreul les chercha et, de concert avec Gay-Lussac, il prit en 1825 des brevets pour l'exploitation de sa découverte en France et en Angleterre, mais l'entreprise ne réussit pas ; les savants, opérant industriellement comme dans leurs laboratoires, c'est-à-dire saponifiant par la soude et dé-

composant le savon obtenu par l'acide chlorhydrique, ils produisirent, coûteusement,
des bougies qui ne brûlaient pas mieux que
la chandelle.

On crut que ces inconvénients prove-
naient de la mèche, qui s'engorgeait et s'en-
veloppait d'une matière charbonneuse, et
M. Jules de Cambacérès, ingénieur des ponts
et chaussées, inventa les mèches nattées ou
tressées, dont on se sert encore aujour-
d'hui. C'était quelque chose, mais ce n'était
pas tout; les bougies qu'il produisit étaient
jaunâtres, grasses au toucher, et exha-
laient, en brûlant mal, une odeur désagréable.

La tentative parut être abandonnée et
pendant quelques années on n'y pensa plus.
En 1829, M. de Milly, docteur en médecine,
bien qu'ayant charge à la cour, reprit avec
un de ses confrères, M. Motard, l'étude de

Autoclave de M. de Milly pour la saponification.

la question et entreprit de compléter la découverte de Chevreul.

Deux années se passèrent en recherches
persévérantes, qui aboutirent au résultat
pratique, c'est-à-dire à remplacer par de la
chaux, la soude ou la potasse dont on s'é-
tait servi jusqu'alors pour la saponification
des corps gras.

Cette découverte, qui fit tomber immédiatement de 60 francs à 2 francs le prix du
kilogramme d'acide stéarique, est la vraie
création de l'éclairage par les corps gras,
et c'est alors que MM. de Milly et Motard
fondèrent, place de l'Étoile, une fabrique
dont les produits figurèrent avec honneur à
l'Exposition de 1834.

De nombreux perfectionnements ont été
apportés depuis dans l'outillage de l'usine, qui
est maintenant plus au large dans la plaine
Saint-Denis, et dans les procédés de fabrication. Mais ils appartiennent tous en propre à
M. de Milly, son associé l'ayant quitté en

L. Enser di.

Atelier des autoclaves, à l'usine de l'Étoile.

1835 pour aller fonder à Berlin un établissement analogue, qui existe encore aujourd'hui,

Nous allons étudier successivement tous ces perfectionnements, en suivant méthodiquement toutes les phases de la fabrication; mais avant nous dirons quelques mots des matières premières.

MATIÈRES PREMIÈRES

Bien que tous les corps gras puissent être employés dans la fabrication des bougies stéariques, il faut néanmoins les classer d'après leur nature,

MATIÈRES ANIMALES

Les animaux fournissent les matières grasses concrètes, suifs et graisses, et les matières grasses fluides, provenant des débris des animaux abattus et des corps de certains poissons ou animaux aquatiques.

Les suifs de mouton sont incomparablement les meilleurs et les plus faciles à travailler; mais on emploie beaucoup aussi les suifs de bœuf, de veau, de chèvre et de bouc.

Les graisses sont : le beurre de vache, la moelle d'os de bœuf, la graisse de porc, le *flambart* (déchets ramassés par les charcutiers), la graisse de pot-au-feu, la graisse d'oie et le blanc de baleine.

Les matières animales fluides sont : les huiles de pied de bœuf, de mouton ou de cheval, les huiles de baleine, de cachalot, de phoque, de marsouin, de lamantin et de divers autres poissons.

MATIÈRES VÉGÉTALES

Les matières grasses, d'origine végétale sont concrètes ou fluides.

Les premières s'extraient de la plupart des fruits : drupes, amandes, baies, feuilles de divers arbres ou arbrisseaux de toutes les latitudes; elles constituent les beurres, pains, cires et suifs d'huiles.

Les secondes sont les extraits visqueux des fruits et graisses, comme l'olive, l'œillette, le colza, l'arachide, le sésame; en un mot ce sont les huiles proprement dites: de noix, de chènevis, de coton, de ricin, de faîne, de lin, et beaucoup d'autres encore de provenance étrangère, et surtout l'huile de palme, que l'on fait venir des côtes d'Afrique, et qui donne au traitement un produit analogue aux graisses animales.

Si l'on ajoute à cela toute une série de produits exotiques: tels que l'huile de noix de coco, le beurre de Cambodge, le beurre de Mochat, le beurre de Muscade, les cires de Bicuiba, de Cayenne, du Japon, de Carnauba, les huiles de laurier, de sterculia, de mafurra, de virula, de cohune, et bien d'autres que l'on n'emploie pas encore beaucoup, mais qui peuvent l'être assez économiquement, on voit que les matières éclairantes ne feront jamais défaut, et que lors même que la Russie et l'Amérique du Sud, qui nous approvisionnent, en partie, de leurs graisses et suifs, viendraient à nous manquer, on n'aurait que l'embarras du choix pour trouver des éléments de remplacement.

FABRICATION

La fabrication des bougies comprend une série d'opérations qu'on peut classer ainsi : Saponification des matières grasses. — Pulvérisation des savons de chaux. — Décomposition des savons de chaux. — Lavage des acides. — Moulage et cristallisation des acides. — Pressage à froid. — Pressage à chaud. — Épuration des acides solides. — Fonte et moulage des acides solides blancs. — Blanchissage des bougies. — Polissage des bougies.

Étudions-les séparément.

1° SAPONIFICATION DES CORPS GRAS

Comme on l'a déjà vu, la saponification a pour objet de décomposer les corps gras, c'est-à-dire de séparer, par la combinaison d'une matière étrangère, les acides stéarique, margarique et oléique de leur base.

En un mot, c'est la fabrication de l'acide stéarique, avec lequel on fait les bougies et qui s'extrait plus généralement du suif, soit pur, soit plus ou moins mélangé avec les graisses ou huiles, dont nous venons de parler.

Il y a pour cela deux méthodes très différentes: la première, dite par voie humide et qu'on appelle *saponification calcaire*, est basée sur la saponification des graisses au moyen de l'hydrate de chaux, et la seconde, par voie sèche, est appelée *saponification sulfurique*, parce qu'elle repose sur la décomposition des corps gras par l'acide sulfurique concentré.

SAPONIFICATION CALCAIRE

La méthode à l'hydrate de chaux est la plus ancienne et encore la plus répandue; c'est celle qu'inventèrent MM. de Milly et Motard et qui pourtant n'est employée maintenant à l'usine de l'Étoile qu'avec des modifications si profondes, que c'est en quelque sorte un autre système. Par la méthode ancienne, on opère dans une cuve de bois légèrement conique, doublée en plomb et que l'on chauffe au moyen d'un tube annulaire placé dans le fond de la cuve et qui lance des jets de vapeur, par une grande quantité de petits orifices. Un agitateur, mû par un axe vertical et muni de bras comme tous les malaxeurs imaginables, est placé au centre de la cuve, que l'on peut fermer hermétiquement, au moyen d'un couvercle ajusté.

Le suif, préalablement purifié par une première fusion, est versé dans cette cuve par 500 kilogrammes, avec environ son poids d'eau; on chauffe la cuve, et quand le suif est à peu près fondu, on ajoute peu à peu, 75 kilogrammes de chaux bien délayée dans de l'eau, et l'on met en mouvement l'a-

gitateur, qui brasse continuellement la masse.

Tout d'abord le suif et le lait de chaux forment une masse homogène et pâteuse, dans laquelle le suif existe presque sans altération. Au bout de deux heures, l'eau commence à se séparer, mais le savon calcaire est loin d'être complètement formé par le mélange intime du suif et de la chaux. On arrête cependant l'agitateur, mais on laisse continuer l'ébullition pendant encore cinq ou six heures.

Au bout de ce temps le savon calcaire étant devenu dur et granuleux, l'opération touche à sa fin; on arrête les jets de vapeur et on laisse refroidir pendant quelques heures, sans découvrir la cuve, qui doit au contraire être aussi bien fermée que possible.

On n'a plus alors qu'à soutirer les eaux glycérineuses par le bas de la cuve et à en retirer, sous forme de savon très dur et présentant une cassure terreuse, les stéarates, margarates et oléates de chaux, produits par l'opération et encore mélangés ensemble.

Inutile d'ajouter que l'opération est d'autant plus satisfaisante qu'elle a été bien menée et que les matériaux ont été mieux choisis; il faut surtout que la chaux soit très caustique et qu'elle s'éteigne sans laisser de grumeaux. Sa qualité a une influence considérable sur le produit; car, si elle renferme trop d'oxyde de fer, cet oxyde passe en partie dans le savon calcaire et lui donne une teinte jaunâtre, assez difficile à enlever.

SAPONIFICATION DANS L'AUTOCLAVE

Tel est le procédé ancien, employé peut-être encore dans quelques fabriques, mais que l'usine de l'Étoile n'emploie plus, d'abord parce qu'il est coûteux, ensuite parce qu'il présente des défectuosités.

En effet, on emploie 15 pour cent de chaux pour la saponification du suif, et les acides qu'il contient n'exigeraient pour former des savons neutres, que 5 1/2 pour cent tout au plus. MM. de Milly et Motard, préoccupés de cet inconvénient, avaient essayé dès 1834 de faire la saponification dans un autoclave chauffé à 136 degrés; mais, n'ayant pas de moyens de chauffage appropriés aux besoins de l'appareil, leur essai demeura infructueux et ne fut repris qu'en 1853 par M. de Milly, qui eut l'idée de mettre dans l'autoclave une petite quantité de chaux.

Il poursuivit ses expériences pendant deux ans, et réussit à opérer la saponification avec 4 pour cent seulement de chaux, quantité qu'il a réduite progressivement, en perfectionnant son procédé, et qui aujourd'hui ne dépasse pas 2 pour cent.

Ce procédé consiste en ceci : dans une chaudière chauffée à 8 atmosphères, à l'aide de la vapeur produite par un générateur quelconque, on introduit les matières grasses étendues d'eau et le lait de chaux; et la saponification s'opère plus vite et plus économiquement, non seulement au point de vue du temps et de la main-d'œuvre, mais encore au point de vue de la chaux, de l'acide sulfurique nécessaire aux opérations subséquentes et même au point de vue des corps gras employés, car le rendement est plus considérable et il permet de produire la glycérine plus facilement.

Cette chaudière, base de tout le système, est l'autoclave de M. de Milly. Il se compose d'un cylindre en cuivre de 16 millimètres d'épaisseur terminé de chaque côté par une calotte hémisphérique.

Ses dimensions sont 1 mètre de diamètre sur 3 de longueur, ou pour mieux dire de hauteur, car il fonctionne verticalement, établi pour moitié au-dessus du sol et encastré dans une garniture en briques, au niveau du plancher.

Il est muni, à son axe supérieur, d'une tubulure rivée, par où passe un tuyau plongeur, se terminant au fond de l'appareil par une sorte de spatule, ou plaque de cuivre formant bouclier.

Ce tuyau plongeur est la cheville ouvrière de la machine ; car il sert à toutes les phases de l'opération. Par le robinet indiqué en A sur notre dessin de la page 1128, il reçoit les corps gras et le lait de chaux disposés d'avance et séparément dans des cuves placées sur un plan plus élevé, comme on le voit dans notre gravure de la page 1129.

Par le robinet B, il reçoit la vapeur arrivant d'un générateur à haute pression. Le robinet C sert pour vider l'appareil, par l'effet de sa pression, dans des cuves, où le décantage des eaux glycérineuses et des acides gras s'effectue très facilement.

Une seconde tubulure, rivée sur la calotte supérieure de l'autoclave, tout près de la tubulure centrale donne passage à un tuyau sur lequel agit un éjecteur à vapeur qui fait le vide dans l'autoclave et permet de le charger rapidement, par l'action de la pression atmosphérique.

De plus, un petit robinet sert à l'échappement d'un jet de vapeur, dont le fonctionnement est indispensable quand l'autoclave est en travail, car cette perte de vapeur joue le rôle d'agitateur et détermine le mouvement de la masse, qui permet à la réaction chimique de se produire.

La pression s'élève à 8 kilogr. par centimètre carré et la durée de l'opération, variable selon la nature des corps gras, est généralement de 6 heures, et comme il ne faut qu'un quart d'heure pour vider et recharger l'appareil, on peut facilement faire deux opérations par journée de travail ordinaire et saponifier complètement 6,900 kilogr. de suif, dans des conditions très économiques.

D'autant que ce système rend inutile la pulvérisation des savons calcaires, comme nous le verrons plus loin.

On a essayé des méthodes encore plus économiques, c'est-à-dire la saponification à l'eau pure, ou légèrement additionnée d'acide sulfurique, portée à une haute température; les expériences de laboratoire ont générale-

Atelier de distillation des acides gras, à l'usine de l'Étoile.

ment réussi. Elles démontrent que la chose est possible scientifiquement ; reste à la rendre industrielle, ce qui n'est pas aussi facile, faute d'un appareil offrant des garanties de bon fonctionnement et de sécurité.

Car il s'agit de mettre en contract, à la température de 200 degrés, la matière grasse et l'eau. Or celle-ci développe dans ces conditions une pression considérable, au moins 15 kilogrammes par centimètre carré, qui nécessite une solidité extraordinaire dans l'appareil.

De plus, il faut que le contact intime moléculaire, entre les corps gras et l'eau, soit réalisé et d'autant plus complet qu'il n'y a pas de réactif.

M. Melsens a essayé avec un autoclave doublé de plomb, mais les résultats n'ont pas répondu à son attente ; car à la température de 180 degrés, des déchirures se sont produites dans la doublure de son appareil.

Le système de MM. Wright et Fouché, fonctionnant à 12 et 15 atmosphères, a été abandonné de même pour ses imperfections.

Ce n'est donc que pour mémoire que nous citons ce procédé, bon à noter dans tous les cas, et qui est étudié très sérieusement par la direction de l'usine de l'Étoile, qui ne désespère pas de le faire entrer dans le domaine industriel.

SAPONIFICATION SULFURIQUE

La méthode de saponification par l'acide sulfurique repose sur les principes émis à diverses époques par différents chimistes. Braconnot a expliqué l'action de l'acide sur les matières grasses, et en particulier sur les suifs. Chevreul a démontré leur dédoublement en acides gras et en glycérine et M. Frémy a expliqué la théorie de la réaction qui s'opère : il se forme d'abord des acides sulfostéarique, sulfomargarique, sulfo-oléique et sulfoglycérique ; puis l'eau bouillante dédouble les corps en

acides gras, en acide sulfurique et en glycérine et, en fin d'opération, on obtient des acides gras qui surnagent et une dissolution aqueuse d'acide sulfurique et de glycérine.

Ces théories ont été appliquées d'abord pour la décomposition des savons calcaires ; mais ce n'est que depuis 1844 qu'on en a tiré des procédés pour la saponification. Ces procédés sont nombreux ; il y en a de longs et peu économiques en somme, comme celui de M. Boeck, de Copenhague ; il y a la méthode instantanée de M. Knab, mais qui ne produisant la réaction que par l'excès d'acide sulfurique, est trop dispendieuse.

Nous allons décrire celle de MM. Masse et Tribouillet, qui fut la plus usitée, surtout pour le traitement des corps gras d'origine végétale ; elle l'est encore en certains pays, parce qu'elle permet d'employer des matières grasses de basse qualité, qui ne seraient pas saponifiables par la chaux.

Le suif, fondu et chauffé à 120 degrés, est additionné de 6 pour cent de son poids d'acide sulfurique à 66°. Le tout est bien mélangé dans une cuve, munie d'agitateurs mécaniques, où au moyen d'un rable, ou *mouveron* à bras d'homme ; car au bout de trois minutes les corps gras sont décomposés ; la masse liquide est alors dirigée dans une grande cuve contenant de l'eau bouillante, où les acides gras se lavent de façon à ne plus conserver trace d'acide sulfurique et remontent à la surface en couches noirâtres que l'on n'a qu'à écumer pour les recueillir.

À l'usine de l'Étoile on a perfectionné cette méthode de la façon suivante. Le suif, fondu à 120°, arrivait dans un entonnoir dans lequel coulait en même temps un filet d'acide sulfurique concentré, dans la proportion de 6 pour cent de la matière grasse ; le mélange serpentait pendant deux minutes dans une rigole, ce qui remplaçait le battage, et tombait de là dans la cuve d'eau bouillante.

Cela constituait une réelle économie ; car

avec ce moyen l'acide sulfurique ne détruisait que 5 à 6 pour cent de suif, tandis qu'autrement il en absorbait 15 à 20.

Nous parlons au passé; car cette méthode ne se pratique plus. A l'Etoile, comme dans la plupart des usines, d'ailleurs, on l'a remplacée par la distillation.

La distillation a surtout pour objet le blanchiment des acides gras. C'est en quelque sorte une rectification, mais on l'emploie aussi pour le traitement direct de matières impures, comme les graisses des eaux savonneuses, les dégraissages de laines, les huiles de foie de morue, et surtout pour les huiles de palmes et de cocos.

Il faut d'abord procéder à leur acidification et c'est ce qui constitue l'opération que nous avons déjà désignée sous le nom de décomposition et qui est la deuxième, quand la saponification a été faite dans l'autoclave, qui supprime la pulvérisation, et la troisième, lorsqu'on a saponifié en cuves, par l'ancien procédé.

Reprenons donc notre description par ordre et occupons-nous de la pulvérisation.

2° PULVÉRISATION

Après la saponification en cuves, nous avons dit qu'on soutirait les liquides glycérineux, et qu'il ne restait plus que les granules de savons calcaires. Quelquefois on les laisse dans la cuve; on les étend sur le fond et on les y réduit en poudre avec un fort rouleau de fonte, que l'on promène alternativement sur eux.

Plus souvent, on les transporte dans un broyeur spécial, composé de deux cylindres canelés, animés de mouvements contraires comme le train d'un laminoir avec cette différence qu'ils doivent être refroidis continuellement par un courant d'eau, dans le but d'empêcher le savon calcaire de s'échauffer sous leur pression.

D'une façon comme de l'autre, et ce qu'il importe surtout c'est que les matières grasses asséchées par la saponification soient réduites en poudre très fine ; on jette ces poudres dans les cuves à décomposition.

3° DÉCOMPOSITION

Les cuves destinées à cet usage sont de même forme et de mêmes dimensions que celles qui servent à la saponification. Seulement elles sont doublées de plomb. Les savons calcaires pulvérisés, y sont étendus d'eau et agités violemment, de façon à en former une bouillie claire, à laquelle on ajoute, pour 500 kilog. de suif 125 kilog. d'acide sulfurique étendu dans 500 litres d'eau ; on agite de nouveau et on laisse le tout ensemble, quelquefois pendant plusieurs jours, mais en ayant soin de l'agiter fréquemment. En fin d'opération on ouvre le robinet de vapeur et on met en mouvement l'agitateur. Peu à peu l'acide sulfurique s'empare de la chaux, pour former des sulfates de chaux qui tombent au fond de la cuve, et met en liberté les acides gras qui surnagent.

Alors on arrête la vapeur et quand tout le sulfate est précipité, on décante les acides gras, au moyen de robinets placés à différentes hauteurs et d'où ils s'écoulent dans des rigoles, qui les conduisent aux cuves de lavage.

L'opération peut se faire plus vite et plus économiquement en utilisant la vapeur dès le début ; mais par ce système on obtient des produits moins purs, surtout lorsque les savons calcaires renferment une quantité plus ou moins grande d'oxyde de fer, qui se sépare mieux à froid qu'à chaud.

La décomposition des graisses végétales et des huiles destinées à la distillation ne se fait pas tout à fait de la même manière.

L'opération, qui dure de 12 à 18 heures, s'effectue dans une chaudière chauffée par la vapeur, où les matières sont mélangées par l'effet d'un agitateur mécanique, dans les proportions de 150 kilogrammes d'acide sulfurique pour 100 kilogrammes d'huile de palme.

On laisse refroidir un peu, puis on fait écouler le mélange dans un récipient rempli d'eau, que l'on porte à l'ébullition par un jet de vapeur. Alors les matières se séparent, et l'acide gras, qui surnage, est décanté pour être porté à la distillation.

DISTILLATION

La distillation donne des produits plus translucides que ceux qui proviennent de la saponification et ils acquièrent après les lavages, la même pâte et la même fermeté;

mais il faut pour cela que l'opération soit bien faite et tienne compte des différences de température auxquelles distillent les corps gras, c'est-à-dire 180 degrés pour l'acide margarique ou palmatique, 200 degrés pour l'acide oléique et 220 pour l'acide stéarique.

On peut, sans inconvénient, chauffer jusqu'à 240 degrés; mais si l'on dépasse cette température les acides se colorent et d'autant plus que la température s'élève. Dans l'origine on opérait à feu nu, ce qui avait de grands inconvénients; plus tard on en-

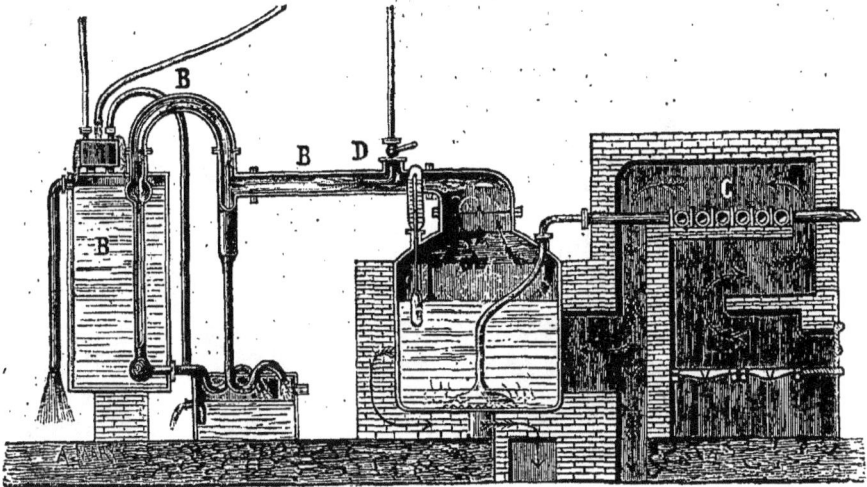

Coupe de l'apareil distillatoire.

toura la chaudière qui contenait les acides à distiller, d'une espèce de bain de sable, puis d'un bain de plomb fondu, qui poussait la température jusqu'à 300 degrés, et l'on faisait arriver un jet de vapeur dans le bain.

Aujourd'hui on se sert d'un appareil perfectionné, sinon inventé complètement par M. de Milly, et qui triomphe des deux grandes difficultés auxquelles on se buttait: celle du chauffage et surtout celle de l'entraînement des produits de la distillation, au fur et à mesure qu'ils se forment.

Cet appareil, que représente notre gra-

vure ci-dessus se compose de trois parties essentielles, isolées les unes des autres, par deux gros murs de séparation.

1° Le surchauffeur, désigné en C dans notre dessin, assemblage en serpentin de tuyaux en fonte, enfermés dans la partie supérieure d'un fourneau à trois voûtes superposées, et destiné à surchauffer jusqu'à 300 degrés, la vapeur d'eau qui y circule à faible pression.

2° L'alambic, ou cucurbite, recevant les matières à distiller.

3° Le réfrigérant ou condensateur, système de cornues et de tuyaux, où les vapeurs provenant de la distillation s'élèvent et se condensent. Surchauffeur et réfrigérant se comprennent par l'examen de notre dessin; mais l'alambic mérite une description.

Il est formé de deux pièces en fonte : l'une inférieure, qui est la chaudière, est exempte d'ajustage extérieur ; l'autre supérieure, qui est la coupole, est terminée par un col à large ouverture, sur lequel se fixe, à l'aide de brides, rondelles et boulons, un long col recourbé, en cuivre, destiné au passage des produits de la distillation, qui vont se condenser dans le réfrigérant.

Dans ce col est passé, par une tubulure D,

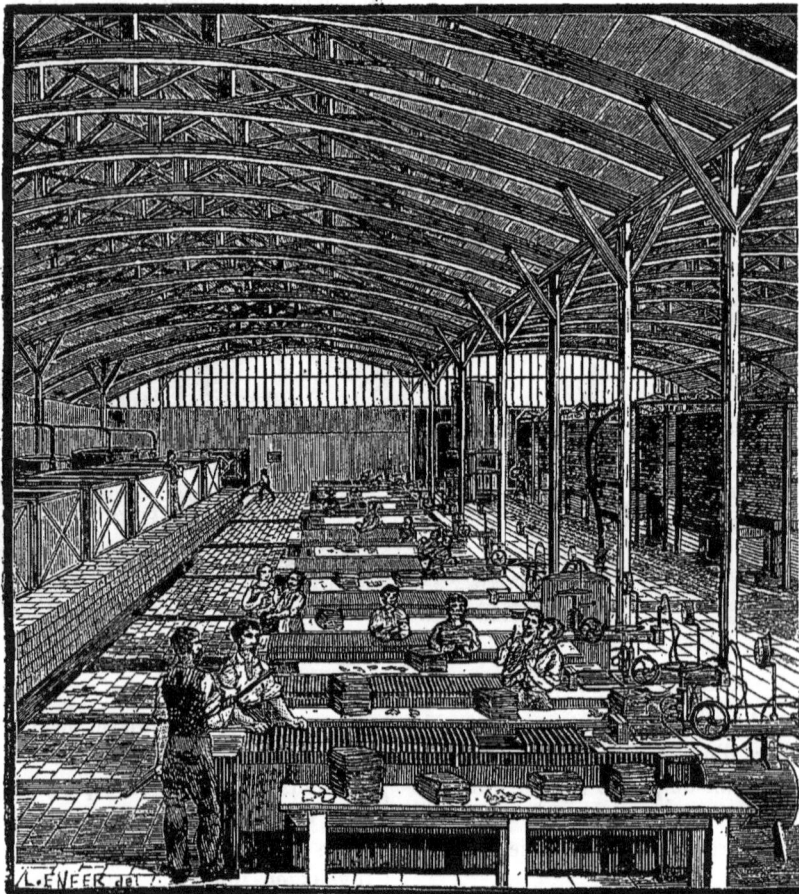

Pressage à chaud (ateliers de l'Etoile).

un tuyau recourbé qui y amène, d'un réservoir placé à 10 mètres de hauteur, de l'eau froide dont le jet entraîne mécaniquement, par sa force de projection, les vapeurs qui s'élèvent dans l'alambic et en active la condensation.

La chaudière et sa coupole, qui forment l'ensemble de l'alambic, sont solidement assemblées au moyen de boulons et d'écrous, et la chaudière est munie d'un flotteur dont le contrepoids indique le vide qui s'y produit, au fur et à mesure de la distillation, et d'un thermomètre qui permet de constater la température intérieure et de la modifier au besoin.

Avec cet ensemble, l'opération est des plus simples. La chaudière, entourée de maçonnerie, pour la préserver du refroidissement extérieur, est chargée de matière grasse, acidifiée, lavée et asséchée à la température de 150 degrés.

On fait arriver du générateur la vapeur, qui se surchauffe en passant dans le serpentin C, maintenu à 300 degrés par le foyer du fourneau et qui se dirige dans l'alambic, par un tuyau recourbé terminé en pomme d'arrosoir. La vapeur chauffée, passant par les trous de cette bosse, se divise en une multitude de petits jets, qui traversent toute la matière grasse liquide, en lui communiquant une température suffisamment élevée, pour déterminer la vaporisation des acides.

Les gaz de la distillation s'élèvent alors dans la partie supérieure de l'alambic et appelés par le vide que fait l'injecteur d'eau froide D, ils s'engagent dans les tuyaux conducteurs, recourbées en siphon, et arrivent dans le réfrigérant où ils se condensent, et dont ils sortent liquides pour s'emmagasiner dans un bac, où un système de canalisation les prend pour les conduire aux cuves du lavage.

4° LAVAGE DES ACIDES GRAS

Cette opération se fait successivement dans plusieurs cuves ; les acides gras, provenant de la saponification, passant d'abord dans une chaudière chauffée à la vapeur et doublée en plomb, où ils sont dilués et agités longuement dans une solution d'eau très étendue d'acide sulfurique. Cette opération a pour but de leur enlever les dernières traces de chaux ; de là ils sont décantés dans une autre cuve semblable, où ils subissent un deuxième lavage, à l'eau pure, qui les débarrasse de tout principe sulfurique.

5° MOULAGE ET CRISTALLISATION DES ACIDES GRAS

Les cuves de lavage sont munies à leur base de robinets, par lesquels les acides s'écoulent, par l'intermédiaire de rigoles ou de tuyaux, dans une série de moules en fer-blanc de la contenance de 30 litres environ, ayant la forme d'un prisme rectangulaire de cinq centimètres de profondeur, mais un peu évasés, pour que l'acide, solidifié en pains, en sorte plus facilement.

Ces *mouleaux* sont étagés sur des tringles horizontales et disposés en colonne, de façon à se remplir sans qu'on soit obligé de les déplacer.

A cet effet, chaque mouleau est échancré sur un côté, à la hauteur déterminée pour l'épaisseur que doit avoir le pain, de sorte que, lorsque le premier est plein, l'acide liquide s'écoule par cette échancrure, tombe dans le second qu'il remplit, et ainsi de suite jusqu'au dernier.

Les acides mettent de quinze à vingt heures à se refroidir dans les moules, d'où on les sort en pains d'une teinte plus ou moins jaunâtre, selon qu'ils renferment plus ou moins d'acide oléique, dont il reste à les purger par le pressage.

6° PRESSAGE A FROID

Le pressage à froid se fait à la presse hydraulique ; mais, avant d'y soumettre les pains d'acides gras solidifiés, on les divise en fragments plus petits, au moyen d'un couteau mécanique, puis on les introduit en couches très minces dans des sacs en forte serge, que l'on dispose en piles sur le plateau d'une presse hydraulique verticale, dont la pression est portée jusqu'à l'équivalent de 200,000 kilogrammes, mais graduellement, de façon à ne pas projeter trop brutalement l'acide oléique, qui entraînerait alors des parties solides.

Cette opération ne donne généralement en acide oléique qu'un rendement de 25 pour cent; or comme il existe à environ 35 pour cent dans le mélange, il en reste donc dans les tourteaux une notable quantité, qu'on extrait maintenant par la presse à chaud; car à l'origine de l'industrie stéarique on se contentait du pressage à froid. Aussi n'obtenait-on que des produits toujours un peu jaunes.

7° PRESSAGE A CHAUD

En sortant des presses à froid, les tourteaux d'acides gras sont placés séparément dans des enveloppes de tissus de crin, qu'on appelle *étreindelles*, et que l'on dispose parallèlement, c'est-à-dire debout sur le plateau horizontal de la presse, entre deux plaques métalliques dont la disposition et surtout le chauffage ont été beaucoup modifiés.

Dans le principe ces plaques étaient en fonte, et baignaient dans l'eau bouillante; mais ce système donnait un chauffage très inégal, et la pression était défectueuse. On les remplaça par des plaques creuses, dans lesquelles on faisait arriver un courant de vapeur qui les maintenait à une température égale. Mais chaque plaque ayant son tuyau de vapeur, qui s'alimentait à un tuyau collectif, disposé sur un bâti placé au-dessus de la presse, la machine devenait encombrante.

M. de Milly, qui a apporté les derniers perfectionnements à la presse à chaud, a supprimé les plaques creuses qui tenaient beaucoup de place sur le plateau et les a remplacées par des plaques pleines de 15 millimètres d'épaisseur; ce qui permet de presser 50 tourteaux à la fois, au lieu de 30, comme dans l'ancien système.

Ces plaques sont chauffées par la vapeur, qui circule dans un serpentin disposé dans un double fond ménagé dans la presse et il est facile de comprendre, que de cette façon, le chauffage est mieux réparti.

L'opération est délicate, mais pourtant assez simple, car elle demande surtout de l'attention. Après avoir placé une *étreindelle* entre chacune des plaques de la presse, et quand la bâche de la presse est remplie, on ouvre le robinet de vapeur pour chauffer les plaques et l'air donne la pression.

A l'usine de l'Étoile les presses, réunies dans un vaste atelier, sont actionnées par des accumulateurs de pression hydraulique, qui permettent d'opérer en deux minutes l'avancée des pistons jusqu'à 60 atmosphères, mais cette pression, reprise ensuite par des pompes, est poussée progressivement jusqu'à 400 atmosphères.

Le travail terminé, chaque étreindelle renferme un pain sec et dur d'acides gras d'un beau blanc, et dont la surface seule est souillée de traces de matières organiques ou d'oxyde de fer, qu'il sera facile d'enlever.

Le résidu qui s'écoule par le fond de la bâche, et de là dans des caniveaux qui le conduisent aux cuves de lavage, est non seulement tout l'acide oléique que contenaient les tourteaux, mais encore de notables parties d'acide stéarique, que l'on retrouve par le traitement de l'acide oléique.

TRAITEMENT DE L'ACIDE OLÉIQUE

L'acide oléique obtenu par la presse à chaud, et qui est mélangé d'acide stéarique, dans une proportion qui atteint quelquefois 20 pour cent, est dirigé vers les cuves de lavage; il subit d'abord le lavage à l'eau acidulée pour le débarrasser de l'oxyde de fer qu'il contient, puis le lavage à l'eau pure pour le purger d'acide sulfurique; après quoi il est mélangé avec 40 pour cent d'acides gras purifiés et traité successivement par le moulage en pains, le pressage à froid et le pressage à chaud, qui donnent finalement pour produit de l'acide stéarique ou margarique pur, quitte à traiter à nouveau les déchets, jusqu'à ce qu'ils ne renferment plus assez de principes utiles pour compenser la main-d'œuvre.

L'acide oléique provenant du pressage à froid a été dirigé, par une canalisation *ad hoc*, dans des bacs en tôle placés dans les sous-sols ; on l'y laisse séjourner sept ou huit jours pour qu'en refroidissant lentement il se dépouille des acides solides, en petites quantités, qu'il a entraînés.

Ces acides solides sont enlevés et placés sur des filtres en feutre, pour les épurer le plus possible, on les porte ensuite au lavage et on les introduit dans le mélange des résidus des presses à chaud, pour être traités comme nous l'avons dit tout à l'heure.

Naturellement, lorsqu'on n'a pas exclu-

Pressage à froid et accumulateurs.

sivement en vue la production de bougies irréprochables, on emprunte le plus qu'on peut de matières concrètes à l'acide oléique et il existe des appareils, notamment chez MM. Petit frères, stéariniers de Saint-Denis, au moyen desquels on peut augmenter, sans détriment de qualité, le rendement en acides gras, propres à la fabrication des bougies, de 4 à 6 pour cent.

8° ÉPURATION DES ACIDES SOLIDES

Sortant des presses à chaud, les acides concrets, réduits en *galettes* uniformes, passent d'abord aux mains des *ébarbeuses*, ou-

vrières ainsi nommées parce qu'elles ébar-
bent les galettes en enlevant les bords, qui
sont presque toujours un peu colorés et le

plus souvent par l'oxyde de fer provenant
des appareils, mais ces déchets ne sont point
perdus ; ils sont traités de nouveau par le

Presse à chaud de M. de Milly.

moulage en pains et les passages successifs
aux presses.

Les parties nettes, blanches, de l'acide
stéarique sont fondues au bain-marie, filtrées
sur des chausses en laine, et subissent un

lavage à l'eau acidulée, qui a pour objet
de les débarrasser des dernières traces de
chaux et des oxydes métalliques qu'elles
pourraient encore contenir.

On les décante alors dans d'autres cuves,

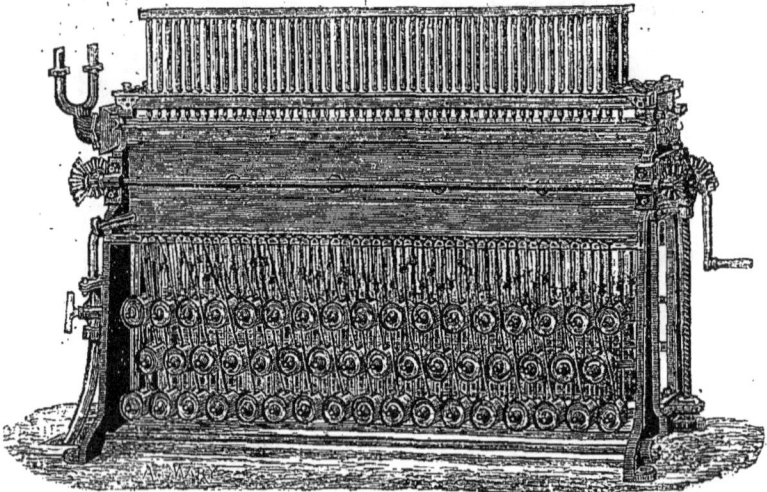

Machine parisienne à mouler les bougies (de M. Morane aîné).

où elles sont lavés à l'eau distillée. Sortant
de là, les acides sont d'une pureté aussi complète que possible, et propres à la fabrication

des bougies, pourvu qu'ils ne cristallisent pas
en se refroidissant. Ce qui arrivait souvent autrefois, mais ce qui ne se voit plus

guère maintenant, grâce à l'emploi du système de l'usine de l'Étoile.

Ce système consiste à recueillir la matière fondue dans des cuves en fonte émaillée, munies d'un agitateur qui accélère le refroidissement et empêche la cristallisation.

Il est simple et de beaucoup préférable à celui des fabricants anglais qui ajoutaient à l'acide stéarique une certaine quantité d'acide arsénieux; ce qui était nuisible à la santé des ouvriers qui moulaient la bougie et même à celle des consommateurs, et ne combattait pas toujours efficacement la tendance à la cristallisation.

9° FONTE DES ACIDES SOLIDES BLANCS ET MOULAGE DES BOUGIES

Cette double opération peut être réduite à une seule, le moulage des bougies ; il suffit pour cela d'employer les acides gras au sortir des cuves de refroidissement, quand ils ont une température de 55 degrés, mais lorsqu'on ne le fait pas, on fait refondre l'acide solide blanc, autrement dit la stéarine, dans une chaudière en cuivre étamée à l'intérieur ou plaquée en argent, ce qui vaut mieux, pour éviter la coloration des matières.

Cette chaudière est à double fond, de façon à pouvoir être chauffée par la vapeur, à la température convenable pour le moulage.

Rien ne paraît plus simple que le moulage des bougies, puisqu'il ne s'agit que de verser la matière fondue dans des moules disposés *ad hoc*, et pourtant il y a eu bien des difficultés à vaincre avant de trouver les procédés actuels, qui appartiennent en propre à M. de Milly ; car c'est surtout pour le moulage que la cristallisation était redoutable.

On s'en rendra mieux compte par ce passage du rapport du jury de l'Exposition universelle de Londres en 1862 :

« Nous ne pouvons nous dispenser de mentionner ici les nombreux essais faits dans le but de rompre la cristallisation de l'acide stéarique pendant le moulage des bougies. La première tentative consista à introduire un autre acide dans l'acide stéarique, et quoiqu'elle réussît en procurant le résultat désiré, le choix de la substance employée, l'acide arsénieux, avait été malheureux et il fut de nature à compromettre l'existence de l'industrie naissante ; il est vrai que cette substance délétère n'était employée qu'en petite quantité, mais elle était incompatible avec l'hygiène, et son usage ne tarda pas à être prohibé en France par l'autorité, ainsi qu'en Angleterre.

« Ici recommencèrent toutes les tribulations de M. de Milly ; de tous côtés il chercha un corps pouvant remplacer l'acide arsénieux et ne trouva rien ; enfin, après des essais innombrables, il mit la main sur deux expédients bien simples et qui réussirent. Ces moyens sont : l'addition dans l'acide stéarique, d'une petite quantité de cire et, plus simplement, de laisser refroidir l'acide stéarique jusqu'à une température voisine de son point de solidification, avant de le verser dans les moules, qui ont été préalablement chauffés à la même température que les acides gras. Le refroidissement de la matière, pendant qu'elle est constamment brassée, produit une pâte liquide, d'aspect laiteux, qui se solidifie dans les moules, sans effet de cristallisation. »

Cet extrait décrivant le procédé, nous n'avons plus qu'à parler des moules ou du moins de la machine qui les porte, car on pense bien que les bougies ne se font pas une à une.

A l'usine de l'Étoile, la machine est à coulage par enfilage continu et contient 10 porte-moules de 20 moules chacun.

Elle se compose de deux parties superposées ; le compartiment inférieur est occupé par des bobines horizontales, sur lesquelles sont enroulées des mèches en nombre égal à celui des moules et disposées de telle sorte que chaque fois qu'on retire une bougie, la mèche se déroule de chaque bobine, de la longueur d'une autre bougie, et se trouve retenue par le pince-mèche.

Le compartiment supérieur est une caisse en tôle, contenant les moules placés verticalement et montés à vis sur les bassins par formes de 20 ; l'extrémité de chaque moule est munie d'une garniture qui laisse passer la mèche à frottement, de façon à lui donner la tension nécessaire.

La partie haute du bâti porte un chariot, mobile sur des traverses garnies de rails ; ce chariot est muni de crémaillères commandées par deux roues dentées, recevant par l'arbre d'une manivelle, un mouvement qui sert au démoulage des bougies, par formes de 20.

La machine, chauffée par un courant d'eau tiède, mais seulement dans la partie où sont les moules, acquiert une température de 40 degrés.

Quant à l'opération, voici comment elle se fait : l'acide stéarique est versé dans les moules au moyen de pots en tôle étamée ; lorsqu'ils sont tous remplis, on refroidit l'appareil qui les contient par le passage d'un courant d'eau froide, puis au bout de vingt minutes on démoule les 200 bougies par formes de 20, à l'aide du chariot-treuil, qui les emporte au fur et à mesure, et on recommence un nouveau coulage.

Quoique fort ingénieuse cette machine est dépassée par la machine construite par M. Morane aîné, et à laquelle il a donné le nom de machine parisienne.

Avec elle il n'est pas besoin de pince-mèche, ni de l'équerre qui le porte ; la mèche, tirée par la bougie qu'on démoule, suit naturellement le mouvement et reste forcément au centre du moule, d'autant que la bougie démoulée reste soutenue au-dessus de la machine et n'en est détachée qu'après la solidification de la bougie suivante, qui prendra sa place, et ainsi de suite.

Cette machine ne contient il est vrai que cent moules, mais elle travaille néanmoins plus vite ; car le démoulage des cent bougies se fait d'un seul coup, par l'effet d'un mécanisme ingénieux placé sous l'appareil.

LES MÈCHES

Un mot maintenant des mèches. Nous avons dit déjà que M. Jules de Cambacérès imagina de les tresser pour éviter leur charbonnage, au moins aussi considérable avec la stéarine qu'avec le suif ; ce système est toujours employé, mais complété, au point de vue de la combustion, par un autre, sans lequel il n'était qu'une amélioration à peine sensible et évitant seulement la nécessité de moucher continuellement les bougies, comme on est obligé de le faire pour les chandelles.

Par suite du tressage, la mèche, au fur et à mesure que la bougie se consume, se détourne et se recourbe légèrement de façon que l'extrémité vient achever de se brûler dans le blanc de la flamme ; mais la chaux qui, quoi qu'on fasse, reste toujours dans l'acide gras, engorgeait la mèche et diminuerait sa capillarité.

La bougie que fabriqua M. de Cambacérès brûlait à peine. Celles qu'on fit après lui ne furent pas d'un usage beaucoup plus agréable, jusqu'au jour où l'on put remédier à leur inconvénient ; ce que fit M. de Milly dès 1836.

Après de nombreux essais infructueux, il pensa à imprégner la mèche tressée, d'une dissolution d'acide borique, qui en s'unissant aux cendres de la mèche donne naissance à une substance fusible, qui se fixe dans la mèche et qu'on voit briller à son extrémité, après sa complète combustion, sous forme de perle incandescente.

Les mèches sont généralement de 80 à 90 fils de coton, on les tresse, on les grille à la flamme du gaz, pour enlever les filaments nuisibles à la combustion, puis on les immerge pendant 2 ou 3 heures dans une dissolution composée de 1 1/2 0/0 d'acide borique et 1/2 0/0 de sulfate d'ammoniaque ; après quoi on les tord, et on les passe à l'essoreuse avant de les faire sécher complètement en étuve.

C'est alors seulement qu'elles sont dévidées et mises en bobines sur les machines à couler.

10° BLANCHIMENT DES BOUGIES

Retirées des moules les bougies sont détachées de leurs *masselottes* (on appelle ainsi, comme dans toutes les fontes imaginables, un excédent de leur longueur normale) enfilées dans des grillages portatifs, qui rappellent avec des dimensions moindres, les paniers à bouteilles, et transportées ainsi, par

Moulage et préparation des mèches.

des femmes, à l'étendage où elles perdront la légère teinte jaune qu'elles ont encore, pour devenir d'un beau blanc.

Autrefois on exposait les bougies à l'action de la rosée, puis à celle du soleil, qui les blanchissait fort bien, mais souvent elles se salissaient par la poussière et d'autres contacts et notamment celui de la suie des cheminées de l'usine, et l'on était presque toujours obligé de les laver, en les plongeant dans une lessive faible de carbonate do soude ou une dissolution alcaline quelconque.

Aujourd'hui, on obtient le même résultat

d'une façon beaucoup plus simple, en étendant les bougies dans de vastes salles complètement vitrées et, comme on n'y fait pas de poussière, elles y prennent leur blanc en quelques heures, sans qu'il soit besoin de les lessiver après.

11. POLISSAGE DES BOUGIES

A l'origine de la fabrication on polissait les bougies sortant de la lessive en les frottant vigoureusement avec un morceau de drap humecté d'alcool ou d'ammoniaque,

Atelier de la coulerie à l'usine de l'Étoile.

après quoi il fallait les rogner au couteau avant de pouvoir les mettre en paquets; ce qui demandait une certaine habileté pour ne pas causer trop de déchets.

Aujourd'hui ces deux opérations et même celle de l'impression de la marque, se font à la fois, automatiquement, grâce à une machine fort ingénieuse quoique très simple et dont le fonctionnement se comprendra mieux par l'examen de notre dessin de la page 1146, qui la représente en coupe.

A est une trémie dans laquelle on pose les bougies l'une sur l'autre et toutes dans le même sens.

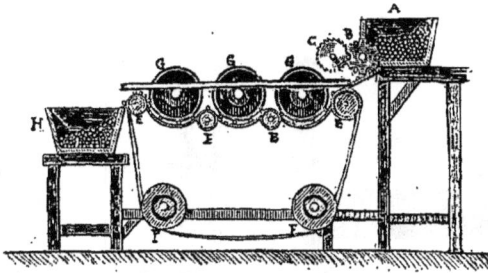

Machine à polir les bougies.

B est un rouleau cannelé, dont les cavités ont précisément la dimension des bougies. Ce rouleau les prend, une à une, dans la trémie et par sa révolution, autour de son axe, les fait passer sous la scie circulaire C, qui les coupe de longueur.

Elles tombent ensuite sur un drap en étoffe de laine D, tendu en pente, qui les amène sur une chaîne sans fin, également en étoffe de laine, supportée par une série de petits rouleaux EEE et qui passe sous les gros rouleaux inférieurs FF.

En même temps qu'un mouvement de rotation, imprimé à la fois à tous ces rouleaux, fait circuler le drap sans fin, trois autres cylindres GGG, recouverts *en drap ou en feutre*, sont mus en sens contraire par des pignons d'engrenage, qui font tourner autant de vis sans fin enfilées dans un axe commun.

De sorte que les bougies, passant l'une après l'autre sous les gros rouleaux, pendant tout le trajet de la partie supérieure de la chaîne sans fin, arrivent dans le récipient H, parfaitement polies et lustrées.

On a modifié cette machine, en remplaçant la chaîne sans fin par une table, formée de rouleaux en bois tournant dans le même sens, et les gros cylindres par une brosse animée d'un mouvement de va-et-vient. Ce système permet de marquer les bougies en même temps.

A l'extrémité de la table, la marque de fabrique est dessinée en relief sur une estampe ou cachet, chauffé par un jet de vapeur, et chaque bougie qui passe en reçoit l'empreinte en creux, par un mouvement calculé, produit par un excentrique.

Ce procédé est très simple, mais il n'est pas exclusif; car il est tout aussi facile d'imprimer la marque de fabrique au moulage même; il n'y a qu'à disposer les moules en conséquence.

Le paquetage est la dernière opération que nécessite la fabrication des bougies; mais il n'est pas besoin de la décrire. Nous dirons seulement qu'elle se fait très vite, grâce à la division du travail.

Une ouvrière rassemble les bougies par cinq, par huit ou même par dix, selon leurs dimensions, puisque chaque paquet est censé peser 500 grammes. Une autre les enferme dans un étui en carton, une autre colle sur cet étui une bande de papier indiquant le nom et la marque du fabricant.

Après quoi, ces paquets sont portés au magasin, d'où ils ne sortent pas sans être dûment revêtus de la vignette de la régie, car la bougie est frappée d'un impôt équivalent à 25 pour cent de sa valeur.

Cet impôt est sans doute une nécessité; mais il est au moins bizarre que dans le siècle des lumières ce soit précisément la lumière qui paye le plus.

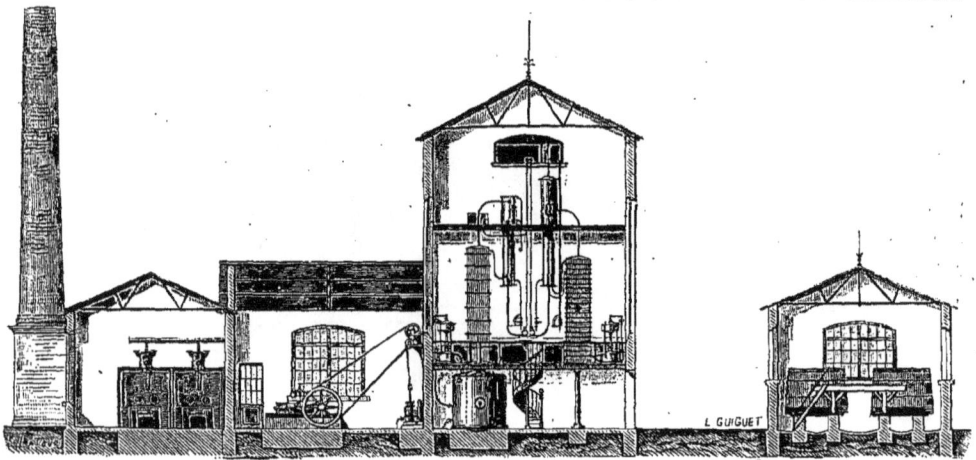

LES ALCOOLS

DISTILLATION ET RECTIFICATION

L'ALCOOL.

L'alcool a cette particularité, c'est qu'il est à la fois un des produits les plus utiles et certainement le plus discrédité; ce qui ne l'empêche pas, non seulement en France, mais dans toute l'Europe, d'être pour les gouvernements une source féconde de revenus; elle dépasse annuellement deux milliards.

Il est vrai que c'est la conséquence de sa mauvaise réputation qui l'a fait frapper partout d'un impôt triple, quadruple de sa valeur, selon que les divers États ont plus ou moins envie de faire de la moralisation, mais surtout plus ou moins besoin d'argent.

Les médecins, les hygiénistes, en lançant leurs foudres sur l'alcool, n'ont considéré que l'abus et non l'usage; sans doute, l'alcoolisme est un vice déplorable, mais il n'est peut-être pas juste de faire retomber sur lui seul toutes les maladies morales et tous les désordres sociaux.

Du reste, on ne l'a pas enrayé par l'établissement d'un impôt exorbitant; puisque la consommation augmente tous les jours.

Si la maladie a diminué, ce n'est pas qu'on boive moins, c'est que les produits sont meilleurs, grâce aux appareils perfectionnés qui permettent une rectification parfaite.

Ce n'est donc pas contre les alcools, qu'ils appellent dédaigneusement alcools d'industrie, que les hygiénistes devraient tonner, mais bien contre les mauvais matériels de distillerie, qui deviennent de plus en plus rares, il est vrai, mais qui donnent encore des produits défectueux.

La distillation n'est point d'ailleurs une industrie à dédaigner; c'est l'industrie agricole par excellence, comme l'a fort justement dit M. Liebig dans ses *Lettres sur la chimie*.

« On croit, en général, à l'étranger, que les agriculteurs allemands distillent les pommes de terre dans l'unique but de produire de l'alcool, mais c'est là une erreur, ils ne distillent qu'en vue d'engraisser leurs bestiaux avec plus d'économie. »

Cette remarque s'applique aussi bien, sinon mieux, à la betterave.

En effet, que la distillation se pratique à la ferme ou qu'elle se fasse au dehors, elle fournit toujours à l'agriculture la nourriture la plus économique et la plus apte à l'engraissement du bétail. Elle produit de la viande à bon marché; elle procure, en outre, à un prix peu élevé et sur une grande échelle, le fumier indispensable à une culture bien entendue et elle restitue à la terre tous les éléments nécessaires à la conservation de sa fertilité.

La distillerie est l'auxiliaire le plus puissant de l'agriculture; des contrées arides ont été par elle rendues fécondes et florissantes. Les terres donnent, avec son aide, le maximum de production et de revenu.

Quand la mauvaise saison arrive et que les travaux des champs cessent, la distil-

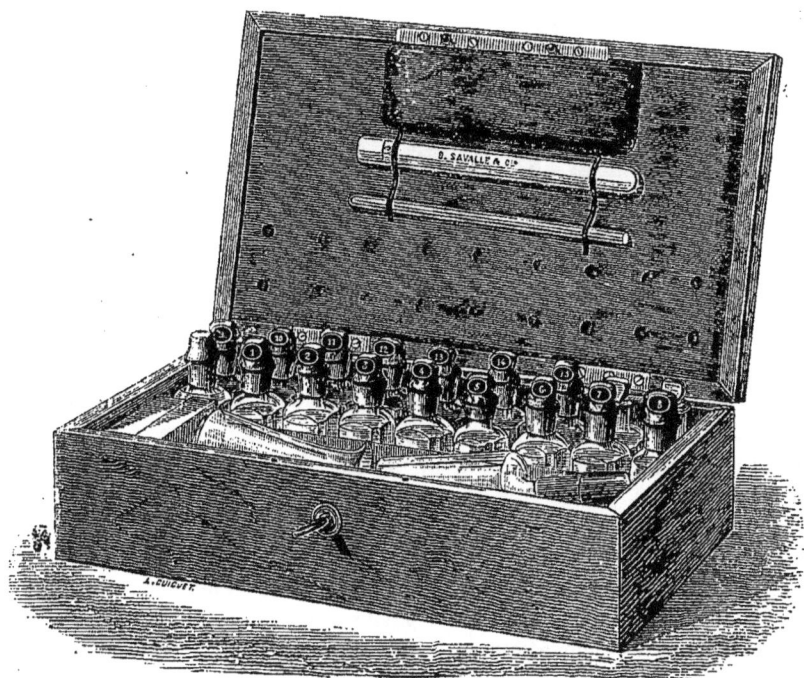

Ensemble du diaphanomètre Savalle.

lerie est là qui procure du travail aux ouvriers des campagnes. Les hivers sont, dans certaines contrées, durs et pénibles à traverser pour les pauvres gens sans occupation. Dans les pays où la distillerie existe, l'ouvrier peut gagner honorablement sa vie, car il a du travail comme en été. Nos voisins d'outre-Rhin ont mieux compris que nous l'importance des distilleries; ils en possèdent aujourd'hui près de 16,000, tandis que la France en compte à peine 700.

Il est vrai que les conditions écono-miques et surtout le morcellement des terres ne sont pas les mêmes dans les deux pays; chez nous les grandes exploitations sont plus rares, la misère bien moins grande qu'en Allemagne; néanmoins, il reste beaucoup à faire dans cette voie; d'autant que, pour l'alcool comme pour bien d'autres produits, l'importation allemande nous envahit. Ainsi, en 1872, elle n'était que de 47,226 hectolitres et, en 1881, de 252,220 hectolitres.

Il est vrai que la fabrication française n'a

pas diminué, elle se tient toujours entre 1,800,000 et 1,900,000 hectolitres d'alcools de diverses natures, mais l'augmentation

de la consommation ne lui a point profité.

Si la production est toujours la même comme quantité, elle a singulièrement

Épreuve par la chaleur.

changé de nature. En 1872, la distillation des vins avait produit 581,374 hectolitres d'alcools, tandis qu'en 1881 elle n'atteint que 61,839 hectolitres; en revanche, la distillation des grains qui ne comptait que pour 79,432 hectolitres monte à 506,273 hectolitres en 1881; il y a augmentation aussi pour la betterave qui produit 563,240 hectolitres; la distillation des mélasses reste dans les mêmes chiffres,

vers 600,000 hectolitres, et l'on compte pour plus de 100,000 hectolitres les substances diverses.

Car on fait de l'alcool à peu près avec toutes sortes de choses: des fruits, des légumes, des graines, des plantes. Ce qui est heureux au point de vue de la production depuis que l'oïdium et, après lui, le phylloxera ont rendu le vin rare.

Du reste, le choix de la matière première

Types nouveaux du diaphanomètre.

n'est que d'une importance secondaire, pour la qualité; sans doute, l'alcool peut être plus ou moins bon, mais ce n'est pas, parce qu'il est fait avec du vin, du riz, des betteraves, de la mélasse ou des pommes de terre, c'est tout simplement parce qu'il est plus ou moins bien rectifié.

De là, l'importance qu'on attache à la

perfection des appareils rectificateurs, importance d'autant mieux justifiée que les produits les plus purs se vendent avec une majoration de 20 francs par hectolitre sur le cours de la Bourse, ce qui fait déjà de 20 à 25 pour 100 de bénéfices nets.

Les alcools de commerce sont d'ailleurs classés en 9 types, dont 4 se vendent en majoration et 4 en diminution.

Le type n° 4 est le type courant, livré au cours :

Le n° 0 gagne 20 fr. par hectolitre.
Le n° 1 — 15 —
Le n° 2 — 10 —
Le n° 3 — 5 —
Le n° 5 perd 3 —
Le n° 6 — 6 —
Le n° 7 — 9 —
Le n° 8 — 12 —

Mais, direz-vous, comment reconnaître le degré de pureté, c'est-à-dire la qualité de l'alcool?

Jusqu'en 1880, on n'avait d'autre méthode que le dédoublement avec de l'eau et l'appréciation dégustative, fournissant par tâtonnements des termes de comparaison approximatifs, soumis à l'erreur et n'ayant aucune sanction scientifique. En effet, le goût et l'odorat ne sont pas développés au même point chez tous les individus et l'on comprend facilement les divergences d'opinion au sujet d'un examen assis sur une base aussi fragile.

M. Désiré Savalle qui s'occupe spécialement de la construction du matériel de distillerie et avec tant de succès qu'il en a quasi le monopole — puisque les 7/8ᵉˢ des alcools français sont fabriqués avec des appareils venant de sa maison — M. Savalle a comblé cette lacune en trouvant le moyen de doser mathématiquement le degré de pureté de l'alcool, par une méthode rationnelle et par un réactif chimique qui décèle les impuretés; de plus, il a composé un nécessaire d'un usage commode et prompt, destiné à rendre des services

continus à l'industrie, au commerce et à l'hygiène publique. M. Savalle a appelé son appareil *Diaphanomètre*, expression qui indique clairement le mode d'exécution adopté et le but atteint. En effet, c'est par le degré de transparence, la *diaphanéité* conservée par l'alcool soumis à l'action du réactif, qui dénonce, en les colorant, les plus petites parties d'impuretés non éliminées par la fabrication, qu'il indique sans hésiter la qualité du produit.

A l'aide du procédé que nous allons décrire, il n'y a plus de surprises ni de discussions sur le degré de pureté de l'alcool. Le producteur tire son produit et le vend en conséquence. L'acheteur, de son côté, vérifie la valeur de ce qu'on lui fournit, et refuse les alcools impurs qui ne conviennent pas aux préparations délicates. Enfin, la consommation n'a plus à redouter les graves inconvénients résultant de l'assimilation dangereuse de produits impurs, car le raffinage des alcools deviendra forcément de plus en plus parfait, le fabricant devant désormais extraire complètement les éthers et les huiles essentielles, qui sont des poisons pour l'organisme.

L'opération est très simple, à la portée de chacun. Le nécessaire diaphanométrique est renfermé dans une boîte en chêne.

Il consiste en une série de types, au nombre de dix, et qui sont établis avec la plus grande précision. Ces types servent d'étalons pour la comparaison à faire avec le produit soumis à l'essai.

Les numéros de 1 à 10 forment une gamme de teintes progressivement colorées, qui décèlent, par des nuances de plus en plus foncées, la quantité des impuretés. Pour atteindre ce but, ces types sont chargés eux-mêmes de $\frac{1}{10.000}$ à $\frac{10}{10.000}$ d'impuretés; de plus, ils sont mélangés au réactif chimique, qui a la propriété de teindre l'alcool selon la quantité de souillures qu'il contient.

Ces dix flacons sont cachetés et ne doivent jamais être débouchés. Ils constituent une échelle ascendante de couleurs, qui forment la base des termes de comparaison à faire.

On opère comme il suit pour l'alcool à essayer. Au moyen d'un tube gradué, on mesure dix centimètres cubes de l'alcool à vérifier et on verse dans un matras. On y ajoute une quantité égale du réactif qui se trouve dans un flacon spécial, puis on chauffe le mélange sur la flamme d'une lampe à alcool, en ayant soin de l'agiter constamment. Une minute suffit à porter le liquide à l'ébullition ; aussitôt le premier bouillon jeté, on arrête le chauffage, puis on verse le tout dans une des bouteilles vides qui se trouvent dans le nécessaire, afin de pouvoir faire la comparaison de la nuance produite avec celle de l'un des types ; celui qui donne l'intensité de la couleur du mélange obtenu indiquera le degré d'impureté.

Ce système a été perfectionné récemment ; les flacons servant de types ont été remplacés par des lames en verre établies avec une très grande précision. On procède d'ailleurs de la même façon ; car la diaphanéité de chacune de ces lames correspond à celle des types remplacés, et sert à établir le point de comparaison.

Le diaphanomètre s'applique aux alcools du Midi comme à ceux du Nord ; il sert encore à connaître le degré de pureté des eaux-de-vie.

En effet, si l'alcool de vin du Midi, sans mélange d'alcool d'industrie, contient $\frac{40}{10,000}$ d'éther et d'huile œnanthique, c'est-à-dire d'essence de vin, il est exempt de mélange d'alcool d'industrie. Mais si l'alcool de vin se trouve additionné de moitié d'alcool d'industrie, qui titre $\frac{1}{10,000}$ d'impuretés, le mélange n'indiquera plus que $\frac{21}{10,000}$ au lieu de $\frac{40}{10,000}$. Si le même produit est additionné des deux tiers d'alcool industriel il n'indiquera plus que $\frac{10}{10,000}$ d'essence de vin. Dans ce cas, il y a, outre la densité de couleur obtenue par le réactif, une autre indication précieuse :

les essences de vin mélangées au réactif produisent une teinte bien définie, toute différente de celle obtenue par l'alcool d'industrie impur.

Il en est de même pour les eaux-de-vie, dont chaque espèce contient assez régulièrement la même quantité d'essence œnanthique. Ce titre varie avec le mode de distillation employé ; mais comme les méthodes distillatoires et le degré du produit sont les mêmes pour chaque espèce d'eau-de-vie, il en résulte que les espèces varient peu comme dosage aromatique.

Lorsqu'on opère sur l'alcool de vin qui contient environ $\frac{40}{10,000}$ d'essences, il faut mélanger cet alcool par quart dans de l'alcool d'industrie, qui note blanc à l'essai diaphanométrique, et opérer sur ce mélange. On multipliera alors par quatre le nombre de degrés d'essence indiqués par l'opération.

Pour agir sur des eaux-de-vie, il faudra d'abord en distiller une partie, et opérer cette distillation d'une façon complète, c'est-à-dire ne rien laisser dans la chaudière de l'alambic après la distillation et, pour de l'eau-de-vie à 50 degrés, le coefficient d'essences obtenu sera à multiplier par deux.

Laissons maintenant les chiffres et occupons-nous des différentes espèces d'alcools en suivant leur distillation. Plus tard nous parlerons de la rectification.

On sait déjà, qu'en raison de leur degré, les alcools se subdivisent en esprits et en eaux-de-vie.

Les alcools de betteraves, mélasses, pommes de terre, qu'on appelle généralement trois-six, se distillent toujours au plus haut degré qu'ils peuvent atteindre, 95 ou 96 ; pour en faire de l'eau-de-vie commune, on les coupe à 48° avec de l'eau colorée avec du caramel, ou avec une infusion de thé, de capillaire ou de tilleul qui donnent un certain ton à la liqueur.

Les alcools de raisin se distillent soit à 96° comme en Espagne et en Italie pour viner les vins fins d'exportation, soit comme à Montpellier, Béziers, Cette, à 85° sous le nom d'esprit de vin ou trois-six de vin, qui dédoublé avec de petites eaux, produit de l'eau-de-vie qu'on appelle Montpellier; soit à 54° comme dans les Charentes et dans l'Armagnac, dont les eaux-de-vie hélas! de plus en plus rares, et surtout de plus en plus chères, prennent les noms de leurs pays de production : Champagne, Cognac, Surgères, Aigrefeuille, la Rochelle, etc.

La distillation des grains ne produit guère dans notre pays que des trois-six, surtout de riz, mais en Angleterre, en Hollande, on fait avec de l'orge, du seigle, et de l'avoine des eaux-de-vie connues

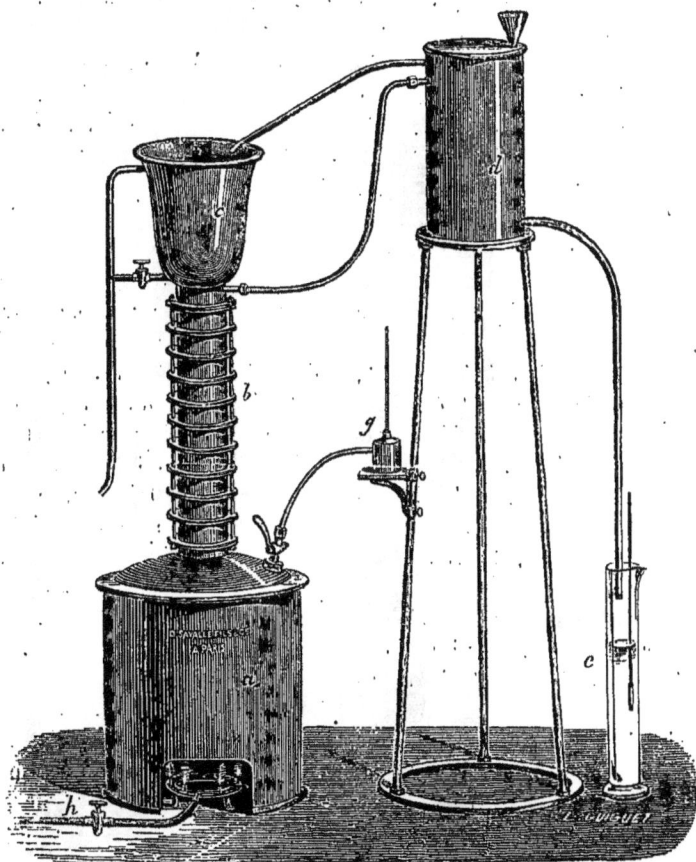

Appareil Savalle pour l'essai des vins.

sous le nom de gin, wisky, genièvre.

Les alcools faits avec des fruits qui ont un goût agréable ou une saveur spéciale ne se préparent généralement qu'à l'état d'eau-de-vie. Celle de cerises s'appelle du Kirsch; celle de prunes que l'on fait surtout en Hongrie, Slibowitza; celle de pommes, que produit principalement la Normandie, porte le nom d'eau-de-vie de cidre, ou simplement Calvados.

Les sucs végétaux sucrés qui fournissen des alcools à l'état d'eau-de-vie sont assezt nombreux; les résidus de la canne à sucre donnent une liqueur spiritueuse qu'on appelle tafia ou rhum, selon la qualité; le suc de palmier, le lait de coco, donnent de l'arrach ; le miel traité de la même façon, produit l'hydromel, etc.

Nous allons étudier chacune de ces fabrications.

ALCOOLS DE VINS

Tous les vins ne sont pas également propres à la distillation et, naturellement, les

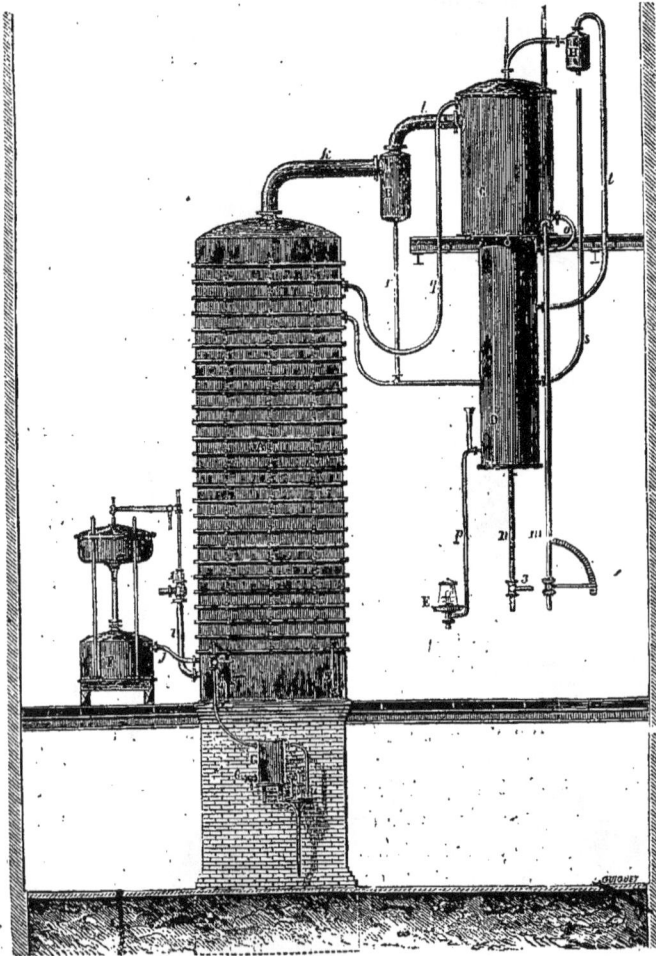

Colonne distillatoire rectangulaire de M. Savalle, pour la distillation des betteraves.

résultats qu'ils donnent sont proportionnés à leur richesse alcoolique.

Il est donc important, pour les distillateurs des pays vignobles, de savoir exactement ce que titrent les vins qu'ils achètent, mais jusqu'alors tous les moyens qui leur ont

été proposés, pour arriver à ce résultat, ne leur donnent que des appréciations très approximatives, qui s'écartent parfois beaucoup de la réalité et sont la cause de grands mécomptes.

Les petits alambics d'essai, opérant sur

un volume de vin trop minime, donnent un produit très faible en alcool, qu'il est difficile de peser exactement à cause de la capillarité qui fausse l'indication de l'alcoomètre dans les faibles degrés, et aussi à cause des acides qui sont entraînés par la distillation et mélangés au produit.

La maison Savalle, que nous aurons toujours à citer dans cette étude quand il s'agira d'un progrès, s'est appliquée à résoudre la question et, à l'aide de nombreuses observations, est arrivée à établir un appareil d'essai, qui fournit un produit à forts degrés, exempt d'acides et facile à titrer comme richesse alcoolique.

Cet appareil, que représente notre gravure de la page 1152, est une petite colonne distillatoire qui opère sur cinq, ou à volonté sur dix litres de vin à la fois, et donne un produit qui pèse en moyenne 60 degrés.

On arrive, par la quantité de ce produit, à reconnaître avec une précision remarquable, l'alcool contenu dans les vins expérimentés.

Pour s'en convaincre on met dans dix litres d'eau, dix centimètres cubes d'alcool. En soumettant ce mélange, qui contient un millième d'alcool, à l'appareil, on retrouve 9 centimètres cubes 8 dixièmes d'alcool dans les 30 premiers centimètres cubes de produit. Aucun appareil d'essai n'a donné jusqu'ici ces résultats.

Il n'a qu'un défaut, c'est de coûter un peu cher, mais les grandes maisons de distillation l'ont bientôt gagné, par les économies qu'il leur fait faire, en supprimant les tâtonnements et les fausses manœuvres.

Ce n'est pas pourtant, il faut bien en convenir, que l'on soit entré bien carrément dans la voie du progrès, dans notre région vinicole, tant s'en faut. La plupart des distilleries de vins, se reposant beaucoup trop sur la nature du produit qu'elles travaillent, n'ont point cherché les perfectionnements. Chaque propriétaire du Midi continue à brûler son vin dans son ancien appareil à feu nu de Cellier Blumenthal ou de Derosne. Il en résulte que les produits sont restés ce qu'ils étaient il y a soixante ans, et que les alcools, fabriqués en Espagne et en Italie par les appareils perfectionnés, ont sur eux une supériorité notable.

Les inconvénients de la distillation à feu nu sont reconnus de longtemps et M. Basset, dans son Guide du fabricant d'alcools, toujours excellent à citer pour la théorie des procédés, les expliquait ainsi :

« L'application directe du calorique présente des inconvénients de plus d'une sorte, sans parler de l'usure plus rapide des appareils exposés au contact du feu, de la difficulté que l'on trouve à régler convenablement le degré de chaleur nécessaire à un bon travail, de l'excès de dépense qui s'en suit. Nous nous bornerons à rendre palpables les objections que soulève l'emploi du feu nu, au point de vue de la qualité des produits.

« Un liquide ou une matière pâteuse semi-fluide, après l'action du ferment, est loin de contenir seulement de l'alcool et de l'eau. On y trouve non seulement des sels, mais encore des matières grasses, des substances azotées, du ferment plus ou moins altéré, des produits dérivés de l'alcool, tels que l'acide acétique, des produits de l'altération du sucre, comme l'acide lactique, l'acide butyrique, du glucose non altéré, des huiles essentielles et même quelquefois de la glycérine, de l'acide succinique, etc.

« Or il est évident que toutes ces matières, éminemment altérables sous l'intervention même d'actions très faibles, ne peuvent supporter sans décomposition l'influence d'une température élevée. L'action d'une chaleur notable déterminera la formation de composés divers, de produits dérivés très variables, d'essences plus ou moins désagréables, dont plusieurs passeront dans les produits et en modifieront complètement l'arome et le goût. Or, quoi qu'on fasse, les parois métalliques en contact avec le feu, acquièrent une température très élevée, au moins dans les points qui ne sont pas recouverts de liquide, et cette température amène les modifications les plus complexes dans la nature des matières volatilisables.

« En transmettant, au contraire, le calorique au liquide par de la vapeur circulant dans un serpentin, on limite beaucoup le maximum de température, on diminue la somme de ces décompositions et de ces altérations dans les limites du possible, d'autant plus qu'on n'emploie que la quantité de vapeur strictement nécessaire, qu'on peut la régler à volonté selon les besoins, et que l'on n'a plus à craindre les erreurs dues à la négligence ou à la paresse.

« Pour se convaincre de la réalité de ces différences, il suffit de goûter le produit de la distillation d'un vin donné par un appareil à feu nu et le produit du même vin, obtenu par la distillation à la vapeur, et cette simple vérification suffira pour enlever tous les doutes, s'il est possible d'en conserver. »

Ce n'est pas encore le seul inconvénient. Une distillation, défectueuse, dans des appareils à feu nu, fait encore perdre jusqu'à 10 et 12 pour cent des produits, et au prix où se vendent les eaux-de-vie de Cognac et d'Armagnac, cela vaut la peine d'y réfléchir.

Les appareils les plus perfectionnés et les plus généralement employés, sont ceux de la maison Savalle; ils diffèrent naturellement de formes et de dispositions selon les matières qu'ils doivent traiter, mais partent tous du même principe.

Les organes essentiels sont un bouilleur ou chauffe-vin, une colonne distillatoire quelquefois ronde, mais le plus souvent rectangulaire, d'autant que cette disposition permet un travail mixte, un réfrigérant où les vapeurs provenant de la distillation se condensent, mais surtout un appareil régulateur de chauffage. Car l'alimentation de la vapeur de chauffage est presque toujours défectueuse quand on ne compte que sur la main de l'homme pour la réaliser; l'attention la plus soutenue n'obtient même pas la régularité de vapeur, requise à un bon travail.

Il résulte de l'irrégularité d'une distillation continue, toujours une perte, soit en charbon, soit en alcool. En effet si la matière à distiller cascade, descend trop vite sur les plateaux de la colonne; cette matière n'est plus en rapport avec la vapeur chargée d'en extraire l'alcool, et cet alcool s'écoule, se perd dans les vinasses qui s'échappent à jet continu. Si la vapeur n'est pas assez alimentée, et la même disproportion existe et la même perte d'alcool se produit.

Nous parlerons plus loin du régulateur automatique que M. Savalle adapte à tous ses appareils. Un mot d'abord de l'ensemble de l'appareil, en suivant les détails de l'opération sur celui que représente notre gravure page 1153 et qui peut être employé indifféremment à la distillation des betteraves et à celle du vin.

C'est d'ailleurs le plus récent et naturellement le plus perfectionné.

A est la colonne distillatoire rectangulaire, en fonte de fer; elle se compose d'un soubassement, d'une série plus ou moins nombreuse de tronçons, munis de regards qui permettent de suivre les progrès de l'opération, et de la couverture ou calotte; le tout formant un ensemble, maintenu par dix boulons à chaque joint.

B est un brise-mousses, renvoyant à la colonne distillatoire les mousses et les matières susceptibles d'être entraînées par le courant de vapeur, se rendant par la colonne au chauffe-vins.

C est le chauffe-vins tubulaire.

D est un réfrigérant, également tubulaire et à compartiments intérieurs.

E est l'éprouvette graduée pour l'écoulement des flegmes, par le petit conduit p.

F est le régulateur de chauffage de l'appareil.

G est un serpentin d'épreuve.

H est un second brise-mousses, où passent les vapeurs sortant du chauffe-vins après l'épuisement de la colonne ; les mousses entraînées retournent à la colonne par le tuyau s, et les vapeurs d'alcool se rendent au réfrigérant par le tube t.

i est le tuyau conduisant les vapeurs du chauffage de la soupape du régulateur à l'appareil.

j est le tuyau de pression de la colonne au régulateur.

k, l est le tuyau conduisant les vapeurs

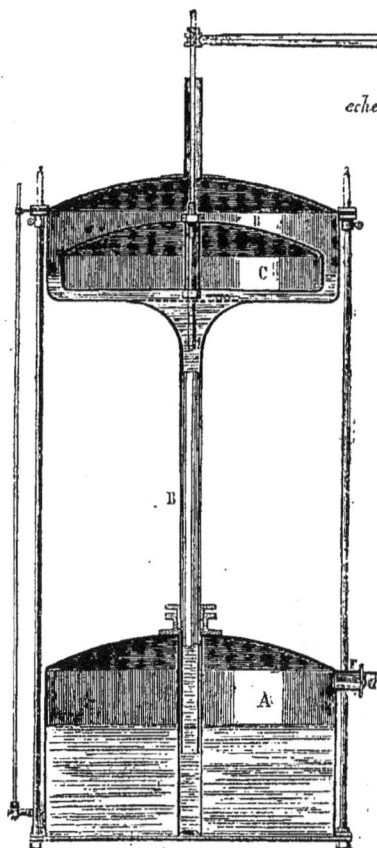

echelle 1/25

Coupe du régulateur automatique Savalle.

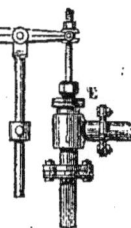

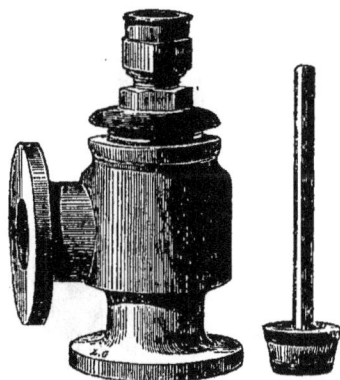

Soupape de vapeur du régulateur.

alcooliques de la colonne aux brise-mousses et au chauffe-vins.

m est le tuyau qui sert à l'alimentation du chauffe-vins en jus fermentés.

n est le tuyau par où passe l'eau froide pour l'alimentation du réfrigérant.

Le chiffre 1 désigne la soupape de vapeur de chauffage.

Le chiffre 2 désigne le robinet des jus fermentés.

Le chiffre 3 désigne le robinet d'eau froide.

Le chiffre 4 désigne le robinet des vapeurs sortant des vinasses, pour se rendre au serpentin d'épreuve.

Le chiffre 5 désigne le niveau du soubassement de la colonne distillatoire.

Le chiffre 6 désigne le robinet d'eau froide servant le réfrigérant du serpentin d'épreuve.

Ceci posé il est facile de suivre l'opération.

Les matières à distiller sont élevées au moyen d'une pompe, dans un réservoir situé au-dessus de l'appareil. Elles entrent en travail par un robinet de distribution qui vient s'adapter dans le montage.

En passant dans le réfrigérant, elles ont

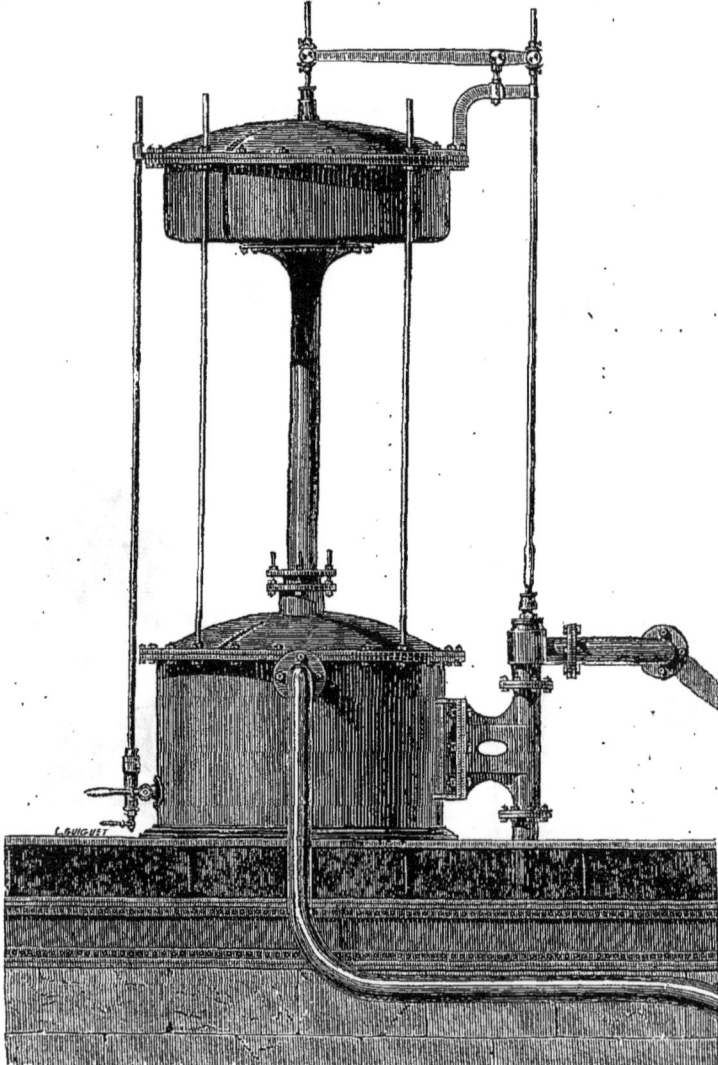

Ensemble du régulateur automatique Savalle.

pour effet de refroidir les alcools bruts produits : plus loin, dans le chauffe-vins, elles ont pour effet de condenser les vapeurs alcooliques, et en même temps qu'elles opèrent cette condensation, elles entraînent avec elles, et rendent à la colonne, toute la chaleur emportée de celle-ci par la vapeur d'alcool.

Arrivées dans la colonne, les matières sont soumises à la distillation et parcourent un système particulier de plateaux, dont le nombre varie, d'après le travail auquel on les applique.

Dans ces plateaux, qu'elles suivent en descendant, elles trouvent à leur rencontre, partant du bas de la colonne, la vapeur d'eau d'abord, puis des vapeurs de plus en plus riches d'alcool, à mesure qu'elles s'élèvent et traversent les couches de matières des plateaux supérieurs.

Cette vapeur enlève tout l'alcool contenu dans la matière fermentée, qui sort alors de l'appareil à l'état de vinasses, par le robinet de vidange.

Nous avons laissé les vapeurs alcooliques au haut de la colonne : elles sortent de celle-ci par le col de cygne, pour aller dans le brise-mousses se purger des parcelles de matières, qu'elles entraînent parfois mécaniquement.

Purgées, elles se rendent dans le chauffe-vins, où elles se condensent en rendant leur calorique à une autre quantité de jus à distiller. Puis cet alcool passe par un conduit pour se rendre au réfrigérant, d'où il sort finalement par l'éprouvette.

Telle est toute la théorie de la distillation proprement dite. Quant à la pratique elle est à peu près passive. L'alimentation de la force, qui agit dans l'opération de la distillation par l'effet de la vapeur introduite dans la colonne, s'effectue avec une précision mathématique et proportionnelle aux besoins de l'opération. Le régulateur maintient l'équilibre des forces et assure la régularité des fonctions. Aussi voit-on la distillation s'effectuer sans secousses, sans soubresauts et fournir régulièrement un jet d'alcool, continu, volumineux, à un degré élevé et peu variable.

Parlons maintenant de ce régulateur, pièce capitale, si l'on en juge par ce qu'en a dit M. Pezeyre dans un rapport à la chambre syndicale des distillateurs de Paris.

« Le régulateur est une application des lois de l'hydraulique, essentiellement nouvelle, introduite par M. Savalle dans les appareils de distillation. Il a pour objet de régulariser l'emploi de toutes les forces et de toutes les fonctions, et de maintenir les phénomènes, qui s'accomplissent dans tous les organes de l'appareil, dans des conditions de température et de pression constantes et indispensables à l'homogénéité, à la bonté du produit et à la vitesse de son écoulement. On évite ainsi de troubler l'opération par des coups de feu violents, dont on n'est jamais maître avec les appareils ordinaires. *Un appareil de distillation privé de régulateur est comme un navire sans boussole, exposé à toutes les chances d'erreurs et d'accidents.* »

C'est, en effet, le guide indispensable des appareils Savalle, en ce sens qu'il maintient efficacement la pression, la température de la vitesse de circulation des liquides, dans les limites les plus favorables au dégagement de l'alcool et à l'élimination des éléments étrangers qui le souillent.

Il a pour organe principal un flotteur C, qui a pour fonction d'ouvrir ou de fermer un robinet de vapeur adapté sur la conduite de chauffage, et dont la puissance, augmentée par l'intermédiaire du levier D, atteint 400 kilogrammes, de sorte que ni la poussière, ni l'usure du robinet de vapeur ne puissent empêcher son action.

On verse de l'eau froide dans la chaudière inférieure A, jusqu'au niveau de la tubulure F, par laquelle la pression de vapeur dans l'appareil à régler se transmet au régulateur, par laquelle aussi s'échappe le trop-plein d'eau de la bâche inférieure.

Afin d'assurer toute sécurité au régulateur, l'inventeur a ménagé en A, une chambre d'air qui forme matelas entre la vapeur de pression et la couche d'eau ; sous cette pression, l'eau monte par le tube d'ascension B dans la bâche supérieure, soulève à un moment donné le flotteur C, et met en jeu le levier qui ouvre ou ferme la soupape de distribution. Ajoutons que la soupape est d'une construction toute spéciale ; l'ensemble y est ménagé de telle sorte que la pression se fait équilibre à elle-même, dans une certaine proportion.

Ainsi la soupape, qui a, dans les grands appareils, 6 centimètres de diamètre, ou une surface de 28 centimètres carrés, ne supporte en réalité que sur 2 centimètres carrés la pression de la vapeur, et peut être facilement soulevée par le flotteur. La pratique de chaque jour prouve que ce mécanisme très simple règle la pression à un centimètre d'eau près (*soit à une précision d'un millième d'atmosphère*). Les appareils qui en sont munis, au nombre de plus de 700, et qui fonctionnent avec une régularité parfaite, produisent un jet continu et abondant d'alcool, à un titre toujours élevé et sensiblement constant ; ils dispensent, pour la conduite des appareils, d'hommes spéciaux, toujours difficiles à rencontrer dans les campagnes.

Les seuls appareils que livre M. Savalle sans régulateur, sont des appareils portatifs et naturellement de petites dimensions pour la fabrication des eaux-de-vie de vin ou de cidre, car, du moment où l'on distille un liquide, l'opération est toujours la même.

Il n'en ont pas besoin, du reste, puisqu'ils ne sont pas chauffés par la vapeur, et c'est en cela qu'ils sont utiles surtout aux bouilleurs de cru, aux vignerons qui, brûlant eux-mêmes leurs eaux-de-vie, ne peuvent pas avoir de générateurs de vapeur à leur disposition.

Dans cet appareil, toute la question était de combiner d'une façon pratique l'emploi des colonnes distillatoires les plus perfectionnées, avec le chauffage obtenu par un foyer analogue à celui des alambics.

Le problème a été parfaitement résolu, ainsi qu'on peut le voir par notre dessin de la page 1160.

A est la colonne distillatoire rectangulaire, composée d'un certain nombre de pla-teaux, superposés comme dans les appareils ordinaires.

B est le chauffe-vins, qui sert en même temps de réfrigérant ; ce qui est une économie de temps d'abord, et, pour certaines contrées, où il est assez difficile de se procurer de l'eau pour l'alimentation du réfrigérant, une nécessité.

C est le foyer, en tôle sur notre dessin, mais que l'on peut facilement remplacer par un foyer en briques, si l'appareil est installé à demeure ; au-dessus de ce foyer est une surface de chauffe proportionnée à la hauteur de la colonne distillatoire.

D est la cheminée du foyer, par laquelle s'échappent les gaz de la combustion, après leur circulation dans la surface de chauffe.

E est le récipient, dans lequel s'écoulent les vinasses épuisées.

F est l'éprouvette recevant l'eau-de-vie, distillée à 60 degrés.

G est le robinet, qui sert à régler l'alimentation du vin.

H et I sont les manomètres.

L'opération se fait comme dans les appareils ordinaires, puisque ce sont les mêmes organes ou des organes analogues qui fonctionnent, et l'on obtient très vite des eaux-de-vie de qualité supérieure, soit qu'on distille du vin, des cidres ou des poirés, titrant au moins 8 degrés d'alcool.

La production, avec cet appareil de dimension restreinte et facilement transportable, est de 28 à 30 litres d'eau-de-vie à 60 degrés par heure, soit plus de 4 hectolitres dans une journée de travail.

Il va sans dire que M. Savalle construit des appareils susceptibles d'un plus grand travail ; il a notamment son appareil locomobile destiné à remplacer, dans un temps donné, tous les anciens alambics chauffés à feu nu, qui donnent un travail défectueux avec une dépense de combustible exagérée.

Cet appareil a cela de commode qu'il peut desservir toute une région et se trans-

porter successivement chez tous les vignerons, comme on le fait pour les grandes

machines à battre qu'on installe de ferme
en ferme.

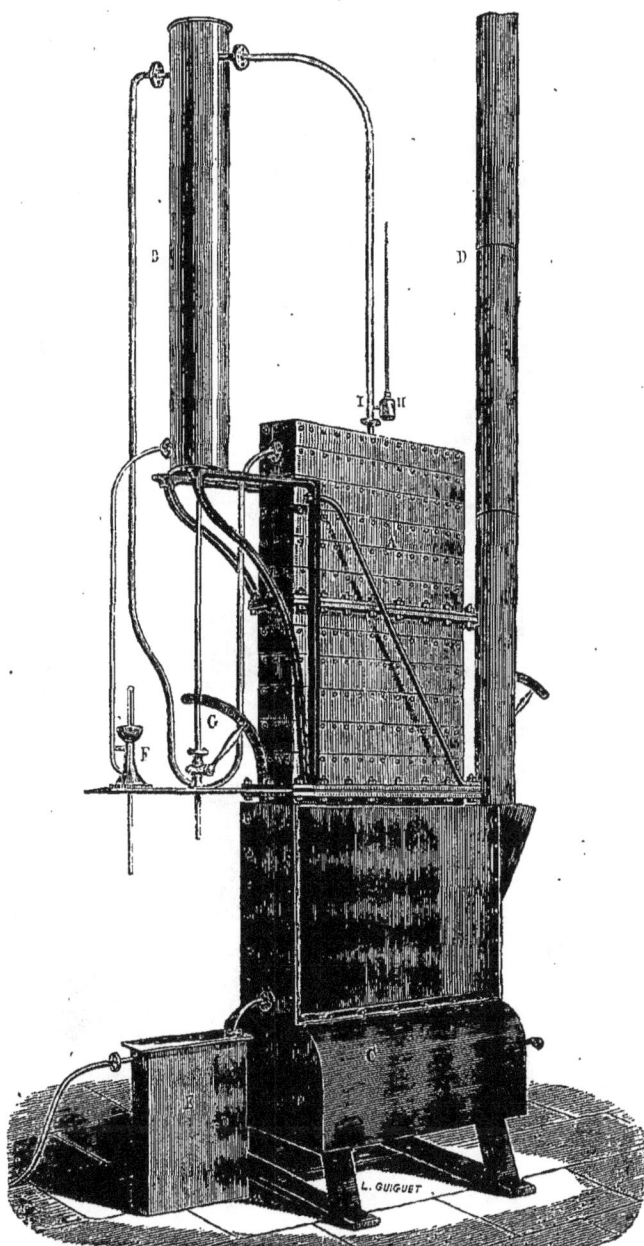

Appareil portatif Savalle pour la fabrication continue des eaux-de-vie.

Il se compose de deux chariots : l'un
qui porte un petit générateur tubulaire

destiné au chauffage de l'appareil proprement dit, installé sur la seconde voiture,

comme on le peut voir dans notre gravure
de la page 1164, c'est-à-dire : une colonne

rectangulaire A, du système que nous
avons déjà décrit, mais modifié pour être

Appareil transportable pour la distillation des eaux-de-vie d'Armagnac.

moins encombrant; un condenseur chauffe-vins B; un réservoir à vins L, installé au-

dessus de l'ensemble de l'appareil, sur des montants qui partent du chariot, et muni d'un régulateur d'alimentation dont le robinet est indiqué par le chiffre 2 ; enfin un régulateur de vapeur D, pourvu de tous les organes des régulateurs automatiques ordinaires et relié avec le générateur par un tuyau de prise de vapeur.

On peut faire la distillation sans décharger le chariot : il suffit de rapprocher à l'avant le générateur roulant et de placer à l'arrière un fût destiné à recevoir les produits.

Cet appareil, économique en ce sens qu'il ne dépense pas 2 kilogrammes de houille par hectolitre de vin distillé, tandis que les anciens en consomment au moins 5, a encore sur eux cet avantage que l'épuisement du vin y est complet et qu'il ne reste plus dans les vinasses, de quantité d'alcool appréciable.

Quant à la qualité du produit, elle est incomparablement supérieure et cela se comprend facilement; car, chauffé par la vapeur régulièrement distribuée, le vin n'ayant besoin de séjourner que cinq minutes dans l'appareil, il en résulte que les produits de la distillation sont exempts de coups de feu et présentent une qualité qui dépend naturellement de celle de la matière première, mais qui est exceptionnellement suivie.

La rapidité de l'opération permet à un appareil de dimensions assez restreintes, de traiter 150 hectolitres de vin par journée de travail.

Il y en a qui, sans être moitié plus grands, donnent le double en produit; mais, bien que facilement transportables, ils ne fonctionnent pas à l'état ambulant; on les installe à demeure, comme on le voit dans notre gravure de la page 1161, qui n'a pas besoin d'explication, car il est facile de reconnaître les organes principaux de l'appareil.

La fabrication des trois-six à 85 degrés dits de Montpellier et des trois-six à plus forts degrés, que produit surtout l'Espagne pour le vinage de ses vins d'exportation, demande des appareils spéciaux; car le peu d'élévation de la colonne de ceux dont nous venons de parler ne permettrait pas d'obtenir de premier jet des alcools à degré suffisant.

Le midi de la France, dont la production a été enrayée tout d'un coup par l'apparition du phylloxera, ne s'est pas montré très soucieux de perfectionner ses alcools; comme on y distille presque partout avec des appareils d'ancien système, généralement à feu nu, on n'y produit en somme que des alcools bruts, qui ont besoin d'être rectifiés pour pouvoir être employés au vinage, et l'on emploie de préférence les trois-six du Nord, qui sont moins chers et d'une qualité infiniment supérieure pour cet usage; il en résulte que la production diminue d'année en année, et il n'en pourra être autrement tant qu'on persistera dans les anciens errements.

Le grand défaut des alcools du Midi provient de la disposition des appareils qui servent à les produire.

Ces appareils, dont le travail est continu, fonctionnent toujours à la même température, qui est supérieure à 86 degrés. Chaque fois qu'on les alimente d'une quantité nouvelle de matières à distiller, les alcools éthérés contenus dans ces matières, passent à la distillation et gâtent le produit.

En Espagne, au contraire, où l'on a besoin d'alcools très nets pour viner les vins fins de Xérès, et de Malaga notamment, de façon qu'ils puissent supporter le transport; on s'attache à produire des alcools au plus haut degré possible, que l'on rectifie ensuite ou en même temps que la distillation, car il y a deux sortes d'appareils : l'un, qui produit directement de l'alcool à 93 ou 94 degrés, l'autre mixte, composé d'une colonne distillatoire et d'un appareil rectificateur.

Le premier, représenté par notre gravure de la page 1165, peut être utilisé pour la distillation de toutes sortes de matières alcoolisables, sauf l'addition de quelques accessoires, mais, pour les vins, il fonctionne avec les organes indiqués dans notre gravure, c'est-à-dire tenant en somme très peu de place.

A est le fourneau, surmonté du générateur de vapeur, dont le robinet de prise est désigné par le chiffre 1.

B est la colonne distillatoire, C le régulateur automatique, D le chauffe-vins, E le réfrigérant, F l'éprouvette, H I les réservoirs à vins, etc.

Cet appareil, sur lequel nous entrerons dans de plus grands détails, quand nous parlerons de son application à la distillation des grains, permet d'obtenir du premier jet des alcools à forts degrés avec des matières fermentées faibles en alcools. Son fonctionnement, réglé par le régulateur à vapeur, donne l'assurance de l'épuisement complet des liquides soumis à la distillation.

Il s'applique aussi tout spécialement au traitement des marcs, soumis à un lavage méthodique, ou traités par une sorte de distillation préalable à l'aide de trois cylindres verticaux qui tiennent lieu du réservoir à vins.

Ces cylindres, placés l'un près de l'autre, sont reliés entre eux par des tuyaux et le premier est en communication avec le générateur de vapeur. On les charge de marc avant de commencer l'opération, puis on ouvre le robinet de vapeur dont le jet met en ébullition les marcs du premier cylindre qui commencent à se distiller. Les vapeurs de cette distillation passent dans le second cylindre, y produisent le même effet que dans le premier, et ainsi de suite dans le troisième d'où elles se rendent dans la colonne, mais ceci, en somme, est plutôt une rectification qu'une distillation et ce système est surtout employé avec l'appareil mixte, représenté page 1168.

Cet appareil qui fonctionne principalement dans le midi de l'Espagne, où M. Savalle

a monté quatorze grandes distilleries produisant ensemble 38,100 litres d'alcool par jour, est la réunion de deux appareils :

L'appareil distillatoire que nous connaissons déjà et dont on reconnaîtra en A la colonne, en B le brise-mousses, en C le chauffe-vins, en D le réfrigérant, et en E le régulateur ; et un appareil rectificateur que nous allons décrire, parce qu'il ne fait point double emploi avec ceux d'un autre genre, dont nous aurons occasion de parler dans le chapitre spécial que nous consacrerons à la rectification.

G est une chaudière, où se chargent les flegmes ou les alcools bruts à rectifier.

H est la colonne, composée d'un certain nombre de plateaux perforés, qui épure les alcools par la séparation des produits

T est un condenseur analyseur tubulaire, agissant avec puissance par sa disposition toute spéciale.

J est le réfrigérant qui ramène les vapeurs alcooliques à l'état liquide.

L est le régulateur automatique de vapeur, indispensable à tous les appareils.

Tels sont les organes principaux qui suffiront à faire comprendre le fonctionnement de l'appareil.

Le compartiment inférieur de la chaudière étant rempli des produits de la distillation, on les porte à l'ébullition au moyen d'un jet de vapeur, emprunté au générateur et qui pénètre dans le serpentin du chauffage. Les vapeurs alcooliques traversent le double fond, remplissent la partie supérieure de la chaudière et s'en échappent pour monter à travers les plateaux de la colonne et de là dans le condenseur, dont on a ouvert le robinet d'eau froide ; elles s'y condensent et reviennent à l'état liquide dans la colonne, dont elles descendent successivement tous les plateaux.

Ceux-ci se trouvant chargés d'alcool, on diminue l'alimentation du condenseur, de façon à ne plus liquéfier que les deux tiers des vapeurs alcooliques qui y arrivent. Cette portion, devenue liquide, retourne dans la colonne, en parcourt successivement tous les plateaux et descend, par un tuyau muni d'un robinet, charger le compartiment supérieur de la chaudière.

Les vapeurs, sortant de la partie inférieure de la chaudière, se trouvent ainsi purifiées dans le deuxième compartiment, avant de monter dans la colonne.

Quant aux vapeurs non condensées dans le condenseur elles se rendent dans l'analyseur où elles laissent leurs parties aqueuses avant de passer dans le réfrigérant.

Appareil locomobile pour la production des eaux-de-vie.

Les premiers produits de la rectification sont éthériques et naturellement de mauvais goût, mais ils sont dirigés vers un récipient spécial, et ceux qui suivent sont de l'alcool parfait, pesant quelquefois jusqu'à 97 degrés mais le plus communément 96 ou 94.

Nous reviendrons, du reste, sur cette opération, qui est la plus importante de toutes, puisque c'est elle qui donne la qualité au produit ; passons maintenant en revue les autres espèces de distillation.

ALCOOLS DE BETTERAVES

La distillation des vins est fort simple ; celle des betteraves, en tant que distillation, n'est pas plus difficile, mais il faut que les matières premières subissent un certain nombre d'opérations avant d'arriver à pouvoir donner de l'alcool.

Ces opérations varient, en ce sens qu'il

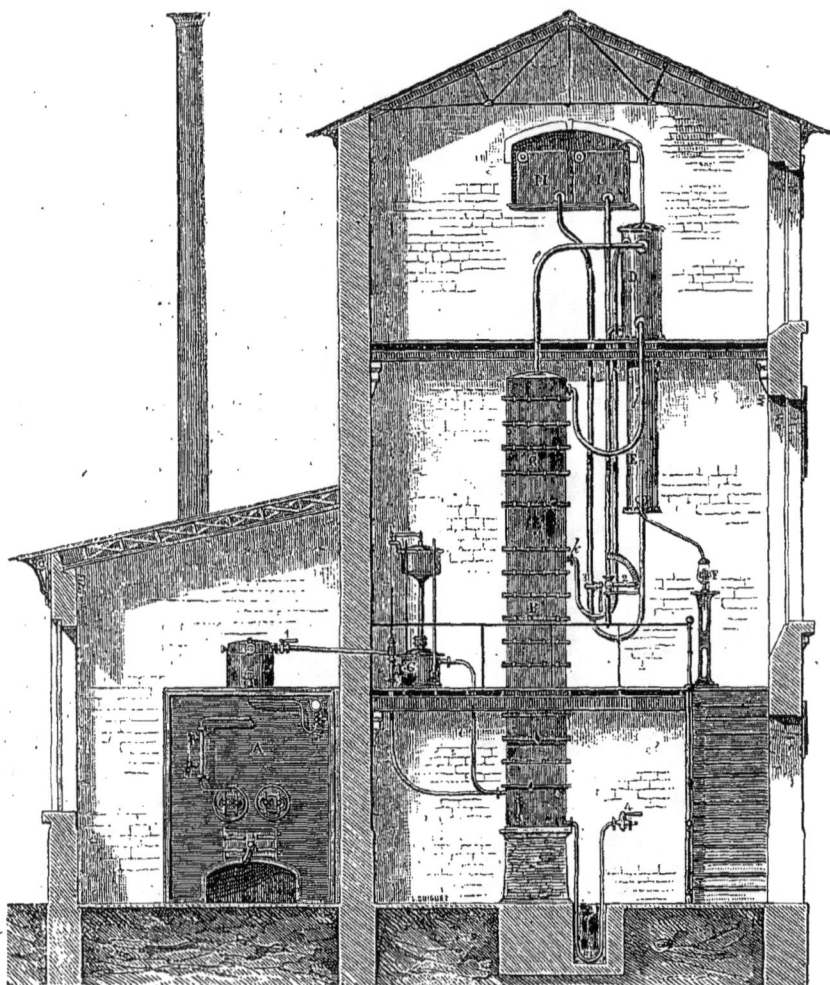

Appareil produisant, du premier jet, de l'alcool de vins à 94º.

y a deux procédés : le procédé par macération qui a été le seul connu jusqu'en 1866 et la méthode par les presses continues, appliquée d'abord par M. Collette et préconisée par M. Savalle, du moins pour les distilleries dont le travail journalier arrive à 40,000 kilogr. de betteraves.

Pour celles qui ne traitent que de 20 à 30,000 kilogr. de betteraves le travail de macération est préférable, surtout si les pulpes doivent être consommées sur place dans la ferme.

Pour les distilleries non agricoles qui vendent leurs pulpes, quelquefois au loin, le travail des presses vaut mieux; car la pulpe des presses, étant moins chargée d'eau, économise beaucoup les charrois.

En principe, pour qu'une distillerie agricole soit dans de bonnes conditions de production, c'est-à-dire outillée d'appareils perfectionnés, il faut que son travail soit d'une certaine importance, c'est-à-dire pas moindre de 20,000 kilogrammes par jour, de façon que les frais généraux soient très réduits, et c'est ce qui explique que sur plus de 500 distilleries agricoles de betteraves, qui se sont établies en France depuis 1853, il y en a aujourd'hui tout au plus la moitié qui fonctionnent.

Il est vrai qu'elles produisent plus et que leurs trois-six sont incomparablement meilleurs.

Nous allons étudier les deux méthodes.

TRAITEMENT DES BETTERAVES PAR MACÉRATION

Pour être vraiment pratiques dans les exploitations agricoles, les procédés d'alcoolisation doivent n'exiger qu'un matériel relativement peu considérable, et facile à conduire, et surtout laisser des résidus convenables pour la nourriture du bétail.

Le procédé de M. Champonnois réalise bien ces diverses conditions; il comprend quatre opérations : le lavage, le coupage, la macération de la betterave, coupée dans la vinasse (résidu d'une distillation précédente), et la fermentation du liquide obtenu par la macération.

Lavage. — Le lavage s'opère dans un cylindre à claire-voie, plongeant à moitié dans une cuve remplie d'eau. Les betteraves, jetées dans une trémie, placée à l'une des extrémités de ce laveur mécanique, animé d'un mouvement de rotation de 15 à 20 tours par minute, s'y introduisent, et le

parcourent dans toute sa longueur, qui varie entre 2m,50 et 3m,50, en se frottant les unes contre les autres et se débarrassant ainsi de la terre adhérente à leur surface.

A l'extrémité inférieure du cylindre, elles tombent sur un plan incliné, également à claire-voie, où l'on prend celles qui ont des parties atteintes de pourriture, pour les éplucher. De là, quelquefois, une surface héliçoïdale, animée d'un mouvement ascensionnel, les élève sur le plancher où est installé le coupe-racines.

Coupage. — Sortant du lavage, les betteraves sont jetées dans un coupe-racines, disposé de façon à en faire des tranches ou des rubans qu'on appelle *cossettes*, larges de cinq millimètres, épaisses de trois, et dont la longueur dépend de celle de la betterave.

Cette machine, qui a subi de nombreux perfectionnements, se compose aujourd'hui d'un vase en fonte, en forme de cône tronqué, monté sur un arbre vertical susceptible de faire de 200 à 400 tours par minute, et percé de huit ouvertures étroites dirigées suivant les arêtes du tronc de cône. Chacune de ces ouvertures est garnie intérieurement d'un couteau à dents.

Les betteraves, jetées dans le coupe-racines, s'appuient sur les deux faces d'une forte plaque de tôle, fixée au support de l'instrument et qui laisse entre ses bords et le jeu des couteaux, un espace de quatre à cinq millimètres, qui détermine la largeur des cossettes; lesquelles sortent ensuite du tronc de cône, par les huit ouvertures déjà indiquées, et tombent sur un plan incliné, qui les dirige sur le plancher des cuves de macération.

Macération. — La macération, dans le système Champonnois, se faisait dans une série de trois cuves munies d'un double fond, percé de trous comme une écumoire. Les cossettes mises dans la première, on versait dessus de l'eau bouillante, ou mieux de la vinasse provenant d'une distillation précédente. Au bout d'une heure, lorsque la macération s'était opérée dans cette cuve, on soutirait le liquide que l'on versait dans une seconde cuve, pleine de cossettes, et on le remplaçait par une nouvelle charge de vinasse sur les matières épuisées. On faisait pour la seconde cuve ce qu'on avait fait pour la première, en versant jus et vinasses sur la troisième; de laquelle on les soutirait ensuite pour les porter à la fermentation.

Fermentation. — La fermentation se fait dans deux grandes cuves ; on remplit d'abord la première avec les jus provenant de la macération, qui entre presque aussitôt en fermentation, grâce à l'addition d'une certaine quantité de levûre de bière, bien délayée dans quelques litres d'eau ordinaire.

Au bout de vingt-quatre heures on transvase environ la moitié de la capacité de la première cuve dans une seconde, et on les remplit toutes les deux avec du jus, pris dans les cuves de macération. La fermentation se continue et quand on la juge terminée, on laisse les cuves se refroidir avant de les soumettre à la distillation.

Dans les usines montées par M. Savalle, ces quatre opérations préliminaires sont rendues plus faciles et surtout plus économiques au point de vue de la main-d'œuvre, par une disposition particulière des ateliers que fera bien comprendre notre gravure de la page 1169 et par la combinaison d'un montage très simple, par lequel la betterave se rend mécaniquement dans le coupe-racines et tombe de là, naturellement, dans chaque macérateur.

La betterave, lavée au rez-de-chaussée dans le magasin à betteraves, à l'extrême droite de notre dessin, est élevée au moyen d'une courroie en caoutchouc, dans une rigole qui communique à l'entonnoir du coupe-racines, placé sur le palier du premier étage.

Une fois réduite en cossettes, elle tombe naturellement dans la rigole de distribution

et cette dernière, en tournant sur un pivot central et en s'appuyant sur le rail, posé sur les cuves à macération, distribue la cossette alternativement dans chacune de ces cuves.

On ne pouvait remplacer par un mécanisme plus simple, le travail des hommes employés dans les distilleries à mettre la betterave dans le coupe-racines, et à élever ensuite les cossettes pour les jeter à la pelle dans les macérateurs. Outre l'économie de main-d'œuvre, il y a perfection dans le travail, parce qu'elles sont déposées dans les macérateurs avec une légèreté et une régularité que l'ouvrier le plus habile ne saurait atteindre, et que les cossettes restent moins de temps exposées à l'action de l'air. On évite, par l'emploi de ce distributeur, les pelottes de cossettes compactes que la macération n'attaque pas et qui sont perdues pour la distillerie.

La distribution d'acide sulfurique, étendu d'eau, qu'il est d'usage de verser dans les cuves, pour activer la macération, se fait par un conduit en caoutchouc qui se rend directement dans la rigole de distribution des cossettes, ce qui est encore une simplification; car dans l'ancien système il faut un tube et un robinet distributeur à chaque macérateur.

Voici maintenant comment se fait l'opération avec l'outillage Savalle, qui comprend 6 ou 8 cuves de macération, disposées en demi-cercle au-dessous de la rigole de distribution.

Il est très essentiel, d'ailleurs, pour obtenir un bon travail, d'avoir un nombre de macérateurs assez grand, de manière à pouvoir envoyer à la fermentation constamment une moyenne de jus qui ne soit ni trop faible et trop chaude, ni trop riche et trop froide, ce qui arrive toujours lorsqu'on n'emploie que trois macérateurs. Il est important aussi de surveiller la dimension des cossettes de betteraves fournies par le coupe-racines, et qui ne doivent pas avoir plus de deux millimètres d'épaisseur.

Les macérateurs sont remplis alternativement de betteraves ; la cossette s'y trouve maintenue entre deux faux fonds en tôle percés de trous. On commence, après avoir chargé un macérateur, à l'emplir de jus faibles, provenant d'une précédente opération, ou d'eau chaude, si l'on est au début du travail de la distillerie ; on abandonne alors ce premier macérateur au repos pendant deux à trois heures, pour laisser au liquide le temps de faire la pénétration des cellules de la betterave et de dissoudre le sucre qui y est contenu. Une heure et demie après avoir empli le premier macérateur, on charge de cossettes le second, et ainsi de suite se charge toute la série.

Quand le premier macérateur a eu ses deux, ou à volonté trois heures de macéra-

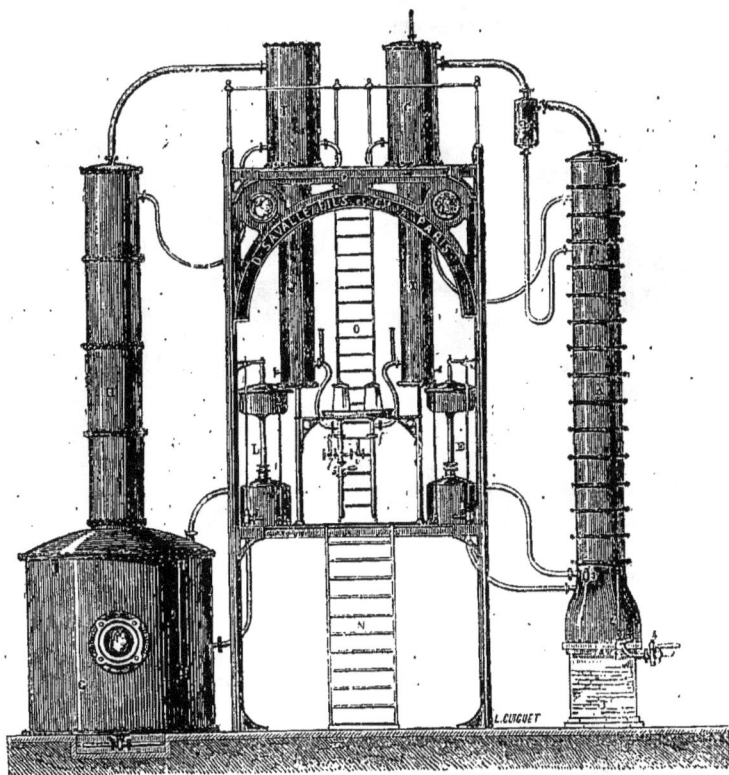

Ensemble d'appareils pour la distillation des vins avec rectificateur.

tion, on alimente du jus faible à sa partie supérieure et le jus à fort degré sort à la partie inférieure du macérateur pour se rendre, par trop plein, aux cuves de fermentation ; on alimente ainsi de 4 litres 1/2 à 5 litres de liquide par minute, pour chaque 1,000 kilogrammes de betteraves contenues dans le macérateur.

Ce travail dure environ quatre heures et demie, et varie suivant la richesse de betteraves. Pendant ce laps de temps, le degré des jus sortant du macérateur, fort au début, a diminué progressivement et n'est plus que de 1 ou d'une fraction de degré supérieure au degré des sels contenus dans les vinasses : on en est prévenu, en plongeant un densimètre dans un système d'éprouvette ajouté aux montages de chaque macérateur. A ce moment, on met le macérateur en communication avec la pompe à jus faibles et on coule sur le macérateur, de la vinasse, en ayant soin de le maintenir toujours plein ; au bout d'une demi-heure de ce coulage, les cossettes sont complètement épuisées. On arrête alors l'alimentation des vinasses sur le macérateur, et on épuise par la pompe tout le liquide qu'il contient, pour pouvoir ouvrir le trou d'homme en fonte et en extraire les cossettes épuisées, ou pulpes de betteraves, qui sont dirigées vers les étables ou dans les silos. La pompe à jus faible, en fonctionnant, élève ces jus dans un réservoir, d'où ils sont envoyés au macérateur suivant.

Dans beaucoup d'usines, on envoie les jus faibles sortant d'un macérateur, directement sur les cossettes d'un macérateur suivant, et cette méthode est excellente, car elle diminue le travail de la pompe à jus faible.

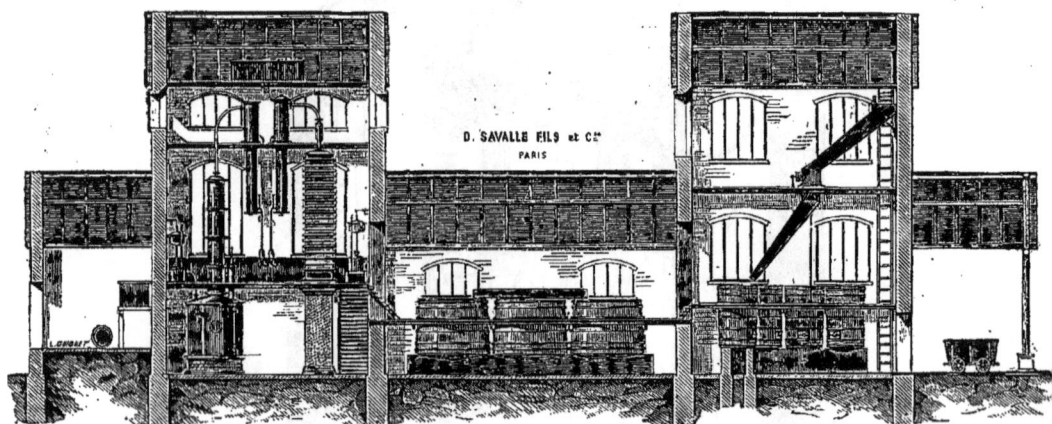

Ensemble d'une distillerie de betteraves, fonctionnant par la macération.

Quant à la fermentation, elle s'opère à continu dans les cuves, alimentées par des jus à la température de 18 à 22 degrés centigrades, et dosés à 3 millièmes d'acide sulfurique pour une richesse de 3 degrés au densimètre; c'est-à-dire qu'on met en fermentation une première cuve au moyen de la levure de bière, et que pour les suivantes on prend toujours du liquide d'une cuve en fermentation (soit la moitié ou le tiers de cette cuve) que l'on fait passer dans la cuve à emplir, puis on alimente à continu sur cette cuve, et également sur celle dont on a pris une partie, avec les jus venant de la macération.

Toutes les cuves se font ainsi à la suite, Liv. 147.

en empruntant du liquide en fermentation de la précédente, et le travail s'exécute pendant des mois, sans employer de levure de bière.

TRAITEMENT DES BETTERAVES PAR LES RAPES ET LES PRESSES CONTINUES

Les distilleries, qui opèrent en grand et emploient au moins 40,000 kilogrammes de betteraves par jour (il y en a qui en dépensent jusqu'à 200,000), ne peuvent adopter la méthode d'extraction des jus par la macération, qui est longue et peut devenir coûteuse s'il faut transporter les pulpes ; elles trouvent un moyen d'action beaucoup plus expéditif par l'emploi des presses continues inventées par M. Collette, fabricant de sucre et distillateur à Seclin.

Cette machine permet d'obtenir des résultats très remarquables, en épuisant d'une façon absolue, la partie sucrée contenue dans la betterave, à l'aide d'une macération à la vinasse chaude entre deux pressions énergiques.

Par les procédés ordinaires, les cossettes de betteraves restent de six à huit heures à macérer, tandis que par la presse Collette l'extraction des jus prend à peine dix minutes.

Cette rapidité de travail procure des fermentations supérieures et un rendement alcoolique plus élevé. On sait aussi que les pulpes, provenant de la macération, contiennent une énorme quantité d'eau, ce qui fait qu'elles s'altèrent promptement, et rend leur transport très coûteux. Celles de la presse Collette sont infiniment plus légères et peuvent se conserver intactes pendant plusieurs années.

Voici la manière d'opérer pour obtenir ces résultats.

Les betteraves sont râpées ; la pulpe tombant de la râpe est aspirée, au fur et à mesure de sa production, par une pompe foulante qui l'injecte sous une pression de une et demie à deux atmosphères, dans les presses continues, à l'action des cylindres perméables. Sous l'influence de ce double système, le jus se sépare de la pulpe en passant à travers les cylindres, s'écoule dans un tamiseur circulaire mécanique et, de là, est dirigé, dans un état d'épuration parfaite, dans les cuves de fermentation.

La pulpe, soumise à deux laminages successifs dans la même presse, s'échappe des cylindres parfaitement pressée, à raison de 20 à 25 0/0 du poids des betteraves, selon leur nature plus ou moins ligneuse, et tombe à l'une des extrémités du délayeur-macérateur, où elle se trouve immédiatement en contact avec la vinasse chaude, venant des colonnes à distiller.

Cette pulpe, dans sa circulation d'une extrémité à l'autre du délayeur-macérateur à palettes, subit, par le mouvement et la division des molécules, une macération tout à fait complète. Elle est alors aspirée de nouveau par une dernière pompe, qui la foule dans d'autres presses semblables aux premières, où elle subit une pression aussi énergique que la première fois, et de là est dirigée, par un conduit, directement à l'extérieur des bâtiments, dans les wagons ou les magasins. Le jus faible provenant de cette deuxième pression, additionné alors de la quantité d'acide nécessaire, s'écoule directement et en totalité sur la râpe, pour en faciliter les fonctions, en remplacement de l'eau employée habituellement.

De cette manière, la densité du jus de première pression mis en fermentation, au lieu d'être affaiblie, se trouve au contraire augmentée et peut être amenée de 3 1/2 à 4 1/2, à la volonté du distillateur et selon les lois qui régissent les matières à fermenter.

La pulpe, dans son passage dans le macérateur à la vinasse, absorbe en abondance les matières azotées, qui ont été coagulées par la chaleur, dans les colonnes distillatoires, et les conserve en grande partie après la pression ; c'est ce qui explique sa qualité exceptionnelle et sa supériorité pour la nutrition des bestiaux, sur toutes les pulpes connues jusqu'à ce jour. Sa conservation est d'autant plus facile et de plus longue durée, qu'elle se prête mieux que toute autre au tassement dans les silos, où elle ne forme plus qu'un bloc solide et entièrement privé d'air.

L'extraction du jus de la betterave, par ce procédé, se fait pour ainsi dire à la minute et d'une façon tellement rapide qu'il ne peut y avoir nulle part aucune cause d'altération. Aussi les jus conservent-ils leur couleur primitive ; ils sont blancs ou roses, selon la nuance de la betterave râpée, et la pulpe est toujours d'une blancheur et d'une propreté remarquables, puisqu'elle ne peut, en aucun cas, contenir aucune impureté, même de la terre provenant du lavage incomplet des betteraves. C'est aussi à cette rapidité dans le travail d'extration du jus, qu'il faut attribuer la beauté et la facilité des fermentations, et par suite, la qualité exceptionnelle des produits.

Tous ces avantages expliquent l'adoption des presses Collette par toutes les grandes distilleries, aussi bien que par les fabriques de sucre, et leur introduction dans l'outillage perfectionné par M. Savalle, pour les distilleries agricoles d'une production importante.

Cet outillage est représenté par notre gravure de la page 1172, qui permet de tout voir, excepté les générateurs installés derrière la pièce où se trouvent les appareils distillatoires.

B est le local qui renferme la machine et les pompes à eau et à jus fermenté. — A côté, à droite, est le magasin aux betteraves où l'on voit un laveur mécanique.

D est celui où sont installées trois presses continues au-dessous desquelles se voient les tuyaux qui en amènent les jus dans les cuves de fermentation.

E est le local des cuves de fermentation.

F celui des appareils de distillation et de rectification des alcools.

En G on voit les réservoirs en tôle destinés au logement des alcools fins rectifiés à 96 degrés.

SYSTÈME LEPLAY

A ces deux méthodes de traitement des betteraves il faut ajouter le système Leplay, bien qu'il ne soit plus guère usité, si même il l'est encore, parce qu'il repose sur un autre ordre d'idées que l'inventeur a exposées ainsi lui-même:

« Quand on plonge des morceaux de bet-

teraves, d'une forme déterminée, dans du jus de betteraves fermenté, en y ajoutant une certaine quantité d'acide sulfurique, à la température de 18 à 25 degrés centigrades, la fermentation alcoolique se déclare rapidement au sein du mélange; au bout de dix-huit heures elle est terminée. Le sucre contenu dans les morceaux de betterave se trouve transformé en alcool, qui reste dans les morceaux et s'y substitue au sucre, dans la cellule même.

« Les morceaux de betterave ainsi fermentés n'ont point changé de forme ; ils sont un peu moins rigides qu'avant la fermentation ; ils ont perdu de leur poids primitif, une quantité correspondante à l'acide carbonique dégagé. Le volume du jus, primitivement fermenté, n'a point changé et de nouveaux morceaux de betterave, plongés dans le même jus, avec addition d'une nouvelle dose d'acide, subissent la même fermentation alcoolique que les premiers. Le même jus de betterave peut servir indéfiniment à cette transformation. »

Partant de ce principe M. Leplay coupait les betteraves en cossettes, comme dans le système Champonnois, les arrosait de 3 à 4 pour cent d'acide sulfurique, et les plongeait, renfermées dans une enveloppe convenable, dans une cuve en fermentation, qui servait à un nombre indéfini de séries de cossettes.

Quand celles-ci étaient suffisamment fermentées, c'est-à-dire lorsque le sucre était transformé en alcool dans les cellules mêmes de la betterave, on extrayait cet alcool en distillant les cossettes dans un appareil fort simple, inventé aussi par M. Leplay.

Cet appareil consiste en un cylindre vertical d'une certaine élévation et partagé par des diaphragmes, percés de trous, sur lesquels on dispose les cossettes, puis on chauffe la colonne, par de la vapeur introduite par le soubassement, et la distillation s'opère.

Ce système ne manque pas d'ingéniosité, mais il n'est guère pratique dans les grandes distilleries où, seuls, les appareils Savalle peuvent donner des résultats économiques.

DISTILLATION

Les appareils employés pour la distillation de la betterave diffèrent peu de ceux que nous avons déjà décrits; aussi ne nous attarderons-nous pas à en indiquer les organes; nous suivrons seulement sur notre gravure de la page 1176 — bien que l'appareil qui y est représenté soit plus spécialement destiné à la distillation des résidus de canne à sucre — les détails des opérations de mise en train et d'arrêt de travail, puisque nous savons déjà comment l'appareil fonctionne.

Pour commencer la distillation il faut :

Mettre en mouvement la pompe à jus fermentés et celle à eau froide, pour emplir les réservoirs supérieurs G H;

Emplir d'eau froide le réfrigérant D;

Emplir de jus fermentés le chauffe-vins C et tous les plateaux de la colonne A;

Fermer les robinets d'alimentation d'eau 3 et de jus fermentés 2;

Mettre la vapeur pour chauffer graduel-

Ensemble d'une distillerie agricole travaillant les betteraves par le système des presses continues.

lement tous les plateaux de la colonne, et pour chasser sans secousses, l'air contenu dans le chauffe-vins et dans le réfrigérant.

Lorsque l'alcool brut coule à l'éprouvette E, il faut ouvrir le robinet d'eau 3 du réfrigérant;

Puis ouvrir, petit à petit, le robinet d'alimentation des jus fermentés 2.

Ici se présente une difficulté : il faut, à la mise en train de l'appareil, chercher le point d'alimentation convenable des jus fermentés, pour que d'une part il ne soit pas trop fort et n'arrête pas la production des alcools à l'éprouvette, et pour que, d'autre part,

l'alimentation de ces jus soit assez forte pour maintenir au produit le degré alcoolique convenable. C'est un point d'alimentation à déterminer, une fois pour toutes, au moyen du robinet d'alimentation 2 et du cadran indicateur qui y est fixé.

Pour pouvoir bien déterminer ce point d'alimentation, il est indispensable que le réservoir à jus fermentés soit constamment plein au même niveau. Il faut, par conséquent, que la pompe alimente ce réservoir constamment et que le trop plein de jus fonctionne toujours, en retournant à l'aspiration de la pompe.

Pour ce qui est de la vapeur de chauffage, il est utile de la donner modérément
en commençant le travail et jusqu'à ce que
les alcools arrivent la première fois à l'é-
prouvette; ensuite le régulateur de vapeur
fonctionne, et l'on n'a plus à s'en préoccuper. Il faut alors appliquer son attention
seulement à la matière fermentée.

Naturellement, il faut, pour que l'opération se poursuive dans de bonnes conditions, que l'appareil ait toujours assez de
vapeur pour que le régulateur fonctionne.

Pour terminer le travail, on arrête d'a-
bord l'alimentation des matières fermentées, en fermant le robinet 2; puis, quelques instants après, on arrête la vapeur de

Presse continue de M. Collette, pour l'extraction des jus de betteraves.

chauffage; la colonne reste ainsi garnie de
matières pour recommencer le travail le
jour suivant.

Si cependant on arrête le samedi pour ne
reprendre que le lundi, il est préférable de
laisser la vapeur chauffer la colonne plus
longtemps, sans alimenter de jus, pour faire
venir à l'éprouvette tout l'alcool contenu
dans le plateau de la colonne.

Il va sans dire que cette première opération ne donne que des alcools bruts, qui
sont ensuite rectifiés, soit dans des usines
spéciales, soit plus communément, depuis

qu'on en a reconnu les avantages, dans les
distilleries mêmes et sitôt après le premier
travail, au moyen d'appareils mixtes analogues à ceux dont nous avons déjà parlé
pour les alcools de vins, mais qui en diffèrent cependant assez pour mériter une
description nouvelle. Nous le ferons plus
loin en montrant un appareil qui peut travailler les betteraves, mais qui est surtout
monté pour la distillation des grains et des
pommes de terre.

ALCOOLS DE MÉLASSE

On sait que la mélasse est une matière sirupeuse fournie par le résidu de la fabrication du sucre, et contenant par conséquent une certaine quantité d'alcool.

Comme il y a deux sortes de sucres, il y a naturellement deux espèces de mélasses.

Les mélasses exotiques, provenant de la canne à sucre et avec lesquelles les sucriers font généralement des rhums et des tafias.

Et les mélasses indigènes, provenant de la betterave, et qu'on classe en deux qualités, selon qu'elles sortent de la fabrique de sucre ou de la raffinerie.

Les mélasses de cannes sont de beaucoup les meilleures, parce qu'elles contiennent encore près de 60 pour cent de sucre ; mais, précisément parce qu'elles sont employées aux colonies, elles arrivent peu sur nos marchés, où elles ont d'ailleurs une supériorité de prix qui rendrait les mélasses indigènes préférables pour la distillation, où, grâce à la rectification, elles donnent des produits tout aussi neutres, bien qu'elles aient une amertume et une âcreté assez prononcées et qu'elles soient salées, en raison des sels de potasse qu'elles contiennent.

Aussi, après avoir passé à la distillation qui en a retiré tout l'alcool, servent-elles encore à la fabrication de la potasse.

Théoriquement, 100 kilogrammes de mélasse doivent produire de 28 à 30 litres d'alcool à 90° et 10 à 12 kilogrammes de potasse.

Comme pour faire de bons produits il faut, non seulement de bons instruments, mais encore de bonnes matières premières, le distillateur, qui achète des mélasses, les choisit d'un beau blanc et sans ce goût de brûlé qu'elles acquièrent souvent par des cuites mal conduites ; les meilleures sont celles qui renferment encore quelques parcelles de sucre cristallisé.

La seule opération préparatoire qu'on leur fasse subir est la fermentation. On délaye les mélasses avec quatre ou cinq fois leur poids d'eau, dans une grande cuve de mélange, dont on porte la température de 24 à 26 degrés, et l'on obtient un moût dont la densité varie entre 7 et 8 degrés de l'aréomètre de Beaumé, et auquel on ajoute la quantité d'acide sulfurique nécessaire à la fermentation. Le dosage de cet acide diffère suivant le degré d'alcalinité des mélasses.

Le moût est alors décanté dans un certain nombre de cuves de fermentation, où on le verse avec de la levure bien fraîche, préalablement délayée dans de l'eau tiède, à raison de 15 grammes de levure par 10 litres de moût.

On voit que la fermentation s'établit, parce que le liquide se couvre à la surface d'une écume blanche, que l'on fait disparaître en jetant dessus, soit un peu de dégras ou de savon vert, dissous dans de l'eau bouillante.

L'opération se fait quelquefois en 24 heures, quelquefois elle dure trois jours ; mais on reconnaît que la fermentation est terminée lorsque le liquide ne marque plus qu'un degré à l'aréomètre de Beaumé.

Alors on neutralise les acides, que renferme le liquide fermenté, avec un peu de chaux, réduite en lait très clair dans une suffisante quantité d'eau.

Cette saturation faite, on couvre hermétiquement les cuves de fermentation et on laisse déposer le jus fermenté pendant 12 ou 15 heures, afin qu'il puisse s'éclaircir et s'épurer ; après quoi il est conduit par des tuyaux, soit directement dans le réservoir d'alimentation de la colonne distillatoire, soit dans un autre réservoir plus grand, en communication avec celui-ci par une pompe ou monte-jus.

Quant à la distillation, elle se fait exactement comme celle des jus fermentés de betteraves. Seulement les appareils ont de plus un système de chauffage tubulaire, que l'on peut voir dans notre gravure de la page 1177.

Cette espèce de chaudière verticale, en communication avec le régulateur de vapeur, qui est toujours la cheville ouvrière de l'opération, est une innovation de M. Savalle.

Ce n'est pas la seule, d'ailleurs, qu'il ait apportée dans le traitement des mélasses.

D'abord, il diminue la dépense considérable de levure nécessaire à la fermentation par un traitement mixte, soit des mélasses avec des grains saccharifiés par l'acide, ce qui supprime la dépense en acide sulfurique; soit des mélasses mélangées avec une certaine quantité de betteraves.

Il a trouvé un moyen plus pratique encore et nous le laisserons l'expliquer lui-même.

« La distillation des mélasses nécessite la dépense de quantités considérables de levure pour la fermentation et de combustible pour l'évaporation des vinasses; ces distilleries offrent, en outre, le grave inconvénient de livrer au commerce, comme produits chimiques, tous les salins qui devraient retourner à la terre comme engrais.

« Nous proposons, comme moyen d'obvier à ces inconvénients, d'annexer aux distilleries de mélasses la macération des betteraves par les vinasses de mélasses. Nous obtenons par ce travail :

« 1° La suppression d'une partie de la levure pour les fermentations : ces dernières s'opèrent par le ferment contenu dans les betteraves ;

« 2° La suppression d'une part de la dépense du combustible : les sels contenus dans les vinasses se rendent dans les cossettes de betteraves pour y déplacer le sucre, et augmentent la valeur nutritive de ces cossettes ;

« 3° Enfin, nous rendons à l'agriculture des pulpes de betteraves excellentes, contenant tous les sels qui lui sont enlevés aujourd'hui.

« La dépense de matériel pour ce travail mixte est peu importante; elle se réduit à l'acquisition d'un laveur de betteraves, d'un coupe-racines et de quelques macérateurs. Aussi engageons-nous beaucoup messieurs les distillateurs de mélasses à appliquer ce nouveau système de fabrication.

« Si les distillateurs de mélasses n'étaient pas agriculteurs et s'ils tenaient à vendre, d'une part, les pulpes de betteraves, et d'autre part, les sels de potasse contenus dans leurs mélasses, il faudrait qu'ils se servissent, pour extraire le jus des betteraves, de la presse continue du système de M. Collette. Ils auront ainsi des pulpes excellentes et des jus de betteraves parfaits à introduire dans leurs fermentations de mélasses. »

Il nous reste à parler maintenant de l'extraction de la potasse, qui bien qu'opération accessoire, n'en doit pas moins avoir sa place ici, puisqu'il s'agit de l'utilisation des résidus de la matière première.

La vinasse ou mélasse fermentée, qui a donné tout son alcool, est concentrée dans une série de chaudières en cuivre, superposées de façon que le trop plein de l'une se déverse dans l'autre et ainsi de suite.

Ces chaudières sont chauffées par le même foyer, de manière que lorsque les vinasses de la première sont concentrées à 28 ou 30 degrés, elles sont remplacées par les vinasses de la chaudière suivante et toujours ainsi. Les vinasses déposent dans les chaudières où elles passent une notable quantité de leur sulfate de chaux et les liquides sont évaporés par calcination dans un four spécial.

Le plus moderne est celui qu'a inventé M. Eugène Porion, un de nos grands industriels du Nord. Dans ce four, les vinasses à évaporer sont réduites en pluie fine, en poussière humide, et cette pluie y est traversée par un courant d'air chaud, provenant presque complètement de la chaleur perdue de l'incinération de la potasse elle-même. Il résulte de cette heureuse disposition, une économie d'environ 30 pour cent de com-

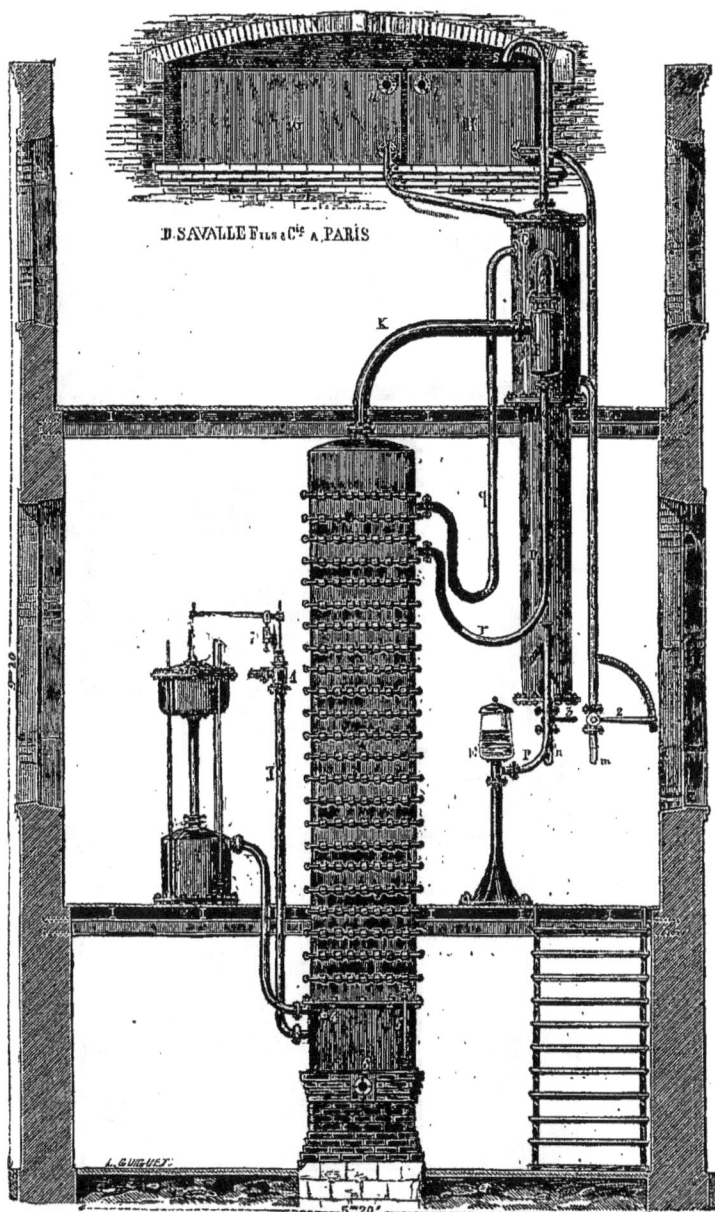

D. SAVALLE Fils & Cie A PARIS

L. GUIGUET

Appareil distillatoire pour les sucreries de cannes.

bustible et les produits, qui restent sur la sole du four en matière blanchâtre et bien granulée, sont plus abondants.

Dans les grandes distilleries les chaudières à feu nu et superposées dont nous venons de parler sont remplacées par des chaudières cylindriques plates et peu profondes, munies d'un serpentin plat, dans lequel on fait cir-

culer la vapeur qui assèche les vinasses
bien plus rapidement et bien plus économiquement.

ALCOOLS DE GRAINS

Toutes les céréales propres à la fabrication de la bière, le froment, le seigle, l'orge,
l'avoine et de plus les riz, les maïs, les
caroubes, les résidus des féculeries et ceux
des minoteries, servent à la fabrication de
l'alcool et la quantité qu'on en retire est

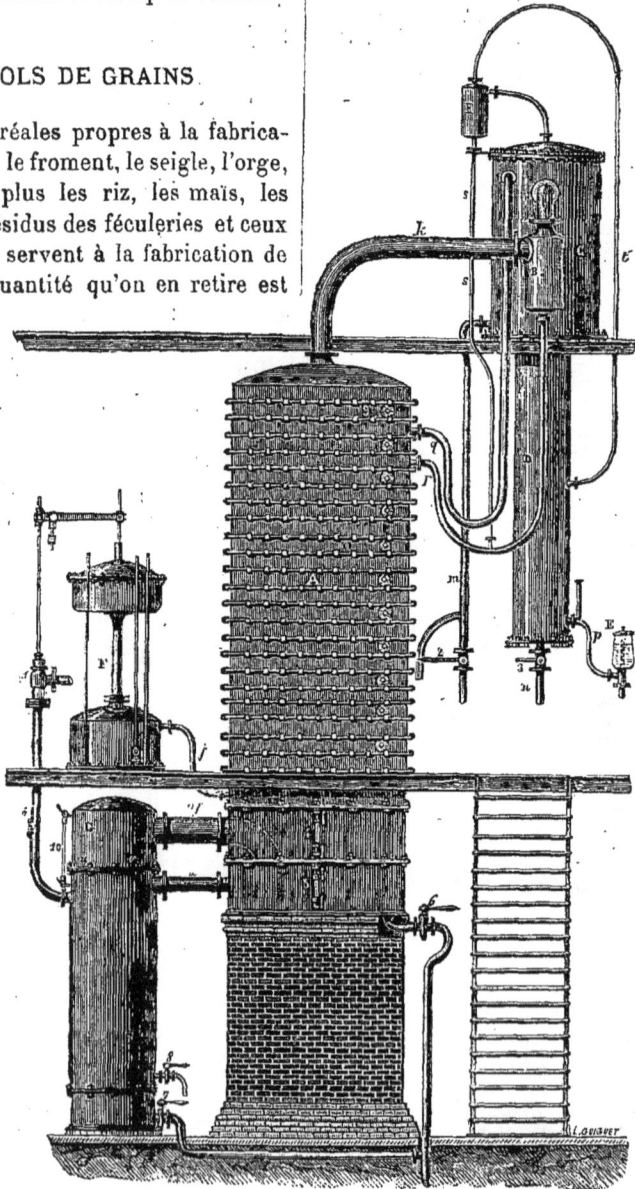

Appareil pour la distillation des mélasses de sucreries de betteraves.

proportionnelle à celle de l'amidon qu'elles
contiennent.

La distillation des grains offre de précieuses ressources à l'agriculture; elle forme

le travail complémentaire des distilleries de
betteraves. En effet, une campagne de betteraves ne dure guère plus de quatre mois;
il faudrait donc que le matériel de la distil-

lerie chômât plus des deux tiers du temps. On obvie à cet inconvénient en continuant le travail par la distillation des grains. On se procure ainsi l'été des résidus excellents pour le bétail, et qui remplacent à bon marché les fourrages, souvent chers et rares à cause de la sécheresse.

La distillation des grains achetés au dehors apporte à la ferme, outre le bénéfice résultant de la production de l'alcool et les résidus qui servent à la nourriture des bestiaux, une quantité considérable d'engrais empruntés à la terre qui a fourni le grain.

C'est donc une très productive opération agricole, dont l'application tend à se généraliser soit dans les distilleries à betteraves, soit dans les distilleries à mélasse. Car il y a deux façons d'opérer : soit par le malt, soit par la saccharification acide. La première méthode convient mieux aux exploitations agricoles, qui ont l'emploi des résidus et des engrais; la seconde est plus généralement adoptée par les usines proprement dites, qui vendent tous leurs résidus comme engrais.

Étudions chacune de ces méthodes de saccharification.

SACCHARIFICATION PAR LE MALT

La préparation du malt pour la distillation est la même que pour la fabrication de la bière, du moins dans les trois premières opérations; car la dernière diffère en ce sens qu'au lieu de se contenter de concasser les grains on les broye en farine.

Ces opérations sont : le mouillage, la germination, la dessiccation et le broyage.

MOUILLAGE

Le mouillage a pour objet de préparer le grain à la germination et de produire, artificiellement, le même effet que l'humidité de la terre détermine, naturellement, sur le grain qu'on a semé.

Il se fait dans de grandes cuves en bois ou dans des citernes en maçonnerie, que l'on remplit d'eau et de grain de façon que celui-ci soit toujours recouvert d'une couche de 2 décimètres d'eau.

On remue le tout, avec des râteaux en bois ou des agitateurs mécaniques, pour faire monter à la surface le grain mauvais, qu'on enlève avec une écumoire, car sa présence dans le malt influerait sur la qualité du produit.

Lorsque l'eau acquiert une teinte jaunâtre et une certaine odeur de paille, on la renouvelle : ce qui arrive deux ou trois fois pendant la durée de l'opération, qui varie, selon les températures et la dureté des matières, de 40 à 60 heures.

On reconnaît qu'elle est terminée lorsque le grain, bien enflé de partout et ayant absorbé à peu près la moitié de son poids d'eau, est facilement transperçable avec une aiguille, ou plus simplement lorsqu'il commence à s'écraser au contact des doigts.

Le grain, suffisamment gonflé, est lavé sous un courant d'eau froide, qu'on fait écouler immédiatement; on le laisse égoutter pendant huit ou dix heures, puis on le retire par une trappe adaptée au fond de la cuve et on le porte à la germination.

GERMINATION

Le germoir est une grande pièce, dont le sol est en matériaux imperméables. Il importe que par sa disposition il soit à l'abri des changements de température : c'est pourquoi on l'installe généralement au-dessous du niveau du sol.

Le grain y est disposé en couches de 30 à 40 centimètres d'épaisseur, où on le laisse pendant 24 heures; la température s'élève alors peu à peu dans l'intérieur du tas et la germination commence, pour s'accentuer si vite qu'il faut diminuer d'épaisseur les couches de grain, au fur et à mesure que l'opération marche, pour que tous les grains se trouvent à peu près dans le même état; ce qui est indispensable, car autrement on obtiendrait des déchets considérables.

La durée de la germination est nécessairement variable, selon la position du germoir et la température extérieure. En France elle dure de 10 à 12 jours, en Angleterre de 14 à 15 et en Écosse quelquefois jusqu'à 21 jours.

Pendant tout ce temps, il faut que les grains soient pelletés deux et trois fois par jour, de façon que chacun à leur tour, ils occupent le centre ou les surfaces des couches.

Cette opération produit un changement remarquable dans la composition des grains. Le gluten a presque complètement disparu dans les radicules, qui s'épanouiraient en feuilles vertes si l'on n'arrêtait la germination à temps, et la diastase, qui s'est développée, a transformé près de la moitié de l'amidon du grain en sucre ou en dextrine. Ce qu'il en reste sera saccharifié plus tard par l'hydratation.

DESSICCATION

La dessiccation a pour objet d'arrêter la germination au moment où elle est arrivée aux limites convenables, en tuant le germe, par une température progressivement élevée.

Cette opération se fait dans des appareils nommés *tourailles*.

Les grains sont d'abord déposés en couches d'un décimètre d'épaisseur, sur le sol du grenier bien aéré, situé au-dessus du germoir, de façon à pouvoir les y transporter par des appareils élévatoires ; on les y laisse pendant quelques heures, jusqu'à ce qu'ils ne mouillent plus les mains au toucher.

Ils passent ensuite sur l'aire de la touraille, qui se compose ordinairement d'une plate-forme carrée formée de plaques en tôle, percées de nombreux orifices, ou de toiles métalliques, qui laissent passer la chaleur plus uniformément.

Ce plancher métallique est, d'une façon comme de l'autre, appuyé sur les barres de fer engagées dans les murailles du bâtiment et forme le sommet d'une pyramide rectangulaire renversée, d'une hauteur de 4 à 6 mètres, dont la petite base est un foyer recouvert d'une voûte, qui en s'échauffant au rouge, brûle la fumée développée par la combustion.

Cette voûte est percée d'orifices, de façon que les gaz chauds pénètrent dans l'intérieur de la touraille et assèchent les grains.

Au moment où l'on commence la dessiccation il ne faut pas porter la chaleur à plus de 50 degrés ; autrement l'amidon que contient le grain formerait un empois, qui résisterait plus tard à l'action dissolvante de la diastase ; mais, lorsque la plus grande partie de l'eau est évaporée on peut pousser la température à 80 et 85 degrés, plus même si l'on veut, mais pourtant sans jamais dépasser 100 degrés, car à cette température la diastase serait détruite.

L'important, d'ailleurs, est de faire une bonne dessiccation ; on s'aperçoit que l'opération a été bien conduite quand le grain est arrondi et plein, s'ouvre facilement sous la dent, et a une saveur sucrée.

BROYAGE

Sortant de la touraille, mais refroidi préalablement, le grain est passé dans un tarare à crible, qui enlève toutes les radicules produites par la germination et qui ne sont plus maintenant que des tiges mortes ; il ne s'agit plus que de le broyer, soit avec des moulins ordinaires, soit avec des appareils spéciaux qui sont, en somme, toujours des meules ou des cylindres ; les meules cependant paraissent préférables.

Après quoi, on étend la farine avec de l'eau, dans des cuves chauffées au degré convenable pour que la saccharification se complète, puis on met en fermentation dans des cuves analogues aux cuves de fermentation employées pour le jus de betteraves, où l'opération est d'ailleurs conduite de la même manière : d'abord avec de la levure en quantité suffisante, puis à continu en transvasant, par moitié ou par tiers, le contenu de cuves, déjà en fermentation, dans celles où il n'y a encore que du moût.

SACCHARIFICATION PAR LES ACIDES

La saccharification par les acides est une méthode beaucoup plus expéditive, mais qui n'offre réellement d'avantages que pour les matières dures, difficilement attaquables par le malt, telles que les riz, les maïs, les caroubes, les résidus de féculeries et de minoteries.

Toutes les opérations de la trempe, du maltage, du touraillage se trouvent supprimées : le broyage lui-même peut être remplacé par un simple concassement.

Les grains, concassés ou broyés, sont

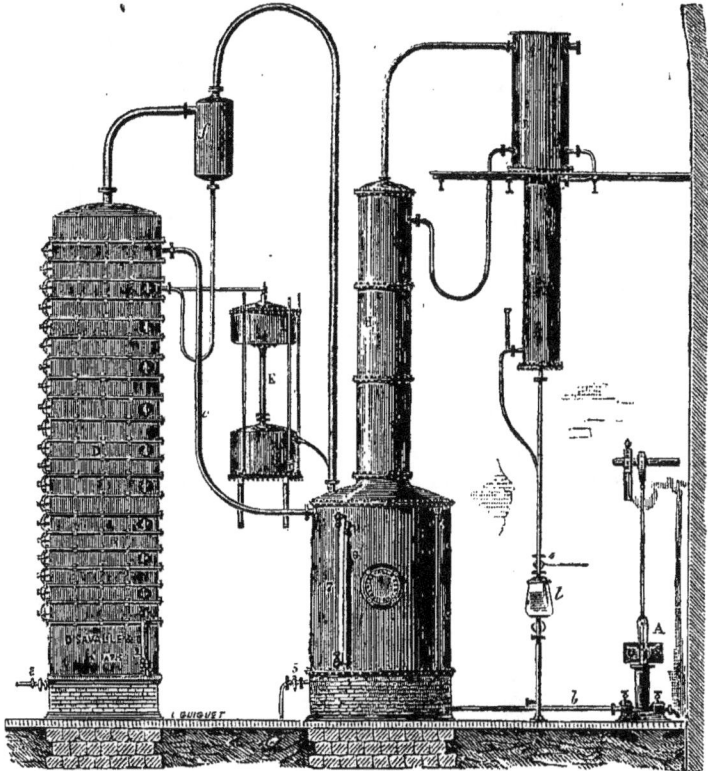

Appareil continu de distillation pour grains et pommes de terre.

versés dans des cuves de saccharification où ils sont soumis à l'ébullition dans de l'eau convenablement étendue d'acide sulfurique ou muriatique ; les matières sortent de ces cuves à l'état de sirops, que l'on décante dans de nouvelles cuves, dites de saturation, parce qu'en effet on y neutralise la plus grande portion de l'acide qu'ils contiennent, et qui serait en trop pour la fermentation. Cette saturation s'opère au moyen de cabonate de chaux, ou de blanc de Meudon préalablement délayé dans de l'eau.

De là, les sirops, mis, au moyen d'un réfrigérant, à la température nécessaire à la fermentation, sont transvasés dans les cuves, où la fermentation s'opère d'abord avec un peu de levure, puis à continu, en coupant les cuves comme on le fait pour le jus de betteraves.

Comme on le voit, ce procédé est plus

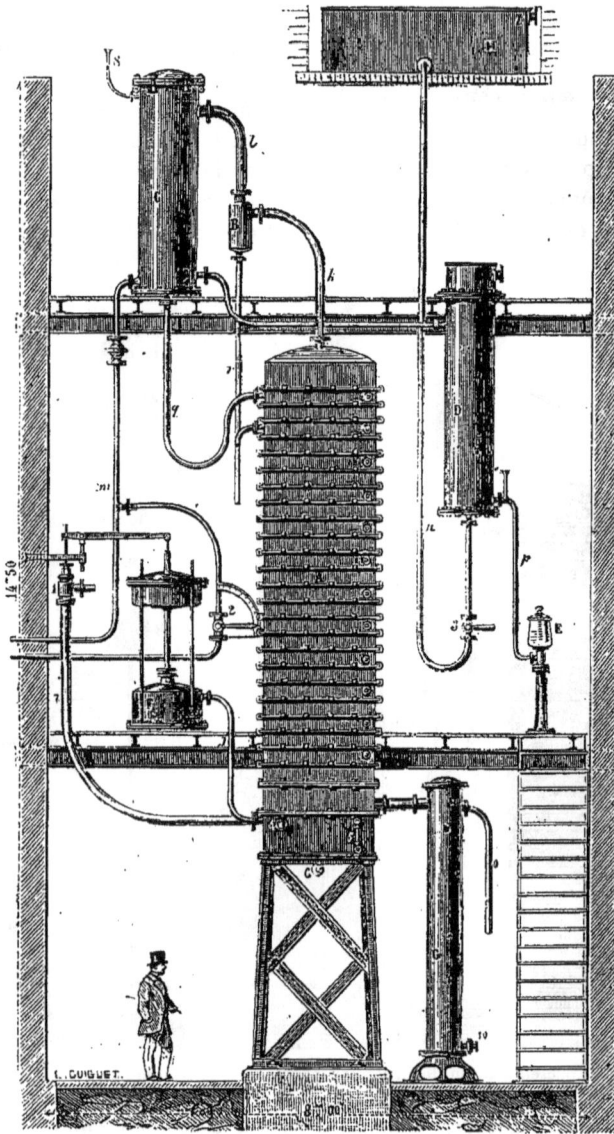

Appareil Savalle pour la distillation des grains.

économique comme main-d'œuvre que celui du maltage : il est vrai qu'il ne donne pas des résidus aussi utilisables dans les exploitations agricoles, mais grâce à un procédé inventé par M. Tilloy Delaune, distillateur de Courrières (Nord), ces résidus deviennent d'une vente très facile, comme engrais.

Ce procédé consiste à recueillir les matières azotées, que renferment les vinasses de distillation de grains préparés par l'acide, en faisant couler ces vinasses dans des citernes et en les y laissant reposer quelques jours. La majeure partie des substances azotées se précipite, et quand le liquide supérieur s'est éclairci, on le fait décanter.

Le dépôt égoutté à l'air d'abord, est desséché ensuite à l'aide de la chaleur; il se présente sous forme d'une matière pulvérulente de couleur gris noirâtre, presque sèche, et dont le transport est conséquemment très facile.

Quant à la distillation des matières fermentées elle se fait, comme celle des mélasses, avec des appareils pourvus d'une colonne de chauffage tubulaire, qui augmente la vapeur fournie directement par le régulateur.

Nous reparlerons de ce système de chauffage très économique, et que M. Savalle a adapté à ses appareils de rectification.

ALCOOLS DE POMMES DE TERRE

L'alcool de pommes de terre, qui se fabrique surtout en Allemagne, est une opération très avantageuse en raison du bas prix de la matière première, et de sa richesse en fécule, qui atteint jusqu'à 22 pour cent de son poids.

Les pommes de terre sont d'abord soumises à un lavage, identique à celui qu'on fait subir aux betteraves et qui se fait dans les même laveurs mécaniques; mais, au lieu de les employer crues, on les cuit à la vapeur dans des cuves à double fond.

Lorsqu'elles sont cuites on les réduit en pâte, en les faisant passer encore chaudes dans un appareil qui ressemble à un laminoir, puisqu'il est composé de deux cylindres tournant en sens inverse. Au-dessus de cet appareil se trouve une trémie dans laquelle on verse les pommes de terre, qui après leur écrasement, qui en fait une pâte épaisse mais homogène, tombent dans la cuve à saccharification.

Dans cette cuve on ajoute du malt concassé ou même complètement broyé, dans la proportion du vingtième du poids des pommes de terre, et de l'eau en quantité suffisante pour ramener la température du mélange à 75 degrés. On brasse le tout pendant deux heures, au moyen d'agitateurs mécaniques ou à bras d'homme, selon l'outillage de l'usine ; puis on ajoute de l'eau froide jusqu'à ce que la température du mélange soit descendue à 25 degrés, après quoi on le transvase dans les cuves à fermentation, en ayant soin de le filtrer à travers des tamis qui retiennent les parties insolubles.

On n'a plus qu'à mettre en fermentation par l'addition de 3 ou 4 pour cent de levure. cette opération marche très rapidement et produit beaucoup de levure.

Les matières fermentées sont ensuite distillées par les procédés ordinaires, soit avec des appareils munis du système de chauffage tubulaire, nécessaire à la distillation des mélasses et surtout des matières pâteuses, soit, selon l'importance de la fabrication, avec les nouveaux appareils Savalle produisant du premier jet des alcools tout rectifiés à 94 et 95 degrés.

Cet appareil a été établi surtout en vue des grandes distilleries d'Allemagne et d'Autriche, qui opèrent sur des quantités considérables (il y en a qui produisent jusqu'à 800 hectolitres par jour) et qui par cela même ont besoin de colonnes distillatoires qui épuisent bien la matière fermentée, fournissent de l'alcool brut à degrés élevés et cela, en dépensant le moins possible de combustible, De plus, comme les droits s'y payent sur la contenance des cuves, les fermentations de grains ou de pomme de terre y sont très épaisses et réclament des appareils d'un nettoyage facile.

Tous ces avantages sont réunis dans l'installation que représente notre gravure de la page 1180, et dont voici la description et le fonctionnement.

A est la pompe à matières fermentées; *b*, *c*, les conduits qui portent cette matière dans la colonne distillatoire. D est cette colonne rectangulaire, en fonte de fer, composée de vingt tronçons; elle ne diffère des autres que parce qu'elle porte des trous de bras qui permettent de la visiter en tous sens, et de la nettoyer quand besoin est. La matière à distiller y est très divisée ; elle parcourt un ruban très long, dont la trame représente la vapeur destinée à dépouiller l'alcool.

Un instrument de précision, qui est la propriété de la maison Savalle, indique la présence de un dix-millième d'alcool dans les vinasses, et prouve que ces colonnes épuisent parfaitement l'alcool contenu dans la matière à distiller, tandis que les anciens appareils perdent dans les vinasses de 2 à 3 pour cent des produits. Cette perfection de travail est due au système spécial intérieur de cette colonne distillatoire rectangulaire. Les matières fermentées qui, pour être distillées, séjournent pendant des heures dans les anciens appareils, sont ici soumises à la distillation pendant six minutes seulement, et sortent à jet continu de la colonne par le robinet n° 3. La vapeur, pour chauffer l'appareil, arrive par la soupape 1, et est réglée par le régulateur de vapeur E. Ce régulateur est d'une grande importance pour la perfection du travail et pour l'économie du combustible ; il facilite aussi beaucoup la conduite de l'appareil qui, par lui, devient des plus simples et peut être confiée à un distillateur peu expérimenté. Les vapeurs se rendent de la colonne dans le brise-mousses f, et de là dans la chaudière de rectification G.

Le chauffage de cette seconde partie de l'appareil se trouve réglé par le courant régulier des vapeurs sortant de la colonne D et la concentration de l'alcool s'obtient par la colonne H et le condenseur I ; l'alcool brut à 95 et 96 degrés passe par le réfrigérant J, et vient couler par l'éprouvette L.

4 est le robinet d'eau de réfrigération et de condensation ; 5 est le robinet pour décharger les produits de la rétrogradation qui se réunissent à la matière brute et sont renvoyés à la colonne rectangulaire D.

L'ensemble de cet appareil est très simple ; tous les organes considérés isolément en sont bien étudiés et les résultats obtenus dépassent de beaucoup ceux des appareils anciens.

ÉPROUVETTE-JAUGE

Nous avons souvent parlé de l'éprouvette, dont toutes les colonnes distillatoires — aussi bien que les appareils de rectification — sont munies, sans trouver l'occasion d'expliquer son usage. Elle a du reste une importance si capitale qu'elle mérite un chapitre à part.

C'est une des innovations les plus ingénieuses de M. Savalle.

Par sa disposition, elle indique d'une manière exacte la quantité d'alcool que, par heure, peut produire l'appareil, si le travail est fait avec régularité, avantage très important pour les chefs d'usines qui, de cette manière, contrôlent facilement l'ouvrier chargé de cette opération.

Le principe de sa construction est basé sur l'écoulement différentiel des liquides par un orifice donné, soumis à des pressions différentes ; cette éprouvette a son importance : car elle ajoute aux appareils, déjà si dociles à conduire, un nouveau perfectionnement qui simplifie encore leur surveillance.

Notre gravure de la page 1189 représente cette éprouvette ; voici la légende des lettres indicatrices :

B. Tuyau des alcools arrivant du réfrigérant.

C. Tubulure en cuivre, munie d'un robinet de dégustation.

D. Robinet de dégustation.

E. Éprouvette en cristal, munie de son tube gradué.

F. Orifice d'écoulement des alcools.

G. Réservoir de distribution.

K. Robinet d'écoulement des alcools mauvais goût, adapté à la partie inférieure du réservoir G.

I. Robinet des alcools secondaires.

J. Robinet des alcools de bon goût.

Étudions maintenant son fonctionnement.

L'alcool arrivant du réfrigérant, par le tube B, emplit d'abord la tubulure C, autour du tube gradué F, baigne le petit robinet de dégustation D et monte, pour se déverser graduellement par l'orifice d'écoulement pratiqué en F, sur le tube gradué. Cet orifice est fixe et se trouve, une fois pour toutes, réglé à la mise en train de l'appareil. N'ayant qu'une section d'ouverture restreinte, le jet d'alcool ne peut y passer en entier sans qu'une pression l'y oblige.

Le niveau du liquide s'élève alors dans l'éprouvette, jusqu'au point où la pression qu'il opère sur l'orifice d'écoulement devient assez forte pour faire débiter à l'orifice, le volume d'alcool qui arrive. La nappe du liquide dans l'éprouvette subit ainsi des variations de niveau constatées par une graduation, dont chaque division correspond à un volume différent et indique la quantité de liquide écoulée par heure.

Les alcools se rendent de l'éprouvette dans un réservoir de distribution G, muni de trois robinets. Le robinet K communique au

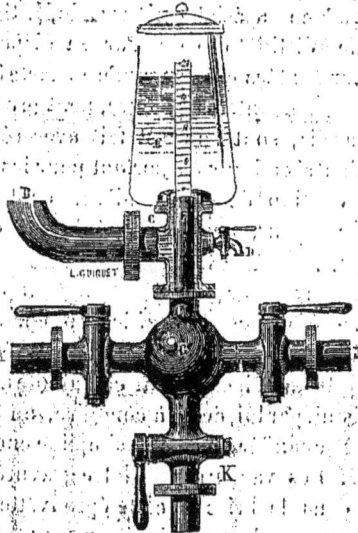

Éprouvette-jauge, système Savalle.

réservoir qui doit contenir les alcools mauvais goût; le robinet I sert d'écoulement au réservoir des alcools secondaires; le robinet J donne accès aux alcools bon goût. L'on remarquera que ces trois robinets sont disposés de telle sorte que, s'il s'échappait la plus petite quantité d'alcool mauvais goût à la fin d'une opération, elle irait tomber au fond de la boule G, pour se rendre de là par le robinet K au réservoir mauvais goût.

Les perfectionnements apportés au travail par cette éprouvette sont réels.

Un seul point reste à indiquer aux distillateurs et rectificateurs qui voudront eux-mêmes régler leur éprouvette. Ce point est le mode de détermination de l'ouverture qu'il faut donner à l'orifice d'écoulement F, pour chaque appareil différent recevant l'application de cette éprouvette.

L'observation indique que pour un débit de 100 litres à l'heure, en admettant la nappe du liquide dans l'éprouvette à la graduation 15 et que l'écoulement se fasse librement, l'orifice de sortie sur le tube gradué représente 28 millimètres carrés; on calculera facilement, d'après cette donnée, l'ouverture d'écoulement à fixer pour chacun des appareils auxquels on appliquera l'éprouvette.

Cependant, cette proportion ne peut servir que d'approximation, par la difficulté qui existe à établir avec précision des orifices d'une si faible dimension.

Il faut donc établir le trou rond dans le tube F, d'une section inférieure à cette proportion; il faut l'agrandir petit à petit pour arriver à la section voulue, sans la dépasser,

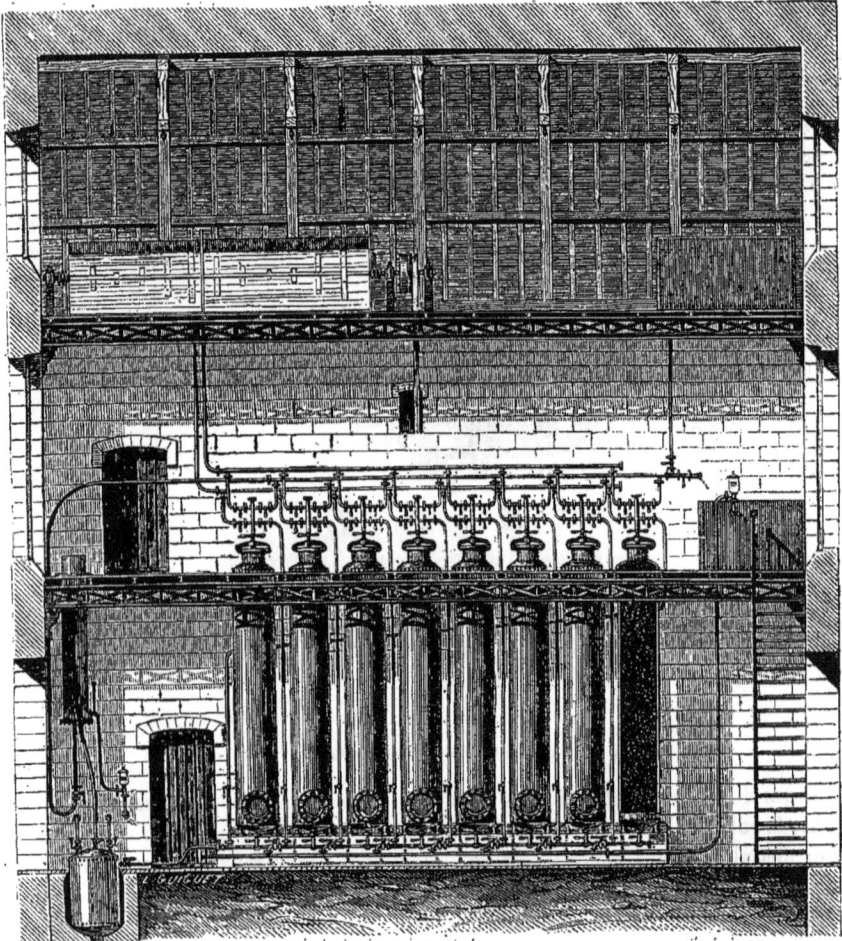

Batterie de filtration des alcools.

car ce serait un travail à recommencer.

L'éprouvette ainsi réglée, on voit immédiatement si l'appareil s'emporte ou ralentit; dans le premier cas, le niveau du liquide montera en débordant par le haut du tube F; dans le second, la nappe du liquide descendra d'un ou plusieurs chiffres de la graduation.

Pour régler l'éprouvette, il faut tenir compte de deux conditions essentielles. La première exige que le réservoir d'eau de condensation soit toujours plein, et son niveau maintenu constant par un tube trop plein, qui fonctionne sans interruption, et cela, afin d'avoir une condensation toujours égale.

La seconde condition demande que le distillateur ouvre le robinet d'eau de condensation, exactement au point requis pour le bon fonctionnement de l'appareil.

Nous ferons observer que les effets produits par l'agrandissement de la section d'écoulement de l'alcool ne sont pas immédiats ; qu'il faut quelques minutes pour en observer le résultat. Par conséquent, il faut agir petit à petit, et rester au moins 20 minutes à chercher le point de régularité demandé, de manière à se rendre compte des effets de chaque agrandissement de l'ouverture d'écoulement, sans cela on dépasserait le point voulu, cas dans lequel on se verrait forcé de recommencer le travail, en bouchant partiellement l'ouverture d'écoulement pratiquée en F.

Nous ferons encore remarquer que la moindre fluctuation qui aurait lieu dans l'alimentation d'eau de condensation s'aperçoit immédiatement ; quand elle ne durerait qu'un instant, l'éprouvette l'indique et permet aussitôt de porter remède à ce mal passager.

La maison Savalle a fait construire depuis peu, par un habile fabricant d'instruments de précision, un nouvel alcoomètre, dont la tige restreinte s'adapte avec aisance à la nouvelle éprouvette. Les degrés de son échelle commencent à 70° pour finir à 100, et ces degrés sont indiqués de manière à pouvoir être reconnus très facilement. Ce nouvel alcoomètre est d'une longueur d'environ 14 centimètres, tient peu de place et est moins susceptible de se briser.

RECTIFICATION

La rectification est le complément obligé de la distillation qui ne donne que des produits bruts, soit en alcools à plus ou moins haut degré, soit, et le plus souvent, en flegmes à 60 degrés.

Mais c'est l'opération capitale ; car elle a pour but de séparer l'alcool de tous les corps qui lui sont intimement unis par les lois de l'affinité chimique, ou associés à titre de simple mélange.

Une croyance généralement répandue, et qu'on ne saurait trop combattre, soutient que les alcools industriels, provenant de la distillation des grains et des racines, ne sauraient jamais valoir les alcools provenant de la distillation du vin. Cette prétention était exacte avant l'emploi des appareils Savalle, mais aujourd'hui ce n'est plus le cas, nous en avons la preuve dans ce fait que souvent on préfère les trois-six du Nord, bien rectifiés, aux trois-six du Midi qui ne subissent qu'une simple distillation toute primitive. Il est, d'ailleurs, parfaitement bien reconnu par le monde scientifique que tous les alcools, de quelque provenance qu'ils soient, sont identiques lorsqu'ils sont parfaitement rectifiés.

Les appareils Savalle sont appliqués à la rectification des alcools de toute nature ; ils rendent un grand service à l'hygiène publique, en séparant de l'alcool les éthers et les alcools amyliques, qui infectent l'alcool brut et en rendent la consommation malsaine et dangereuse. En effet, des expériences médicales ont constaté que l'alcool éthérique agit sur le cerveau, et que l'alcool amylique a en outre une action violente sur l'estomac. Ces deux causes de malaise et de maladies se trouvent aujourd'hui écartées, et la consommation des eaux-de-vie et des liqueurs, fabriquées avec de l'alcool bien rectifié, est utile à la digestion et à la santé, lorsqu'on en fait un usage modéré.

Nous avons déjà parlé des appareils rectificateurs de M. Savalle, associés avec des colonnes distillatoires ; mais ce ne sont déjà plus ceux qu'il fabrique aujourd'hui, spécialement pour la rectification, car l'expérience acquise par l'installation de plus de trois cents grands appareils rectificateurs lui a permis de faire mieux encore.

Non que l'appareil à colonne ronde ne donnât pas des produits de qualité supérieure, mais on lui reprochait de dépenser trop d'eau et trop de combustible.

Le nouveau système à colonne rectangulaire, économise, par un nouveau mode de chauffage, utilisant toutes les vapeurs perdues d'échappement des machines, 473 kilogrammes de vapeur, ou si l'on aime mieux, environ 95 kilogr. de houille par hectolitre d'alcool fin produit.

Quant à l'eau, il peut en supprimer complètement l'emploi; car il est loisible de le monter pour le fonctionnement sans eau, en faisant opérer par l'air la condensation et la réfrigération des vapeurs alcooliques.

De là, deux sortes d'appareils que nous étudierons tout à l'heure, quand nous aurons parlé des opérations préliminaires à la rectification, c'est-à-dire la filtration et la saturation des flegmes.

FILTRATION

La méthode la plus ancienne de purification de l'alcool est celle qui consiste à le filtrer sur des charbons de bois; elle se pratiqua d'abord en Suède, puis en Allemagne; les Suédois la pratiquent encore d'une manière très primitive : ils emploient tout simplement des fûts en bois munis d'un double fond perforé. Ces filtres en bois se chargent d'une couche de charbon d'environ un mètre; ils contiennent ainsi 150 kilos de charbon pulvérisé. Un filtre de ce genre sert à filtrer, par 24 heures, 65 litres d'alcool à 50 degrés; on peut passer sur chaque filtre jusqu'à 2,000 litres d'alcool.

Mais outre le nombre considérable de fûts en bois que nécessiterait l'application de cette méthode en grand, outre la main-d'œuvre qu'elle exigerait, il se produit une grande déperdition d'alcool; c'est pourquoi on y a renoncé et aujourd'hui, dans les grandes usines de rectification, on a remplacé cette installation primitive et défectueuse par des batteries de filtration en tôle solidement établies.

Notre gravure de la page 1185, qui représente ces batteries en élévation, donnera une idée de leur fonctionnement, d'ailleurs élémentaire.

On n'y voit que huit cylindres de filtration; mais il va de soi que le nombre et la dimension de ces cylindres varient selon l'importance des travaux à effectuer, et il est essentiel de bien établir cette proportion, sans laquelle on n'obtient aucun résultat.

Car ces batteries, dont l'emploi paraît si simple, exigent pour leur construction et une mise en train convenable, la connaissance d'une foule de détails desquels dépend la réussite du procédé.

Les deux conditions capitales sont : la qualité du charbon, et la pureté de l'eau; car, pour que le charbon servant au filtrage puisse rendre les services qu'on en attend, c'est-à-dire qu'il absorbe les produits étrangers contenus dans l'alcool, et afin qu'il puisse, en outre, filtrer la plus grande quantité possible, on doit employer une eau pure, les impuretés soit organiques, soit minérales absorbant une partie considérable de la force du charbon, qui les attire peut-être encore plus énergiquement que l'huile essentielle; en conséquence, dans la filtration en grand, l'on doit attacher la plus grande importance à la pureté de l'eau, afin de ne pas rendre tout le travail illusoire.

Quant au charbon, il faut qu'il ait subi une calcination complète, soit en perches dans des fours maçonnés, soit en morceaux de la grandeur d'une noix dans des cylindres en terre réfractaire, qui ont d'ordinaire une ouverture de 18 à 20 centimètres et une longueur de 2 à 3 mètres et dont 10 à 20 sont posés verticalement dans un four. Le charbon est maintenu à l'état ardent, jusqu'à ce que la flamme bleu clair disparaisse et qu'il ne reste plus que la flamme bleuâtre de l'oxyde de carbone. Il est considéré comme propre au filtrage, dès que la flamme éclairant de jaune a disparu. Le charbon est versé ensuite dans des caissons dont les couvercles sont bien fermés au moyen d'argile, et on l'y laisse se refroidir.

Puis on le pulvérise dans des moulins à double paire de roues, dont la paire supérieure est destinée à le briser, tandis que la paire inférieure le pulvérise au degré voulu.

Avec 100 kilos de charbon convenablement préparé, on peut filtrer de 2,000 à 2,400 litres d'alcool à 100 degrés, selon la qualité de l'alcool sur lequel on opère.

Mais le charbon n'est pas perdu et peut reservir encore, après une revivification dans un four à calciner, à cylindres en fer, ce qui réduit assez notablement la dépense. Le procédé de revivification inventé par M. Hoper jeune de Hambourg, et dont M. Savalle exploite le brevet pour la France, est le plus économique de tous.

SATURATION

Tous les alcools bruts sont plus ou moins chargés d'acides, qu'il faut faire disparaître avant la rectification et le saturant le plus employé est la *potasse perlasse*, mais on peut la remplacer par le carbonate de chaux, le blanc d'Espagne bien lavé, la soude et autres substances. L'essentiel est de n'en ajouter aux flegmes que la quantité nécessaire à la saturation exacte des acides.

Toute la difficulté est là ; car, si l'on emploie à l'excès les bases alcalines, on détruit bien les acides, mais on donne naissance à de nouveaux produits odorants qui infectent l'alcool.

M. Savalle, qui emploie la potasse perlasse depuis longtemps et qui s'est convaincu qu'on ne pouvait opérer par tâtonnements, par la raison que les quantités d'acides sont à ce point variables que dans une même usine, opérant sur le même produit et fer-

mentant de la même manière, elles diffèrent d'un jour à l'autre dans de grandes proportions, - - M. Savalle a vaincu cette difficulté en créant une nouvelle méthode, dont il s'est réservé la propriété par un brevet, pour pouvoir l'enseigner seulement à ses clients, à l'aide de laquelle on peut juger, en se servant d'instruments fort simples et d'un prix peu élevé, de la quantité d'acides contenue dans les flegmes à rectifier et par conséquent des doses de potasse perlasse à employer pour les saturer à point.

Nous ne connaissons pas ces instruments, mais nous pouvons indiquer, d'après leur inventeur, quelle est la quantité de perlasse nécessaire à saturer les acides contenus généralement dans les alcools de diverses provenances, savoir :

Alcool de mélasses à 60 degrés.	43 gr.	par hectol.
— garance à 75 —	6	—
— grains à 55 degrés	93	—
— raisin marc à 86 degrés.	20	—
— fécules de pommes de terre à 50 degrés.	86	—
— maïs à 60 degrés.	75	—
— betteraves à 50 degrés.	18	—
— genièvre de Schiedam.	85	—
— eau-de-vie de cidre.	155	—
— 3/6 Montpellier (non rectifié) à 86 degrés.	41	—
— lichen de Norvège.	22	—
— eau-de-vie de la Rochelle.	56	—

Quelques distillateurs négligent la saturation, qu'ils ne considèrent pas comme une opération indispensable, parce qu'elle constitue une dépense ; c'est vrai, mais elle est largement compensée, d'abord par la qualité supérieure de l'alcool obtenu, ensuite par l'économie de combustible qu'on réalise ainsi, puisqu'on produit une quantité moins grande d'alcools inférieurs, qu'on serait obligé de travailler de nouveau.

APPAREILS RECTIFICATEURS

Nous avons dit que les nouveaux appareils de M. Savalle étaient montés de deux façons : l'une pour fonctionner avec de l'eau pour les condensateurs et le réfrigérant, l'autre pour fonctionner avec des courants d'air. A cela près ils se ressemblent entre eux, mais ce qui les distingue des anciens, c'est leur mode de chauffage, qui permet de réaliser une économie considérable en combustible en utilisant complètement les vapeurs d'échappement de la machine motrice.

Evidemment ces vapeurs sont insuffisantes, mais le supplément de vapeur directe nécessaire à la marche de l'appareil vient du régulateur et agit dans le second serpentin de chauffe.

Il y a donc deux serpentins dans la partie inférieure de la chaudière (voir notre gra-

Chauffage tubulaire, système Savalle.

vure ci-après). On aurait pu n'en mettre qu'un seul et envoyer dedans la vapeur d'échappement et la vapeur directe ; mais il en résulterait, dans certaines phases de l'opération, une forte contre-pression sur le piston de la machine.

Cet inconvénient, qui ne serait pas sans gravité, est évité par la disposition adoptée par M. Savalle et que notre dessin fait bien comprendre.

A est le régulateur de vapeur.

B et C sont les deux extrémités du serpentin de chauffe, qui reçoit la vapeur directe par un tuyau qui l'amène du régulateur.

D est la machine à vapeur.

E, F les deux extrémités du grand serpentin de chauffe spécial, où se condense la vapeur d'échappement.

Étudions maintenant l'ensemble de l'appareil. Celui que représente notre gravure de la page 1192 est de dimensions considérables ; il peut produire 200,000 litres d'alcool par jour, et il les produit ; car il fonctionne dans la grande usine de M. Hoper de Hambourg.

Ce système des grands appareils est d'ailleurs économique ; car, dans toutes les opérations industrielles, en général, il est plus avantageux d'opérer par grandes masses que par petites quantités, en rectification d'alcool surtout. La production en grand donne des résultats supérieurs au travail fractionné.

Employer un seul grand appareil au lieu d'en avoir quatre ou cinq, comme cela existe encore dans certaines grandes distilleries, c'est un avantage signalé : car le travail d'un seul grand appareil se contrôle aisément, tandis que, par l'emploi de cinq appareils, on risque dix fois par jour d'altérer plus ou moins le travail de la journée. Enfin, il est parfaitement reconnu que les alcools provenant de grands appareils sont toujours supérieurs à ceux produits, dans des conditions égales, par des appareils plus petits. Ceci soit dit, surtout comme principe ; car il est bien évident que les distilleries moyennes ne se pourvoieront pas d'appareils trop grands pour leurs besoins.

On en fait, du reste, de toutes dimensions et dont le fonctionnement peut être tout aussi satisfaisant, pour peu que l'opérateur apporte un peu d'attention ; nous disons un peu, car grâce au régulateur de vapeur, à l'éprouvette-jauge, il n'est plus besoin de cette surveillance de chaque instant qui fatiguait beaucoup l'ouvrier, et compromettait souvent le résultat de l'opération. Car une minute d'inattention, au moment opportun, pouvait gâter toute une venue d'alcool

rectifié, par une addition d'alcool mauvais goût des fins d'opération.

En effet, la rectification des alcools comprend trois périodes bien distinctes.

Le début de l'opération a lieu de 80 à 85 degrés de température ; durant ce temps, l'appareil produit les alcools éthérés. Le milieu de l'opération a lieu de 86 à 100 degrés de température ; c'est la période pendant laquelle se forment les alcools bon goût. La fin du travail a lieu de 101 à 102 degrés. C'est alors qu'on expulse de l'appareil les alcools amyliques, qu'il faut bien éviter de laisser mélanger avec les rectifiés.

Voici d'ailleurs la conduite de l'opération.

On charge la chaudière A, dont la contenance varie, suivant les dimensions des appareils, entre 40 et 700 hectolitres, des flegmes de 40 à 50°, et l'on fait arriver la vapeur dans le serpentin. Le liquide s'échauffant peu à peu, les premières vapeurs montent, se condensent en chauffant la colonne B, puis finissent par arriver dans le condensateur tubulaire C ; à ce moment, on ouvre le robinet 4, afin d'établir l'alimentation d'eau froide ; les vapeurs sont alors en partie condensées et retournent dans la colonne, par le tuyau H de rétrogradation garnir successivement tous les plateaux.

Dès que tous les plateaux sont garnis d'alcool, on diminue l'arrivée de l'eau froide dans le condensateur C, de manière à ne plus condenser que les 2/3 de la vapeur arrivant dans le condensateur ; l'autre tiers se rend dans le réfrigérant D, et de là dans l'éprouvette F.

Les premiers produits à 94° très éthériques, d'une odeur âcre et forte, sont envoyés au réservoir à mauvais goût ; ensuite l'alcool s'épure graduellement, il est d'une qualité supérieure au premier et se mélange aux alcools bruts de l'opération du lendemain ; après commencé, par le fractionnement, le 3/6 bon goût qui se reconnaît par sa neutralité, sa douceur et sa limpidité ; il se continue presque jusqu'à la fin de l'opération.

En admettant, ainsi que nous l'avons dit plus haut, que la chaudière soit chargée de flegmes à 50°, l'opération commence dès que le liquide atteint 85°, et elle est terminée dès que la température s'élève à 102°, c'est-à-dire qu'il ne reste plus d'alcool dans l'eau contenue dans la chaudière. Ces constatations se font au moyen d'un instrument spécial, construit pour les appareils Savalle.

On ferme alors le robinet d'amenée de vapeur qui chauffait l'appareil, et comme il n'y a plus de pression dans la colonne B, les plateaux se vident successivement, de haut en bas, sur le plateau inférieur qui communique au réservoir à mauvais goût par un robinet à trois eaux ; à cette période de l'opération, les plateaux de la colonne ne contiennent plus que des huiles essentielles et de l'alcool mauvais goût; on les envoie dans le réservoir où l'on a logé les produits éthérés, au début de l'opération.

Par ce système de déchargement des plateaux de colonne, les huiles essentielles ne viennent jamais salir le condenseur ni le réfrigérant de l'appareil ; elles restent dans les plateaux inférieurs de l'appareil, et ces derniers se trouvent nettoyés par le peu d'alcool, à fort degré, qui tombe des plateaux supérieurs.

Pendant que la colonne se vide, on ouvre le robinet de vidange de la chaudière ; puis on la remplit de nouveaux flegmes, et on recommence l'opération.

Cet appareil produit des alcools ne pesant pas moins de 94 à 97 degrés. Le régulateur de vapeur, qui est une de ses parties essentielles, en rend la marche parfaitement régulière et facile à surveiller, et il contribue ainsi à la bonne qualité des produits.

L'éprouvette, qui est munie d'un thermomètre et d'un aréomètre, indique en même temps au distillateur la température, le degré, la vitesse d'écoulement de l'alcool rectifié et elle le prévient du moment où il doit goûter afin d'en opérer le fractionnement.

L'appareil de rectification fonctionnant sans eau, et qui a été adopté d'abord dans la distillerie de mélasses de M. Paul Delcourt, à Aubervilliers, offre de grands avantages ; car outre la suppression de l'eau qui, dans certains cas, fait complètement défaut, il en résulte que les surfaces des condenseurs et celles des réfrigérants ne sont plus entartrées ni couvertes de limon, et que la qualité et le degré de l'alcool ne sont plus dépréciés par l'atténuation de l'effet utile de ces parties de l'appareil ; on évite aussi la main d'œuvre de l'homme employé à nettoyer chaque jour les condenseurs et les réfrigérants. On évite encore de briser les parties tubulaires et de perdre souvent beaucoup d'alcool avant de s'en apercevoir.

On évite enfin la dépense nécessitée tous les quatre ans pour remplacer les condenseurs dont les surfaces sont usées par les nettoyages fréquents au racloir et à l'acide.

Cet appareil représenté par notre gravure de la page 1193, se décompose ainsi :

A, chaudière en cuivre ou en tôle recevant l'alcool à rectifier. Cet alcool y est ramené, par une addition d'eau, à 40 ou 43 degrés centésimaux, afin de faciliter la séparation des huiles essentielles infectes. — La chaudière contient intérieurement un serpentin chauffeur, dont la disposition nouvelle facilite la sortie des vapeurs condensées, et donne une résistance plus grande à cette partie de l'appareil.

B, colonne rectangulaire où s'effectuent les distillations multiples.

C, condenseur analyseur tubulaire, dont la fonction est de retourner à l'état liquide vers la colonne A, une partie des vapeurs alcooliques qu'on lui soumet à analyser, et à laisser passer l'autre partie de ces vapeurs (dont le degré alcoolique est élevé) au réfrigérant.

D, réfrigérant qui liquéfie et refroidit l'alcool rectifié.

E, régulateur automatique réglant le

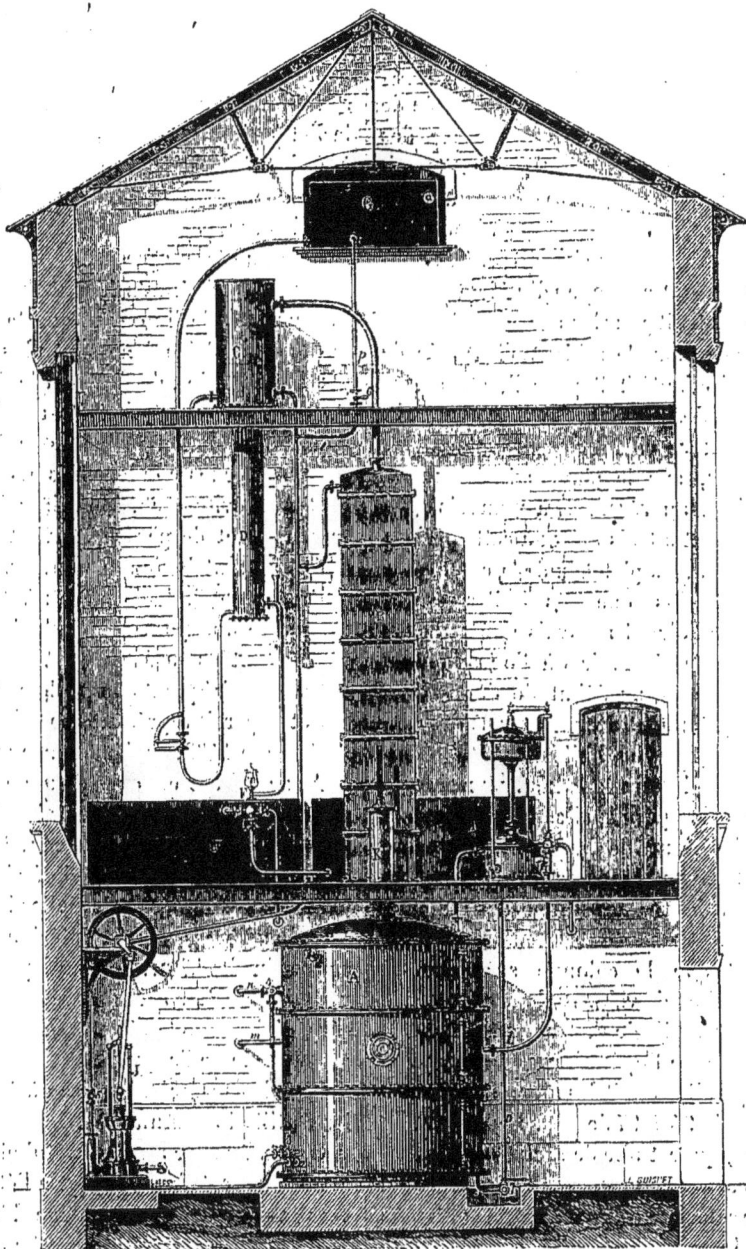

Rectificateur méthodique de M. Savalle.

chauffage de l'appareil et la production des vapeurs alcooliques, avec la précision d'un millième d'atmosphère.

F, ventilateur.

G, éprouvette pour l'écoulement du 3/6 rectifié, indiquant le volume de produit écoulé par heure.

H, conduite d'air pour le condenseur.

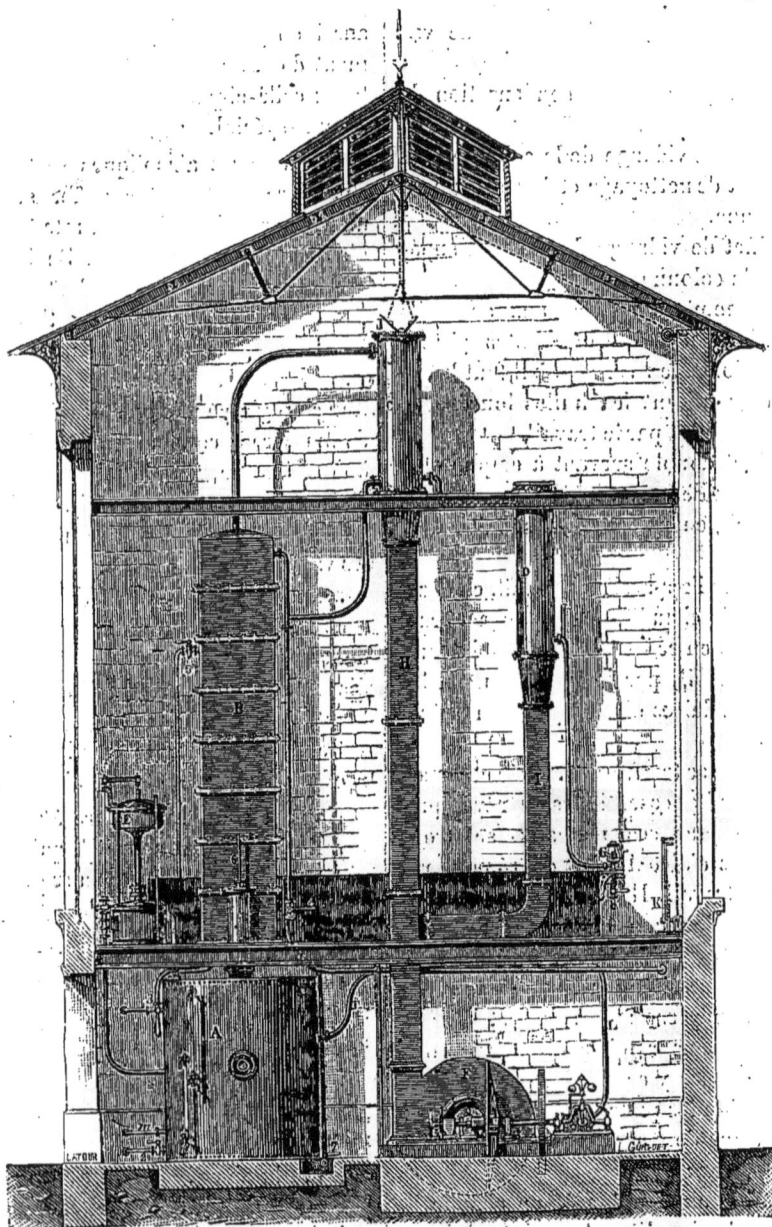

Appareil de rectification fonctionnant sans eau (système Savalle).

I, conduite d'air pour le réfrigérant.

J, registre pour régler la quantité d'air
à employer au condenseur.

K, levier gradué pour l'ouverture du registre J.

L, machine à vapeur actionnant le ventilateur.

1, robinet spécial au régulateur de vapeur.

2, sortie des eaux de condensation de vapeur de chauffage.

3, robinet de vidange de la colonne.

4, robinet de nettoyage et de chargement de la colonne.

5, robinet de vidange de la partie supérieure de la colonne.

6, thermomètre spécial aux appareils Savalle, indiquant les différentes phases de l'opération et le moment où il faut la terminer, en soutirant les huiles lourdes et infectes, séparées par le travail.

7, robinet double servant à emplir et à vider la chaudière.

Voici maintenant comment se fait l'opération.

On prépare l'appareil au travail, en chargeant dans la chaudière A les alcools bruts à rectifier, et en refoulant sur les plateaux de la colonne B, par le robinet n° 4, les alcools secondaires d'une opération précédente.

La colonne se trouve ainsi lavée et débarrassée des huiles essentielles du travail précédent, de plus ses plateaux se trouvent chargés d'alcool à fort degré pour reprendre le travail. Il résulte de cette nouvelle disposition que l'appareil se trouve parfaitement propre et épargne la dépense de charbon nécessitée par les anciens appareils, où l'on passe une heure et plus à envoyer des vapeurs d'alcool dans le condenseur pour les y condenser et garnir par rétrogradation les plateaux de la colonne : opération que l'on appelle techniquement *faire les plateaux*.

L'appareil ainsi préparé, on chauffe le contenu de la chaudière A, en introduisant la vapeur directe par le régulateur D, et

aussi en y envoyant la vapeur d'échappement de la machine actionnant le ventilateur ; celle-ci passe dans un serpentin de chauffe spécial.

Les vapeurs alcooliques sortent de la chaudière A et vont chauffer successivement les couches d'alcool, retenues sur les plateaux de la colonne B. De la colonne, les vapeurs d'alcool se rendent au condenseur, où elles occupent la partie extérieure des tubes, tandis qu'un courant d'air froid passe dans la série des tubes. La condensation se règle par l'ouverture du registre S, de manière à condenser et à faire revenir à l'état liquide, vers la colonne, les vapeurs d'alcool aqueuses et de laisser s'échapper à l'état de vapeurs, vers le réfrigérant D, les vapeurs d'alcool les plus concentrées. Un courant d'air passe dans les tubes du réfrigérant D, et sous son influence, les vapeurs d'alcool se condensent d'abord et se refroidissent ensuite à la température de l'air ambiant, pour s'écouler finalement à l'éprouvette G, où a lieu le fractionnement des produits bon goût et mauvais goût.

Nous terminerons notre étude avec la description de cet appareil, qui est le plus perfectionné que l'on connaisse...

Jusqu'au jour, prochain peut-être, où l'on aura trouvé autre chose.

Car il est de la nature de la science, qui recule constamment les limites du connu, de ne jamais s'arrêter dans ses applications.

Et c'est surtout en industrie qu'il ne faut pas se contenter de faire bien, il faut faire mieux.

De la lumière ! Toujours de la lumière ! C'est le cri des générations actuelles.

Puissent-elles ne jamais pousser que celui-là !

FIN

TABLE DES MATIÈRES

www.ingramcontent.com/pod-product-compliance
Lightning Source LLC
Chambersburg PA
CBHW060821220326
41599CB00017B/2244